U0195616

国家出版基金项目

"十三五"国家重点出版物出版规划项目

深远海创新理论及技术应用丛书

水声学概论：
原理与应用

（第二版）

［法］哈维·卢顿（Xavier Lurton）　著

郭怀海　何宜军　译

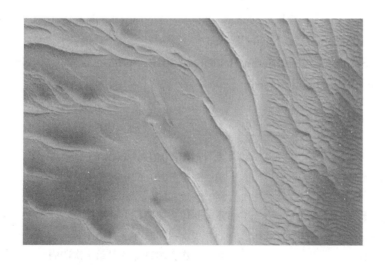

海洋出版社

2023 年·北京

内 容 简 介

本书系统介绍了水声学理论及水声技术在海洋中的实际应用，内容涵盖了从水声学基本原理到水声高分辨率目标估计等几乎全部水声学基础理论及相当多的实际应用手段，如水下目标探测、多波束回波探测仪原理及具体实用设置，甚至还包括了海洋生物声学以及人类活动噪声对海洋生物的影响等内容资料。全书在内容结构安排上，既遵循了由浅入深循序渐进的水声学基础理论的发展和变化规律，又将水声学的知识体系根据实际应用的不同而单独成章。整本书文字流畅，内容翔实，丰富的实例以及数据资料、图片也为本书提供了更好的可读性和参考性。

本书可为从事水声学研究与应用工作的科技工作者和企业技术人员，在校教师、研究生及本科生提供参考。

图书在版编目（CIP）数据

水声学概论：原理与应用：第二版／（法）哈维·卢顿著；郭怀海，何宜军译. -- 北京：海洋出版社，2023.3

（深远海创新理论及技术应用丛书）

书名原文：An Introduction to Underwater Acoustics：Principles and Applications

ISBN 978-7-5210-1049-7

Ⅰ. ①水⋯ Ⅱ. ①哈⋯ ②郭⋯ ③何⋯ Ⅲ. ①水体声学-概论 Ⅳ. ①O427

中国版本图书馆 CIP 数据核字（2022）第 245550 号

Translation from the English language edition：An Introduction to Underwater Acoustics Principles and Applications by Xavier Lurton.

Copyright © Springer-Verlag Berlin Heidelberg 2010. Springer is part of Springer Science+Business Media. All Rights Reserved.

图　字：01-2017-4837 号

丛书策划：郑跟娣	发 行 部：010-62100090
责任编辑：郑跟娣	总 编 室：010-62100971
责任印制：安　森	网　　址：http://www.oceanpress.com.cn
出版发行：海洋出版社	承　　印：鸿博昊天科技有限公司
地　　址：北京市海淀区大慧寺路 8 号	版　　次：2023 年 3 月第 1 版
邮　　编：100081	印　　次：2023 年 3 月第 1 次印刷
开　　本：787 mm×1 092 mm　1/16	印　　张：41.75
字　　数：801 千字	定　　价：360.00 元

本书如有印、装质量问题可与本社发行部联系调换

译 者 说 明

我国有着非常漫长的海岸线和广阔的海域。随着国家海洋事业的不断发展，越来越多的人把研究及开拓的目光投向了蔚蓝的大海。"21世纪海上丝绸之路"建设以及加快建设海洋强国都离不开海洋探测及监测技术的发展。由于海水这个特殊的传播介质，在对占地球表面积约71%的海洋的观测和探测中，声波或者说机械波，作为唯一一种可以在海水及海床有效远距离传播的手段，成为自第二次世界大战以来海洋探测、监测等活动中最有效的信息载体。因此，水声学及水声技术也成为了海洋发展战略中最重要的技术手段之一。水声学及水声技术的发展水平和创新能力在未来海洋竞争中将占据至关重要的地位。

我国水声学及水声技术的发展，方兴未艾。从新中国成立伊始，我国才真正在水声学领域开始深入学习和研究。而在改革开放以后，我国的水声学研究和水声技术的发展才开始与世界接轨，迅速吸收并同步学习世界先进的水声技术及理论研究。目前，在海洋强国战略推动下，我国迎来了全面发展海洋的机遇和挑战，我国水声学研究及水声技术的发展也迎来了大发展和大跨越的时机。由此，水声学相关专业学生及从业人员也越来越多，对于水声学及水声技术的学习及研究资料的需求也越来越大。但是，由于我国水声技术的发展历程较短，我国目前还缺乏一本较为完备的同时涵盖实际工程应用的水声学及水声技术的参考资料。因此，从国外引进并翻译一本完整的能覆盖水声学各个发展时期及当今通用水声技术的著作就显得尤为必要。

《水声学概论》第二版是一本难得的对水声学理论及水声技术在海洋中的实际应用进行系统介绍的综合性著作。本书数百页的篇幅，涵盖了从水声学基本原理到水声高分辨率目标估计等几乎全部水声学基础理论及相当多的实际应用手段。无论是水声学刚入门的学生还是从事水声学研究的专家学者，都能够从本书中找到理论帮助与解惑。在应用上，除了无法公开出版的军事水声学的应用外，读者可以从本书中找到相当全面的当今水声学的研究热点以及水声学在海洋中的广泛实际应用，比如先进的水下目标探测手段，流行的多波束回波探测仪原理及具体实用设置，甚至还包括了海洋生物声学以及人类活动噪声对海洋生物的影响等诸多资料。在内容安排上，原著既遵循了由浅入深、循序渐进的水声学基础理论的发展和变化，也将水声学的知识体系根据实际应用的不同而单独成章。第二版与第一版相比，文字更加流畅、精确，内容更加丰富、翔实。更多的实例以及数据资料、图片也为整本书提供了更好的可读性和参考性。

本书作者哈维·卢顿（Xavier Lurton）在法国海洋开发研究院从事海洋声学的研究逾 20 年，积累了丰厚的经验以及翔实的数据资料。除拥有水声技术工程实践经验外，作者还从事了多年的水声学研究及教学工作。这些工作经历和教学经验都充分反映在本书的内容及知识结构体系的编排上。从知识体系上讲，作者对于水声学的各个方面都有充分而细致的解析，且尽可能地与现代水声工程的热点相对应。同时，作者对书中所涉及的数学阐述也做了非常严谨的工作，公式表达准确而清晰。本书针对每一个关键的水声学理论及水声技术都提供了相应的习题及练习，以便让读者能更好地理解水声学的知识并运用它们去解决实际问题。通过这些习题的练习，读者可以很扎实地了解到在具体海洋工程中，水声系统是如何构建并完成项目目标的。

由于译者的工作时间及水平限制，本书的翻译断断续续历时两年才完成，其间又经过多次校改，也得到了很多人的帮助。本书基础内容的翻译和第 1 章到第 7 章的校对及润色工作由郭怀海完成，第 8 章到第 10 章的校对和润色工作由张琪完成，何宜军对整本书的翻译提供了详细的指导并承担了部分章节的翻译及整本书的勘误和审校工作。厦门大学许肖梅教授从专业角度对本书进行了审校，提供了很好的修改建议，对此表示衷心感谢。本书的出版获得了国家出版基金项目资助。

本书属于技术类专业书籍，在翻译中我们尽可能地保证翻译的准确，最大程度地忠实并努力再现原著风格，但语言上的表达和修饰仍有未尽人意之处。同时，由于译者水平有限，书中翻译难免仍有错误或不准确之处。恳请读者提出宝贵意见，以便我们进一步修改和订正。

译　者
南京信息工程大学
2020 年年末

序　言

　　水声学是我们了解地球、地球知识及有效和可持续地管理我们所居住的环境的一门基础学科。即使在 20 世纪中期，我们的世界地图上仍有大片被海洋覆盖的地区未被标注。随着水声技术的发展，地图上的这些空白在接下来的几十年间得以填充，同时逐步揭示出这些超过地球面积 2/3 的被海洋覆盖的区域的复杂性及其动态性。今天，世界上有一半的人口居住在距海洋 100 km 内的地方，其中包括世界上 15 个最大的城市中的 13 个。越来越稠密的人口和气候的加剧变化带来一系列海洋环境的恶化，如生态系统的渐退、海岸侵蚀、过度捕鱼和海洋污染等，这大大加深了海洋水域的脆弱性。海洋生物监测、水文测绘、海水酸化及噪声污染的评估、可持续的渔业以及相关政策的制定等无不依靠最新的水声技术的发展。

　　无论从深度（从水面到马里亚纳海沟水下 11 km），还是从分辨率（从毫米级到上千千米级）来考虑，声波都是探测海洋及海床最有效的方式。声波可以帮助鲸类种群进行超远距离的通信，可以帮助海面船舶对数千米深的海床进行测绘或是探测海底油气储藏，也能够让船只去识别和跟踪鱼群。因此，提高和发展水声工具及其分析测量能力的愿望就变得越来越迫切。伴随着大量活跃的行业协会，同行评议的论文以及多样化的经典专著，现今发展和提高水声技术的需求在全世界的工业界和学术界都十分显著。仅从施普林格（Springer）和普拉西斯（Praxis）最新出版的专著来看，就有 Boris Kastnelson 和 Valery Petnikov 所著的《浅海声学》*Shallow‑Water Acoustics*（Springer-Praxis，2002），Leonid Brekhovskikh 和 Yuri Lysanov 所著的再版《海洋声学基础》*Fundamentals of Ocean Acoustics*（Springer，2003），Peter Wille 所著的包含大量声呐图片的《海洋声成像：研究现状及调查》*Sound Image of the Ocean：In Research and Monitoring*（Springer，2005），由我和 Andrea Caiti 编撰的包含多学科的《海床埋藏垃圾：声成像及生物毒性》*Buried Waste in the Seabed：Acoustic Imaging and Biotoxicity*（Springer-Praxis，2007），我的《侧扫声呐手册》*Handbook of Sidescan Sonar*（Springer-Praxis，2009），以及最近出版的由 Michael Ainslie 所著的《声呐性能模型原理》*Principles of Sonar Performance Modeling*（Springer-Praxis，2010）。在提及的诸多著作中也应包含本书的第一版。

　　本书是《水声学概论》*An Introduction to Underwater Acoustics* 的第二版，副标题"原理与应用"也展示了本书主要关注的方面。基于作者在该领域多年的，包括在实验室内的和海上的研究经验，本次更新和修订涵盖了水声系统、测量以及分析的各个方面和各种进步。本书的各个章节清晰而翔实地描述了水声基础、声波传播、反射、不同的散射模型、混响及噪声等各项内容，同时展现了这些知识是如何被推导的，又是如何被应用到我们的实际工作中的（其中许多应用来自作者的自身经验）。接下来，这些原理又通过声呐系统这一实际应用得以展现，这包括换能器测量值的分析、解释以及性能分析等。本次新版的修订包括了大量翔实的新增实例，例如浅地层成像、多种类型的海洋噪声污染及海洋动物的对话等。当然，许多章节得到了其他许多专家的帮助。本书也提供了翔实的附录，包括一些详细的计算过程，或是每个章节的未来关注点以及完整的参考文献。

　　由于本书对水声学的各个方面和各个知识点的完整、细致、清晰且富有逻辑性的阐述，本书对各层次的学生以及想要快速查找相关知识或某一新领域分支的声学工作者，都是一本非常优秀的入门书籍。本书第一版被世界各国的人们广泛阅读并引用，书中所呈现的严谨而统一的数学符号及清晰而实用的说明等无不受到大量的好评。本书第二版更进一步地提供了大范围的习题以及答案。本书继续强调了数学公式和理论的实际应用以及实际问题的解决。基于本书作者的专业性以及他常年以来对各个不同层次的学生的教导，使用本书的老师和学生们完全可以将本书当成一本教材或是实用手册。本书将会对水声学的研究和教学作出长远的贡献，在这里，我祝愿本书以及本书的读者都取得成功。

菲利普·布隆德尔（Philippe Blondel）博士
英国贝斯大学空间、大气和海洋科学中心物理系副主任
2010 年 1 月

前　言

　　《水声学概论》第一版由普拉西斯出版社于 2001 年出版，并获得了巨大的成功。稍后（2008 年），普拉西斯出版社邀请我筹划新的第二版。这给我提供了一个绝佳的机会，让我可以改正原版中已经发现的错误和不完善之处，并在新书中补充诸多重要的发现，尤其是引入水声学及其应用的最新研究发展动态。好事接踵而至，基于对第一版的修正和补充，第二版终于全新上市。

　　再版的目的与之前相同，也就是向入门者介绍水声学的主要原理、理论和实际应用，可以为其他读者充当工具书或是普及读物。本书并非面向水声学领域的专家，但我希望他们仍能从书中找到些许兴趣所在。本书旨在从务实的角度，以一种可为多数人（并不仅限于物理学或信号处理专业的研究生）接受的形式展现水声学，毕竟相关纯理论的书籍大有所在。

　　我在第二版中加入了之前未曾涉及的主题（生物声学、地球物理勘探），也会继续深入探讨原有的主题，同时还完善了现有资料，使第二版更加全面。第二版前几个章节主要讨论水声学原理，这与之前的整体结构基本类似，但增加了一些内容，以期完善此前内容。第一版中水声学应用的部分现在分为三个章节（水体、海底、浅地层），并增加一个有关"生物声学"的新章节。基于几十年的亲身教学，我增加了大量附录，包括一系列拓展练习和问题以及相关的解答。

　　第一版中，有关"传播"的章节未能对抛物型方程给予足够的关注，这部分内容是由 Luc Leviandier 提供的。抛开这个特定主题而论，Luc 还完善了我此前对水声传播建模经典方法（射线理论及其数学模式）的论述。在有关"环境噪声"章节中，我加入了 Philippe Blondel 和 Melanie Collins（曾用名"Keogh"）提供的一些新资料，包括一些最新的研究结果。

　　第一版中，有关"换能器"的章节是由我同事 Yves Le Gall 完成的。在第二版中，Yves 增加了一些重要却被忽视的问题，如阻抗匹配和发射器设计。

　　虽然高分辨率估计方法在目标定位中仍未广泛应用，然而已成为近几十年来一个主要研究课题，这在第一版中并未提及。新版中这部分内容由 Christophe Sintes 和 Gerard Llort-Pujol 提供，他们也参与了有关"干涉测量技术"章节的编写。

"水体中的应用"这章的主要内容由 Gerard Lapierre 提供，探讨了水下通信原理和应用的诸多方面；Christophe Vrignaud 论述了多普勒流速剖面仪，Valerie Mazauric 论述了渔业声学。

为了拓展第一版中有关"浅地层水声探测"的内容，第二版新增了这一专题。我的同事 Anne Pacault 在这方面提供了专家支持，不仅修改了首稿，而且增加了很多相关资料，使这部分论述深入浅出。用近 50 页的内容阐述地波探测实属不易，我们希望，这一部分可以达到诸多读者的预期，并激励读者阅读深入探讨相关具体课题的更专业、更全面的教科书。

生物声学是水声学中日益重要的主题。水上及水下的声污染会引起人们更多更广泛的关注，促使越来越多的具体条例出台，但这些离不开对海洋生物发声和听觉机制的详细了解。本书中有一章专门针对这些主题，尤其关注海洋哺乳动物。Stacy DeRuiter 在法国海洋开发研究院（IFREMER）做博士后期间完成了这一章论述。当然，Stacy 的方法更侧重生物学而非工程学。希望本章内容能与本书其他内容连贯融合，为读者提供一个有用的信息来源。

同样，我也努力对书中的图片内容进行改进——包括硬件的图片和一些实际应用的数据。在此感谢以下公司的支持：泰雷兹水下系统（Thales Underwater Systems）、康斯伯格海事公司（Kongsberg Maritime）、舍赛尔（Sercel）、克莱因（Klein）、iXsea、法国舰艇建造局（DCNS）、道达尔（Total）、蜂鸟（Humminbird）、特利丹公司（Teledyne-RDI）、诺泰克（Nortek）和 HTI；感谢法国海洋开发研究院和法国航道及海洋测量局（SHOM）的众多同事为我提供数据和实验结果。

除了以上贡献者，很多同事在我筹划新版书的各个阶段给予了帮助，提出了他们发现的错误和有用的建设性意见，最后还帮我审阅新版书。在此，我要特别感谢 Dick Simons、Andrea Trucco、Michael Ainslie、Bjornar Langli、Yann Stephan，尤其是 Jacques Marchal，连续几周在他往返巴黎的上下班时间帮我详细检查新手稿。

很荣幸在此真诚地感谢以上所有合著者和贡献者以及帮助我完成这本新书的所有人。

最后，我还要感谢我的编辑 Philippe Blondel 以及整个普拉西斯团队，一直给予我最有力的友好支持。

仅将此书献给我的妻子 Francoise 和我们的孩子 Thibaut、Jean-Baptiste、Berenice 和 Gauthier。

哈维·卢顿（Xavier Lurton）

Locmarica-Plouzané

2010 年 1 月

水声学常用缩略语

ADC	Analog Digital Converter	模拟-数字转换（模数转换）
ADCP	Acoustic Doppler Current Profiler	声学多普勒流速剖面仪
AGC	Automatic Gain Control	自动增益控制
AMC	Adaptive Modulation and Coding	自适应调制与编码
APL	Applied Physics Laboratory, USA	美国应用物理实验室
ASDIC	Anti-Submarine Detection Investigation Committee, UK	英国盟军反潜侦查调查委员会（现特指二战期间英国发明的主动声呐反潜系统）
ASW	Anti Submarine Warfare	反潜战
ATOC	Acoustical Thermometry of Ocean Climate	海洋气候声学测温
AUV	Autonomous Underwater Vehicle	自主式潜水器
AWGN	Additive White Gaussian Noise	加性高斯白噪声
BCS	Backscattering Cross Section	反向散射截面
BER	Bit Error Rate	误码率
BS	Backscattering Strength	反向散射强度
BT	Bandwidth Time product	带宽时间积
BTR	Bearing Time Record	方位-时间记录
CHS	Canadian Hydrographic Service	加拿大航道测量局
CW	Continuous Wave	连续波
DCNS	Direction des Constructions de Navires et Systemes, France	法国舰艇建造局
DGPS	Differential GPS	差分全球定位系统
DI	Directivity Index	指向性指数

DSC	Deep Sound Channel	深海声道
DEMON	Demodulated Noise	解调噪声
DICASS	Directional Command Activated Sonobuoy System	定向指令主动式声呐浮标系统
DIFAR	Direction Finding Acoustic Receiver	定向声接收器
DOA	Direction of arrival	波达方向（到达角）
DSL	Deep Scattering Layer	深海散射层
DSP	Digital Signal Processor	数字信号处理
DT	Detection Threshold	检测阈
EL	Echo Level	回声级
FFP	Fast Field Program	快速场运算
FFT	Fast Fourier Transform	快速傅里叶变换
FM	Frequency Modulation	频率调制（调频）
FOM	Figure Of Merit	质量（品质）因数
FSK	Frequency Shift Keying	频移键控
GESMA	Groupe d'Etudes Sous-Marines de l'Atlantique, France	法国大西洋研究组
GPS	Global Positioning System	全球定位系统
HF	High Frequency	高频
HMS	Hull-mounted sonar	舰载声呐
IHO	International Hydrography Organization	国际航道测量组织
IOSDL	Institute of Oceanographic Sciences, Deacon Laboratory（now part of NOC）	海洋科学研究所，迪坎实验室
IFREMER	Institut Francais de Recherche pour l'Exploitation de la Mer, France	法国海洋开发研究院
JASA	Journal of the Acoustical Society of America	美国声学学报
LFA, LFAS	Low Frequency Active（Sonar）	低频主动声呐
LOFAR	Low Frequency Analysis and Recording	低频分析记录

MBES	Multibeam Echosounder	多波束回波探测仪
MCM	Mine Counter Measures	扫雷
MLBS	Maximum Length Binary Sequence	最长二进序列
NAVOCEANO	Naval Oceanographic Office, USA	美国海军海洋局
NIWA	National Institute for Water and Atmosphere, NZ	新西兰国家水与大气研究院
NL	Noise Level	噪声级
NMO	Normal Move Out	动校正
NOAA	National Oceanic and Atmospheric Administration, USA	美国国家海洋和大气管理局
NOC	National Oceanography Centre, UK	英国国家海洋中心
NURC	NATO Underwater Research Center (ex-SACLANTCEN), Italy	(意大利) 北约水下研究中心
NUSC	Naval Underwater Systems Center, USA	美国海军水下系统中心
OAT	Ocean Acoustic Tomography	海洋声层析
OCR	Open Circuit Response	开路响应
ONR	Office of Naval Research. USA	美国海军研究室
PDF	Probability Density Function	概率密度函数
PG	Processing Gain	处理增益
PRF	Pulse Repetition Frequency	脉冲重复频率
PSK	Phase Shift Keying	相移键控
PVDF	Polyvinylidene Bifluorid	聚偏 (二) 氟乙烯
PVDS	Propelled Variable Depth Sonar	推进式变深声呐
PZT	Lead and Zirconate Titanium ceramic	压电陶瓷 (锆钛酸铅)
RMS	Root mean square	均方根
ROV	Remotely Operated Vehicle	无人遥控潜水器
RT	Reception Threshold	接收阈

RTK	Real Time Kinematics	实时动态
RV	Research Vessel	研究船
Rx	Receiver	接收器
SACLANTCEN	Supreme Allied Commander Atlantic Undersea Research Center, Italy	（意大利）盟军最高司令大西洋水下研究中心
SAR	Synthetic Aperture Radar	合成孔径雷达
SAS	Synthetic Aperture Sonar	合成孔径声呐
SI	System international	系统国际
SBL	Short Base Line	短基线
SBP	Sub-Bottom Profiler	浅地层剖面仪
SHC	Service Hydrographique Canadien	加拿大航道测量局
SHOM	Service Hydrographique et Oceanographique de la Marine, France	法国航道及海洋测量局
SIO	Scripps Institution of Oceanography, USA	美国斯克里普斯海洋研究所
SL	Source Level	声源级
SNR	Signal to Noise Ratio	信号噪声比（信噪比）
SOC	Southampton Oceanography Centre, UK	英国南安普敦海洋中心
SOFAR	Sound Fixing And Ranging	声音定位与测距（现泛指深海声道）
SONAR	Sound Navigation And Ranging	声波导航与测距（现泛指声呐）
SOSUS	Sound Surveillance System	声音监控系统
SPB	Signal Processing Board	信号处理板
SPL	Sound Pressure Level	声压级
SSS	Side Scan Sonar	侧扫声呐
SSN	Nuclear-Powered Attack Submarine	攻击型核潜艇
SSBN	Submarine Submersible Ballistic Nuclear	战略核潜艇（弹道导弹核潜艇）
SSP/SVP	Sound Speed Profile/Sound Velocity Profile	声速剖面

SURTASS	Surveillance Towed Array Sensor System	拖曳声呐阵列监测系统
TASS	Towed Array Sonar System	拖曳声呐阵列系统
TL	Transmission Loss	传播损失
TMA	Target Motion Analysis	目标运动分析
TS	Target Strength	目标强度
TVG	Time Varying Gain	时变增益
TVR	Transmitter Voltage Response	发射电压响应
Tx	Transmitter	发射器
USBL	Ultra Short BaseLine	超短基线
USGS	US Geological Survey	美国地质勘探局
UUV	Unmanned Underwater Vehicle	无人潜水器
UWA	Underwater Acoustics	水声学
VDS	Variable Depth Sonar	变深声呐
VLF	Very Low Frequency	甚低频
WHOI	Woods Hole Oceanographic Institution，USA	美国伍兹霍尔海洋研究所
WOTAN	Weather Observation Through Acoustic Noise	基于噪声的天气观测
XBT	Expendable Bathy Thermograph	抛弃式温深仪
XCTD	Expendable Conductivity Temperature Depth probe	抛弃式温盐深剖面仪

目　录

第1章 水声学的发展

1.1 基本原理

1.1.1 探索水下环境

伴随着社会和文化的不断发展，远距离通信连接与信息传播渠道(电话、广播、电视、网络)的设计和广泛实施成为了现代历史上主要的技术成就之一。从技术上来讲，这些系统大多使用本质上类似于光的电磁波。人们于19世纪发现电磁波的特性，并在20世纪初首次运用电磁波。从那时起，电磁波被证明为信息传播的强大载体。不仅如此，当电磁波应用于雷达系统时，它是我们探索和监测环境的有力工具。鉴于电磁波能在外太空和大气中传播，自人类进入太空起，电磁波的应用领域就被不断地扩展，尤其是在电信和遥感卫星普及之后。

但是地球很大一部分还不能应用电磁波。在占地球表面积70%以上的水下领域中，无线电和雷达波无法有效地传播。事实上，水的导电性高，特别是盐水，因此极易耗散。这意味着电磁波的极速衰减，限制了它在水中使用时的有效作用范围。声波是替代电磁波，实现在水中远距离信息传播最实用的载体。

声波为材料介质(气体、液体或固体)中的机械振动，能够在海洋中和海底非常顺利地传播，因此声波在海洋里的畅通运行能在某种程度上弥补电磁波和光波在水下极其有限的传播能力。

声波是自然大气环境或人工大气环境中不可缺少的一部分。通过生理感官，我们能够直观掌握声波的物理特性并不断利用它，通常用于交流——在某种程度上也参与我们人体的定向机能。在水中，声波特性会变得有所不同。声波在水中比在空气中具备更有利的传播特性，传播速度是在空气中的4~5倍，也可以达到更高的能级水平，最重要的是，声波衰减较小，因此可以实现远距离传播[①]。但声波的这些优势会受到其他条件的限制：特别是，同样受益于易传播条件的更高强度的环境噪声和不想要的回

---

①在常规大气条件下，声传播范围很少超过数千米，但在特定条件下，海洋中的信号传播可达数千千米。

1

波会对有用信号产生干扰。因此，水中的声环境特性与空气中有着明显不同。例如，非常适应海洋生活的鲸和海豚广泛使用声波来互相沟通、探索环境、定位猎物，陆地动物则不具备与之同等的能力[②]。

很早以前，人们就开始观察到声波能在水中快速传播，但水声的实际应用却是最近才开始的。随着技术的发展，在 20 世纪初期首次实现了水声的实际应用。自此，水声应用的数量和类型也越来越多。简而言之，水声学——尽管与空气中的电磁波相比性能较低，在海洋中的运用与雷达波和无线电波在大气和太空中发挥的应用同样重要。声波在水中的运用如下：

- 探测和定位障碍物及目标，这是声呐系统的主要功能，通常用于军事，例如反潜和探雷战，但也同样应用于航海导航和渔业；
- 测量海洋环境的特征（海底地形、生物体、海流和水文结构等）或水中移动物体的位置和速度；
- 传送信号，信号可能来自水下科学仪器获得的数据，潜艇和水面舰船之间的交流信息，或对远程操作系统的指令（如在海底观测站）。

水声装置多数是主动声呐系统，也就是说，它们发射一个受控的特征信号，并由目标将信号反射或直接传输到接收器。相反，被动声呐是用来拦截和利用目标本身发声的水声设备。

1.1.2 传播介质的影响

在空气中使用电磁波和在海洋中使用声波的主要区别之一在于传播介质的限制条件不同。确实，海水相对有利于声波的传播（见第 2 章），但仍有很多的限制条件：

- 发射信号的衰减，尤其是因为水中声波的吸收，限制了特定系统在给定频率下可到达的范围；
- 水下相对较低的传播速度（约 1 500 m/s），虽高于在空气中的传播速度（约 340 m/s），但与电磁波 300 000 km/s 的传播速度相比，还是太低；
- 声速变化以及海底和海面反射引起的传播干扰（见第 3 章），导致传播介质的非均匀声透射（声波并非以直线传播，而是以多路径传播），生成不必要的延迟回波，造成干扰；
- 传输信号的变形——信号的起伏来自介质的异构性，多路径之间的干扰、海底和海面的反射以及声呐和目标的相对移动造成的频移（多普勒效应）；
- 海洋中的环境噪声（见第 4 章）可以掩盖信号的有用部分，噪声来源于海面的扰

---

②当然会存在一些例外，最有名的就是蝙蝠能够利用超声进行回声定位。

动、火山和地质活动、航运、生物体、下雨等，同时水声系统自身及其搭载平台(水面舰船或潜艇)也会产生自噪声。

传播介质的特征在空间和时间上都变化极大。环境依赖性包含地理和温度及海水盐度的季节变化、海底地形、涌浪、海流、潮汐和内波，如果加上声系统及其目标的运动，情况就会更复杂。所有这些加起来常常使水声信号具有随机起伏的特性。

在当前用于探测和定位系统的常见应用中，传输信号会经目标反射回声呐系统。这一反向散射通常非常复杂(见第 3 章)，取决于目标的物理结构和维度以及信号的到达角和频率，而且目标发出的回波常常伴随着传播介质中及其界面上其他散射体所反射的无用信号，所以可能会掩盖有用信号，这就是混响现象。

因此，海洋环境在声信号传输中扮演着至关重要而又苛刻的角色，致使实际操作中会出现很多问题。从 20 世纪 40 年代起，人们在水声传播研究和建模方面做出了不懈努力，而水声传播则成为了水声学研究最为活跃的传统领域之一。再次与电磁波对比，在无线电和雷达系统的表现中，信号传播本身远没那么重要。然而，考虑到信号传播在电磁波实际应用的极端重要性和其实验的相对简单性，相对于水下声信号，对电磁波信号传播的研究反而较少。

1.1.3　声呐系统的结构

使用声信号对目标和障碍物进行探测/定位的系统常被称为声呐(sound navigation and ranging，SONAR，声音导航与测距的缩写)，这一缩写强调了水声与可用于大气或太空的电磁雷达(无线电探测与测距)之间的相似之处[③]。

为了探测和定位一个特定目标，声呐(图 1.1)在一个预先确定的方向上通过一个发射换能器(见第 5 章)发送大功率声信号，信号在海洋中传播到反射目标然后返回至声呐，信号在双向传播路径中会衰减、变形并与混响和噪声混合。通过天线——可能由多个接收换能器(水听器)组成的阵列来接收信号，通常阵列的输出会满足一个特定的指向性图。信号经过预放大、数字化、滤波后，进入专用处理链进行处理。

声呐接收器的主要功能如下：

- 检测(准确把握、识别掩盖在噪声中的信号，表示反射目标的真实存在性)。这要么是一个专用操作(例如，军事反潜声呐在较低信噪比下工作)，要么是很多其他系统中多少会存在的一个隐藏步骤；

- 在噪声和波动环境下进行参数估计(如测量特定参数)，通常用来判定目标相对

---

③术语"声呐"有时被不恰当地用来指定任何一种水声系统。

于声呐的位置，在这方面测量的最有用的参数是声信号的传播时间及其到达的角度方向，也包括振幅及频率组成；

● 最后是目标识别（整体识别，如船型、鱼类……）或特征描述（估算一些内在参数），这是接收器处理最难的部分，因为所需的目标特征（如海床地质信息）可能并未与其声学性能直接联系起来，而且所需的声学测量（通常基于信号振幅）比单纯的空间测量更苛刻（基于时间和到达角）。

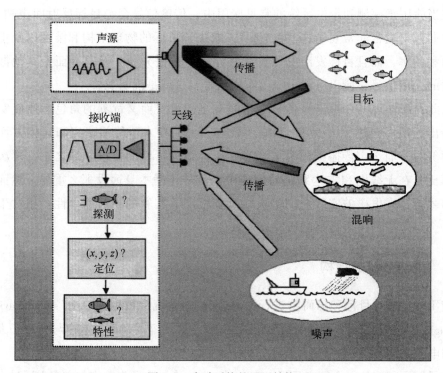

图 1.1　声呐系统的通用结构

除了物理环境的限制条件，信号设计及其处理（见第 6 章）会直接影响声呐接收器的性能，我们可以通过定向天线探测声音和定位空间（定向天线可提高传输过程的效率和接收过程中的信噪比）并利用其自身指向性或空间选择性来预测到达角。为了改善多种接收功能的性能，近几十年来，人们对声呐信号处理的多个领域进行了大量的理论和应用研究工作。关于主动声呐的很多研究和成绩是与雷达研究同时进行的，与之相对的是被动声呐处理技术通常特指声学，所以需要原创理论和概念的发展。特别是由于面临水下天线在机械转向中的实现困难，导致了水下波束形成方案的出现及发展。总而言之，水声学的发展与信息技术息息相关，利用专门的处理器和今天越来越多的标准计算机，声学信号的数字化得以实现并得到大众化普及。

1.2　历史聚焦

1.2.1　先驱者

很早以前我们就已经知道，通过测听船只辐射进入水中的噪声，就能利用声音被动探测远方的船只。列奥纳多·达·芬奇常被认为是明确写出这一现象的第一人。但实际应用却是之后才开始的，首个被有效使用的水声装置是协约国在第一次世界大战期间开发的被动探测系统，它被用来应对当时德国潜水艇构成的新威胁。水下可操纵耳机可让操作员探测噪声源，通过双声道接收判定噪声源方向④。

但在 20 世纪初期，人们就已开始分析主动声系统探测航海障碍物和目标的概念了。尤其是在 1912 年"泰坦尼克号"沉没后，这一概念研究急速发展起来。同一年，费森登(Fessenden)根据电动换能器制作了一个水下电声源原型。以研究相对论出名的法国物理学家保罗·朗之万(Paul Langevin)实现了重要突破，1915—1918 年间，他在塞纳河和海上进行了历史性的试验，证明了发射声信号来主动探测潜水艇的可能性，实验能够给出目标与接收器的角度和距离。事实上，他的关键性创新在于使用一个 38 kHz 的压电式换能器。随后的换能器大都采用了这一概念，最早是由英国人艾伯特·B. 伍德(Albert B. Wood)于 1917 年制作的压电式换能器原型。但是这些换能器出现得太晚了，无法在第一次世界大战中实际运用。

1.2.2　第二次世界大战

声呐技术真正开始得到发展并大大改进是在两次世界大战期间，这主要得益于第一代电子设备的出现和新兴无线电行业的诞生。声呐技术在当时取得了巨大进步，尤其在拥有决定性技术优势的英国。因此，在第二次世界大战开始时，主动声呐技术已经达到非常先进的水平，进而被同盟国军队大范围使用(这就是英国皇家海军著名的 ASDIC 系统⑤，见 7.2.1 节)。后来，声呐在盟军舰队和德国潜艇间展开的大西洋战争中发挥了重要作用。1941 年，美国参加第二次世界大战后，继承了英国技术，在声呐研发方面做出了巨大努力(正如他们在雷达和核武器方面的研发一样)。对水声传播的进一步了解以及探测和测量掩盖在噪声中的信号的相关理论大大改进了主动声呐系统的性能。目前尚在使用的很大一部分基本声呐知识可追溯到这一时期⑥。与此同时，德

---

④同样地，空气声系统使用了相同的角度定位技术，是为被动探测飞机而开发的。

⑤尽管 ASDIC 字面上指的是英国技术工作组(也可称为盟军反潜侦查调查委员会，或反潜部门)，但这一名称被广泛用于指定系统本身；第二次世界大战后，可能是因为起源于美国，它被称为声呐(SONAR)。

⑥《海洋声学物理学》*Physics of Sound in the Sea*(NRDC，1946)对这些研究进行了综合分析。

国也设计和制作了被动声呐探测装置。1945 年，盟军掌握了德国的 U 型潜水艇技术知识和"无声"材料，推动了强大潜艇舰队的进一步发展，尤其是在苏联的发展。

1.2.3 1945 年后

尽管第二次世界大战在 1945 年结束，但东西方之间的冷战致使各国继续推进声呐领域的科学技术研究。20 世纪 90 年代初期苏联解体后，战略核军备竞赛才有所减缓。在中间这几十年里，见证了各国在水声系统开发方面的巨大努力。西方国家和苏联启动了许多大型研究和实验项目。20 世纪 50 年代末，能够发射弹道导弹的战略核潜艇（SSBN）的出现成为各国的新动力，紧随其后的是攻击型核潜艇（SSN）。核潜艇的进化导致了各国对水下探测策略的彻底修正。在核潜艇出现之前，声呐仅在局部使用，用于保护船只或运输通道，事实上，这项技术的应用限制在几千米范围内。而在新战术环境下，必须能够监控广阔的海洋区域。在 20 世纪 60 年代，必须优先考虑使用被动探测技术，才能达到比主动声系统更广的监测范围。20 世纪 60 年代，随着数字信号处理技术的出现，水声技术的发展也出现了突破。这一重要发展大大增强了声呐系统的性能和多功能性，尤其当计算机性能快速发展以后。被动声呐此时达到了极端复杂程度，相反，潜艇辐射噪声降噪技术却较为落后。因此，随着主动声呐技术的回归，这种趋势在 20 世纪 90 年代又出现了逆转。现在主动声呐扩展到了更低的频率（为了达到更广的探测范围）。20 世纪末，英国与海上成员国的冲突证实了掌握声呐技术以应对攻击潜艇（福克兰群岛战争*）或水雷（第一次海湾战争）威胁的重要性。而随着防止恐怖主义行动需求的出现，声呐战争近期又加入了新的成员。

1.2.4 民用发展

与军事领域发展并驾齐驱的是，海洋学和工业也能够从水声学发展中受益。声学回波探测仪很快取代了传统测锤索，用于测量船下水的深度或探测航海中的障碍物，并在两次世界大战期间得到广泛应用。在今天，这些探测系统仍然是航海和水文地理学中的科学仪器及不可或缺的工具。20 世纪 20 年代早期，声学回波探测仪开始用于探测鱼群，水声学已经逐步成为渔业和科学监测鱼类生物的主要工具之一。自 20 世纪 60 年代发明侧扫声呐以来，从海底收集"声学图像"的侧扫声呐在海洋地质学中的应用越来越受欢迎。而随着可同时进行多个扫描的多波束回波探测仪的出现，海床声学绘图效率在 20 世纪 70 年代大幅度提高。自 20 世纪 80 年代末，这种技术与侧扫影像合并以后，人们可以方便地收集高品质的水下地形图，同时提供海床地形和声反射率（即得出

---

*：又称马尔维纳斯群岛战争，简称马岛战争。——译者注

对其本质的深入理解)。尽管海上石油开采业主要涉及利用测深器或震测设备的海床声学绘图技术和沉积物探测，但同样推动了特定声学技术的发展。这些技术主要用来精确定位船只，或水下潜航器，或用于数据传输。物理海洋学领域自 20 世纪 70 年代开始使用声波的传播来测量局部(流速剖面仪)或中尺度(海洋声层析)的水文扰动。到了 20 世纪 90 年代，声学技术被用于固定的监测大型海盆的平均温度演变，而这也是全球气候变化研究的一部分。

1.3　水声学应用概况

无论是出于科学、军事或是工业的目的，在探索海洋的过程中，水声学已成为掌握海洋的一个基础理论，它允许各种尺度下的多种应用(探测、跟踪、成像、通信和测量)。尽管受到环境的诸多限制，它仍然满足了现今大部分的需求。这里将简要介绍水声学的主要现代应用，第 7 章、第 8 章和第 9 章将会进一步详细描述这方面的内容。

1.3.1　军事应用

通常来说，水声学的大部分研究和工业化成果都与军事应用密切相关。因此，海军声呐主要针对探测、定位和识别潜艇和水雷，同时也包括水面舰船和鱼雷。

军事应用声呐根据其基本工作原理主要分成两大类(图 1.2)：

- 主动声呐发射出一个信号并从目标接收回波信号(通常是水下潜艇或水雷)，测量的时间延迟被用来估计声呐和目标之间的距离。通过使用一个合适的天线，接收的信号可提高探测能力并完成测量(决定信号的到达角)，进一步分析回波可以识别目标的更多特征(例如，通过多普勒效应来估计它的速度)。水雷声呐是主动声呐家族的特殊成员，具有非常高的分辨率，用来探测和识别近岸区海床上(埋入)的水雷。较高分辨率的声呐也可用于探测潜水员，主要是为了保护海岸或港口设施；

- 被动声呐在民用领域使用很少[⑦]。被动声呐旨在截获一个威胁物(潜艇、水面舰艇或鱼雷)发出的噪声(可能还有主动声呐信号)。它们的主要优势在于完全隐身，它们可被用于搜索敌方的潜艇及水面舰船。被动接收辐射的噪声不仅可以探测目标而且可以定位(通过利用足够大的天线接收的声场空间结构)和识别目标(通过分析声学特征)。

海军声呐可以在水面舰船、潜艇或鱼雷上应用，它们也可能是直升机上的机载系统或机载发射的自动声呐浮标，或是被水面舰船或潜艇拖曳的用于低频率主动声呐和长阵列。

---

⑦除了近期用于海洋哺乳动物监测的一些系统。

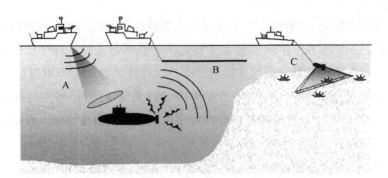

图 1.2　军事应用声呐实例

A—主动声呐；B—被动声呐；C—探雷主动声呐

1.3.2　民事应用

民用水声学在工业和科学活动中的应用相对较少，但也是快速变化和发展的。环境研究和监测方面的大型科学项目以及工业捕鱼和离岸工程(尤其是石油工业)的发展使得人们需要更多的海洋仪器，这刺激了民用水声学的发展。民用水声学主要分类如下(图 1.3)：

● 测深回波探测仪(也称为回波测深仪)是用于测量水深的专用声呐。它向下垂直发射一个窄波束的信号并测量海床回波的时延。现在，这些测深回波探测仪分布非常广泛，使用也很普遍，从专业航海到水文学再到休闲游艇都能使用；

● 渔业回波探测仪旨在探测并定位鱼群。它们与测深回波探测仪类似，但支持额外功能，可探测和处理来自水体的回波。其他渔业声学装置包括专用回波探测仪、网定位系统和海洋哺乳动物威慑装置；

● 侧扫声呐提供海床的高清图像。侧扫声呐放置在被拖着靠近海底的平台上，从水平位置上以两个窄波束来发射一个从两边扫过底部的短脉冲。反向散射的返回信号形成一个与时延相关的时间函数，从而得出底部起伏、障碍物和结构变化的图像。这些系统被用于海洋地质学、栖息地制图以及探测水雷、遇难船只或任何在底部的障碍物；

● 多波束回波探测仪用于海底绘图。它们被安装在海洋测绘或工业勘探船上，以绘出海床的地形。由窄波束形成信号呈扇形扫过一个条状的海底区域，通过对多个点上的水深测量，快速得出一个高清、覆盖面广的海底地形测量图。与侧扫声呐类似，多波束回波探测仪能够提供海床反射的声像；

● 沉积物剖面仪用于调查海床的分层内部结构。这些单波束回波探测仪，与海洋测深仪在结构上类似，但它们的频率更低，根据海底的类型，可以穿透几十米到几百米。对于大范围的海底调查，地波系统使用低频短脉冲源(如气枪和电火花源)和很长的接收阵列(被称为拖缆)。它们可以调查几千米厚的地质层，被广泛用于石油和天然气勘探以及地球物理学；

● 声通信系统已超出作为语音连接(水下电话)的原有用途，现在主要被用来传输数字数据(如远程控制指令、图像或测量结果)。声通信系统的性能严重受限于可有效使用的窄带带宽以及水下声传播的固有困难。在数千米的距离上，声通信系统可实现每秒数千比特的传输速率；

● 定位系统在一段时间里曾被用于石油钻探船的动态锚定，但现在已被卫星装载GPS 所取代。现在，定位系统常常被用于跟踪无人遥控潜水器或拖曳平台。移动目标的定位要么通过测量来自海底的几个固定发射机的信号的时延来进行，要么通过测量水面舰船的小型阵列接收的多个信号之间的相位差来实现。事实上，其他一些水文几何信息也是可以获得的。这些系统同样用于定位声波发射器(具有传统特征的自动声源)，这些声波发射器主要用来定位一些必须定位或取回的物体(如飞机上的"黑匣子"、危险货物或科学仪器等)；

● 多普勒声学系统是利用回波的频移测量声呐(及其支撑平台)相对于参照介质的速度(多普勒计程仪，用于航海)或水体相对于用于科学测量和监测的固定式仪表的速度(多普勒流速计和流速剖面仪[⑧])；

● 海洋声层析网络通过测量固定发射机与接收器之间的传播时间(远距离)来估计声速的空间变化，从而估测水文扰动的结构。

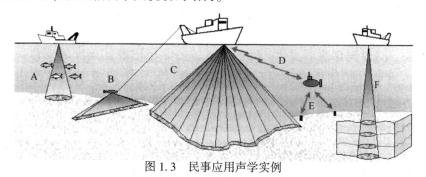

图 1.3　民事应用声学实例

A—测深或渔业回波探测仪；B—侧扫声呐；C—多波束回波探测仪；

D—数据传输系统；E—声定位系统；F—沉积物剖面仪

最后，应该说所有这些声学技术的发展，加上人类的活动(交通、离岸工程和沿海活动)导致了水中的噪声水平在全球范围内的增加，从而改变了海洋物种特别是海洋哺乳动物的自然声环境(见第 10 章)。基于一系列的相关事件和科学观察，为了应对海洋声污染，现在自然海洋生物的保护措施已经迫在眉睫。这些新需求也推动我们更好地理解声波在海洋生活中的角色，并连同其他有关自然生物资源监测和保护的环境目标一起，真正地成为进行海洋生物声学科研的新动力。

---

⑧亦称 ADCP，即声学多普勒流速剖面仪。

第 2 章 水下声传播

本章我们首先探讨与声波在水中的传播有关的水声学：信号如何从一点传播到另一点？声波在水中传播时会受到哪些限制，发生哪些变化？本章将从声波的物理性质相关的基本概念、声波的特性、数量级、实际应用和数学符号等方面着手，特别是对声学中通用的对数符号（分贝）进行阐释。声波传播的主要效应是由于几何扩散和声波的吸收而导致的信号振幅的衰减，后者与海水的化学特性有关，是水下声波传播的一个决定性因素，限制了声波高频率下可到达的范围。传播损失的估计则是声呐系统性能评估的最重要因素。由于水下传播介质受限于两个明显的界面（海底和海面），在信号传播中，海底和海面上的无用反射会生成一系列多径信号。事实上，由此形成的多种回波，通常以一种簇发或一串信号的副本的形式出现（高频率下），或形成一个稳定干扰的空间场（低频率下）。这两种情况都对有用信号的提取和解析造成了困难。另外，海洋中的声速受到温度和压力的影响，因此在空间上处于非均匀状态，通常随深度而变化。因此，声波的路径随着其速度的变化而变成折射状，这使得声场空间结构的建模和解译更复杂。几何射线声学是最简洁也是最有效的建模方法，该方法依据著名的斯奈尔-笛卡儿定律（Snell-Descartes Law）建立，与观察部分的波的传播方向和声速相关。本章将论述几何射线声学的基本原理以及得出射线路径描述、传播时间及路径损耗的主要公式。几何射线声学建模方法操作简单，物理描述非常直观，是水声传播建模中最普遍应用的方法。建模时，我们应针对简单而典型的声速变化引入一些传播模态原型。从理论上来讲，简正波模态法和抛物线方程等研究波的方法比几何射线声学法更严谨，旨在直接取得非恒定声速下声波在介质中传播的公式。在本章最后，我们将引入这些方法的基本原理，与几何射线声学法相比，这些方法的应用更间接，通常用于较低频率下稳定信号的传播。

本章只针对水声波传播的一些基本概念进行介绍，未对其细节广泛涉猎。感兴趣的读者可阅读一些入门书籍[如，普通声学（Pierce, 1989; Bruneau, 2005）、水声传播（Brekhovskikh et al., 1992; Medwin et al., 1998; Jensen et al., 1994）]，或者阅读近半个世纪以来发表的文章进行深入了解。

2.1　声　波

2.1.1　声　压

声波起源于机械振动的传播。声波经过弹性介质传播时，受到局部压缩和膨胀，会从一点传送至周围的点。扰动也从一点到下一点（为简单起见，图 2.1 和下列公式从一维角度展开），从源头传播开来。这种介质扰动的传播速率就是声速。

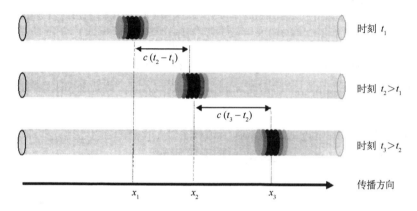

时刻 t_1

时刻 $t_2 > t_1$

时刻 $t_3 > t_2$

传播方向

图 2.1　圆柱形波导局部压差的一维传播是时间的函数

介质中的不同点在各个瞬间会观察到相同的情形。如果传播仅沿一维空间 x 方向上（图 2.1），声源带来的扰动 $s(x,t)$ 则满足下列条件：

$$s(x_1,t_1) = s(x_2,t_2) = s(x_3,t_3) = \cdots = s(x_n,t_n) \tag{2.1}$$

观察时间 t_1，t_2，$\cdots$，t_n 与位置 x_1，x_2，$\cdots$，x_n 及传播速度 c 的关系为

$$\begin{cases} x_2 - x_1 = c(t_2 - t_1) \\ x_3 - x_2 = c(t_3 - t_2) \\ \quad\quad\vdots \\ x_n - x_{n-1} = c(t_n - t_{n-1}) \end{cases} \tag{2.2}$$

声波需要在弹性介质中传播（如气体、液体或固体），而传播介质的材质特性决定了该介质内的声速。

声压的特征如下：传播介质中的每个粒子在平衡位置周围所做的局部运动振幅与质点运动相对应的流体速度（这个局部速度不要与波的传播速度 c 混淆）以及质点运动产生的声压有关。其中，声压是由振动产生的对流体体积元的压缩和膨胀，进而引起平均流体静压力的变化。声压是水声学中最常用的量。水听器（相当于在海洋中使用的

空气听音器)可用作水下声音接收器，即压力感应器。

声压的单位是帕斯卡(Pa)或更精确的是微帕斯卡(μPa)，国际单位定义请见附录A.1.1。水声学中，声压最大值和最小值之间的差值(或动态值)极高。安静环境下测量的窄带背景噪声的声压可能只有几十微帕斯卡(μPa)，而接近大功率源的声音的能级可高达 10^{12} μPa(相差十个数量级以上!)，这就有必要使用对数符号来表示了(见2.2节)。

2.1.2　声速与密度

声波的传播速度 c 由局部传播介质特征密度 ρ 和弹性模量 E[①](或流体中用它的倒数——压缩系数 χ)决定：

$$c = \sqrt{\frac{E}{\rho}} = \sqrt{\frac{1}{\chi\rho}} \tag{2.3}$$

声波在海水中的传播速度 c 接近 1 500 m/s(通常在 1 450~1 550 m/s，这取决于海水的压力、盐度和温度)。海水的平均密度 ρ 约为 1 030 kg/m^3，取决于同样的物理参数(海水的压力、盐度和温度)。

海洋沉积物(根据一阶近似，通常视为流体介质)的密度在 1 200~2 000 kg/m^3，在饱和水沉积物中，声速(与间隙水声速成正比)一般为 1 500~2 000 m/s。而空气中的声速和空气密度分别约为 340 m/s 和 1.3 kg/m^3。

2.1.3　频率与波长

有用声信号通常是由长时间振动产生的，而不是瞬时扰动。这些声信号的特征用它们的频率 f [每秒基本振动的数量，也可以用赫兹(Hz)表示，或每秒周期数(c/s)表示]或周期 T (基本振动周期的持续时间，与频率的关系是 $T = 1/f$)表示。水声的频率范围为 10 Hz 至 1 MHz，视具体应用[②]而定(用周期表示，也就是 1 μs 至 0.1 s)。

波长是时间周期在空间上的映射，波长即为介质中两点在时延 T 或相移 2π 中具有同相振动状态的基本间距。也就是说，这是波在信号周期内以速度 c 传播的距离，可通过如下公式验证：

$$\lambda = cT = \frac{c}{f} \tag{2.4}$$

如：声速为 1 500 m/s 时，则水声波长在 10 Hz 为 150 m，在 1 kHz 为 1.5 m，在 1 MHz 为 0.001 5 m。显然，这些不同的频率值与波长值对应于不同的物理过程，不仅有关于水中

---

①弹性模量 E 或是其倒数——压缩系数 χ ，是用来表示体积 (V) 或密度 (ρ) 与声压 (P) 的相关性的变量：$E = \frac{1}{\chi} = \left[-\frac{1}{V} \frac{\partial V}{\partial P} \right]^{-1} = \left[-\frac{1}{\rho} \frac{\partial \rho}{\partial P} \right]^{-1}$ 。这个模量需要避免与描述固体介质形变与压力关系的杨氏模量相混淆。

②存在 10 Hz 以下和 1 MHz 以上的边缘应用。

声波的传播，也是声系统自身的特征。在具体应用中，可用频率的主要限制条件如下：

- 声波在水中衰减限制了频率的最大可用范围，且声波的衰减随着频率的变化而急速增加；
- 在给定传播功率时，声源的尺度要求随频率降低而增大；
- 空间选择性与声源和接收器的指向性相关，选择范围随着频率的增加而扩大（给定换能器尺寸时）；
- 目标的声波响应取决于频率，当目标尺寸相对于声波波长较小时，目标将反射较少的能量。

在声呐设计中，选择具体应用的频率时必须考虑以上所有方面，而最终选择的频率往往是个折中值。多种水声系统常用的频率范围见表 2.1。

表 2.1 主要水声系统的频率范围以及最大可用范围的指示数量级(后者不适用于被动声呐、沉积物剖面仪和地波系统)。请注意，一些声呐系统可能超过 1 MHz

频率/kHz	0.1	1	10	100	1 000
最大范围/km	1 000	100	10	1	0.1
多波束回波探测仪					
侧扫声呐					
传输与定位系统					
主动军事声呐					
被动军事声呐					
渔业回波探测仪及声呐					
多普勒流速剖面仪					
沉积物剖面仪					
地波勘探					

2.1.4 波动方程与基本解

声波在气体和液体中的传播遵从流体力学原理(Medwin et al., 1998)。声波在气体和液体中的传播可以用下式表示：

$$\Delta p = \frac{\partial^2 p}{\partial x^2} + \frac{\partial^2 p}{\partial y^2} + \frac{\partial^2 p}{\partial z^2} = \frac{1}{c^2(x, y, z)} \frac{\partial^2 p}{\partial t^2} \tag{2.5}$$

式中，p 是波在空间 (x, y, z) 传播的声压，即时间 t 的函数；$c(x, y, z)$ 是局部声速；Δ 是拉普拉斯算子。如果振动是频率 f_0 的正弦波，波动方程则变成亥姆霍兹方程：

$$\Delta p + k^2(x, y, z) p = 0 \tag{2.6}$$

其中，$k(x, y, z)$ 是波数，$k(x, y, z) = 2\pi f_0/c(x, y, z) = \omega/c(x, y, z)$，$\omega$ 是波动频

率或角频率，$\omega = 2\pi f_0$。如果恒定声速 $c(x, y, z) = c$ 且传播限制在单一方向 x，式 (2.5)则变成：

$$\frac{\partial^2 p}{\partial x^2} + \frac{\omega^2}{c^2} p = 0 \qquad (2.6a)$$

这一类纵波的解为

$$p(x, t) = p_0 \exp\left[j\omega\left(t - \frac{x}{c}\right)\right] = p_0 \exp[j(\omega t - kx)] \qquad (2.7)$$

可由振幅常数 p_0 以及一个处于单一直角空间坐标 x 中的相位来表示。与这种波相关的等相位面是与方向 x 正交的平面。因此，这种波被称为平面波。相应的质点位移速度 $v(x, t)$ 与振幅 $a(x, t)$ 的表达式相同，分别用 v_0 和 a_0 替换系数 p_0。

流体速度 v 与声压 p 的关系可以用下式表达：

$$\nabla p = -\rho \frac{\partial v}{\partial t} \qquad (2.8)$$

式中，ρ 是介质密度；∇ 是空间梯度算子（与拉普拉斯算子的关系是 $\Delta = \nabla \cdot \nabla$）。

如果平面波在 x 方向上传播，式(2.8)（表示动力学[③]的基本关系）表明了声压振幅 p_0、流体速度 v_0 和位移 a_0 之间的关系：

$$\frac{\partial p}{\partial x} = -\rho \frac{\partial v}{\partial t} \Rightarrow p_0 = \rho c v_0 = \rho c \omega a_0 \qquad (2.9)$$

其中，角频率 $\omega = 2\pi f_0$，将位移 a 与其流体速度 v 对时间的导数联系起来。

乘积 ρc 就是传播介质的特征声阻抗，将声压级与相应的质点运动关联起来。声阻抗的国际单位是瑞利（Rayl）[④]。在水（$\rho c \approx 1.5 \times 10^6$ Rayl）等高阻抗介质中，质点在给定振幅下运动而产生的声压级远高于其在空气（$\rho c \approx 0.4 \times 10^3$ Rayl）等低阻抗介质中的声压级。

如果是在各向同性介质的三个空间方向上传播，点源[⑤]的波动方程的解就是球面波：

$$p(R, t) = \frac{p_0}{R} \exp\left[j\omega\left(t - \frac{R}{c}\right)\right] = \frac{p_0}{R} \exp[j(\omega t - kR)] \qquad (2.10)$$

此处空间变量是相对于源点的径向距离 R。波阵面是以源点为中心的球体（$R = 0$），式 (2.10)中声压值从与源点距离 1 m 处的参考声压 p_0 开始，以 $1/R$ 成比例衰减。

---

③压力梯度 ∇p 是作用在质量 ρ 单位体积上的压力差，而 $\frac{\partial v}{\partial t}$ 是加速度值。

④为了纪念英国物理学家瑞利勋爵（Lord Rayleigh，原名 John William Strutt，1842—1919 年），最著名的声学学者之一，著有《声学理论》The Theory of Sound。

⑤如果只取决于径向距离 R 的空间函数，则拉普拉斯算子 $\Delta p = \frac{1}{R}\frac{\mathrm{d}^2}{\mathrm{d}R^2}(Rp)$，直接验证了公式(2.10)满足公式 (2.6)。

平面波和球面波是声波传播建模的两大基本形式(图 2.2)。平面波最易操作,当振幅近似于一个常数且波阵面曲率可忽略不计时,就可使用平面波。如果满足这些条件且距离声源较远时,可使用局部处理的模型(如目标回波)。当必须考虑振幅自声源起的传播衰减时,通常用球面波来描述点源(声源大小相较于波长足够小)在短距离内的声场。

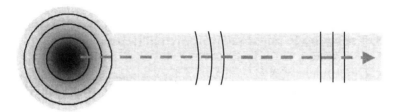

图 2.2　球面波与平面波:波阵面曲率是接近源点(几何结构和振幅损耗)处的重要物理特征,
在平面波(局部恒定振幅)的情况下,波振面曲率在较大范围内可忽略不计

压力波(或纵波,或压缩波)的质点运动方向与声传播方向一致,所以在流体(液体和气体)中通常只涉及纵波。另一方面,固体材料中还存在剪切波(或横波),其质点位移与传播方向垂直。横波的特征是存在两种波速(纵向的和横向的),因而波的模型更加复杂(图 2.3)。在水声学中,大多数传播过程可以用纵波描述,但如果在固结沉积物和固体目标散射情况下对传播建模时,必须考虑横波。

图 2.3　纵波(左)与横波(右):介质的局部运动方向(细箭头)与波传播方向平行或垂直

2.1.5　声强与功率

声波的传播与声能相关,声能可被分解为动能(对应于质点运动)和势能(对应于弹性压力所做的功)。

声强 I 是单位面积和单位时间内的声能流平均值,等于声压与流体速度的平均乘积(Pierce,1989)。如果平面波振幅 p_0 和均方根(RMS)值的关系是 $p_{rms} = p_0 / \sqrt{2}$,则得出:

$$I = \frac{p_0^2}{2\rho c} = \frac{p_{rms}^2}{\rho c} \quad (\mathrm{W/m^2}) \tag{2.11}$$

表面积 Σ 接收的声功率 P 是面积修正后的声强。如果是平面波,公式将变为

$$P = I \times \Sigma = \frac{p_0^2 \Sigma}{2\rho c} = \frac{p_{rms}^2 \Sigma}{\rho c} \quad (\mathrm{W}) \tag{2.12}$$

与声压一样，声强与声功率变化极大。例如，高功率声呐发射机可以发出几十千瓦级的声功率，而静音模式下的潜艇只能发出几毫瓦的声功率。

2.2 对数符号：分贝与基准

2.2.1 分贝

由于声压或声功率等声学参量的动态范围非常大，因而常常用对数来量化，记作分贝（dB）。按照定义，分贝等于两个声功率之比的以 10 为底的对数的 10 倍。例如：$10\log_{10}(P_1/P_2)$ 用分贝量化 P_1 和 P_2 两个功率量之比，10 dB 表明 P_1 是 P_2 的 10 倍。

分贝可度量功率以及声压等其他物理量。P_i 和声压的平方 p_i^2 成正比［见式（2.12）］，因而相同比值可用 dB 表示，即

$$10\log\left(\frac{P_1}{P_2}\right) = 10\log\left(\frac{p_1^2}{p_2^2}\right) = 20\log\left(\frac{p_1}{p_2}\right) \tag{2.13}$$

用 $10\log(X_1/X_2)$ 量化与能量（功率、声强）相关的量，用 $20\log(x_1/x_2)$ 量化与声压相关的量。

如果两个信号相差 3 dB，则能量比为 2，声压振幅比为 $\sqrt{2}\approx1.4$。如果比值差为 10 dB，则能量比为 10，振幅比为 $\sqrt{10}\approx3.1$。1 dB 的差值（可视为当前水声测量实际达到的精度限制）表示声压的变化在 10% 左右。通常用 dB 的数值仅保留整数位。

根据对数运算法则，几个变量乘积的 dB 值等于各个变量 dB 值的和：（$[A\times B]_{dB} = A_{dB}+B_{dB}$）。

相反，各物理值的 dB 值之和并不等于各自之和的 dB 值。表 2.2 表明，当增加另一个信号 B（能量项，如 $10\log_{10}$）时，信号 A 的能级增加，具体增加值视其能级差而定。例如，当 B 的能级比 A 的能级高 5 dB，AB 之和 $A+B$ 的能级就比 A 的能级高 6.2 dB，比 B 的能级高 1.2 dB。注意，在下文中，以 10 为底的对数将直接简化为 $\log(A)$ 或 $\log A$。如有必要，以 e 为底的对数将记作 $\ln(A)$。

表 2.2 对应着信号 A 和信号 B 的信号声强级差值（单位为 dB）以及
信号 A 和信号 B 各自二次求和所得的能级增加值

$B_{dB}-A_{dB}$	0	1	2	3	4	5	7	10	12	15	20
$[A+B]_{dB}-A_{dB}$	3.0	3.5	4.1	4.8	5.5	6.2	7.8	10.4	12.3	15.1	20.0
$[A+B]_{dB}-B_{dB}$	3.0	2.5	2.1	1.8	1.5	1.2	0.8	0.4	0.3	0.1	0.0

2.2.2 绝对基准与能级

有了参考级,才能得出绝对声压级或声强级的 dB 值。在水声学中,声压基准是微帕斯卡[6]($p_{ref} = 1\ \mu Pa$)。

因此,绝对声压级可用 dB 表示为

$$p_{dB} = 20\log\left(\frac{p}{p_{ref}}\right) \tag{2.14}$$

用 1 μPa 对应的 dB 值表示,记作 dB/1 μPa(或 dB/μPa)。显然,p 和 p_{ref} 的压强定义相同。例如,两者都被定义为 RMS 值或峰间值。

水下声压的基准能级定义容易混淆,因而应明确给出 dB 尺度基准:

* 水与空气中的参考值不同,空气中的 1 μPa 的绝对声压基准变成水中的 20 μPa(人类在 1 kHz 的平均听阈。如果在水中而非空气中(需明确指定参考级),相同的绝对声压级可表示为“绝对分贝”,其参考级提高了 $20\log(20) \approx 26$ dB;

* 水下参考声压一直用 μbar 表示,也就是 10^5 μPa。绝对能级值以 dB/1 μPa 为单位时比 dB/1 μbar 高出 $20\log(10^5) = 100$ dB。

声强的常用基准是 1 μPa 压强的 RMS 能级强度,因此 $I_{ref} = 0.67 \times 10^{-18} W/m^2$。在这个基准强度下,相同的 dB 值可表示声压级以及相同声压下的声强级。

相反,如果希望采用一个统一的声强为基准值,则可以用 $I = p^2/\rho c$ 来求得信号声压的 dB 值(基准 1 μPa)及其声强(基准 1 W/m^2)的关系式为

$$10\log\left(\frac{I}{1\ W/m^2}\right) = 20\log\left(\frac{p_{rms}}{1\ Pa}\right) + 10\log\left(\frac{1\ Ns/m^3}{\rho c}\right)$$
$$= 20\log\left(\frac{p_{rms}}{1\ \mu Pa}\right) + 20\log\left(\frac{1\ \mu Pa}{1\ Pa}\right) - 61.8 \tag{2.15a}$$
$$= 20\log\left(\frac{p_{rms}}{1\ \mu Pa}\right) - 181.8$$

声源的辐射功率是根据离声源 1 m 范围处的声压来定义的。如果声源辐射形成为球面,则表面积 Σ 是 4π,根据式(2.15a),辐射功率为

$$10\log\left(\frac{P}{1\ W}\right) = 10\log\left(\frac{I\Sigma}{1\ W}\right) = 10\log\left(\frac{I}{1\ W/m^2}\right) + 10\log\left(\frac{\Sigma}{1\ m^2}\right)$$
$$= 20\log\left(\frac{p_{rms}}{1\ \mu Pa}\right) - 181.8 + 10\log(4\pi) \tag{2.15b}$$
$$= 20\log\left(\frac{p_{rms}}{1\ \mu Pa}\right) - 170.8$$

---

[6]注意,帕斯卡(Pa)是压强的国际单位,定义为 1 N/m^2。单位的定义详见附录 A.1.1。

2.3 传播损失的基础

声波传播中最明显的效应是几何扩散(发散效应)及传播介质自身对声能的吸收造成声强减弱。传播损失(或传输损失)是声学系统的关键参数，它限制了接收信号的振幅，因此接收器的性能直接取决于信噪比。

2.3.1 几何扩散损失

声波从声源处传播，将传播的声能扩散至不断增加的表面，鉴于能量守恒，声强则不断减弱，与不断增加的表面成反比，这一过程即为几何扩散损失。

最简单(最有用)的例子就是将小型声源(点声源)放置在无限均匀介质内向各方向发射信号，传播的能量是守恒的，但能量会在半径不断增大的球体上扩散(图2.4)。

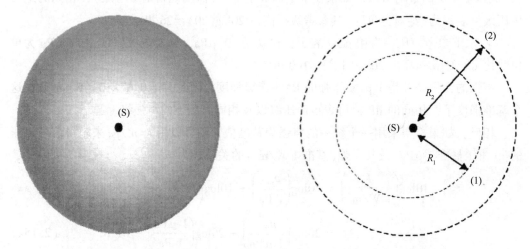

图 2.4 球面扩散：声强随着与点声源距离的递增而递减，与球体表面积成反比

图 2.4 中点(1)和点(2)的局部声强变化，与球表面积 Σ_1 和 Σ_2 的比值成反比：

$$\frac{I_2}{I_1} = \frac{\Sigma_1}{\Sigma_2} = \frac{4\pi R_1^2}{4\pi R_2^2} = \left(\frac{R_1}{R_2}\right)^2 \tag{2.16}$$

其中，R_i 是从点声源出发的辐射距离。因此，声强减少 $1/R^2$，声压减少 $1/R$。球面波振幅与距离的关系已在前文提及(2.1.4 节)。根据参考单元距离($R_{1\,m} = 1\ m$)，扩散传播损失可用 dB 表示为

$$TL = 20\log\left(\frac{R}{R_{1\,m}}\right) \tag{2.17}$$

如果不考虑基准距离，球面扩散损失常表示为 $TL = 20\log R$。尽管不准确，但这一方法[7]

---

[7]"这一方法"明显是口语习惯法。

便于广泛使用。

2.3.2 吸收损失

海水是耗散型传播介质，可吸收一部分的传播波声能，主要由介质的黏滞性或化学反应而引起耗散（热传导在水中较弱）。局部的振幅减弱与振幅本身成正比，因此声压随距离呈指数递减，扩散损失也将增加。例如，球面波的声压将变为

$$p(R, t) = \frac{p_0}{R} \exp(-\gamma R) \exp\left(j\omega\left(t - \frac{R}{c}\right)\right) \tag{2.18}$$

这里用参数 γ（Np/m）量化衰减。声压随距离的指数递减，导致其损失的 dB 值与传播范围成正比：为方便起见，用每米分贝（dB/m）的衰减系数 α 表示，α 与 γ 的关系为 $\alpha = 20\gamma\log e \approx 8.686\gamma$。注意，实际上计量声音在海水中衰减的最好单位是 dB/km。

吸收常常是声传播中最具限制性的因素，吸收量在很大程度上取决于传播介质和频率。海水中的吸收来自：

- 纯水黏滞性，这一因素的影响随着频率平方的增大而增加；
- 100 kHz 以下硫酸镁（$MgSO_4$）的弛豫吸收；
- 1 kHz 以下硼酸［$B(OH)_3$］的弛豫吸收。

由于声波造成介质局部的压力变化，溶液［$MgSO_4$ 和 $B(OH)_3$］中离子化合物的分解会产生分子弛豫过程（Medwin et al.，1998）。这一过程导致了声音在海水中的吸收。如果局部压力变化的时间长于分子重组所需的时间（弛豫时间），该过程就会在每个循环内重现，固定地损耗能量。因此当频率低于相关化合物特征弛豫频率时，该过程就会出现能量衰减。

自水声学诞生以来，人们就比较关注吸收系数的建模，并提出很多模型。最近提出的模型是

$$\alpha = C_1 \frac{f_1 f^2}{f_1^2 + f^2} + C_2 \frac{f_2 f^2}{f_2^2 + f^2} + C_3 f^2 \tag{2.19}$$

式（2.19）中，前两项来源于上文提及的两个弛豫过程，第三项对应于纯水黏滞性。经过实验室或海上试验判定，弛豫频率 f_i 和 C_i 系数取决于温度、静压力和盐度。

现在主要使用的模型[8]是 Francois 等（1982a；1982b）提出的。图 2.5 对模型做出了详细解释，明确了温度、盐度、静压力和频率的适用范围。该模型基于大量实验结果和理论研究，比较完整和准确，因而强烈推荐使用。

---

[8] 以前使用的模型一般是 Thorp（1967）、Leroy（1967）或 Fisher 等（1977）在他们的著作文献中提出的。Thorp 模型是用于低频声音（低于 50 kHz）的方便简化模型：$\alpha = [0.11/(1+f^2) + 44/(4\,100+f^2)]f^2$，其中 f 是频率，单位为 kHz。

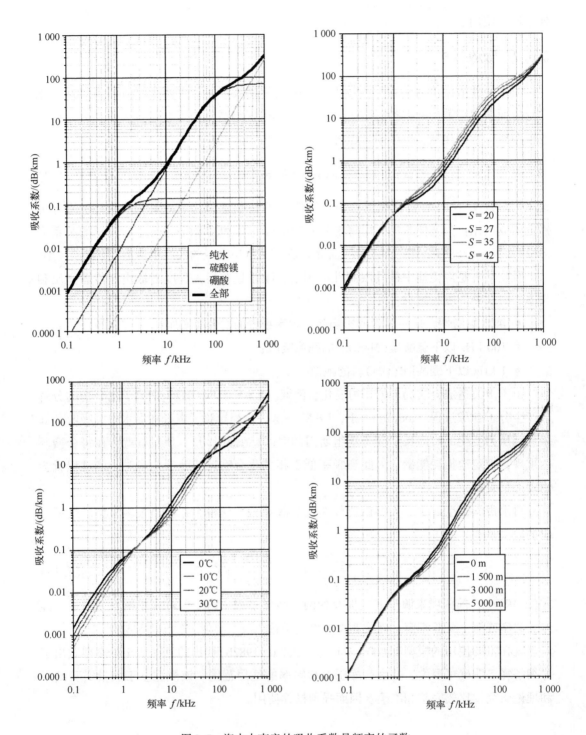

图 2.5   海水中声音的吸收系数是频率的函数

左上图：平均条件下（$T=15℃$，$S=35$，$z=0$），三个要素的作用；右上图：盐度的影响（$T=15℃$，$z=0$）；

左下图：温度的影响（$S=35$，$z=0$）；右下图：深度的影响（$T=5℃$，$S=35$）

2.3.2.1 弗朗索瓦–加里森(Francois-Garrison)模型

吸收系数分解为三项，分别对应硼酸、硫酸镁和纯水的作用：

$$\alpha = A_1 P_1 \frac{f_1 f^2}{f_1^2 + f^2} + A_2 P_2 \frac{f_2 f^2}{f_2^2 + f^2} + A_3 P_3 f^2 \tag{2.20}$$

硼酸[$B(OH)_3$]的作用：

$$\begin{cases} A_1 = \dfrac{8.86}{c} 10^{(0.78pH-5)} \\ P_1 = 1 \\ f_1 = 2.8 \sqrt{\dfrac{S}{35}} 10^{[4-1\,245/(T+273)]} \\ c = 1\,412 + 3.21T + 1.19S + 0.016\,7z \end{cases} \tag{2.21}$$

硫酸镁($MgSO_4$)的作用：

$$\begin{cases} A_2 = 21.44 \dfrac{S}{c}(1 + 0.025T) \\ P_2 = 1 - 1.37 \times 10^{-4}z + 6.2 \times 10^{-9}z^2 \\ f_2 = \dfrac{8.17 \times 10^{[8-1\,990/(T+273)]}}{1 + 0.001\,8(S-35)} \end{cases} \tag{2.22}$$

纯水黏滞性的作用：

$$\begin{cases} P_3 = 1 - 3.83 \times 10^{-5}z + 4.9 \times 10^{-10}z^2 \\ A_3 = 4.937 \times 10^{-4} - 2.59 \times 10^{-5}T + 9.11 \times 10^{-7}T^2 - 1.5 \times 10^{-8}T^3, \quad T < 20℃ \\ A_3 = 3.964 \times 10^{-4} - 1.146 \times 10^{-5}T + 1.45 \times 10^{-7}T^2 - 6.5 \times 10^{*}T^3, \quad T > 20℃ \end{cases}$$
$$\tag{2.23}$$

式(2.20)至式(2.23)中，α 为吸收系数，dB/km；z 为深度，m；S 为盐度，psu(实际盐度单位，见2.6.1节)；T 为温度，℃；f 为频率，kHz。

图 2.5 解释了各成分和参数对声音吸收的影响。很明显，吸收随着频率的增加而急剧增加，数量级也变化极大。如果频率在 1 kHz 及以下，声音每千米衰减低于百分之几分贝，因此不会成为限制因素。频率在 10 kHz 时，声音每千米衰减系数在 1 dB 左右，不适用数十千米以上的应用范围。频率在 100 kHz 时，声音每千米衰减系数达到数十分贝，实际应用范围不会超过 1 km。频率在兆赫级时，声音每千米衰减系数达到数百分贝，水下系统的应用范围将限制在 100 m 以下。

2.3.2.2 深度的影响

深度是影响吸收系数的另一重要因素，严重影响系统的局部表现，具体影响程度

---

* ：原著有误，此处应为 10^{-8}。——译者注

取决于系统自身的部署和构型（如侧扫声呐或数据传输系统）。在一些较轻的情况中，深度能影响信号在整个水体中的传播（如测深系统）。

如果频率很高且硫酸镁的弛豫效应很强，将表面吸收系数和弗朗索瓦-加里森模型［式（2.22）］中的系数 P_2 相乘，就可得到精确的结果。表 2.3 给出了 P_2 作为一个深度函数的演变。

表2.3　深度矫正系数 P_2 随深度的演变（弗朗索瓦-加里森模型）

z/m	0	500	1 000	1 500	2 000	2 500	3 000	3 500	4 000	4 500	5 000	5 500	6 000
P_2	1.00	0.93	0.87	0.81	0.75	0.70	0.64	0.60	0.55	0.51	0.47	0.43	0.40

例如，频率在 100 kHz 时，如地中海型水表面（$S=35$，$T=14℃$）的衰减为 40 dB/km；当水深为 2 000 m 时，衰减降为 30 dB/km；当水深为 6 000 m 时，衰减降为 16 dB/km。显然，这些变化会对声波可达到的最大范围产生重要影响。

有关整个水体总吸收的特定应用（如回波探测仪信号从船传播至海底后返回船的过程时），应对总吸收情况加以说明：

$$\hat{\alpha}(H) = \frac{1}{H}\int_0^H \alpha(z)\,\mathrm{d}z \qquad (2.24)$$

代入相同的系数 P_2，忽略盐度和温度随深度发生的变化，平均吸收系数变成

$$\hat{\alpha}(H) = \alpha(0)A(H) = \alpha(0)\left[1 - 1.37 \times 10^{-4}\,\frac{H}{2} + 6.21 \times 10^{-9}\,\frac{H^2}{3}\right] \qquad (2.25)$$

式中，$\alpha(0)$ 为表面吸收值；$A(H)$ 为海床以上海水深度 H 的函数，表 2.4 给出了其值。

表2.4　吸收矫正项 $A(H)$ 在式（2.25）中的深度依赖性

H/m	0	500	1 000	1 500	2 000	2 500	3 000	3 500	4 000	4 500	5 000	5 500	6 000
$A(H)$	1.00	0.97	0.93	0.90	0.86	0.83	0.79	0.76	0.73	0.69	0.66	0.62	0.59

再次说明，这些表格只给出了深度对衰减影响的数量级，不能描述每个特定例子。考虑到实际应用中的准确性，建议使用完整方程式，包括使用此处未提及的准确温盐剖面。

2.3.3　常见传播损失

在评估水声系统的传播损失和表现时，经过衰减修正的球面扩散被系统地作为第一估计。传播损失用 dB 表示为

$$TL = 20\log(R/R_{1\,\mathrm{m}}) + \alpha R \qquad (2.26)$$

其中，参考级是均匀非耗散介质在 1 m 基准（$R_{1\,\mathrm{m}}$）上的声压级。常见用法是简化成更常用（尽管严格意义上讲，可能不够准确）的表达：

$$TL = 20\log R + \alpha R \tag{2.27}$$

图 2.6 显示了不同距离和频率下 TL 的变化。

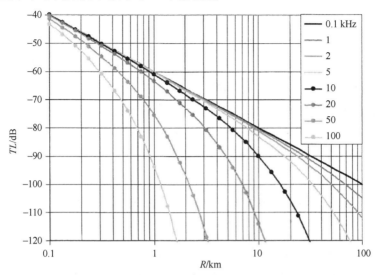

图 2.6 常见的传播损失与距离的函数($-TL = -20\log R - \alpha R$，频率分别为 0.1 kHz、

1 kHz、2 kHz、5 kHz、10 kHz、20 kHz、50 kHz 和 100 kHz) 在 $T = 10℃$、

$S = 35$、$z = 10$ m 环境条件下，计算的吸收系数 α

所有利用目标反向散射回波的系统在发出和返回的路径上都会出现传播损失，因此总损失为

$$2TL = 40\log R + 2\alpha R \tag{2.27a}$$

必须注意式(2.27)使用的单位，R 的单位是 m，而 α 的单位常常是 dB/km，应对单位进行恰当转换。

简化式(2.27)通常足以评估水声系统的性能。但一些应用需要特别调整传播损失的模型(几何射线、正态模型和抛物近似)，尤其是当空间声速变化引起传播路径折射或界面生成多条并发路径时，因为这时不能仅用球面扩散来近似代表声波的几何扩散。

2.3.4 气泡影响

气泡主要是由海面运动引起的，海水中船体的移动也会引起气泡。它们在接近海面的地方形成一种非均匀层，这种混合过程(水和气)大大改变了传播介质局部的声学特征(声速和衰减)。当深度加深时，该过程的重要性减弱，因为静水压力抵消了气泡的存在且气泡的形成过程(波和船体)发生在海面附近。当深度超过 10~20 m 时，海面生成的气泡效应可忽略不计。

传播介质的局部干扰对船体安装的声呐可造成严重的影响：

- 额外衰减，增加海水吸收，导致传输信号的衰减，掩盖接收换能器；

- 声速的局部改变，导致表面层内部折射；
- 伴生回波，这种回波很常见，如在回波探测仪记录的信号的最初时刻，可观察到伴生的反向散射回波。

实践中经常发现，这些过程对声传感器的性能有重大影响，甚至使声传感器完全失效。由于气泡的尺寸、数量和密度的不同，气泡有可能仅仅略微降低回波的能级，但也可能严重降低测量质量，从而引起探测故障或伴生回波。

当然，我们可以最大限度地控制那些对限制性能的过程产生影响的参数。气泡群的存在一部分是由于周围不可控的自然环境因素（天气引起的表面扰动、生物活动和船只运动等）的影响，此外，船体形状、仪器支撑平台的速度以及换能器的位置和几何形状都是重要的可控因素。尤其是在研究船体上声呐天线的设计和安装时，必须特别注意这些天线要远离表面可能生成气泡的潜水流动区域。通过数值模拟和水槽实验中对船体的流体力学行为的研究，我们一般将换能器安装在船体前端。

表面气泡也能改变海面声波的反射特征，而其反射特征常被吸收层所掩盖。在对沿多路径传播并在表面反射的声呐信号建模时，需要解释额外衰减的来源。

很多理论实验研究已关注水中气泡及其声特性。每个气泡可看作一个球体障碍物，与水相比，气泡的声阻抗非常高，因此成为入射声波的强大散射体。气泡固有谐振频率附近的散射效应最大[9]（Medwin et al.，1998）：

$$f_R = \frac{3.25}{a}\sqrt{1 + 0.1z} \tag{2.28}$$

式中，f_R 为谐振频率，Hz；z 为深度，m；a 为气泡球体半径，m。

气泡群的黏滞传导吸收会扩大散射效应。当气泡群增加时，声波的声强会在一系列散射过程（由谐振气泡的作用主导）和吸收过程中衰减。声强的损失可用局部等效吸收系数建模，主要取决于气泡的个体特征及其统计粒度分布。

最后，理论上可以清楚理解个体气泡的声影响或简单统计分布的气泡群特性，但实际意义不大。因为问题不仅在于估计非均匀气泡群引起的干扰，同样这类气泡群不断演变，难以预测。我们可以从文献中找到一些模型，但这些模型一般比较复杂，也很难在此处对模型作个小结。作为评估表面反射的浅层气泡影响的首个方法，可使用以下简化公式（APL，1994）量化表面反射路径和整个表面气泡层的额外损失：

$$\begin{cases} TL_b = \dfrac{1.26 \times 10^{-3}}{\sin\beta} v_w^{1.57} f^{0.85}, & v_w \geqslant 6 \text{ m/s} \\ TL_b = TL_b(v_w = 6) e^{1.2(v_w - 6)}, & v_w \leqslant 6 \text{ m/s} \end{cases} \tag{2.29}$$

---

[9]谐振频率下，气泡的消亡横截面（散射和吸收）比几何横截面 πa^2 高出几个量级，详见 3.3.3 节，解释了气泡群对声传播的重要性。

式中，TL_b 为气泡导致的双向传播损失，dB；v_w 为海面 10 m 以上的风速，m/s；f 为信号频率，kHz；β 为掠射角。$v_w = 6$ m/s 对应于能够生成气泡的波浪的风速阈值。

有关气泡声学理论的发展，详见 Medwin 等(1998)或 Leighton(1996)的著作。有关声呐深度、速度变化和深度–速度型线的实用模型，详见 Hall(1989)或 APL(1994)的著作。

2.4　多径

2.4.1　多径的概念

因为传播介质受到海面和海床的限制，信号传播会在界面间发生连续性反射。介质内声速的变化也会引起声波的路径变形。因此，信号会沿着多个不同的路径从声源传播到接收器，而传播路径的方向和持续时间都不同。主要"直达"信号到达接收器时会伴随一系列反射波，且信号的振幅会随着反射次数增加而减小。当然，待处理的信号的时间结构或多或少会受到影响，且伴生信号也会大大降低系统的性能，这些都将对数据传输系统大为不利。显著多径的数量变化很大，由环境和参数而定；最好的情况是没有多径(仅有一条直达路径)，而在远距离传播中，多径可达几十条至数百条(此时，单独的多径信号已经不能单独分离出来了，更多地显示成连续的信号拖尾)。

根据声呐类型和应用，多路径可从两个方面考虑。在高频率下，短信号(短于路径到达之间的典型延时)的多径效果在时域内可观察到，并伴随典型的多反射波序列(图2.7)。但如果是低频稳定信号，多径效果成永久性叠加，生成一种稳定干扰模式，声场振幅会发生剧烈变化(2.4.2 节描述了一个简单案例)。

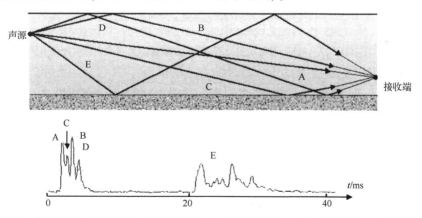

图 2.7　上图：等声速浅水构型中的多路径轨线，A 为直达路径，B 为表面反射，C 底部反射，D 为表面反射到底面后二次反射，E 为底部反射到表面后二次反射；下图：多径，在实时域信号包络可见。近似维度：水深 90 m，水平距离 1 000 m，声源深度 15 m，接收器深度 83 m。注意：第一组到达的 4 个信号，极易分辨，总时长为 4 ms；第二组 20 ms 后到达，声强仍然明显，时间结构更模糊，单个反射波趋向扩散并合并为一条混响路径

多个强大而稳定的准同步信号混合加剧了信号的衰落现象：信号多路径到达产生的干扰引起声场振幅发生强烈的伪随机变化，导致信号在特定频率（或点、或时间，由观察构型而定）下发生局部消失。此外，这种空间及频率选择效应对数据传输应用特别不利，有关数据分析见第 4 章。

多路径到达的长时间延迟是水声学的典型特征，这与电磁波传播中的多路径传播完全不同，即便两者的物理过程相同。无线电或雷达波的多路径干扰主要造成信号衰落，而反射波延迟（因为光速特别快，所以非常短）通常不会对解码接收信号造成影响。相反，因为水声学中的声波传播速度很低，多路径时延会产生可分辨的反射波和混响效应，延长接收信号的序列。另外需要注意的是，水声传播中波导的物理异质性（速度变化、异质性和散射体的存在、界面的影响）比电磁传播中的更明显。

2.4.2　海面干扰

在第 3 章中将会提到，声波从下方入射到海面（假设为平面）时会被反射，反射系数 $V \approx -1$（振幅不变，相移为 π）。在接近海平面的低频传播构型中，表面反射的信号会与直达路径信号发生干扰，产生有趣的效果。两个信号的相干叠加会产生空间干扰条纹。注意，D 为水平距离（图 2.8），z_s 和 z_r 分别是声源深度和接收端深度，直达信号路径长度为

$$R_d = \sqrt{D^2 + (z_s - z_r)^2} \tag{2.30}$$

球面表面反射波路径长度为

$$R_s = \sqrt{D^2 + (z_s + z_r)^2} \tag{2.31}$$

假设 z_s 和 z_r 相对于 D 较小（大范围传播情形），这些表达式可近似为

$$R_d = D\sqrt{1 + \frac{(z_s - z_r)^2}{D^2}} \approx D + \frac{(z_s - z_r)^2}{2D} \tag{2.32}$$

$$R_s \approx D + \frac{(z_s + z_r)^2}{2D}$$

最终结果：

$$R_s \approx R_d + \frac{2z_s z_r}{D} \tag{2.33}$$

忽略振幅项（因为球面距离 R_s 和 R_d 在两条路径上几乎一致，传播损失也相同），再加上反射波符号的改变，接收器处的声场与下列声场总和成正比：

$$
\begin{aligned}
p &\propto \exp(-jkR_d) - \exp(-jkR_s) \\
&= \exp(-jkR_d)\left[1 - \exp\left(-2jk\frac{z_s z_r}{D}\right)\right]
\end{aligned}
\tag{2.34}
$$

因此，所得出的声强(忽略传播损失)正比于:

$$|p|^2 \propto 1 - \cos\left(2k\frac{z_s z_r}{D}\right) \tag{2.35}$$

这样就有了一系列的声压的极大值和极小值。例如，极小值由下列公式得出:

$$2k\frac{z_s z_r}{D} = 2n\pi, \quad n = 1, 2, 3, \cdots \Rightarrow D_n = k\frac{z_r z_s}{n\pi} = 2\frac{z_s z_r}{n\lambda} \tag{2.36}$$

随着 n 的增加，干扰零点会越来越靠近声源。当 $n = 1$ 时，如 $D_1 = 2\dfrac{z_s z_r}{\lambda}$，可得出第一个声压极小值的最大距离。

图 2.8 分别显示了距离-频率函数以及距离-深度函数所给出的干扰条纹图形。

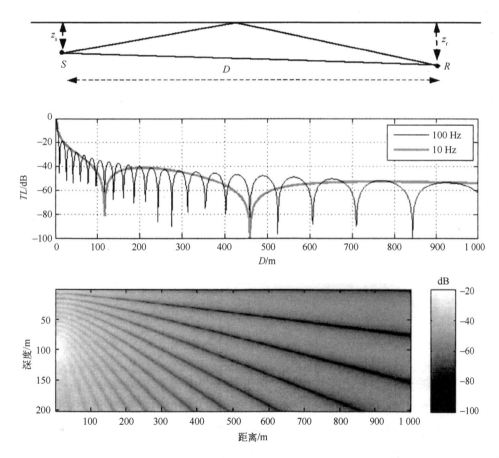

图 2.8　海面干扰

上图:几何结构;中图:两个频率下($f = 10$ Hz 和 $f = 100$ Hz，$z_s = z_r = 200$ m)，水平距离函数的传播损失;

下图:传播损失(dB)与距离及声源深度的函数($f = 100$ Hz，$z_s = 100$ m)

2.4.3 多径传播的理想模型

如果传播介质是分层的(即底部是平坦的)而且声速恒定，声源发出的信号经过表面和底部多反射形成一系列直线运动路径到达接收器。这些不同的路径可与来自镜像源的信号传送相对应，而镜像源是由相对于表面和底部的实际声源的连续几何对称形成的(图2.9)。

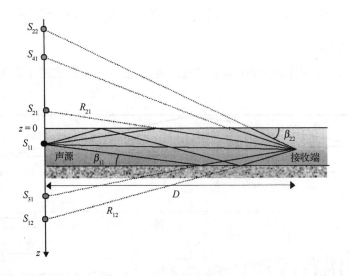

图2.9 恒定声速水层的镜像源

镜像源由其纵坐标差 z_{ij} 和接收器的坐标 z_r 确定。根据连续反射的不同递归关系，使用水深 H、换能器深度 z_t 以及接收器深度 z_r，确定了四种声源：

$$\begin{cases} z_{1i} = 2(i-1)H + z_t - z_r, \\ z_{2i} = 2(i-1)H + z_t + z_r, \\ z_{3i} = 2iH - z_t - z_r, \\ z_{4i} = 2iH - z_t + z_r, \end{cases} \quad i = 1, 2, 3, \cdots \qquad (2.37)$$

声源 ji 的倾斜距离 $R_{ji} = \sqrt{z_{ji}^2 + D^2}$，$D$ 是声源至接收器的水平距离。相应路径的掠射角 $\beta_{ji} = \arctan(z_{ji}/D)$，传播时间 $\tau_{ji} = R_{ji}/c$。

每个镜像源的作用都可等效于一个球面波的传播，振幅以 $\exp(-\gamma R)/R$ 规律降低。因为 $\beta = \beta_{ji}$，表面和底部反射(镜像源 S_{ji})产生的损失和位移可以首先通过平面波 $V_s(\beta)$ 和 $V_b(\beta)$ 的(复杂)反射系数进行计算。第3章将详细讨论这些反射系数的特征。表面反射次数和底部反射次数是 i 和 j 的函数：

$$\begin{cases} N_{s_{1i}} = i - 1 & N_{b_{1i}} = i - 1 \\ N_{s_{2i}} = i & N_{b_{2i}} = i - 1 \\ N_{s_{3i}} = i - 1 & N_{b_{3i}} = i \\ N_{s_{4i}} = i & N_{b_{4i}} = i \end{cases} \tag{2.38}$$

假设 $S(t)$ 是传送信号，受传播损失和累积反射系数的影响，各个镜像源的贡献可记作具有不同延迟的信号的复制：

$$p_{ji}(t) = S(t - \tau_{ji}) \frac{\exp(-\gamma R_{ji})}{R_{ji}} V_s^{N_{sji}}(\beta_{ji}) V_b^{N_{bji}}(\beta_{ji}) = S(t - \tau_{ji}) A_{ji} \tag{2.39}$$

产生的信号是

$$p(t) = \sum_{i=1, 2, \cdots} \sum_{j=1}^{4} p_{ji}(t) \tag{2.40}$$

由此，介质的冲激响应可用该模型表示为

$$H(t) = \sum_{i=1, 2, \cdots} \sum_{j=1}^{4} A_{ji} \delta(t - \tau_{ji}) \tag{2.41}$$

其中，δ 为狄拉克分布函数。

理想模型可用于浅水或深水（小范围）的初步近似。该模型给出了声强、时间、声场角度变化的简单直观表述，在合理假设的基础上，可得出合理准确的结果（特别是恒定声速）。图 2.10 给出了传播损失的实例。例如，该模型可用来模拟多路径条件下的信号，以评估特定处理技术的性能。

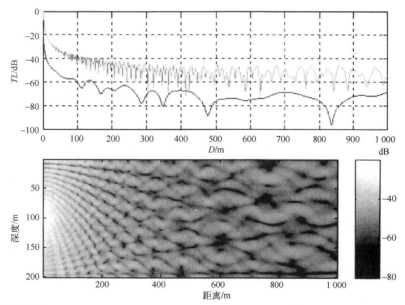

图 2.10　以镜像源模型（$H = 200$ m；$z_s = 100$ m；$c_2 = 1\,700$ m/s；$\rho_2 = 1\,800$ kg/m³；$\alpha_2 = 0.5$ dB/λ_2）计算的传播损失 TL

上图：频率分别为 500 Hz 和 50 Hz 时，传播损失与水平距离的函数（$z_r = 100$ m）（为了图中更好区分，50 Hz 的曲线人为降低了 20 dB）；下图：对比图 2.8，频率 $f = 100$ Hz 时，声压场（dB）与距离和声源深度的函数

2.4.4　波导中的平滑平均声强

在波导传播理论的特殊情景中，例如浅水中远距离传播，传播场由表面和底部连续反射产生的多路径传播组成。声能被限制在表面和底面的界限之间。如果信号频率足够高，产生的声场振荡可看成随机的（对具体小型结构没有显著影响），那么，依据平滑平均声强对传播场建模就很有意义了。建模原理就是将传播声场描述为圆柱径向距离 r 的函数：

- 声源以球面传播的方式开始，直到整个水深的信道被声波渗透后以圆柱模式传播，由此可定义转换距离 r_0（图 2.11），这同样意味着一个由于信道边界反射或折射效应而产生的有限发射角度；

- 从转换距离 r_0 向前以圆柱模式传播，声能没有发生球面扩散，而是以信道边界限制的柱面波传播，声强以 $10\log(r/r_0)$ 而衰减 [而非球面传播的 $20\log(R/R_0)$]。

设任意时刻，在高度为 H 的恒定声速信道内，流体底部最大掠射角为 β_0（见 3.1.1 节），有效角度扇形由区间 $[-\beta_0, +\beta_0]$ 确定。在区间 $[-\beta_0, +\beta_0]$ 外，由于底部反射损耗，声波很快变得忽略不计。假设声源在中间高度，显然转换距离可定义为（图 2.11）：

$$r_0 = \frac{H}{2\tan\beta_0} \tag{2.42}$$

平均传播损失 $TL(\mathrm{dB})$ 变成：

$$\begin{cases} TL = 20\log r + \alpha r, & r < r_0 \\ TL = 20\log r_0 + 10\log\dfrac{r}{r_0} + \alpha r = 10\log(rr_0) + \alpha r, & r > r_0 \end{cases} \tag{2.43}$$

尽管这个方法很简单但实用，只要知晓传播场的大概特征，就可快速估计因多次边界反射而产生的多路径传播条件下的传播损失。例如，图 2.12 显示了声场平均声强随水平传播距离增加而降低，解释了声压振幅的瑞利分布[⑩]发生标准偏差的原因，并与 2.4.3 节中镜像源获得的全相干计算进行对比。作为一阶近似，平滑平均声强对平均声场及起伏率进行了合理的估计（短距离内起伏率估计除外，因为尚不能用瑞利分布估计起伏的情况）。

有趣的是，该平均声强概念可扩展至声速并不恒定或边界反射损失较小的传播构型中。这种情况下，传播场就不能再视为一个整体来考虑了，因为它的局部特征与发射角度相关：传播场需要按照发射角度来分解，波束的循环数特征必须进行更细致的

[⑩] 见 4.6.3.2 节，瑞利分布描述很多窄带信号总和的合成振幅，这些窄带信号具有相同频率、随机相位和相似振幅。合成振幅的标准偏差是中间值的 0.522 倍。因此，dB 值表示为 $20\log(1.522) = 3.6$ dB 和 $20\log(0.478) = -6.4$ dB。

分析[该方法的详细说明见附录 A.2.1，论述了该方法作为平滑平均声强和几何射线声学(2.7 节)的中间态]。

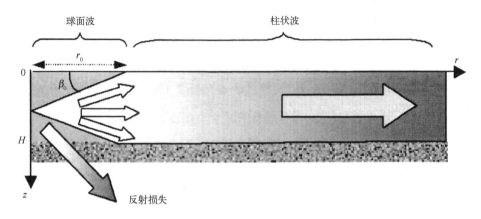

图 2.11　能通量模型：在 r_0 时从球面转换至圆柱

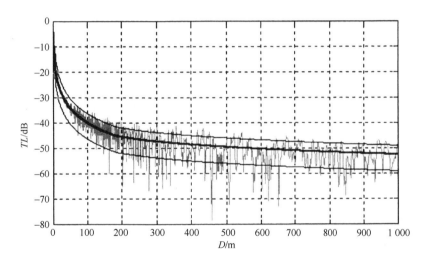

图 2.12　比较完整计算(像源在等速介质中，波动曲线)的平均声强通量(单一曲线)

($f=1\ 000$ Hz；$H=200$ m；$z_0=100$ m；$z_r=100$ m；$c_2=1\ 700$ m/s；$R_0=187$ m)

粗线表示平均声强，细线表示瑞利振幅分布的+/−标准偏差(见 4.6.3.2 节)

2.4.5　一般情况下的声场预测

以上提出的基本理想解(以 $20\log R+\alpha R$ 计算的损失，镜像源和平滑平均声强)对于大量案例确实行之有效，非常准确。但这不能掩盖一个事实：对一般情况下亥姆霍兹方程的求解是声传播中面临的主要难题之一。数十年来，诸多研究者热衷研究这个难题。该解的复杂度以及求解的必要工具取决于声速场结构 $c(x, y, z)$ 以及传播介质(尤其是海床)的边界条件。求解技巧也随着频率范围变化而改变：

- 在高频率下，亥姆霍兹方程近似为描述声射线轨迹(类似于光)的简化公式(程函方程)，每个射线的路径随局部声速变化。该方法可跟踪波导中传播的能量，将各点声场重组为多路径之和(该简化方法在概念上类似镜像源法，但考虑了路径折射)。该方法在信号时域与角度域特性方面的预测表现优异，关于声能级的预测也能接受；

- 在低频率下，当声速仅取决于深度时，可采用简正波模态分析，或在声速仅取决于水平距离时可采用抛物型方程近似。在这两种情况下，波导场中的单频相干场都能被准确计算出来。

该方法将在本章剩余部分(分别在 2.7 节和 2.9 节)简要讨论；此外，还会讨论实践中常用到的射线跟踪方程的相关细节。更多论述详情，请参考相关专家的著作[如 Officer(1958)，Tolstoy 等(1987)，Brekhovskikh 等(1992)，Frisk(1994)，Jensen 等(1994)]。

2.5　水声信号的其他变形

2.5.1　多普勒效应

多普勒效应是信号传播中较为显著的信号频率的偏移。由于声源与接收器，或声源与目标物的相对位移而产生的信号传输时间的变化，因此产生多普勒频移。

假设声源在固定周期 T 内向距离 D 处的接收器发射瞬时脉冲，如果 D 不会随着时间的变化而变化，接收器在恒定时延 $t = D/c$ 后接收每个脉冲，信号周期不变，表征频率保持在 $f_0 = 1/T$。

反之，如果距离 D 随时间减小，即 $D(t) = D - v_r t$，声源与接收器的相对速度为 v_r，则接收脉冲间的时隙也发生变化。

如果第一脉冲(在 $t = 0$ 时发射)在时间 $t_1 = D(t_1)/c$ 到达，则第二脉冲(在 $t = T$ 时发射)到达时间 t_2 为

$$t_2 = T + \frac{D(t_2)}{c} = T + \frac{D(t_1) - v_r(t_2 - t_1)}{c} \tag{2.44}$$

连续接收的两个脉冲间的时隙为

$$t_2 - t_1 = \frac{T}{1 + v_r/c} \tag{2.45}$$

该时隙略小于 T，传播距离随着发射时间增加而减少。脉冲到达时所展现出的表征频率则为

$$f = \frac{1 + \dfrac{v_r}{c}}{T} = f_0\left(1 + \frac{v_r}{c}\right) \tag{2.46}$$

这种频率变化就是多普勒效应。因此，频移 δf 表示为

$$\delta f = f_0 \frac{v_r}{c} \tag{2.47}$$

其中，距离靠近时 v_r 为正，距离远离时 v_r 为负。

对于目标物发出的回波，因为声音双向传播，频移即为

$$\delta f = 2f_0 \frac{v_r}{c} \tag{2.48}$$

多普勒效应使信号处理更加复杂，尤其是在通信和数据传输应用中。但多普勒效应也可在其他领域中被有效利用，例如，多普勒效应测量可用来确定船只相对于海底或水体的速度（多普勒计程仪，详见 7.1.3 节）或衡量洋流特征（见 7.3.5 节）。

在反潜战中，多普勒频移可用于跟踪目标物，甚至可通过测量速度来识别目标物。我们考虑声源经过固定接收器的情况（图 2.13），v 表示声源线性速度，H 表示声源与接收器之间的最短距离。根据图 2.13 的表示，径向速度分量等于：

$$v_r = \frac{-xv}{\sqrt{x^2 + H^2}} \tag{2.49}$$

频移可转换为

$$\frac{\delta f}{f_0} = \frac{-xv}{c\sqrt{x^2 + H^2}} \tag{2.50}$$

式（2.50）表明多普勒频移在目标靠近接近点 $x = 0$ 时趋近为 0 并改变符号。

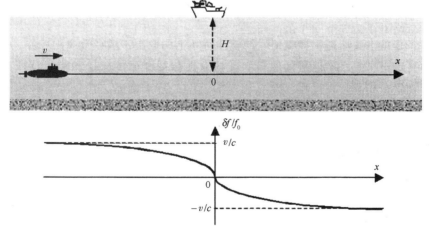

图 2.13　移动声源与固定接收器之间的多普勒频移效应

声呐观察到的相对频率变化确实明显：在中等相对速度 10 kn（18.5 km/h）时，

$\frac{\delta f}{f_0} \approx 0.7\%$，远大于雷达系统的典型频率变化（飞机飞行速度为 1 000 km/h 时以及雷达波速为 3×10^8 m/s 时，相对频率变化仅有 0.000 2%）。

2.5.2　回波的时域特征

传输信号的持续时间严重影响接收信号的形状和能级。根据点目标的概念（见 3.2.1 节），假设信号很长，能够在给定时间内使声音完全穿透目标，目标响应就能达到最大强度。而短信号能分离整体回波的不同分量（例如，为了区别近目标）。

定义 δt 为反向散射信号时长，是声音传播方向上目标的直线长度 L_a 的函数（图 2.14），记作：

$$\delta t = \frac{2L_a}{c} \tag{2.51}$$

在界面反射和反向散射期间信号会发生类似的延长效应，信号介入海面或海床的一部分，而被反射的信号则由于反射体的延长而再生，因此该几何延长的概念是理解海洋界面形成回波的一种基本工具。

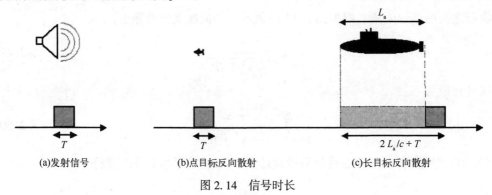

(a)发射信号　　(b)点目标反向散射　　(c)长目标反向散射

图 2.14　信号时长

最终，正如上文所述，接收信号的整体时间结构取决于多径效应。

在所有情况下，水声信号的建模必须建立在传播介质的起伏和随机特征上。这样才可从统计上分析其物理过程，建立相应的模型。第 4 章第二部分将对这些过程进行探讨。

2.6　海洋中的声速

2.6.1　声速参数

声速取决于海水的温度、盐度和静压力（也就是深度）。

● 温度：在全球范围内，海水温度是从海面到海床递减的，但这一总体趋势也存在很多变化。在浅水层，时间和空间的变化最大（这是由于海表混合、太阳能加热、洋流、外部水的流入），随着深度的增加，变化速度减小。除典型深度外（开阔大洋的深度一般在 1 000 m 左右，近海的深度较小，例如地中海的深度在 100~200 m），平均温度保持稳定，随深度变化缓慢降低，两个地方之间的温度也变化不大。如果将一个精细的温度的微观结构加入到平均温度曲线中，则会产生局部随机声起伏。

● 深度：由于压缩性系数的变化，静水压力[11]使得声速随深度而增加。声速线性增加可作为一阶近似，深度每加深 1 m，声速增加约 0.017 m/s。

● 盐度：海水是纯水与溶解盐（NaCl，MgSO$_4$ 等）的混合物。盐度是海水中盐类物质的质量分数，单位为实用盐度[12]或 psu。大型海盆（大西洋、太平洋和印度洋）的平均盐度为 35 psu，但盐度因海域所处位置的水文条件不同而有巨大差异。在近海，海水的平均盐度值可能与 35 psu 差异显著，海水盐度的高低取决于蒸发量或淡水输入量的对比关系。比如，地中海的蒸发量较大，海水盐度为 38.5 psu，而波罗的海的淡水输入量较大，海水盐度为 14 psu。在一个给定位置，盐度通常随深度而略有变化（1~2 psu），但也有例外，如在最上层（河流注入和冰块融化等原因可能会造成当地淡水输入量变化较大）或在更深的水层（所谓的涡流或地中海透镜水体，漂流在大西洋东北部约 1 500 m 水深处）。

2.6.2 声速模型

自 20 世纪 40 年代开始，人们注意到声速变化对声传播的影响进而展开了系统研究（NDRC，1946）。但是，局部声速测量很难精确进行，尽管其构造参数（温度、盐度和深度）更易量化。人们已对参数模型进行了广泛研究，相关文献[如 Wilson（1960），Leroy（1969），Del Grosso（1974），Medwin（1975），Chen 等（1977）]现已总结出一些可用的声速模型。参数模型都参考了在受控实验室条件下所得实验数据的通用资料库，且资料库在不断增加完善中，以求尽可能贴近参数模型。

作为一阶近似，也为简单起见，可以使用 Medwin（1975）提出的公式，但使用该公式的深度限制在 1 000 m 以内：

$$c = 1\ 449.2 + 4.6T - 0.055T^2 + 0.000\ 29T^3 + (1.34 - 0.01T)(S - 35) + 0.016z$$

$$(2.52)$$

---

[11]由 Leroy 公式准确推导出海水的静水压力（Leroy，1968）：$P = [1.005\ 240\ 5(1 + 5.28 \times 10^{-3} \sin^2\phi)z + 2.36 \times 10^{-6} z^2 + 10.196] \times 10^4$，其中 P 的单位是 Pa，ϕ 是纬度（单位为°），z 是深度（单位为 m）。更完整的模型，请参考 Leroy 等（1998）的文献。

[12]常规表示，盐度是质量的千分之一，记作‰或 ppt（千分之一）；现在用实用盐标表示盐度。从一个系统到另一个系统时，数值不会改变。

式中，c 为声速，m/s；T 为温度，℃；z 为深度，m；S 为盐度，psu。

推荐使用一些更新、更准确的模型。Chen 等（1977）提出的 Chen-Millero 模型现已广泛使用，该模型被联合国教科文组织（UNESCO）评为标准基准模型：

$$c = c_0 + c_1 P + c_2 P^2 + c_3 P^3 + AS + BS^{3/2} + CS^2 \tag{2.53}$$

式中，c 为声速，m/s；P 为静水压力，bar（bar 为非法定计量单位，1 bar = 100 kPa——译者注）（在海水表面，$P = 0$，尽管这里的实际压力等于 1 bar）；T 为温度，℃；C 为盐度，psu。公式前四项对应纯水的作用，后三项对应盐度的作用，所有项都受压力（或深度）的影响。

模型的参数是：

$$
\begin{cases}
c_0 = 1\,402.388 + 5.037\,11T - 5.808\,52 \times 10^{-2}T^2 + 3.342\,0 \times 10^{-4}T^3 - \\
\qquad 1.478\,00 \times 10^{-6}T^4 + 3.146\,4 \times 10^{-9}T^5 \\
c_1 = 0.153\,563 + 6.898\,2 \times 10^{-4}T - 8.178\,8 \times 10^{-6}T^2 + 1.362\,1 \times 10^{-7}T^3 - \\
\qquad 6.118\,5 \times 10^{-10}T^4 \\
c_2 = 3.126\,0 \times 10^{-5} - 1.710\,7 \times 10^{-6}T + 2.597\,4 \times 10^{-8}T^2 - 2.533\,5 \times 10^{-10}T^3 + \\
\qquad 1.040\,5 \times 10^{-12}T^4 \\
c_3 = -9.772\,9 \times 10^{-9} - 3.850\,4 \times 10^{-10}T - 2.364\,3 \times 10^{-12}T^2 \\
A = A_0 + A_1 P + A_2 P^2 + A_3 P^3 \\
A_0 = 1.389 - 1.262 \times 10^{-2}T + 7.164 \times 10^{-5}T^2 + 2.006 \times 10^{-6}T^3 - 3.21 \times 10^{-8}T^4 \\
A_1 = 9.474\,2 \times 10^{-5} - 1.258\,0 \times 10^{-5}T - 6.488\,5 \times 10^{-8}T^2 + 1.050\,7 \times 10^{-8}T^3 - \\
\qquad 2.012\,2 \times 10^{-10}T^4 \\
A_2 = -3.906\,4 \times 10^{-7} + 9.104\,1 \times 10^{-9}T - 1.600\,2 \times 10^{-10}T^2 + 7.988 \times 10^{-12}T^3 \\
A_3 = 1.100 \times 10^{-10} + 6.649 \times 10^{-12}T - 3.389 \times 10^{-13}T^2 \\
B = -1.922 \times 10^{-2} - 4.42 \times 10^{-5}T + (7.363\,7 \times 10^{-3} + 1.794\,5 \times 10^{-7}T)P \\
C = -7.983\,6 \times 10^{-6}P + 1.727 \times 10^{-3}
\end{cases}
$$

$$\tag{2.53a}$$

虽然 Chen-Millero 模型已被广泛使用，但仍存在一些缺陷：模型与深度的关系不够准确（Millero et al.，1994），且模型用压力的函数来表示，而使用者经常喜欢使用与深度相关的模型。Leroy 等（2008）于是提出了一个简化方程，在简化数值表达式的同时，确保符合基本的试验结果：

$$
\begin{aligned}
c = {}& 1\,402.5 + 5T - 5.445 \times 10^{-2}T^2 + 2.1 \times 10^{-4}T^3 + 1.33S - 1.23 \times 10^{-2}ST + \\
& 8.7 \times 10^{-5}ST^2 + 1.56 \times 10^{-2}Z + 2.55 \times 10^{-7}Z^2 - 7.3 \times 10^{-12}Z^3 + \\
& 1.2 \times 10^{-6}Z(\phi - 45) - 9.5 \times 10^{-13}TZ^3 + 3 \times 10^{-7}T^2Z + 1.43 \times 10^{-5}SZ
\end{aligned}
$$

$$\tag{2.54}$$

其中，ϕ 为纬度，单位为°。

海水包含很多不均匀体：靠近表面的气泡层、生物体(如鱼和浮游生物等)、悬浮物中的矿物颗粒等，这些都是声波潜在的散射体。尤其是在高频率下，散射体会造成声学特征(声速和吸收)的扰动。气泡群为混合介质，气泡群中的声速与海水中的声速明显不同，尤其在部分气泡群的谐振频率与声波频率相近时，声速不同更为明显。如果水中充满了同一半径 a 的气泡，则水中声速 c_{bw} 与常规海水中的声速 c_w 的关系式为

$$c_{bw} = c_w \left[1 - \frac{aNc_w^2}{2\pi f^2} \frac{f_0^2/f^2 - 1}{(f_0^2/f^2 - 1)^2 + \delta^2} \right] \tag{2.55}$$

式中，N 为每单位体积的气泡数；f_0 为谐振频率；δ 为衰减常量(见 3.3.3 节)。

2.6.3　声速测量

现场测量声速的设备有好几种。声速仪直接测量高频波在精确校准距离内传输的声速(通过传播时间或相位变化来测量)，仪器非常精密，不会受到温度和静水压力重要变化的限制。一般情况下，测量精度能够达到每秒数十厘米的量级。

当我们需要更准确地测量水文状况时，通常使用更专业的工具——CTD 探头，一种用专用电缆和绞车把探头从停泊的船只上沉入水中的设备。CTD 探头可精密测量水温、盐度和水深(也可采水样)，并将其转化成声速值。这些基准测量在物理海洋研究的航次中比较常用，但却耗时较长。因此在水声学研究中，一般用作对粗略测量结果质疑时的基准测量，而非常规操作。

声速测量最常见、最简单的装置是温深仪，也就是 XBT(抛弃式温深仪)。这种传感器只测量海水温度随深度的变化，因此我们需要单独评估盐度剖面来获取声速剖面(SVP)。我们可使用安装在 XBT 探头内部的电导率仪(XCTD 探头成本高且应用不够广泛)来测量盐度剖面数据，但更常见的是使用具有非常准确海水盐度平均值的水文学数据库(Levitus，1982)。温深仪是目前水声学中实时测量声速剖面的最常用仪器，可以在船只航行时向海中投入该仪器[13](该仪器不是严格测量海水深度，而是测量温度随时间的变化，同时依据探头形状准确控制其下降速度，由下降速度和下降时间转换成深度)。

虽然 XBT 和 XCTD 探头提供了广泛适用的测量方法，可满足许多操作需求，但也只能进行局部测量。在有特殊要求的情况下，可能会用随深度持续变化的传感器替换 XBT 和 XCTD 探头，提供沿着船只航行路径具备水文特征的高密度采样。

很多声呐应用需要准确了解特定区域内的声速剖面。例如，在反潜战中，需要用到声速场的全面知识来优化探测能力和策略。在水深测量中，测深质量取决于对声射

---

[13]该产品由美国斯皮坎(Sippican)公司提供，该公司基本垄断了该产品的全球市场。

线轨迹非常准确的补偿。

注意，很多船只的船体上装有温度计或温度盐度计，甚至是速度计，能够提供计算声呐阵列声速值所需的信息，这些连续记录的信息数据可对通过其他方式测量的声速剖面进行补充。

2.6.4　深度-声速剖面

在声呐应用中，水文环境常常被近似为是水平分层的。因此，我们假设声速严格取决于深度，这就大大地简化了传播建模和解译，生成的声速剖面由几大特征部分组成(图 2.15)：

- 前几米中常常出现恒定声速的均质层(混合层)，对应表面搅动引起的表层水的混合；
- 表面声道对应从表面以下增加的声速，该声道的形成通常是由冬季条件下出现的浅等温层，但也可能是海表冰冷的水(如海冰融化)或河口附近淡水输入造成的；
- 温跃层是温度随深度的单调变化。温跃层通常是负梯度变化的(温度通常从表面到底部下降)，这就引起声速随深度降低。温跃层可以是季节性的(接近表面)，也可以是永久的；
- 深海声道对应最低声速(如在负跃层和深等温层之间)。大型海洋盆地的平均深度-声速剖面具有数百米至 2 000 m 的深水声道；
- 等温层处于恒定温度。因此，在静水压力下，声速随深度线性增加。海洋较深层近似等温，近海(如地中海)或冬季浅水域的声速剖面也是这种情况。

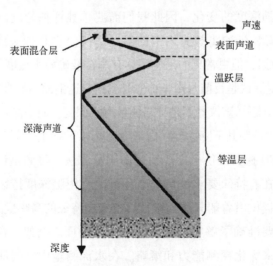

图 2.15　典型声速剖面的不同组成部分

横轴为声速，纵轴为深度(向下)

根据环境条件的不同，组合上述不同剖面，可得到各种各样的声速剖面形状。局部过程也会使得声速剖面形状更复杂化：

- 在中等空间尺度(中尺度，数十千米)，海流、温度锋和涡流改变了平均声速剖面，并在该过程中严重干扰传播，反之，可通过对平均声速剖面的研究来对海洋动力过程进行反演(见 7.4.2 节，海洋声层析)；
- 在高纬度，海面有大量浮冰融化而成的冰冷的水，显而易见，声速最低；
- 举一个海洋盆地水体交换的例子，如地中海水域在直布罗陀海峡侵入大西洋东北处，形成水温较高、盐度较大的水层，深度在 1 000 ~ 2 000 m 时，局部声速明显最大；
- 近河口处，淡水输入形成一种较慢浅水层，导致了重要的声速扰动(在给定深度和温度下，淡水与海水的声速差约为 40 m/s)。

其他影响声速剖面形状的因素是内波和内潮。内波和内潮对声速剖面形状的影响源于海水密度随深度的变化。内波和内潮在传播时会造成大空间尺度内声速剖面的起伏。自 20 世纪 70 年代起，人们便开始研究内波和内潮对声传播的影响[详细内容参见 Flatté(1979)]。

图 2.16 显示了各水体类型的通用深度-声速剖面。这些剖面类型说明剖面结构的丰富性，分别对应于不同的传播现象和由这些传播现象产生的声场结构。2.8 节将探讨各种剖面的基本组成部分。

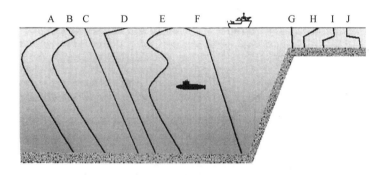

图 2.16　通用深度-声速剖面

横轴表示声速，纵轴表示深度(向下)。A—夏季 SOFAR[14]；B—冬季 SOFAR；
C—冬季地中海(等温)；D—夏季地中海；E—东北大西洋(地中海水侵入)；F—极地；G—冬季浅水；
H—夏季浅水；I—秋季浅水；J—浅水，表面存在淡水

―――――――――――――

⑭SOFAR(Sound fixing and ranging)：声波定位与测距，现通常指代深海声道[详见 2.7.3(此处原著有误，应为 2.8.3——译者注)]。

2.7 声场的几何射线研究

注意，在水声建模时，我们采用对掠射角（相对于水平方向）或入射角（相对于垂直方向）更为简便的处理。从逻辑上来讲，第一种记号法倾向于水声"水平"多路径传播的几何应用（主要是军事声呐应用和海洋声层析），第二种记号法用于水声的垂直和倾斜传输应用（如回波探测仪和侧扫声呐）。为避免混淆，我们采用了这两种记号法：

- 水平掠射角记作 β，主要用于本章的水声传播过程；
- 垂直入射角记作 θ，将用于第 3 章（折射和反向散射）和第 8 章（海底成像声呐）。

2.7.1 深度–声速剖面折射

接下来会对不同声速（c_1，c_2）下两个不同介质流体界面上平面波的特征进行修正（图 2.17）。两个介质间声速的变化会引起声波在第一介质中的镜面反射（沿着入射点处与法线对称的方向），并在第二介质中发生折射，折射角度由著名的斯奈尔–笛卡儿定律得出（见附录 A.3.1）：

$$\frac{\cos \beta_1}{c_1} = \frac{\cos \beta_2}{c_2} \qquad (2.56)$$

式（2.56）只有当 $\cos \beta_2 \leq 1$（即 $\cos \beta_1 \leq c_1/c_2$）时才能成立，该式给出的极限角为

$$\beta_c = \arccos(c_1/c_2) \qquad (2.57)$$

该极限角是界面的临界角。当掠射角 β 小于临界角 β_c（低掠入射）时，声波在界面上会形成全反射，声传输不可能进入第二介质。

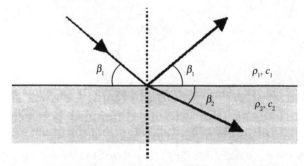

图 2.17 声速在界面变化时造成平面波的反射和折射（$c_2 > c_1$）

斯奈尔–笛卡儿定律可用于一系列恒定声速层，由下标 $i = 1, 2, \cdots, N$ 定义。该定律表示为

$$\frac{\cos \beta_1}{c_1} = \cdots = \frac{\cos \beta_i}{c_i} = \frac{\cos \beta_{i+1}}{c_{i+1}} = \cdots = \frac{\cos \beta_N}{c_N} \qquad (2.58)$$

该定律描述声波以非恒定声速在介质中随着坐标 z 变化的行为。在无限薄层的极限条件下，折射关系式的通式则成为

$$\frac{\cos \beta(z)}{c(z)} = 常数 \tag{2.59}$$

传播介质中声速的连续变化改变了声波的初始方向（图 2.18），所以波矢量方向由局部声速决定。如果声速梯度是垂直的（最常见的情形），声速的增加将减小掠射角并将声波路径向水平方向折射。如果声速增加很快，向水平方向倾斜的声路径可能会发生全反射。与之相反，声速的降低将增大声波的掠射角。两点之间声波遵循的几何路径称为声射线。

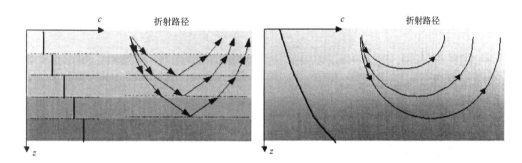

图 2.18 声速随深度发生非连续性变化（左）和连续性变化（右）时波的折射

2.7.1.1 线性声速剖面情形

如果深度–声速定律在 $c(z) = c_0 + g(z - z_0)$ 中是线性的，其中 g 是声速梯度，斯奈尔–笛卡儿关系式可表示为

$$\cos \beta(z) = \frac{c(z)}{c_0} \cos \beta_0 = \left(1 + \frac{g}{c_0}(z - z_0) \right) \cos \beta_0 \tag{2.60}$$

具体描述见图 2.19。

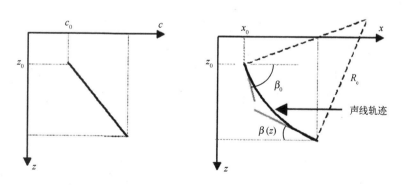

图 2.19 线性声速梯度下圆弧射线的几何形状和符号

对于$(x，y)$平面（图2.19）的任意圆弧，一个点的坐标值（位置）、斜角β（由圆弧切线确定）和圆弧半径R_c的一般关系式可记作：

$$z - z_0 = R_c(\cos\beta - \cos\beta_0) \qquad (2.61)$$

其中$(x_0，z_0)$和β_0定义了沿着圆弧的一个基准点。在某一给定点，角的余弦与z的关系式为

$$\cos\beta(z) = \cos\beta_0 + \frac{z - z_0}{R_c} \qquad (2.62)$$

这在形式上与式（2.60）类似。因此得出的重要结论是，在梯度g的线性声速剖面情形下，声波沿着半径为R_c的圆弧折射，我们可根据该深度下的声速c_0和初始角β_0得出R_c：

$$R_c = \frac{c_0}{g\cos\beta_0} \qquad (2.63)$$

2.7.1.2 概况

几何射线声学[15]（附录A.2.2探讨了几何射线声学理论）旨在将声场结构建模成一组路径（或声射线），且遵循以下基本理论：

- 根据斯奈尔-笛卡儿定律，声速变化引起传播方向的折射；
- 界面上发生镜面反射；
- 沿着声射线的强度损耗是由几何扩散（也就是折射修正的球面扩散）、路径吸收和界面反射等导致的；
- 接收器处的声场模型是由各声射线组合而成的（具有适当的振幅和时延）。

这解释了为什么我们会在2.4.3节中给出了镜像源的基本模型概况，因为该模型包含了声速剖面发生折射的原因。

我们已知折射路径（圆弧）的简单线性剖面形式。除线性剖面外，也可推导出标准声速剖面的其他分析解，但这些分析解的实际应用意义不大。

实际上，我们可利用恒定梯度的线性分层声速剖面的方法来概括更复杂的声速情况（图2.16）。可使用基本圆弧射线路径跟踪任何声速条件下的路径，而且除简单跟踪声速路径及其直观醒目的图像显示外，射线法可研究传输声强（通过计算两个相邻射线之间的间距估计发散损耗）和传播时间（综合各路径的时间），下一节会讨论射线法的主要公式。另一方法是使用有限差分法对程函方程进行数值积分，这就可以应对任意的（非分层）声速剖面（见2.7.4节）。

---

[15]几何射线声学理论基础是从波动方程中严格且正规地推导得出。可以看出，只要频率足够高，波长内的声速变化就维持在较小幅度。亥姆霍兹方程将平面类波矢量与局部声速条件联系起来，近似为"程函方程"。关于该方法的小结，请参见附录A.2.2。

2.7.2　分层海洋中的声射线计算

声速剖面表示为 $c(z)$，该剖面的近似可用各点的有限数 $N+1(n=0,\cdots,N)$ 表示，其中 N 为层数 $(n=0,\cdots,N)$。假设每一层内的声速呈线性变化(图 2.20)。

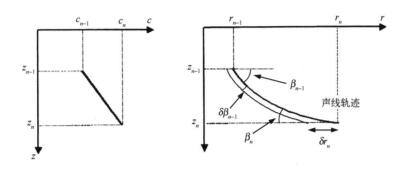

图 2.20　特定第 n 层内某声射线的几何形状和符号

在 n 层内，声速梯度记作：

$$g_n = \frac{c_n - c_{n-1}}{z_n - z_{n-1}} \tag{2.64}$$

斯奈尔-笛卡儿定律记作：

$$\frac{\cos\beta_n}{c_n} = \frac{\cos\beta_{n-1}}{c_{n-1}} = 常数 \tag{2.65}$$

层内入射角为 β_{n-1} 的射线将发生弧形折射，弯曲半径为

$$R_{cn} = \frac{c_{n-1}}{g_n \cos\beta_{n-1}} \tag{2.66}$$

此时，该点[16]在 n 层内的位置 (r, z) 由下列关系式得出：

$$\begin{cases} r - r_{n-1} = \dfrac{c_{n-1}}{g_n \cos\beta_{n-1}}(\sin\beta_{n-1} - \sin\beta) \\[2mm] z - z_{n-1} = \dfrac{c_{n-1}}{g_n \cos\beta_{n-1}}(\cos\beta - \cos\beta_{n-1}) \end{cases} \tag{2.67}$$

式中，β 是局部入射角，其正负取决于射线相对水平方向是上升的还是下降的(图 2.21)。

可通过积分计算沿路径发生的单位延迟，求得 n 层内声射线的传播时间(见附录

---

[16]水平坐标表示了轴半径 r，而不是 2.7.1.1 中的笛卡儿坐标，强调了声波的圆柱对称性扩展与垂直 z 轴相对应。

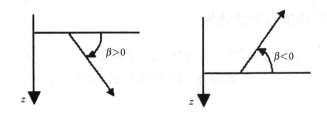

图 2.21　入射角的符号法则

A. 2. 2. 1）：

$$t_n = \int_{z_{n-1}}^{z} \frac{dz}{c(z)\sin\beta(z)} = \frac{1}{g_n}\ln\left[\tan\left(\frac{\beta_{n-1}}{2} + \frac{\pi}{4}\right)\middle/\tan\left(\frac{\beta}{2} + \frac{\pi}{4}\right)\right] \tag{2.68}$$

通过使用关系式：

$$\tan\left(\frac{\beta}{2} + \frac{\pi}{4}\right) = \frac{1 + \sin\beta}{\cos\beta} \tag{2.69}$$

我们可以推导出声射线传播时间的同等表达式：

$$t_n = \frac{1}{g_n}\ln\left(\frac{\cos\beta}{\cos\beta_{n-1}}\frac{1 + \sin\beta_{n-1}}{1 + \sin\beta}\right) = \frac{1}{g_n}\ln\left(\frac{c}{c_{n-1}}\frac{1 + \sin\beta_{n-1}}{1 + \sin\beta}\right) \tag{2.70}$$

曲线路径长度为

$$s_n = \int_{z_{n-1}}^{z} \frac{dz}{\sin\beta(z)} = \frac{c_{n-1}}{g_n\cos\beta_{n-1}}(\beta_{n-1} - \beta) \tag{2.71}$$

该值可用于计算传播的吸收损失。

　　射线以 β_s 角度到达界面（海面或海底）时，会发生镜面反射，镜面反射角度为 $\beta'_s = -\beta_s$。然后射线会沿着与入射路径对称的反射路径射出，其反射点用 $r = r_s$ 定义。

　　如果声速存在某种梯度变化，那么 r、z 和 β 在梯度的变化中必须是连续的 $\partial r/\partial\beta_0$ 形式；在几何扩散中的梯度变化也是如此（详见下文）。如果这些条件得到满足，上述所有公式在其他层也都适用。

2. 7. 3　几何射线扩散的损失

　　计算声射线扩散的损失主要根据声源处射线波束截面（无穷小孔径 $\delta\beta_0$）来演变。均匀介质中径向 r 处的声强损失[⑰]与 r_0 处的声强损失比值为

---

⑰损失有时表示为收敛因素 η（聚焦因子或传播异常，具体由作者决定）。损失因素对应于传播损失与均匀介质中同一点传播损失值的比例，即 $\eta = \dfrac{r\cos\beta_0}{\left|\dfrac{\partial r}{\partial\beta_0}\sin\beta\right|}$。这是对球面损失因素 $1/r^2$ 应用的乘法校正。η 值大于或小于统一值，表明该区域的声强大于或小于球面波场声强。

$$\frac{I(r)}{I(r_0)} = \frac{\mathrm{d}S(r_0)}{\mathrm{d}S(r)} = \frac{\cos\beta_0}{r\left|\dfrac{\partial r}{\partial\beta_0}\sin\beta\right|} \tag{2.72}$$

或传播损失的 dB 值表示为

$$TL = 10\log\left[\left|\frac{\partial r}{\partial\beta_0}\sin\beta\right|\frac{r}{\cos\beta_0}\right] \tag{2.73}$$

式(2.73)的难点在于$|\partial r/\partial\beta_0|$项，该项的演变必须是逐层的，上述公式分别给出了波束孔径[式(2.74)]的演变以及投射在沿 r 向的波束截面的演变[式(2.75)]：

$$\delta\beta_n = \frac{\tan\beta_{n-1}}{\tan\beta_n}\delta\beta_{n-1} \tag{2.74}$$

$$\delta r_n = \delta r_{n-1} - (r_n - r_{n-1})\frac{\delta\beta_{n-1}}{\cos\beta_{n-1}\sin\beta_n} = \delta r_{n-1} - (r_n - r_{n-1})\frac{\tan\beta_0}{\sin\beta_{n-1}\sin\beta_n}\delta\beta_0$$

$$\tag{2.75}$$

因为我们将射线截面投影在 r 轴上，当 $\sin\beta \to 0$ 时，上述损失表达式无效。只要将 $\left|\dfrac{\partial r}{\partial\beta_0}\sin\beta\right|$ 替换成 $\left|\dfrac{\partial z}{\partial\beta_0}\right|\cos\beta$，该损失表达式就有效了。

当 $|\partial r/\partial\beta_0| \to 0$ 时，传播损失的射线计算方法不再有效；波束的聚焦会产生局部的无限大声强。该声场区域被称为焦散线，射线几何方法的有效性在焦散区域受到限制。那么理想情况下，我们必须计算传播方程的精确解[如 Brekhovskikh 等(1992)]，并把计算的声场应用到局部。

2.7.4　几何射线声学的应用

我们已经了解到使用基本几何结构可以构建出复杂声速变化情况下的声路径，可在计算机上进行简单数值操作来实现。此处，我们只研究声速随深度变化的情况，也可依据两个到三个空间坐标中的速度变化跟踪射线。最佳方法不是寻求解析解(就像 2.7.1 节中的圆弧)，而是直接在数值上求解程函方程，以较小数值增量跟踪射线路径[该方法常用到龙格-库塔(Runge-Kutta)有限差分技术]。

通常情况下，射线跟踪软件计算靠近声源角扇区(在垂直平面上)发射的所有射线路径，射线路径的增量相对较小(一般是 1/10°或更少)，直到感兴趣的最大范围。为了确定射线到达特定的接收点，所必须完成的第一个计算步骤是确定连续发射的射线在目标点和声源的边界射线对，从而确定每对射线对应给定的射线的"历史"(反射数和折射数)。最终接收器的射线的准确特征(角度、时间、相位及传播损失)通过对选定的两个射线的特征值之间进行插值计算而得到。

几何描述声场最常见的应用是准确确定传播时间和发射角度，比如探测仪的测深测量、海洋声层析等。几何描述声场的技术具备很多优点，应用最多。首先，该技术将声场结构用图像表示为路径，易于直观理解。其次，该技术通过相对简单快捷的数值计算给出传播时间和波达方向(这些是很多应用的关键参数)，准确描述了接收点的声场结构。最后，虽然是近似计算，但该技术对声强级的预测在大多数情况下已经很理想。只有在频率很低(几十赫兹或几百赫兹，取决于海水深度)的情况下，该技术的预测才存在明显不足，因为波动过程在折射的过程中占主导地位。

2.8 水声传播：案例分析

本节研究由深度-声速剖面决定的几个典型传播场景。我们通过声射线跟踪来阐释这些案例，并考虑时域响应和传播损失。

2.8.1 恒定声速剖面

在恒定声速 c 的场景中，声射线是直线运动的，当声射线沿直线在海面和海床之间反弹时很容易跟踪声场(图 2.22)。严格来说，我们甚至都不需要跟踪声射线，在这种情况下，声场实际被描述为对应于界面反射的镜像源作用的总和(参见 2.4.3 节)。镜像源的作用通过与海面和海底相对应的实际声源进行连续对称获得。

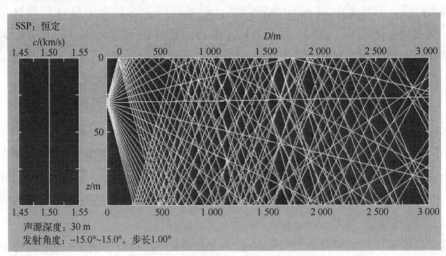

图 2.22　恒定声速剖面下的射线跟踪

每个像源对应一条特定射线，该射线具有易计算的特征。声源和接收器之间的水平距离为 D，路径由 2.4.3 节中确定的声源初始发射角度 β 定义，传播时间由倾斜距离

$$R(\beta) = \frac{D}{\cos \beta} \text{得出：}$$

$$t(\beta) = \frac{R(\beta)}{c} = \frac{D}{c\cos\beta} \qquad (2.76)$$

沿路径的等效水平声速为

$$V(\beta) = c\cos\beta \qquad (2.77)$$

传播损失由实际行进的距离 $R(\beta)$ 得出：

$$TL(\beta) = 20\log R(\beta) + \alpha R(\beta)$$

因此，同 R 一样，路径损失会随 β 的增大而增加（射线倾斜度越大，损失越大）。

反射损失也会随掠射角的增大而增加（详见第 3 章）。直达路径对应 R 和 β 的最低值，因而最先到达，且振幅最大；多反射路径跟随其后，由于路径长度较长和界面反射损失较高（也可见图 2.7），振幅会逐渐下降（图 2.23）。

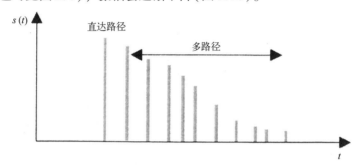

图 2.23　恒定声速剖面声道的冲激响应，直达路径首先到达，其他多路径的振幅按次序递减（倾斜距离越长，反射越多）

虽然明显过于理想化，但恒定声速剖面的近似在很多情况下非常有用。如冬季等温条件下（由压力导致的声速增加在超过数十米深时可忽略）或者在极短距离的较深水域下（当斜度大的射线路径的射线弯曲效应重要性居次），恒定声速剖面的近似对于浅水传播的许多场景很有用。同时，也默认用恒定声速剖面来评估声呐系统性能。最后，恒定声速剖面常作为基准场景，用于教学，十分有用。

2.8.2　等温声速剖面

当温度不随深度变化时，由于受到静水压力的影响，声速随深度线性增加，增加梯度在 0.017 m/s 左右。因此所有声射线路径向上折射，经表面连续反弹传播（图 2.24），该场景称为表面声道。这种水文条件在浅海中更常见，然而正如上文所述，合成的声场接近恒定声速案例，浅水深度下的声速变化较小，只产生轻微的折射效应。更重要的是，深水中也能发现等温声速剖面。等温声速剖面可对应于接近海面的水层或是整个水体[18]，

---

[18]地中海是其中一个案例，地中海冬季水温在整个水深上稳定在 13℃；又或者说在高纬度极地水域，声速剖面从海面到海底单调增加（虽说严格意义上讲，这里的声速剖面所处的环境不是等温的）。

此时折射效应也可完全体现出来。

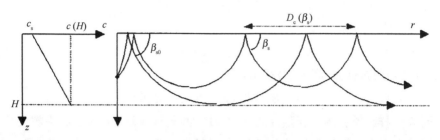

图 2.24　等温声速剖面的射线几何

等温场景中，声速以深度 z 的线性函数描述 $c(z)=c_s+gz$，其中 $c_s=c(0)$。这里的射线指的是由海面反射的圆弧射线（图 2.24）。射线具有周期结构，当射线以角度 β_s 到达表面时，水平的周期距离表示为 $D_c(\beta_s)$，根据式（2.67），可得出：

$$D_c(\beta_s)=2\frac{c_s}{g}\tan\beta_s \qquad (2.78)$$

最大可能角度（针对能被表面声道内部局限住的声场）对应于能到达在 z 轴的转折点恰好位于信道底端深度（$z=H$）的射线（图 2.24），因此由剖面两端的声速比可得出信道表面最大可能角度值为

$$\cos\beta_{s0}=\frac{c_s}{c(H)}，也就是大致满足 \beta_{s0}\approx\sqrt{\frac{2gH}{c_s}} \qquad (2.79)$$

平均来说，介质中的声传播过程最后是均匀的（图 2.25），但如果声源位于浅层，该声传播过程就倾向于集中在顶层，因为较短周期长度的射线在接近表面时更集中。

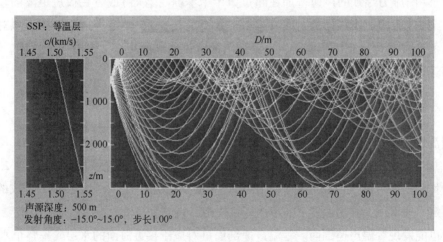

图 2.25　等温声速剖面的射线跟踪

通过式（2.68），我们得出一个射线的反射周期的传播时间为

$$T_c(\beta_s) = \frac{2}{g}\ln\left[\tan\left(\frac{\beta_s}{2} + \frac{\pi}{4}\right)\right] \approx \frac{2}{g}\left(\beta_s + \frac{\beta_s^3}{6}\right) \tag{2.80}$$

其中近似适用于较小掠射角值，相应的平均水平声速为

$$V(\theta_S)^* = \frac{D_c}{T_c} \approx c_s\left(1 + \frac{\beta_s^2}{6}\right) \tag{2.81}$$

可以看出，最快的路径对应最大的 β_s 值(也就是最大的圆弧，见图 2.25)。这就否定了我们的物理直觉(基于恒定声速条件)——"水平"路径的距离较短，应该会首先到达。尽管 β_s 值高的射线的传播曲线距离最长，但处于声速较高的区域，传播速度的加快与距离增加相抵消甚至还有富余。从这一点来说，我们就能很好地解释上述悖论。

根据 2.7.3 节的方程式，水平距离为 r 的两点间的扩散声强损失可以记作：

$$\begin{aligned}
TL &= 10\log\left[\left|r\frac{c_0\sin\beta_0\sin\beta}{g\cos^3\beta_0}\left(\frac{2n}{\sin\beta_s} - \frac{1}{\sin\beta_0} + \frac{1}{\sin\beta}\right)\right|\right] \\
&\approx 10\log\left(\frac{r^2|\sin\beta_0\sin\beta|}{\cos^2\beta_0\sin^2\beta_s}\right)
\end{aligned} \tag{2.82}$$

最终的近似适用于镜面反射数 $n = r/D_c(\beta_s) = rg/(2c_s|\tan\beta_s|)$ 足够多的情况。

介质的冲激响应显示，角度最大的射线(最大值 β_{s0})最先到达，最后到达的是掠射最平的射线(同时振幅也最大)(图 2.26)。根据最慢(β_s 接近 0 处)和最快(β_{s0} 处)射线之间的速度差，可得出信号的时延。因此，信号的时延可近似为

$$\Delta t = r\left[\frac{1}{V(0)} - \frac{1}{V(\beta_{s0})}\right] \approx r\frac{\beta_{s0}^2}{6c_s} \tag{2.83}$$

掠射角超过 β_{s0} 后，射线会接触海底并发生反射。随着掠射角增加，射线的折射特征越来越不明显，射线的一般行为也越来越接近恒定声速条件下直线路径的行为，也就是海面和海底之间的连续反弹：对应部分的连续射线具有相应增大的角度和振幅的降低。

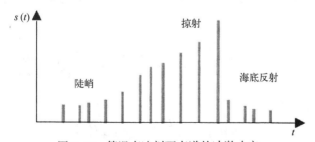

图 2.26　等温声速剖面声道的冲激响应

斜度最大的射线最先到达，振幅最小(路径较长，表面反射损失较高)；掠射角最大的射线最后到达，

振幅最大；接着到达的是海底反射射线

---

*：此处原著有误，应为 $V(\theta_s)$。——译者注

2.8.3 深海声道

深海声道(deep sound channel，DSC)是指在深海中，声速从海面开始变慢，当达到最低值(深度 z_A 处即为声道轴时开始变快，直至海底的一种场景。这种情况通常出现在大洋深处，温度通常从海面开始随深度增加而降低(温跃层)，当到达一定深度(温度降到了 $2\sim4℃$)后就保持稳定，声速剖面则处于等温状态。在下文中，我们将以梯度为两个线性段 g_1 和 g_2(符号相反)的简化形式来描述上述声速剖面。在上部($z<z_A$)，声速按 $c(z)=c_s+g_1z$ 变化，$g_1<0$，声速从 c_s 降到 c_A；在深处($z>z_A$)，声速按 $c(z)=c_A+g_2(z-z_A)$ 变化，$g_2>0$，声速从 c_A 增到 c_B，直到海底。

2.8.3.1 SOFAR 传播

如果声源接近声道轴(在 z_A 时，最低声速为 c_A)，以掠射角传输的射线会位于两个梯度之间连续上下折射，并在不接触界面的情况下传播(图2.27)。该传播模式的存在条件是射线穿过声道轴时，角度 β_A 满足：

$$\cos\beta_A > \max\left(\frac{c_A}{c_s}, \frac{c_A}{c_B}\right) \tag{2.84}$$

在大多数情况下，$c_s<c_B$，公式简化成 $\cos\beta_A>\dfrac{c_A}{c_s}$，射线的周期长度表示为

$$D_c = 2c_A\left|\tan\beta_A\left(\frac{1}{g_2}-\frac{1}{g_1}\right)\right| \tag{2.85}$$

角度为 β_A 的射线的转折点所处深度表示为

$$\begin{cases} z_{g1} = z_A + c_A/g_1(1/\cos\beta_A - 1) \\ z_{g2} = z_A + c_A/g_2(1/\cos\beta_A - 1) \end{cases} \tag{2.86}$$

定义 $\dfrac{1}{g_0}=\dfrac{1}{g_2}-\dfrac{1}{g_1}$，我们可再次利用等温声速的公式。对于声道轴上角度为 β_A 的射线，其周期传播时间表示为

$$T_c(\theta_A)^* = \left|\frac{2}{g_0}\ln\left[\tan\left(\frac{\beta_A}{2}+\frac{\pi}{4}\right)\right]\right| \approx \left|\frac{2}{g_0}\left(\beta_A+\frac{\beta_A^3}{6}\right)\right| \tag{2.87}$$

相应的周期水平跨距为

$$V(\theta_A)^{**} = \frac{D_c}{T_c} \approx c_A\left(1+\frac{\beta_A^2}{6}\right) \tag{2.88}$$

---

* ：此处原著有误，应为 $T_c(\beta_A)$。——译者注

** ：此处原著有误，应为 $V(\beta_A)$。——译者注

50

如果周期的数量 n 足够大, 由几何扩散导致的传播损失近似为

$$TL \approx 10\log\left[\frac{r^2 \,|\sin\beta_0 \sin\beta\,|}{\cos^2\beta_0 \,\sin^2\beta_A}\right] \tag{2.89}$$

在这种场景中, 介质的声透射非常均匀, 尤其在接近声道轴时(图 2.28)更加均匀, 主要因为大量射线会在波导的任意给定点形成干扰。射线路径越靠近声道轴, 射线数量就越多。这种场景非常高效, 可达到很广的传输距离: 一方面是因为不存在界面反射造成的能量损失, 另一方面是因为大量多路径的集中使得几何扩散损失降至最低。此时, 声音在水中的吸收成为主要限制条件。使用适合的低频率, 传播距离可达到数千千米。这种情况下的传播称为 SOFAR(声波定位与测距, sound fixing and ranging)传播。人们在第二次世界大战中发现 SOFAR, 并进行广泛的定位应用。现在, SOFAR 用于声学海洋学实验, 利用传播信号估计声速在海盆中的变化(更多细节详见 7.4.2 节)。

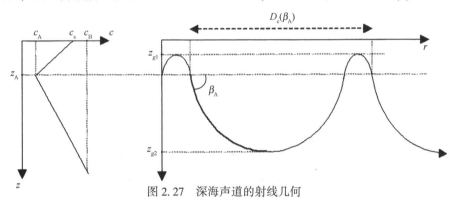

图 2.27　深海声道的射线几何

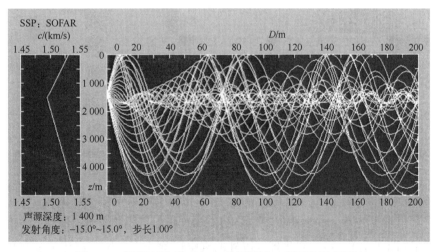

图 2.28　深海声道中 SOFAR 传播区域, 声源接近声道轴

深海声道的冲激响应特征性明显(图 2.29), 是对等温声速剖面的扩展: 斜度最大的射线最先到达, 如果信号的时间分辨率很高, 这点就会非常明显。射线的到达时间

越来越快，强度越来越大。最后到达的是一组不可分辨的路径，与近轴传播相对应。射线到达的时延取决于距离以及界面和声道轴上的速度值，通常，1 000 km 处的时延为 2~10 s，这取决于深度-声速剖面。显然，除了对尾峰到达时间作简单测量外，信号时域上的扩展使得信息传播更加复杂，除非我们使用大型垂直阵列过滤不同的到达角度来减少时域上的扩展。

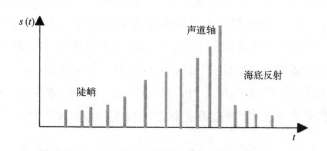

图 2.29　深海声道的冲激响应

斜度最大的射线最先到达，振幅最小（路径较长）；

近轴的射线最后到达，振幅最大，紧随着海底反射射线到达

2.8.3.2　声影区及会聚区

现在我们考虑声源接近海面的情况。在浅海负梯度中，靠近海平面的声射线向上发出，然后快速向下折射（图 2.30）。临界声射线与海面相切，向上射出的角度 β_0 表示为

$$\cos \beta_0 = \frac{c_0}{c_s} \qquad (2.90)$$

该声射线再次射入声源深度 z_0 时（图 2.30）的水平距离为

$$D_{s0} = \frac{2c_0}{g_1} \tan \beta_0 \qquad (2.91)$$

掠射角大于临界角的声射线将接触表面，因而会在较短的水平距离内再次到达声源深度。

以角域 $[0, \beta_0]$ 传播的声射线束射入深度 z_A 时，其射入角度的角域为 $\left[\arccos \dfrac{c_A}{c_0}, \ \arccos \dfrac{c_A}{c_s} \right]$，窄于传输角域 $[0, \beta_0]$。该类声射线基本上都以相同的几何路径折射，扩散损失较小。同一声射线束经深海梯度折射后仍集聚在会聚区（或再现区），易于声传播（图 2.31）。声射线集聚区以外的真空区称为声影区，声源无法直接向声影区辐射（至少在射线跟踪建模的严格框架内没有声透射，原因是几何波束外的衍射只在极低频率下可见）。当然，存在经海底反射发生间接声透射的可能性，但会受反射损失的影响。综上所述，声影区非常不利于声传播。

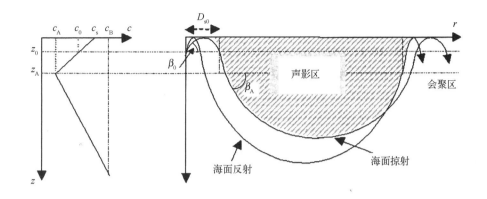

图 2.30　声影区射线几何

以角度 β_0 射出的声射线刚好掠过海面，而射出角度更大的声射线会接触到海面，并在与海面相切的
声射线之前向下偏转，该声射线的直接路径无法进入与海面相切的声射线所限制的声影区域

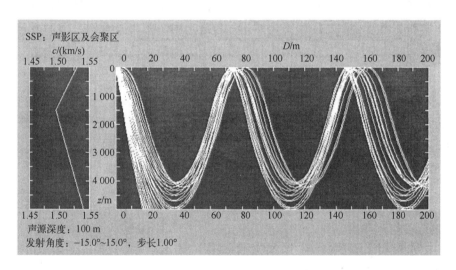

图 2.31　深海声道的声传播

浅海声源的声影区和会聚区，声射线束的窄宽取决于声源深度

　　会聚区声射线束以相同周期特征继续传播。会聚区沿传播距离重复出现，随传播有不同程度的加宽，且越来越模糊（图 2.31）。声影区的面积和会聚区的周期性取决于声速剖面（通常，地中海中的声速剖面为 40 km，大西洋中的声速剖面为 60 km）。

　　该构型在深海反潜作战技术中非常重要。在反潜战中，潜水器和声呐在水深相对较小的浅海区移动，声影区用于躲藏，会聚区则更有利于探测。

2.9　声场的波动计算

波动技术旨在给出复杂声场的通解，通过不同技术以传播方程的直接解为基础。

通常，当我们需要采用接近波长的分辨率来描述声场时，就需要使用波动技术对波行为进行分析以达到足够的准确度。由于低频率下声场振荡/干扰的稳定性好，可供实际观察，波动技术大多用于频率[19]极低的情况。高频率情况下更适合使用几何射线方法，毕竟几何射线方法能更快取得数值。

波动解更适用于单频信号，而不太适用于描述脉冲信号。因此，波动解常用于低频永久性窄带信号的应用环境（例如舰船噪声传播和被动声呐），或者当几何射线建模不确定时，用于准确描述主动的低频信号。几何射线方法适用于短时过程（传播时间），因此常用于主动探测/测量应用。

波传播建模的一个重要限制条件是，我们必须考虑介质的空间变化性。我们在 2.6 节中已了解到，声速主要随深度变化。在只考虑声速随深度变化时，海底平坦且水平时，介质是被视为分层的，分层介质的近似可大大地简化波动声学计算中数学上的复杂性。当声波路径遇到海洋锋面或涡流等中尺度结构时（远距离传播就可能发生这种情况）或在我们必须考虑海底地形的情况下（在浅海构型条件下），介质是被视为非分层的，非分层介质的情况则增加了波动声学建模的复杂度和计算成本。

波动技术本身非常复杂，下文对波动技术的描述仅是点到为止。建议读者阅读 Medwin 等（1987）、Brekhovskikh 等（1992）、Jensen 等（1994）所著的专业书籍。

2.9.1　简正波模态法

2.9.1.1　分层波导

波动方程从分层介质的传播方程式开始，其中声速为 $c(z)$［或波数 $k(z)$］，位于深度 z_0 的点声源（$r=0$）：

$$\Delta p(r,\ z,\ z_0) + k^2(z)p(r,\ z,\ z_0) = -\frac{2}{r}\delta(r)\delta(z-z_0) \qquad (2.92)$$

式（2.92）中的声源项相当于笛卡儿坐标中的 $-4\pi\delta(x)\delta(y)\delta(z)$，因此辐射声波的近场表现就如同单位振幅 $\exp(jkR)/R$ 的球面声源。依据圆柱对称性，亥姆霍兹方程的二维解 $p(r,z)$ 可分解成 r 的函数 Γ 和 z 的函数 Φ：

$$p(r,\ z) = \Gamma(r)\Phi(z) \qquad (2.93)$$

---

[19]此处高低频率的概念同样相对于波导的高度，与声波波长成反比。

我们引入常数 K^2 来分离柱面坐标表示的波动方程中的变量:

$$\begin{cases} \dfrac{\mathrm{d}^2\Gamma}{\mathrm{d}r^2} + \dfrac{1}{r}\dfrac{\mathrm{d}\Gamma}{\mathrm{d}r} + K^2\Gamma = -\dfrac{2}{r}\delta(r) \\[3mm] \dfrac{\mathrm{d}^2\Phi}{\mathrm{d}z^2} + \left[k^2(z) - K^2\right]\Phi = 0 \end{cases} \tag{2.94}$$

式(2.94)第一个等式是贝塞尔方程。对于从声源发射的声波,该等式的解与第一类汉克尔函数[20]成比例(Abramowitz et al., 1964):

$$\Gamma(r) = j\pi H_0^{(1)}(Kr) \tag{2.95}$$

如果自变量的值很大(事实上只要大于1),汉克尔函数将趋于渐近形式:

$$H_0^{(1)}(x) \to \sqrt{\dfrac{2}{\pi x}}\exp\left[j\left(x - \dfrac{\pi}{4}\right)\right] \tag{2.96}$$

式(2.94)的第二个等式取决于 z,因此必须与波导边界的连续性条件同步确定:

- 空气-海水界面的声压值为 0: $\Phi(0) = 0$;

- 海水-海底界面的条件是通用公式 $F\left\{\Phi(H), \dfrac{\mathrm{d}\Phi}{\mathrm{d}z}(H)\right\} = 0$ [例如,对于完全刚性

的海底, $\dfrac{\mathrm{d}\Phi}{\mathrm{d}z}(H) = 0$]。

与上述条件相关的微分方程 z 存在一系列解,可表示为 $\{K = k_n, \Phi(z) = \Phi_n(z)\}$, $n = 1, 2, \cdots, N$,这称为简正波。每个模式都满足以下方程组:

$$\begin{cases} \dfrac{\mathrm{d}^2\Phi_n}{\mathrm{d}z^2} + \left[k^2(z) - k_n^2\right]\Phi_n = 0 \\[3mm] \Phi_n(0) = 0 \\[3mm] F\left\{\Phi_n(H), \dfrac{\mathrm{d}\Phi_n}{\mathrm{d}z}(H)\right\} = 0 \\[3mm] \displaystyle\int_0^H \Phi_n(z)\Phi_m(z)\,\mathrm{d}z = \delta_{mn} \end{cases} \tag{2.97}$$

式(2.97)最后一个方程式(其中, δ_{mn} 是克罗内克算符)对应简正波[21]的标准正交性。依据简正波的标准正交性和汉克尔函数的渐近表达式[式(2.96)],波动方程远场的解式(2.92)最终可表示为

---

[20]注意,依据本课题研究文献的主要内容,本节中声压的谐波时间相关项是 $\exp(-j\omega t)$。

[21]如果 $n = m$,标准化表达只有在完全反射边界条件下才准确。如果是广义边界条件,则需要额外项,对应 H 到 ∞ 的积分。

$$p(r, z, z_0) = \sqrt{\frac{2\pi}{r}} \sum_n \frac{\Phi_n(z)\Phi_n(z_0)}{\sqrt{k_n}} \exp\left[j\left(k_n r + \frac{\pi}{4}\right)\right] \qquad (2.98)$$

在这种表示中，简正波场与单位振幅内球面声源的辐射场一致；换言之，式(2.98)给出了声波传播相对于基准点的传播损失，该基准点距离声源为单位距离(1 m)。

因此，简正波解法的主要难点在于确定简正波的波数$\{k_n\}$(也就是相应的波动方程)。在简单条件下即声速恒定(见附录 A.2.3)，波动方程比较容易计算，该方程是满足$\Phi_n(z) \propto \sin(\sqrt{k^2-k_n^2}z)$的三角函数。简正波主要可分为传播模式(行波)和衰减模式(驻波)两类：

- 传播模式：波数$\{k_n\}$是实数，且该模式下声场能量最多；
- 衰减模式：波数为复数，仅在与声源距离很短的情况下，该模式才发挥作用。

图 2.32 给出了应用实例以及 24 种简正波(传播模式和衰减模式)的波动方程和生成的声压场。为便于对比，图 2.32 中生成的声压场是采用了与图 2.10 相同的几何构型。

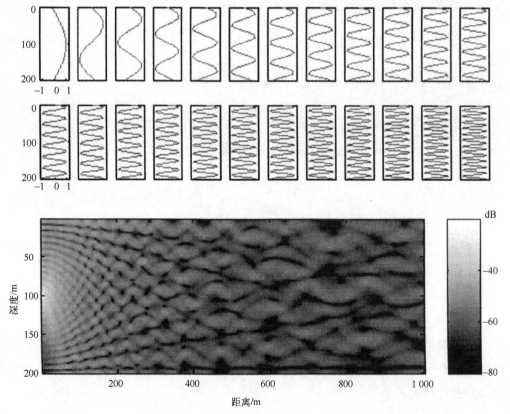

图 2.32 100 Hz 恒定声速声道简正波模式深度函数 $\Phi_n(z)$ (归一化至单位振幅)，

包括 24 种简正波的不同波形(上图)及生成的声压场(dB)(下图)

为便于对比，图中设置与图 2.10 相同

简正波(传播模式和衰减模式)的总级数 N_m 约等于水深与参考频率下声波的平均半波长的比值 [见附录 A. 2. 3. 1 中的式(A. 2. 36)]:

$$N_m \approx \frac{2H}{\lambda} \tag{2.99}$$

因此, N_m 与频率成正比。级数 N_m 是简正波技术应用性研究中的重要指标,最好在几十以内(图 2. 32)。如果级数超过 100,就直接使用几何射线声学法。反之,如果级数太少,则最好使用直接数值积分法(见 2. 9. 2 节)。

为了从物理学角度更好地理解简正波描述恒定声速剖面的情况(Brekhovskikh et al., 1992),我们使用

$$\sin k_z z = \frac{\exp(jk_z z) - \exp(-jk_j z)^*}{2j}$$

也就是说,波动方程是在波导中相互干涉的向上辐射的波和向下辐射的波的总和,因此:

- 简正波对应于从界面反射后与自身相干涉的平面波;
- 传播模式与海底超临界角入射的海底界面的全反射相对应;
- 衰减(漏泄)模式与海底亚临界角入射的海底界面反射的能量损失相对应。

对于实际上真正的声速剖面 $c(z)$,简正波函数不存在解析表达式;当然,一些特定剖面条件下例外,如恒定声速剖面条件下。该问题可通过两种方式解决:一是将声速剖面分解为适用解析表达式的若干段(例如线性平方波数的亚里方程)并确保各段之间存在连续性条件;二是在确定方程的边界条件下,数值求解全微分方程。

2. 9. 1. 2　非分层波导

从物理学角度来看,简正波方法以水体的垂直方向上的谐振为基础,自然地与分层波导结构相关联。但该方法可应用扩展至与距离相关联的介质。扩展的原理是考虑局部的模态结构,可以是离散的(介质沿着水平方向划分为非连续性分层截面,利用该截面计算简正波),也可以是连续的。问题则演变成如何将局部的模态系列连接起来,主要有两种方法:

- 耦合模式法。该方法将水平分格介质之间的连续性条件强加给整个竖向声场结构,这样做将导致不同界面内部的模式之间具有耦合系数。耦合模式法理论上很严谨,但计算上较繁琐;
- 绝热模式法。该方法更容易求得数值,物理学意义更浓。如果介质随距离变化很小,该方法假设每个模式转换成邻近截面的对应模式(同量级)时不发生能量损失。这意味着截面之间的转换是渐进式的,模数的计算限制在最低局部值(如在水深最浅时

---

* : 此处原著有误,应为 $\exp(-jk_z z)$。——译者注

求值）。由于绝热模式法相对简单，因此成为了常用方法。

如今对非分层介质中的传播进行建模通常使用抛物方程技术（见 2.9.3 节），而不是简正波法。

2.9.2　分层介质中波动方程的完全解

前述文中提及的方法或多或少将简正波模式性质"强加"于声压场，本节将简要介绍其他一些方法及其计算。

2.9.2.1　声场积分方程

依据分层介质中声源的圆柱对称性，式（2.92）的通解视为对柱状波（具有的波数水平分量为 k_r）的波谱作用求积分，也就是傅里叶-贝塞尔积分方程：

$$p(r, z, z_0) = \int_0^\infty G(k_r, z, z_0) J_0(k_r r) k_r \mathrm{d}k_r$$
$$= \frac{1}{2} \int_{-\infty}^{+\infty} G(k_r, z, z_0) H_0^1(k_r r) k_r \mathrm{d}k_r \qquad (2.100)$$

式中，J_0 是零阶贝塞尔函数；H_0^1 是零阶第一类汉克尔函数；G 是介质的一维格林函数，遵循以下条件：

- z 具有以 k_r 为参数的一维常微分方程；
- 在海表面和底部具有边界条件；
- $z = z_0$ 时的声源条件为 G 是连续的，$\dfrac{\mathrm{d}G}{\mathrm{d}z}$ 是不连续的。

除增加声源条件外，待解方程组与简正波函数的方程组类似。有两种方法可求解式（2.100）中波数位于实轴上的积分。

第一种方法是解析法，主要用于闭合复平面上的积分曲线（Ahluwalia et al.，1977）。以下两个项用于求积分：

- 与一维格林函数极点相关的余数，离散作用与上文提及的简正波一致，实轴上的极点对应于传播模式，带非零虚部的极点对应于衰减模式；
- 分支线积分，例如在流体底部，界面阻抗（或反射系数）是流体底部的波数与流体水平波数 k_r 的平方差的平方根（见附录 A.2.3.2）。因此，复平面必须引入一个分支切割。相关的分支线积分对应于以临界角入射底部、以底部声速沿界面传播并以临界角连续向水中辐射的折射波。该类波在不同类型的底部条件下出现。由于存在辐射，该类波的几何扩散要大于柱状波（振幅以 $1/r^a$ 变化，其中 $a > 1/2$）的几何扩散。该类波在远场中的作用较弱，只有在时间上能区分开的情况下才可观察到。有关该侧面波的展开介绍，请参见 Brekhovskikh 等（1999）。注意，地球物理学对上述现象有所研究，在地波传播术语中称为折射波（参见 9.3.2.8 节），能提供更低层的声速值。

第二种方法是数值积分，是下一节主要探讨的内容。

2.9.2.2　数值解法

如果汉克尔函数可以用渐近形式[式(2.96)]来近似，则基于在 k_r 中的波谱的积分方程式(2.100)的数值计算会更容易，这时可以将 $p(r, z)$ 写作：

$$p(r,\ z,\ z_0) \approx \sqrt{\frac{1}{2\pi r}} \int_{-\infty}^{+\infty} G(k_r,\ z,\ z_0)\ \sqrt{k_r} \exp[j(k_n r - \pi/4)]\mathrm{d}k_r \qquad (2.101)$$

实际上这是一组傅里叶变换，可用 FFT 算法[22]计算。计算的侧重点在于求解 $G(k_r,\ z,\ z_0)$ 的一系列值，这些值是从 $\{k_r\}$ 域中抽样得出的。给定 (z, z_0)，FFT 可为 p 作为距离的函数算出一系列结果。

数值解法的基本原理(Jensen et al.，1994)可追溯至 20 世纪 70 年代。数值解法的主要意义是在分层介质条件下提供一个非常准确的参考解，但该方法也存在缺陷，即不能直接对问题进行物理解释。该方法通常作为分层介质中较低频率单频信号的传播或反射计算的基准。除参考价值外，该方法在运算应用中发挥的实际效用有限。

2.9.3　抛物方程法

本节将探讨海洋中受距离影响的中低频率传播。我们在研究涡流、温度锋等海洋特征或海底地形时，就会遇到这类中低频率传播情况。

抛物方程法一般适合描述在非均匀介质中具有稳定传播方向的波(如同在天然或人工波导中)，或者适用于非均匀无边界介质中的窄波束传播。这意味着传播环境不会随距离和方位快速变化，水声学中的研究环境也常常如此。待解方程式是传播距离的二阶(椭圆)亥姆霍兹方程，因此我们需对整个方程式求解(如果介质是非分层的)，如使用适当边界条件下的有限元法。对于实际应用中的传播距离和频率，整个求解通常会导致过高的计算负荷和内存需求。

抛物方程法，首先是在传播波的去耦过程中，将整个声压场优先方向(我们把水平方向作为优先方向)上的波分成正向传播波和反向传播波。其次，正向传播波生成的方程涉及平方根算子，意味着旁轴近似必须是明确的。

抛物方程是距离的一阶方程，通常称为单向方程，可以从声源处逐步进行数值积分。

2.9.3.1　正向传播和反向传播波的分离

抛物方程法适用随距离和方位缓慢变化的环境。在三维深度的声速剖面中，$c(x, y, z)$ 的局部波数可表示为

㉒该方法原名是 FFP(fast field program)，快速场运算。

$$k(x, y, z) = k_0 n(x, y, z) = k_0 \frac{c_0}{c(x, y, z)} \tag{2.102}$$

式中，c_0是介质的参考声速；k_0是对应的波数。从声源开始，亥姆霍兹方程变成：

$$\Delta p + k_0^2 n^2(x, y, z)p = 0 \tag{2.103}$$

对于柱面坐标(r, θ, z)时，纵轴穿过声源，式(2.103)记作：

$$\frac{1}{r}\frac{\partial}{\partial r}\left(r\frac{\partial p}{\partial r}\right) + \frac{1}{r^2}\frac{\partial^2 p}{\partial \theta^2} + \frac{\partial^2 p}{\partial z^2} + k_0^2 n^2(r, \theta, z)p = 0 \tag{2.104}$$

最常见的是，声速的水平变化较小，因此声的水平折射可忽略不计。声能最初存在于包含声源的垂直平面内，并在整个过程中一直停留在该平面。除去式(2.104)左边的第二项，在垂直平面可获得二维波动方程：

$$\frac{1}{r}\frac{\partial}{\partial r}\left(r\frac{\partial p}{\partial r}\right) + \frac{\partial^2 p}{\partial z^2} + k_0^2 n^2(r, \theta, z)p = 0 \tag{2.105}$$

这类近似通常被称为$N\times 2D$近似，该近似可在N个垂直平面上重复($\theta = \theta_n$，$n = 1$，N)。

依据以下变量的变化，我们可以比较容易地对圆柱形声波的扩散进行解释：

$$p = \frac{\varphi}{r^{1/2}} \tag{2.106}$$

将式(2.106)代入等式(2.105)并去掉参数θ，等式即为

$$\frac{\partial^2 \varphi}{\partial r^2} + \frac{\varphi}{4r^2} + \frac{\partial^2 \varphi}{\partial z^2} + k_0^2 n^2(r, z)\varphi = 0 \tag{2.107}$$

因此，距离声源很远时，式(2.107)左边的第二项也可忽略不计，简化后的声场φ满足标准二维亥姆霍兹方程：

$$\frac{\partial^2 \varphi}{\partial r^2} + \frac{\partial^2 \varphi}{\partial z^2} + k_0^2 n^2(r, z)\varphi = 0 \tag{2.108}$$

如果我们强调声源沿r方向的整体传播，将式(2.108)可改写如下：

$$\frac{\partial^2 \varphi}{\partial r^2} + k_0^2 Q\varphi = 0 \tag{2.109}$$

其中，Q是作用于z的微分算子，其参数是r：

$$Q(r) = \frac{1}{k_0^2}\frac{\partial^2}{\partial z^2} + n^2(r, z) \tag{2.110}$$

于是传播方程式(2.108)变成：

$$\left(\frac{\partial}{\partial r} + jk_0 Q^{1/2}\right)\left(\frac{\partial}{\partial r} - jk_0 Q^{1/2}\right)\varphi + jk_0 \frac{\partial Q^{1/2}}{\partial r}\varphi = 0 \tag{2.111}$$

如果介质是分层的，指数n和算子Q不依赖于r，我们可以消掉式(2.111)左边的最后一项，并对该等式进行合适的因式分解，得出：

$$\frac{\partial}{\partial r}\varphi = \pm jk_0 Q^{1/2}\varphi \tag{2.112}$$

当介质是非分层的但随距离缓慢变化时,考虑因式分解以及算子 Q 对 r 的依赖性,得出:

$$\frac{\partial}{\partial r}\varphi = \pm jk_0 Q(r)^{1/2}\varphi \tag{2.113}$$

我们可以依惯例使用时间项 $\exp(-j\omega t)$,符号"+"对应从声源射出的波,而符号"-"对应射向声源的波。

2.9.3.2　旁轴近似

由于式(2.110)中算子 Q 的平方根是未知的伪微分算子,因此到目前为止的推导都颇为形式。算子 Q 的显示局部近似需通过旁轴近似获得。假设一个平面波在声速为 c_0 的介质中传播,式(2.110)右边的第一项表示传播掠射角的正弦的平方,远距离传播时,这一项的值很小。在分布不均的海洋中,声速的相对变化较小,指数接近 1。因此,以较低掠射角传播的平面波的指数也将接近 1。可将算子 Q 记作:

$$Q(r) = 1 + \varepsilon \tag{2.114}$$

其中,

$$\varepsilon = \frac{1}{k_0^2}\frac{\partial^2}{\partial z^2} + n^2(r, z) - 1 \tag{2.115}$$

在远场中,以较高掠射角传播的平面波通过海底的连续交互作用已大部分衰减,导致算子 ε 的模数很小,这为式(2.113)中平方根算子给出了明确的近似。

其一阶泰勒近似为

$$[Q(r)]^{1/2} \approx 1 + \frac{\varepsilon}{2} \tag{2.116}$$

将式(2.116)代入等式(2.113),可得出辐射声波的标准抛物方程:

$$\frac{\partial}{\partial r}\varphi = \frac{jk_0}{2}(1 + n^2)\varphi + \frac{j}{2k_0}\frac{\partial^2\varphi}{\partial z^2} \tag{2.117}$$

早在 20 世纪 40 年代,Fock 等就将式(2.117)引入电磁波研究;20 世纪 70 年代,Tappert 将其引入水声学研究。该等式通常等同于与时间相关的薛定谔方程[式(2.117)中的距离 z 扮演薛定谔方程中时间 t 的角色]。该式也常被称为"小角度"抛物方程。一般认为,当水声学中波的掠射角小于 15° 时,使用该式可取得较好结果。

由于上述波的掠射角限制,我们现在很少使用标准抛物方程,倾向使用准确度更高的近似,特别是帕德(Pade)方程或更合理的方程。20 世纪 70 年代,Claerbout 在地波中提出了最简单但很重要的近似:

$$\left[\,Q(r)\,\right]^{1/2} \approx \frac{1 + \frac{3}{4}\varepsilon}{1 + \frac{1}{4}\varepsilon} \tag{2.118}$$

进而得出传播方程：

$$\left(1 + \frac{1}{4}\varepsilon\right)\frac{\partial}{\partial r}\varphi = jk_0\left(1 + \frac{3}{4}\varepsilon\right)\varphi \tag{2.119}$$

式中，ε 参见式(2.115)。一般认为，式(2.119)能在掠射角不超过 40° 时取得较好结果。

归一化的帕德近似式表示为

$$\left[\,Q(r)\,\right]^{1/2} \approx 1 + \sum_{i=1}^{n_p}\frac{a_i\varepsilon}{1 + b_i\varepsilon} \quad \text{其中，} \begin{cases} a_i = \dfrac{2}{2n_p + 1}\sin^2\left(\dfrac{i\pi}{2n_p + 1}\right) \\ b_i = \cos^2\left(\dfrac{i\pi}{2n_p + 1}\right) \end{cases} \tag{2.120}$$

值得注意的是，这些近似平方根算子与精确算子的特征向量相同，但是其特征值近似。因此，声压振幅的传播(也就是不存在杂散耦合)得以以精确模式来计算，而相位则采用近似方法计算[参见式(2.98)]。

有关均匀海洋中垂直和水平波数关系的不同近似效果以及精确解 $k_x = (k_0^2 - k_z^2)^{1/2}$，请参见图 2.33。注意，高角度($k_z$ 较大)下，k_x 的误差较大，相位的误差也大，但帕德展开式的收敛很快。使用帕德展开式中的少数几项，即可获得角度很高时的传播方程。

2.9.3.3 进一步发展——实施

人们很早认识到，在对距离严重依赖的声场中，单向波方程式(2.113)不一定能准确计算出振幅(Collins et al., 1991；Porter, 1991；Godin, 1999)，因此学者们提出各种修正意见来确保通量守恒，但并未对通量守恒的限制条件进行理论验证。事实上，式(2.111)到式(2.113)的转换是存在疑问的。推导单向波方程的正确方式是考虑布雷默(Bremmer)级数的第一项[参见 Brekhovskikh 等(1998)有关一维的介绍]。该方法推导出的单向波方程[并非式(2.112)]如下：

$$\frac{\partial}{\partial r}\varphi = \left(\pm jk_0 Q^{1/2} - \frac{1}{2}Q^{-1/2}Q_x^{1/2}\right)\varphi \tag{2.121}$$

其中，$Q_x^{1/2}$ 是算子 $Q^{1/2}$ 的距离导数。由于介质的距离依赖性(Leviandier, 2009)，能量守恒仅能在高频率条件下近似获得。

抛物方程(或单向方程)的主要兴趣点在于它表示距离的一阶方程式。因此，当事实上的辐射条件得以满足时，可逐步求解该方程。求解该方程数值解的常用方法如下：

- 使用其他技术(简正模态、射线、高斯场等)计算初始距离 r_0 的声场 $\varphi(r_0, z)$；

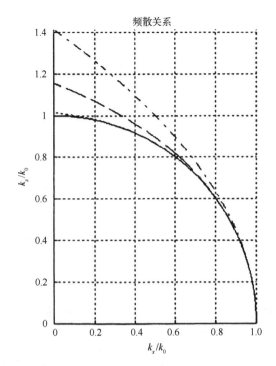

图 2.33 平方根算子的不同近似在均匀海洋中的频散关系

——：精确（亥姆霍兹方程）；—·—：一阶泰勒级数［小角度方程，式（2.116）］；

－－：帕德近似 $n_p = 1$［Claerbout 方程，式（2.118）］；…：帕德近似方程，式（2.120），$n_p = 4$

• 使用数值技术计算超过初始距离 r_0 之后的传播，例如有限差分法以及方向交替隐式法求解帕德近似。

上述方法要求在垂直和水平方向上都用次波长步长将垂直平面网格化。当海洋环境对距离的依赖程度降低时，通过考虑算子自身（而不是其无穷小生成元）的近似，对水平方向限制条件的要求可在一定程度上放宽：

$$\varphi(r + \Delta r,\ z) \approx e^{jk_0 \Delta r Q(r)^{1/2}} \varphi(r,\ z) \approx \left(1 + \sum_{i=1}^{n_p} \frac{a_i' \varepsilon}{1 + b_i' \varepsilon}\right) \varphi(r,\ z) \qquad (2.122)$$

该技术称为分步帕德法（Colins，1993）。海洋环境对距离依赖程度降低时，积分步长明显大于波长，这就大大减少了计算时间。

更多有关抛物近似法的详细介绍请参见 Jensen（1994）、Lee（2000）等的文献。该抛物近似法目前最常用于研究非分层介质中的低频率传播，但在中频率传播或全三维结构中的常规应用仍受到计算负荷的限制。

第3章 反射、反向散射与目标强度

声波在海里传播时，常常会与水体自身中（鱼、浮游生物、气泡、潜艇）或介质的限制边界上（海床和海面）的障碍物"碰撞"。这些障碍物会将传输信号的一些回波反射回声呐系统，声呐系统会感知到其中一部分。这些回波可能正是声呐系统所需要的（若障碍物就是既定目标），也有可能是多余的（回波干扰了有用信号）。为确保声呐系统的良好运行，在任何情况下都必须了解这些回波的特性：必须尽可能在最佳条件下接收回波，尽可能地减少或过滤掉不必要的回波，最后是数据的后处理以恢复出实际上有意义的信息（毕竟最终目的不是目标的声学特性，而是通过这些声学特性获得其他特征）。

不同的物理过程促成了水下回波的形成。上一章探讨的几何传播和多径描述与我们熟知的更为直观的平面界面的反射相关：入射声波在与其入射方向对称的方向上反射（就像光射到镜子上会反射一样，因此也叫镜面反射），反射波振幅降低。因此，在具有不同发射器和接收器的水声系统中（数据传输器、多基声呐或地波系统），或声呐和目标之间的传播容易生成多回波（传播路径接近水平时）的情况中，声波反射现象的研究就变得尤为重要。与上述"均匀"海底或海面所造成的声波反射不同，水体中或界面上的局部障碍物会生成不同类型的回波。基于它们的形状和大小，这些不规则物体会向四周散射声波，因此更容易对各种情形中的接收信号产生影响。声波在返回声呐时发生的散射是反向散射。反射作用与散射作用的比值随频率的升高而降低。大多数声呐的工作原理以反向散射的回波[1]为基础，而地波系统利用的则是反射回波。

主动声呐系统中的混响概念[2]对散射体（而非既定目标）返回至声呐系统的所有信号回波进行了概括[3]。海面和海底混响（界面粗糙度造成的声音反向散射的边界效应）传统上是与体积混响（鱼、浮游生物、悬浮颗粒或气泡群的反向散射所造成的水体中的体积[4]效应）区别开来的。当然，目标回波和混响的区别纯粹是定义上的，与物理现象无关，只取决于利用回波的系统的类型。对于主动探测军事声呐，混响是除潜艇回波外的任何回波，例如来自海面、海床和生物质的回波。而海底绘图侧扫声呐只使用海底

---

[1]唯一一例外是沉积物剖面仪（见9.1节）：回波由垂直于地面和地下界面的镜面反射生成（地质学相关）。
[2]该术语目前也用于大气声学，对应雷达中的专业术语"杂波"。
[3]多路径造成数据传输系统的干扰可被同化为混响。
[4]在全方位海底混响中探讨来自海底体积的回波。

界面和障碍物反向散射的信号，海面混响或鱼群等造成的体积混响会对其造成干扰——渔业声呐却被用来专门定位鱼群的体积混响。

本章 3.1 节将研究声波在传播介质边界上的反射和透射，声波的反射和透射会影响信号在所有多路径传播情景中的传播。在假设界面是理想平面的前提下，我们将分析两个均匀介质之间的界面(也就是分层介质)情形。我们用目标指数来量化目标(反向)散射回波的能力。我们将依次研究点目标("立刻"被声波渗透，具有独立于声呐特征的有效尺度)以及扩展目标(具有取决于声呐特征的有效瞬时尺度)作为散射体或面的情形。我们认为，界面粗糙度造成的过程会减弱反射的信号，却有可能强化反向散射的回波(这些回波经处理后变成可利用信号)。最后，我们将更进一步调查海床和海面的情形，尽可能地解释本质现象并为其量化估算提供一些实用工具。

3.1 声波在平面上的反射

3.1.1 两个均匀流体介质间的界面

3.1.1.1 反射与透射系数

现在我们考虑声波(假定局部平面波)入射到两个不同声阻抗的介质之间的界面的情形。由于阻抗在界面会发生变化，因此在目标介质内部传播的声波其特征不同于入射波。反射过程可被表示为入射波、透射波以及反射波之间的平衡(图 3.1)。

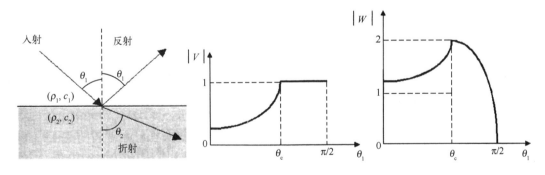

图 3.1 平面流体界面上的波反射

左图：入射声波在两介质间界面上的反射和透射；中图：界面上反射系数的模值，作为入射角 θ_1 的函数；

右图：透射系数的模值，作为入射角 θ_1 的函数

在描述界面上声场的连续性时(声压和流体法向振速的导数详见附录 A.3.1)，可以发现：

- 反射波在方向 θ_1 上传播，以界面上的法线为对称轴与入射波对称(图 3.1，左

图），这种现象就是镜面反射；

• 透射波在方向 θ_2 上传播，取决于声速的变化。透射波通常也叫作折射波，遵循斯奈尔-笛卡儿定律：

$$\frac{\sin \theta_1}{c_1} = \frac{\sin \theta_2}{c_2};$$ (3.1)

• 参考入射波声压 p_i，反射波和透射波的声压 p_r 和 p_t 分别由反射系数 $V = p_r/p_i$ 和透射系数 $W = p_t/p_i$ 得出；$p_t = p_i + p_r$，因此 $W = 1 + V$。

两个介质的密度和声速分别记作 (ρ_1, c_1) 和 (ρ_2, c_2)。入射角 θ_1 的反射系数和透射系数[⑤]由下列等式得出：

$$\begin{cases} V(\theta_1) = \dfrac{\rho_2 c_2 \cos \theta_1 - \rho_1 c_1 \cos \theta_2}{\rho_2 c_2 \cos \theta_1 + \rho_1 c_1 \cos \theta_2} \\ W(\theta_1) = 1 + V(\theta_1) = \dfrac{2\rho_2 c_2 \cos \theta_1}{\rho_2 c_2 \cos \theta_1 + \rho_1 c_1 \cos \theta_2} \end{cases}$$ (3.2)

如果 $c_2 > c_1$，则存在临界角 $\theta_c = \arcsin(c_1/c_2)$；超过 θ_c，就不可能发生透射。如果 $\theta_1 \geqslant \theta_c$，假设声波可透射入第二介质：鉴于 $\sin \theta_2 > 1$，$\cos \theta_2$ 项就变成虚数，意味着折射波从边界消失（消散波）。反射系数变成复数，存在单位模值，与 θ_1 无关。例如，当入射波在水-沉积物界面上掠射（θ_1 的值很高，见图3.1）时，就会发生全反射。

当 θ_1 从掠射角度开始减小并穿过临界值 θ_c 时，反射系数 V 突然下降，随 θ_1 平稳变化。接近垂直时（$\theta_1 = 0$），反射系数仅取决于两个介质的特性阻抗 Z_1 和 Z_2：

$$V(\theta_1 = 0) = \frac{\rho_2 c_2 - \rho_1 c_1}{\rho_2 c_2 + \rho_1 c_1} = \frac{Z_2 - Z_1}{Z_2 + Z_1}$$ (3.3)

因此，以下两个关键值基本可总结出反射过程：

• 界面临界角 $\theta_c = \arcsin(c_1/c_2)$；
• 垂直入射反射损失 NIRL $= -20\log(V(\theta_1 = 0))$。

图3.2 展示了理想水-沉积物界面的反射系数 $V(\theta_1)$ 的典型变化，它是以 θ_1 为变量的函数变化，反射介质的声速和密度独立变化。

3.1.1.2 能量守恒

折射波的振幅由射入第二介质的透射系数 $W(\theta) = 1 + V(\theta)$ 表示。这意味着透射声压可能高于入射声压。这一结果显然出人意料，但只表示了界面上的声压连续性，并没有违反能量守恒定律。如果沿传播方向的平面波声强为 $I = p^2/2\rho c$，其在界面入射角 θ 处的投射是 $I(\theta) = p^2/2\rho c \times \cos \theta$。使用式（3.2）中给出的反射系数和透射系数的表达式

---

⑤更多使用波传播向量的一般表达式见附录 A.3.1。

并设置 $p=1$，可以很容易地验证：

$$I_r(\theta_1) + I_t(\theta_2) = \frac{V^2}{2\rho_1 c_1}\cos\theta_1 + \frac{W^2}{2\rho_2 c_2}\cos\theta_2 = \frac{1}{2\rho_1 c_1}\cos\theta_1 = I_i(\theta_1) \qquad (3.4)$$

正如预期的，反射声强和透射声强(I_r 和 I_t)的和确实等于入射声强 I_i。

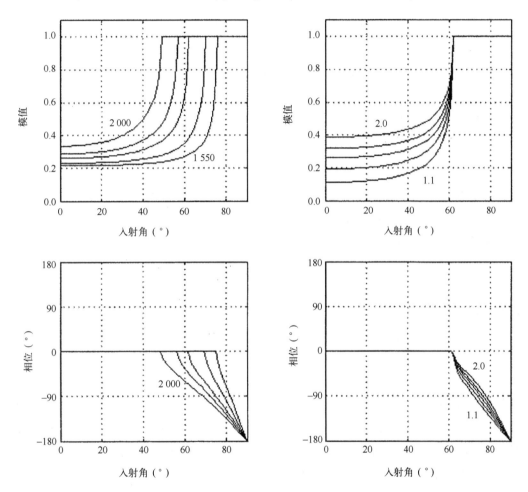

图 3.2　反射系数 V 的模值(上图)和相位(下图)随入射角的变化

左：密度比恒定($\rho_2/\rho_1 = 1.5$)，声速变化(c_2 分别为 1 550 m/s、1 600 m/s、1 700 m/s、1 800 m/s 和 2 000 m/s)；

右：密度比变化(ρ_2/ρ_1 分别为 1.1、1.3、1.5、1.7、2.0)，声速恒定($c_2 = 1 700$ m/s)。水中声速 $c_1 = 1 500$ m/s

透射系数在全反射条件(超过 θ_c)下不为零，也不足为奇：声波确实射入了第二介质，但因其虚角(见附录 A.3.1)而衰减，且未携带能量。

3.1.1.3　高阻抗比的情形

如果反射介质的声阻抗明显高于或低于第一介质，反射波实际上将不存在能量损失。反射系数趋向于 $V=1$(如 $Z_2 \gg Z_1$)或 $V=-1$(如 $Z_2 \ll Z_1$)，不随入射角度变化。在后一情形($V=-1$)中，反射系数的相移为 π，但透射波仍有一定的振幅。

在水声学中，"完美"边界的理想情况常见于水与空气的界面上，两者阻抗比 $Z_{air}/Z_{water} \approx 3 \times 10^{-4}$，因此水-气反射系数接近于$-1$。3.6.1.2 节将详细讨论这种情况。

另一方面，水与"硬"反射体界面的典型阻抗比为

- 水与粗沙之间，$Z_2/Z_1 \approx 2.4$，NIRL=7.7 dB($\rho_2 \approx 2\,000$ kg/m³ 且 $c_2 \approx 1\,800$ m/s)；
- 水与岩石之间，$Z_2/Z_1 \approx 7.5$，NIRL=2.3 dB($\rho_2 \approx 2\,500$ kg/m³ 且 $c_2 \approx 4\,500$ m/s)；
- 水与钢之间，$Z_2/Z_1 \approx 26$，NIRL=0.7 dB($\rho_2 \approx 7\,800$ kg/m³ 且 $c_2 \approx 5\,000$ m/s)。

要接近有效完美边界的近似，以上提及的阻抗比还不够高。此外，硬弹性材料能透射明显的剪切波(见 3.1.1.5 节)，不再适用于流体-流体模型。

3.1.1.4 反射介质内部吸收的影响

如果第二介质是消散的，前面章节描述的过程(临界角、全反射)需要稍微修改。吸收效应通常用复声速 c_2 来表示。将 α_2 记作第二介质中的吸收系数。吸收系数通常视为与频率成比例，因此常用 dB/波长来表示(此处反射介质内部声波波长 λ_2)。复波数 k_2 的虚部 γ_2 由下列等式得出[⑥]：

$$\gamma_2 = \mathrm{Im}k_2 = \frac{-\alpha_2}{\lambda_2 \times 20\mathrm{log}e} = \frac{-\alpha_2 \log_e 10}{20\lambda_2} \approx \frac{-\alpha_2}{8.686\lambda_2} \qquad (3.5)$$

其中，α_2 的单位是 dB/λ。复声速 c_2 的虚部是

$$\mathrm{Im}c_2 \approx \frac{|c_2|^2\gamma_2}{\omega} = \frac{\alpha_2|c_2|}{2\pi \times 20\mathrm{log}e} \approx \frac{\alpha_2|c_2|}{54.6} \qquad (3.6)$$

式(3.2)中的简单三角函数表达式不再有效，只能转而使用附录 A.3.1 中的波矢量数学形式描述。前面所有的公式(斯奈尔-笛卡儿定律、反射系数)仍可使用，不过需要加上 k_2 的复合表达式。这意味着一种波衰减的声波可一直透射并在反射介质中传播，即使在超过临界角 θ_c 的条件下。与理想流体情况相比，$V(\theta)$ 曲线比较平滑。全反射并不严格发生在临界角外；反射系数的模值略低于 1，在 $\theta_1 = \pi/2$ 时缓慢达到最高值(图 3.3)。法向入射反射损失实际保持不变。在水声学中，吸收流体的波反射实际发生在沉积物海床流体的条件下。沉积物中吸收系数的典型值在 0.1~1 dB/λ 间变化。

3.1.1.5 固体反射介质的情形

当反射介质是弹性固体介质时，剪切波(见 2.1.4 节)可能与压缩波一起传播。剪切波波速 c_s 与纵波波速 c_2 不同。

反射介质由其密度 ρ_2 及其机械拉梅系数[⑦] λ 和 μ 确定。剪切波波速 c_s 与纵波波速

---

⑥虚部 γ_2 必须取负解，这样在传播波表达式 $\exp[-j(k_2+j\gamma_2)R] = \exp(-jk_2R)\exp(\gamma_2R)$ 中，振幅随距离减少。
⑦此处 λ 和 μ 的符号含义根据惯例而定，尽管 λ 可能会与波长混淆，但文章中不会再次使用该符号。

c_2分别由下列等式得出：

$$c_2 = \sqrt{\frac{\lambda + 2\mu}{\rho_2}} \qquad (3.7a)$$

$$c_s = \sqrt{\frac{\mu}{\rho_2}} \qquad (3.7b)$$

因此，无论固体反射介质的特征如何，$c_s < c_2/\sqrt{2}$ 恒成立。

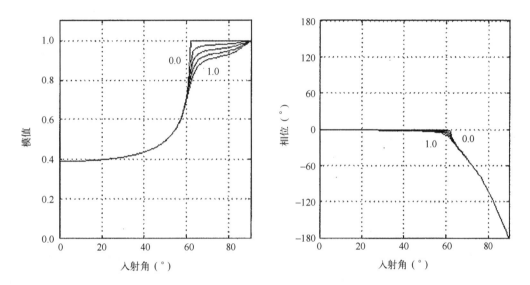

图 3.3　反射介质不同的吸收值下反射系数随入射角的变化

声速 $c_2 = 1\ 700$ m/s；密度比 $\rho_2/\rho_1 = 2$；吸收系数 $\alpha_2 = 0.00$ dB/λ、0.25 dB/λ、0.50 dB/λ、0.75 dB/λ、1.0 dB/λ

此处入射波的反射比流体条件下更为复杂，入射波可能会同时激起纵波和剪切波两种波。边界上的连续性条件保持不变(声压和法向振速连续)，但需要同时考虑反射介质内部的两种波。对于剪切波波角 θ_s，斯奈尔-笛卡儿定律现在变得更加复杂：

$$\frac{\sin \theta_1}{c_1} = \frac{\sin \theta_2}{c_2} = \frac{\sin \theta_s}{c_s} \qquad (3.8)$$

反射系数现在可表达成：

$$V = \frac{B-1}{B+1}, \quad \text{其中}\begin{cases} B = \dfrac{\rho_2}{\rho_1}\dfrac{1}{k_s^4}\dfrac{k_{z1}}{k_{z2}}\left[(k_{zs}^2 - k_x^2)^2 + 4k_x^2 k_{zs} k_{z2}\right] \\[2mm] k_x = k_1 \sin \theta_1 \\[2mm] k_i = \dfrac{2\pi f}{c_i} \\[2mm] k_{zi} = \sqrt{k_i^2 - k_x^2}, \quad i = 1,\ 2\ \text{或 s} \end{cases} \qquad (3.9)$$

根据 c_1、c_2、c_s 的相对值，可能会存在各种情形（图 3.4）。如果 $c_s < c_1$，则一直存在剪切波，因此根本不会发生全反射，即使是在 $\theta > \theta_c$ 的情况下。相反，如果 $c_s > c_1$，则可能存在两个临界角：$\theta_c = \arcsin(c_1/c_2)$ 和 $\theta_{cs} = \arcsin(c_1/c_s)$。现在存在三种角度情形：

- 当 $\theta > \theta_{cs}$ 时，发生全反射——无波进入反射介质；
- 当 θ 在 θ_c 和 θ_{cs} 之间时，反射介质中只存在剪切波，无纵波；
- 当 $\theta < \theta_c$ 时，纵波和剪切波均可透射。

在流体反射介质中，声波的吸收使这些过程更加平稳。

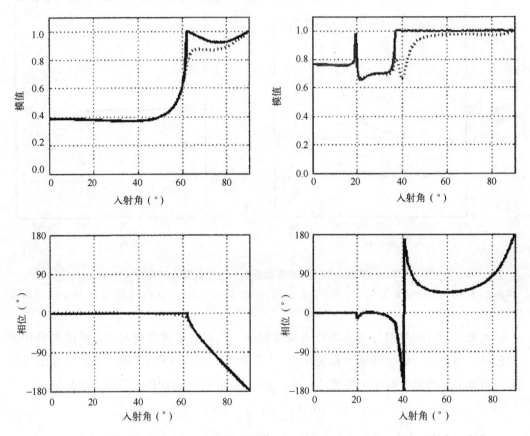

图 3.4　水和固体弹性介质之间反射系数的模值（上图）和相位（下图），都随入射角而变化

左：$c_s < c_1$（$c_2 = 1\,700$ m/s，$c_s = 500$ m/s，$\rho_2/\rho_1 = 2.0$）；右：$c_s > c_1$（$c_2 = 4\,500$ m/s，

$c_s = 2\,500$ m/s，$\rho_2/\rho_1 = 2.5$）。点虚线对应反射介质内的吸收

3.1.2　分层介质上的反射

首先考虑夹在参数为 (ρ_1, c_1) 和 (ρ_3, c_3) 两个半无限介质之间、厚度为 d 和参数为 (ρ_2, c_2) 的流体层的情形（图 3.5）。我们将研究随界面 (i, j) 上反射系数 V_{ij} 和透射系数

W_{ij} 变化的两层上各自的反射。

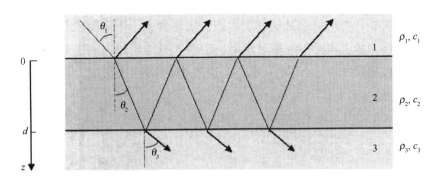

图 3.5 流体分层介质的反射

入射波取单位振幅，介质 1 中反射回的波可分为

- 从介质 2 反射出的波，振幅 V_{12}；
- 透射入介质 2，从介质 3 反射出，再重新透射入介质 1 的波，等于 $W_{12}V_{23}W_{21}$ $\exp(2jk_{2_z}d)$，其中复指数说明厚度为 d 的层中的前后传播，其中 $k_{2_z}=\dfrac{2\pi f}{c_2}\cos\theta_2$；
- 透射入介质 2，从介质 3 反射出，再从介质 1 反射出，再从介质 3 反射出并透射入介质 1 的波，因此，等于 $W_{12}V_{23}^2V_{21}W_{21}\exp(4jk_{2_z}d)$，以此类推。

总反射波是所有这些反射作用的总和，可以记作：

$$V = V_{12} + W_{12}W_{21}V_{23}\exp(2jk_{2_z}d)\sum_{n=0}^{\infty}\left[V_{23}V_{21}\exp(2jk_{2_z}d)\right]^n \qquad (3.10)$$

式 (3.10) 中的最后一项展示的是几何级数，趋向于有限值 $\sum_{n=0}^{+\infty}a^n\to\dfrac{1}{1-a}(a<1)$。因此，使用关系式 $V_{ji}=-V_{ij}$ 和 $W_{ij}=1+V_{ij}$，式 (3.10) 变成：

$$V = \frac{V_{12} + V_{23}\exp(2jk_{2_z}d)}{1 + V_{12}V_{23}\exp(2jk_{2_z}d)} \qquad (3.11)$$

因此，生成的系数只取决于两个界面上的反射系数以及层内传播相关的相移。该系数取决于声波的入射角及其频率。与之前一样，声速成复数，用来包括分层反射介质内的吸收。

如果反射介质包括多个叠层，从物理角度来看，连续反射/透射过程就如同以上模型所述。但随着层数增加，描述这些过程的复杂程度迅速加大，很快就变得难以通过该模型来描述。因此，最好使用 Brekhovskikh 等 (1992) 的等效输入阻抗表示法来解释更为复杂的过程。

图 3.6 展示了单层介质的反射系数实例，其中反射系数是入射角和入射声波频率

的函数。低频时，中间层几乎是透明的，反射系数与水－底层的反射系数相似，特别是可以观察到与底层相关的临界角（此处为48.6°）。随着频率增加，由于边界之间的多反射，层内出现共振。与声波的波长相比，随着层厚变大，干涉条纹变得错综复杂。与之相反，流体层内的吸收变得越来越重要，透射入流体层的声波逐渐变得无法接触底层。最后，在较高频率下，反射系数由上边界上的阻抗比得出，其临界角（此处为69.6°）变得明显。

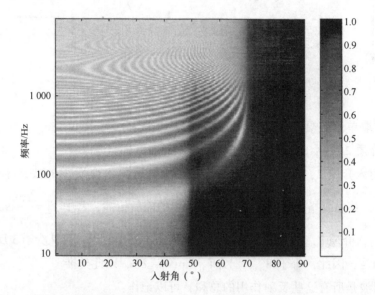

图3.6 单层介质的反射系数（见图3.5），随入射角（x 轴）和频率（y 轴）变化

选择的参数是：$c_1 = 1\ 500\ \text{m/s}$，$\rho_1 = 1\ 000\ \text{kg/m}^3$，$c_2 = 1\ 600\ \text{m/s}$，$\rho_2 = 1\ 500\ \text{kg/m}^3$，$\alpha_2 = 0.2\ \text{dB/}\lambda$，$c_3 = 2\ 000\ \text{m/s}$，$\rho_3 = 2\ 000\ \text{kg/m}^3$，$\alpha_3 = 0.5\ \text{dB/}\lambda$，$d = 10\ \text{m}$。相关解释详见正文

这一方法同样适用于透射系数，可记作：

$$W = \frac{W_{12}W_{23}\exp(jk_{2z}d)}{1 + V_{12}V_{23}\exp(2jk_{2z}d)} \tag{3.12}$$

上述结果被应用于沉浸板的声穿透度的研究中，推导出了更多结果，详见附录A.3.1.3。

3.2 目标的反向散射

3.2.1 目标的回波

大多数水下声系统都旨在接收特定目标发出的回波，这些目标的性质不同，结构多变：海床在垂直、斜射或掠射入射中的声透射，单条鱼或鱼群、潜艇、海底上的物体（鱼雷或遇难船）、埋入式结构（自然结构如沉积层，或人工结构如管道）。目标会向四周散射入射声波，将一（小）部分入射声波反向散射回发射器。目标相当于一个重新发射声波的次级声源。目标强度是目标发送回发射器的强度与入射强度之间的比值（用 dB 表示）。因此，反向散射后声呐系统接收的回声级 EL 为

$$EL = SL - 2TL + TS = SL - 40\log R - 2\alpha R + TS \tag{3.13}$$

式中，SL 为声源发射声波的声强级；TL 为传播损失（一来一回，计算两次）；TS 为目标强度；R 为传播距离；α 为吸收系数。

为了对反向散射的回波进行建模，从功能角度假设两类目标。第一类是尺寸小到足以让声呐波束和信号"立即"完成声透射的目标（图 3.7，A、B）。该类目标相当于"点"，其反向散射强度是一个固有的特征量，只要点的假设成立，与声呐的距离及其特性（束宽、信号持续时间）无关。与之相反，第二类是尺寸很大，无法被同一波束"立即"完成声透射的目标（例如，大型鱼群、海床或海面）（图 3.7，C、D、E）。该类目标的强度由声波束造成的几何截面而定。因此，目标强度不再是点值，而是由声透射的空间（表面积或体积）决定，与单位面积或体反向散射参数有关。后一类目标的强度表示的是单位空间散射的能量，因此单位分别是 dB/m^2 或 dB/m^3。反向散射强度取决于入射角和频率，且与其观察过程有关。

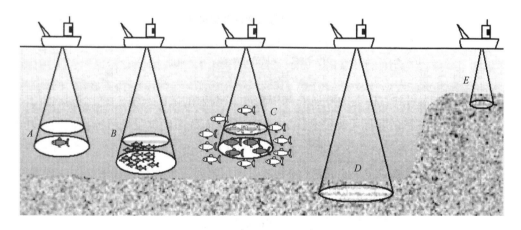

图 3.7　点目标（A、B）及扩展目标（C、D、E）

请注意 B（可视为点目标的小鱼群）和 C（视为扩展目标的大鱼群，只有部分鱼群被覆盖）之间的区别

3.2.2　目标强度

目标强度 TS 是反向散射声波声强 I_{bs} 与入射声波声强 I_i 之比：

$$TS = 10\log\left(\frac{I_{bs}}{I_i}\right) \tag{3.14}$$

因此，目标强度是目标反送回声呐的相对能量，取决于目标的物理性质、外部（也可能是内部）结构以及入射信号的特征（角度和频率）。

假设入射到目标上的声波为局部平面波，声强为 I_i（图 3.8）。如果声呐和目标之间的距离足够远，上述假设成立。假设散射波是给定方向上的球面波，从目标声中心向声呐散射，其声强 I_{bs} 是与该中心距离 1 m（单位距离）时的声强。这就是回波声强级需要两次修正球面传播损失的原因。

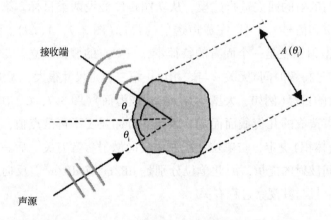

图 3.8　目标散射的几何模式

假定入射波是局部平面波，散射波是球面波（详见文中）。本节所有推论
使用本图的二维展示，但需注意的是所有过程都是基于完整三维空间来考虑的

以角度 θ_i 入射到目标上的声强 I_i 与以角度 θ_s 辐射的散射声强 I_s 之比包括：

● 声呐可"视"的目标可见横截面 $A(\theta_i)$。该几何截面确定了被目标拦截的声功率，该声功率等于该截面与入射波强度的乘积，即 $P_i(\theta_i) = A(\theta_i)I_i$；

● 目标散射函数 $G(\theta_i, \theta_s)$ 描述的是散射场角辐射，也就是目标重新向四周发射的能量的空间分布。单位距离 $R_{1\,m}$ 处散射在方向 θ_s 上的声强是

$$I_s(\theta_s) = \frac{P_i(\theta_i)}{R_{1\,m}^2}G(\theta_i, \theta_s) \tag{3.15}$$

散射函数取决于目标结构、信号频率和入射及散射的方向。

从入射方向 θ_i 转到散射方向 θ_s 的有效散射横截面具有面积的量纲，定义为

$$\sigma_s(\theta_i, \theta_s) = \frac{I_s(\theta_s)R_{1\,m}^2}{I_i(\theta_i)} = A(\theta_i)G(\theta_i, \theta_s) \tag{3.16}$$

目标的有效反向散射横截面基于返回声源的特定方向来计算：

$$\sigma_{bs}(\theta_i) = \frac{I_s(\theta_i) R_{1m}^2}{I_i(\theta_i)} = A(\theta_i) G(\theta_i, \theta_i) \tag{3.17}$$

最后，根据式(3.14)，目标强度是有效反向散射横截面的对数值[8]，单位为 dB re 1 m^2：

$$TS = 10\log\left[\frac{\sigma_{bs}(\theta_i)}{R_{1m}^2}\right] = 10\log\left[\frac{\sigma_{bs}(\theta_i)}{A_1}\right] \tag{3.18}$$

其中，A_1 是单位截面上的值(1 m^2)。

我们必须区分开目标强度或反向散射强度(平面波从障碍物再次辐射时，该障碍物就相当于新的点声源，自身具备指向性功能)与反射系数(反射波是平面波，但存在振幅损失和相移)。目标强度的 dB 值可能为正，而反射系数的 dB 值却不可能为正。

尽管反向散射截面(或其对数表示，目标强度)是最常用于声呐系统分析的参数，但有时也会用到其他导出值。总散射截面是从散射功率整个空间上的角积分[9]得出的：

$$\sigma_t(\theta_i) = A(\theta_i)\int G(\theta_i, \theta_s)\mathrm{d}\theta_s \tag{3.19}$$

如果目标是耗散的，吸收截面就是吸收功率 P_a 与入射声强 I_i 之比：

$$\sigma_a(\theta_i) = \frac{P_a(\theta_i)}{I_i(\theta_i)} \tag{3.20}$$

最后，衰减截面是散射与吸收产生的功率损失之和：

$$\sigma_e(\theta_i) = \sigma_i(\theta_i) + \sigma_a(\theta_i) \tag{3.21}$$

在对分布散射体场内声传播效应建模时，可用到最后几个公式。

3.3 点目标

3.3.1 理想球体

考虑一个被平面波照射的半径为 a 的刚性球体。假定可见横截面接收的能量($A = \pi a^2$，$\forall \theta_i$)完全地且各向同性地重新辐射至整个空间，则空间各处的散射函数等于：

$$G(\theta_i, \theta_s) = \frac{1}{4\pi} \forall (\theta_i, \theta_s) \tag{3.22}$$

有效散射截面或反向散射截面则简化为

---

⑧常用(错误)方法是将 TS 表示成 dB(不以 1 m^2 为参考)。

⑨注意：为方便起见，此处的积分函数只是 θ_s 的单积分。正如图 3.8 图题所解释的，实际应该考虑所有空间方向上的情形，此处的积分应该是双重积分。

$$\sigma_{\text{bs}} = \sigma_{\text{s}} = \frac{\pi a^2}{4\pi} = \frac{a^2}{4} \tag{3.23}$$

该简化结果与频率无关，可以很方便地推出声波振幅的数量级。半径为 1 cm 的刚性球体的有效反向散射截面是 2.5×10^{-5} m²（即目标强度为 -46 dB re 1 m²）。相应地，如果目标强度是 0 dB，则刚性球体的半径为 2 m。

然而，这种基本假设法只在高频率下有效，高频率下波动效应可平均化，由此可推导出平均声强。在低频率下（即波长几乎等于或大于球体半径），则必须考虑波动效应。瑞利发现，对于半径为 a（小于声波波长）的固定刚性球体，反向散射强度由下式得出：

$$\sigma_{\text{bs}} = \frac{25}{36} k^4 a^6 \tag{3.24}$$

这就是瑞利散射。在瑞利散射条件下，反向散射截面随频率 [f^4，根据式（3.24）] 快速增加。换言之，当目标尺寸远小于声波波长时，目标几乎不可探测。

频率增加时，瑞利散射条件是否有效，主要看下式：

$$ka = \frac{2\pi a}{\lambda} \approx 1 \tag{3.25}$$

即声波波长等于球体的圆周长。在高频率下，当 ka 的范围是 $1 \sim 10$ 时，目标的周长将达到几个波长的尺度。目标响应由反射波与球体表面周围折射的衍射波之间的干扰决定，所以会呈现一种具有典型干涉图案的振动行为，导致该振动行为的原因是反射波与衍射波之间的路径长度差（图 3.9），即 $2a+\pi a$。因此，干涉图案可描述为 $2a+\pi a=n\lambda$（$n = 1$，2，3，$\cdots$），ka 存在周期性 $\pi \big/ \left(1+\dfrac{\pi}{2}\right) \approx 1.22$，即频率 $f = 291/a$。Medwin 等（1998）详细阐述了理想球体散射的三种体系。

作为一种渐近近似，我们可以只保留瑞利体系和几何体系，当 $\dfrac{25}{36} k^4 a^6 = \dfrac{a^2}{4}$，即 $ka = 0.775$（接近 $ka = 1$ 时），两者合并。更进一步，干涉体系就表现为理想化响应的局部扰动（图 3.9）。

尽管刚性球体的理想条件不会出现在任何实际目标回波的应用场景[⑩]中，但因为涉及不同的散射体系，仍具有相当大的吸引力：

- 瑞利——当目标尺度小于声波波长时；
- 几何——当声波波长小于目标尺度时；
- 干扰——当一定数量的圆周长波长的声波在中频下传播时。

这三种基本过程可用来解释更为复杂的目标结构下的情形。

[⑩]当前唯一类似于刚性球散射的应用是使用全金属球进行回波探测仪校准。然而严格意义上来讲，这些金属球目标并非完全刚性的，毕竟水和金属之间的阻抗差不够高。

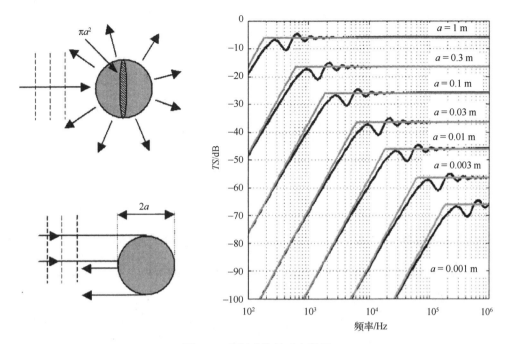

图 3.9　理想球体的反向散射

左上图：刚性球体的几何散射；左下图：反射波与衍射波之间干扰的几何；右图：完美刚性球体的理想目标
强度随频率变化，球体半径分别为 0.001~1 m，灰色部分为理想化渐近响应，黑色部分为近似的干涉解

3.3.2　流体球

当球形目标不再是理想化刚性体，而是流体时，其瑞利体系下的反向散射截面可写作：

$$\sigma_{\mathrm{bcs}} = k^4 a^6 \left[\frac{1}{3} - \frac{\rho_1 c_1^2}{3\rho_2 c_2^2} + \frac{\rho_2 - \rho_1}{2\rho_2 + \rho_1} \right]^2 \tag{3.26}$$

式中，(ρ_1, c_1) 和 (ρ_2, c_2) 分别是水与目标的密度和声速。

当 ρ_2 和 c_2 大于水的参数时，表达式 (3.26) 就趋向理想刚性球体下的等式 (3.24)。换言之，流体球的反向散射截面与相应刚性球的反向散射截面成比例，比率为 $\frac{36}{25}\left[\frac{1}{3} - \frac{\rho_1 c_1^2}{3\rho_2 c_2^2} + \frac{\rho_2 - \rho_1}{2\rho_2 + \rho_1} \right]^2$。

当 ρ_2 和 c_2 小于水的特性参数（如气泡）时，反向散射截面由球体压缩性主导，其值趋向下列等式：

$$\sigma_{\mathrm{bcs}} = k^4 a^6 \left[\frac{\rho_1 c_1^2}{3\rho_2 c_2^2} \right]^2 \tag{3.27a}$$

该值远高于相等半径的刚性球的反向散射截面值。例如，气泡的目标强度比理想刚性球的目标强度高了约 2.5×10^7 倍(或 74 dB)。

当球体特征接近水的特征时，则 $\rho_2 = \rho_1(1+\varepsilon_\rho) \approx \rho_1$，$c_2 = c_1(1+\varepsilon_c) \approx c_1$，其反向散射截面变成：

$$\sigma_{\mathrm{bcs}} = k^4 a^6 \left[\frac{2}{3}(\varepsilon_\rho + \varepsilon_c) \right]^2 = \frac{4}{9} k^4 a^6 \left[\frac{\rho_2}{\rho_1} + \frac{c_2}{c_1} - 2 \right]^2 \tag{3.27b}$$

在几何体系下($ka \gg 1$)，一种对阻抗比效应的一阶近似处理是采用垂直入射时的反射系数[式(3.3)]，因此

$$\sigma_{\mathrm{bcs}} = \frac{\rho_2 c_2 - \rho_1 c_1}{\rho_2 c_2 + \rho_1 c_1} \left(\frac{a^2}{4} \right) \tag{3.27c}$$

3.3.3 气泡散射

由于海水中的气泡的反向散射行为对很多水声应用的重要性，人们已对其进行了广泛研究。例如，气泡群可能导致不必要的混响(来自海面)。沉积物中气泡也被认为是海底反向散射的基础组成部分(Richardson et al.，1998)。很多理论及实验研究的主题是气泡的声行为。尽管人们已经了解了气泡的个体行为，但随机气泡群对声传播和反向散射的影响是很难从统计以外的角度预测的。如果读者想要了解更多详细的理论和结果，可参阅 Medwin 等(1998)或 Leighton(1996)的著作。

气泡的声行为以共振为主要标志。接近共振频率(由气泡尺寸和维度决定)时，反向散射和吸收的作用会强化。$ka < 1$ 时，半径为 a 的气泡的反向散射截面由下列关系式得出：

$$\sigma_{\mathrm{bs}} = \frac{a^2}{\left[(f_0/f)^2 - 1 \right]^2 + \delta^2} \tag{3.28}$$

式中，f_0 是气泡的共振频率；δ 是阻尼项。共振时，截面达到受限于阻尼损失的最大值。共振频率可近似为

$$f_0 = \frac{1}{2\pi a} \sqrt{\frac{3\gamma P_w}{\rho_w}} \approx \frac{3.25}{a} \sqrt{1 + 0.1z} \tag{3.29}$$

式中，ρ_w 是水的密度($\rho_w \approx 10^3 \ \mathrm{kg/m^3}$)；$P_w$ 是静压力[$P_w \approx 10^5(1+z/10) \ \mathrm{Pa}$，其中 z 是深度，单位为 m]；γ 是空气的绝热常数($\gamma \approx 1.4$)。阻尼效应是辐射、剪切黏滞性和热传导性共同作用的结果，其完整表达式非常复杂，但在海平面气压下频率 1~100 kHz 范围内可获得很好的近似 $\delta \approx 0.03 f_k^{0.3}$。在较高频率下($ka > 1$)，反向散射截面趋向 $a^2/4$ 的几何极限。

图 3.10 展示了半径在 $10^{-5} \sim 10^{-2}$ m 范围内的气泡在主动声呐频谱内的目标强度的计算值。

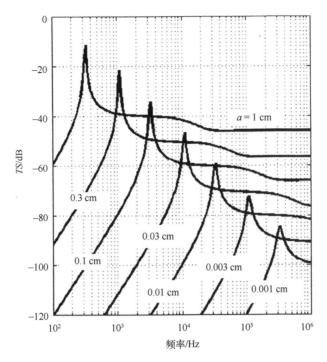

图 3.10　一个大气压下半径在 $10^{-5} \sim 10^{-2}$ m 范围内的气泡的目标强度

应强调的是，共振波长 λ_0 与气泡尺度 a 具有完全不同的数量级；很容易从式 (3.29) 得出 $\lambda_0 = c/f_0 \approx 462a/\sqrt{1 + 0.1z}$ 。

3.3.4　鱼的目标强度

特定条件下，鱼类的声散射主要作用来自鱼鳔(大小可变的气囊)。很多鱼类都有鳔并通过鳔调节自身的浮力。这种充气器官使得鱼与水存在较高的阻抗比。鱼鳔相当于共振器(固定频率一般在 500 Hz 至 2 kHz，取决于鱼的大小和深度)或几何反射体(频率较高时)。可以预见的是，鱼鳔行为将极其类似气泡的响应。另一主要作用来自鱼的脊柱和肌肉体积，但脊柱和肌肉的阻抗非常接近水的阻抗，因此影响不太明显。有鳔鱼类与无鳔鱼类的目标强度差可能达到 10~15 dB。

在渔业回波探测仪的常用频率(30~400 kHz)下，鱼类个体的目标强度很小，一般在-60~30 dB，随鱼类长度增加而增强。观察出的能级多变，只能从统计学上进行建模。事实上，最常用到的是半经验模型。下列公式是从 Love(1978)公式推导而来，展示了高频率下平均目标强度 TS 的数量级：

$$TS_{\text{fish}} = 19.1\log L + 0.9\log f_{\text{k}} - 24.9 \tag{3.30}$$

对于波长小于鱼长 L(单位为 m)条件下的背部回波，该公式有效；f_{k} 是频率，单位为

kHz。McLennan 等(1992)基于相似模型，提出了更为详细的公式：

$$TS_{fish} = 20\log L + TS_{spec} \tag{3.31}$$

其中给定频率下的TS_{fish}取决于具体鱼类，参见表 3.1。需要注意的是，鲭(无鳔鱼)的值最低。

表 3.1　McLennan 等(1992)推导的式(3.31)定义的各类鱼在 38 kHz 下的目标强度常数

物种	TS_{spec}(38 kHz)
鳕	−28.9
绿青鳕	−25.8
雄鲑	−27.1
黑线鳕	−27.9
蓝鳕	−25.3/−26.6
鲱	−32.1/−33.2
西鲱+鲱	−33.4～−31.3
鲭	−42.8～−39.3

在接近鳔共振的频率下(约 1 kHz)，目标强度增加，可达到−25～−20 dB。低于共振频率时，瑞利体系中与气泡宽度相差约几毫米，弹性和阻尼因子由鱼鳔壁和鱼鳔周围决定。图 3.11 展示了根据附录 A.3.2.1 中的简化模型计算的鱼的理想平均目标强度：低频时是瑞利散射，高频时是几何散射，中频时鱼鳔共振达到峰值。

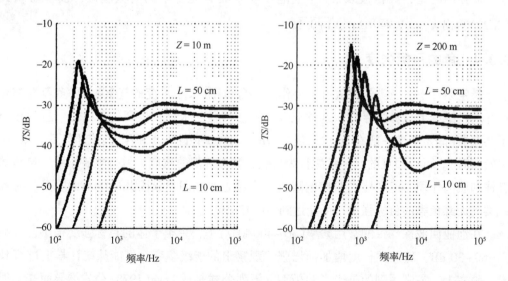

图 3.11　根据附录 A.3.2.1 中的简化模型计算的鱼的平均目标强度(TS)，是频率的函数

两图分别对应鱼在深度为 10 m 和 200 m 时的情形，随着压力增加，TS 在低频率下减弱，共振调高，高频率部分保持不变；图中的曲线分别为鱼的长度 L 在 10 cm、20 cm、30 cm、40 cm、50 cm 时计算的情形

3.3.5　任意形状目标

平面声波在一般障碍物上产生的反向散射是非常难以处理的。一种有趣的极限情况就是假设障碍物是无限刚性体，其特征尺度（曲率半径）远大于声波波长。于是该问题就可通过几何法来解决。电磁遥感中会使用同等过程以研究完全导电目标的雷达回波。我们将该过程应用到水下声波时，需要特别注意，毕竟实际目标不可能一直假定为刚性体，但可以将刚性体作为一阶近似。我们研究了各种基础目标形状：通过将目标的外部几何形状分解成基础形状，上述研究结果也可用于更为复杂的形状。表 3.2 给出了一些可用于完全反射目标的经典公式。

表 3.2　简单形状目标的反向散射截面（以几何法计算，波长远小于目标尺度时有效）

观察角 θ 相对于与目标的主维度垂直的方向（Urick，1983）

球体 半径 a	凸面	柱面 半径 a 和长度 L	矩形板 边长分别为 a 和 L	圆形板 半径 a
$\dfrac{a^2}{4}$	$\dfrac{a_1 a_2}{4}$， 其中，a_1 和 a_2 等于曲率半径	$\dfrac{aL^2}{2\lambda}\left(\dfrac{\sin\zeta}{\zeta}\right)^2\cos^2\theta$， 其中，$\zeta=kL\sin\theta$	$\left(\dfrac{ab}{\lambda}\right)^2\left(\dfrac{\sin\zeta}{\zeta}\right)^2\cos^2\theta$， 其中，在包含 a 的平面中， $\zeta=ka\sin\theta$	$\left(\dfrac{\pi a^2}{\lambda}\right)^2\left[\dfrac{2J_1(\zeta)}{\zeta}\right]^2\cos^2\theta$， 其中，$\zeta=2ka\sin\theta$

对于真实目标，可以采用垂直入射 $V_{12}=(Z_2-Z_1)/(Z_2+Z_1)$ 时的反射系数 [式 (3.3)] 对表 3.2 进行简单调整，以获得较好的阻抗比效应量级。

同样应该注意的是，表 3.2 中的几何模型可以解释回波不稳定特征（相对于角度变化）的原因。指向性（详见 5.4 节）由类似 $\sin(kD\sin\theta)$ 的项控制（其中，D 是目标特征尺度），表明角度不稳定性随着目标尺寸与声波波长的比值而增加。

3.3.6　潜艇回波

潜艇是尺寸较大、外形复杂的声呐目标，其在军舰主动声呐频率（一般是 0.5～15 kHz）下的目标强度具有研究意义。典型的潜艇艇体（表 3.3）是光滑的椭圆体，长为 50～100 m（或多或少），长宽比为 10～12。潜艇可能是双体结构，只有内部厚层艇体具有空气。除此之外，潜艇上层有一个拉长的上部结构（潜望塔）；其他一些外部结构也极有可能成为额外的声波反射体（推进装置、船舵和鳍板）。另外，现代潜艇一般潜到 300～500 m 深度[11]处，在深海最大速度可超过 25 kn。

---

[11]据说一些钛制俄罗斯潜艇能潜到 1 000 m 深海处。第二次世界大战时，潜艇只能达到 100～200 m 深处。应该注意的是，专用于深海科学研究的小型民用潜艇 [法国"鹦鹉螺"（Nautile）号、美国"阿尔文"（Alvin）号、日本"海沟"（Kaiko）号和俄罗斯"和平"（Mir）号] 可潜至 4 000～6 000 m 深海处。

表 3.3　一些典型潜艇的近似特征

	年代	长度/m	宽度/m	排水量/t	速度/kn
U 型潜艇 VII(德国)	20 世纪 40 年代	67	6	900	8
鲉鱼级潜艇 SSK(法国)	21 世纪初	64	6	1 600	20
洛杉矶级潜艇 SSN(美国)	20 世纪 80 年代	109	10	7 000	32
德尔塔级潜艇 SSBN(苏联)	20 世纪 70 年代	166	12	12 600	24

最后，声呐回波可能源于声波与结构的几类交互作用：

- 准平面表面上的镜面回波(艇体侧面、潜望塔)，镜面回波对潜艇目标强度的作用较大，尤其是在涉及内部充气艇体的情况下，毕竟内部充气艇体是个绝佳反射体，优于潜艇其他部分；
- 艇体有角部分及不连续形状(鳍板、船舵、推进装置等)上的衍射；
- 外部艇体或潜望塔内障碍物(肋材、龙骨等)和结构共振模式特征产生的回波。

优化潜艇的外形和结构可以减少散射效应。早期潜艇的艇体外形设计常常类似于普通船只形状(早期潜艇确实需要长期在海上航行)，而现代核动力潜艇非常光滑，是中心部分呈圆柱状的椭圆体形状(图 3.12)，使之具有性能良好的水下机动能力并且对

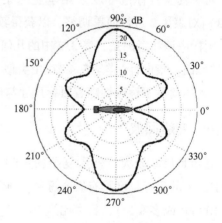

图 3.12　左图为隐身潜艇艇体设计演化说明，其中左上图为第二次世界大战时海面上的
德国 U 型潜水艇，左下图为法国舰艇建造局在建的弹道导弹战略核潜艇；
右图为潜艇平均目标强度的理想化角度响应[图改编自 Urick(1983)]

于声呐回波来说非常隐蔽。此外，艇体上有消声瓦[12]，但消声瓦的作用随频率的降低而降低，因此，人们开发了低频主动（low frequency active，LFA）声呐技术。目标强度与角度的相关性是需要重点考虑的内容。潜艇的隐身外形就是用来尽可能将镜面侧向回波限制在有限角度内。Urick（1983，第 310 页）给出了他从第二次世界大战时使用的潜艇中获得的一些实验结果。这些潜艇存在一种极具代表性的"蝶"形指向性图案：回波振幅在侧向垂直入射时最大（来自艇体侧面的镜面回波），在潜艇轴（尤其是在艇艏）最小。Urick 认为，第二次世界大战时使用的潜艇的目标强度范围在 0~40 dB，现代潜艇大概能安全地将目标强度降低 10~15 dB。

3.4　扩展目标

3.4.1　计算原则

扩展目标是由其声呐特征尺度（波束宽度、信号持续时间）而非目标自身几何尺度划分的，适用于海床、海面、大型鱼群和深海散射层（deep scattering layer，DSL，3.4.2.4 小节）。因此，反向散射截面能分解成两大分量：①目标（表面或体积）中被有效声透射部分的尺寸；②相应的单位反向散射强度（每单位面积或体积）。

因此，反向散射截面变成：

$$\sigma_{bs} = A_{s,v} \sigma_{bs}^{s,v} \tag{3.32}$$

式中，$A_{s,v}$ 是散射面积（或体积）的有效范围；$\sigma_{bs}^{s,v}$ 是单位面积（体积）反向散射截面。

反向散射回声级可表示为

$$EL = SL - 2TL + TS = SL - 2TL + 10\log A_{s,v} + BS_{s,v} \tag{3.33}$$

式中，$BS_{s,v}$ 是单位面积（体积）反向散射强度（即 $\sigma_{bs}^{s,v}$ 的 dB 值）。为确定 A，设声呐在时间区间 $[0, T]$ 内传播信号。在观察时间 $t > T$ 时，传播延迟由 t（脉冲开始，$t=0$ 时开始计时）和 $t-T$（脉冲结束，$t=T$ 时开始计时）划定。因此来自距离 R 处目标的所有部分的反向散射信号满足（图 3.13）：

$$t - T < \tau(R) < t \tag{3.34}$$

其中，$\tau(R)$ 是声呐与距离 R 处点之间的双向传播时间。

可用一个传播模型将 τ 与 R 联系起来。假设传播是球面的，得出 $\tau = \dfrac{2R}{c}$，因此位于距离 R 处同时在 t 时作用的基础散射体满足：

---

[12]实际上，消声瓦可能会将声呐回声级下降 10~20 dB。该概念最早在第二次世界大战期间由德国提出，项目名为 Alberich，取自德国古神话中通过头盔隐身的人物。

$$\frac{c(t-T)}{2} < R < \frac{ct}{2} \tag{3.35}$$

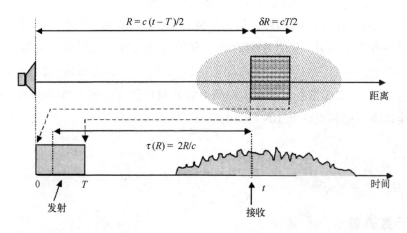

图 3.13　对于持续时间 T 和给定观察时间 t 时的信号，扩展目标的空间范围$(R, \delta R)$

反向散射级可表示为时间及距离的函数：

- 时间的函数：声呐观察到的物理过程的最正确的表示；
- 距离的函数：如 τ 与 R 之间存在一对一关系，反向散射级可表示为距离的函数。

严格来说，实际上不会出现这种情况（由于多路径）。但将反向散射级表示为距离函数便于将混响构成探测距离的函数从而进行评估，并将其与给定距离的目标回波进行对比，因此常用于声呐性能评估中。

3.4.2　体反向散射

3.4.2.1　回声级

我们从前面的章节可以发现，时间 t 时的散射体积包含在以声呐为中心、半径分别为 $c(t-T)/2$ 和 $ct/2$ 的两个球体之间。如果 ψ 是声源/接收器组合（参见 5.4.1.4 节和 5.4.4.2 节）的等效孔径（立体角，单位是球面度），且指向性图和信号持续时间确定的圆截锥（图 3.14）可近似成圆柱，则散射体积变成：

$$A_{\rm r} = \psi R^2 \frac{cT}{2} \quad (T \ll t) \tag{3.36}$$

引入体反向散射强度 $BS_{\rm v}$，反向散射级变成：

$$EL = SL - 40\log R - 2\alpha R + 10\log\left(\psi R^2 \frac{cT}{2}\right) + BS_{\rm v}$$

$$= SL - 20\log R - 2\alpha R + 10\log\left(\psi \frac{cT}{2}\right) + BS_{\rm v} \tag{3.37}$$

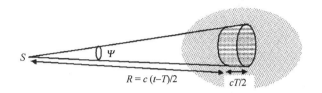

图 3.14　体反向散射的几何模型

3.4.2.2　体反向散射强度

分散散射体的体反向散射可等效为 1 m³ 均匀水中所有目标的反向散射作用的非相干总和。但给定频率时，每个散射体的反向散射作用将取决于其尺寸、形状（如果尺度远小于信号波长，形状就变得次要了）和自然属性（组成材料的结构、密度和声速）。

如果所有局部散射体具有相似性质（如气泡群或羽状水柱中的气泡，鱼群中的鱼），则其反向散射截面（给定频率时）可表示为其特征尺度 a（例如，球形目标的半径）的函数 $\sigma(a)$。如果 N_1 是每立方米中目标的平均数，$q(a)$ 是个体目标半径分布相关的概率分布函数，则平均体反向散射截面（1 m³）等于不同粒径等级的个体目标反射作用的加权总和：

$$\sigma_1 = N_1 \int_0^{+\infty} \sigma(a)q(a)\mathrm{d}a = N_1 \overline{\sigma} \tag{3.38}$$

式（3.38）等于散射体密度与平均有效个体反向散射截面的乘积（由粒径分布加权）。

为进一步简化，可假设所有目标是完全相同的。反向散射强度等于个体反向散射截面乘上每立方米目标数，用对数表示为

$$BS_\mathrm{v} = TS + 10\log N_1 \tag{3.39}$$

式中，TS 是个体目标强度。

该模型假设各目标散射的强度可直接相加。这表明：首先，忽视[13]散射体之间的多重散射所造成的反向散射能量的作用；其次，散射体之间的互相掩盖。散射体分布较松散时，该假设更为适用。

3.4.2.3　鱼群

鱼群在形状和规模（横为几十米，纵为几米）上变化多端。鱼群通常只由一种鱼组成，每条鱼的年龄相似，大小相似，因此目标强度也相似。所以可以通过个体目标强度和单位体积中鱼的数量来对体反向散射强度建模。鱼的密度取决于个体的尺度：每立方米鱼（平均长度为 L）数量的数量级是：$N_{1\,\mathrm{m}^3} \approx \dfrac{1}{L^3}$。在上述假设下，我们将式

---

[13]可忽视多重散射的简化标准是 $\sigma n/\beta \ll 1$，对于相同散射截面 β 的散射体分布，其中 n 是单位体积内的散射体平均数，β 是声压的吸收系数（Np/m）。Boyle 等（1995a，1995b）提出了不均匀分布情形下的更多完整分析。

(3.30)的 TS 模型简化为 $TS_{fish} \approx 20\log L - 25$，可以得到：

$$BS_{school} = TS_{fish} + 10\log N_{1\,m^3} = -25 + 20\log L - 10\log(L^3)$$
$$= -25 - 10\log L \tag{3.40}$$

鉴于数量密度效应大于个体尺寸影响，体反向散射强度随鱼尺寸的增加而减少。

前面的这些简单模型和假设运用了体反向散射强度与个体目标强度的比例性，形成了回波集成技术（用于评估鱼群内鱼的数量）的基础。给定区域内鱼的数量由反向散射至回波探测仪的总能量估算，该量最后根据平均个体目标强度修正后获得（详见7.3.5节）。

最后应注意的是，如果鱼群的尺度小于声呐的分辨率，则鱼群的反向散射可视为扩展体积目标或是局部（点）目标（参见图3.7中的 B）。该条件下，得出的目标强度可表示为鱼群总体积 V_{school} 的函数：

$$TS_{school} = BS_{school} + 10\log V_{school} \tag{3.41}$$

3.4.2.4 深海散射层

深海散射层（DSL）是各种海洋生物（浮游植物、浮游动物、小鱼）聚集的水层（厚度为几十米到几百米）。深海散射层对声传播存在极其重要的影响（吸收与散射），其自身就是海洋学的特征之一。所有海洋都存在深海散射层，但生物量却取决于纬度：在赤道最多，在极地海域最少。

深海散射层的代表性特征在于与时间的相关性：深海散射层白天深度为 $200\sim600$ m，夜晚一般上升至 100 m 处。浮游动物自身可移动，不同海域的不同物种垂直运动速度为 $0.02\sim0.4$ m/s。散射层中的浮游动物，为躲避捕食者，在傍晚上升，黎明后下降，该现象称为昼夜垂直移动。因此，在白天，深海层会聚集很多声散射体。深海散射层可直接通过多普勒流速仪的回波强度显示观察出来（图3.15）。传统或多波束回波探测仪或其他任何具有合适的水文配置的声呐系统也能观察出深海散射层。

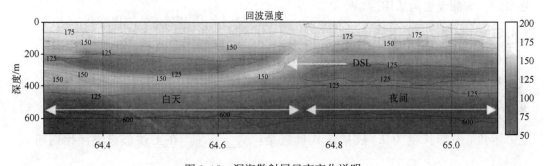

图 3.15　深海散射层昼夜变化说明

水体中（加蓬与圣多美之间 200 km 段）的回波强度是时间的函数；观察到深海散射层在 400 m 深海处
（特利丹研发仪器"海洋测量师"在"BHO *Beautemps-Beaupré*"上测得，频率为 38 kHz，数据由 SHOM 特别提供）

在低频率下，深海散射层的主要声效应源于鱼鳔（范围在 1~20 kHz，鱼鳔的收缩和膨胀引起鱼的体积变化）的共振。相应的 BS_v 值多变，在这种共振主导的情况下难以预测。深海散射层的显著特征是频率会发生昼夜变化，原因是深海散射层中的浮游生物昼夜移动期间的静压力变化（参见图 3.11，该图展示了压力对鱼鳔共振频率的作用）。

在较高频率（20 kHz）时，深海散射层的声效应来自小型、非共振生物（浮游动物）的散射，观察到的反向散射强度能级结果变化极大。几何体系下，浮游动物的个体目标强度大概范围在 -120~-70 dB，在瑞利条件下，个体目标强度的值则更低[参考 Medwin 等（1998）著作中有关鱼类和浮游动物的个体目标强度章节以及本书附录 A.3.2.2 中的简单模型]，因此体反向散射强度取决于种群数量的统计。值得注意的是，所有情况下，测量的深海散射层体反向散射强度的数量级远小于密集鱼群中观察到的。

3.4.3　界面反向散射

3.4.3.1　掠入射时的反向散射级

设水平平面上等效波束宽度[14]为 φ 的声呐以掠射角 θ 入射界面（海面或海床，图 3.16）。假定声源与界面之间的传播是球面传播并使用式（3.34）或式（3.35），t 时刻的声透射面积由两个半径分别为 $\dfrac{c(t-T)}{2\sin\theta}$ 和 $\dfrac{ct}{2\sin\theta}$ 的同心圆划定。该面积同样由水平波束孔径限定，确定了一条长为 φR 的圆弧。因此，界面上的有效面积是

$$A_r = \varphi R \frac{cT}{2\sin\theta} \tag{3.42}$$

将式（3.42）代入式（3.33）得出反向散射回声级：

$$EL = SL - 40\log R - 2\alpha R + 10\log\left(\varphi R \frac{cT}{2\sin\theta}\right) + BS_s(\theta)$$

$$= SL - 30\log R - 2\alpha R + 10\log\left(\varphi \frac{cT}{2\sin\theta}\right) + BS_s(\theta) \tag{3.43}$$

式中，$BS_s(\theta)$ 是掠射角 θ 时的界面反向散射强度。

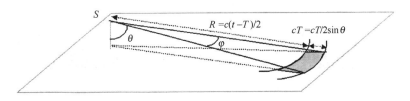

图 3.16　掠射时的界面反向散射几何表示

---

[14]再次强调，此处的等效波束宽度是针对声源或接收器系统而言，详见 5.4.1.4 节和 5.4.4.2 节。

3.4.3.2 法向入射时的反向散射级

现在假设窄孔径声波束垂直射入法线周围的散射面。声透射面积是指向性波瓣（假定垂直）与表面的相交处（图3.17，左）：

$$A = \psi H^2 \tag{3.44}$$

式中，H 是声源到目标界面的高度；ψ 是波束等效立体孔径，单位为球面度。

如果波束是圆锥形的，面积可表示为角度半孔径 φ 的函数：

$$A = \pi (H \tan \varphi)^2 \approx \pi H^2 \varphi^2 \tag{3.45}$$

因此，最大回波强度等于：

$$\begin{aligned}
EL &= SL - 40\log H - 2\alpha H + 10\log(\psi H^2) + BS_s(\theta) \\
&= SL - 20\log H - 2\alpha H + 10\log\psi + BS_s(\theta) \\
&= SL - 20\log H - 2\alpha H + 10\log(\pi\tan^2\varphi) + BS_s(\theta)
\end{aligned} \tag{3.46}$$

式中，$BS_s(\theta)$ 是法向入射时底部反向散射强度。

上述模型表示信号传播时间足够长，以至波束覆盖区可同时被声波渗透。

对于短脉冲，声波透射海底表面的面积不是由波束孔径而是由脉冲持续时间决定的。短脉冲在海底的投射是圆盘状（图3.17，右），该圆盘的半径由外缘和中心之间的时延得出。声呐及圆盘外缘之间的斜距是 $R = H + \dfrac{cT}{2}$。圆盘的半径为 $a = \sqrt{R^2 - H^2} \approx \sqrt{HcT}$（因为 $cT/2 \ll H$），面积为 $A = \pi a^2 = \pi HcT$。这样最大回声级就变成：

$$EL = SL - 30\log H - 2\alpha H + 10\log(\pi cT) + BS_s(\theta) \tag{3.47}$$

当信号在界面上的投射与波束覆盖区相交时，长短脉冲情形就会互换。因此，该转换直接取决于波束形状。对于半孔径 φ 的锥形波束，两种情形的界限在水深 H_L 处：

$$H_L = \frac{cT}{\tan^2\varphi} \tag{3.48}$$

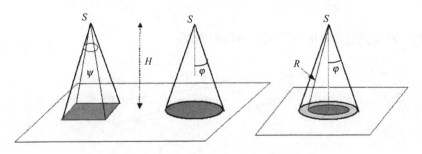

图3.17 法向入射时的界面反向散射

灰色部分展示了长脉冲（左）和短脉冲（右）声透射的面积范围，详见文中解释

3.5　粗糙表面的反射和散射

3.5.1　粗糙度与散射

传播介质(海面与海底)的边界通常不是理想的平面表面,因此实际声传播过程远比 3.1 节中讨论的反射和透射情况复杂。平均来看,我们只能认为传播界面是局部平面的,但具有微尺度的平面粗糙度,这类粗糙度在特征尺度与声波波长相差无几时,影响会显著增强。

粗糙度对入射声波的影响取决于频率、入射角以及粗糙度的局部特征。几何特征不平整的界面会向四周散射入射声波[图 3.18(a)]。部分入射声波入射到平面后,除振幅损失外,未发生变形,直接在镜面方向上发生反射(相干反射);部分入射声波在角度折射的情况下透射到下层的介质中。其余能量将散射在整个空间内,包括返回声源的能量(反向散射信号)。镜面和散射分量的相对重要性取决于界面粗糙度(即粗糙度的特征幅值与声波信号波长的比值)。

如果界面粗糙度较低,则镜面反射分量较大,镜面方向上分布的散射较低[图 3.18(b)]。与之相反,较高的界面粗糙度将严重衰减镜面反射分量,使得声波在各方向上散射[图 3.18(c)]。

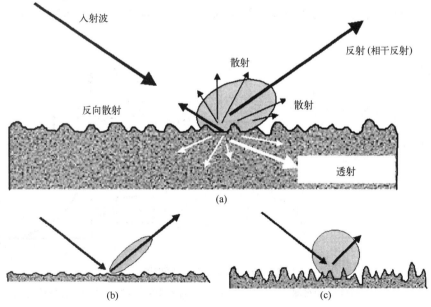

图 3.18　入射声波在粗糙表面的反射、透射及散射

(a)入射声波在粗糙表面上的反射、透射及散射;(b)低界面粗糙度下的镜面反射和散射场;

(c)高界面粗糙度下的镜面反射和散射场

多种原因可能形成界面的微粗糙尺度。受地球重力或风引起的界面波的影响，海面会出现凹凸不平的水纹。海床的粗糙度取决于地质情况（岩石上较大的起伏，潮汐和海流波以及沉积物上及其内部的生物体）。微尺度的粗糙度呈现出较宽的幅值。对于一般声呐频率下的声波，微尺度的粗糙度下的幅值范围在毫米级到几米的量级之间。通常，同一个表面也会同时出现多个微粗糙尺度。例如，海面上涌浪（米级尺度）与界面波（厘米级尺度）叠加在一起。在多沙的海底，除地形上的较大粗糙尺度（沙波和沙丘）外，还存在沙波纹的微粗糙尺度（几毫米）。在上述情况下，两种粗糙尺度可能对应不同的物理过程，具体物理过程视粗糙尺度与声波波长的对比关系而定（见 3.5.3 节）。

粗糙表面的振幅分布可用界面起伏的空间谱来量化（依据空间波长）。该功率谱是界面起伏表面的傅里叶变换的模平方。空间谱展示了界面起伏部分不同谐波分量的能量分布（同样地，时域信号可被分解成频率分量）。每个空间谱分量由波数 $\kappa = \dfrac{2\pi}{\Lambda}$ 确定，其中 Λ 是空间波长。如果界面起伏是周期性的（如规则的沙波纹），空间谱就具有特定的离散分量（图 3.19，上图）；如果界面起伏是完全随机的，则空间谱就是连续的（图 3.19，下图）。最常碰到的是随机情形，因此常见模型通常使用 $S(\kappa) = S_0\kappa^{-\gamma}$ 类谱，γ 因子一般在 2.5~3.5。此处采用渐近指数形式，原因是最低空间频率对应最大振幅（也就是最大能量）；反之，最高频率对应的是低能量的微尺度界面起伏。严格来说，我们在考虑空间谱时，应该同时考虑平均粗糙平面内的一个特定方位向。但实际上，我们常

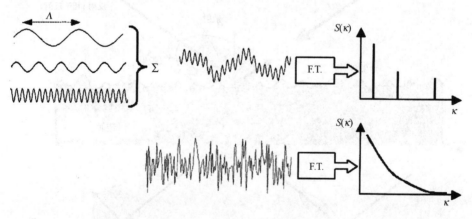

图 3.19　粗糙表面的空间谱

上图：三项叠加分量构成的粗糙度，从傅里叶变换获得的功率谱由三组与个体作用成比例的谱线组成；

下图：随机粗糙度的情形，所有波长都存在，所以功率谱 $S(\kappa)$ 是连续的，

振幅越大，波长越长，因此功率谱随波数减少

常假设界面起伏是各向同性的，空间谱与考查的方向无关⑮。归一化的空间谱的表达式在给定区域内所有分量上的积分等于该区域内界面起伏振幅的方差：

$$\int S(\kappa)\,\mathrm{d}\kappa = h^2 \qquad\qquad (3.49)$$

式(3.49)对于各向同性的空间谱并不是严格成立的。

3.5.2　相干反射

从声学角度来看，可以用瑞利参数来量化界面粗糙度：

$$P = 2kh\cos\theta = 4\pi\,\frac{h}{\lambda}\cos\theta \qquad\qquad (3.50)$$

该定义使用了声波波数 $k = 2\pi/\lambda$、界面起伏振幅的标准差 h 和入射角 θ（相对于均匀表面的垂直方向）。界面粗糙度表示为基于入射角的界面起伏平均振幅与波长之比。

反射信号的相干(镜面)分量可由反射系数 V_c 表示（详见附录 A.3.3）：

$$
\begin{aligned}
V_c &= V\exp(-P^2/2) = V\exp(-2k^2h^2\cos^2\theta) \\
&= V\exp\left[-2\pi^2\,(2h/\lambda)^2\cos^2\theta\right]
\end{aligned}
\qquad (3.51)
$$

因此，反射系数就可表示成瑞利参数 P 和无粗糙度界面上反射系数 V 的函数。

当瑞利参数较小(即频率和界面起伏振幅的值较小且掠射角较小)时，该模型是成立的。模型有效性的常用界定条件是 $P = \pi/2$，对应 $h = \lambda/8\cos\theta$，相干损耗为 10.7 dB (图 3.20)。如果瑞利系数的值较大，相干信号可忽略不计，散射场占主导。

应该注意的是，相干反射系数适用于镜面反射，而非散射或反向散射。除特定情形下(即法向入射和收发分置的声呐时)，相干反射系数不能转化为目标强度。同理，当所建模的回波是直接从海床或海面发回声呐时，该系数不具备相关性。

3.5.3　反向散射场

信号散射部分的数量级差异较大，具体由设置的特征尺度决定。事实上，由于声呐在接收目标回波时会利用反向散射场，因此反向散射场是最值得研究的内容。反向散射场非常依赖于入射角度或粗糙度。当入射声波法向入射时，声波会被多个产生镜面反射的细小截面反射，这时会产生最大反向散射能量。在入射声波倾斜入射到表面时，反向散射波则源于连续反射体(其分布随表面粗糙度变化)。给定观察方向，界面起伏的波谱分量中来自散射体的同相散射占具主导地位：该域被称为布拉格散射域。

目前，可用的理论模型是以两个基本体系为基础的。这两个基本体系的平衡取决于表面的微尺度粗糙度(图 3.21)。例如，光滑的海床更有利于微小平面的反射作用，

---

⑮在凸起明显偏向某一方向时(如海流造成的沉积波痕)，该假设是无效的。

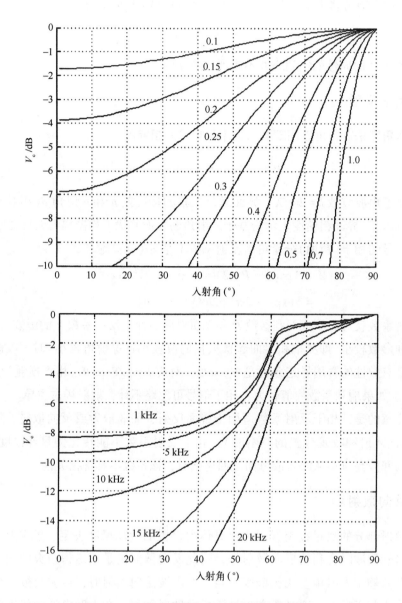

图 3.20 相干反射损失与角度和频率的相关性

上图：相干反射损失是入射角的函数，图中曲线对应的是 $2h/\lambda$ 分别为 0.1、0.15、0.2、0.25、0.3、0.4、0.5、0.7 和 1.0 时的情形，计算限制条件是最大损失为 10 dB，以确保模型的有效性，此处所有角度下的无起伏的反射系数 V 必须是统一的；下图：反射函数作为入射角和频率的函数的案例，沉积物特征是 1 950 kg/m³、1 750 m/s 和 0.8 dB/λ，界面起伏标准偏差是 $h=0.2$ cm，在频率为 1 kHz、5 kHz、10 kHz、15 kHz 和 20 kHz 时，计算相关反射损失

斜入射时只有较低的反向散射强度。当粗糙度较大时，相反情形也成立。然而实际描述并非如此简单：反向散射级同样取决于界面的阻抗比和表面下的反向散射的作用，因此实际描述要比上述内容复杂得多。

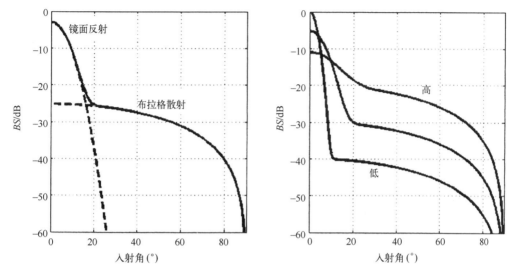

图 3.21　粗糙表面的理想反向散射强度，是入射角的函数

左图：镜面反射和布拉格散射；右图：粗糙度的影响（从高到低），

随着粗糙度的增加，布拉格散射的能级升高，镜面反射能级下降而其角度范围增加

3.5.3.1　粗糙界面散射强度

假设平面声波以入射角 θ_i 碰撞面积为 A 的粗糙界面。入射波强度是 $I_i = p_i^2/2\rho c$，因此面积 A 上的有效功率是 $P_i = AI_i\cos\theta_i$。此时，该功率的一部分 $\eta(\theta_i)$（既非透射功率也非相干反射功率）散射入界面上方的半无限空间中。散射强度角度分布是粗糙表面的特征，由散射函数 $G(\theta_i,\ \theta_s)$ 控制，并归一化使得 $\int G(\theta_i,\ \theta_s)\mathrm{d}\theta_s = \eta(\theta_i)$。

因此，在给定观察方向上，散射波的声强等于散射功率，修正后可得出该方向上的散射函数和传播损失（此处表示为球面扩散损失，不考虑吸收）：

$$I_s(R,\ \theta_s) = P_i(\theta_i)\ \frac{G(\theta_i,\ \theta_s)}{R^2} \tag{3.52}$$

考虑单位距离 $R_{1\mathrm{m}}$ 时单位面积 A_1 上的散射声强，式（3.52）可变成通式：

$$I_s(R_{1\mathrm{m}},\ \theta_s) = A_1 I_i(\theta_i)\cos\theta_i\ \frac{G(\theta_i,\ \theta_s)}{R_{1\mathrm{m}}^2} \tag{3.53}$$

另将散射声强与入射声强之比定义为界面散射截面：

$$\sigma_s(\theta_i,\ \theta_s) = \frac{I_s}{I_i}R_{1\mathrm{m}}^2 = A_1\cos\theta_i G(\theta_i,\ \theta_s) \tag{3.54}$$

$\theta_i = \theta_s$ 时，得出反向散射截面：

$$\sigma_{bs}(\theta_i) = \frac{I_s}{I_i}R_{1m}^2 = A_1\cos\theta_i G(\theta_i, \theta_s) \tag{3.55}$$

最后界面每平方米的反射强度用 dB 表示为

$$BS_s = 10\log\left(\frac{\sigma_{bs}}{R_{1m}^2}\right) = 10\log\left(\frac{\sigma_{bs}}{A_1}\right) \tag{3.56}$$

需要强调的是，BS_s 对应 1 m^2 的目标面积，需根据目标实际面积范围 A 而修正，以获得实际目标强度[16] $TS = BS_s + 10\log(A/A_1)$。

3.5.3.2 朗伯定律

现在来分析粗糙平面是完美散射面的情形，即 η 和 G 均不取决于角度。此时 $\eta(\theta_i) = \eta_0$，$G = \eta_0/2\pi$（散射强度在低层介质中为零，并在上层半空间中，即球体的 4π-立体角的 1/2 处，均匀分布），得出：

$$\sigma_s(\theta_i, \theta_s) = A_1\frac{\eta_0}{2\pi}\cos\theta_i \tag{3.57}$$

在反向散射中，式(3.57)仅取决于 θ_i，因此是有效的。该模型就是 Lommel–Seeliger 定律，其角度 BS_s 随 $10\log\cos\theta_i$ 变化。

更现实一些，假设界面散射过程是各向异性的，但取决于散射角度。此时散射强度将取决于界面斜率分布，垂直于均匀界面时最大，平行于均匀界面时最小。例如，平均辐射强度与散射角度的余弦值成比例（朗伯弥散模型）：

$$G(\theta_i, \theta_s) = \eta_0\frac{\cos\theta_s}{\pi} \tag{3.58}$$

于是得出散射截面：

$$\sigma_s(\theta_i, \theta_s) = A_1\frac{\eta_0}{\pi}\cos\theta_i\cos\theta_s \tag{3.59}$$

由此得出的反向散射截面($\theta_i = \theta_s$)为

$$\sigma_{bs}(\theta_i) = A_1\frac{\eta_0}{\pi}\cos^2\theta_i \tag{3.60}$$

该结果就是众所周知的朗伯定律(Lambert's Law)[17]，常用 dB 表示为

$$BS(\theta_i) = 10\log\left(\frac{\eta_0}{\pi}\right) + 20\log\cos\theta_i = BS_0 + 20\log\cos\theta_i \tag{3.61}$$

---

[16] 为简单起见，经常（实际上并不准确）将 TS 表示成 dB（而不是 dB re 1 m^2），将 BS_s 表示成 dB/m^2 或 dB（而不是 dB re 1m^2/m^2，这种表示方式比较繁琐）。

[17] 朗伯定律也常用于光学等其他领域。

角度变化是 $20\mathrm{logcos}\ \theta_i$，目前常用于声呐回波建模中。

我们很容易就能定义 BS_0 的上限。假设存在完美反射界面，则 $\eta_0 = 1$，$BS_0 =$ $10\log(\eta_0/\pi) = 10\log(1/\pi)$，即每平方米约 -5 dB。BS_0 的实际观察值（在海床反向散射中）的范围是每平方米 $-40\sim-10$ dB。

尽管朗伯定律非常简单，但它却是一个很好的一阶近似。在很多实际情况中，该定律与物理观察是吻合的［一般优于式（3.57）］。对于略微粗糙表面的反向散射（平静海面和松软沉积物），该定律仅在斜入射和掠射的情况下有效。

在粗糙界面（多岩石海底），该定律可用于整个角度域［只要粗糙度大于波长，即式（3.50）所表示的瑞利参数值最高时］。

值得注意的是：

- 有关反向散射强度的启发性描述常常源于朗伯定律。通常的做法是验证实验结果和定律是否符合 $BS(\theta) = BS_0 + 10\gamma\mathrm{logcos}\ \theta$，具体实例见附录 A.3.4；

- 与之相反，更多有关斜入射时的反向散射的复杂理论模型（与朗伯定律同类）实际上也存在角度相关性。

3.5.3.3　微平面反射

假设一个相对光滑的水平表面（如较低海况下的海面或松软沉积物海底），对于以近垂直角度透射表面的声波，可认为界面是由各个微小平面（分布在均匀表面平面上）以随机倾斜角拼接而成。每个面主要沿镜面方向反射入射波，具体方向取决于倾斜角（图 3.22）。主要表面部分由近水平位置的各个面组成，反向散射强度在近垂直入射时（此时发挥作用的微小平面最多）最大。如果入射波开始偏离垂直方向时，正面反射方向上的面会越来越少，反向散射强度会大幅下降。鉴于平均强度与起作用的各个微小平面的总面积成比例，反向散射强度的结果预计将遵循偏离水平位置的微小平面斜率的分布规律。

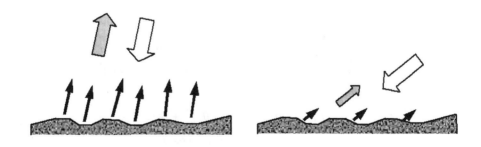

图 3.22　微平面反向散射

左图：入射波近垂直入射时存在很多右向的微小平面；右图：入射波掠射时右向的微小平面数量更少

设 χ 是面与水平方向的夹角。假定斜率$(\tan\chi)$满足高斯分布，即 $\dfrac{1}{\sqrt{(2\pi)}\,\delta}\exp\left(-\dfrac{\tan^2\chi}{2\delta^2}\right)$，

其中 δ^2 是斜率方差，反向散射截面将遵循相同的分布，并与平面波垂直入射平均表面时的反射系数 $V(0)$ 等比变化（参见 3.1.1.1 节）：

$$\sigma_{\mathrm{bs}}(\theta) \propto \ |V(0)|^2\exp\left(-\frac{\tan^2\theta}{2\delta^2}\right) \tag{3.62}$$

完整理论详见 Ishimaru(1978a，1978b) 或 Brekhovskikh 等(1992)的著作。式(3.62)可给出一个高频条件下的有限近似：

$$\sigma_{\mathrm{bs}}(\theta) = \frac{|V(0)|^2}{8\pi\delta^2\cos^4\theta}\exp\left(-\frac{\tan^2\theta}{2\delta^2}\right) \tag{3.63}$$

当各面的局部曲率与波长相比可忽略不计，即局部平面的反射条件（基尔霍夫近似）满足时，该模型是有效的。该模型常用于高频下光滑沉积物海底上近垂直入射时的反向散射的建模。

这个简单的正切函数的平面模型的局限性在于其并不取决于入射声波的频率。Jackson 等(1986)在基尔霍夫近似下提出了衍射积分的解，利用了界面的粗糙度谱并保留最后结果的频率相关性。

3.5.3.4　布拉格散射

当微尺度粗糙度小于声波波长时，反向散射场由界面上的各点的连续作用构成。对于给定观察角 θ，信号主要取决于各散射体的同相反射（图 3.23）。假设相邻两个散射体间的距离为 d，则有

$$2d\sin\theta = n\lambda \quad n = 1, 2, \cdots \tag{3.64}$$

换言之，沿该观察角上的粗糙度谱分量(3.5.1 节)是散射的主要贡献部分：

$$\kappa = \frac{2\pi}{d} = \frac{4\pi\sin\theta}{\lambda} = 2k\sin\theta \tag{3.65}$$

布拉格散射体系中两个流体间粗糙界面的反向散射截面定义为

$$\sigma_{\mathrm{bs}}(\theta) = 4k^4\cos^4\theta\,|U(\theta)|^2 S(2k\sin\theta) \tag{3.66}$$

式(3.66)中，$S(\kappa)$ 是粗糙度谱，$U(\theta)$ 相当于声强反射系数，强调了两个介质间阻抗比的作用：

$$U(\theta_1) = \frac{(\rho_2 c_2\sin\theta_1 - \rho_1 c_1\sin\theta_2)^2 + \rho_2^2 c_2^2 - \rho_1^2 c_1^2}{(\rho_2 c_2\cos\theta_1 + \rho_1 c_1\cos\theta_2)^2} \tag{3.67}$$

其中，$\theta=\theta_1$，与 θ_2 是两个流体介质中的入射角。

注意式(3.66)中 σ_{bs} 的表达式展示了它与频率(以 f^4)的相关性，这种相关性早在 3.3.1 节小目标的瑞利散射中就有所提及。

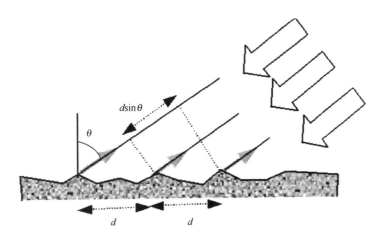

图 3.23　布拉格散射

入射波与散射平面间的夹角为 θ 时，反向散射主要来源于间距为 d 的散射体，

它满足 $2d\sin\theta = \lambda$，产生一种相干干涉

海面或海床的粗糙度谱 $S(\kappa)$ [出现在式(3.66)中]常常由表达式 $S(\kappa) \propto \kappa^{-v}$ 近似，指数 v 的区间是 [2.5，3.5]，取 $v=3$，可得出比例关系：

$$\sigma_{\mathrm{bs}}(\theta) \propto k \frac{\cos^4\theta}{\sin^3\theta} |U(\theta)|^2 \tag{3.68}$$

最后一个表达式(3.68)明确表示反向散射截面随频率的降低而减小，即使下降的速度（以 f 频率的角度）不及瑞利散射；在掠射时，反向散射截面随 θ 的增加而减少，θ 所带来 $|U(\theta)|^2$ 项中的增加只能部分补偿 $\cos^4\theta$ 的减少。

3.6　海洋边界上的反射与散射

3.6.1　海面上的反射和散射

3.6.1.1　海面特征

海面上的起伏主要取决于风。人们针对多种应用，对该起伏进行了广泛研究。Pierson 等(1964)的经典模型[18]常被用来量化涌浪谱：

$$S(\Omega) = 8.1 \times 10^{-3} \frac{g^2}{\Omega^5} \exp\left[-0.74 \left(\frac{g}{\Omega w} \right)^4 \right] \tag{3.69}$$

---

[18]该模型通常用于大的海浪，我们也可使用近期提出的一些海面谱模型：JONSWAP 模型(Hasselmann et al.，1973)涉及大海浪和涌浪；Donelan 等(1987)提出的谱模型和 Elfouhaily 等(1997)涵盖了整个波数的范围。

式(3.69)将频率 Ω 表示为风速 w(m/s)的函数，g 是加速度常数。

空间波数 κ 与频率 Ω 的关系是 $\kappa = \Omega^2/g$，与波长 Λ 的关系是 $\Lambda = \dfrac{2\pi}{\kappa} = 2\pi\dfrac{g}{\Omega^2}$。该谱中起伏标准差 h(单位为 m)为 $5.33\times10^{-3}w^2$。Cox 和 Munk 的模型通过其方差 $\delta^2 = (3 + 5.12w)\times10^{-3}$($\delta$ 的单位为弧度)给出了风速与涌浪引起的起伏的斜率的关系。起伏的相关长度是 $L = \sqrt{2}h/\delta$。

应该注意的是，直接位于海面下方、厚度为几米的气泡层会严重干扰空气-水界面上声过程的观测。气泡层会造成声波的严重衰减，将海面完全掩盖。此外，气泡层可强化其自身的散射效应。当然，气泡层的存在及其影响与海面的搅动密切相关。

3.6.1.2 海面上的声透射

在水-空气界面上，反射介质的声特征是 $\rho_2 \approx 1.3$ kg/m^3，$c_2 \approx 340$ m/s，表明 $Z_2 \ll Z_1$。因此，对于入射到海面的水下声波，不存在全反射；同时，由于 $c_2 < c_1$，无论入射角如何，反射系数总是接近 $V \approx -1$。声波法向入射时，其从水至空气中的声压透射系数式(3.2)变成：

$$W(\theta_1 = 0) = \frac{2Z_2}{Z_1 + Z_2} \approx \frac{2Z_2}{Z_1} \approx 5.9\times10^{-4} \tag{3.70}$$

换算成透射损失则为 64.6 dB。

功率透射系数可表示为

$$\frac{P_2}{P_1} = W^2\frac{Z_1}{Z_2} = \left[\frac{2Z_2}{Z_1 + Z_2}\right]^2\frac{Z_1}{Z_2} = \frac{4Z_1Z_2}{(Z_1 + Z_2)^2} \tag{3.71}$$

鉴于 $Z_1 \gg Z_2$，得出：

$$\frac{P_2}{P_1} \approx 4\frac{Z_2}{Z_1} \approx 1.2\times10^{-3} \tag{3.72}$$

即功率损失为 29.3 dB。

在空气-水界面上，阻抗比相反，且 $Z_2 \gg Z_1$(两个介质的指数交换，Z_2 和 Z_1 现在分别表示水和空气)。临界角是 $\theta_1 \approx 13°$。但无论入射角度如何，反射系数都非常接近于 $V = 1$。声波法向入射时，其从空气至水中的声压透射系数式(3.2)则变成：

$$W(\theta_1 = 0) = \frac{2Z_2}{Z_1 + Z_2} \approx 2 \tag{3.73}$$

对应的透射损失为 +6 dB。法向入射时，功率损失依然是 29.3 dB，毕竟对于同一界面相反两个方向上的透射，式(3.71)的结果是相同的。

总之，尽管两个介质的声功率具有数量级的不同，从水至空气和从空气至水的声透射仍是完全可观察到的。靠近声源时，很容易在空气中听见低频声呐透射的声波。

水下接收器也可探测海面上的声源(例如水下潜艇可探测直升机或飞机)。

3.6.1.3　海面的反射与散射

因为水与空气的阻抗比较高,两者之间的界面是一个拟完美的反射体。为了估计反射和散射过程,可以直接应用前面章节中提及的相干反射和散射模型(微小平面和布拉格体系),将其局部振幅反射系数$|V|$替换为1。

更为完善的是,这些方法必须结合海面气泡层造成的两个效应:①海面反向散射回波的额外衰减;②气泡群的反向散射(见2.3.4节和3.3.3节)。

3.6.2　海底

3.6.2.1　声波与海底的相互作用

海底的声效应比海面的复杂得多。我们可以观察到很多不同过程,并且这些过程的相对重要性将取决于信号频率。

● 海底大体上是一个粗糙界面,因此会散射入射声波。界面反向散射的声波是所有海底绘图声呐都要用到的信号,沉积物剖面仪除外。

● 由于水和沉积物的阻抗比较小,有一部分显著的入射能量能渗入海床。沉积物内部的声吸收远高于水中的声吸收(一般是$0.1\sim1$ dB/λ)。但低频声波(数千赫兹及以下)能以比较可观的声压级在海底内部进行远距离传播(见第9章)。

● 沉积物内部可能发生类似水中传播中的过程(如内部折射和反射)。沉积物也具有一定梯度的声速和密度剖面,也具有由于几何分层过程而出现的非连续性。

● 各种反射体位于界面上或埋藏在沉积物中(如石头、贝壳和生物体、矿物质、水草和藻类、气泡),这些反射体都会额外产生特定散射。

这些物理过程及其解译和建模根据频率的不同而差异巨大。高频率下,底部渗入较小,相互作用通常限于表面(可由非平面界面的反射建模),但沉积物上层的分层或不均匀性可能会使声波与海底的相互作用更加复杂化。如果声波与海底的相互作用很小(声波频率超过几十千赫兹),或海床结构相对简单,则将平面界面反射模型结合界面起伏影响模型可正确描述这些过程。

低频率下(数千赫兹以下),由于频率较低,必须在更深层面上解释声波与沉积物层的相互作用。起主要作用的不再是界面起伏的不规则性和环境的非均匀性,而是声速/密度剖面(特别是其不连续性)。声速/密度剖面及其不连续性的声反射行为广泛用于海洋地质学和地球物理学(地波勘探和沉积物分析)。事实上,声能可以被不同层之间的界面反射。由于沉积物中存在的声速剖面,因此声波同样也会发生折射[19]。

---

[19]应当注意的是,沉积物中的声波速度和密度梯度远大于水中的,数量级分别是每米1 m/s和每米1 kg/m³。

在掠射和低频率时，可以观察到界面波在不同特性层之间的边界上传播。这些声波［瑞利波、拉夫波、斯科尔特波、斯通利波、兰姆波（Ben-Menahem et al.，1981；Rose，1999）］根据界面特性而有所不同。这一现象在地质学和地球物理学中的地波折射技术中得到广泛应用。

3.6.2.2　海底的声参数

表 3.4 展示了各种沉积物的典型值。表中沉积物遵循谢泼德（Shepard，1954）的海洋沉积类型分类，通过平均粒度（单位是 Phi）[20]与地质特征相关联。此处列出的声参数是：

- 平均粒度 $M\phi$；
- 孔隙率 n（水在沉积物中的体积百分率）；
- 密度 ρ[21]，单位是 kg/m^3；
- 相对压缩波速度 c_r（相对于水中声速）；
- 海水中，绝对压缩波速度 c 值（1 500 m/s）；
- 法向入射时的反射系数的 dB 值［$20\log|V(0^{\circ})|$］；
- 压缩波的吸收系数 α，单位是 dB/λ；
- 剪切波速度 c_s，单位是 m/s；
- 粗糙度谱强度 Ω_0，单位是 cm^4；
- 单位距离 h 时的粗糙度的标准差，单位是 cm；
- 粗糙度斜率标准差 δ，单位是度（°）。

表 3.4 中前八项参数（从 M 到 c_s）描述了沉积物整体特征。这些参数是从相关材料整合而来［参见 Hamilton（1972，1976）及 Hamilton 等（1982）相关文献］，并给出了这些特性的期望平均值。与沉积物粗糙度相关的三项参数是根据数据汇编（APL，1994）推导出来的，展示的只是数量级。通常认为并经过实验验证，沉积类型（粒度、孔隙率）与其密度、速度和吸收相关；但如果涉及粗糙度特征，这种相关性就不明确了。自动将特定沉积物类型与粗糙度或斜率方差联系起来是不合理的，即使只是作为一个平均估计。但是，沉积物"硬度"与其粗糙度明显存在关联：流体沉积物（黏土）不可能存在任何明显的界面粗糙度，而粗砂的局部斜率可能达到 20°～30°。在这方面，表 3.4 中的任意粗糙度参数随沉积物的阻抗整体增加，但与特定沉积物类型不存在独立关联性。最后，表 3.4 未给出体积非均匀性参数的值（参见 3.6.2.5 节）。粗略地说，可能的体积非均

---

[20]平均粒度（单位是 Phi）可定义为 $M\phi=-\log_2(a)$，其中，a 是平均粒度直径（单位是 mm）。

[21]密度与孔隙率之间的联系是 $\rho=n\rho_w+(1-n)\rho_b$，其中 $0<n<1$，ρ_w 和 ρ_b 分别是海水密度（1 030 kg/m^3）和大颗粒密度（近 2 700 kg/m^3）。

匀性参数的值大概在$-40\sim-15\ \mathrm{dB/m^3}$，具体取决于沉积物特征、环境及信号频率。

表面沉积物里充满海水，其声速预计与海水中的声速成比例。因此，更适合用沉积物声速(相对于海水的)来描述沉积物的特征。这样便于解释压力和温度[22]对沉积物的作用。

表 3.4　沉积物的典型声参数(所有这些值已被有意简化并四舍五入以强调它们的数量级，详见本文相关描述)

沉积物类型	参数										
	$M\phi$	$n(\%)$	$\rho/$ $(\mathrm{kg/m^3})$	c_r	$c/$ $(\mathrm{m/s})$	$V(0°)/$ dB	$\alpha/$ (dB/λ)	$c_s/$ $(\mathrm{m/s})$	$\Omega_0/\mathrm{cm^4}$	h/cm	$\delta(°)$
黏土	9	80	1 200	0.98	1 470	−21.8	0.08	—	5×10^{-12}	0.5	1.2
粉质黏土	8	75	1 300	0.99	1 485	−18.0	0.10	—	6×10^{-12}	0.5	1.5
黏质粉土	7	70	1 500	1.01	1 515	−13.8	0.15	125	7×10^{-12}	0.6	1.7
砂—粉砂—黏土	6	65	1 600	1.04	1 560	−12.1	0.20	290	8×10^{-12}	0.6	2
砂—粉砂	5	60	1 700	1.07	1 605	−10.7	1.00	340	9×10^{-12}	0.7	2.5
粉质砂土	4	55	1 800	1.10	1 650	−9.7	1.10	390	1×10^{-11}	0.7	3
极细砂	3	50	1 900	1.12	1 680	−8.9	1.00	410	2×10^{-11}	1.0	4
细砂	2	45	1 950	1.15	1 725	−8.3	0.80	430	3×10^{-11}	1.2	5
粗砂	1	40	2 000	1.20	1 800	−7.7	0.90	470	7×10^{-11}	1.8	6

3.6.2.3　水-沉积物界面上的反射

通常将水-沉积物上的声反射建模为流体界面反射系数。然而，水-沉积物界面上的声反射常包含对于沙质沉积物很重要的剪切波的作用(参见 3.1.1.5 节)。为解释微尺度粗糙度，反射系数可能需要加入相干反射损失[式(3.51)和图 3.21]。因此，结果是与声波频率相关的。

图 3.24 使用表 3.3*中列出的沉积物特征值，给出了该计算结果的实例。

低频率下，考虑引入海底分层是有用的。然而，应当注意的是，适用的建模类型应取决于信号持续时间。较长窄带信号使用分层介质反射的"通用"模型，具体如 3.1.2 节所述。另一方面，瞬态短信号(尤其在入射角斜度较大时)的模型能呈现不同时刻层与层之间的不连续性，因此应该是一个类多路径几何的模型，这也是地波应用中时域信号建模的一个基础(见第 9 章)。

3.6.2.4　海底反向散射

在海底绘图声呐频率(几十到几百千赫兹)下，海床的反向散射一般可分解为两大贡

---

　　[22]注意：饱和沉积物的密度与海水密度不成正比。相对密度指的是常用值 1 000 kg/m³(淡水密度)，与实际饱和流体的密度值不同。

　　*：此处原著有误，应为表 3.4。——译者注

献(图3.25)。部分能量由界面起伏散射，可以是近垂直入射时的近水平微小平面也可以是掠射时的微粗糙度引起的散射。另一部分能量渗入沉积物，由沉积物内部体积不均匀体反向散射。在倾斜入射时，沉积物体反向散射占主导。界面反向散射可通过粗糙界面上的散射统计几何模型(结合两个介质的反射系数特征)来描述。体反向散射(参见3.6.2.5节)取决于水−沉积物透射和底部内部吸收的特征以及沉积物内部不均匀体的体反向散射强度。

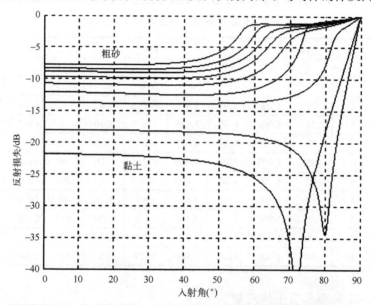

图3.24　水−沉积物界面上的反射系数，是入射角的函数，其中沉积物具有表3.3 * 中列出的特征
微尺度粗糙度带来的反射损失未包含在内(参见图3.19)

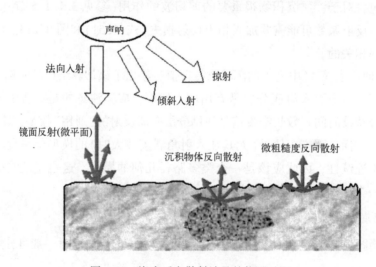

图3.25　海底反向散射涉及的物理过程

---

　　* ：此处原著有误，应为表3.4。——译者注

3.6.2.5 沉积物的体反向散射强度

声能在水-沉积物界面上的散射有很大一部分来自沉积物体积内的不均匀体。这些不均匀体的来源多样(如埋藏的石头、贝壳和甲壳动物),但最明显的是陷在沉积物里面的气泡。这些气泡可被描述为随机分布的散射体,其作用是非相干叠加的。

沉积物体反向散射对整体反向散射强度的特定作用也可通过瞬时声透射体积的几何描述来建模。因此,计算原则就与水中的体反向散射相同。该计算原则包含了界面上的折射(角度变化和边界上的透射损失)。考虑的瞬时有效目标是沉积物内部的在给定界面区域下方生成的等时体积,其范围由沉积物内部吸收限定。为简单起见,等时面可近似为沉积物内与传播方向正交的平面(图 3.26)。有效体积为

$$A_v = A_s \sin\theta_2 \int_0^{+\infty} \exp(-4\beta\zeta\tan\theta_2)\,\mathrm{d}\zeta = \frac{A_s\cos\theta_2}{4\beta} \tag{3.74}$$

式中,A_s 是声透射界面的面积;θ_2 是折射角;β 是沉积物衰减系数(Np/m);分母上的 4 倍因子是从双向传播路径上的声强角度考虑,而非声压。

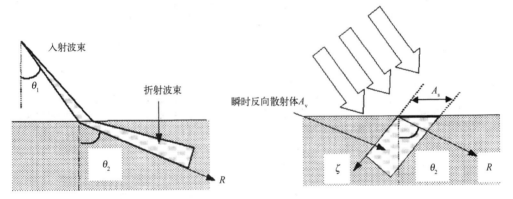

图 3.26 沉积层内的声透射体积

左图:入射和折射波束;右图:瞬时声透射体积 A_v,对应于透射面积 A_s

从界面上来看,体反向散射的贡献(除在粗糙界面反向散射截面上的情况之外)可表示为

$$\sigma_{bs_v} = |1 - V_{12}^2|^2 \left(\frac{c_2}{c_1}\right)^2 \frac{\cos^2\theta_1}{\cos\theta_2} \frac{\sigma_v}{4\beta} \tag{3.75}$$

该表达式使用 $A_s = 1\ \mathrm{m}^2$ 和沉积物体反向散射强度 σ_v(定义在单位立方米上的,$1\ \mathrm{m}^3$)。同时,该表达式也包含了以相反两个方向穿过平面的声强透射系数的乘积($|W_{12}|^2\,|W_{21}|^2 = |1 - V_{12}^2|^2$)以及折射造成的几何扩散的变化:$\left(\dfrac{c_2\cos\theta_1}{c_1\cos\theta_2}\right)^2$。

上述表达式在次临界条件下有效,而通过对穿过临界角的掠射情况的计算(Jackson

et al.，1992）可将其改进为

$$\sigma_{bs_v} = |1 - V_{12}^2|^2 \left(\frac{c_2}{c_1}\right)^2 \frac{\cos^2\theta_1}{4\mathrm{Im}(k_{z2})} \left|\frac{k_2}{k_{z2}}\right|^2 \sigma_v \tag{3.76}$$

此时，主要难点在于评估单位反向散射强度 σ_v。引起体反向散射的可能因素多种多样：气泡、矿物包裹体、阻抗不连续的薄沉积物层、甲壳动物、贝壳或蠕虫的生物扰动等，因此无法用一个通用的办法来解决该难题。所以，每种条件需要对应一个特定的声模型，相关文献已提出了很多实例。图3.27中建模的所有沉积物类型使用的是同一任意值——$-30 \ \mathrm{dB/m^3}$。

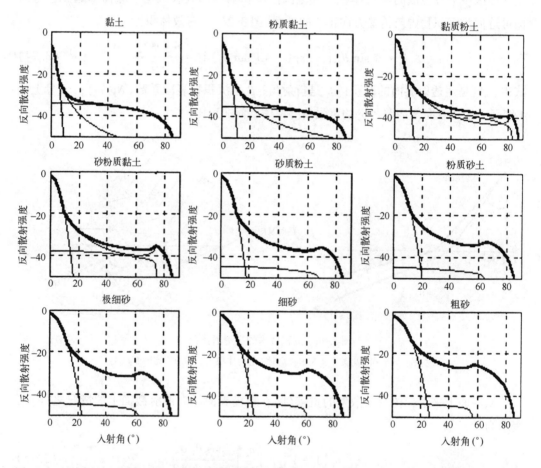

图3.27　不同海底沉积物类型的海底反向散射强度与入射角的关系，基于100 kHz频率下对表3.3[*]中所列的沉积物类型进行计算。使用经典模型（APL，1994），并结合法向入射的切面与掠射时的布拉格散射模型和体反向散射（$10\log\sigma_v = -30 \ \mathrm{dB/m^3}$）获得该图。3个不同分量用细线表示，整体反向散射强度用粗线表示

---

　　[*]：此处原著有误，应为表3.4。——译者注

给定频率下体反向散射的重要性(相对于界面粗糙度反向散射)取决于沉积物类型。不论什么样的倾斜入射角,在松软沉积物的反射中,体反向散射均占据主导地位,但由于吸收作用,其在砂质海底上的影响则减弱。频率的相关性使得体反向散射更为复杂,低频率下,吸收减少,体反向散射作用增加,而界面粗糙度作用降低。然而,这又因为体反向散射强度与频率的相关性(瑞利散射下气泡目标强度随 f^4 变化)而部分得到补偿。

3.6.2.6　海底反向散射建模

从上文可以明显看出,海底反向散射模型是非常复杂的。没有任何一个模型可统一用于所有频率范围和海底类型。我们只能在限制应用条件下使用限制模型,因此强调使用较多的主流模型,放弃其他次要模型。

为准确起见,理论模型需要针对海底的复杂物理情况进行描述。但是,一方面我们难以用可靠的方式来囊括这些复杂的物理描述;另一方面,海底真实的环境远比物理描述复杂得多:海底常常存在无法预计的现象,例如临时随机散射体、沉积物整体性质或粗糙度的短尺度不均匀性等。因此,这些模型仅用来理解并估计各种现象(如果目标是未知的,这就是声呐所需要探测的),而不是根据物理模型中的参数值来确定给定设置下的结果,这样不可能保证结果的有效性。因此,我们在描述复杂现实环境时应持保留态度,启发式模型(参见附录 A.3.4)可能是用于分类的有效替代模型。

在高频声呐应用(数十千赫兹)中,常见模型是 Jackson 模型,该模型经常出现在相关文献中。Jackson 模型综合了三种成熟的方法(Jackson et al., 1986;APL, 1994;Jackson et al., 1996;Jackson et al., 2007),将接近法向入射的切面、掠射时的布拉格散射模型和体反向散射(类似于 3.6.2.5 节中提及的方法)相结合。该模型确实适合用于描述沉积物情景中遇到的主要反向散射现象。图 3.27 就将其用于多种理想沉积物类型的计算中。

第4章　噪声与信号起伏

噪声是水声学中的一个重要论题，涵盖多个不同的物理过程。这些过程会给预期信号带来额外的外部干扰，从而降低系统性能。噪声产生的原因可分为四类(图4.1)。

- 环境噪声：系统外自然(如风、波、降雨、生物)或人工(如航海、工业活动)原因引起的噪声，这类噪声与声呐系统或其部署条件无关。

- 自噪声：自噪声源于水声系统自身，支撑平台(如辐射噪声、流噪声、电子干扰)或系统自身电子设备(如热噪声)都会引起噪声。

- 混响：混响源于伴生回波(由系统自身传输信号生成)，只会影响主动声呐。这种噪声的能级有时足以掩盖预期目标的回波，从而影响预期目标回波的探测。

- 声波干扰：临近声呐系统的其他声源(一般是同一舰船或水下平台，有时也来自更远处)所生成的噪声。

根据上述定义，可以看出"噪声"的概念主要在于其作用及后果，而不是具体的噪声内容。从结构上来讲，噪声的波形各不相同：环境噪声的波形是随机的而混响则来自传输信号的回波扩散；而在由机械造成噪声干扰时，波形就更易辨认、更为稳定。

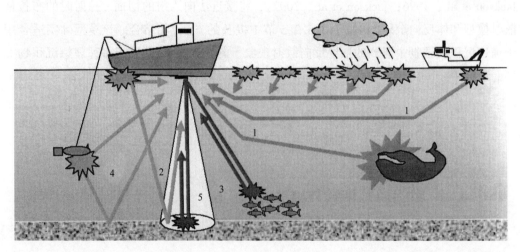

图4.1　影响舰载声呐系统(此处指的是海洋测深学中的单波束回波探测仪)的不同类型的噪声

1：环境噪声(海面、生物、降雨、航海)；2：自噪声(来自运载舰船)；3：混响(来自多余目标)；

4：声波干扰(来自其他系统的信号)；5：预期目标(此处是指海底)回波

然而在大多数情况下，人们一般认为降低声呐标准性能的加性噪声是随机过程，能够使用信号处理理论中的传统统计模型对其进行描述。

有用声信号会因传播与散射(第 2 章和第 3 章已讨论过两者的特性)而变形，因此也会出现随机起伏，这些起伏主要是由环境及目标的小尺度物理现象引起。尽管这些起伏通常被视为接收信号内在的一部分，但也会降低声呐系统性能，这点与外部加性噪声类似。从影响(而非起源)的角度来看，这类起伏的信号也可归类为"噪声"。

本章将首先引入窄带噪声和宽带噪声的概念，然后描述水声学中加性噪声的成因。本章将设置特定章节讨论舰船辐射的噪声和声呐系统的自噪声，并尽可能采用简单模型来量化这些噪声的影响。此外，本章会展示噪声建模的两种方法：第一种方法与声场的空间-时间相干性有关；第二种方法将分析海面上噪声源生成的声场的空间分布。我们用一个专门的章节来展示一个简单(和基础的)混响模型背后的原理，这些原理普遍用于主动声呐。然后，本章将简单介绍声源及接收处的降噪解决方案。最后一部分将研究传播介质的变化及其对传输信号起伏的作用并展示用于描述起伏信号的统计特性的主要模型。

4.1 窄带噪声与宽带噪声

窄带噪声是振幅随时间随机变化的单频信号(图 4.2，左上图)。在频域，窄带噪声的功率集中在载频附近(图 4.2，右上图)。而宽带噪声的频谱带宽更大(图 4.2，下图)。频谱的功率随频率的变化可能形状多样。如果该变化在特定频率范围内是一致的，噪声就是白噪声(图 4.2，左下图)。如果该变化随频率变化，噪声就是有色噪声(图 4.2，右下图)。在这种情况下，功率谱密度(每赫兹的功率数)一般随频率下降，通常用频率的负的幂级数来表示(表示成 f^{-n}，或用 dB 表示成 $-10n\log f$)。

窄带噪声概念在正弦信号的加性干扰建模中十分方便，也可作为宽带噪声的基本分量。窄带高斯信号 n_0 的时域表达式为

$$n_0(t) = a_0(t)\exp[j(\omega_0 t + \varphi_0)] \tag{4.1}$$

式中，$a_0(t)$ 是一个服从瑞利分布的随机变量的振幅(详见 4.6.3.2 节)，再调制在 $\omega_0 = 2\pi f_0$ 的单频载波上(图 4.2)。

由于水声学更关注具有有限带宽的信号，因此单频描述的意义有限。我们可以将宽带噪声 $n(t)$ 分解为 N 个窄带基频频谱 $n_i(t)$ 的总和：

$$n(t) = \sum_{i=1}^{N} n_i(t) = \sum_{i=1}^{N} a_i(t)\exp[j(\omega_i t + \varphi_i)] \tag{4.2}$$

产生的信号平均振幅为

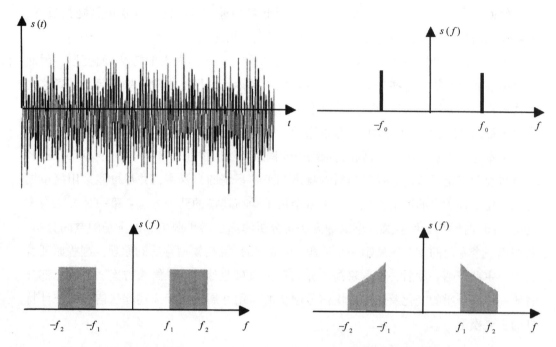

图 4.2　左上图：窄带信号 $s(t)$，是时间 t 的函数；右上图：该窄带信号的频谱 $s(f)$，

是频率 f 的函数；左下图：白噪声的宽带谱；右下图：有色噪声的宽带谱

$$\langle a\rangle = \langle |n(t)^2| \rangle^{1/2} = \left\langle \sum_{i=1}^{N} n_i(t) \sum_{k=1}^{N} n_k^*(t) \right\rangle^{1/2}$$

$$\Leftrightarrow \langle a\rangle = \left\langle \sum_{i=1}^{N} a_i^2 + \sum_{i=1}^{N} \sum_{k\neq i} a_i a_k \exp[j(\omega_i t - \omega_k t + \varphi_i - \varphi_k)] \right\rangle^{1/2}$$

(4.3)

交叉相位项的均值等于零(因为基本信号的相位被假定为随机且互不相关的)。鉴于振幅也是互不相关的，式(4.3)变成：

$$\langle a\rangle = \left(\sum_{i=1}^{N} \langle a_i^2 \rangle \right)^{1/2}$$

(4.4)

因此产生的信号的平均振幅是信号分量振幅的平方和。平均能量(用功率或声强表示)为平均各单位能量作用的总和：

$$\langle P\rangle = \sum_{i=1}^{N} \langle p_i \rangle$$

(4.5)

这类离散量的相加可扩展成为窄带分量的连续分布。频带 Δf 上功率谱密度 $N(f)$ 的宽带信号的平均功率为

$$\langle P\rangle = \int_{\Delta f} N(f)\,\mathrm{d}f$$

(4.6)

功率谱密度是单位频谱带宽内(1 Hz)的功率值，单位是 W/Hz，或用对数表示为 dB re 1 W/Hz。

为了与声压的测量物理量保持一致，功率谱密度也常表示成 dB re 1 μPa/$\sqrt{\text{Hz}}$。功率与声压的平方成比例，因此 dB re 1 μPa/$\sqrt{\text{Hz}}$ 确实与 dB re 1 W/Hz 一致[①]。

在功率谱为 $N(f) = N_0$ 的白噪声情况下，总功率 P 仅与功率谱密度和带宽 Δf 有关，关系式为

$$\langle P \rangle = \int_{\Delta f} N_0 \mathrm{d}f = N_0 \Delta f \tag{4.7}$$

可用 dB 表示为

$$\begin{aligned} 10\log(P/1\text{W}) &= 10\log(N_0\Delta f/1\text{W}) \\ &= 10\log(N_0/1\text{W/Hz}) + 10\log(\Delta f/1\ \text{Hz}) \end{aligned} \tag{4.8}$$

对于有色噪声，功率谱随频率变化，式(4.6)中的积分才能获得带宽 Δf 的功率值。例如，如果频率变化为 $N(f) = N_0 (f_0/f)^n$ [即用 dB 表示为频谱从频率 f_0 时的能级 N_0 以 $-10n\log(f/f_0)$ 的速度减少]，频带 $[f_1, f_2]$ 上的功率变成：

$$\langle P \rangle = N_0 \int_{f_1}^{f_2} \left(\frac{f_0}{f}\right)^n \mathrm{d}f = \frac{N_0}{n-1} f_0^n \left(\frac{1}{f_1^{n-1}} - \frac{1}{f_2^{n-1}}\right) \tag{4.9}$$

常见的情况[②]是 $n = 2$ (频谱下降的速度为 $-20\log f$)：

$$\begin{aligned} \langle P \rangle &= N_0 \int_{f_1}^{f_2} \left(\frac{f_0}{f}\right)^2 \mathrm{d}f = N_0 f_0^2 \left(\frac{1}{f_1} - \frac{1}{f_2}\right) \\ &= N_0 \left(\frac{f_0}{\sqrt{f_1 f_2}}\right)^2 (f_2 - f_1) = N_0 \left(\frac{f_0}{f_C}\right)^2 \Delta f \end{aligned} \tag{4.10}$$

或用 dB 表示为

$$10\log(P/1\text{W}) = 10\log(N_0/1\text{W/Hz}) + 10\log(\Delta f/1\ \text{Hz}) + 20\log(f_0/f_C)$$

在上述等式中：$\Delta f = f_1 - f_2$；$f_C = \sqrt{f_2 f_1}$。值得注意的是，上式所求得的功率与处在"平均"频率 f_C 上的白噪声的功率是相同的，而 f_C 不等同于带宽 Δf 的中心频率。类似的表达式也可用于其他频谱的斜率推导。

频率带宽(尤其在噪声测量中)的单位通常是倍频程和 1/3 倍频程[③]，这些是相对量。倍频程 $[f_{\min}, f_{\max}]$ 是比率为 2 ($f_{\max} = 2f_{\min}$) 的两个频率之间的间隔。1/3 倍频程 $[f_{\min}, f_{\max}]$ 是比率为 $2^{1/3}$ ($f_{\max} = 2^{1/3} f_{\min} \approx 1.26 f_{\min}$) 的两个频率之间的间隔。

---

①为排版方便，功率谱密度能级常表示成 dB re 1 μPa/Hz (而不是 dB re 1 μPa/$\sqrt{\text{Hz}}$)。

②例如高频率下舰船辐射噪声或舰壳声呐记录的宽带自噪声(主要由舰船辐射噪声造成的)的典型平均频率相关性。

③这些术语来自音乐符号和音乐声学。倍频程通过一个尺度将两个同名但隔开的两个音符分离出来(如 C D E F G A B C 中的 C 至 C)。1/3 倍频程对应于大三度(如 C 至 E)。鉴于 C—E、E—G#和 G#—C 是大三度，三个 1/3 倍频程就是一个倍频程。相应地，一个倍频程的中心频率 $f_i = f_{\min}/2^{1/2} = f_{\max}/2^{1/2}$ [原著此处有误，应为 $(f_{\max} f_{\min})^{1/2}$——译者注]对应一个降调五度或增音四度(C—F#—C)。

鉴于声学场景中的对数频率相关性是普遍存在的，强烈推荐使用相对间隔方法来描述。相对间隔不仅比恒定带宽更方便，而且展示了更重要的物理事实描述。在这方面需要注意的是，鉴于经典的傅里叶变换（及其数值实现——快速傅里叶变换）分析的是恒定-带宽间隔下的时域信号并提供了具有线性频率相关性的频谱，适用于有限范围的带宽，因此并不适合相对间隔法。小波分析等更为现代的时间-频率分析法更符合声学信号及噪声的物理研究。

4.2　水下噪声

4.2.1　环境噪声

4.2.1.1　稳态噪声

根据定义，环境噪声是声呐在没有任何信号和系统自噪声的情况下接收的噪声。环境噪声多变（图4.3），主要取决于地理位置（Urick，1967）、局部及周边水深（即声波传播）和局部情况（如天气、航海）。环境噪声可分为永久性的（至少持续几天或整个调查过程）或间歇性的（从几秒到几小时或几天），具体取决于研究或测量的类型。

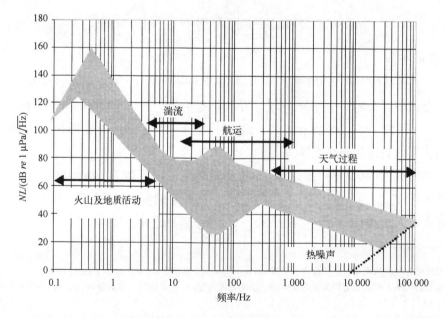

图4.3　水下环境噪声的大概分布变化，实际值很大程度上取决于地理位置、水深和局部情况

[图片来源：NURC（2008）]

　　在极低频率下，大约限制在 0.1~5 Hz 范围内，环境噪声主要由远处的地震、火山活动以及表面波的非线性相互作用组成[参见 Kibblewhite 等（1999）、Robinson（2010）等文献中展示的海洋物理学过程的声表达式]。同样，这类噪声在水声系统中只是边缘问题（SOSUS 阵列等一些被动声呐中可能例外，7.2.2.4 节）。低频噪声（5~20 Hz）通常来源于湍流（Medwin et al.，1998；NURC，2008），尽管湍流产生的噪声在较高频率下同样明显。该频率范围内的噪声与风速存在很强的相关性（Medwin et al.，1998）。

　　频率在 10 Hz 至 1 kHz 时，航行通常是产生水下噪声的主要原因。除此之外，沿岸工业活动④（港口和造船厂、风电场或沿岸建筑）也会导致噪声。噪声级明显取决于所在地区，使用"航行密度"参数的当前模型只可表明可预计的噪声量。当然，与港口和航运繁忙的"大洋航线"的接近是造成噪声级局部变化的主导因素。这也会产生空间各向异性（噪声与方位角的相关性）。我们不能将声呐系统工作区域内的个体舰船辐射的噪声建模为环境航行噪声，这些偶然噪声实际是信号的局部干扰。4.2.2 节将详细讨论舰船的噪声辐射。

　　海面波动取决于海面状况和风速（表 4.1）。一些模型（Pierson et al.，1964；Hasselmann et al.，1973；Donelan et al.，1987；Elfouhaily et al.，1997）也将这些值与有效波高、周期和波长关联，增加了除噪声级之外的可用信息量。海面波动产生的噪声在几赫兹至几万赫兹的频率范围内，噪声级视天气状况而定，可能相差几十分贝。由此产生的谱有时以作者的名字命名，被称为"克努森谱"或"克努森噪声"。这类噪声在两个频率范围内占主导，与明显的物理过程相关。当频率在约 10 Hz 及以下时，风生湍流引起海水的压力变化，这种变化类似于声压变化。当频率在几百赫兹以上时，风力作用也占主导：海面在风的影响下波动，引起压力变化，从而导致浅水层中的微气泡膨胀甚至破裂（从表 4.1 中的数值就能看出）。当海面状况恶化时，气泡群在海浪泡沫波峰中破裂，再加上碎浪影响，会产生更多噪声。0.5 kHz 以下时，气泡群随着波浪一起振荡，是产生噪声的主要因素[参见 Nystuen 等（1997）及其中的引用文献]。0.5 kHz 以上时，浪端的白色泡沫和碎浪区中新产生的个别气泡是噪声的主要来源（Farmer et al.，1989；Tegowski，2004）。在浅水层，波浪可能会撞到岸上或礁石上，增加了环境噪声的能级，从而在远处[例如，Wilson 等（1985）认为 9 km 内]都能听到噪声，由此产生的噪声频谱能扩至数万赫兹。0.1~1 kHz 时，涌浪噪声与波高有效值的平方成比例（Deane，2000）。

---

　　④有时可以通过侧扫声呐在高频率下观察到航行噪声，例如 Blondel（2009）展示了 30 kHz 下航行噪声的实例。

表 4.1 等效蒲福⑤风力等级、海面状况、描述性术语和风速值[*Handbook of Oceanographic Tables* (美国海军海洋局，1966)；世界气象组织，1964]

蒲福风级	海况	描述	风速/kn	风速/（m/s）
0	0	无风	<1	0~0.2
1	1/2	软风	1~3	0.3~1.5
2	1	轻风	4~6	1.6~3.3
3	2	微风	7~10	3.4~5.4
4	3	和风	11~16	5.5~7.9
5	4	劲风	17~21	8.0~10.7
6	5~6	强风	22~27	10.8~13.8
7	7	疾风	28~33	13.9~17.1
8	8	大风	34~40	17.2~20.7
9	9	烈风	41~47	20.8~24.4
10	9	狂风	48~55	24.5~28.4
11	9	暴风	56~63	28.5~32.6
12	9	飓风	>64	>32.7

与其他间歇性天气过程相比（比如降雨），风反而是相对平静的，其产生的噪声的频谱斜率从 0.5 kHz 左右到 20 kHz 以上时相对恒定，风速越高，噪声声强越大。斜率的准确值及其与海面测得的实际风速的关系似乎随研究地区、季节（Ramjj et al.，2008）和海底特性（海底反射多路径作用，Buckingham et al.，1987）等变化。另一因素是频率与测量深度的相关性：海面下方不活跃的旧气泡和吸收衰减（Buckingham，1997；Medwin et al.，1998）影响海面气泡的声辐射。这意味着，频率足够高时（超过 5 kHz）紧贴海面下方测量的谱级随着深度增加而明显下降（Farmer et al.，1984）。这也意味着在低频率段下海面风力的影响在深海处有被测量的可行性：如 Gaul 等（2007）将水听器放置在水深 3.5~4.9 km 时，在 50~500 Hz 探测到海面风。结合大量实验和现场试验，可以准确理解风生环境噪声的物理现象，从而成功分析台风（Iwase et al.，2006）、热带风暴（Knobles et al.，2008）、飓风（Wilson et al.，2008）等极端天气过程。

热噪声由分子运动产生，超过 100 kHz 时才会变得明显。这类噪声是高频率范围内的主要噪声，在其他频率下可忽略不计。很明显，热噪声的功率谱密度能级随频率增加而增加，而这点与其他大多数噪声源相反。

---

⑤风速 v 与蒲福风力等级的关系式：单位用 kn 表示时，$v \approx 3/1\,852$ 蒲福$^{3/2}$；单位用 m/s 表示时，$v \approx 1/1\,200$ 蒲福$^{3/2}$。

值得注意的是，海洋中的环境噪声在近几十年来(实际上是从有系统的测量开始)明显增加，各频率范围内增加的能级不同。低频噪声的增加是因为商业航海(McDonald et al.，2006)和离岸、海岸工业活动的增加，且噪声的增加已经改变了海洋生物行为(Foote et al.，2004)。如今，气候变化和海洋酸化(Hester et al.，2008)的共同作用降低[6]了海水对声的吸收，从而导致了环境噪声级的增加(尤其在频率小于 10 kHz 时)。

4.2.1.2　稳态环境噪声级的建模

能够准确地对环境噪声级建模，显然是一项困难而艰巨的任务。人们自 20 世纪 40 年代以来就已提出一些噪声模型，主要用于评估海军声呐的性能(Etter，2001)。这些模型是由现场观察收集的数据整合启发而来，最著名、最常用的是文茨模型(Wenz，1962)，第 10 章中的图 10.9 将对其进行说明。下文将介绍一些与系统性能量化相关的环境噪声模型，这类模型旨在提出趋势和数量级，而不是对给定设置进行描述和准确预估。模型是以功率谱密度(1 Hz 频带)展示，而功率谱密度是频率(单位为 Hz)的函数。

10~100 Hz 频带：本频带上的噪声主要取决于航运和工业活动。文献中所记载的能级一般在 60~90 dB re 1 $\mu Pa/\sqrt{Hz}$，很难明确其频率相关性。

100~1 000 Hz 频带：该频带上的噪声主要来自航海，但明显有一部分源于海面振荡(风、降雨等)。可从 Urick(1986)推导而来的简单经验模型获得指示性数量级：

$$NL_{\text{ship'g}} = \begin{cases} NL_{100}, & f \leq 100 \text{ Hz} \\ NL_{100} - 20\log\left(\dfrac{f}{100}\right), & f > 100 \text{ Hz} \end{cases} \qquad (4.11)$$

其中，频率超过 100 Hz 时噪声级与频率的相关性($-20\log f$)一般是从舰船辐射噪声观察得到。NL_{100} 在 60~90 dB re 1 $\mu Pa/\sqrt{Hz}$ 区间变化时，具体取决于平均航行密度(图 4.4)。

1~100 kHz 频带：海面振荡作用占主导，但有时会被海洋生物或降雨等间歇性声源取代。这一特定频带是多数声呐的工作范围，因此记载的最佳噪声模型也在该频带内。克努森(Knudsen，1948)提出了一个简化模型，并得到广泛使用[7]：

$$NL_{\text{surf}} = \begin{cases} NL_{1K}, & f \leq 1\ 000 \text{ Hz} \\ NL_{1K} - 17\log\left(\dfrac{f}{1\ 000}\right), & f > 1\ 000 \text{ Hz} \end{cases} \qquad (4.12)$$

式中，NL_{surf} 是海面噪声级，单位为 dB re 1 $\mu Pa/\sqrt{Hz}$；NL_{1K} 是由海面状况决定的参数，表 4.2 已经给出。

---

⑥Hester 等表示，到 2050 年声音吸收(dB/km)将下降 40%，这将严重影响远距离声源产生的低频噪声级。
⑦克努森模型一般作为声呐尺寸标注和性能评估的标准参考能级使用，不论其实际物理准确度如何。

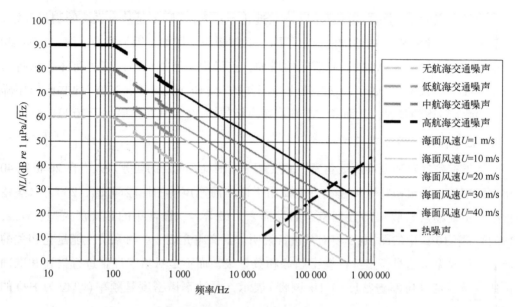

图 4.4　环境噪声模型的合成，其中噪声表示为频率的函数

虚线：式(4.11)；实线：APL(1994)模型

表 4.2　不同海况下，克努森模型中，系数 NL_{1K} 的值(单位是 dB re 1 μPa/$\sqrt{\text{Hz}}$)

(频谱噪声级以 1 kHz 为参考)

海况	0	0.5	1	2	3	4	5	6
NL_{1K}	44.5	50	55	61.5	64.5	66.5	68.5	70

更多针对不同海面噪声的复杂模型不断被提出，有的研究者对这些模型进行单独研究，如 Vagle 等(1990)验证的风成噪声的 WOTAN 模型，Nystuen 等(1997)对其进行了详细分析；也有人将不同模型组合在一起分析，如 Cato 等(1997)将航运与风成噪声模型组合。一些模型的简单回归，可用来估计特定条件下的平均噪声(Harland et al.，2006)，例如：

$$NL_{\text{wind}} = \alpha + \beta \times \log(U) \tag{4.13}$$

式中，NL_{wind} 是风成噪声级；U 是风速，单位为 m/s；α 和 β 为拟合参数，与频率相关。在这一近似中，风速最高可达 45 km/h，频率范围为 1~35 kHz。同样：

$$NL_{\text{rain}} = \gamma + \delta \times \log(R_R) \tag{4.14}$$

式(4.14)是降雨引起的噪声级的很好近似，其中降雨速率 R_R 的单位是 mm/h。拟合参数 γ 和 δ 分别与风速和频率相关(Harland et al.，2006)。在这种情况下，气泡滞留可能性减少，碎浪区噪声增加，因此噪声级与风速关联性更大。

华盛顿大学应用物理学实验室的报告(APL，1994)展示了海面噪声的综合模型。

这一模型与上文模型类似，但噪声级与频率的相关性不同，且参数 NL_{1K} 更准确：

$$NL_{surf} = NL_{1K} - 15.9\log\left(\frac{f}{1\,000}\right) \tag{4.15}$$

$$\begin{cases} NL_{1K} = 41.2 + 22.4\log U, & \delta T < 1℃ \text{ 且 } U > 1 \text{ m/s} \\ NL_{1K} = 41.2 + 22.4\log U - 0.26\,(\delta T - 1)^2, & \delta T \geq 1℃ \text{ 且 } U > 1 \text{ m/s} \end{cases}$$

式中，U 是风速，单位为 m/s；δT 是海水与海面上方大气之间的温度差[8]。

频率在 100 kHz 以上时：噪声由电子热噪声主导，遵循表达式：

$$NL_{th} = -75 + 20\log f \tag{4.16}$$

该噪声来自声呐接收器自身，因此不是严格意义上的环境噪声，4.2.3.1 节将对此进行详细讨论。

图 4.4 展示了不同环境噪声源（遵循上述简单模型）的相对作用。应当注意的是：

- 当频率增加时，噪声级（1 Hz 基本频带上的功率谱密度）通常会减少（热噪声除外）；
- 噪声源多数集中在海面，水深较大时，噪声级下降（见 4.4.2 节）；
- 相同环境条件下，浅水层中环境噪声较大（封闭效应，此处噪声场会被局限在海床和海面之间，见 4.4.2 节）。

4.2.1.3　间歇性环境噪声声源与能级

生物噪声

间歇性环境噪声的主要来源是生物。不同物种的海洋生物可以发出大量的声波信号（见第 10 章）用于（个体间相互）交流和回声定位（探测猎物和障碍物）。第一类信号在所有鲸类动物中比较常见。当然，信号特征取决于具体物种。鲸利用其喉头发出可传播几百千米的低频信号，这类信号的频率范围一般在 12 Hz 到数千赫兹。"鲸之歌"可持续几小时，具有类似音乐的特性，闻名于全世界，这主要是因为鲸发出的声音与人类声音类似。与之相反，小型海洋生物在较高频率下传播经过调制的声音（鸣叫和口哨声，通常在人类听力范围内较高部分，超过 1 kHz）。只有齿鲸类动物[有牙齿的鲸类动物，如海豚、（无喙）海豚、虎鲸]利用回声定位：快速发出（10 次/s）一系列高频（一般在 50~200 kHz）"滴答"声。它们发送信号的目的与主动声呐类似：探测猎物和障碍物，在距离和方向上定位以及进行目标识别和特征描述。

海洋生物发出的声强级与人造声呐相比是不可忽视的。鲸发出的声音在 100~200 Hz 频带上可达 190 dB re 1 μPa@1 m，齿鲸类动物发出的用于回声定位的"滴答"声能级高达 200~220 dB re 1 μPa@1 m，详见第 10 章。

此外，应当注意的是，海洋生物的声波扰动可双向感知。众所周知，鲸类动物对

---

⑧APL（1994）原公式（20 kHz 下）中的 NL_{1K} 常数值不同。

人造声波信号非常敏感。鲸和海豚常常聚在声呐系统附近，甚至与声呐"交谈"。然而，声呐信号却排斥海洋生物，甚至对它们有害。高强度的声呐信号可能损害海洋生物的听力和定位能力，美国海军官方承认（2002 年 1 月）他们在浅海进行的声呐演习是鲸海滩搁浅的间接原因。如今，人类在涉及高功率声源或震源的海上操作中会选择尽可能减少对海洋生物潜在危害的设计。

尽管鱼没有哺乳动物听觉发达（其频率范围只限制在低频率，数千赫兹以下），但鱼对渔船辐射的噪声比较敏感并经常做出回避行为。其他海洋生物也会产生大量的噪声，对此感兴趣的读者可在第 10 章找到更多详细信息。最出名的是鼓虾，鼓虾大量生活在浅海温暖水域，是对声呐产生声波扰动的重要因素。这些无脊椎动物有巨大的不对称螯，螯在弹动时会产生声气泡，气泡破裂时会发出很强的宽带噪声（最大在 1～10 kHz 内）。鼓虾群的平均频谱能级可达 60～90 dB re 1 μPa$/\sqrt{\text{Hz}}$，明显高于常见的海面噪声级（参考图 4.4）。

降雨噪声

降雨是间歇性环境噪声的另一重要来源，其形成过程与海面噪声类似，因此其频率范围（1～100 kHz）基本与海面噪声一致，但降雨引起的噪声谱随频率不规则下降（图4.5）。功率谱密度取决于降雨速率，在 15～20 kHz 时最大，超出该频率范围后快速下降。降雨作用取决于雨量和海面状况。如果平静的海面上有强大降雨，海面上方噪声级可增加 30 dB。前文提及的 APL 报告（APL，1994）展示了降雨噪声（结合风）的详细模型。

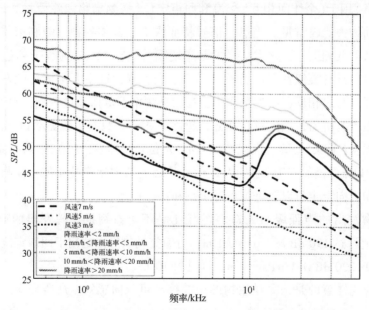

图 4.5　由降雨造成的一般噪声频谱与斜率较平滑的风成噪声频谱的比较

（Nystuen et al., 2005；Ma et al., 2005）

Franz(1959)、Pumphrey 等(1989)及其他人员[如 Keogh 等(2008)]的很多研究主题是不同频率范围内降雨产生的噪声的准确参考来源。这类研究涉及很多实验室和现场的系统设置⑨。在高速摄影等技术(Thoroddsen et al.，2008)以及水下气泡行为理论研究(Leighton，1994)的支持下，这些实验研究在噪声生成的主要机制上达成一致意见。降雨噪声生成的主要机制包括：①冲击噪声，雨滴以不同速度、角度和能量撞击海面；②海面下方雨滴拖曳气泡形成的振荡，雨滴尺寸、深度及局部条件决定其共振频率；③气泡的内爆。Medwin 等(1998)对产生降雨噪声的潜在物理过程进行了更好、更为复杂的解释，特别是在其 8.5.2"降雨中的气泡"一节中。风速较低时，气泡振荡是产生噪声的主要原因；风速较高时，冲击噪声占主导。降雨噪声同样与雨滴尺寸相关。这就带来了各种特制声雨量计(雨滴测量仪)设备[如 Black 等(1997)、Nystuen(2001)和 Quartly 等(2003)的研究所示]和准确性较差的通用低成本系统(Keogh et al.，2008)的研发和使用。因为不同物理过程之间的相互作用比较复杂，在水下测量的噪声(推测此时海面上有暴雨)与从海面上方观察的天气(根本没有下雨)可能存在矛盾(Quartly et al.，2001)。此外，尽管主要频率范围及其与降雨率之间的联系已经很明确，但不同频率下测量的噪声级与实际降雨类型之间的准确关联性仍有争议，尤其是近期的测量研究已开始质疑雨滴尺寸和降雨速率之间的关系(Montero-Martinez et al.，2009)。

其他环境噪声源

间歇性环境噪声也可能由以下原因产生。

● 冰雹：在不存在降雨和大风的情况下，噪声将在 2~5 kHz 区域存在较宽范围内的峰值，且会持续较长时间(Scrimger et al.，1987)；

● 降雪：噪声级随频率线性增加，在不存在其他天气状况的条件下，频率为 35 kHz 时达到峰值(Scrimger et al.，1987；McConnell et al.，1992)；

● 沉积物的移动(通常是碎石、黏土或细砂，在深度低于 10 m 的浅水域)：可在 10 kHz 以上探测，峰值频率在数十千赫兹(Thorne，1985，1993)；

● 海面上空的噪声：如雷声或飞机声[小于 10 kHz，如 Urick(1972)、Buckingham (2005)]；

● 水禽：在平静水域很容易探测到的 1~4 kHz 噪声(Szczucka，2009)。

冰块导致的噪声

水中冰块(如冰山或落冰)增加了噪声测量的复杂度⑩，一方面降低了一些海面效应

---

⑨感兴趣的读者可阅读 J. Nystuen(来自华盛顿大学应用物理学实验室)及其同事有关降雨声学测量方面的一系列论文，论文详见 http：//staff. washington. edu/jan4/JANystuenWebsite/index. html。

⑩其他表面活性剂(如油)的存在并未记录在环境噪声内容中，虽然我们知道油能使得波浪汹涌的海水更为平滑(从而影响由此得出的噪声谱)。

（如风、降雨或降雪），一方面却又将海面效应与其他过程结合起来。冰层的声学特征将随其构成（含盐的海上浮冰与含沉积物和包裹岩石的淡水冰川）及形成方式（多年冰川、一年冰、饼状冰、破碎冰山、冰山块、冰山等）而变化。冰块产生以及极地观察到的噪声的来源多样，可总结为以下几类。

（1）冰块破裂：声音由热应力产生，短时间爆发，持续几毫秒，频率在 500 Hz 左右（Urick，1986），一般在 0.1 ~ 0.2 kHz 范围内，短时脉冲在 5 kHz（Farmer et al.，1989；Xie et al.，1991）。由于应力条件的不同，一年冰的破裂与多年冰的破裂从声学角度来看也不相同。

（2）冰块移动：裂隙一旦形成且尺寸变大，冰块能分裂成浮冰，这些浮冰互相摩擦，在约 800 Hz 处发出声音（Milne，1967；Xie et al.，1992）。冰体的移动将产生低频噪声（1 kHz 以下），并随冰速增加而变大（Bourke et al.，1993）。冰块之间的相互碰撞将引起高频噪声，噪声高达数十千赫兹但脉冲持续时间很短（Keogh et al.，2009）。

（3）冰块融化：热裂解产生的高脉冲伴随着冰块的爆裂声，但只有浑浊冰块才会发出这种爆裂声（Urick，1971）。通过现场测量与实验室实验之间的对比可以识别出上述声音，其实就是潜艇人员口中的"冰山苏打水声"——主要是因为冰块中存在杂质和气泡（Keogh et al.，2009）。冰块融化的声音主要集中在 0.1 ~ 10 kHz（Keogh et al.，2009）。

（4）冰体边缘噪声：现场测量已证明，大概是因为冰块边缘的波浪效应，冰块边缘噪声比无冰水面或冰层下方的噪声高了 10 dB（Diachok et al.，1974；Makris et al.，1991）。冰块边缘噪声在 0.1 ~ 1 kHz 频段很容易凸显出来。

（5）冰块上下浮动：鉴于冰块在海里上下浮动，发出较低频率的噪声（小于10 Hz），其频率由冰块的厚度和密度决定（Milne，1967）。

（6）冰块上方的风：尽管有冰水面的环境噪声一般比无冰水面低，但仍会随风速明显增加。有冰水面的环境噪声在 1 kHz 以上的频谱较为平坦（与无冰水面的常规频谱斜率相比），且其能级随风速增加而增加（Milne，1967；Urick，1986）。

4.2.2 舰船辐射噪声

4.2.2.1 舰船辐射噪声的成因

舰船产生的噪声是水声学中一个非常重要的问题，有三个主要原因。首先，安装在舰船上（尤其是安装在船体上）的所有声呐系统都会受到支撑平台产生的噪声影响，该自噪声级在超过环境噪声级时将限制系统可达到的性能。此外，在反潜战争中，在环境噪声背景下，被动声呐的应用通过潜在目标（海面舰船或潜艇）辐射出的噪声探测出目标本身。最后，舰船辐射噪声（从区域交通产生的平均声场意义上讲）是 10 ~

1 000 Hz 频带上环境噪声的主要来源。装载声呐的平台产生的自噪声级可能远大于环境噪声的能级，尤其对于民用船而言（老式海洋考察船、渔船和海上钻井船）；民用船的噪声规格没有军用船（军用船必须尽可能安静）严格。

舰船辐射的整体噪声中主要包含以下几类。

● 螺旋桨噪声。旋转的螺旋桨在较低频率（0.1~10 Hz 范围内）生成谱线。这一谱线的频率取决于螺旋桨的旋转速度及其几何结构（叶片数量）。基频由 $f_{p1} = N_b f_R/60$ 得出，其中 N_b 是叶片数量，f_R 是旋转速度（单位是周/分钟）；基频伴随着一系列的谐频 $f_{pn} = n f_{p1}$，其中 $n = 2，3，\cdots$。

此外，螺旋桨在叶尖旋转产生的低气压导致空化，可引起较高频率（数千赫兹到数十千赫兹）下的典型宽带噪声。空化噪声取决于螺旋桨的旋转速度、尺度及机械设计（固定或可变螺距螺旋桨）以及潜入状况（空化气泡只会在特定静压力下形成：下潜潜艇受该问题影响较小，具体取决于其深度），平均频率以 $-20\log f$ 下降。损坏或设计不佳的螺旋桨也可能会产生典型的螺旋桨鸣音，这种声音听起来像口哨声或嘘嘘声；螺旋桨鸣音具有如此明显的音调分量且能级较高，使其很容易被检测出来。

如果船速仅由螺旋桨转速控制，则螺旋桨噪声随船速增加而增加。然而，更普遍的情况不只是这样。在船由经典柴油机推动的情况下，舰船通常使用可变螺距螺旋桨，这类螺旋桨以固定速度旋转，船速取决于螺旋桨叶片不断变化的倾角。这些设计主要来源于机械条件上的优化，且受叶片倾角影响，或多或少会带来噪声，使得噪声级以非单调方式随速度变化（见附录 A.4.1）。电动机可允许旋转速度变化，且能够使螺旋桨在驱动时更加安静，从而改善噪声状况；因此在船的设计需要考虑辐射噪声级时，人们偏向选择电动机。对于电动螺旋桨，噪声级随旋转速度和船速增加而增加（详细解释见后文图 4.9）。最后，应当注意的是，横置螺旋桨（或推进器）的旋转速度较大且位置可能在声呐头部附近（使用主螺旋桨时一般不会出现这种情形），因此其噪声极大，会带来很大干扰，这使得我们难以将水声学知识运用至动态定位的舰船。

● 机械噪声。船上安装了很多嘈杂的机器：引擎、减速齿轮、发电机和交流发电机、液压机械、绞车等。这些机器通过内部结构中的固体传动装置或空气引起船体振动，然后船体振动将传至海水中。机械噪声通常与船速无关：在船速较低时，机械噪声更明显；而在船速较大时，流噪声和空化噪声反而会将其掩盖。基频的机械噪声（常常是稳定旋转装置，因此产生和谐稳定振动声音）常常伴随着其他谐频噪声。

主推进器中，柴油机是目前为止产生噪声最大的技术产品，同时也是最简单、成本最低，因而应用最广的技术。电动机是很好的替代品（从声学角度上讲），但电动机仍取决于能量的主要来源。普遍（成本较高）的解决方案是将柴油机与交流发电机耦合，交流发电机向驱动螺旋桨的电动机提供电力。传统潜艇上，电力来自电池，但潜艇上会安装柴油机引擎，引擎只在潜艇浮出水面或潜航时工作；水下潜艇只使用由电池供电的电动机，以确保尽可能安静。而核潜艇中，主要动力来自核电站，涡轮机驱动的交流发电机向电推进引擎供电；在这种情况下，核反应堆无法暂停，因此辐射噪声级别不能降到给定阈值以下。

- 流噪声。水流沿着船体、声换能器的工作面或其外壳上产生湍流。这类噪声主要取决于船速、船体几何设计（尖楔或附件等不连续形状是产生流噪声的主要原因）以及频率。在优化自噪声时，必须考虑换能器保护装置的形状和位置。

- （潜艇上的）瞬态噪声。异常传播的短时、瞬态噪声（只持续几微秒或几秒）可能大大影响潜艇的声隐匿性。这些瞬态噪声常常不可避免：打开鱼雷发射管，转向演习，开启机械或液压机械，船上意外爆炸等。这些噪声具有很强的特征性，常被被动声呐操作者用来探测和识别潜艇。

- 活动噪声。特定民用船的一些活动会带来很大的噪声，如地质勘探、钻井、拖网捕鱼、拖航、潜艇部署。尽管这些噪声不可避免，但不应影响其他声学操作（如舰船或平台定位、数据传输和鱼群探测）。

4.2.2.2　舰船辐射噪声的模型

舰船辐射噪声频谱主要是连续宽带频谱，其通常随船速增加而增加（图4.6）。噪声通常在100 Hz时达到最大值，超过几百赫兹时以每倍频程6 dB的速度减少（与频率的关系是$-20\log f$）。频率较低时，宽带噪声比较稳定或在减少，所以被引擎或齿轮等旋转装置相关的窄带噪声分量（线谱）所取代。线谱根据来源，要么频率和能级是稳定的（如源于交流发电机等永久性机制机器），要么随船速变化（如由推进装置引起）。这些舰船的线谱声学特征，是被动声呐对目标进行分类的关键特征。

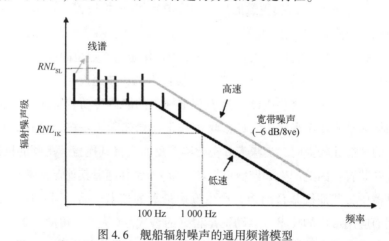

图 4.6　舰船辐射噪声的通用频谱模型

宽带噪声在给定频率（一般是100 Hz）以下时是稳定的，超过该频率后以$-20\log f$的速度减少。线谱噪声是叠加的，以其最高能级为特征。宽带辐射噪声通常随船速增加，而线谱噪声的能级和频率可能（可能不会）变化

依据上述基本描述，舰船辐射噪声级可大致通过两个关键参数建模(图 4.6)：

● 1 kHz 时的能级 RNL_{1K}，其他频率时的宽带噪声级可通过 RNL_{1K} 和下列关系式得出：

$$RNL(f) = RNL_{1K} - 20\log(f/1\ 000) \tag{4.17}$$

式(4.17)在给定临界频率(一般是 100 Hz)以上时有效，该频率以下时 RNL 可被认为是常数。

● 频谱低频段中线谱的辐射噪声级 RNL_{SL}。对不同的应用，RNL_{SL} 可通过其平均或最大能级(最大能级用于潜艇的声学探测)进行最佳描述。

图 4.7 展示了测量的舰船辐射噪声实例，具有宽带噪声及可通过频率与能级识别的特征线谱。

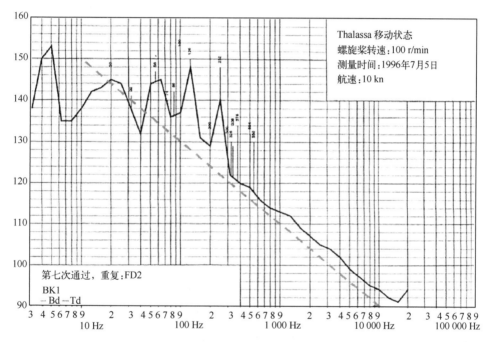

图 4.7　从"R/V Thalassa"号海洋研究船测量的辐射噪声

实线给出了宽带噪声级，单位是 1/3 倍频程；垂直细线是窄带分析获得的频谱分量；可观察到的是线谱中的

最高能级可导致低频宽带噪声级(单位是 1/3 倍频程)中的峰值；叠加粗线描述的是-20log f 的相关性。

数据由法国海洋开发研究院(IFREMER)提供

图 4.8 是实验获得的法国五大海洋研究船[11]的舰船辐射噪声级典型值的合成值。数

---

[11]"R/V Thalassa I"号建造于 20 世纪 60 年代，主要用于拖网作业，普遍认为该船噪声很大(至少作为研究船而言)，但是"R/V Thalassa I"号的辐射噪声级仍可作为同期商用船的代表，该船于 1995 年退役。"R/V Le Suroit"号建造于 1975 年，主要用于一般海洋研究。"R/V L'Atalante"号(1990 年)是一艘 80 m 的研究船，装备了海底绘图(声呐和地震探测系统)，部署了潜艇和拖曳系统。"R/V Thalassa"号建造于 1995 年，用于捕鱼研究，声学性能较优。"RV Pourquoipas"是大型(107 m)多用途船，主要用于深海潜艇部署、海底绘图和深海海洋学研究。

值的数量级对于民用船也可用(注意：从声学角度上来讲，海洋研究船的设计优于同期大多数舰船)。此外，这些结果清楚地显示了人类近40年在舰船噪声消除方面取得的进步，主要是海军造船厂在潜艇隐匿性方面取得了很大的进展。

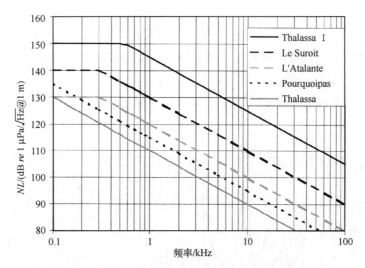

图4.8　法国五大海洋研究船的典型舰船辐射噪声频谱

这些是中低船速(8 kn以下)时的宽带噪声的典型数量级(因此线谱的个体能级除外，个体噪声级在100~1 000 Hz范围更高，见图4.7)；船速较大或特定操作(拖网或就位)时，实际噪声级可能会增加

被动声呐系统主要探测军事舰船辐射的噪声级。特定舰船的噪声级决定了被动声呐探测这类舰船的方式，并决定了这类数据绝大部分都是绝密的(尤其对于潜艇而言)。Urick(1984)展示了一些详细测量，但只限于第二次世界大战时期的舰船，当然这些舰船的声性能无法代表当今海军的实力。Miasnikov(1998)给出了更多的近期测量信息。

表4.3列出了不同代级、不同类型潜艇辐射噪声级的典型值。除了经典/柴油机设备(潜艇在海面换气)外，所有这些数值都对应低速设置(一般是4 kn)，旨在保持舰船处于安静状态下。低速设置下，我们只能探测到内部机械噪声。在巡航和中转速度(10~20 kn)时，流噪声占主导，并随速度明显增加(1.5~2 dB/kn)。潜艇速度超过导致螺旋桨空化的阈值速度(20~30 kn)时，会完全失去隐匿性。

表4.3　不同潜艇在低速(4 kn)时的辐射噪声级典型值，速度每增加1 kn，这些值将增加1.5~2 dB

	RNL_{SL}	RNL_{1K}
第二次世界大战时的潜艇(电动机)	140	120
现代潜艇(电动机)	100	80
现代潜艇(柴油机)	140	120
最新攻击型核潜艇	110	90
最新战略核潜艇	120	100

Urick（1984）给出了第二次世界大战时期的一些鱼雷数据，其 RNL_{1K} 典型值在 150 dB re 1 μPa$/\sqrt{\text{Hz}}$@1 m 左右。如果鱼雷在噪声辐射方面能与潜艇的辐射噪声级取得相同进展，现代鱼雷的相应数据可变成 110 dB re 1 μPa$/\sqrt{\text{Hz}}$@1 m。

最后应当强调的是，上述给出的辐射噪声级只是整体性指示数据。在实践中，这些平均值会发生明显变化。对于军舰，实际辐射噪声级通常低于模型给出的辐射噪声级。

4.2.3　自噪声

4.2.3.1　热噪声

在电路中，电阻器会因电子振动产生电噪声。因此，电阻器 R 中产生的电压 U（单位为 V）由 Johnson-Nyquist 公式给出：

$$U = \sqrt{4KRT\Delta f} \tag{4.18}$$

式中，K 是波耳兹曼常数（$K = 1.38 \times 10^{-23}$ J/K）；R 的单位是欧姆（Ω）；T 是绝对温度（K）；Δf 是频带。

对于水声换能器，电阻 R 不局限于电路实际意义上的电阻率。事实上，电阻 R 是等效阻抗的电阻部分，包括电阻抗和动态阻抗（利用其环境变化解释换能器机械部件的耦合，参见 5.1.4 节）。

对于理想水听器，唯一需考虑的电阻率将与辐射有关：

$$R_r = \frac{\pi \rho c}{\lambda^2} S_H^2 \tag{4.19}$$

式中，S_H 是水听器接收灵敏度（详见 5.2.3 节）；ρ 和 c 分别是海水密度和声速；λ 是信号波长。1 Hz 频带宽度下的电子噪声电压将变成：

$$U = \sqrt{4K\pi \rho c T} \frac{S_H}{\lambda} \tag{4.20}$$

对于等效声压：

$$p = \frac{\sqrt{4K\pi \rho c T}}{\lambda} \tag{4.21}$$

最后将数值代入式（4.21），功率谱密度用 dB re 1 μPa$/\sqrt{\text{Hz}}$ 表示为

$$NIS_{\text{therm}} \approx -75 + 20\log f \tag{4.22}$$

由此计算的能级值不是直接由水听器特征决定。热噪声可归为一种环境噪声。通常认为热噪声的量级应以接收水听器的准确特征为依据而修正，但通常并未如此严格。

对于实际应用中的水听器，效率值 $\eta < 1$，热噪声级可写成：

$$NIS_{\text{therm}} \approx -75 + 20\log f - 10\log \eta \tag{4.23}$$

最后，换能器产生的热噪声电压是随着电子接收装置的固有噪声系数增加的（一般是3 dB）。

4.2.3.2　平台自噪声

很难评估安装在支撑平台（海面舰船或潜艇）上的换能器的自噪声级。这类噪声级结合了以下分量：

- 平台辐射在海水中的噪声，噪声在水中传播后由换能器接收的（直接来自海床或从海床反射的）噪声；
- 平台结构传至换能器的机械振动；
- 换能器自身附近或其在平台上的周围环境（保护罩）产生的水动力噪声；
- 其他高功率电气装置向声呐电路或其电缆辐射的电气噪声，如保护不充分，接收电路存在固有电子噪声。

因此，自噪声取决于各种不同参数，这些参数以复杂且常常不可预计的方式相互作用。因此，应在正常使用条件下进行系统性测量以评估给定声呐系统的性能。如无法系统性测量，则应考虑舰船推进系统辐射的噪声级，并根据相应的传播损失和被噪声影响的换能器指向性图案来进行修正。

水动力噪声或流噪声是海水沿着船体（实际上就是沿着换能器外表面）形成的水流造成的。这种噪声随船速明显增加（从三次幂到六次幂），在非常安静的平台上和/或高速下通常比较明显。

声呐制造商越来越多地在自身系统中加入一些自行评估自噪声的功能，这使得声呐使用者可立即对其系统的环境声学条件进行评估。

作为粗略近似，声呐系统上的自噪声级可用下式描述：

$$SNL = SNL_{1K} - 20\log\left(\frac{f}{1\ 000}\right) \tag{4.24}$$

式中，SNL_{1K}是换能器在 1 kHz 时接收的自噪声谱级。根据人们对海洋研究船上的多波束回波探测仪的接收换能器进行的各种自噪声测量，可以发现功率谱密度在 $60\sim80$ dB $re\ 1\ \mu Pa/\sqrt{Hz}$（见图 4.9 中 12 kHz 时的描述结果）。

浅水中，自噪声的一个明显（如不是主导）分量是接收的经海床反射或散射后的舰船辐射噪声。由于回波探测声呐的指向性图案针对向下的操作，因此更容易遇到这种情况，附录 A.4.1 对这一现象进行了解释。

4.2.4　干扰与声兼容性

船上的声系统很少独立工作，不同系统之间很可能发生干扰。可惜的是，舰船上的声系统越多（因此越有可能相互干扰），使用时对舰船的要求反而越高——需要尽可

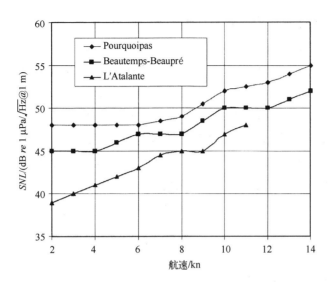

图 4.9　在 12 kHz 时测量的三种海洋研究船自噪声，是速度的函数

自噪声级是在多波束回波探测仪的接收换能器上测量的（12 kHz 时）。三种研究船都是柴油机–电动推进，

数据在深海中记录。参考能级通过代入 $20\log12 \approx 22$ dB，获得 SNL_{1K}（1 kHz 时）

能降低各系统间的相互干扰。

主要问题是几个发射和（或）接收声换能器必须同时存在于限定空间内（最多几十平方米）。换能器发射的能级足以对其他当时处于接收模式的换能器造成影响（最有可能发生的情况）。毕竟接收几米之外的直接信号声强远大于从远处任何目标接收的回波声强。

假设两个声呐换能器安装在船体上（图 4.10），两者距离为 d，一个声呐以能级 SL_j 发射信号后，另一个声呐接收的干扰能级为 JL_i，具体关系是

$$JL_i = SL_j - 20\log d + D_1\left(\frac{\pi}{2}\right) + D_2\left(\frac{\pi}{2}\right) \tag{4.25}$$

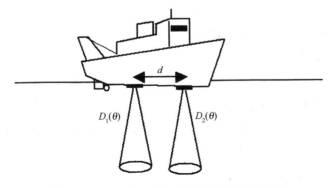

图 4.10　两个声呐系统之间的声干扰几何结构

$D_i(\pi/2)$ 是沿着连接两个换能器的水平线水平方向上的指向性增益。如果最低旁瓣能级是 $-30\ \mathrm{dB}$（典型值）且换能器间距 $d=10\ \mathrm{m}$（另一典型值），则接收的信号能级是：$JL=SL-80$。该声信号干扰能级远高于任何目标的预期回波能级。预期回波能级可能为 $EL=SL-180$，两者之间相差 $100\ \mathrm{dB}$。

如果两个声呐系统在不同频带上工作，则可以通过强化各换能器声辐射的抑制能力和带通滤波来减少干扰信号对回波的掩盖效应。幸运的是，尽管具有足够陡峭的滤波器较为困难，但大部分情况的抑制是足够可行的。如果结合这两种方法仍不能有效工作，则必须确保两个声呐系统是同步工作的，以实现干扰的最小化（即实际上要求两个声呐系统同时发射），但同步的声脉冲速率由两者中较慢的系统决定，因此可能会降低各声呐覆盖范围的有效率。

4.3 噪声建模的两种方法

4.3.1 噪声相干性

虽然噪声在大多数情况下都被视为是随机的，但噪声仍可以与各种物理过程关联起来，这些物理过程在特定观察尺度下是可以单独确定的。因此，可以预计相邻点或相邻时刻测量的噪声存在"自相似性"。从统计角度可以量化两点或两个时刻噪声的"自相似性"。预估的"自相似性"称为噪声相干性，可从以下角度考虑：

- 给定测量时间的两个不同接收器之间（空间相干性）；
- 给定接收器的两个测量时间之间（时间相干性）；
- 两个不同时间，两个不同接收器之间（空间-时间相干性，最常见的情况）。

Burdic（1984）就下列经典模型给出了详细的解释。该模型使用了在距离为 d 的点 1 和点 2 测量的噪声信号 $n_1(t)$ 和 $n_2(t)$，时延为 τ，相干性用互相关函数表达：

$$c_{12}(d,\ \tau)=\langle n_1(t)n_2^*(t-\tau)\rangle \tag{4.26}$$

式（4.26）可标准化为有关两分量各自平均功率的函数：

$$\rho_{12}(d,\ \tau)=\frac{\langle n_1(t)n_2^*(t-\tau)\rangle}{\langle\,|\,n_1(t)\,|^2\,\rangle^{\frac{1}{2}}\langle\,|\,n_2(t)\,|^2\,\rangle^{\frac{1}{2}}} \tag{4.27}$$

式中，$\rho_{12}(d,\ \tau)$ 是互相关系数，区间为 $[-1,\ +1]$。

现在考虑单频平面波的情形。设波的到达方向与接收器沿 x 轴方向上的平面夹角为 ψ（图 4.11），两个信号由下列等式给出：

$$\begin{cases} n_1(t)=a_0\exp(j(\omega t+\varphi)) \\ n_2(t-\tau)=a_0\exp(j(\omega(t-\tau)+\varphi-kd\sin\psi]) \end{cases} \tag{4.28}$$

互相关函数现在等于：

$$c_{12}(d,\ \tau,\ \psi,\ \theta) = \left| a_0(\psi,\ \theta) \right|^2 \exp\left[j(\omega\tau + kd\sin\psi) \right] \tag{4.29}$$

鉴于平面波的声强代表了行进方向$(\psi,\ \theta)$上的单位立体角 $d\Omega$ 的能量贡献，通过求解整个空间内的积分，由所有方向上的能量组成的漫反射噪声的互相关函数变成：

$$C_{12}(d,\ \tau) = \int_{4\pi} \left| a_0(\psi,\ \theta) \right|^2 \exp\left[j(\omega\tau + kd\sin\psi) \right] d\Omega \tag{4.30}$$

式(4.30)可用球面坐标表示为

$$C_{12}(d,\ \tau) = \exp(j\omega\tau) \int_{-\pi}^{+\pi} \int_{-\frac{\pi}{2}}^{+\frac{\pi}{2}} \left| a_0(\psi,\ \theta) \right|^2 \exp(jkd\sin\psi)\cos\psi d\psi d\theta \tag{4.31}$$

$$= \exp(j\omega\tau)\eta_{12}(d)$$

$\eta_{12}(d)$ 项表示点 1 和点 2 的噪声互谱密度。首先假设噪声在整个空间内是各向同性的：

$$\left| a_0(\psi,\ \theta)^2 \right| = \eta_0(\psi,\ \theta) = \left| a_0^2 \right| \tag{4.32}$$

可从式(4.31)的被积函数中去除这一常数项：

$$\eta_{12}(d) = \left| a_0^2 \right| \int_{-\pi}^{+\pi} \int_{-\frac{\pi}{2}}^{\frac{\pi}{2}} \exp(jkd\sin\psi)\cos\psi d\psi d\theta = 4\pi n_0 \frac{\sin(kd)}{kd} \tag{4.33}$$

(归一化后)互相关系数可用时延 τ 来表示，并只须考虑其实数部分：

$$\rho_{12}(d,\ \tau) = \frac{\sin(kd)}{kd}\cos(\omega\tau) \tag{4.34}$$

当 $\sin(kd) = 0$（即对于间隔为半波长整数倍的接收器），这一系数等于零（各向同性噪声是完全不相干的），这就是多接收器阵列设计中间隔为 $\lambda/2$ 的原因（除确保正确空间抽样外）。

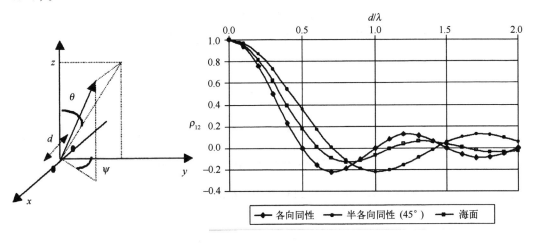

图 4.11　左图：噪声相干模型的几何结构；右图：不同类型噪声的空间互相关函数
（详细符号解释见正文）

尽管各向同性噪声的第一个模型(所有方向上能量密度都是恒定的)非常简单，但仍适用于一些实际情况(如频率较高时，一般高于 50 kHz)。然而，也存在有噪声空间结构的其他模型，能够给出具有更多谱间密度的实用表达式(Burdic，1984)。例如，对于限制于 $\theta \leqslant \theta_0$ 的锥形空间的各向同性噪声，水平互相关系数变成：

$$\rho_{12}(d, \tau) = \frac{\sin(kd\sin\theta_0)}{kd\sin\theta_0}\cos(\omega\tau) \tag{4.35}$$

当噪声在海面产生时(见 4.3.2 节)，其特征是

$$|a_0(\psi, \theta)^2| = n_0(\psi, \theta) = |a_0^2|\cos\psi\cos\theta \tag{4.36}$$

水平方向上的互相关系数变成：

$$\rho_{12}(d, \tau) = \frac{2J_1(kd)}{kd}\cos(\omega\tau) \tag{4.37}$$

相同方法可用于噪声的其他空间结构[参见 Burdic(1984)的研究结果]。

4.3.2　平均噪声声强的空间模型

4.3.2.1　海面生成的噪声场

水下环境噪声可被视为整个海面上随机分布的相似噪声源产生的噪声。如果考虑海面扰动或远方海上交通等情况时，这一假设也是成立的，下文将其作为环境噪声通用模型的切入点。

各基本噪声源的位置接近海面，海面作为反射平面，并引入相移为 π 的镜像源。因此各基本声源的辐射可被同化为偶极子的辐射，其噪声声强是观察角度的函数(图 4.12；参见附录 A.4.2)：

$$I_d(\theta) = I_{d0}\cos^2\theta \tag{4.38}$$

每单位面积内分布的 N 个相同偶极子的平均声强为(其中，$I_0 = NI_{d0}$)：

$$I(\theta) = I_0\cos^2\theta \tag{4.39}$$

来自角 θ 的声强分量是

$$\begin{aligned}
dI(\theta) &= 2\pi r dr \frac{I(\theta)}{R^2}\exp(-\beta r) \\
&= 2\pi I_0\sin\theta\cos\theta\exp\left(-\beta\frac{h}{\cos\theta}\right)d\theta
\end{aligned} \tag{4.40}$$

式中，β 是声强的吸收系数，$\beta = \alpha/4.343$(其中，α 的单位是 dB/m)。

因此，整体声强级变成：

$$I = \int_0^{+\frac{\pi}{2}}dI(\theta) = 2\pi I_0\int_0^{+\frac{\pi}{2}}\sin\theta\cos\theta\exp\left(-\beta\frac{h}{\cos\theta}\right)d\theta \tag{4.41}$$

如果海水吸收系数 β 可忽略不计，噪声级可简化为下列表达式，与频率或水深无关：

$$I = \int_0^{+\frac{\pi}{2}} \mathrm{d}I(\theta) = 2\pi I_0 \int_0^{+\frac{\pi}{2}} \sin\theta\cos\theta\mathrm{d}\theta = \pi I_0 \tag{4.42}$$

但如果海水吸收系数不可忽略，必须数值计算式（4.41）中的积分，或通过下列近似来解析表示该积分：

$$\frac{I(h)}{I(h=0)} = \frac{2\exp(-\beta h)}{2 + \beta h} \tag{4.43}$$

这一近似用 dB 表示为

$$10\log\left[\frac{I(h)}{I(h=0)}\right] = -\alpha h - 10\log\left(1 + \frac{\beta h}{2}\right) \tag{4.44}$$

上述简单等式展示了频率（通过 β）和接收器深度（通过 h）的相关性，可用来修正海面生成的噪声级中的深度效应。Farmer 等（1984）给出了结果更为准确的完整推导。

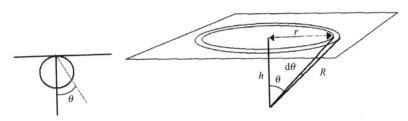

图 4.12　左图：海面上偶极子辐射的指向性图；右图：海面生成的环境噪声的模型几何结构

4.3.2.2　海底反射的噪声场

前文模型假设噪声只来自海面，因此从上方到达接收器。实际上，考虑封闭性声场（例如在浅海设置下）时，海底和海面反射的声强作用也必须考虑在内。例如，在只存在海底反射（给定角度为 θ）的情况下，需要考虑与噪声源相对海底对称的镜像源声强的作用。鉴于各 θ 角的分量现在受水-沉积物界面上的平面波声强反射系数 $V^2(\theta)$ 的影响，反射噪声源的声强可明确表示为

$$\mathrm{d}I_R = 2\pi I_0 \sin\theta\cos\theta V^2(\theta)\mathrm{d}\theta \tag{4.45}$$

总噪声级为

$$I = \int_0^{\pi/2}(\mathrm{d}I + \mathrm{d}I_R) = 2\pi\int_0^{\pi/2} I_0\sin\theta\cos\theta(1 + V^2(\theta))\mathrm{d}\theta \tag{4.46}$$

鉴于反射系数在有效角域内的变化很小且接近其法向入射时的 V_0 值（未衰减），可以得到

$$I = \pi I_0(1 + V_0^2) \tag{4.47}$$

如进一步分析经过多次反射、折射等的总噪声级，模型将变得更加复杂。

4.3.2.3　波导中的噪声场

我们可将海面振荡生成的高频噪声认为是局部过程，只能将其描述为在靠近垂直

方向上的不同角度的分量。但这一假设并不适用于远距离声源产生的低频噪声。对于远距离声源产生的低频噪声，噪声场由靠近水平方向上的分量做主导，例如，SOFAR信道、表面波导、浅海区或以上三者结合处于中远距离传播产生的噪声场。在这类情景下，噪声可通过信号声强传播的相同模型来描述。对于具体模型，我们在此不做赘述，但需要强调下列几点：在给定阵列处理时，一般假设信号的声场和空间结构是互不相关的，因此给定的接收阵列将降低噪声的作用(通过其在各向同性声场条件下的经典阵列指向性指数)；在波导传播时，情况将有所不同，噪声和信号经历类似的传播现象，其空间相干函数也将类似，因此信号和周围噪声的特定阵列处理的结果会有相同之处，这意味着归一化后的信噪比得不到预期的表现。

4.4　混　响

4.4.1　混响的概念

混响是水声学中的常见现象，经常会对尝试探测目标的主动声呐系统产生限制，也会对通信系统产生影响。混响包括由传播介质及其边界(海面和海底)和非均匀性介质(气泡、生物、内部起伏)导致的伴生回波在有用信号上的叠加作用。这些作用在时域中考虑时，可以是连续的(如沿着界面反向散射并被声呐接收的信号)也可以是离散的(如影响传输系统接收的多径作用)。

产生混响的物理过程与产生有用的回波(反射与散射)过程是一样的，因为与原始信号的内容相同，因此由此获得的混响信号的特征极其类似于有用信号的特征。当我们尝试滤除混响时，这会带来很多困难。

4.4.2　混响建模

给定时间 t 内的混响级是声呐涉及的体积或面积内的散射体带来的回波声强(图4.13)，对应时间 t 时，距离为 R：

$$RL(t) = SL - 2TL(R(t)) + TSS(R(t)) \tag{4.48}$$

式中，SL 是声源级(单位是 dB re 1 μPa@ 1 m)；$TL(R(t))$ 是距离 $R(t)$ 时的传播损失；$TSS(R(t))$ 是观察时间 t 内有效散射体的目标强度。混响模型通常认为声波以球面形式传播，因此距离 R 和时间 t 的关系可简化为 $R(t) = ct/2$，其中 c 是声速，信号传播时 $t=0$，传播损失是 $TL(R) = 20\log R + \alpha R$。

混响介质的有效面积或体积目标强度取决于其几何关系和混响介质的固有反向散射强度(即单位体积或面积的目标强度)，第一项由声呐特征(波束孔径和信号持续时

间)确定，第二项由介质的特质(详见第 3 章)确定，因此目标强度可用 dB 表示为

$$TSS(R(t)) = 10\log A(R(t)) + BS \tag{4.49}$$

式中，$A(R(t))$ 是瞬时有效体积或面积；BS 是反向散射强度(即 1 m³ 或 1 m² 时相应的目标强度)。

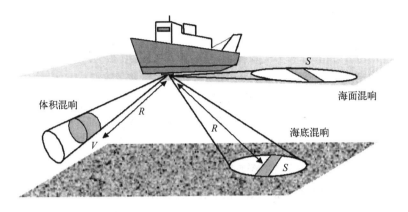

图 4.13　水体、海床或海面的反向散射导致的混响

时间 t 时，混响回波来自展示的三个区域之一，原因是信号混合体积 V、信号覆盖区 S 或
可能实际的探测目标都位于相同距离 $R(t) = ct/2$ 处

第 3 章介绍了用于计算离散体积或面积目标回波的技术。在体反射的情况下，距离 R 时的体积 V 可用截锥近似：

$$V(R) = \psi R^2 \frac{cT}{2} \tag{4.50}$$

式中，ψ 是等效波束孔径的立体角(详见第 5 章)；$cT/2$ 是等效信号时长。单位体积内水的反向散射强度为 BS_V，体积混响级可表示为

$$
\begin{aligned}
RL_V(t) &= SL - 40\log R(t) - 2\alpha R(t) + 10\log V[R(t)] + BS_V \\
&= SL - 20\log R(t) - 2\alpha R(t) + 10\log\left(\psi \frac{cT}{2}\right) + BS_V
\end{aligned}
\tag{4.51}
$$

鉴于 $R(t) = cT/2$，体积混响级随时间以 $-20\log t$ 的速度减少。

对于入射角为 θ 的海底混响，距离 R 时的作用面包含在尺寸一直在增加的两个椭圆体内，面积可被近似为

$$S(R) = \varphi R \frac{cT}{2\sin\theta} \tag{4.52}$$

式中，φ 是水平面上的波束等效孔径，$1/\sin\theta$ 是信号时长在海底的投影。将 1 m² 的海底反射强度写作 $BS_B(\theta)$，界面混响级为

$$RL_B(t) = EL - 40\log R(t) - 2\alpha R(t) + 10\log S[R(t)] + BS_B(\theta)$$

$$= EL - 30\log R(t) - 2\alpha R(t) + 10\log\left(\varphi\frac{cT}{2\sin\theta}\right) + BS_B(\theta) \tag{4.53}$$

界面混响级随时间以$-30\log t$的速度减少（快于体积混响）。

4.4.3 混响的影响

就水下声信号探测而言，混响就如同噪声，混响给预期信号带来了多余的随机分量，其与环境噪声的主要区别在于：

- 混响级随传输信号能级增加而增加；
- 对于特定的传输而言，接收时的混响级随时间下降（但远慢于目标回波能级的衰减）；
- 混响和信号（目标回波）的频谱特性基本相同（多普勒效应除外，当目标以足够的速度移动时），这使得我们难以从频域中将混响滤除。

现在考虑存在体积混响和界面混响（当然还有环境噪声）的点目标的探测情况。对于特定的传输信号，在接收过程中的各个时间/距离需考虑四大分量：①目标回波（$-40\log R$）；②界面混响（$-30\log R$）；③体积混响（$-20\log R$）；④不随时间/距离变化的环境噪声。图4.14用实例展示了随距离变化的相对作用，这说明给定设置下的声呐检测性能是以何种复杂的方式被噪声和混响影响的。

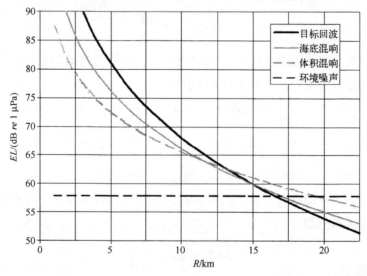

图4.14　主动声呐在目标回波、海底混响、体积混响和环境噪声的相对作用下探测的建模实例

此处目标回波可在12 km内探测，然后在15 km内被体积混响和海底混响掩盖，超过20 km时，环境噪声变成主导。输入数据：$SL = 230$ dB re 1 μPa@ 1 m；$\alpha = 0.1$ dB/km；$IC = 0$ dB；$BS_F = -40$ dB（1 m^2）；$BS_V = -70$ dB（1 m^3）；$T = 0.01$ s；$\psi = 0.0077$ sr；$\varphi = 10^\circ$；$NL = 70$ dB re 1 μPa/$\sqrt{\text{Hz}}$

4.5　水声降噪

水声系统中的降噪基本原理比较明确，且都基于常识，可惜这些原理在实际应用中的作用并不明显。本节只是简要介绍一些关键点，相关实际应用参见第 5 章和第 6 章。

外部环境噪声从本质上来讲是随机的，并且无法从来源控制。控制外部环境噪声最简单、最自然的方式是使用最大功率传输信号，同时尽可能将信号限制在有用角域，从而实现信噪比的最大化。在接收时，可使用带通滤波器尽可能过滤预期信号谱的有用部分以实现噪声影响的最小化。自适应滤波器的响应旨在完全与预期调制信号匹配，可大大提高信噪比（见第 6 章）。更为严谨的方式是从专门的测量中获得噪声结构特征，以尽可能有效地从信号中去除噪声，这一方法可通过自适应滤波器实现，毕竟自适应滤波器可即时适应信号起伏。另一个解决方案是使用一些接收器，归纳出接收器接收的有用信号和噪声，使得信号的相干分量与非相干噪声区别开来。最后在空间域中，朝向目标的定向接收器可作为简单的空间滤波器，优先接收有用信号并滤除其他方向上的噪声作用（这就是阵列处理涉及的内容，见 5.4 节）。

减少水声系统自噪声影响的最佳方式是找出问题的根源以取消或减少扰动的来源，例如通过适当的防护套限制外部电磁干扰或减少搭载平台（舰船或潜艇）辐射噪声。可惜的是，减少搭载平台辐射噪声的技术难度较大（尤其是后端搭载平台），很难实现，且在任何情况下，成本也都非常高。更简单、更常见的解决方案是优化换能器在船体上的位置，将换能器从船体结构振动中隔离出来，将其包围在异型导流罩中以减少流噪声。电噪声级被用来反映声呐系统组件的质量以及硬件设计和装配的细致程度。

信号发射级的增加同时会提高混响级，因此无法通过增加发射级来消除混响。减少信号持续时间（也就是增加谱宽）反而更加有效，可降低多余混响回波的能级［见式（4.51）和式（4.53）］。同时，声呐天线指向性应尽可能具有空间选择性以减少伴生的其他散布物体的作用。然而，如果上述两种方法降低了目标回波的形成，则会导致相反效果。我们有时可以利用目标（如移动）和周围介质（假设稳定）之间的多普勒频移差的方法，通过频谱处理来消减混响。在海军应用中，目标与声呐平台移动都比较快速，这种方法的可行性较高。

搭载平台上临近系统的声波干扰应首先被抑制或消除，在采购声呐系统时就应确保所有声呐系统的频率兼容。但这一方法不是一直有效的，而且与电磁频率不同，目前还没有法律条例对水声频段的划分进行监管。此外，不同声频率的系统也有可能存在干扰：由于带通滤波器的互斥能力不足，因此无法适用；干扰也可能来自主信号的谐波。在确保各换能器之间的最佳间距并使用声屏障情况下，空间滤波可通过限制各换能器之间能量的互相辐射来减少干扰。唯一真正安全的解决方案是同步信号传输，但让人无法接受的是，这会导致传输速度的下降。

　　某些船对辐射噪声的控制要求比较严格，尤其是那些比较重视声隐匿性的船型(特别是军舰和潜艇，还有一些海洋调查船)。首先可以在试航期间完成对辐射噪声的控制，但舰船老化可能导致这一功能的衰退，因此需要在专门的海试中进行一次次调整。专业测量设备就是为这一用途所设计，这些测量设备要么是固定的，要么是可部署的：水听器阵列定位在海床上或水体中，由水下电缆连接至记录和分析的系统。舰船以固定航线在水听器场中试航，由定位系统在舰船不同速度和推进器设置下精确记录其航行参数。辐射噪声记录为距离的函数，再通过测量设计几何中计算的传播损失来修正。在频域中分析辐射噪声，其宽带频率噪声一般用 1/3 倍频程表示，低频谱线用 1 Hz 频带表示(见图 4.7 中的实例)。来自阵列的信号要么处理成均值以体现整体的声学特征，要么被放在空间域中处理以恢复指向性图甚至用来识别船体自身的局部辐射源。目前，多数现代潜艇都安装了辐射噪声自控系统，在航行中能快速准确诊断其声隐匿性。

4.6　环境变化与信号起伏

4.6.1　传播介质的变化

　　从本质上来讲，海洋在时间和空间上都是非均匀、非稳定的介质，这是水下声传播出现扰动的主要原因。分别从空间和时间上，我们可以通过若干尺度来研究介质的变化。

　　在小尺度(相对于声信号的波长或持续时间)，传播介质的非均匀性造成了声散射和信号自身的起伏(振幅或相位抖动、时间扩展)。瞬时测量的质量下降，这些信号起伏相当于随机地降低了信噪比。

　　在中尺度(相对于调查抽样率，如声呐的声脉冲速率)，传播介质的不稳定性(如涌浪、声呐平台的移动或干扰)可能对信号和数据处理带来其他影响(如信号到达时的时延、振幅衰落)。

　　在大尺度，传播介质的大规模缓慢变化(如声速剖面或水深)对声传播的干涉是决定性的。如果我们未准确了解这些变化且未采取措施进行弥补，这些变化就会导致声波测量数据发生错误，如在目标定位时造成永久性偏差。

4.6.1.1　空间上的变化

　　水体中的非均匀性会导致声散射，因此造成声波信号的变化。鱼、浮游生物、悬浮物、气泡等是体现水体非均匀性的常见实例。热微观结构引起的局部声速变化可能导致信号在时间和空间上的起伏。这些过程是导致直达、高频信号非稳定性的主导因素(回波探测仪、发射器等)。

在一阶近似中,水下声传播信道是分层的,这点足以用于建模研究,且极具吸引力。但这一假设有时不成立,所以我们必须考虑以下其他过程:

- 海底起伏。海底起伏变化多端,无法用只字片语描述。本节只是强调海底起伏可能改变整体海水深度(因此改变声场的整体结构),或将局部有限地形变化代入这一分层假设;

- 海底可变性。海床类型变化将强化海底起伏的效应,声场变化更大,更加偏离理想假设(传播介质是分层的)。这些变化一般在深海比较缓慢地发生(从声学角度上,海床在几十千米内是均匀的),但在沿海地区变化会比较迅速(变化可能发生在几十米内,甚至更短);

- 声速剖面。我们一般假设声速剖面是分层的,这样可以简化声传播的解译。但声速剖面可能会发生空间变化,因地理或环境限制(海流或涡流、内陆淡水输入、不同水文情况的海盆之间的转换)发生局部变化,或由于气候差异发生区域性的变化(数百千米范围以上)。

4.6.1.2 时域上的变化

涌浪是声场中信号起伏的主要原因。涌浪导致搭载水声系统的平台(舰船、水下运载工具、拖缆或系缆)发生移动,使得声路径发生小规模几何扰动,因此产生间接影响。涌浪导致平台在海面上移动(频率约为 0.1 Hz)的同时,也会间接影响表面反射的信号,从而增加信号的频谱旁瓣。

海流产生的影响首先是空间上的,会导致声速剖面的局部变化。海流也会通过三个作用导致传播介质在时间上的变化。第一个作用是声音传播速度的变化,海流会将其固有速度增加至声波信号的速度。这种作用在大多数情况下可忽略不计,除非是海洋声层析等非常严格的条件下(见 7.4.2 节),海洋声层析需要测量信号往返两点之间的传播时间差。第二个作用与海流速度变化(并非自身速度)有关,就是多普勒频移,在一般情况下,多普勒频移也是可忽略不计的。第三个作用是"闪烁效应"(振幅的不稳定性),主要是由海流产生的水湍流造成的。

内波由水体的垂直振动而引起,由于水的密度在深度剖面上的变化而产生。内波引起每秒几米的声速变化,且持续时间相对较长(几分钟到几个小时)。这些起伏造成声波信号空间相干性的损耗。自 20 世纪 70 年代起,人类就开始对内波及其对声传播的影响进行大量研究(Flatte,1979)。

潮汐一般具有周期性(半天时间),明显不会对基本信号产生影响。但在浅海中,潮汐会导致声场结构在几小时内发生巨大改变。

日变化及季节性温度变化会导致声速剖面(最接近海面)的改变，这些会对声场结构产生明显影响，因此改变声呐在特定区域内可能的覆盖范围。同一天但不同小时内，传播条件也会发生巨大变化。

当然，声源、接收器和目标之间的相对移动会导致多普勒频移，即使对于速度较慢的物体，这种相对移动也是不可忽略的。此外，如果相对移动发生在离散声场内或存在干扰的情况下，信号可能出现相位和振幅起伏。在很多情况下，这些物体的移动是构成信号起伏的主要原因。

应当注意的是，在信号观察的时间尺度内，传播介质(水体、界面)相对于声源、接收器和目标的移动通常被认为是稳定的。因此，声场的空间非均匀性(由于散射或多径干扰)通常是我们观察到的信号时域起伏的来源。

4.6.2　信号起伏的本质

信号起伏主要源于物理结构的变化，其可作为时间起伏(声源和接收器在移动环境中是固定的)或空间起伏[声源和(或)接收器(目标)在固定环境中移动]来分析。在实际中，这两种原因通常是混合在一起的。

主要存在以下三种信号起伏：

● 多径造成的振幅和相位起伏，常常是最不利的，尤其当路径存在很多接近的能量且在时间上间隔不明显时。多径结构带来干扰声场的特征尺度取决于波长，因此其在高频率下密度较大且不稳定。声源和接收器的移动以及传播介质的移动(海流、涌浪等)会导致传输信号更陡峭的起伏；

● 散射造成的振幅和相位起伏，各路径在传播时都带有一系列散射"微路径"，这种"微路径"的相对能量随距离增加而增加。同样，在足够大的目标上反射后，回波将由一系列散射体(其作用随机相加)生成；

● 声源、目标和接收器相对移动造成的多普勒效应，这种相对移动导致传播路径的长度在一个信号周期内就会发生明显变化。

4.6.3　信号起伏相关的振幅分布

我们可将信号在散射介质或多径中传播后产生的振幅视为随机量，这种随机量通常是由所有基础分量共同产生的。以下统计分布在这一方法中有效，且一般可用于水下声信号的描述和分析。

4.6.3.1　高斯分布

若变量 a 服从正态分布或高斯分布，其概率密度函数为

$$f(a) = \frac{1}{\sigma\sqrt{2\pi}}\exp\left(-\frac{(a-a_0)^2}{2\sigma^2}\right) \tag{4.54}$$

式中，a_0 是分布的中值或平均值；σ^2 是方差；σ 是标准差。高斯分布是统计学的一种基本分布，易于掌握，因此比较常用。该分布可描述窄带随机信号的瞬态值，因此成为更复杂的分布理论中的一种重要组成（见 4.6.3.2 节）。高斯分布对于实际水声过程的统计描述意义更多在于其教学及示范上的证明和使用方便性，而不是其在描述实际观察时的准确性。

4.6.3.2　瑞利分布

假设 N 个信号在相同窄带内混合（相同频率的正弦信号），各信号以随机相位在区间 $[-\pi, +\pi]$ 内均匀分布，由此得出的信号为

$$x = \sum_{n=1}^{N} a_n \exp[j(\omega t + \varphi_n)] = a\exp[j(\omega t + \psi)] \tag{4.55}$$

忽略时间相关性的通项 $\exp(j\omega t)$，式（4.55）可以记作：

$$x = x_1 + jx_2, \quad \text{其中} \begin{cases} x_1 = \sum_{n=1}^{N} a_n\cos\varphi_n \\ x_2 = \sum_{n=1}^{N} a_n\sin\varphi_n \end{cases} \tag{4.56}$$

当 N 趋于无限时，使用中心极限定理[12]，可以看出 x_1 和 x_2 趋于中心高斯变量，且具有相同方差 $\sigma^2 = \sum_{n=1}^{N} a_n^2$。

变量 $X = x_1^2 + x_2^2$ 服从自由度为 2 的 χ^2-分布（卡方分布），因此其概率密度函数为

$$f(X) = \frac{1}{2\sigma^2}\exp\left(-\frac{X}{2\sigma^2}\right) \tag{4.57}$$

指数定律描述了与信号相关的能量概率密度，而振幅 $a = \sqrt{X}$ 的分布为

$$f(a) = \frac{a}{\sigma^2}\exp\left(-\frac{a^2}{2\sigma^2}\right) \tag{4.58}$$

这种分布即为瑞利分布（图 4.15）。

a 最可能的值是 σ，其中值是 $\langle a \rangle = \sigma\sqrt{\pi/2}$。振幅标准差是 $\sigma\sqrt{2-\pi/2} \approx 0.655\sigma$。标准方程与平均值的比值则变成 $\sqrt{4/\pi-1} \approx 0.522$。强度 $X \equiv a^2$ 的平均值是 $\langle X \rangle = 2\sigma^2$，$X$ 的方差是 $\langle X \rangle^2 = \langle (X - \langle X \rangle)^2 \rangle = 4\sigma^2$（意味着整个信号功率起伏）。相位 ψ 均匀分布在区间 $[-\pi, +\pi]$ 内。

---

[12]根据这一定理，如果一个量是由大量相互独立的随机因素影响所造成的，则该分布趋向高斯分布。

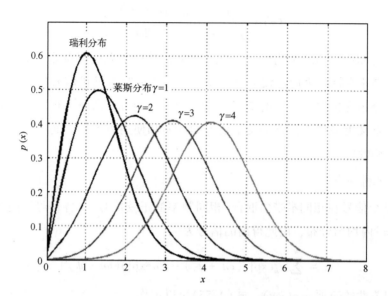

图 4.15　γ 值不同时的瑞利分布和莱斯分布

瑞利分布描述的是由大量相似作用之和产生的信号的振幅起伏，因此广泛用于水声学。这些分量可能是波导传播中的多径或是分布在体积内（水体）或表面上（海底或海面）的散射体的回波。因此，这一分布则对应于极其常见的物理情景（详见 4.6.3.4 节）。

4.6.3.3　莱斯分布

现在仍假设大量窄带信号混合，但存在具有非随机特征的主导分量：

$$x = a_0 \exp\left[j(\omega t + \varphi_0)\right] + \sum_{n=1}^{N} a_n \exp\left[j(\omega t + \varphi_n)\right] = a\exp\left[j(\omega t + \psi)\right] \quad (4.59)$$

N 很大时，实部 x_1 和虚部 x_2 仍趋向高斯分布。两者的平均值已不同（分别是 $m_1 = a_0 \cos\varphi_0$ 和 $m_2 = a_0 \sin\varphi_0$），但方差的值相同 $\sigma^2 = \sum_{n=1}^{N} a_n^2$。

可以发现变量 $X = x_1^2 + x_2^2$ 服从概率密度函数：

$$f(X) = \frac{1}{2\sigma^2} \exp\left(-\frac{X + a_0^2}{2\sigma^2}\right) I_0\left(\frac{a_0}{\sigma^2}\sqrt{X}\right) \quad (4.60)$$

其中，$a_0^2 = m_1^2 + m_2^2$ 和 I_0 是零阶第一类贝塞尔函数。

现在看下信号振幅 $a = \sqrt{X}$ 的概率密度，根据式（4.60），可以得到莱斯分布：

$$f(a) = \frac{a}{\sigma^2} \exp\left(-\frac{a^2 + a_0^2}{2\sigma^2}\right) I_0\left(\frac{aa_0}{\sigma^2}\right) \quad (4.61)$$

莱斯分布是窄带信号和噪声之和的振幅分布，以随机分量的平均相干能量 $a_0^2/2$ 与平均

能量 a^2 的比值 $\gamma = \dfrac{a_0^2}{2\sigma^2}$ 来参数化。该比值代表信号混合的"随机性"。

莱斯分布比瑞利分布应用更为广泛，也被称为广义瑞利分布。

主要存在以下两种极限情形。

- 当相干信号的功率忽略不计时 $\left[\left(\dfrac{a_0^2}{2\sigma^2}\to 0\right)\right]$，莱斯分布再次变成瑞利分布，因此可预计：

$$f(a) = \frac{a}{\sigma^2}\exp\left(-\frac{a^2}{2\sigma^2}\right) \tag{4.62}$$

- 与之相反，当噪声功率趋向于 0 时，鉴于 $a \approx \sqrt{aa_0}$，使用贝塞尔函数的渐近式，x 的概率密度趋向于以 a_0 为中心、方差为 σ^2 的正态分布 $N(a_0,\ \sigma^*)$：

$$f(a) = \frac{a}{\sigma^2}\frac{1}{\sqrt{2\pi}}\sqrt{\frac{\sigma^2}{aa_0}}\exp\left(-\frac{aa_0}{\sigma^2}\right)\exp\left(-\frac{a^2+a_0^2}{2\sigma^2}\right)$$
$$\approx \frac{1}{\sigma\sqrt{2\pi}}\exp\left(-\frac{(a-a_0)^2}{2\sigma^2}\right) \tag{4.63}$$

4.6.3.4　瑞利分布与莱斯分布的物理解读

瑞利分布源于可同时观察到的、相同窄带、振幅可比较的信号的混合。原则上，这种分布可在多径传播条件(没有主导路径)下出现。瑞利分布出现的条件不严格，且路径之间的时延相对较大，应大于信号的持续时间(至少在"主动"声感应中)。除非一些特定条件下(如 SOFAR 传播)，通常多径中的信号振幅分布的幅度也不够大。

更有意义的情形是当信号散射在某一体积内、介质的界面上或被大型目标散射时。当反向散射可由许多具有相近振幅的信号的作用之和来表示时，信号起伏服从瑞利分布，最典型的情形是：

- 足够高频率下，存在明显起伏的表面上的反射/散射，如岩石海床或粗糙海面(瑞利参数值 $P = 2k\sigma\cos\theta$ 大于单位值，3.5.2 节)；
- 特定时间下体积散射体的体反向散射，该体积内存在数量足够多的基本散射体(气泡、浮游生物等)；
- 大型目标的反向散射(如潜艇)，目标由一些重要特征处构成，且信号持续时间足以同时声透射整个目标。

信号出现起伏的原因可能是目标近场存在声呐(见 5.4.2 节)。目标要么是有限障碍物(如潜艇、鱼雷、鱼)，要么是特定时间内被声透射的介质(界面或体积)的一部分。

　＊：此处原著有误，应为 σ^2。——译者注

当噪声与相干信号叠加且带宽相同时，就会形成莱斯分布。最有意义的例子是信号沿着其主要方向散射，主要存在以下两种情形：

- 信号在非均匀介质中传播，非均匀性就成为干扰主要几何传播路径的散射体。由于存在非均匀性导致的散射，主要声射线会伴随着一系列随机"微路径"，这种"微路径"就成为接收信号中的非相干部分；

- 声波在起伏较小的界面上的反射（瑞利参数 P 较低），传播的声信号形成的声照射区中的几何反射点周围的起伏会产生扩散的反射作用，这种扩散的反射作用将伴随镜面方向上占主导的反射信号。

4.6.3.5 卡方分布

我们已经发现瑞利分布的表达式是高斯变量的平方和（方差相同）。这一概念可标准化为 N 个变量的总和，变量 $X = \sum_{i=1}^{N} x_i^2$。X 的概率密度函数是自由度为 N 的卡方分布：

$$f(X) = \frac{1}{\sigma^2 2^{\frac{N}{2}} \Gamma\left(\frac{N}{2}\right)} \left(\frac{X}{\sigma^2}\right)^{\frac{N}{2}-1} \exp\left(-\frac{X}{2\sigma^2}\right) \tag{4.64}$$

式中，Γ 是伽马函数[13]。根据瑞利分布推理，我们发现 X 的平均值是 $N\sigma^2$，其方差为 $2N\sigma^4$。当 N 变大时，χ^2-分布（卡方分布）趋向于高斯分布。图 4.16 展示了 N 值不同时的 χ^2-分布（卡方分布），方差归一化为 $\sigma^2 = 1$。

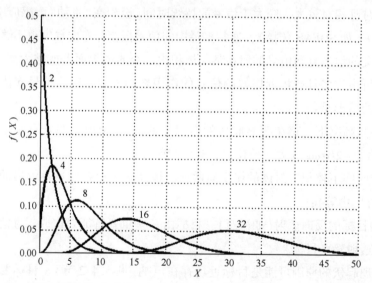

图 4.16 N 值不同时的 χ^2-分布（卡方分布）的概率密度函数，方差归一化为 $\sigma^2 = 1$

---

[13] Γ 函数存在以下有用特性（Abramowitz et al., 1964）：$\Gamma(N+1) = N\Gamma(N)$，其中 $\Gamma(1) = \Gamma(2) = 1$ 和 $\Gamma(1/2) = \pi^{1/2} \approx 1.7725$。

卡方分布可用来描述平方律接收器输出信号的统计，通过求和或积分处理信号振幅的平方，因此常用于水声学中。自由度 N 则是数据处理过程中使用的独立样本的个数。

4.6.3.6　水下声信号的动态范围

在给定条件下特定系统接收的声信号振幅的动态范围很大。当为处理接收信号设计电子设备(模拟或数码)时，需要将动态范围考虑在内。信号起伏的主要原因是：

- 传播损失的变化，取决于声源与接收器以及声呐与目标的距离；
- 平均目标指数的可变性；
- 传播介质或目标行为造成的接收信号瞬态起伏特征。

快速分析接收信号的瞬态起伏特征很有意义。假设一个振幅服从瑞利分布的信号(在很多情况下，这是一阶近似的一个很好假设)，比较容易判定给定概率的最小和最大振幅。例如，大于 99.9% 样本值的值为

$$\int_0^{A_1} \frac{a}{\sigma^2} \exp\left(-\frac{a^2}{2\sigma^2}\right) \mathrm{d}a = 0.999 \Rightarrow A_1 = 3.72\sigma \tag{4.65}$$

确定 0.1% 最低值的值为

$$\int_0^{A_2} \frac{a}{\sigma^2} \exp\left(-\frac{a^2}{2\sigma^2}\right) \mathrm{d}a = 0.001 \Rightarrow A_2 = 0.045\sigma \tag{4.66}$$

$A_1/A_2 \approx 83$ 定义动态范围，即 38.3 dB，这是平均信号强度的缓慢变化(平均传输损失和目标强度)以外的。

信号的模拟–数字转换(ADC)需要将动态范围考虑在内。如果上述两个极限之间的信号在未丢失任何信息的情况下编码，转换器的 N 位动态范围需要遵守 $2^{N-1} > 83$，即最少 $N = 8$ 位。这并不意味着 8 位转换器就已足够，而是表明 8 位转换器服从信号的瞬态起伏。转换器与平均值的变化无关，却与传播损失或目标的变化等相关。这些缓慢的变化一般可用时变增益(见 6.5.2 节)来补偿，然而这种装置只能进行近似修正，因此需要保留安全余量，由此最好使用 12~16 位转换器。在无信息损耗的前提下，在测量振幅的系统中上述考虑是必不可少的。如果是只处理时间或相位的接收器，要求可能不会这么严格。与之相反，高动态数码处理器(24~32 位及以上)的出现使得我们对自适应接收器的需求越来越低(当然，需要确保 ADC 前接收器的输入元素是正确设计的)。

第 5 章　换能器与阵列处理

传播介质的内在特性对水声的产生和接收提出了特殊问题。与空气相比，海水的声阻抗很高，因而很难有比较好的效率来产生有足够能级的声音。早在 20 世纪，新兴的水声学就遇到了第一个技术挑战，即找到能够实际上克服介质阻抗的换能原理。第一次有力的尝试是对压电式水下换能器的研究。尽管一个世纪以来，水下换能器已做出诸多改进，但从其本质上来说，压电式原理现仍在使用。

压电式发射器本质上属于共振系统，工作于较窄的频带，因而专门适用于某些具体的应用。这驱使创新者根据换能器不同的具体用途，想象出种类多样的换能器设计。5.1 节介绍水声换能器的基本要点以及主要技术解决方法；5.2 节给出在声呐系统设计和分析中换能器的主要特性；5.3 节专门用来表述声呐换能器的要求条件。附录 A.5.1 中给出了有关压电的基础方程。

水声换能器的一个最重要特性是它的指向性，能够辐射或接收特定方向上的声音。换能器的指向性图体现了能量的空间分布，控制了几个重要的功能特性，比如声源级、角度分辨率(将不同信号到达的邻角分离)、接收的信噪比等。指向性图基本上是换能器几何图形的函数，包括与换能器具体指向相关的简单基本图形，比如直线、三角形、圆盘等。常见的处理方式是，把若干数量的阵换能器组成一组阵列。这不仅避免了建造大型单体换能器，同时，由于可以对阵换能器相关的电信号进行组合，阵列的定向特性也比单个换能器的定向特性更容易控制。与水声换能器原理相关的处理技术是水声学中一个很重要的研究课题。现今最常见的阵列处理基本原理如下：

- 波束形成。通过相应地延迟不同单元组件的电信号，人为地引导阵列的指向性；
- 干涉测量。通过测量两个接收器之间的相位差，确定信号的波达方向。

本章最后一小节总结了高分辨率法，该方法可非常准确地分析角度场。

5.1　水下电声换能器

5.1.1　基本原理

5.1.1.1　定义

电声换能器是发射和接收水声信号的必要工具。与扬声器和麦克风在空气中的使用方法类似，电声换能器把声能转换成电能，反之也能把电能转换成声能。水下声源称为传声器(相当于扬声器)。接收换能器称为水听器(类似于麦克风)。扩展式换能器命名为天线或阵列。阵列通常是指几个单元换能器组成的结构。发射器由传声器及其相关电子元件(电源、功率放大器、阻抗匹配单元)组成。同样，接收器是由水听器阵列及其相关的第一级电子元件(前置放大器和滤波器)组成。

5.1.1.2　压电

水声换能器通过若干物理过程来产生或接收声波。大多数水声换能器利用某些天然晶体或合成晶体(如陶瓷)的压电特性。应用于晶体材料的电场会产生电激励变形，反过来，电激励的机械变形也能生成声波(图 5.1)。这种相对的效应可用于声波接收。当声波应力作用于压电材质上时，会在其两侧生成相应的电位。

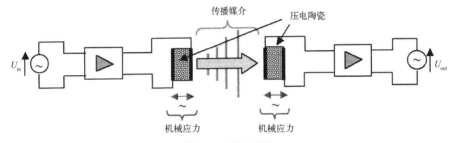

图 5.1　压电效应

左图：发射——把电信号 U_{in} 接入一块压电材料，引起机械变形，产生了声波；

右图：接收——入射声波产生的机械应力经过压电材料后，转换成电压 U_{out}

水声学早期研究中采用的是天然压电晶体(如石英或酒石酸钾钠/罗谢尔盐)。例如，保罗·朗之万制成了一个石英源，应用于其早期(第一次世界大战期间)实验。现在，合成陶瓷代替了石英源。合成陶瓷由混合成分在高温高压下经过烧结而成，然后经过机器加工成所需的规格尺寸，并镀上金属涂层(镀银)。制成的陶瓷不会自发地产生宏观极化，而是通过人为地引入很强的电场来激发它的本征极化。这种压电效应的永久极化是线性和可逆的。

有关压电的基本方程，请参见附录 A.5.1，这些方程把陶瓷的机械特性、电特性和压电特性联系起来。此处，我们仅涉及陶瓷板的厚度。在陶瓷板两侧中间加上电压 U_{in}(电场方向与极化方向一致，如图 5.2 所示)，陶瓷板的厚度与施加的电压振幅成比例变化，即

$$\Delta a = d_{33} U_{in} \qquad (5.1)$$

式中，d_{33} 是陶瓷在极化方向上的压电常数(假定此处的极化向量沿着 Z 轴)。由于 d_{33} 的典型值范围不大(如 PZT[①] 的压电常数 $d_{33} \approx 40\times10^{-12} \sim 750\times10^{-12}$ m/V)，因而产生的机

————————————

①压电陶瓷锆钛酸铅(一种水声换能器的常用材料)。

械位移很小。以大功率传输的陶瓷，其压电常数的典型值 $d_{33} \approx 300 \times 10^{-12}$ m/V，因此，1 000 V 电压会产生一个 $\Delta a \approx 0.30$ μm 的厚度变化。这种机械效应可以通过堆叠多个压电陶瓷板来放大，由于输入陶瓷板的电信号与陶瓷板叠加的方向一致，因而小幅度的位移可以因此而累加。接收时（逆压电效应），一块陶瓷板（厚度为 a，表面为 S）受到一个与极化方向一致的压力 F，则可以产生电压：

$$U_{\text{out}} = g_{33} a \frac{F}{S} \tag{5.2}$$

PZT[②] 的常数 $g_{33} = 15 \times 10^{-3} \sim 30 \times 10^{-3}$ Vm/N。

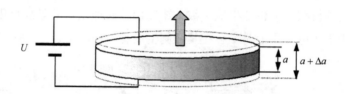

图 5.2　电压作用下，压电陶瓷圆盘的变形

5.1.1.3　其他工作原理

90%～95%的水声换能器是压电设备，但是一些特殊的应用则会要求换能器基于其他的一些物理过程，具体如下：

- 磁致伸缩。磁致伸缩与压电具有相似性，但驱动场是磁场而不是电场。使用的材料为铁磁体（铝铁合金、镍铬合金）或稀土单元（如磁致伸缩合金）。磁致伸缩换能器比压电设备价格贵、效率低、频带窄，但能够经受大幅度振动振幅，因而适于低频率下的大功率使用；

- 机械或水力。换能器的主动部分直接受机械动力源或液压动力源的驱动，这更多与超低频率下低效率传输相关联；

- 电动。一个移动线圈在永磁场中的振动，正如在经典空气中扬声器的振动一样。电动学的原理允许很宽的频带应用，但其效率极低，而且换能器的一部分需充满空气，其深度被限制在很小的范围（几米深而已）。

5.1.1.4　标称频率——指向性

水声换能器发射的工作频率通常在共振频率附近能达到最好的输出能级，但很多时候也需要一个折中的办法，允许几个相近频率或一个宽频调制信号能够在足够宽的带宽内传输。声呐中使用的接收换能器通常在其共振区域工作。但是，实验室测量使用的水听器经常是宽带设备，在低于其共振频率的频带也具有平滑的频谱。

---

②为对比起见，天然石英压电晶体的特性值：$d_{33} \approx 2 \times 10^{-12}$ m/V，$g_{33} \approx 50 \times 10^{-3}$ Vm/N。

最后通常会倾向选用具有指向性的换能器，因为具有指向性的换能器能够完成并控制其发射和(或)接收的具体方向。天线的指向性图可通过两种方式获得，一是通过换能器自身的几何特性获得；二是通过阵换能器组成的阵列信号处理获得。这些特性对于声呐系统的正确运行至关重要。指向性换能器可控制传输端的信号能级、接收端的信噪比以及目标角度的估计，因此在许多声呐系统中成为必不可少的配置。

5.1.2　水下声源

5.1.2.1　Tonpilz 型换能器

Tonpilz 技术在水下声源中被广泛应用。压电陶瓷片被电极分隔(图 5.3)，在预应力杆施加的强大静压力下进行堆叠。堆叠的压电陶瓷片被放在头部(传输端)和另一端用于平衡的尾部(平衡端)之间。沿着压电磁盘叠堆的电极施加驱动电场，可引起整个堆叠的振动，继而把振动传输到周围水域。被聚合物涂层覆盖的堆叠系统完全被封装在防水外壳内部。外壳内部充满了空气以限制头部的后向辐射(因为空气层和周围水域之间的阻抗差形成了很强的镜面反射)。因为高水压情况下封装外壳破碎的风险，其内部填充的空气限制了 Tonpilz 型换能器在很深的水域使用。外壳内部填充油料可增加Tonpilz 型换能器的使用深度，但会降低换能器的使用效率。

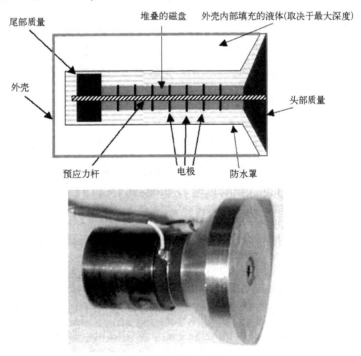

图 5.3　Tonpilz 型换能器

上图：典型 Tonpilz 型换能器的横切面；下图：在频率 25 kHz 下运行的 Tonpilz 型换能器(直径 5 cm，长 6 cm)

组成换能器的压电陶瓷的大小决定了换能器的共振频率、发射级以及电阻抗。作为适配器作用的头部，将运动的陶瓷堆与传播介质相匹配，其直径和厚度也会影响共振频率和发射级。如果使用足够的轻金属(例如，铝或镁)则可以加大带宽。尾部是一个巨大的金属块，惰性很强，能够限制后向的声辐射，也会影响共振频率的调谐。为了增加效率，尾部需用很厚的致密材料制成(如钢铁、铜或合金)。

基于共振的概念，Tonpilz 型换能器能达到非常高的发射级和高功率效率，但只能在有限的带宽工作，可获得低至 2 或 3 的机械品质因数[③]。Tonpilz 型换能器设计简单，在大多数应用上(通常频率在 2~50 kHz)非常成功，但当频率在 1 kHz 左右及以下时，Tonpilz 型换能器的尺寸和重量在实际应用中就显得非常累赘。相反，在较高频率下，换能器的尺寸则太小而难以制造，这时首选其他更简单的解决方法(5.1.2.2 节)。

最近改进的 Tonpilz 型换能器设计具有更宽的频带，该设计的理念是基于把经典的驱动共振与头部的曲面模态相耦合，用于增加宽带浅地层剖面仪的时间分辨率。

5.1.2.2 高频换能器

高频条件下 Tonpilz 技术不再适用，一般使用由表面电极直接电驱动的压电陶瓷块，可采用不同的压电陶瓷几何图形，包括棒条体或平行六面体、矩形板或圆形板以及环形。压电陶瓷换能器能在本构陶瓷的共振频率下达到最佳工作状态，其共振频率则由电极间的厚度决定(厚度等于标称半波长)。该类换能器的使用频率通常高于 100 kHz，当采用合适尺寸的换能器时，其工作频率也可以低至 50 kHz。这类压电陶瓷换能器的共振比较强烈，带宽(品质因数通常在 5~10)则相对没有 Tonpilz 型换能器的带宽有利。

如果一个单元陶瓷块的尺寸不够大，我们可以把几个单元陶瓷块一起固定在一个刚性支撑结构(图 5.4)上，再安装在天线内。陶瓷块最常见的几何图形是矩形或环形，视所需的指向性而定。陶瓷块背衬的机械行为(材料和尺寸)对于接收阵列尤为重要，因为我们要靠背衬来把向后的声辐射限制在尽可能小的范围内。

为了保证陶瓷的声辐射能顺利进入水中，整个陶瓷块要么压进弹性体矩阵，要么嵌入充满流体的声透射外壳(最常见的填充液体是蓖麻油)。这种等压包装使压电陶瓷换能器在实际应用中能很好地适用于大深度水域。

高频率下，另一种可行的技术是合成陶瓷技术。对压电陶瓷棒进行分组，再把压电陶瓷棒组按特定的形状组成发射端，嵌入聚合体矩阵以保持机械刚性。采用此技术制成的换能器形状多样、效率高、带宽性能好。

---

③这表示带宽是共振频率的 1/2 或 1/3(参见 5.2.1 节中关于品质因数的定义)。

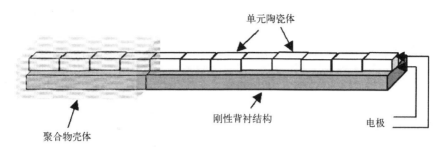

单元陶瓷体

刚性背衬结构

电极

聚合物壳体

图 5.4　整体陶瓷型高频线性换能器

5.1.2.3　低频换能器

在很低的频率下(1 kHz 以下),声源技术遇到许多局限性(Decarpigny et al., 1991)。换能器须能经受作用在辐射表面的大振幅,其重量和尺寸的约束条件也很严格。

目前已经研究出了几个解决方法(图 5.5),每个解决方法均适用于一个特定的问题,解决方法示例如下:

● 将调整过的 Tonpilz 技术应用于低频率。例如,Janus 提出了一种概念装备,给 Tonpilz 型换能器配备两个相对的发射器并配备一个有限的尾端(图 5.5A 和图 9.3)。这种 Tonpilz 技术特别适合高发射级的情况;

● 基于亥姆霍兹(Helmholtz)共振器技术的声源。该类声源常用于海洋学中的声层析实验。用压电发动机激发空心金属管的任意一端(图 5.5B)。充满流体的亥姆霍兹共振腔在特定的频率 $L=\lambda/4$(L 表示管长)下产生共振。在初始设计频率 250~400 Hz 下,上述解决方法简单好用、成本低且对流体静压力不敏感。然而,在上述特定频率下,该方法效率低、功率有限且频宽极窄;

● 亥姆霍兹共振器与 Janus 换能器联合使用则有了 Janus-Helmholtz 换能器理念(图 5.5C)。Janus 换能器共振与亥姆霍兹共振器共振耦合,可产生大带宽,同时提高效率。也就是说,共振器腔内的弹性必须增加,这可通过使用柔性管或可压缩流体来实现。Janus-Helmholtz 换能器理念最初用于低频军事主动声呐和大深度水域,因此也被应用于物理海洋学和海洋地质学中的声源上;

● 弯张换能器也是高功率应用(如军事声呐)的有效解决方法。弯张换能器由一个内部插有电声驱动器的弹性壳体构成。压电叠堆的纵向振动引起弹性壳体的弯曲变形(图 5.5D)。辐射壳体存在几种结构变形,最常用的是Ⅳ类辐射壳体:辐射壳体是椭圆柱形,其主辐射轴上插有陶瓷棒。低频率下,弯张换能器使用效率很高且同时具有合理的尺寸。但是,弯张换能器不能经受高压力,因为弹性壳体的静态变形会与压电驱动器失去耦合效应;

- 与空气扬声器类似的电动力声源可用于传输宽带低频信号。但是由于其电动力源效率低，致使可用的发射级非常有限，同时它也很难补偿几米以下的水体静压力；

- 液压技术也在一些不常见的情况下使用。例如，声温测量实验（参见 7.4.3 节）需要在 60 Hz 左右进行大量的宽带传输。一个电控的液压块可推动随底座一起移动的辐射声源壳体。这个换能器理念能满足极低的频率，但需要很高的电功率和具体的冷却装置，因而无法适用于自动声源。

图 5.5　上图：低频声换能器几何图形示例，其中，A 为 Janus Tonpilz 型换能器，B 为亥姆霍兹共振器，C 为 Janus-Helmholtz 型换能器，D 为 IV 类弯张换能器；左下图：Janus Tonpilz 型换能器实例（共振频率为 1 kHz，直径 40 cm，长度 55 cm）；右下图：一个完整的 Janus-Helmholtz 型换能器

5.1.2.4　非线性传输

当传输的声波能级很高时，传播介质中的高低声压区会导致声速的局部变化。最高声压区的声速传播比平均声速稍快，而最低声压区的声速传播比平均声速稍慢，导致声波发生畸变(图 5.6)，出现了高于基频的高频谐波。

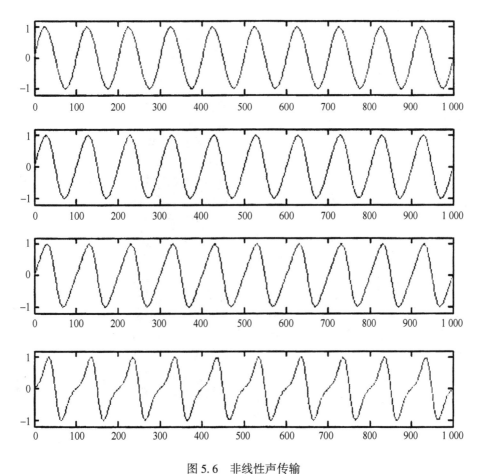

图 5.6　非线性声传输

从上至下：正弦波沿 x 轴传播时发生畸变的不同能级，激励能级由上至下增加

参量阵列以声波的非线性生成为基础。两个频率相近以很高能级同时传输的过程中，传播的非线性特性会引出两个二次谐波(副波，频率为两个主频率的和与差)，二次谐波的指向性与两个主波(频率高，因而指向性高)的指向性相同。因此，使用限制尺寸的高频发射天线，也就可能在低频率下得到各种很窄波束的二次谐波(几乎没有旁瓣)。通过调整主频间的音差，也可以在二次谐波频率附近传输宽频信号。

从概念上来说，参量阵列的辐射可以以一种相对简单的方式(Westervelt 1963 年建立的经典模型，参见附录 A.5.2）来表达。在天线附近，由主波而定义的高强度窄波束随距离传播而衰减，在其有效范围内，可被看成是副波的一连串声源。这种端射阵列的辐射图很窄，没有旁瓣（图 5.7 和图 5.8）。参量阵列的几个有用公式参见附录 A.5.2。

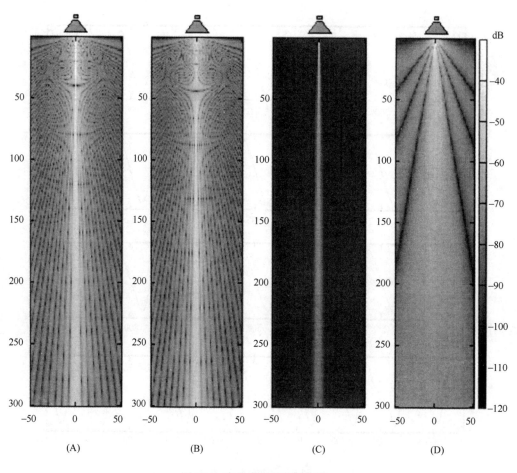

图 5.7　来自参量阵列的辐射

声源位于(0, 0)，每个图显示了一个声传播空间的横截面，灰度级数对应于 dB 能级，轴刻度的单位是 m。
(A) 和 (B) 分别表示频率为 100 kHz 和 105 kHz 的主波束辐射；(C) 为二次谐波辐射的副波束（频率为 5 kHz，
平均能级为 -30 dB，低于主能级，没有旁瓣）；(D) 为频率 5 kHz 下的典型辐射模式（相同长度的阵列）

副波束产生过程中的能量效率很低，抵消了很多优势，以致于产生的能级比经典天线获得的能级小得多。自从 1960 年进行许多理论研究和实验测试以后，非线性声学目前已经在有限的一些应用中发挥了有力作用。基于上述原理的沉积物剖面仪仍在应用中（9.1.4.1 节）。

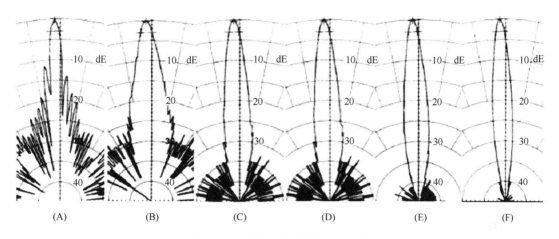

图 5.8　参量阵列的实际指向性图案

（A）为主频（40 kHz）；（B）至（F）的二次频率分别为 2 kHz、4 kHz、6 kHz、8 kHz 和 10 kHz，
2 kHz 的波束没有完全成形，而 4 kHz 以上的二次频率的波束宽度与一次频率的波束宽度相同，
注意到旁瓣抑制（数据由 Kongsberg Maritime 公司提供）

5.1.3　水听器

水听器属于接收换能器，用于把声压转换成电信号。水听器通常是压电装置，大多数水听器由 PZT（锆钛酸铅）制成，特点是灵敏度好，内噪声级低。高频测量水听器则采用硫酸锂。物理上，大的水听器（如潜水艇侧扫阵列）有时由聚偏（二）氟乙烯（PVDF）制作。聚偏（二）氟乙烯是一种多用途材料，可裁剪成很大的板子，轻松安装在弯曲表面。最后，与传声器一样，由嵌入聚合物基质的陶瓷元件组成的压电复合材料使用越来越多。

与传声器不同，水听器常在宽频带工作，因为水听器实际上不需要调准到特定共振频率。由于电信号总能放大，正常情况下，水听器的效率（输出电功率与输入声功率的比率）不存在问题。重要的是，低声信号应能在接收器的内噪声（陶瓷内噪声与放大器自噪声的组合）中检测到。与声波长相比，测量水听器通常较小；超过频率响应平坦段的上限时，水听器无法产生频率共振（参见 5.2.1 节中的图 5.14）。因此，水听器表现出较低的空间选择性。另一方面，把几个水听器组合成一个大的水听器阵列，也可获得所需的指向性图。

很多声呐系统（如单波束回波探测仪、测流计、侧扫声呐）中，经常使用相同的换能器进行发射和接收。除了使用简单和节约成本的直接实用优点外，两个相同指向性的换能器组合构型可以极大地改善系统的定向特性（5.4.3 节）。如果系统的指向性要求可以通过这种几何构建来实现，我们极力推荐这种方式。

5.1.4 换能器建模和设计

设计出具备特定特征的水下换能器是一项艰巨的任务，需同时考虑很多方面。换能器的理论尺寸可用不同的方式求出（Wilson，1985）。

尺寸标注的常用技术基于电-机类比。电-机类比的原理是，使用类似于电路描述的方程来描述机械（或声学）系统。把电压模拟为机械力，电流模拟为体积速度，不同的机械元件（质量、硬度和阻尼的特性）可通过电气元件（电感、电容和电阻的特性）来识别。电声换能器由电气元件和机械元件组成，因而可用完整电路建模，相对适合计算（图5.9）。然而，由于所建模型自身的必要简化，模拟结果仍为近似值。有关该方法的基本原理，参见附录A.5.3。

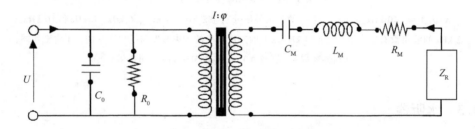

图5.9　电声换能器的等效电路（相关详情参见文中所述）

举个例子，图5.9表示电声换能器的等效电路，左图：$(R_0，C_0)$对应于换能器的介电特性，变压器描述了其本身的机电转换；右图：电路元件表示机械性能（动态质量L_M，弹性C_M，机械阻尼R_M）。辐射阻抗$Z_R = R_R + jX_R$表示进入传播介质的声波辐射。电路（机械电路和声学电路）右边部分的等效阻抗称为动态阻抗。

如需详细研究机械元件的行为，使用电-机类比还不够，还需使用有限元计算。换能器的整个振动结构需用精细网格表示，并使传播介质靠近换能器，且充分利用几何对称来减少计算量，从而使得到的计算结果非常准确，并可用于换能器性能的精细分析。但是，在换能器结构复杂和高频率的情况下，计算过程会极为繁冗。

5.1.5 换能器的安装

水声换能器通常安装在船体或拖曳平台上。安装在船体的换能器有以下几种安装类型：

• 嵌入式安装：换能器的辐射面沿着船体的外形连续移动，辐射面覆盖有声透射窗口来保证安全性、防水性以及声传输到水中的有效性。显然，换能器尺寸要满足船体形状和大小条件时，才适合嵌入式安装（图5.10）；

图 5.10　"R/V Thalassa"号船体下方嵌入式安装的多个渔业声学换能器
（法国海洋开发研究院供图）

- 如果换能器形状不适合船体，换能器须安装于固定在船体下方的导流罩内（图
5.11）。这种结构的调整要求不能降低安装舰船的流体力学性能；

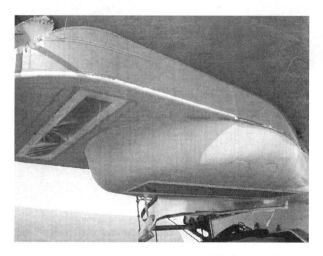

图 5.11　安装在"R/V Le Suroit"号上的多波束回波探测仪阵列
探测仪型号为 Kongsberg EM 300，标称频率为 32 kHz，平面呈矩形的
阵列安装在导流罩内，接收阵列（横过船体）和发射阵列（沿着船体）的
近似长度分别为 1.6 m 和 3.0 m（法国海洋开发研究院供图）

- 换能器可安装在固定于船体下方的穹顶内或安装在船艏内，这种解决方案（曾
用于历史上的 ASDIC 系统，有个特色的可伸缩圆顶）至今仍常用于海军舰船的主动

声呐；

• 大型天线(如低频多波束探测仪)不适用于暗装或导流罩安装，需设计特殊外壳。外壳呈一个异型结构，形状常常像飞机的三角翼，用支撑架固定在船体下方(图5.12)。这种贡多拉小船(两头尖的平底船)式的安装水平方向上尺寸可以很大，换能器能很好地接收噪声，如果设计合理，不会对舰船的流体力学产生过多的影响；

圆柱形阵列Tx–Rx 95 kHz (MBES)

Tx阵列12 kHz (MBES)和3~7 kHz (SBP)

传统SBP

Rx宽带阵列 (MBES和SBP)

多普勒流速剖面仪

单波束回波探测仪

图5.12 左图：建造中的贡多拉船；右图：在贡多拉船体下方安装的多波束回波探测仪阵列(探测仪型号为 Kongsberg EM 120、EM 1002 和 SBP 120)，也可安装在 BHO *Beautemps–Beaupré* 号船上(SHOM)。贡多拉船(大约 10 m×8 m)安装了两个长的平面阵列 Tx(纵向船槽，12 kHz 时为 EM 120，3~7 kHz 时为 SBP 120)以及一个通用阵列 Rx(横向船槽)；多波束回波探测仪和 SBP 信号均用宽带阵列 Rx 记录，靠滤波器分离；阵列 Tx 和 Rx 大约 8 m 长，在 12 kHz 时的标称波束宽度为 1°；型号为 EM 1002 (95 kHz)的圆柱形阵列Rx–Tx安装在贡多拉船的前部。注意，贡多拉船也能安装其他声呐换能器，如单波束回波探测仪和流速仪(SHOM 供图)

• 仅偶尔使用的小型系统可部署在船体的特殊垂直管内。另一个灵活的解决办法是，当小船在平稳的海洋条件下行驶时，可以把换能器安装在固定于船体旁边的垂直杆尖端。

有些应用领域首选在专用拖曳平台上[图5.13和图7.14(b)]安装换能器，这种安装方式主要优点是噪声能级低(舰船的自噪声减少)、传播条件更有利(因为避免了表层的扰动)、移动更小。但是，这需要特殊的安装和部署程序，而且在很多情况下，拖船的速度比较慢。④

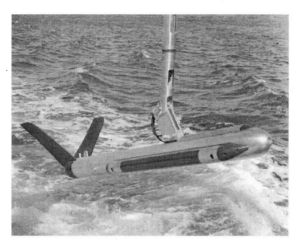

图 5.13　侧扫声呐拖鱼在海上部署

Klein-3000 型侧扫声呐使用双频长阵列(频率为 130 kHz 和 445 kHz)，

该阵列放置在 1.2 m 长的拖鱼两侧(L-3 Klein 供图)

换能器安装属于精细操作，安装成功与否将决定整个声呐系统的工作环境。在低频域，由于换能器尺寸很大(尺寸可能达几米)，安装变得复杂，同时因为涉及大波长，不可能对换能器工作环境做出太大调整；相反，在高频域，小尺寸换能器的机械集成通常较为容易，但是附近环境会对声呐性能产生不利影响，因为小波长声波很容易被机械性障碍所隔断或被附近共振腔或反射体扰动。在水池试验测量中性能表现良好的换能器如果安装不当，在实际测量中也会表现不好。幸而成功安装换能器的基本原则已为大家所熟知，所选的安装位置应满足以下几个条件：

- 降低由船上自噪声引起的声波扰动，换能器安装位置应尽可能远离推进装置或其他主要噪声源；

- 降低"空爆"风险，应尽量靠近船头安装换能器，可掩蔽从船头向下流动至船体尾部下方的气泡流；

- 另一方面，换能器安装位置应避免距离船头太近，防止在舰船的纵摇作用下，浮出水面；

- 发射器的浸入深度应当足够深，以避免空化现象；

- 限制换能器与电子器件之间的电缆长度，尤其是尽可能缩短接收换能器和前置放大电子器件的距离，可降低电子干扰和信噪比下降的风险；

---

④例如，水面舰艇把车辆拖曳至海底时，在深海电缆(数千米长)的拖力作用下，最大速度约为 2 kn(1 m/s)。这是英国国家海洋中心使用拖曳式海底测量仪(TOBI，一种深海侧扫声呐)的应用实例[详情参见 Blondel(2009)]。

● 各种声学系统之间的兼容性，兼容性可避免换能器之间的机械耦合，并使不同声学系统之间的直接声辐射降到最低；

● 舰船流体动力学的最小扰动，并与干船坞的操作要求相兼容。

但是，以上这些条件可能互不相容，往往需对不同目的做出调整，才能进行最终安装。例如，上述前三个条件往往要求换能器安装在船体前部 1/3 长度的位置。而且，一些设计操作仍主要靠经验，因为没有任何模拟、计算或水池的试验可以完全保证最终的结果。

5.2　换能器特性

注意，虽然指向性是换能器一个很重要的特性，但不会在此节赘述，5.4 节将专门对此做相关叙述。

5.2.1　频率带宽

如前文所述，传声器(声源)通常被设计在某特定频率下工作。该频率通常是窄带的，由传声器的共振区域决定。传声器也可用于相同频率下声波的接收，该频率的窄带带宽与接收器输入端的带通滤波器相对应。但是，一些用于测量目的的水听器，无法挑选可用的频段，因此设计上要求适用于宽频带而不是单一频率。另外，使用宽带调制信号的能力依赖于换能器的频率带宽。

带宽即频带宽度，也就是换能器能在中心频率附近进行有效的传输。换能器的共振现象越显著，带宽越小。基于频率响应曲线(图 5.14 左图)，带宽的常规测量取响应曲线最大值−3 dB 的两侧带宽。但是，该种带宽选择在宽带系统中并不适合：接收水听器常常在共振模式外工作，位于有用带宽 B(由频率响应曲线的水平段决定，参见图 5.14 右图)以外的位置。

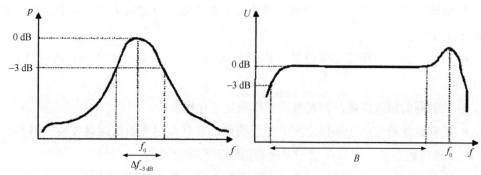

图 5.14　左图：共振式换能器的频率响应曲线和带宽 $\Delta f_{-3\,dB}$；

右图：水听器的频率响应曲线，共振频率 f_0 在有效带宽 B 的范围之外

利用机械品质因数可定量计算振动时的相对带宽，计算如下式：

$$Q_m = \frac{f_0}{\Delta f_{-3\,dB}} \tag{5.3}$$

该式是中心频率与带宽的比值，常见水声换能器的典型比值范围为 2~10。

5.2.2　电阻抗

5.2.2.1　并联的简化表示

换能器电阻抗是优化传输（参见 5.3 节）或接收声呐系统整体效率的重要因素。由于换能器近乎整个系统呈现出的电容行为，并联电路（图 5.15）成为换能器的常见等效表示，主要因数是电阻（R_p）和电容（C_p）。

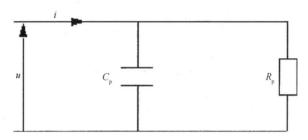

图 5.15　换能器的并联表示

导纳 Y 表示为 $Y = 1/R_p + j\omega C_p$，导纳 Y 的实部是电导 $G = 1/R_p$，虚部是电纳 $B = \omega C_p$；所有的量（$|Y|$、G、B）用电导单位 S 表示。

虽然并联表示让人很自然想到换能器导纳，但阻抗（$Z = R + jX$）的计算或测量也是可能的。其中，R 表示电阻，X 表示电抗。所有的量（$|Z|$、R、X）用 Ω 表示。

5.2.2.2　肯涅利图（Kennelly diagram）

肯涅利图用来表示换能器的复数导纳（或阻抗）随频率变化的函数，在复平面内标示为 $[\operatorname{Re}(Y),\ \operatorname{Im}(Y)]$ 或 $[\operatorname{Re}(Z),\ \operatorname{Im}(Z)]$。

动态部分的阻抗（图 5.9 的右侧电路，参见 5.1.4 节）视为（R，L，C）的串联，用 $Z = R + j\left(L\omega - \dfrac{1}{C\omega}\right)$ 表示，在复平面 $[\operatorname{Re}(Z),\ \operatorname{Im}(Z)]$ 上的复数表示成一条以 R 点穿过 $\operatorname{Re}(Z)$ 轴的直线。

同一电路的导纳用 $Y = \dfrac{1}{Z} = \dfrac{R - jX}{R^2 + X^2}$ 表示；导纳在 $[\operatorname{Re}(Y),\ \operatorname{Im}(Y)]$ 平面内的复数表示是一个圆。忽略电阻尼阻抗 R_0（参见附录 A.5.3），加上项 $j\omega C_0$ 即可求得系统的总导纳。

如果 ωC_0 小于 $\dfrac{1}{R}$，电导的圆形轨迹不会变形，空气中的声源就是这类情况。相反，对于大多数的水下换能器，圆形轨迹会变成肯涅利环；依据换能器的电容特性（图 5.16)，肯涅利环通常不会与 G 轴相交（即电导轴，横轴）。

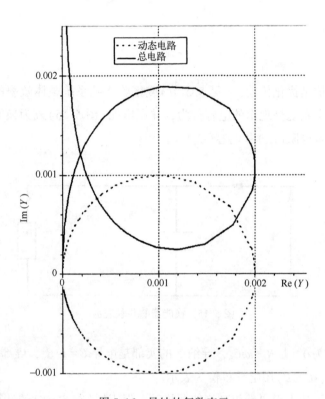

图 5.16 导纳的复数表示

虚线表示动态电路；实线表示总电路；对水下换能器，与 $1/R$ 相比，ωC_0 的值并不小

复导纳的肯涅利表示是控制换能器或阵列的一种实用而且快速的方式。一些机械问题（陶瓷破损、不必要振动等）会引起 G 值和 B 值的变化，从而很容易通过明显的共振频移检测出来。人们也通常会使用更直接的频率表达来表示换能器系统的并联电阻和电容。

5.2.3 发射和接收的灵敏度

换能器的灵敏度可量化为电声转换的质量，表示为换能器输入端和输出端之间的关系（声压和电压）。

对于发射换能器（传声器），发射电压响应（*TVR*）表示为

$$TVR = 20\log\left(\frac{p_{1\,V}}{p_{ref}}\right) \quad (\text{dB } re \text{ 1 } \mu\text{Pa/1 V@ 1 m}) \tag{5.4a}$$

式中，p_{1V}表示当电压是 1 V 时换能器特定方向外 1 m 处的声压；p_{ref}是参考声压（1 μPa）。TVR 通常沿着最大辐射振幅的方向（换能器轴）给出，也可用其他方向的换能器的空间指向函数表示。实际应用中，TVR 可通过测量输入电压 U_{in} 所对应的辐射声压 p 求得，即

$$TVR = 20\log\left(\frac{p}{p_{ref}} \times \frac{U_{ref}}{U_{in}}\right) \tag{5.4b}$$

其中，U_{ref}表示 1 V 的参考电压。

例如，一个 Tonpilz 型单元传声器的发射灵敏度通常在 120~150 dB re 1 μPa/1 V@ 1 m。

对于 N 个单元并联安装的换能器阵列，如果忽略各个单元间的声相互作用，阵列的发射灵敏度 TVR_N 可通过 $TVR_N = TVR + 20\log N$ 求得。

水听器的接收灵敏度是由其开路响应（OCR）定义的，即

$$OCR = 20\log\left(\frac{U_{1\,\mu\text{Pa}}}{U_{ref}}\right) \quad (\text{dB } re \text{ 1 V/1 } \mu\text{Pa}) \tag{5.5a}$$

式中，$U_{1\,\mu\text{Pa}}$表示水听器的输出电压（入射声压为 1 μPa）；U_{ref}表示参考电压（1 V）。实际应用中，OCR 可根据入射声压 p 的输出电压 U_{out} 测量来定义，即

$$OCR = 20\log\left(\frac{U_{out}}{U_{ref}} \times \frac{p_{ref}}{p}\right) \tag{5.5b}$$

式中，p_{ref}表示 1 μPa 的参考电压。

宽带接收换能器的灵敏度范围通常在 $-220 \sim -190$ dB re 1 V/1 μPa。

对于用相同的单元换能器并联安装的阵列，阵列的接收灵敏度 OCR_N 等于其中一个单元的值，即 $OCR_N = OCR$。

5.2.4　效率

换能器的电声功率效率是输出功率与输入功率的比值。该比值仅适用于特定频率或窄频带下的传声器，计算如下式：

$$\beta = \frac{P_{ac}}{P_{el}} \tag{5.6}$$

式中，P_{ac}表示辐射声功率；P_{el}表示输入电功率。对于工作在共振频率附近的压电声源，β 的典型值范围在 0.2~0.7。

5.2.5　水声换能器的计量

水声换能器的计量（Robber，1988）通常包括测量电阻抗、电声灵敏度（随频率变化

的频率响应)以及指向性图案。在测量电声灵敏度和指向性时，需要用到辅助参考换能器，用于接收传输信号(测量传声器时)或者发射信号(测量接收器时)。针对不同特性的测量，或扫描信号频带来测量频率响应，或测量换能器的角扇区来测量指向性图案。

水声换能器的特性计量比其对应的空气声学仪器的计量难度大多了。显然，第一类难题与在水下环境使用电气设备有关。通常需使用特定的仪器(往往为专门研制的仪器)，以满足以下用途：除了换能器本身，电缆和连接器也需精心设计，能够经受海水的浸泡，防水难度也随静压力而加大，甚至测量设备本身(放大器、录音器、分析器)在某些情况下也需在内部安装防水容器。实际上，用技术解决这些防水问题并不是很难，但这不仅需要额外成本，还需要相关操作人员的特别维护。

第二类难题是与测量环境有关，需要专门设施的研发。研究换能器领域的水声实验室或工厂需配备充满水的水池，水池的尺寸与待测量换能器的尺寸及波长有关。一方面，为可靠起见，能级或定向测量须在换能器的远场进行(参见 5.4.2 节)，在很多情况下，这个条件非常苛刻，因为远场的距离可能是几米或数十米远。这个问题在高频的窄指向性天线中尤为明显。另一方面，设计的水池须能接收到用于测量的直达发射信号，且不受墙壁多径反射的干扰。在空气声学中，试验放在消声室内进行，且消声室的墙壁用吸声材料覆盖，即可达到这种效果。然而，这种方法几乎不能应用到水声计量中，因为在常规声呐信号所对应的波长范围内，吸声材料都达不到所需的高效率，特别是在低频时。解决远场距离受限问题的常规方法是在工作中尽可能使用脉冲信号，并在墙壁的反射信号到达之前，记录/测量直接信号。但有时在给定频率下，信号需持续一段时间才能通过瞬态期达到稳定状态。这就很清楚地解释了该方法的局限性，该方法明显更适用于较高频率的信号。其他与水池内试验有关的因素有背景噪声级(声学和电学的背景噪声级)、机械振动以及空气微泡，它们的出现也可能会严重毁坏测量的质量。

目前，小型换能器在 10 kHz 以上的实际计量可通过尺寸合理的水池实现。然而，对于频率在数千赫兹及以下的低频换能器，尽管已经出现了不受声测量场地限制的方法，其精确的实验室测量仍面临真正的挑战。对于数百赫兹的更低频率换能器，最佳(或许是仅有的)的解决方法是直接在足够深的海上区域进行测量，但是这种方法需要开发专门的仪器，当然这会大大增加测量操作的费用，同时还需要配备一些基础设施，包括舰船和船员，也需要在海上停留数天。

最后应注意的是，一旦声呐换能器安装在舰船上，就几乎不可能在十分精密控制的条件下直接进行校准测量，常规解决方法是间接利用电声参数的测量(阻抗、噪声级)或分析声呐系统的整体性能来检测换能器性能。

5.3　声呐发射装置

5.3.1　传输线路的描述

换能器仅仅是整个传输线路的终端单元，传输线路还包括电源单元、功率放大器或发生器以及阻抗匹配单元。电源单元需为传输线路持续供应充足的电能。信号发生器会产生形状适合的低压电信号，由于声呐的功能不同，多少会存在一些形状复杂的电信号。然后，功率放大器会放大生成的输入信号，并用与预期声级兼容的能级把输入信号传递至换能器或阵列。阻抗匹配单元位于功率放大器和换能器之间，用于提高发射器的电效率。

5.3.1.1　信号发生器

信号发生器按照预期的要求，生成具有一定形状的待传输的信号（持续时间、频率和相位等内容）。信号发生的复杂程度（实际上是发生器本身的操作难度）与待传输的信号类型相关，从简单（周期性重复的窄带信号）至复杂（在传输中持续变化的用相位或频率编码的数字信号）。

理想情况下，信号发生器只是一个数字化控制的电子设备，输出需要传递的模拟电信号。但是，早期的声呐信号生成系统（如今的廉价系统）使用的生成原理简单很多。例如，最简单的方法是在带通电路内部设置一个电容，将带通电路调整到声呐的中心频率上，可生成短时的窄带信号。当不需要复杂的信号或信号处理时，就可在很多系统中使用这样简单的技术方法。

5.3.1.2　功率放大器

功率放大器把信号发生器传递的低功率输出信号转换成换能器运行所需的高功率电信号。功率放大器的主要特性包括：

- 频率带宽（即功率放大器能良好工作的频率范围，通常为-3 dB 带通）；
- 效率（即在功率放大器输出时，有多少输入功率能被换能器有效使用）；
- 失真率（原始信号形状的定量改变，由多个谐振频率造成，在同时使用几个声呐系统时，也容易引起兼容性问题）；
- 有效的电功率 P_{max}（单位为 VA 或 kVA）；
- 最大输出电压 U_{max}（单位为 V）；
- 最大输出电流 I_{max}（单位为 A）；
- 输出阻抗。

电功率用电力负载因数 $\cos \varphi$（其值范围为 0.7~1）表示；电角度定义为 $\tan \varphi = \omega R_p C_p = Q_e$，其中 Q_e 是电品质因数。

当 $\cos \varphi > 0.7$ 时，可用的输出电流等于 I_{max}；当 $0.7 > \cos \varphi > 0.5$ 时，可用的输出电流等于 $0.7I_{max}$；当 $\cos \varphi < 0.5$ 时，可用的输出电流等于 $0.5\,I_{max}$。

5.3.2 声呐放大器技术

对高效率没有特定要求的中等功率应用(几千伏安)，可选用线性功率放大器。这类放大器的效率并非最优，但是具有高保真度放大器类似的高品质性能，当要求传输波形的准确度时，可输出失真率较低的信号。但是，这类放大器不太适合宽带信号。该类线性放大器可以通过以下三类经典技术(图 5.17)来实现：

• A 类。输入信号使用率 100%，驱动单元一直在线性范围内工作。A 类放大器通常比其他类型放大器的线性程度更高、复杂程度更低、效率也更低(理论最大值为 50%)。这类放大器最常用在小振幅信号阶段或低功率应用。A 类放大器可在整个信号的输入周期内使用，将输入信号成比例增大精确复制成输出信号，且不切断信号。因为 A 类设备会一直工作，即使没有信号输入，电源也会输出电能，这就是 A 类放大器低效率的主要原因；

• B 类。当使用一半的输入信号时，驱动单元一半的时间在线性范围内工作，另一半的时间差不多呈关闭状态。在大多数 B 类放大器中，有两种输出设备恰好在输入信号的半周期内交替(推拉式)工作。如果一个驱动单元转换到另一个驱动单元时不太理想，B 类放大器会出现交错失真(信号的两半部分在接合处存在小错配)。虽然会造成大量失真，但 B 类放大器的效率比 A 类放大器提高很多(理论最大值为 78.5%)，这是因为放大单元在一半的时间内全部关闭，所以不消耗功率；

• AB 类。两个驱动单元的工作时间超过一半，以减少 B 类放大器的交错失真。每个有源元件在一半波形上的工作方式与 B 类放大器的工作方式相同，在另一半波形上也进行少量的工作。结果是，当两个有源元件的波形组合时，波形接合达到最小化或一起消失。AB 类放大器降低了 B 类放大器的部分效率，但提高了线性特性(保持在 78.5%以下)。AB 类放大器的效率比 A 类放大器的效率高很多。

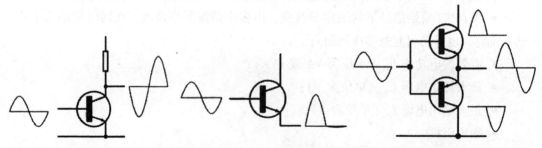

图 5.17　放大器技术变体示意图，显示了晶体管安装和输入–输出基础波形

左图：A 类放大器；中图：B 类放大器；右图：B 类推拉式放大器。

各类放大器的工作模态和性能说明，详见文中相关叙述高功率应用中，非线性放大器技术常使用开关半导体，使设计的放大器能够传递几乎标准的正弦波形，且具有能级高、损耗低等优点。常见的例子是脉宽调制（PWM）技术，整体效率超过 90%：输入信号转化为一组方形周期脉冲序列，脉冲的个体持续时间与瞬时信号振幅成比例。脉冲序列频率通常是输入信号最高响应频率的 10 倍甚至更多。这种放大器的输出含有不必要的频谱分量（即脉冲频率和谐波），可用被动滤波器去除。产生的滤波信号经放大复制后，成为输入信号。这些 D 类放大器的主要优点是它们的功率效率。因为输出脉冲具有固定振幅，开关元件（通常是 MOSFET[⑤] 或 IG-BT[⑥]）呈开启或关闭状态，因而不会在线性模式下使用。也就是说，除了在开启和关闭状态之间的短时间隔外，晶体管会耗散非常少的功率。晶体管瞬时耗散的功率等于电压与电流的乘积，且电压或电流几乎总是接近零值。依据晶体管的低耗散性能，对电源的要求最低时，可使用较小型散热器。

5.3.3　阻抗匹配单元

在并联电路中，用电阻 R_p 和电容 C_p 表示的换能器（参见 5.2.1 节）实际对应于两种不同类型的电功率：有功电功率 P_{act} 和无功电功率 P_{reac}。换能器辐射中的有功电功率与电阻耗散能量相对应；而无功电功率与电容储能相对应，则不涉及换能器辐射，关系式如下：

$$P_{act} = \frac{U^2}{R_p}$$

$$P_{reac} = \omega \, C_p U^2 \tag{5.7}$$

用 P_{reac} 与 P_{act} 的比值来定义电品质因数 $Q_e = P_{reac}/P_{act}$。

为了提高电效率，首先有必要通过调整换能器或阵列的阻抗来抑制或降低无功电功率。实用的方法是，在换能器输入端添加并联电感 L_p 或串联电感 L_s。在添加并联电感的情况下，当 L_p 的值等于 $1/(\omega^2 \, C_p)$ 时，输入电导纳呈纯电阻的特性（电阻值为 $1/R_p$）。因此，添加并联电感的效率依赖于工作频率，在窄带应用中能保证高效率。频带越宽，电感效应限制无功电功率的效率就越低。

提高效率的第二种方法是添加一个适合的变压器，使得换能器或阵列的阻抗与放大器或发生器的阻抗相匹配。

在优化阻抗匹配单元时，遇到的主要难题有：

- 宽带要求（仅在特定的共振频率下，L_p 是 100% 有效）；
- 压电换能器（或阵列）阻抗的频率变化范围较大，与放大器输出阻抗难以统一

---

⑤金属氧化物半导体场效应晶体管。

⑥绝缘栅双极型晶体管。

协调；

• 根据换能器在阵列结构内的相互作用，或者通过换能器的环境效应（挡板、声窗）来调整整体的电阻抗；

• 根据温度、流体静压力和阵列的老化程度来调整阵列阻抗；

• 当功率放大器放置在舰船表面，而换能器安装在拖曳平台上时，需考虑拖曳系统的电缆特性。

附录 A.5.3.1 给出了阻抗匹配在传输线路中影响的案例研究，作为具体示例加以说明。

5.3.4 传输线路的整体结构

图 5.18 给出了传输线路的典型结构。

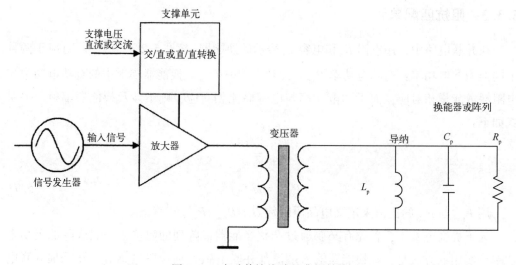

图 5.18 声呐传输线路的典型结构

在声呐发射阵列需要波束形成的情况下（参见 5.4.6 节；如多波束回波探测仪的音调补偿），先前典型传输线路将按照实际使用的信道数来复制，如果没有达到数百个，也会有几十个。重要的是，信道特性是足够均匀的，而波束形成处理的最终质量也依赖于信道的均匀特性。

放大器所需的高功率电源导致了放大器需安装在独立装置内，这样可以把接收电路的电磁干扰风险降至最低，接收电路通常需要处理非常微弱的电流。

5.3.5 声源级

换能器能发射的声压级明显依赖于提供的电源，但也取决于其自身特性：电声功率效率和指向性增益(在空间传输的声波的分布)。

辐射声功率 P_a 等于提供的有功电功率 P_{act} 与电声效率 β 的乘积。假设是球面发射,距离 R 内相应的声强表示为

$$I(R) = \frac{P_a}{4\pi R^2} \tag{5.8}$$

假设接收端远离声源,接收到的为平面波,声强与声压的关系表示为

$$I(R) = \frac{p^2(R)}{\rho c} \tag{5.9}$$

当 $R = 1$ m 时,传输声压由以下等式得出:

$$p_{1m}^2 = \frac{\rho c}{4\pi} \beta P_{act} G_d \tag{5.10}$$

该式引入了换能器的指向性增益 G_d(参见 5.4.1.3 节)。用 dB 表示指向性增益,我们可得到:

$$SL = 170.8 + 10\log(P_{act}/1\text{W}) + 10\log\beta + DI \tag{5.11}$$

式中,SL 是声源级,记作 dB re 1 μPa@1 m;P_{act} 用 W 表示;DI 是指向性指数,单位为 dB,$DI = 10\log G_d$。SL 典型值范围在 $170 \sim 240$ dB re 1 μPa@1 m;指向性指数将依赖于天线几何特性(参见 5.4.1.3 节)。

对于输入电压 U,我们将 SL、TVR、β、DI 以及换能器的输入电阻抗的并联电阻 R_p(参见图 5.15)之间的关系表示如下($P_{el} = U^2/R_p$):

$$SL = TVR + 20\log(U/1\text{V}) = 170.8 - 10\log(R_p/1\Omega) + 10\log\beta + DI + 20\log(U/1\text{V})$$
$$\tag{5.12}$$

5.3.6　最大发射级——空化现象

换能器在很高功率下使用受限的原因有两种情况。第一种是技术原因,换能器的电压太大,致使材料产生非线性响应,并由于过度的机械约束而导致材料的退化(破损等),最终导致所用的绝缘活性材料被击穿。第二种受限原因来自传播介质本身。由于接近传声器发射面的水分蒸发,产生了空化现象,空化过程与声波施加的局部低压相关。因为气泡在换能器前出现,则换能器的电声效率受到限制,甚至会被降低。当声压大于或等于阈值 p_{cav}(等于流体静压力)时,也就是说,当 $p_{cav} = p_{atm} + 10^4 z$(单位是 Pa,其中 p_{atm} 表示大气压强,z 表示深度,单位为 m)时,空化效应就会出现。空化阈值与距离换能器(参数)1 m 处的发射能级(该参数在实际可得范围内)有关,相应的声功率表示为

$$P_{cav} = S\frac{|p_{cav}|^2}{2\rho c} \tag{5.13}$$

式中,S 表示发射表面积。发射能级可表示为

$$p_{1\,\mathrm{m}}^2 = \frac{\rho c}{4\pi} P_{\mathrm{cav}} G_{\mathrm{d}} = \frac{S}{8\pi} \mid p_{\mathrm{cav}} \mid^2 G_{\mathrm{d}} \tag{5.14}$$

式中，G_{d} 表示指向性增益。空化阈值水平最终表达式如下（单位为 dB re 1 μPa@ 1 m）：

$$SL_{\mathrm{cav}} = 186 + 10\log(S/1\ \mathrm{m}^2) + DI + 20\log[\,(10 + z)/1\ \mathrm{m}) \tag{5.15}$$

由于 DI 随频率 $-20\log\lambda$ 变化，因此空化阈值随频率增加而增加。

上述空化阈值的表达式，是基于低频信号持续的时间长，足够让空化消失的假设上的。在高频率和短脉冲条件下（根据 Urick1983 年给出的结果，通常在 10 kHz 以上、10 ms 以下），空化阈值会增加。

5.4　换能器与阵列的指向性

换能器的指向性在发射端表示的是声能向传播媒质辐射的角度分布，在接收端表示的是对不同方向上到达的声波的电压响应函数。我们用指向性函数（指向性图案）来描述这些依据频率、换能器尺寸和形状而不同的空间特性；随着换能器直径相对于声波波长的增大，其指向性更窄。本节将会详细讨论这些概念。

5.4.1　指向性的概念

5.4.1.1　指向性图案

发射指向性使能量集中辐射到特定的角度区域，因而在给定发射功率的条件下增加了局部的声压。接收端天线接收能量时，可利用噪声（假设噪声与天线不相干）和信号（假设信号完全相关）的相干特性来增加信噪比：换能器的输出会更倾向于信号部分而不是噪声部分。指向性的天线也使得选择特定方向上到达的信号成为可能，例如可用来有效消除（至少部分）多径效应。最终，指向性天线使得测量目标的方位角成为可能。

换能器的指向性图案显示的是，在特定频率下，声场远场的能量响应随角度变化的函数，函数值按照其最大值归一化处理。它表现为对换能器表面 Σ（图 5.19）上分布的微元发射面 $\mathrm{d}\Sigma(M)$（类似于球面源）的贡献求积分，如下式：

$$D(\theta,\ \varphi) = R_0^2 \left| \iint_{\Sigma} \frac{\exp[\,-jkR(M)\,]}{R(M)} \mathrm{d}\Sigma(M) \right|^2 = \left| \iint_{\Sigma} \exp[\,-jkR(M)\,]\mathrm{d}\Sigma(M) \right|^2$$

$$\tag{5.16}$$

式中，$R(M)$ 表示换能器表面上 M 点与观测点 P 的距离；R_0 表示换能器与观测点的平均距离，假设观测点与角坐标 $(\theta,\ \varphi)$ 在一个空间内，且距离足够远。

指向性图通常会根据其最大值进行归一化处理，其最大值一般出现在 $(\theta,\ \varphi) =$

(0，0)上。所以，指向性图一般在$(\theta, \varphi) = (0, 0)$时等于 1。

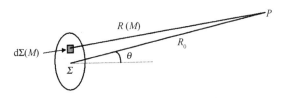

图 5.19　用于计算换能器指向性图的几何表示，详见文中叙述

指向性图案的精确形状依赖于天线的几何形状和工作频率。指向性图案的一些最简单的形状(线性、圆盘形和矩形，参见 5.4.3 节中的表 5.1)可以找到精确理论函数相对应。附录 A.5.4 中列出了部分可用的理论分析。

指向性图案(图 5.20 和图 5.22)通常会显示出一个主瓣，其孔径由主瓣两侧最大值的 −3 dB 范围来标定(强度衰减一半)。这个相对应的波束的宽度为$D(\theta, \varphi) = 0.5$，它也代表了天线的角度分辨率(5.4.1.2 节)。该宽度是波长与天线尺寸比值的函数。主瓣附近有一系列旁瓣，这些旁瓣通常是不需要的。旁瓣相对于主瓣的衰减是天线的主要品质因数之一。旁瓣的能级依赖于天线几何形状以及在处理过程中使用的加权技术(5.4.6.3 节)。

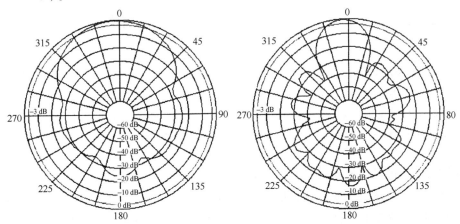

图 5.20　在实验室水池内测量宽带 Tonpilz 型换能器的指向性图案示例

左图：2 kHz 下；右图：5 kHz 下。−3 dB 孔径位置大约在 2 kHz 的 50°以及 5 kHz 的 20°，请注意 5 kHz 图上的旁瓣

5.4.1.2　角度分辨率

指向性换能器的空间选择性使得我们可以将比较明显的目标物区分开来。角度分辨率表示两个目标点(可引起不同的响应)之间可能的最小角度差。通常，角度分辨率等于指向性图中主瓣的宽度$\Delta\theta$(在−3 dB 处)。考虑回波的总强度(图 5.21)，很容易得知，当两个目标的间距正好为$\Delta\theta$时，两者合成的声压级正好等于单个目标的声压级的

最大值；当两个目标的间距增大时，两个目标方向之间的平均能级会衰减，这样我们就可以将两个目标分离出来。

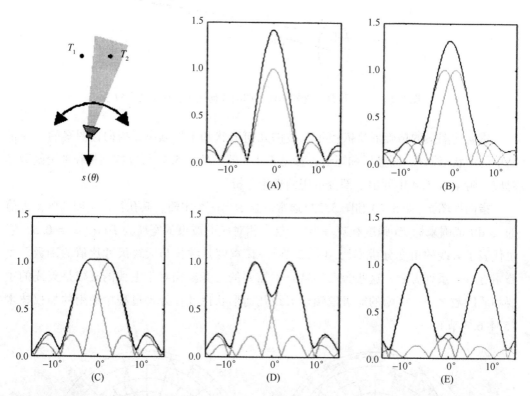

图 5.21　理想条件下指向性换能器输出模式 $s(\theta)$ 的仿真，其孔径 $\Delta\theta=5°$，两个目标的扫描伴随目标间距变化[分别为图(A)、图(B)、图(C)、图(D)和图(E)上的 0°、2.5°、5°、7.5°和15°处]个体目标的贡献用灰色线表示，归一化处理，而合成贡献用黑色线表示。图(A)和图(B)只能看见一个目标，直到图(C)(目标间距等于波瓣孔径 $\Delta\theta$)；图(D)和图(E)中，目标间距超出这个范围，两个最大值使得目标得以识别出来

角度分辨率的基本概念非常直观，在大多数情况下，角度分辨率具有物理相关特性，尤其是指向性图完全受控于换能器的几何形状时。在几个换能器组成阵列的情况下，可采用一些角度选择的其他方法，可能会达到比经典波瓣宽度的分辨率性能更好的情况(5.4.9 节)。

5.4.1.3　指向性指数

阵列指向性增益 G_d(或者指向性指数 DI，单位为 dB)表示指向性天线(通过对整个空间的指向性求积分计算)所获得的"功率上的空间增益"，这是与不具有指向性的同类型天线相比较而得到的(该天线的积分等于 4π)。阵列的指向性增益表达式如下：

$$G_d = \frac{4\pi}{\iint D(\theta,\ \varphi)\cos\theta \mathrm{d}\theta \mathrm{d}\varphi}$$

$$DI = 10\log G_{\mathrm{d}} \tag{5.17}$$

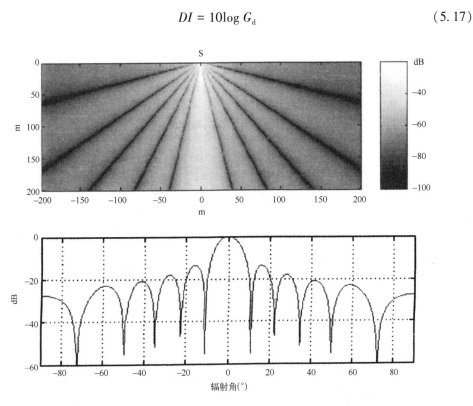

图 5.22　非加权的线性阵列($L = 0.4$ m，$f = 20$ kHz）指向性示意图

上图：辐射场的横截面，灰度级表示声强大小，声源位于$(0, 0)$，轴标度单位是 m；

下图：作为辐射角函数的指向性图案。注意：旁瓣的能级很高（第一个旁瓣等级为-13.3 dB）

在声接收时，由于天线的指向性（假设周围的噪声是各向同性的），接收端的指向性指数表示接收器对接收到的噪声的抑制。在声发射时，指向性指数表示沿主要方向集中的声能的增加［参见式(5.11)］。

对于特定尺寸的天线，指向性指数像主瓣的立体孔径一样，取决于声波频率。因此，对于一维（线性）天线，DI 在 $10\log(f/f_0)$ 内变化；对于二维（最常见情况）阵列，DI 在 $20\log(f/f_0)$ 内变化。

对于安装在船体的点状水听器（非定向型），指向性图案是一个半球形空间，因此，指向性指数为 $DI = 10\log2 = 3$ dB。

注意，对于长度为 L 的线性阵列（由 N 个间距为 $\lambda/2$ 的换能器组成），阵列的指向性指数 $DI = 10\log(2L/\lambda)$（参见附录 A.5.4）等于 $10\log N$。这相当于通过对包含高斯噪声的 N 个单独稳定信号的求和来获取信噪比上的增益（参见 6.2.2.2 节）。换能器接收的噪声的相干性已在 4.3.1 节中论述。

5.4.1.4　等效孔径

天线的等效孔径是指在真实的情况下把等量的能量集中到理想指向性后的孔径[在主瓣处 $D_{eq}(\theta, \varphi) = 1$，在其他处为 0，见图 5.23]，这可在平面内定义（等效孔径 Φ）如下：

$$\Phi = \int_{-\pi}^{+\pi} D(\theta)\,\mathrm{d}\theta \tag{5.18}$$

也可以在空间内定义（等效立体角 Ψ）如下：

$$\Psi = \iint D(\theta, \varphi)\cos\theta\mathrm{d}\theta\mathrm{d}\varphi \tag{5.19}$$

根据以上定义，指向性指数表示为 $DI = 10\log(4\pi/\Psi)$。针对目前换能器几何形状的 Φ 和 Ψ 值在后文表 5.1 中列出。对于长度为 L 的线性阵列，等效孔径的值（用弧度表示）简单表示为 $\Phi = \dfrac{\lambda}{L}$。

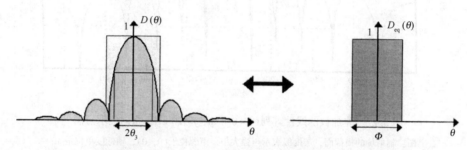

图 5.23　指向性图 $D(\theta)$，-3 dB 带宽（$2\theta_3$）及等效图 $D_{eq}(\theta)$ 和等效孔径 Φ

5.4.2　近场和远场

根据观测点到换能器的距离，换能器的空间辐射可分解成两个区域。

- 近场：换能器发射面上不同点的辐射贡献彼此存在很强的不同相位。产生的声场声强随距离振荡，且平均声强衰减速率比以 $1/R^2$ 的球面波传播衰减来得更慢。
- 远场：天线上不同点发出的信号之间产生较小的路径差，导致干涉效应消失，所有发射面的辐射贡献线性叠加。声强随距离单调衰减，在远距离时偏向球面衰减机制。

我们现在考虑换能器垂直于辐射方向的特征尺寸 L（图 5.24）（L 表示线性或矩形天线的长度，或者表示圆盘形的直径）以及波长 λ 的信号。近场与远场的转换由信号的路径长度差决定，而信号来自换能器中心或边缘的点。假设 $x \gg L$，则声程差等于：

$$\delta R = R_L - x = \sqrt{x^2 + \left(\frac{L}{2}\right)^2} - x \approx \frac{L^2}{8x} \tag{5.20}$$

只要声程差等于至少半个波长，声场沿 x 轴的距离就会产生振荡，且该距离需满足：

$$\frac{L^2}{8x} \geqslant \frac{\lambda}{2} \Leftrightarrow x \leqslant \frac{L^2}{4\lambda} \qquad\qquad (5.21a)$$

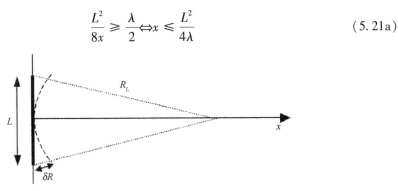

图 5.24　线性天线的声程差

在该距离以外，声场不会产生振荡。但是，天线在远场(声压振幅随距离衰减)的实际辐射机制尚未形成(图 5.25)。整个天线的贡献位于相位差 $\pi/4$ 或路径长度 $\lambda/8$ 范围内，当超出这个距离范围时，整个阵列视为同相辐射，且有很好的近似。可得到：

$$\frac{L^2}{8x} \leqslant \frac{\lambda}{8} \Leftrightarrow x \geqslant \frac{L^2}{\lambda} \qquad\qquad (5.21b)$$

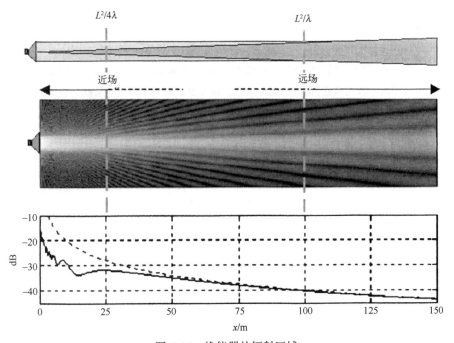

图 5.25　换能器的辐射区域

在近场，指向性波束尚未形成，声级起伏，而波束宽度相当恒定。当 $x > \dfrac{L^2}{4\lambda}$ 时，不再发生起伏，声压振幅单调衰减，传播的波束完全形成。但是，直到 $x > \dfrac{L^2}{\lambda}$ 时，沿实线轴的平均声强才等效于沿虚线球面传播的声强，此时，波束发散的宽度约等于换能器的横向尺寸(此处约为 100 m)

171

在几何上，当理想波束发散的宽度等于换能器的横向尺寸时，可认为远场机制形成。显而易见，如果用 λ/L 表示波束的孔径角，远场的临界距离可表示为

$$D_F \approx \frac{L^2}{\lambda} \qquad (5.22a)$$

对一个表面天线的远场临界距离的公式可简化为

$$D_F \approx \frac{A}{\lambda} \qquad (5.22b)$$

此处，近场和远场的概念与接收换能器近场和远场的概念完全一样。

5.4.3　简单形状的换能器的理论结果

5.4.3.1　平面阵列

换能器指向性的特征在理论上可导出一些简单的几何结构。附录 A.5.4 详细列出了线性天线的算法。表 5.1 给出了三种最常见的换能器形状（线性、圆盘形和矩形）的近似公式。针对每个形状都描述了指向性的表达式、指向性指数、主瓣宽度、第一旁瓣能级、等效孔径 Φ 以及等效立体角 Ψ，也给出了单向发射或单向接收的结果，或双向传输+双向接收的组合结果。

表 5.1　常见天线类型在传输或接收（上表：单向设置）或在发射和接收混合（下表：双向设置）时的指向性特征，角度 θ 是相对于天线的法线的夹角。

表达式给出的小角度孔径是近似的。矩形天线将被视为两个线性天线的组合，

在 a 边和 b 边方向的角特征分别与线性天线在长度 a 和长度 b 上的角特征相同。

因此，在线性情况下使用的公式，在矩形天线时会用 a 或 b 替换 L

传输或接收（单向设置）	线性，长度 $L>\lambda$	圆盘形，直径 $D>\lambda$	矩形，a 边、b 边 $>\lambda$
指向性图案 $D(\theta)$	$(\sin A/A)^2$ $A=(\pi L/\lambda)\sin\theta$	$[2J_1(A)/A]^2$ $A=(\pi D/\lambda)\sin\theta$	
指向性指数 DI/dB	$10\log(2L/\lambda)$	$20\log(\pi D/\lambda)$	$10\log(4\pi ab/\lambda^2)$
主瓣宽度 $2\theta_3(°)$	$50.8\lambda/L$	$58.9\lambda/D$	
第一旁瓣级/dB	-13.3 $(2^{\mathrm{nd}}/3^{\mathrm{rd}}:\ -18/-21\ \mathrm{dB})$	-17.7	
等效孔径 Φ/rad	λ/L	$1.08\lambda/D$	
等效立体角 Ψ/sr	$2\pi\lambda/L$	$(4/\pi)(\lambda/D)^2$	$\lambda^2/(ab)$

续表

发射和接收混合(双向设置)	线性，长度 $L > \lambda$	圆盘形，直径 $D > \lambda$	矩形，a 边，b 边 $> \lambda$
指向性图案 $D(\theta)$	$(\sin A/A)^4$ $A = (\pi L/\lambda)\sin\theta$	$[2J_1(A)/A]^4$ $A = (\pi D/\lambda)\sin\theta$	
主瓣宽度 $2\theta_3$(°)	$36.6\lambda/L$	$42.3\lambda/D$	
第一旁瓣级/dB	-26.5	-35.4	
等效孔径 Φ/rad	$(2/3)(\lambda/L)$	$0.77\lambda/D$	
等效立体角 Ψ/sr	$(4\pi/3)(\lambda/L)$	$(1.84/\pi)(\lambda/D)^2$	$(4/9)\lambda^2/(ab)$

5.4.3.2　曲面阵列

平面阵列的显著优点是设计和实现的简易化，但也存在很多不便：在给定频率的情况下，增加阵列尺寸(如为了提高传输功率而增加阵列尺寸)会导致指向性波瓣变窄。使用曲面阵列，则可弥补这项不足，得到较宽的指向性图案。曲面阵列的指向性图案会受到其阵列几何形状的影响，但不会受到尺寸与波长比值的影响。曲面阵列最常见的几何图形是圆柱形(或者部分是圆柱形，图 5.26)。

这表明 (参见附录 A.5.5)圆柱形天线在特定方向上的辐射声场大多来源于圆周角扇区的辐射，这与第一菲涅尔区相对应。该菲涅尔区的孔径角 γ_F(用弧度表示)表示为

$$\gamma_\text{F} = 2\sqrt{\frac{\lambda}{\rho_\text{c}}} \tag{5.23}$$

式中，ρ_c 表示阵列曲率半径。如果 γ_F 相对于整个天线(图 5.26)的孔径角 γ_c 范围较小，则天线的指向性图非常接近物理天线的几何孔径。在主瓣内部，声场在围绕着主值附近的角度会有波动(通常在 1~2 dB 附近波动)。

图 5.26 显示了 100 kHz 频率下，圆柱形天线(几何孔径分别为 45°和 90°)的辐射场，指向性图显然依赖于几何孔径。我们也可以发现，由于天线表面上所有点的贡献合成，声波的辐射主瓣上出现被声场起伏所引起的调制效应。

5.4.4　组合指向性图案

5.4.4.1　离散阵列

在由数个换能器组成的一个阵列中，其指向性包含两个部分：
- 阵换能器自身固有的指向性 D_trans；
- 把阵列看成点状换能器(没有单独的指向性)后的指向性 D_array。

我们可以很容易直观地发现：组合产生的指向性图是由两个指向性函数的数学乘

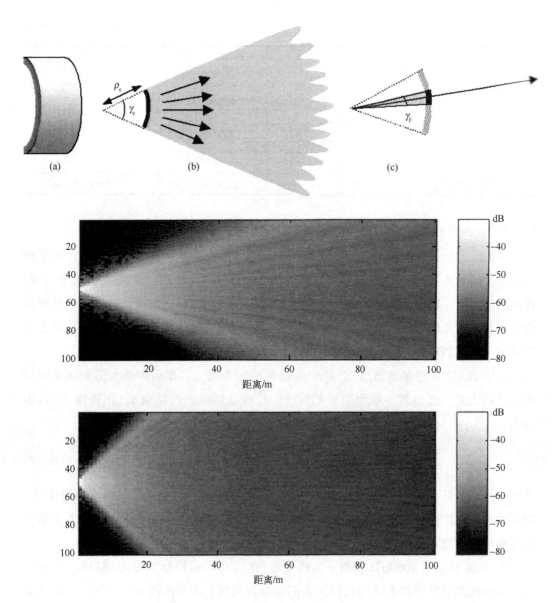

图 5.26 100 kHz 频率下，圆柱形天线的辐射场

上图：圆柱形天线(a)的辐射几何图形，主瓣宽度(b)由发射区域孔径角 γ_c 决定，

但是在特定方向(c)下，辐射场主要来自有限的菲涅尔区域 γ_F；下图：圆柱形

天线的辐射场，几何孔径为 45°(上)和 90°(下)，曲率半径为 1 m，频率为 100 kHz

积得到，如下式：

$$D_{\mathrm{res}}(\theta,\ \varphi) = D_{\mathrm{trans}}(\theta,\ \varphi) \times D_{\mathrm{array}}(\theta,\ \varphi) \tag{5.24}$$

阵元换能器比总阵列的指向性要弱得多。在只考虑角度接近主瓣轴的情况下，阵元换能器的指向性对总阵列的指向性影响很小。在这种情况下，仅当 $D_{\mathrm{res}}(\theta,\ \varphi) \approx D_{\mathrm{array}}(\theta,\ \varphi)$

时，得出的指向性图才比较精确，例如计算主瓣的模式。另一方面，阵元换能器的指向性可影响斜入射情况下阵列的角度表现。如果需要在整个角度范围内精确描述所产生的指向性图案，则需考虑该角度行为。后文图 5.34 中给出了指向性组合的应用示例。

5.4.4.2　发射和接收的混合使用

在声呐系统中，需同时考虑发射天线和接收天线（下文分别用 Tx 和 Rx 表示）的指向性，所产生的指向性函数是两个单向模式的乘积：

$$D_{\mathrm{res}}(\theta, \varphi) = D_{Tx}(\theta, \varphi) \times D_{Rx}(\theta, \varphi) \tag{5.25}$$

在通常的配置中，一般使用相同的换能器进行发射和接收。在这种情况下，因为 $D_{Tx}(\theta, \varphi) = D_{Rx}(\theta, \varphi)$，所以

$$D_{\mathrm{res}}(\theta, \varphi) = D_{Tx}^2(\theta, \varphi) = D_{Rx}^2(\theta, \varphi) \tag{5.26}$$

如果两个主瓣轴（Tx 和 Rx）重合，所产生的主瓣的 3 dB 宽度可通过单个单向波瓣孔径的值来近似：

$$\theta_{\mathrm{res}} = \frac{\theta_{Tx}\theta_{Rx}}{\sqrt{\theta_{Tx}^2 + \theta_{Rx}^2}} \tag{5.27}$$

如果发射和接收时的指向性相同，组合所产生的波瓣可近似等于：

$$\theta_{\mathrm{res}} = \frac{\theta_{Tx}}{\sqrt{2}} = \frac{\theta_{Rx}}{\sqrt{2}} \tag{5.27a}$$

注意，在这种情况下，用 dB 表示的旁瓣级降低到其单边指向性值的一半。

组合指向性下发射和接收混合效应的示例如图 5.27 所示，显然，主瓣变窄，旁瓣的能级也降低了。组合指向性图案的另一个应用请见 5.4.6.5 节。

5.4.5　宽带信号的指向性

5.4.5.1　宽带指向性

上文定义的指向性都是针对特定频率（或窄带信号），因此当待处理的信号具有显著的带宽时，该指向性并不成立。接下来需要研究一下指向性对具备有限带宽的信号 $\Delta f = [f_1 f_2]$ 来说意味着什么。我们考虑的情况包括：在没有加权的情况下，阵列是线性的；固定频率下指向性为 sinc^2（sinc 函数的平方）；整个带宽上的信号功率谱是平坦的。那么，其指向性可通过对其频率分量的指向性图在频带 Δf 上求积分而得出，即

$$D_{\Delta f}(\theta) = \frac{1}{\Delta f} \int_{f_1}^{f_2} D(\theta, f)\,\mathrm{d}f \tag{5.28}$$

该模型特别适合宽带随机噪声（如舰船辐射噪声以及被动声呐检测出的噪声）。

对窄带 Δf 的积分式（5.28）进行分析推导，可得知主瓣和第一旁瓣的指向性图，如下式：

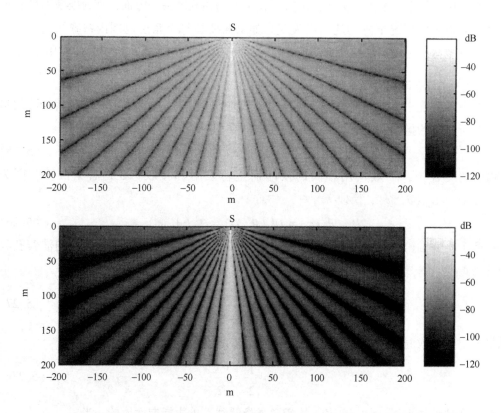

图 5.27　线性阵列($L=0.3$ m，$f=50$ kHz)的指向性示意图

辐射场的横截面，灰度级表示声强大小，声源位于$(0,0)$，轴标度单位是 m。上图：仅在传输

情况下，线性阵列的指向性；下图：发射和接收混合使用的情况下，线性阵列的指向性，

主瓣变窄(以-3 dB 为波束宽度，缩小了 $1/\sqrt{2}$)，旁瓣能级降低(降低了 2 倍，用 dB 表示)

$$D_{\Delta f}(\theta) \approx \frac{\sin^2(a_m \sin\theta)}{(a_m \sin\theta)^2} \cos\left(\frac{a_m \sin\theta}{\sqrt{3}} \frac{\Delta f}{f_m}\right) + \frac{1}{12}\left(\frac{\Delta f}{f_m}\right)^2 \qquad (5.29)$$

且 $a_m = \pi L/\lambda_m$，其中，λ_m 表示频带 Δf 的中心频率的波长，即

$$f_m = \frac{f_1 + f_2}{2} \qquad (5.30)$$

式(5.29)可看成一个经典 sinc 平方函数(中心频率下的平均指向性)被一个余弦项调制(降低旁瓣的能级)再加上一个 sinc 函数的振荡项(窄带响应的特点)。

　　更简洁地说，在主瓣的中心频率附近，指向性随频率变化而周期性振荡，带宽加大会使得单频指向性图案平顺化。当带宽加大时，振荡会衰减更多。在倾斜入射以及足够大的带宽下，旁瓣的能级可通过振荡的 sinc 平方函数的平均值来近似，即

$$\left\langle \left(\frac{\sin x}{x}\right)^2 \right\rangle \approx \frac{1}{2x^2} \tag{5.31}$$

宽带指向性函数在倾斜入射时趋向于：

$$D_{\Delta f}(\theta) \rightarrow \frac{1}{2}\left(\frac{\pi L}{\lambda_m}\sin\theta\right)^{-2} \tag{5.32}$$

式中，λ_m 为频率 f_m 的波长。图 5.28 展示了一个单频模型下线性阵列的指向性函数、一个 1/3 倍频程频带 $(f_2 = 2^{\frac{1}{3}}f_1)$ 下线性阵列的指向性函数以及一个倍频程频带 $(f_2 = 2f_2^*)$ 下线性阵列的指向性函数，结果显示此处使用的渐进模型很好地代表了宽带换能器的指向性。

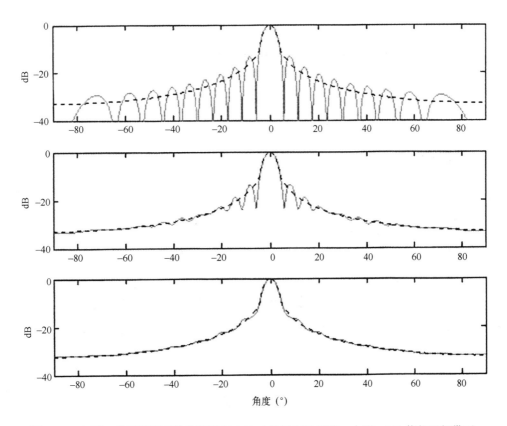

图 5.28　上图：单频模型下线性阵列 $(L = 10\lambda)$ 的指向性函数；中图：1/3 倍频程频带下线性阵列的指向性函数；下图：一个倍频程频带下线性阵列的指向性函数

＊：此处原著有误，应为 $f_2 = 2f_1$。——译者注

5.4.5.2　短脉冲信号

另外一个常见情况是短脉冲的主动信号，阵列接收到的信号的等效长度（$cT/\sin\theta$）小于阵列的尺寸（图 5.29）。在这种情况下，阵列不能同时完全被声透射，阵列的整体性能降低。输出信号依据阵列的几何纬度而延长（与传播方向呈 θ 角的阵列自身长度造成的传播延迟，使用 $L/c\sin\theta+T$ 而不使用 T），阵列指向性是在阵列等效长度等于瞬时声透射长度 $cT/\sin\theta$ 时而不是等于 L 时的指向性。

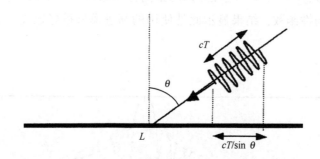

图 5.29　天线被短脉冲信号的声透射

短脉冲信号的等效长度小于天线长度，因此整个天线尺寸在指向性图案的形成中并不是有效尺寸

5.4.6　波束形成

5.4.6.1　原理

对于独立离散型换能器组成的阵列，如果适当地控制换能器发生信号的相移或时移时，可控制在所选方向上阵列发射的声波的主瓣，这一过程称为波束形成，这一过程适用于发射和接收两端。波束形成能够在天线没有任何机械运动的情况下，对空间进行扫描。例如，由 $N=2k+1$ 个换能器组成的线性阵列（长度为 L），沿 θ_0 方向形成波束（图 5.30）。如果 l 表示两个换能器之间（间距为 d）的微声程差，则

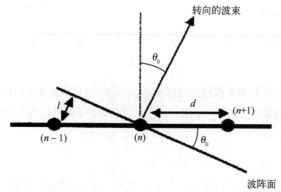

图 5.30　线性阵列的波束形成：几何表示和标识

$$l = d\sin\theta_0 \tag{5.33}$$

以阵列中心为参考，换能器 n 的信号延迟表示如下：

$$\delta t_n = n\frac{l}{c} = n\frac{d}{c}\sin\theta_0, \quad n = -k,\cdots,+k \tag{5.34}$$

相应的相移如下式：

$$\delta\varphi_n = 2\pi f\frac{nl}{c} = 2\pi\frac{nd}{\lambda}\sin\theta_0 \tag{5.35}$$

对于阵列上的所有换能器，信号是沿 θ 方向的单位振幅的正弦波，当发生相移 $\delta\varphi_n$ 后，把正弦波的贡献叠加（忽略换能器的单独指向性），所产生的信号表示为

$$
\begin{aligned}
S_{\theta_n}(\theta,\ t) &= \sum_{n=-k}^{+k} s_n(t)\exp\left(2j\pi n\frac{d}{\lambda}\sin\theta_0\right) \\
&= \sum_{n=-k}^{+k}\exp\left[j\left(\omega t - 2\pi n\frac{d}{\lambda}\sin\theta\right)\right]\exp\left(2j\pi n\frac{d}{\lambda}\sin\theta_0\right)
\end{aligned} \tag{5.36}
$$

进行一些代数操作并消除时间相关项，指向性最终表示为

$$D_{\theta_0}(\theta) = \left|\frac{S_{\theta_0}(\theta)}{S_{\theta_0}(\theta_0)}\right|^2 = \left|\frac{\sin A}{N\sin(A/N)}\right|^2 \tag{5.37}$$

且满足：$A = \pi\dfrac{L}{\lambda}(\sin\theta-\sin\theta_0) = \pi\dfrac{Nd}{\lambda}(\sin\theta-\sin\theta_0)$。

当角度 θ 接近方位角 θ_0 时，可得到近似表达式：

$$A \approx \pi\frac{L}{\lambda}\cos\theta_0\sin(\theta-\theta_0) \tag{5.38}$$

设定式（5.38）中的 $\theta-\theta_0 = v$ 且 $L\cos\theta_0 = L_0$，再考虑式（5.37）中的 $N\sin(A/N)\approx A$，这时，波束形成的指向性可表示为

$$D_{\theta_0}(\theta) \approx \left|\frac{\sin A}{A}\right|^2 \approx \left|\frac{\sin\pi\dfrac{L_0}{\lambda}\sin v}{\pi\dfrac{L_0}{\lambda}\sin v}\right|^2 \tag{5.39}$$

当角度从 θ 转到 θ_0 时，上述方程同样适用于长度为 $L_0 = L\cos\theta_0$ 的线性阵列（即阵列沿 θ_0 方向的投影长度）。

最终，离散阵列形成的波束指向性图案即为线性天线转向到了波束 θ_0 方向的指向性图案，同时长度减至 $\cos\theta_0$。这个发现可得出以下一些重要的结论：

- 波束的转向不会影响指向性图案的基本形状；
- 旁瓣能级不会变化，第一旁瓣级的最大值仍为 -13.3 dB；
- 主瓣的宽度增加了 $1/\cos\theta_0$；
- 不管方位角如何变化，指向性指数不会变化，这仅对线性阵列严格成立。而对

于矩形阵列，指向性指数会随着主瓣的加宽而变化，满足公式 $10\log(\cos\theta_0)$，单位是 dB。

图 5.31 展示了按照半波长 $(\lambda/2)$ 排布的 21 个阵元的线性阵列辐射场，长度为 $L=10\lambda$，阵列在 0°、12°、24°、36°、48° 和 60° 形成波束。注意，主瓣的宽度随方位角增大而增大，而旁瓣效应保持恒定。必须牢记的是，在该特定示例中，完全忽略单个换能器自身的指向性。

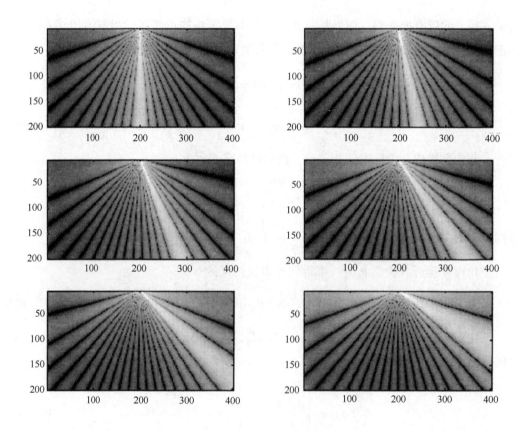

图 5.31　线性阵列 ($L=10\lambda$，21 个阵元间隔 $\lambda/2$) 在 0° 和 12° (上图)、24° 和 36° (中图) 以及 48° 和 60° (下图) 的波束形成。注意，方位角增大时，波瓣孔径会加大

5.4.6.2　窄带信号的波束形成

波束形成既可以在时域实现也可以在频域实现：阵列中心换能器接收的信号或发生延迟或发生相移。基于不同的输入信号类型，我们选用其中一种方法。对于窄带信号，使用相域波束形成方法能产生良好的预期效果。这是最简单的算法实现，阵列换能器的信号只需乘以一个具有适当相移的复数校正项。

当波束形成中将 N 个换能器的相位延迟到 θ_0 方向上时，对 N 个换能器的输出 $s_i(t)$ 求和，会得到一个有趣的特性。利用上述换能器相位延迟的表达式，在 θ_0 方向上波束形成所得到的信号表示为

$$s(\theta_0,\ t) = \sum_{n=-k}^{+k} s_n(t) \exp\left(-2j\pi n \frac{d}{\lambda}\sin\theta_0\right) \qquad (5.40)$$

该表达式对应于一对基于波长表示的方位角空间和换能器位置空间的离散傅里叶变换。因此，该表达式可使用一种会快速提高傅里叶变换算法效率的专业的数字信号处理技术——快速傅里叶变换算法[参见 Nielsen(1991)]。但是，该算法存在两个重大不足之处：

• 该算法只适用于单频信号，比如窄带随机噪声或足够长的主动信号(与阵列长度相比，参见 5.4.5.2 节)；

• 波束形成的可转动的一系列的角方向被固定了，这是快速傅里叶变换的固定点数的计算功能决定的。但是在需要(如在多波束探测仪中)多样化灵活控制波束时，会出现问题。快速傅里叶变换处理波束形成的数值效率高，曾一度很流行，但随着计算机技术的不断加强，现在优势已不太明显。

5.4.6.3 阵列遮蔽

通过恰当地校正阵列换能器发出信号的和(沿阵列使用不同的加权，并且整体呈钟型以降低换能器在极限情况下的影响)，我们可以有效降低旁瓣的影响。然而，这样做通常也会加宽主瓣宽度，使之大约增加 40%(图 5.32)。这是由于通过降低阵列两端换能器的贡献来实现的，实际上也相当于减少了阵列的有效长度，因而波瓣宽度和指向性增益也会减少。注意，在发射模式下，加权操作双倍降低了阵列的性能：减少有源阵列的有效长度(相当于再次降低可用功率)，并加大主瓣宽度(相当于分散了可用的功率以及降低了声强)。在接收模式下，加权计算仅稍微降低了指向性指数。

应用于阵列的加权算法通常会与快速傅里叶变换一起使用(Harris，1978)，因为诸如汉明(Hamming)加权、汉宁(Hanning)加权、道夫-切比雪夫(Dolph-Chebychev)加权等加权运算基本是相同的。道夫-切比雪夫加权法特别有意思：使特定的旁瓣级恒定，并把主瓣的孔径降至最低。

附录 A.5.6 给出了通用的主要加权及其特性。但需要注意的是，理论上预期的性能常常不能满足实际情况。定义的加权法仅用来权衡理想情况下完全相同的换能器。然而在实际情况下，陶瓷和电子电路具有不同的振幅和相位灵敏度，这会降低最终结果的质量。在常用换能器中，实际的旁瓣抑制级最佳值为 -25 dB 到 -30 dB。为了更接近理论性能，有必要从灵敏度和相位响应(在可控条件下测量的)等方面补偿阵列单元的个体特性。

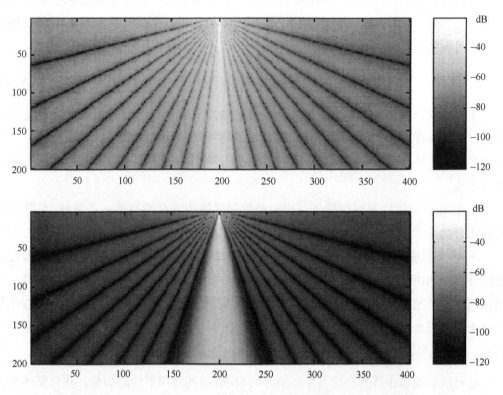

图 5.32 对于线性阵列（$L=10\lambda$），阵列遮蔽对指向性图案的影响

上图：没有加权；下图：汉明加权。请注意旁瓣级的降低和主瓣的加宽

5.4.6.4 宽带信号的波束形成

宽带信号倾向使用时域内的信号处理，不采用相移的方式。沿 θ_0 方向的转向与阵换能器之间单位时延 τ 相对应，等于

$$\tau = \frac{l}{c} = \frac{d}{c}\sin\theta_0 \tag{5.41}$$

所产生的信号表示如下式：

$$S(\theta_0) = \sum_{n=-k}^{+k} s_n(t-n\tau) = \sum_{n=-k}^{+k} s_n\left(t - n\frac{d}{c}\sin\theta_0\right) \tag{5.42}$$

即对从换能器阵列采样的延时信号的求和。

采用数字化信号处理方法来实现上述过程的最常见步骤分为两步。第一步，根据预期的延迟，信号采样的时间随着预期的时延移位。但是，移位的准确度受到数字信号采样周期的限制，往往精确度不高。因此，第二步需要对信号做插值或做相移（相移需在信号的中心频率下），以抵消相对于理想延迟的剩余时间误差。

当阵列在很宽的频带下工作时，会产生换能器总长度和间距的优化问题。理想情况下，频谱的最低频率可推导出阵列的长度，最高频率可推导出阵元的间距，而当上述条件不满足时，往往只能进行无规则的阵列采样。我们可以根据最低频率来推导阵列的总尺寸，但这个尺寸很可能在高频率下会超过阵元要求的间距，因此精细采样只能在阵列某部分长度上进行。

5.4.6.5　空间采样——栅瓣

对于由多个换能器组成的阵列，保持换能器之间的正确间距很重要：间距需足够小，以确保对声场的空间采样的准确。通常的规则是要求间距不能大于 $\lambda/2$，这个间距的值通常也在实际阵列中使用。当设计或分析水下声系统时，该间距值一般被视为默认值。

如果各个换能器的间距小于 $\lambda/2$，除开一些角度模糊的情况，声场的每个可能的到达角都可与阵列中的某种复声场配置一一对应。但是，如果各个换能器的间距大于该极限值，则到达角所对应的声场配置将不再是唯一的。不同的角度都可能对应于在换能器上的同一个声场结构。根据信号的到达角度，就会出现类似数字傅里叶变换里的混叠（或频谱折叠）现象：指向性图本身的复制，会产生主瓣的伴生副本（图 5.33），称为栅瓣。

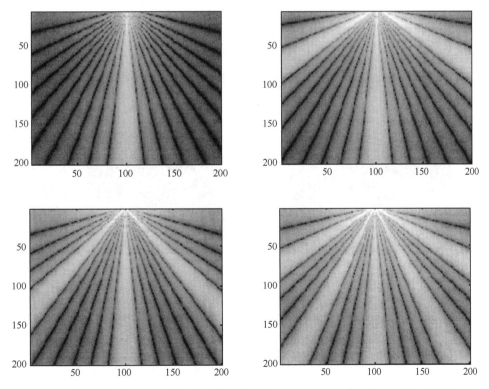

图 5.33　当阵列长度 $L = 10\lambda$ 时，阵元数量分别为 21、9、7、5 时对应的空间欠采样效应

注意，一系列栅瓣的声强级与主瓣的声强级相同

当换能器上的信号同相位时，会出现一系列波瓣的最大值，如下式：

$$2\pi \frac{d}{\lambda}\sin\theta_n = 2n\pi, \qquad n = 1, 2, 3, \cdots \qquad (5.43)$$

式中，d 表示换能器间距。相应的角度 θ_n 由下式得出：

$$\sin\theta_n = n\frac{N}{d}, \qquad n = 1, 2, 3, \cdots \qquad (5.44)$$

在有些情况下，由于声场的角度结构较为具体，栅瓣不存在问题，欠采样的阵列也足够了。但是，这种选项并不推荐，我们应对阵列长度尽可能进行正确取样。

抑制栅瓣出现的另外一种方法是利用阵换能器的指向性。在沿栅瓣方向上产生单独指向性零位也可以得到可接受的指向性图案，即使在欠采样条件下（图5.34）。

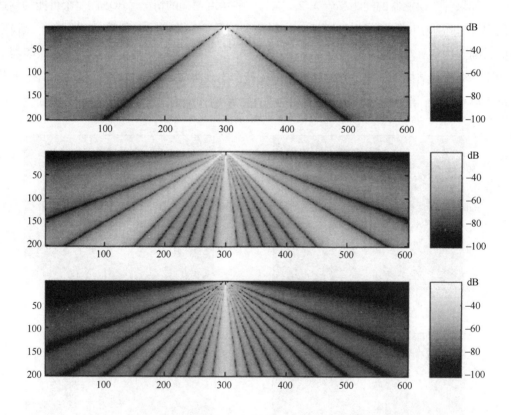

图 5.34　指向性的组合

上图：单独的阵换能器；中图：阵列；下图：组合。在后一种情况下，欠采样阵列的栅瓣
由阵换能器模型的最小值抵消，只有阵列单元在物理上连续，这种情况才成立。
如果阵列属于电控制，则阵换能器的指向性对镜像波瓣的抑制有效度将会降低

在使用主动声呐时的另一个替代方法是，在发射和接收端使用具有不同的欠采样率的天线。通过组合在发射和接收时的指向性（栅瓣不相符），可消除栅瓣。

5.4.6.6　波束形成阵列的相干噪声

波束形成的优势之一是能够增加信噪比：原理是，当沿阵列对发生延迟或相移的信道求和时，特定方向上到达的相干信号比随机接收的非相关噪声增加得更多。但是，如果噪声沿阵列方向上也发生相干现象，则会降低波束形成的性能。

当电噪声干扰多信道声呐接收器时，通常会出现上述情况。如果（如电源发出的）电噪声辐射进入声呐接收装置（如因为装置的屏蔽不足），就会出现对所有接收信号都产生相同影响的风险。在这种情况下，加性噪声，甚至即使是随机噪声，也会在所有信道上完全相干。因此，当主中心波束形成时（对所有接收器进行的无延迟的求和），其噪声的贡献会相干增加，波束输出则会充斥着噪声。这种现象也会影响到邻近波束（较低的波束能级），因为延迟求和不会引入足够的相干损失。只有当波束完全转向后，方可通过延迟或相移来保证信道之间的不相干性。阵列也随之恢复其预期性能，消除噪声对相干信号的干扰。这种现象为声呐设计者熟知，通常通过采取专门的硬件预防措施（对电源装置和处理装置进行物理分离，电缆屏蔽、电子板筛选）来解决。

相干噪声的现象也会出现在当噪声的物理结构与信号结构相似的情况下。例如在低频信号的远距离传播中，信号结构和噪声分量（从本征模式或几何射线考虑）的相似度可能性很高，在这种情况下，对阵列进行空间过滤处理不会提高信噪比，导致信噪比性能抑制在理论预期以下。

5.4.6.7　圆柱形阵列

虽然波束形成通常应用于线性阵列，但其相同的处理原则也能应用于曲面阵列。圆柱形阵列就是一个很常见且特别有趣的应用情况。为了沿 θ_0 方向形成波束，我们可以使用部分与角扇区 γ_M 相交的阵列，并调整它至需要的方向（图 5.35），沿弧线的不同点按照角度 γ（在区间 $[\theta_0-\gamma_M/2,\ \theta_0+\gamma_M/2]$ 范围内）布置，阵列信号随声程差的变化进行相移（或延迟，这取决于使用的波束形成类型）。其声程差以假设目标处于远场而计算：

$$\delta\zeta(\theta_0,\ \gamma) \approx \rho_c[1-\cos(\theta_0-\gamma)] \approx \rho_c\frac{(\theta_0-\gamma)^2}{2} \tag{5.45}$$

一旦阵列曲率造成的声程差被抵消，我们便可看与线性阵列垂直形成的波束构型[参见式（5.46）]，该线性阵列的长度 L_M 根据弧弦 γ_M 而定义如下：

$$L_M = 2\rho_c\tan\frac{\gamma_M}{2} \tag{5.46}$$

如果需要转到另一个方向上，我们需考虑天线的另一个部分。这种换能器的几何构造很有趣，只要方位角位于 $-(\gamma_c-\gamma_M)/2$ 至 $+(\gamma_c-\gamma_M)/2$ 之间，便能够以任意方位角形成完全相同的波束；如果超出这个极限值范围，仍可通过增大倾斜角来形成波束，但是这样的转向就偏离了所用阵列扇区的对称轴，因而降低了指向性波瓣的特性。

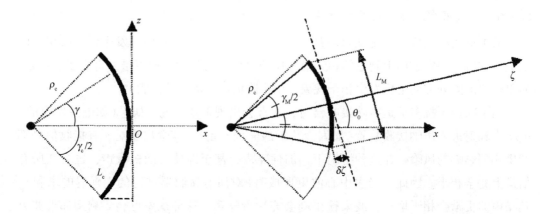

图 5.35　使用圆柱形阵列的波束形成

上述指向性波瓣的另一个有趣特性是，其波束形成的指向性图案完全相同（那些可能转向不完整圆形阵列的极限的指向性图案除外），这在许多应用中会涉及。同样，从技术的角度来看，在进行模拟阵列处理时，应用这项原理的特性，便很容易设计出波束形成器，因为所有信道的运算很简单且等同。这使得曲面阵列的高频应用流行了一段时间。当然，随着现今数字处理的盛行，曲面阵列的结构优势降低。人们更倾向于使用与平面阵列及其阵列处理的相关的其他广泛算法，该算法在几个方面（机械复杂性、易于实施、成本）都具有明显的优势。但是在有些情况下（如在海军应用或渔业中使用的全景扫描声呐），圆柱形阵列仍是最好的解决方法。

最后，我们需要提及用于水体三维扫描的球面阵列。球面阵列的应用领域与圆柱形阵列的应用领域（海军声呐、渔业以及定位系统）相同。波束形成的原理是对曲面阵列情况的三维扩展，此处不再赘述。与球面波束形成器的独特功能相对的是它们对精细的机械设计、成本以及实施的限制条件。

5.4.7　阵列聚焦

当阵列尺寸满足近场条件（参见 5.4.2 节）时，声波不再视为平面，经典波束形成方法则不是最优的。我们需要使用阵列聚焦方法，通过阵元的相移（或延迟）来抵消在目标中心的球面波的相位差（或时差）。对于聚焦在横向轴上距离为 x_0 处的线性阵列，阵列中心与纵坐标点 y 之间的声程差（图 5.36）表示为

$$\delta R = \sqrt{x_0^2 + y^2} - x_0 \approx \frac{y^2}{2x_0} \tag{5.47}$$

用于补偿信号传播的声程差所需要的沿阵列的相移，表示为

$$\varphi(y) = k\delta R = \frac{ky^2}{2x_0} \tag{5.48}$$

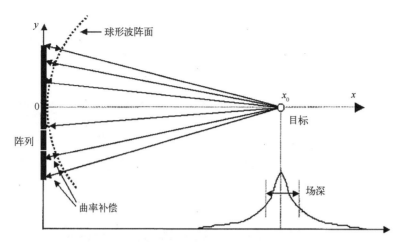

图 5.36 阵列聚焦的几何表示，详见文中叙述

相应的时延表示为

$$\tau(y) = \frac{\delta R}{c} = \frac{y^2}{2cx_0} \tag{5.49}$$

当然，阵列聚焦仅在局部有效，仅针对目标聚焦距离 x_0 附近。由此产生的信号其振幅在聚焦距离两侧衰减。聚焦有效区域（或称场深）可由标称焦点附近 $-3\ \mathrm{dB}$ 处的点间距得出，并取决于测量的几何数值和信号波长。例如，长度 L 的线性阵列在距离 x_0 处聚焦，场深大约等于 $7\lambda\ (x_0/L)^2$。

实际上，对于接收端采用阵列聚焦处理的声呐系统，场深的有限范围导致了一种所谓的动态聚焦，即焦点的位置随着预期目标的距离而移动。根据接收时间而改变焦距，即可轻松地实现数字化动态聚焦。当然，动态聚焦不适用于发射阵列，因为焦点需要在传输之前就确定下来。图 5.37 显示了指向性图案经动态聚焦处理过后的效果。

5.4.8 干涉测量法

通过测量两个不同位置接收器接收到的回波的相位差，就可以定位目标，由此获得的声程差可以非常准确地估计波到达方向（DOA）。

5.4.8.1 通用原理

干涉测量法基于对两个或多个相干波的相长叠加和相消叠加[7]。任意性质的波（电磁波或声波），两个相干源的场贡献（可能是矢量贡献）可表示为

---

[7]第一个光学干涉仪由杨氏（Young）设计，根据牛顿创立的微粒说来证明光的波动性。杨氏经典实验包括通过两个狭缝衍射单色光，在屏幕上产生了与光波相长和相消干扰相对应的干涉图样。

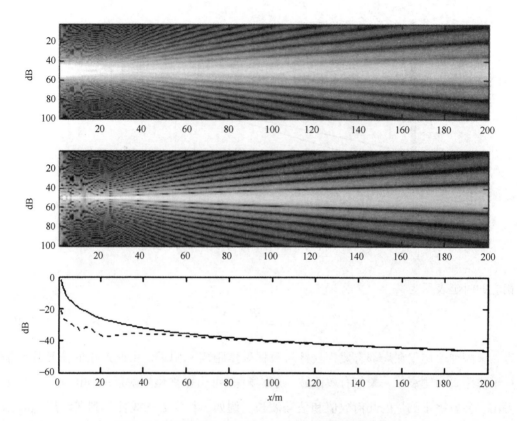

图 5.37　线性阵列(L=3 m, f=25 kHz)的动态聚焦效应

上图：标准波束形成，波束仅在远场形成，此处 L^2/λ＝150 m；中图：动态聚焦，

分辨率在短距离内清晰得多，而远场内的动态聚焦处理效果甚微；下图：标准

波束形成(虚线表示)以及动态聚焦(实线表示)时，沿主瓣轴的信号级

$$s_1(t) = A_1\exp[j(\omega t + \varphi_1)]$$
$$s_2(t) = A_2\exp[j(\omega t + \varphi_2)] \qquad (5.50)$$

式中，A_i 表示声场振幅；ω 表示角频率；φ_i 表示相位，主要取决于距离接收器的传播路径的长度。

声场 $E=E_1+E_2$ 的平均声强表示为

$$I = K\langle s^2(t)\rangle_T = K\langle s_1^2(t) + s_2^2(t) + 2s_1(t)s_2(t)\rangle_T \qquad (5.51)$$

式中，K 是常数(依赖于波的类型)，按时间平均的 $\langle s^2(t)\rangle_T$ 采用于两个信号间的相干时间。生成的声强由三个项构成：两个直接贡献项和一个干涉项。

$$I = K\langle s_1^2(t)\rangle + K\langle s_2^2(t)\rangle + 2KA_1A_2\langle\cos(\varphi_1 - \varphi_2)\rangle_T$$
$$= I_1 + I_2 + 2KA_1A_2\cos\Delta\varphi_{12} \qquad (5.52)$$

因所产生的声强取决于相位差 $\Delta\varphi_{12}$，即两个波程间的长度差，对这两个波进行求和，

则导致 $\cos\Delta\varphi_{12}$ 在 -1 到 $+1$ 间变化，因此而增大或减弱所产生的声强值 I，其平均值大致为 $I_1 + I_2$。

此处有必要对单频[⑧]波的条件限定加以说明，因为单频波决定了能以常规变化的干涉项的出现；接收器上具备随机分布相位的非单频波是不相关的。对非单频波求和，则其伪随机相位不会导致谐波干涉的出现。但是从物理学上说，没有声源是严格单频的，也就是说，如果声源是严格单频的，则波的周期将会无限长。实际上，考虑具备足够长相干性的窄带源就足够了。

干涉测量法应用于水声学，基本是测量两个相近接收器间的相位延迟，目的是找到回波的声程差和波达方向角。从几何上来说，相位差 $\Delta\varphi$ 与声程差 δR 相关（图 5.38）：

$$\Delta\varphi = k\delta R = k\left(\overline{MA} - \overline{MB}\right)\frac{2\pi}{\lambda}a\sin\gamma \tag{5.53}$$

式中，λ 表示声波长；a 表示两个阵元的间距，通常称为干涉仪间距或基线；γ 表示基于干涉仪轴向的波阵面的到达方向。

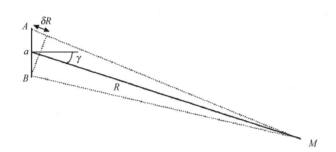

图 5.38　干涉测量法的几何表示，定义了基线 a，阵元 A 与阵元 B 之间的传播路径延迟 δR 以及到达角 γ

5.4.8.2　相位估计

相位延迟 $\Delta\varphi$ 可通过每个接收器的复信号包络 s_A 和 s_B 之间观察到的相位差 $\Delta\varphi_{AB}$ 来估计，如下式：

$$\Delta\varphi_{AB} = \arg\{s_A s_B^*\} \tag{5.54}$$

式中，s_B^* 表示信号 s_B 的复共轭。相位延迟 $\Delta\varphi_{AB}$ 与其估计量 $\Delta\varphi$ 没有直接的关系，因为复参数算符仅截取在 $[-\pi, +\pi]$ 区间内的估计量，如下式：

$$\Delta\varphi_{AB} = \mathrm{mod}(k\delta R, 2\pi) \tag{5.55}$$

其中，mod 表示传统模函数。引入相位旋转计数器 m 来计数上述截取，如下式：

$$\Delta\varphi_{AB} \pm 2\pi m = ka\sin\gamma \tag{5.56}$$

其中，$m \in \mathbb{N}$ 表示干涉模糊度。由此而引起的估算的相位差变得模糊和不连续，称为相

---

⑧此处，我们用术语"单频"从广义上定义为纯频率信号，光学上的定义为单色光。

位跳变，如图 5.39 所示。最后，波达方向角可估算为

$$\gamma = \arcsin\left(\frac{\Delta\varphi_{AB}}{ka} \pm 2\pi m\right) \tag{5.57}$$

随时间推移，这样就会产生一系列角度测量的模糊度。

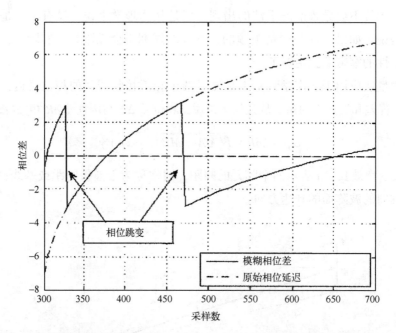

图 5.39   复参数算符在相位差的效应与干涉测量法处理平坦海底回波所测得的时间，显示初始相位延迟 $k\delta R$（点划虚线表示）以及在 $[-\pi, +\pi]$ 区间内截取的估计量 $\Delta\varphi_{AB}$（实线表示）。

当然，干涉测量法处理的主要难点是识别和抵消相位跳变而导致的模糊度

5.4.8.3   干涉测量法的问题

干涉测量法是测量波达方向非常有效的方法：该方法仅涉及一对单元接收器，不需要在相应的平面内形成波束；该方法仅需时间采样的简单处理后就能够定位声源。然而，该方法仅在以下三个假设条件严格成立（在大多数情况下可以满足）的情况下才能使用：

- 远场：干涉仪接收到的应是具有空间平稳性的平面波；
- 非频散介质：相速和群速相同；
- 窄带信号：保证窄带信号间的相干性。

在一些情况下，也有必要假设平均时间采样时具有时间平稳性，以减少相位估计的偏差。

满足以上条件时，干涉测量法仍会遇到更多实际约束和缺陷：

- 用仪器测得两个接收器之间的相位差作为角度的函数，须精确校准；

- 当模糊度不能解决时，带来的相位差估计量就会出现不能接受的错误；

- 相位差测量对噪声非常敏感：包括加性噪声(包括接收信号的起伏)、信号幅度变化以及接收器之间的相干损失。相位波动与信噪比的关系在附录 A.5.7.1 中给出；

- 干涉测量结果的品质和精确度依赖于干涉仪的间距以及相对于轴向的到达角。因而，设计中有必要仔细优化。

当干涉仪的单元相距更远时，相位差的模糊度会更多、更密集(图 5.40)。相位差的模糊度可用不同的方法来解决：一是使用适宜结构的干涉仪(即尺寸小于 $\lambda/2$)，该方法问题是角度的精确度一般(因为 ka 比较小)；二是使用两个不同尺寸的模糊干涉仪，并截取角度解来消除模糊度(游标法)；三是不再以 2π 为模，而是以展开算法来测量相位差，这需要知道参考相位值并一直跟随相位差演变，并保证相位跳变时的连续性；最后，相位模糊度也可通过两个接收器信号之间的延迟估计的初始值(从互相关函数)来抑制(更多详情，参见附录 A.5.7)。这些模糊度消除技术的性能可以用干涉测量法的噪声来评估，只要引入随机变化的相位跳变位置。

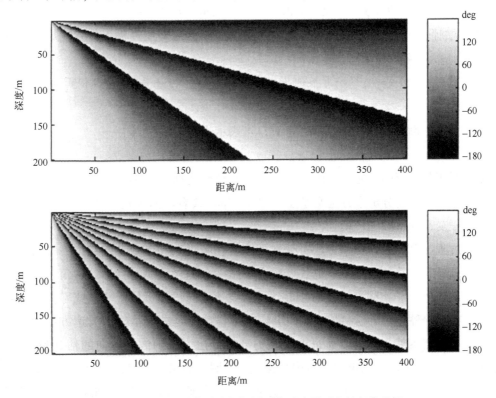

图 5.40　由(0, 0)处的干涉仪探测到的垂直平面内的相位差场，
表明对干涉条纹结构随干涉仪间距变化的关系

上图：$a = 3\lambda$；下图：$a = 9\lambda$

5.4.9　先进的角度探测

同时使用含有接收信号的振幅和相位信息，来估计源的空间位置能提高目标定位的准确性。目前使用的测角方法主要是基于对观察到的阵元输出信号的协方差矩阵的特征分解。利用多个阵元的入射信号来估计信号的波达方向可以得到统计上极好的高分辨率估计。获得高分辨率估计需要花费大量的计算时间成本，主要是需要计算特征分解和额外演算来估计待检测源的数量。

假设接收信号可以写为

$$y(t) = A(\theta)s(t) + n(t) \tag{5.58}$$

式中，$s(t)$ 和 $n(t)$ 分别表示有用的入射信号[空间结构为 $A(\theta)$，其中角度为 θ]和加性噪声。通常引入几个假设条件来简化数据协方差矩阵的求值。

（1）$p(p<M)$ 个信号源 $s(t)$ 是稳定的（时间上和空间上）、遍历性均值为零的高斯随机变量，并且具有非奇异的（正定的）协方差矩阵，如下式：

$$P = E\{s(t)s^*(t)\} \tag{5.59}$$

式中，$E\{\cdot\}$ 表示期望算子（或平均值）；$s^*(t)$ 表示 $s(t)$ 的复共轭。

（2）加性噪声 $n(t)$ 是稳定的、遍历性均值为零的复高斯过程，协方差矩阵为 $\sigma_n^2 I$，其中 σ_n^2 是未知的常数值，I 表示单位矩阵。

（3）转向矢量 $A(\theta_i)$ 与第 p 个到达的声源相对应，假设为线性非相关，确保估计量的唯一性。

从以上假设中推出，协方差矩阵 $y(t)$ 可表示为

$$R_y(t) \cong E\{y(t)y^*(t)\} = A(\theta)PA^*(\theta) + \sigma_n^2 I \tag{5.60}$$

根据特征矩阵分解的性能，该协方差矩阵可被分解为两个分别包含信号或噪声分量的子空间。最终的高分辨率方法则基于信号子空间[或者转向矢量 $A(\theta_i)$]和噪声子空间之间的正交性为基础。

某种程度上，高分辨率方法可分成两大类：频谱法和参数法。在第一种频谱法的算法中，MUSIC 算法或最小模范数算法会投影一个包含可能的目标到达角组成的测试向量 $a(\theta)$ 到噪声子空间上，结果会得到一个波达方向估计量位于峰值或零值的伪功率谱上。在第二种方法中，参数法不提供伪功率谱，而是求解精确的波达方向值。这需满足一个特定条件，即可以通过求解某类分析方法可得到波达方向的估计量。例如，求多项式算法（Root-MUSIC 算法）中最接近单位圆上的第 p 个根，或者第 p 个最高特征值（ESPRIT算法），或者由统计方法来决定，如最大似然估计值。图 5.41 通过对比频谱法（MUSIC 算法的分辨率高很多）和参数法（Root-MUSIC 算法提供一系列解的值），对经典波束形成中两个显著目标上的角响应加以说明。

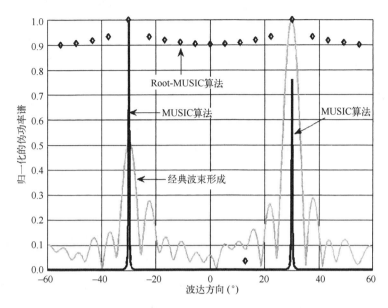

图 5.41　用高分辨率法阵列处理结果描述在−30°和 30°两个波达方向的响应示例

将经典波束形成（波达方向为 5°时的波束宽度）与 MUSIC 算法角度谱（分辨率窄得多）以及

Root−MUSIC 算法的离散根进行对比

高分辨率法（卡彭波束形成、MUSIC 算法、ESPRIT 算法等）自 20 世纪 70 年代初首次应用以来，真正突破了用阵列频谱分析噪声中接收的平面波信号的方法。高分辨率法特别适合以下应用：观测数据中含有已知频谱形状但未知功率级的加性噪声中的谐波信号部分。基于特征结构的方法的另一个特别重要的特性是，即使出现了测量噪声，也能够对多信号组的参数进行渐进式的无偏估计。附录 A.5.8 给出了多种方法的详细描述。

在声呐系统中使用高分辨率法受限于某些设定参数有关的缺点。例如，基于子空间的方法以及经典波束形成都高度依赖于能够探测到的信号源的数量（Krim et al.，1996）。因此，需要额外的算法（Stoica，1989）来精确估计设定参数，以确保正确的探测结果。而且，由于可用的独立信息片段的数量不足，限制了对协方差矩阵的估计，由此而产生低秩矩阵（Rao et al.，1990）。这就造成了一些逆矩阵运算无法达成，以至于一些诸如卡彭波束形成类的算法无法得到可接受的波达方向的估计（Li et al.，2003）。目前的解决方法是以递推频谱计算（Benesty et al.，2007）或 Moore−Penrose 伪逆矩阵（Wang et al.，1999）为基础，然而由于不能确定真实的协方差矩阵，这些方法的估计性能不佳。

最后，测角方法可在每个采样时间的瞬间估计反向散射信号的波达方向。当测角方法估计应用于绘图中，高分辨率法可应用于每个时间快照中，并生成一个声脉冲回波时，由于系统响应的脉冲回波往往由数百个(或数千个)信息片段组成，因而计算时间成本极高。

5.4.10 高分辨率法与波束形成法对比

波束形成法基于对接收信号的相关求和。该方法的理念是将阵列波束转向，使之与波阵面相匹配。这样一来，可对有用的信号进行理想的同相求和。该方法的准确度取决于主瓣的宽度，其宽度大致是阵列尺寸与波长的比值。因为其指向性实际上是阵列的空间结构的傅里叶变换，所以阵列需要遵守空间采样的香农定律，来恰当处理波束形成。因此，为提高角度估计的分辨率，波束形成技术需要一个含有大量阵元的很长的阵列。

干涉测量法可以解决上述这种超高成本问题。干涉仪可当成一个稀疏的阵列，不用遵守香农定律，因而可允许镜像波瓣(即相位模糊)。干涉测量法的性能直接与信噪比相关，在某些方面的性能甚至优于波束形成法的性能。然而，由于干涉测量法缺乏波束形成法的稳健性，在回波信号的相位无法使用，必须处理信号振幅的情况下，干涉测量法有时候甚至会失败。

高分辨率法是干涉测量法和波束形成法的另一种替代方法。高分辨率法的性能非常接近干涉测量法，但是消除到达角模糊度的性能优于干涉测量法。这个优势来自高分辨率法摒弃了稀疏设置，其他设置与波束形成法的设置(即阵元间距低于或等于$\lambda/2$)相同。由于角度估计方法本质上的优越性，高分辨率法所需的阵列比波束形成法所需的阵列更短。如果高分辨率方法需要一个非稀疏矩阵，则它能够利用来自同一个信息片段的不同回波进行三角定位。波束形成法的优势仍在于其稳健性，因为该方法的性能主要取决于阵列特性而不是相位品质(如同干涉测量法)或协方差矩阵的品质(如同高分辨率法)。

就计算的时间成本而言，波束形成法和干涉测量法比高分辨率法的运算优点更明显。的确，波束形成法的必要相干求和或干涉测量法的简单共轭乘积都比某些高分辨率法快速得多，比如，协方差矩阵的估计和特征分解(MUSIC 算法)或矩阵逆估计(卡彭算法)。上述内容解释了尽管高分辨率法具有优良的性能，但在实际声呐系统中应用却相对较少的真正原因。

第6章 声呐信号处理——原理与性能

6.1 引言

水声系统使用有限的几类信号，根据其具体应用而选用需要承载最终用户所需信息的适合信号(如探测、定位、测量、表征、通信)。这样，水声系统与具有相同功能的电磁系统(在大气或太空中工作)所采用的信号并无太明显的不同。两者信号上的差异主要来源于周围工作环境的物理性质的不同(传播、噪声和换能器类型)。

水声系统的良好运作主要依赖两个方面：

- 信号的选择和使用应与目标匹配，并或多或少知道准确的环境条件；

- 接收环节中所使用的处理技术要兼顾系统可达到的最佳性能(再次考虑信号的本质特征和来自环境的干扰)和与系统目标相匹配的复杂程度与成本。

主动声呐系统使用受控信号，信号的特征(持续时间、频率组成、能级……)主要体现在信号传输中。因此，主动声呐系统的接收环节是以对这些信号特征的正确过滤为基础的，所以需要考虑环境和目标所引起的干扰。

与之相反，被动声呐系统无法控制它所需要分析的信号的特征。因此，被动声呐系统的处理链是以有关接收信号的先验假设(宽带、窄带、脉冲式……)为基础的。

本章并非旨在展示信号处理的一般基本通用理论，但我们仍在附录 A.6 中给出了一些有用的概念和公式。发射与接收环节设计所采用的技术是以日新月异的数字技术为基础的，并且该技术并非特定于声呐应用，因此本章未对这类技术进行详细阐述。本章介绍了水声学中常见应用所使用的信号处理技术的基本原理；另外补充了可直接用于多维体系分析、系统性能评估的实用结果以及对两者的解读。对理论更感兴趣的读者可阅读更多有关信号理论和处理的通用书籍(如 Bendat et al.，1971；Papoulis，1977；Van Trees，1968；Proakis et al.，1988)或声呐(Nielsen，1991)、雷达(Richards，2005)方面的专业书籍。Winder(1975)和 Knight 等(1981)提供了一些有用的综述论文(尽管时代有点久远)。尤其是，Burdic(1984)所著的《水声系统分析》*Underwater Acoustic System Analysis* 出色地展示了声呐信号处理所使用的基本原理和理论，完整透彻地介绍了很多理论发展，特别推荐读者阅读此书！

6.2　基本符号

6.2.1　信号设计

6.2.1.1　频谱

任何有限能量的时域信号都可分解成一系列无限基本正弦信号之和，无论是在时域中还是频域中解析信号都没有任何区别。时域信号 $s(t)$ 的频谱 $S(f)$ 是由信号的所有频率分量组成的，并由傅里叶变换（记作 FT）获得：

$$S(f) = FT\{s(t)\} = \int_{-\infty}^{+\infty} s(t)\exp(-j2\pi ft)\,\mathrm{d}t \tag{6.1}$$

同样地，时域信号可通过傅里叶逆变换从频谱获得：

$$s(t) = FT^{-1}\{S(f)\} = \int_{-\infty}^{+\infty} S(f)\exp(j2\pi ft)\,\mathrm{d}t \tag{6.2}$$

傅里叶变换相关的结果见附录 A.6.1，附录提供了该运算的有用特性以及常见信号的时域和频域表示之间的一致性。

一个特别有用的函数是矩形窗函数，其频谱是 sinc（卡迪诺正弦）函数（见附录 A.1.3 和附录 A.6.1）：

$$\begin{cases} s(t) = A, & t \in \left[-\dfrac{T}{2},\ +\dfrac{T}{2}\right] \\ s(t) = 0, & \text{其他} \end{cases} \tag{6.3}$$

$$\Rightarrow S(f) = FT\{s(t)\} = AT\frac{\sin(\pi Tf)}{\pi Tf} = AT\mathrm{sinc}(Tf)$$

与之相反，矩形频谱的傅里叶逆变换是时域中的 sinc 函数：

$$\begin{cases} S(f) = A, & t \in \left[-\dfrac{B}{2},\ +\dfrac{B}{2}\right] \\ S(f) = 0, & \text{其他} \end{cases} \tag{6.4}$$

$$\Rightarrow s(t) = FT^{-1}\{S(f)\} = AB\frac{\sin(\pi Bt)}{\pi Bt} = AB\mathrm{sinc}(Bt)$$

频率谱常表示为功率谱 $|S(f)|^2$，表示给定频率下的信号能量。

频谱上所有能量积分所得的总能量等于时域信号的能量（Parseval 定理）：

$$\int_{-\infty}^{\infty} |s(t)|^2\,\mathrm{d}t = \int_{-\infty}^{\infty} |S(f)|^2\,\mathrm{d}f \tag{6.5}$$

以上述矩形信号为例，其在时域上的能量为

$$\int^{\infty} - \infty \ |s(t)|^2 \mathrm{d}t = \int_{-T/2}^{T/2} A^2 \mathrm{d}t = A^2 T \tag{6.6}$$

通过频谱和 $\int^{\infty} - \infty \ (\mathrm{sinc}\ u)^2 \mathrm{d}u = 1$(参阅附录 A. 1. 2),我们可以得到:

$$\int^{\infty} - \infty \ |S(f)|^2 \mathrm{d}f = \int^{\infty} - \infty A^2 T^2 \ \mathrm{sinc}^2(Tf)\mathrm{d}f = A^2 T \tag{6.7}$$

水声学中的传输信号通常是窄带信号,这些信号可通过发送一种在时域上包络调制的单频(载频,记作 f_0)信号来获得。若将载波记作复指数,则信号可写作:

$$s(t) = a(t)\exp\{j[2\pi f_0 t + \varphi(t)]\} = y(t)\exp(j2\pi f_0 t) \tag{6.8}$$

$y(t)$ 项包含振幅项 $a(t)$(如有限时间长度的矩形窗)和可变相位为 $\varphi(t)$ 的复指数,用来调整载频或相位,其频谱变成:

$$\begin{aligned}
S(f) &= \int^{\infty} - \infty\ y(t)\exp(2j\pi f_0 t)\exp(-2j\pi f t)\,\mathrm{d}t \\
&= \int^{\infty} - \infty\ y(t)\exp[2j\pi(f_0 - f)t]\,\mathrm{d}t = Y(f - f_0)
\end{aligned} \tag{6.9}$$

其中,$Y(f) = \int^{\infty} - \infty\ y(t)\exp(-j2\pi f t)\,\mathrm{d}t$ 是 $y(t)$ 的频谱。

这相当于说,$s(t)$ 的频谱就是将 $y(t)$ 的频谱平移到 $f = f_0$ 时的频谱。

该结果是窄带信号的一个非常重要的特性:信号中的有用信息不包含在载频中,而是在其调制信号中。而该调制信息可由任何想要的频率(足够高且足与谱宽相匹配)承载。因此,载频应被视为简单的信息物理载体,在信息被物理接收前一直有用。声呐信号的接收处理系统首先执行的操作实际上是解调:初始信号频谱被解调到低于载频频率的附近(甚至是零频的附近),以便后期处理。

实际上,声信号具有实数值。将时域信号写作 $s(t) = y(t)\cos(2\pi f_0 t)$,频谱变成

$$\begin{aligned}
S(f) &= \int^{\infty} - \infty\ y(t)\cos(2\pi f_0 t)\exp(-2j\pi f t)\,\mathrm{d}t \\
&= \frac{1}{2}[Y(f - f_0) + Y(f + f_0)]
\end{aligned} \tag{6.10}$$

因此,$s(t)$ 的频谱就是将 $y(t)$ 的频谱移到 $f = f_0$ 和 $f = -f_0$ 时的频谱(图 6.1)。

信号 $s(t)$ 的复数记法 $s_a(t)$(或解析表示)常常比其实数表达更为方便。解析信号 $s_a(t) = y(t)\exp(2j\pi f_0 t)$ 中的包络函数 $y(t)$ 是从 $s_a(t) = s(t) + jHT[s(t)]$ 获得的,其中 HT 是希尔伯特变换,具体定义为

$$HT[s(t)] = \frac{1}{\pi}\int^{\infty} - \infty\ \frac{s(\tau)}{t - \tau}\mathrm{d}\tau \tag{6.11}$$

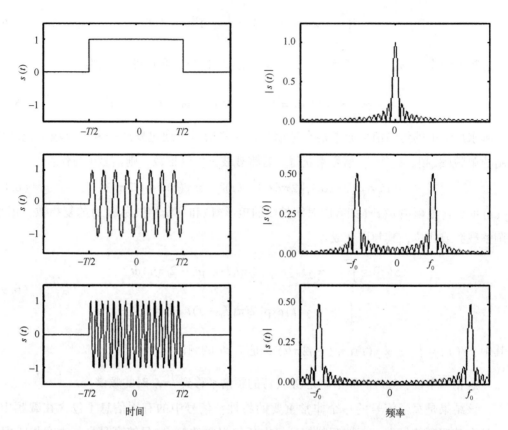

图 6.1 原始方波信号(上图)和两个不同载频 f_0(中图和下图)的包络调制下的
时域信号和频谱；频谱最初集中在零频，随载频变化而发生偏移

6.2.1.2 信号的时空分辨率

假设声呐接收两个时间上比较接近的信号(如来自与声呐距离基本相同的两个目标的回波)。假定两个回波时间长度有限且完全相同，如果两个信号非常接近，将大部分重叠，那么接收器就只"看到"一个波形，无法检测出实际上是来自两个不同目标的回波；如果两个回波之间的时间间隔延长，就有可能检测出生成的波形实际是分两次到达(两个峰值)的信号组成的。能够检测出两个不同目标的最小的时间间隔就是信号的时间分辨率。

矩形包络的信号(图 6.2)的时间分辨率的定义非常明显，该情况下，分辨率就是信号的时长。具有光滑"钟型"包络的信号则需要更多的解释。假设两个紧密相邻的信号，具有相同的包络但相位随机。相同时间间隔内，两个存在随机相位差的信号会相干叠加。因此，在给定的时间间隔下，根据包络形状的详细情况，有无信号的相长干涉，都会产生不同的结果。一般认为，如果信号之间的时间差等于最大振幅−3 dB(即最

大振幅的一半)所持续时间时，信号可分。作为例证，图 6.3 展示了两个模拟的满足
−3 dB 持续时间间隔的高斯脉冲之和。

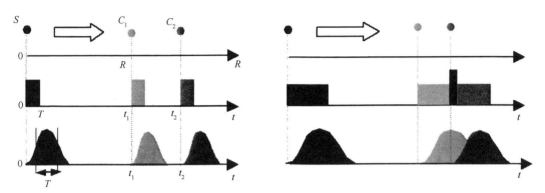

图 6.2　来自目标 C_1 和目标 C_2 的回波及时间分辨率

左图：传输信号(黑色)的时间分辨率足以检测并区分来自两个目标的回波(灰色)；右图：时间分辨率过低，无法区分信号

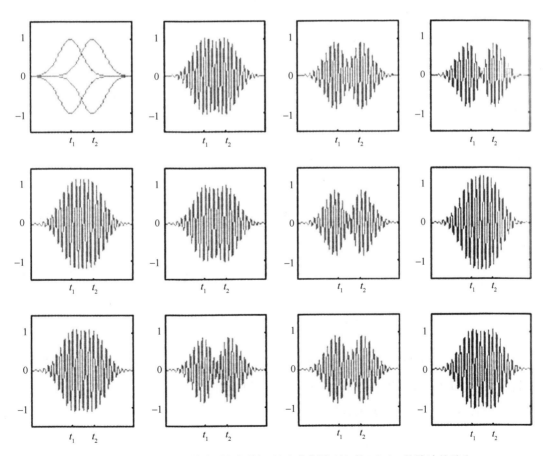

图 6.3　两个满足−3 dB 持续时间间隔且具有高斯线型包络(左上)的脉冲的总和，
生成的包络取决于随机相位差，可能存在两个峰值或者完全重合

当用声波信号来衡量声呐与目标之间的距离时，从空间分辨率考虑比从时间分辨率考虑更直接。空间分辨率类似于时间分辨率 T，是指能区分两个目标的最小距离。声呐与距离 R_i 处的目标 i 之间的双向传播延迟是

$$t_i = \frac{2R_i}{c} \tag{6.12}$$

距离 R_1 和距离 R_2 处的两个不同目标的回波(图 6.2)将由下列等式从时间上区分开：

$$\delta t = t_2 - t_1 = \frac{2(R_2 - R_1)}{c} = \frac{2\delta R}{c} \tag{6.13}$$

只有 $\delta t > T$ 时，回波才能区分开来。持续时间为 T 的信号的空间分辨率为

$$\delta R = \frac{cT}{2} \tag{6.14}$$

此处的信号应被视作接收处理端的输出信号。我们稍后可以看到(6.4.2 节)，这点对于一些调制信号(调制带宽为 B)非常重要，我们不能直接使用传输信号自身的持续时间，而是采用该信号在接收器输出后的自相关函数，其时域上的散布(-3 dB 时)近似为 $\delta t \approx 1/B$。该信号的空间分辨率可近似为

$$\delta R \approx \frac{c}{2B} \tag{6.15}$$

应该看出，对于非调制信号，$B \approx 1/T$(见 6.4.1 节)，因此式(6.15)与式(6.14)一致。无论信号是什么类型，式(6.15)都有效，因此更通用。

6.2.1.3　相关函数

两个时域信号的互相关函数可以用来衡量这两个信号之间的相似度：

$$C_{xy}(t) = \int_{-\infty}^{\infty} x(\tau) y^*(\tau - t) \, d\tau \tag{6.16}$$

式中，y^* 表示 y 的共轭复数。

上述互相关函数的振幅随函数 x 和 y 之间的相似度增加而增加。若两个信号相同，该函数则变成自相关函数：

$$C_{xx}(t) = \int_{-\infty}^{\infty} x(\tau) x^*(\tau - t) \, d\tau \tag{6.17}$$

$t=0$ 时，$C_{xx}(t)$ 的值最大，等于信号能量 $\int_{-\infty}^{\infty} |x(\tau)|^2 d\tau$。$C_{xx}(t)$ 在该最大值的两端陡降，而其具体的包络形状则取决于信号 $x(t)$ 的结构。

例如，矩形窗的自相关函数是

$$C_{xx}(t) = \begin{cases} T - |t|, & t \in [-T, +T] \\ 0, & \text{其他} \end{cases} \tag{6.18}$$

如果矩形窗调制载频 f_0，我们就可直观理解为自相关函数是调制载频的三角函数(图 6.4)。

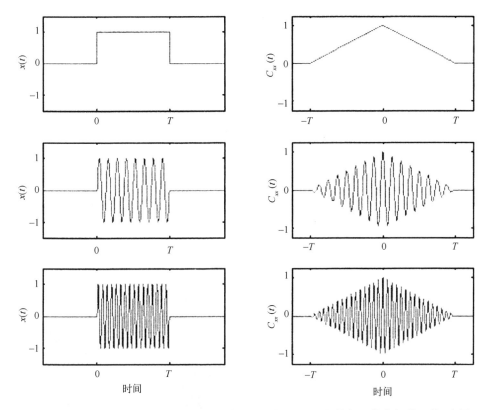

图 6.4 矩形信号(左图)自身(上图)及调制载频(中图和下图)的归一化自相关函数(右图)

相关函数的运算再通过一个尽可能接近预期信号特性的滤波,从而把一个已知信号从噪声中提取出来,这一操作就是匹配滤波(可在 6.4.2 节中看到典型应用)。

6.2.1.4 频率分辨率:模糊函数

水声信号会受到众多干扰,多普勒效应就是其中之一(见 2.5.1 节)。接收信号的频率可能会明显不同于发射信号的频率(一般相差 1%)。接收器主要针对标称频率,会受到频率变化的干扰,因此多普勒效应在大多数应用中会产生不利影响。但在一些系统中,多普勒频移可用来测量声呐与目标之间的相对速度。对于给定类型的信号,了解其对多普勒效应的敏感度或对多普勒效应的容忍度是很有意义的。

多普勒效应会使基础频带移动并扭曲,从直观上就可以想象信号的频带更窄,会造成不利的影响。对于一个传输足够长时间的正弦信号,在通过一个以载频为中心的窄带带通滤波器后,即使较小的频率变化也会对其造成严重的不利影响。相反,当需要精确地测量多普勒频移(即目标速度)时,这种具有频率敏感性的信号则具有良好的性能。另一方面,一个在较宽频带上调制的信号,即使在多普勒效应的影响下,其功率谱也几乎不变。

201

信号的时间与频率分辨率性能可用联合模糊函数表示为

$$A(\delta f,\ \delta t) = \left| \int_{-\infty}^{\infty} s(f_0,\ \tau) s^*(f_0 + \delta f,\ \tau - \delta t)\, d\tau \right|^2 \qquad (6.19)$$

式中，$s(f_0,\ \tau)$ 是载频 f_0 的归一化时域信号；$s(f_0 + \delta f,\ \tau - \delta t)$ 是该信号的迁移，由传播延迟 δt 和多普勒频移 δf 分别引起时间和频率上的变化。因此对其进行互相关运算后的结果则表明了归一化的发射信号与其延迟(或多普勒频移)信号之间的相似度(即信号准确测量时间或频率的能力)。当然，如果乘积中的两项完全重合(即延迟和多普勒频移均为零)，互相关值最大。

可以证明的是，模糊函数在整个 $(\delta t,\ \delta f)$ 平面上积分后的结果等于信号包络的能量(Burdic，1984)。

图 6.5 展示了一个模糊函数的实例。相同矩形包络调制的两个不同的载频，因此形成两个明显不同宽度的频谱。因为持续时间和包络形状相似，因此模糊函数具有相同的三角形的时间相关性(图 6.4)，但是两者的频率分辨率发生显著变化。

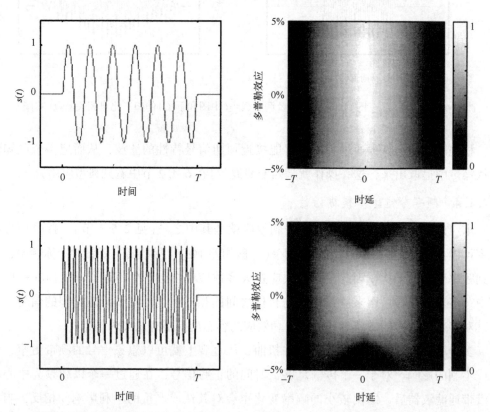

图 6.5　调制在两个不同载频(左图)上的方波归一化模糊函数(右图)；对应最宽频谱的最低频率，可容忍多普勒效应至计算的极限(±5%)。第二个信号的频谱(以载频为标准)窄了 4 倍，对多普勒效应的容忍度较低。在延迟为零时，只要多普勒效应超出±2%，其模糊函数就会坍塌

6.2.2　信噪比

6.2.2.1　定义

对于给定的接收器设置，信噪比（SNR）表示了期望信号和干扰噪声各自（功率）作用的相对重要性。信噪比是所有目标检测或参数估计应用中影响接收端性能的主要参数。

在下文中，接收端输入的（窄带）声信号 $s(t)$ 的特征是其振幅 A，假定 A 在信号持续时间 T 内是恒定的，接收信号的能量则变成

$$E = \frac{A^2 T}{2} \tag{6.20}$$

平均功率为

$$P = \frac{E}{T} = \frac{A^2}{2} \tag{6.21}$$

叠加到接收信号上的噪声 $n(t)$ 在此处是均值为零的高斯噪声。对于白噪声，功率谱密度 $n(f)$（即每赫兹频带内的功率数）不随分析频带[①]内的频率变化而变化：

$$n(f) = \frac{n_0}{2} \tag{6.22}$$

在下文中，r 表示信噪比（原始值）。在接收器输入端，信噪比 r_0 一般定义为信号能量与噪声功率谱密度之比：

$$r_0 = \frac{2E}{n_0} \tag{6.23}$$

然而，功率信噪比更接近实际实验，因此常被使用。功率信噪比 r_{0P} 被定义为信号瞬时功率与频带 B（至少与信号带宽相同）中噪声功率之比：

$$r_{0P} = \frac{E}{T n_0 B} \tag{6.24}$$

经过上述处理后，信噪比 r（图 6.6）表示的是下面两个值之间的比值：①在输入端同时包含信号和噪声的输出功率 $z_{s+n}(t)$，该值是仅根据输出端的噪声输出级做了修正；②只有噪声输入时的输出功率，其值为噪声方差 σ_n^2（图 6.7）。

我们在对比输入和输出信噪比时，必须区分两个接收器构型。在振幅接收的情况下，输出信号 $z(t)$ 与输入信号 $x(t)$ 在物理上是齐次的（即接收器执行线性操作），使用经典定义：

---

①式（6.22）中的因子 1/2 来自双边带的频谱再分，因此带宽 B 中的噪声频率是 $2Bn/2 = Bn$。

图 6.6　接收器输入和输出信噪比；接收器可以直接线性处理输入信号(振幅处理)
或者再接收一个平方律处理(功率检波)，标示不变

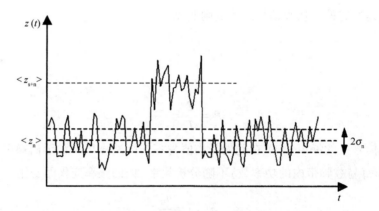

图 6.7　嵌有噪声的信号的信噪比

有用信号功率[实际就是平均输出能级$\langle z_{s+n}\rangle$与噪声的平均输出能级$\langle z_n\rangle$之差，
见式(6.25)]与噪声能级σ_n相比较

$$r = \frac{[\langle z_{s+n}(t)\rangle - \langle z_n(t)\rangle]^2}{\sigma_n^2} \qquad (6.25)$$

在功率接收(或平方律接收)的情况下，输出信号$z(t)$与输入信号$x(t)$的功率是齐次的
[即实际上[2]如果接收器处理信号的平方，输出的$z(t)$与$x^2(t)$是成正比的]。为了取得
接收器输入信噪比与输出信噪比的可比值，我们将使用下式来定义输出信噪比：

$$r = \frac{\langle z_{s+n}(t)\rangle - \langle z_n(t)\rangle}{\sqrt{\Sigma_n^2}} \qquad (6.26)$$

其中，Σ_n^2是$z_n(t)$的方差，这确保了输入信噪比和输出信噪比在量纲上是相同的，因此
在定义接收器增益时可直接对比。

　　根据以上输出信噪比的定义，处理增益则被定义为接收器输出与输入的 SNR 值之

_____
②这一般出现在被动声呐处理的情况下。

比 r/r_{0P}，可记作(用 dB 表示)：

$$PG = 10\log \frac{r}{r_{0P}} \tag{6.27}$$

6.2.2.2　相干求和

提高信噪比简单而又常见的方式是对同一信号进行连续多次的累加。原理是输出信号随机起伏的方差(噪声引起的)在求和过程中的增加速度是慢于输出信号能量的增加速度的，因此会提高信噪比。

假设 $z_{\mathrm{n}}(t)$ 是处理环节中只存在噪声的输出信号(即无输入信号)。假定 $z_{\mathrm{n}}(t)$ 是高斯信号，特征是其均值 $\langle z_{\mathrm{n}}(t) \rangle$ 和方差 σ_{n}^2，且实际情况下概率上都是相同的。把恒振幅信号和高斯噪声叠加后的接收端输出信号也仍然是高斯的，其平均能级为 $\langle z_{\mathrm{s+n}}(t) \rangle$。因此，在接收器接收信号后，信噪比变成

$$r_1 = \frac{\left[\langle z_{\mathrm{s+n}}(t) \rangle - \langle z_{\mathrm{n}}(t) \rangle \right]^2}{\sigma_{\mathrm{n}}^2} \tag{6.28}$$

应注意的是，N 个高斯过程(相同均值 m 和方差 σ_{n}^2)的和也仍然是高斯过程，均值为 Nm，方差为 $N\sigma^2$。将该结果应用至处理环节的 N 个连续输出的总和，可以得到以下结果：

- 仅有噪声输出时，有平均振幅 $N\langle z_{\mathrm{n}}(t) \rangle$ 和方差 $N\sigma_{\mathrm{n}}^2$；
- 同时存在信号和噪声的输出时，其平均振幅为 $N\langle z_{\mathrm{s+n}}(t) \rangle$。

因此，最后信噪比变成

$$r_N = \frac{\left[N\langle z_{\mathrm{s+n}}(t) \rangle - N\langle z_{\mathrm{n}}(t) \rangle \right]^2}{N\sigma_{\mathrm{n}}^2} = Nr_1 \tag{6.29}$$

处理增益等于 $r_N/r_1 = N$ 或 $PG = 10\log N$(用 dB 表示时)。图 6.8 给出了该处理的例子。

在接收器接收较长连续性信号过程中(如被动声呐接收器)，连续信号的求和可用连续时间 T 内的连续积分来代替。求和过程的数量现在变成积分中所考虑的独立时间样本的数量。再假设两个独立事件之间的时间间隔等于自相关函数中的主瓣 -3 dB 的宽度，则该时间间隔等于信号带宽 B 的倒数，即 $1/B$。因此存在 $N = BT$ 个独立样本，处理增益现在变成

$$PG = 10\log(BT) \tag{6.30}$$

对于平方律接收器(如被动声呐，见 6.3 节)，处理增益变成

$$PG = 5\log(BT) \tag{6.31}$$

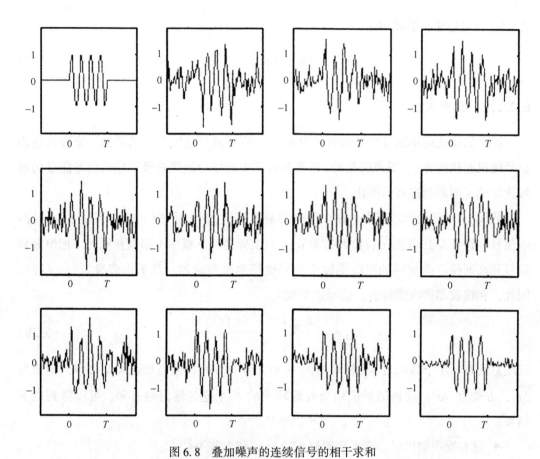

图 6.8 叠加噪声的连续信号的相干求和

左上图：初始信号；后 10 个图展示了信号的 10 个不同实现(增加了大量噪声)，

最后一个图(右下图)展示了连续加噪信号求和后的平均值：其信噪比远优于任何单个加噪信号

6.3 被动声呐信号处理

6.3.1 非相干接收

被动声呐可用来探测两种类型的信号，这两类信号对应目标辐射的噪声：①频谱的峰值(即频带非常窄的信号)；②宽带噪声(如空化噪声、水动力噪声)。第 4 章详细描述了舰船辐射噪声的来源和主要特征。

这种情况下，可使用"非相干"接收：信号的准确形状是未知的，信号的能量可在相关频带内检测并在观察期间累积。接收器(图 6.9)通过几个步骤来处理数据：带通滤波器、平方律和时间 T 上的声强积分。最后一步旨在提高 SNR(如 6.2.2.2 节所述)。这些处理步骤是在阵列处理和波束形成后再执行的(见第 5 章)，之前已提高了 SNR。

图 6.9　典型被动声呐接收器的结构

从左至右：带通滤波器、平方律以及最后在时间 T 上的积分

执行操作中，以下几点内容值得注意：

- 带通滤波器的特征取决于应用。该滤波器旨在选择辐射噪声频谱的有用部分。我们为检测宽带噪声，通常需要采用倍频程或 1/3 倍频程频带（见 4.1 节）。对于窄带信号，需使用快速傅里叶变换等数值算法的频谱分析。这种情况下，每个快速傅里叶变换信道就相当于较窄的带通滤波器，其滤波宽度的典型数量级是 1 Hz；
- 时间积分旨在减少信号功率相应的噪声方差，持续时间 T_i 需尽可能长，为了满足积分信号的稳定性，这常常导致 $B \times T_i$ 的乘积值远大于 1。

6.3.2　宽带检测性能

对于宽带检测，被动声呐的处理增益首先可以下列方式近似，设 $n_0/2$ 和 $n_1/2$ 分别是与实际噪声（环境噪声或自噪声）和"信号噪声"相关的功率谱密度，因此，接收器带宽内的输入功率 SNR 可简化为

$$r_{0P} = \frac{n_1}{n_0} \tag{6.32}$$

可以证明的是，如果输入信号 $x(t)$ 是功率谱密度为 $n/2$ 的高斯噪声，积分后的输出就相当于随机高斯变量的平方之和，因此服从 χ^2 分布（见 4.6.3.5 节）；带通滤波（带宽 B）和积分（持续时间 T_i）后输出信号的独立样本的数量决定自由度的数量，可以看出该数量是由 $B \times T_i$ 的乘积决定的。因此，如果该参数足够高，处理链的输出就相当于均值为 nB 和方差为 $n^2 B/T_i$ 的高斯变量，输出则变成：

- 只存在噪声（功率谱密度为 $n_0/2$）时，处理链的平均输出是 $\langle z_n(t) \rangle = n_0 B$，其方差是 $\Sigma_n^2 = n_0^2 B/T_i$；
- 存在预期"信号噪声"（功率谱密度为 $n_1/2$，叠加在背景噪声上）时，处理链的平均输出是 $\langle z_{s+n}(t) \rangle = (n_0 + n_1) B$。

在平方律接收器定义下，可实现有效检测的 SNR 由下式定义：

$$r = \frac{\langle z_{s+n}(t) \rangle - \langle z_n(t) \rangle}{\sqrt{\Sigma_n^2}} \tag{6.33}$$

于是

$$r = \frac{n_1}{n_0} \sqrt{BT_i} = r_{0P} \sqrt{BT_i} \tag{6.34}$$

因此，接收器处理增益变成

$$PG = 10\log\left(\frac{r}{r_{0P}}\right) = 10\log\left(\sqrt{BT_i}\right) = 5\log(BT_i) \qquad (6.35)$$

这是一个非常重要的特征，由于积分时间与我们所观察的带宽是先验独立的，因此 $B \times T_i$ 的乘积（即处理增益）可能较大。

6.3.3 窄带检测性能

上节类似推论也可用于窄带检测。如果检测的频谱的功率峰值是 A^2，输入端的信噪比（在 1 Hz 分析频带内考虑）等于：

$$r_0 = \frac{2A^2}{n_0} \qquad (6.36)$$

带宽为 δf 的窄带滤波器的输出信噪比变成

$$r_1 = \frac{A^2}{n_0\delta f} \qquad (6.37)$$

在接收器输出端，信号和噪声的声强相加，得到

$$\langle z_{s+n}(t) \rangle = A^2 + n_0\delta f \qquad (6.38)$$

只存在噪声时，处理增益的平均输出是 $\langle z_n(t) \rangle = n_0\delta f$，其方差是 $\Sigma_n^2 = n_0^2\delta f/T_i$，因此输出信噪比是

$$r = \frac{\langle z_{s+n}(t) \rangle - \langle z_n(t) \rangle}{\sqrt{\Sigma_n^2}} = \frac{A^2}{n_0}\sqrt{\frac{T_i}{\delta f}} \qquad (6.39)$$

处理增益在窄带滤波器输出端和接收器输出端 Z 之间计算，变成

$$PG_1 = 10\log\left(\frac{r}{r_1}\right) = 5\log(T_i\delta f) \qquad (6.40)$$

这与宽带情形下的处理增益[式(6.35)]类似。

现在考虑整体的处理增益，参考输入信噪比 r_0（1 Hz 频带内的，通常用于窄带接收器），可得到以下表达式：

$$PG = 10\log\left(\frac{r}{r_0}\right) = 5\log\left(\frac{T_i}{\delta f}\right) \qquad (6.41)$$

该结果表明，在被动窄带接收器中，处理增益随积分时间增加，但在接收器带宽 δf（在保持信号作用不变的情况下，δf 变宽增加了噪声功率）变宽时减少。

可注意到，时域信号经快速傅里叶变换后所获得的频率分辨率 δf 是信号分析持续时间 T、采样时间 T_s（或采样频率 $f_s = 1/T_s$）和快速傅里叶变换中点数 N 的函数：

$$\delta f = \frac{1}{T} = \frac{1}{NT_s} = \frac{f_s}{N} \qquad (6.42)$$

6.3.4　被动声呐处理中的其他操作

除了这些旨在探测目标的处理步骤外，被动声呐也可执行其他一些步骤，用来定位和识别目标。

多普勒分析经常用于目标跟踪。多普勒分析需要在窄带滤波和选择特别明显的频谱分量后应用，其频率变化是时间的函数。可惜的是，这一阶段不存在绝对的辐射频率做参考，因此不能直接评估目标速度。但是突然的频率变化会同时影响所有的谱线，这样就有可能探测目标速度或方向的变化或声呐与目标距离的快速变化(当多普勒频移正负号变化时，目标达到声呐的最近位置)。

如果波导传播所造成的干扰图案可从距离–频率图上的调制观察到，这些干扰图案就可用来推导传播的多径结构。同时，接收信号的互相关函数可能存在一系列峰值，而峰值之间的延迟也可用来估计多径结构，从而实现目标位置的检索。

最后，从窄带频谱分析中可实现目标识别：通过频谱分量的拆分可以很好地表述目标的声学特征。除经典的傅里叶分析(适合稳定谐波信号)外，时间–频率法是研究各频谱分量中快速变化的一个有力工具。现在有一些方法被广泛用来分析各频谱分量的快速变化：短时傅里叶变换、维格纳–维尔变换、小波分解(Cohen，1995)。图 6.10 展示了典型的舰船辐射噪声的时间–频率图(或声谱图)。

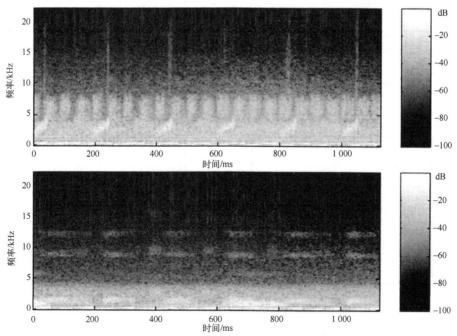

图 6.10　两艘不同舰船辐射噪声的时间–频率图(dB 尺度参考是任意的)

低频频谱色调几乎不可区别(沿时间轴方向的水平线)，时间维度上可见电机噪声有规律的变化；
贯穿整个高度的垂直条纹起源于螺旋桨叶片产生的空化噪声

6.4　主动声呐信号处理

6.4.1　窄带脉冲信号

6.4.1.1　信号特征

　　水声学中最常见的是窄带脉冲（连续波脉冲或 CW 脉冲），常见于回波探测仪、声呐和定位系统中。该信号通常由频率为 f_0、持续时间为 T 的正弦波组成（图 6.11），通常恒定振幅为 A：

$$S(t) = A\sin(2\pi f_0 t), \qquad 0 < t < T \tag{6.43}$$

信号的频谱是集中于载频 f_0 的 sinc 函数$\left(\operatorname{sinc}(x) = \dfrac{\sin \pi x}{\pi x}, \text{见附录 A.1.2}\right)$：

$$S(f) = \frac{AT}{2}\{\operatorname{sinc}[T(f - f_0)] + \operatorname{sinc}[T(f + f_0)]\} \tag{6.44}$$

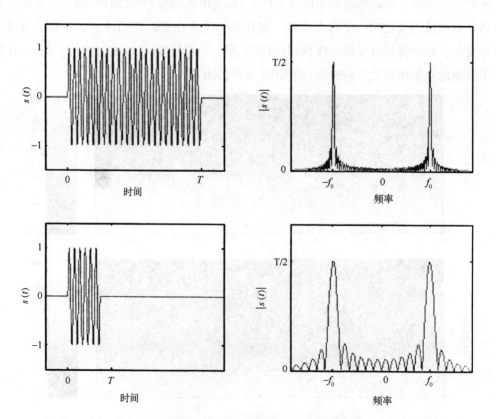

图 6.11　同一载频下不同传输时间内的时域（左图）和频域（右图）中的窄带信号，
占用带宽与信号持续时间成反比

常规的-3 dB 带宽是由频谱衰落 $\Delta f = 2|f_{-3\,dB} - f_0|$ 给出：

$$\text{sinc}\left[T(f_{-3\,dB} - f_0) \right] = \frac{1}{\sqrt{2}} \qquad (6.45)$$

$x \approx 1.391\,5/\pi$ 时，$\text{sinc}(x) = 1/\sqrt{2}$，因此 Δf 变成：

$$\Delta f = 2|f_{-3\,dB} - f_0| \approx \frac{0.886}{T} \qquad (6.46)$$

为方便起见，通常近似 $\Delta f \approx 1/T$。

例如，回波探测仪的常用频率范围是 12 ~ 200 kHz，脉冲持续时间是 10 ms 到 0.1 ms(即带宽为 0.1~10 kHz)，因此 $\Delta f/f_0$ 的比值很小，这些信号就被认为是窄带信号。

这些信号的分辨率由其持续时间得出(见 6.2.1.2 节)。持续时间为 T 的两个 CW 脉冲(矩形包络)只有间隔至少为 T 时才可区分开。信号经过目标反射后，对应于 $cT/2$ 的空间分辨率(1 ms 脉冲时为 0.75 m)。

CW 脉冲的模糊函数为

$$A(\delta f,\ \delta\tau) = \left| \left(1 - \frac{|\delta\tau|}{T} \right) \text{sinc}\left[\delta f T \left(1 - \frac{|\delta\tau|}{T} \right) \right] \right|^2 \qquad (6.47)$$

其-3 dB 带宽在频率上对应 $\Delta f = 2\delta f \approx 0.886/T$，在时间上对应 $\Delta t = 2\delta\tau \approx 0.585T$。$\Delta t$ 小于 T，因此在接收时经匹配滤波器或相关器(实际上通常不采用)处理 CW 脉冲时采用 Δt 作为时间分辨率。

6.4.1.2　接收器与处理增益

处理 CW 脉冲需要执行两项操作[3](图 6.12)：

• 带通滤波，尽可能接近传输信号的频谱，并尽可能对预期多普勒频移所造成的频谱变化进行修正；

• 滤波信号的包络检测。

处理过程最终在于检测信号的频带内是否存在回波，因此没有考虑处理增益，且接收器输入端和输出端的 SNR 相同。我们在使用 CW 脉冲对声呐的性能进行评估时，通常假定处理增益为零($PG = 0$ dB)。

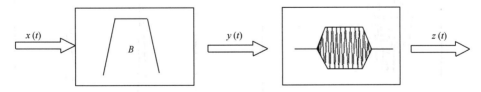

图 6.12　CW 脉冲的基本接收器结构

带通滤波器(左图)和包络检测(右图)

---

③在数字处理普遍化之前，传统处理系统使用的是模拟系统，其处理过程略微有点不同(详见附录 A.6.2)。

然而，如果接收端使用的是非理想滤波器，则输出端信噪比会下降。如果带通滤波器过窄，就无法涵盖信号的整个频谱功率；如果带通滤波器过宽，就会加入信号有用带宽外的额外噪声。理想滤波器应使滤波带 B_f 内的信号能量（由频带 B_f 上 $|S(f)|^2$ 的积分给出）与噪声能量（与 B_f 成比例）的比值最大化。可以证明，在 CW 矩形脉冲中，满足下式时比值最大：

$$B_f = B_{opt} \approx 1.37/T \qquad (6.48)$$

该值优化了处理增益，B_f 其他值将使信噪比减少 $-10|\log(B/B_{opt})|$。因此，匹配得当的接收滤波器至关重要。

6.4.1.3　窄带信号的相对优点

CW 脉冲的主要优势在于其产生及处理的简单性，且其良好的性能通常可适用于很多应用。CW 脉冲的窄频带很适合窄带换能器，高效、成本低廉且易于设计。

CW 脉冲的主要缺陷是频谱内容较少，这削弱了其在目标特性预处理中的应用。此外，CW 脉冲要求输入信噪比相对较高，因此要求高瞬态能级传输。

通过使用更为精细的包络可以稍微改善 CW 脉冲的特征。例如，宽度 T 为 -3 dB 时的钟型调幅[如 $\text{sinc}(x)$ 函数或高斯函数的主瓣]得出的频谱比持续时间为 T 的矩形包络的更紧凑，旁瓣更低（图 6.13）。

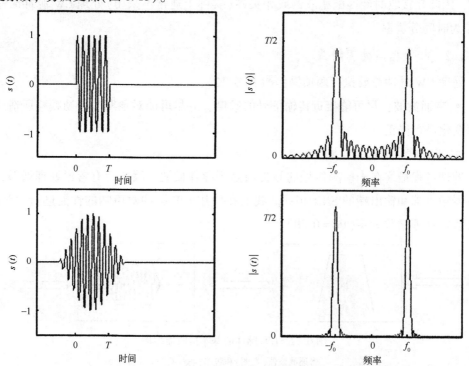

图 6.13　钟型调幅（下图）对 CW 脉冲（上图）的作用：
对于给定持续时间（第二种情形下确定为 -3 dB），频谱改善，旁瓣大大降低

6.4.2 调频脉冲(啁啾)

6.4.2.1 信号特征

最简单形式的啁啾信号包含一个随时间线性调制并由持续时间为 T 的矩形窗截取的载频(图6.14):

$$S(t) = A\sin\left(2\pi\left[f_0 + m\,\frac{t-T}{2}\right]t\right), \quad 0 < t < T \tag{6.49}$$

该调制信号的瞬态频率是从相位 $\Phi(t) = 2\pi[f_0 + m(t-T)/2]t$ 的时间导数获得的,因此 $f(t) = \dfrac{1}{2\pi}\dfrac{\mathrm{d}\Phi(t)}{\mathrm{d}t} = f_0 + m\left(t - \dfrac{T}{2}\right)$。从而瞬态频率在 $f_0 - mT/2$ 和 $f_0 + mT/2$ 之间变化(即带宽为 $B = mT$)。

啁啾频谱可大致看成是一个集中在 f_0、宽度为 B 的矩形(图6.14)。

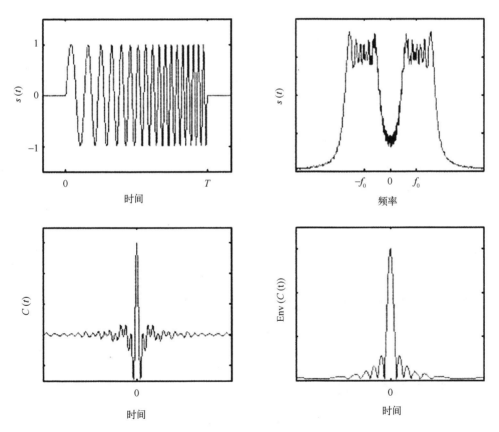

图6.14 上图:在时域(左图)和频域(右图)表示的啁啾信号;
下图:啁啾信号的自相关函数(左图)及其包络(右图)

213

6.4.2.2 接收器与处理增益

调频信号在接收环节是通过对接收信号 $x(t)$（由噪声畸变）和期望④信号 $s(t)$ 的相关来处理的：

$$y(t) = \int_0^T x(t+\tau)\, s(\tau)\, \mathrm{d}\tau \qquad (6.50)$$

然后在相关器的输出端应用包络检测方案（图 6.15）。这一系列的操作经常被称为相干处理，而相关器就是匹配滤波器。

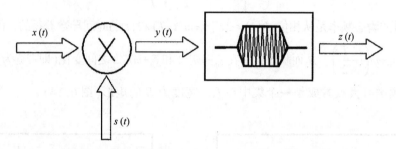

图 6.15　调制脉冲的相干处理（时间相关和包络检测）

为简单起见，假定 $x(t) = Qs(t-\tau)$［用期望信号 $s(t)$ 经过延迟 τ、衰减 Q 的信号表示］；当信号到达时，相关器的输出最大为

$$y(t=0) = \int_0^T x(\tau)\, s(\tau)\, \mathrm{d}\tau = Q \int_0^T s^2(\tau)\, \mathrm{d}\tau = Q \frac{A^2 T}{2} = QE \qquad (6.51)$$

如果只存在功率谱密度为 $n_0/2$ 的噪声，则 y 是方差为 $n_0 E/2$ 居中的随机变量。在接收器输出端，最大能量（信号接收时）的 RMS 值与平均功率（噪声）的比值现在变成

$$r = \frac{\dfrac{Q^2 E^2}{2}}{\dfrac{n_0 E}{2}} = \frac{Q^2 E}{n_0} \qquad (6.52)$$

在接收器输入端，使用信号频带 B 上的信号功率 $Q^2 E/T$ 和噪声功率 $n_0 B$，得到功率信噪比：

$$r_{0P} = \frac{\left(\dfrac{Q^2 E}{T}\right)}{n_0 B} = \frac{Q^2 E}{T n_0 B} \qquad (6.53)$$

因此，处理增益（功率上）可表示为

$$PG = 10\log\left(\frac{r}{r_{0P}}\right) = 10\log(BT) \qquad (6.54)$$

---

　④当然，相关器的质量取决于接收信号与相关器中使用的参考样本之间的相似性。因此，希望在接收一些参考信号时，尽可能地考虑到物理信号在传播过程中的畸变（多普勒效应、频率选择衰减等）。

6.4.2.3 "脉冲压缩"的概念

处理后，我们也来看看自相关函数的包络函数 $z(t)$：

$$z(t) = \frac{\sin(\pi Bt)}{\pi Bt} \qquad (6.55)$$

其主瓣的-3 dB 宽度是

$$\delta t = \frac{0.886}{B} \qquad (6.56)$$

可以看出：

- 接收器输出端的时间分辨率与传输信号的时间长度无关，只与调频带宽 B 有关；
- 最初分布于时间 T 内的信号能量在处理输出端被"压缩"在持续时间 δt 内。我们再次证明了前文提及的处理增益 $T/\delta t = BT/0.886 \approx BT$。

该过程常称为脉冲压缩。传输信号的能量被接收器压缩入较短的持续时间内，SNR 也相应地得到改善。

图 6.16 给出了处理结果的实例，清楚阐述了时间上的脉冲压缩以及从噪声中提取

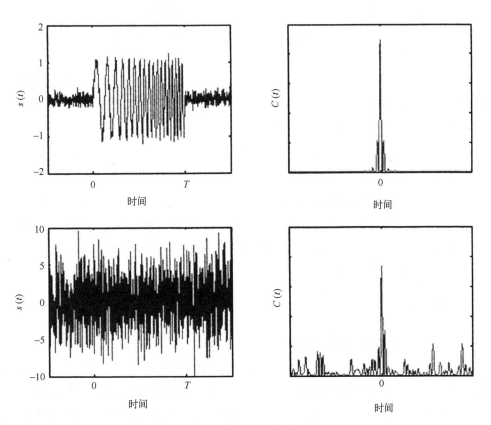

图 6.16 从噪声中提取啁啾信号

SNR 值为+20 dB(上图)和-10 dB(下图)时接收器输入端的信号+噪声(左图)以及接收器输出端的互相关函数(右图)

信号的处理增益。需要注意的一点是，传统啁啾信号中使用的线性调频对多普勒效应具有很高的灵敏性。频移会使得相关器输出能级降低，时间测量偏移。这是因为多普勒频移等同于调频中的时延，这无法与传播中的实际时延区分开来。为了使得该效应最小化，有时会使用双曲调频来代替：

$$S(t) = A\sin\left[2\pi f_0 m \log_e\left(1 + \frac{t - T/2}{m}\right)\right], \quad 0 < t < T \tag{6.57}$$

需要注意的另一点是，就窄带脉冲来说，将信号包络的钟型调幅结合调频是很有优势的。这将减少自相关函数的旁瓣级，可以降低一些应用于非常准确的时域信号的要求。

6.4.2.4 调频脉冲的相对优点

在 SNR 增益方面，啁啾信号(经相关处理)明显比窄带脉冲(带通滤波)更具优势。当 $B×T$ 的乘积很大时，啁啾信号的处理增益更重要，因此信号很长且带宽较大。T 和 B 实际上可以各自独立增加，所以理论上处理增益(PG)可达到较高值。然而，对于窄带脉冲，$B \approx 1/T$，因此不存在这种独立性。使用啁啾信号可确保有限功率的传输，通过延长信号的持续时间来进行补偿。这保持了接收时的良好时间分辨率，与传输信号的持续时间无关，而由调频带宽决定，但这意味着啁啾信号比 CW 脉冲更难处理。

同时，频率调制(FM)信号对多普勒效应灵敏度较高，难以应用于精确测量时间的声呐系统中(如水文回波探测仪)。因此，除非为了获得高 SNR 增益，否则不会使用 FM 信号。通常在以下情形中使用 FM 信号：

- 军事声呐，希望使探测距离最大化并提高 SNR；
- 沉积物剖面仪，在保持较好时间分辨率的同时，必须对信号在海底内部传播过程中的大量衰减进行补偿。

水声学中使用的 BT 的乘积可能高达好几百，因此处理增益能达到 $20 \sim 30$ dB。BT 的乘积一方面受材料限制(频带受限于可用换能器的频带，传输信号持续时间必须小于首个回波返回延迟的时间)，另一方面与传播介质相关(信号相干时间和相干带宽必须足够大，才能保证信号相关的有效性)。

6.4.3 调相信号

一些应用使用由调相载频构成的信号：

$$S(t) = A\sin\left[2\pi f_0 t + \varphi(t)\right] \tag{6.58}$$

通常来说，$\varphi(t)$ 存在离散值 0 或 π，每 T 秒变化(该调制是 BPSK 或二进制相移键控，使用两种相位)。通过将载波振幅与 +1 或 −1 相乘，可轻松调制载波，达到 0 或 π 的相位(图 6.17)。其他涉及更多相位的调相方案可用来获得更高的通信速率。例如，QPSK 或正交相移键控使用四种相态：$\varphi(t) \in [0, \pi/2, \pi, 3\pi/2]$，QPSK 使用更多相态(允许在特定带宽内传输更多数字信息），因此调制的效率更高。但相应地，在存在噪声的传播中，调制对信号的干扰更加敏感。

　　PSK 信号的频谱可通过对载频的一个基础编码的频谱近似实现，图 6.17 对其进行了阐述。

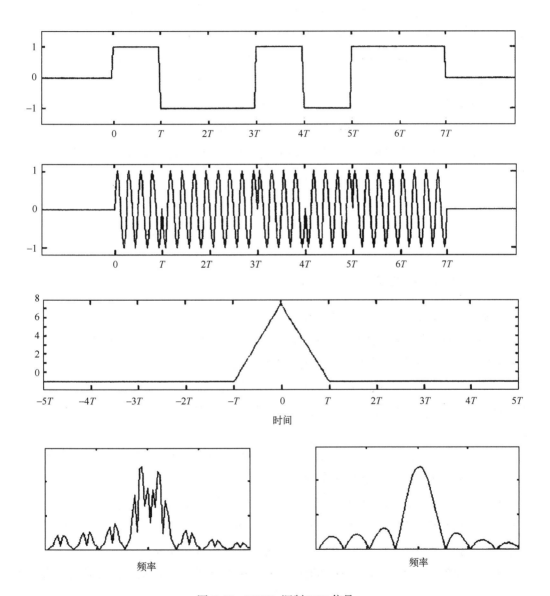

图 6.17　MLBS-调制 PSK 信号

时域信号与自相关函数；使用的二进制序列是［1 0 0 1 0 1 1］；上图：相应调幅；中上图：传输的时域信号；中下图：MLBS 的自相关函数；下图：MLBS-调制 PSK 信号（左图）和一个载频码片（持续时间为 T，右图）的频谱，说明所占用的带宽是相同的

调相可用来传输数据[BPSK 每 T 秒传输 1 bit，0 或 1 取决于 $\varphi(t)$ 的值为 0 还是 π]。于是处理就包括使用锁相环[⑤]跟踪载频或检测承载数字信息的相位变化。该调制技术常用于很多传输数字信息的系统。

调相信号也可被应用于探测和时间测量的应用。除将调频换成调相外，原理与上述啁啾信号的原理相同。序列是先验已知的，接收处理包括将传输信号与接收信号进行相关处理。一般[⑥]使用最长二进制序列(MLBS)，该序列可抑制信号自相关函数的旁瓣。使用 M 位的 MLBS($M = 2^N - 1$，其中 N 是整数，是序列的级数)，可以得到：

- 如果 MLBS 是递归传输且不中断的，那么一个持续时间 T(位于一半高度)的自相关函数恰好等于一个数码位，且不存在旁瓣；
- 与只使用一个数码位的情况相比，SNR 处理增益可达 $10\log M$。

这一技术可以在需要精确测量传播时间的应用(如信道冲激响应、海洋声层析)中使用，通常该类应用要求极佳的时间分辨率和高处理增益。

6.5　声呐接收器的结构

6.5.1　典型声呐接收器

声呐接收器一般执行以下一系列操作。

- 水听器信号的前置放大。其主要功能如下：尽可能将从水听器获得的电子信号与处理单元的动态范围和灵敏度相匹配；如果存在多个水听器，则需平衡这些水听器的灵敏度差异；提高阵列向处理系统传输的水听器信号的能级并防止 SNR 降低(源于电缆衰减和电子噪声)。前置放大后经过一级带通滤波，以限制原始接收信号中可能存在的声干扰。

- 时变增益(TVG)。该功能均衡信号中的时间变化，旨在减少物理上信号的时间初始动态范围；对于信号处理的余下操作而言，原始信号的动态范围可能过大。

- 通过解调将载频附近的信号频移。目标在于将信号的有用带宽(6.2.1 节)恢复至零频或较低频率。稍后，这一操作就会被用来限制采样频率，也就是数字信号的样本数。窄带信号的带宽较窄，载频较高，因此该操作效果更明显。

- 模拟/数字转换(ADC)。转换器的动态范围应能承受水声信号的高瞬态变化；8

---

⑤在锁相环中，处理信号与压控振荡器生成的相同频率下的正弦波相乘，由此生成的信号的相位经低通滤波，且结果用来控制振荡器频率，该过程可允许准确跟踪接收信号的相位变化。

⑥其他序列遵循 MLBS 以外的限制，可被用来传输通信或定位中的数字信息。例如，生成互相关能级较低的序列家族的编码将用来同步传输不同的信号。其他编码更适用扩谱技术，以确保离散传输或使传输不受传播信道中的干扰影响(Proakis，1989)。

位转换器的动态范围通常较小，需要使用 12 位或 16 位的转换器（或甚至更高）。

　　● 匹配传输信号的滤波。该滤波功能旨在根据传输信号的带宽（窄带信号）或其相位（调制信号的匹配滤波）来过滤接收信号，从而使信噪比最大化。

　　● 阵列处理。对于使用很多接收水听器的阵列系统，上述操作可独立应用于每个接收水听器的信道。在经过信号数字化和匹配滤波后[7]，就可以对信号采用不同的阵列处理方案（最常见的是波束形成，见第 5 章）。

　　这些处理步骤由第一阶段的模拟电子电路或数字信号处理器（DSP）板从硬件上执行。这些功能（包含自适应滤波和波束形成）是所有形式类似的声呐系统中的通用功能。经第一阶段滤波和阵列处理后的数字信号将转向后处理装置（通常是标准计算机），后处理装置执行将采用各声呐系统的特定操作（如回波探测、到达时间测量、多普勒频移或到达角度、频谱分析、声呐成像），然后将信号转至各终端用户应用（各种图像滤波操作、海床绘图系统的测深数据筛选与制图、渔业声呐中的回波积分法等）。

6.5.2　时变增益

　　目标的回波能级取决于回波在目标–声呐距离上的传播损失（如遵循 $-40\log R - 2\alpha R$ 的变化）。在接收处理器输出端，回波的振幅应是声呐–目标距离的函数，但通常大于实际目标强度（由于前置放大器等处理的存在）。为了补偿，常见解决方案是利用预计传播损失的定律对接收信号进行修正，并转换成时域信号（通过简单关系式 $R = ct/2$）。该关系式就是时变增益（图 6.18），在所有处理目标回波的系统中都有效。

　　为了确保该补偿的有效性，其系数应明显适合目标回波能级变化的物理定律。例如，可以从第 3 章中看出：如果是体目标，几何衰减可达 $-20\log R$；如果是面目标，几何衰减可达 $-30\log R$；如果是点目标，几何衰减可达 $-40\log R$。因此，声呐系统必须给出相关处理选项。实际上，该修正也必须考虑接收信号的最大动态范围。时变增益装置（一般数字化控制的模拟电子模块）存在自身物理限制，因此经常会导致时变增益只能在限定动态范围内使用（通常牺牲掉接收信号的前几秒）或将时变增益截成几个区间。

　　时变增益处理除可均衡目标能级外，还具有其他优点。事实上，时变增益一般应用于处理链的输入端（A/D 转换前），因此可通过减少其动态范围来防止信号超出转换器的动态范围。输入动态范围对于第一代数字接收器非常关键，但随着高动态数字处理器的增加（目前是 12 位或 16 位，最新[8]接收器中更高），输入动态范围对处理系统的

---

　　[7]注意：匹配滤波和波束形成都是线性操作，因此匹配滤波操作同样可应用在波束形成后。

　　[8]鉴于高动态数字化（32 位）已足以处理任何物理能级变化，一些构造函数已不设有时变增益功能。使用该转换器的系统见证了这一点（2010 年）。然而，信号处理（尤其是直观显示）仍需要时变增益——即使信号加工问题已在技术上解决。

关键性降低。然而，对于那些信号经历极大起伏的系统（如多波束回波探测仪），时变增益仍是必要的。注意，不需要一直严格坚持信号随时间的准确演化定律，只要能有效限制输入至 ADC 的信号的动态范围，就可使用更简单的修正。一旦已执行数字化，就可一直用时变增益定律进行补偿，来重新找回信号的原物理值，接下来也可以采用更为精准的补偿方法。

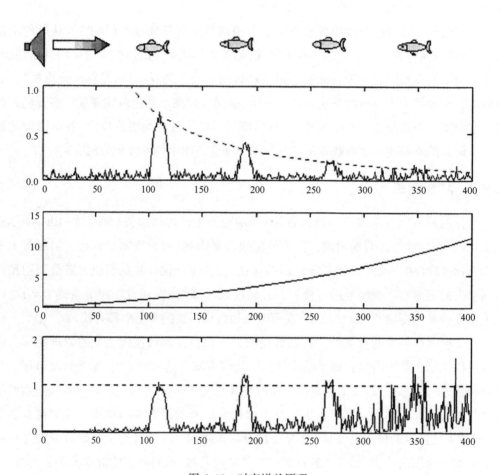

图 6.18　时变增益原理

上图：相同目标不同距离时的物理信号；中图：时变增益补偿规律；

下图：TVG-修正信号；相同目标现在存在同级的回波能级，但另一方面，噪声能级也增加了

需要强调的重要一点是，时变增益可以将与时间相关的振幅修正至相近能级，但不会以任何形式增加信噪比。放大过程同时影响噪声和信号，因此时变增益补偿定律不能提高两者之比（图 6.16）。

6.5.3　信号解调

信号在其载频附近被解调下来旨在只保留信号中有意义的频率内容，从而减少后续处理中的数字信息量。如果信号在其载频 f_0 附近存在带宽[⑨] B，香农定律则要求时间采样的频率至少是频谱较高频率的两倍（即 $2f_0+B$）。如果将信号从 f_0 附近解调后，只需要以频率 B 采样。

模拟信号的解调是通过将载频信号与解调频率下的正弦信号相乘完成的。由此生成的信号频谱在零频附近。此时也会带来一个倍频程的频谱拷贝，该频谱的拷贝可通过低通滤波去除。

事实上，为保存信号的相位特征，解调操作一般需要并行执行两次（图 6.19）。两个用于解调的正弦信号是同相正交的：得到的两个输出信号则分别对应复解调信号的实部和虚部。

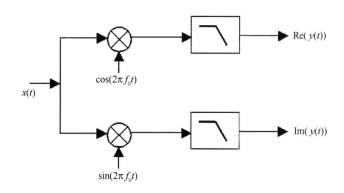

图 6.19　复信号解调

为得到复解调信号的实部和虚部，双信道结构是很有必要的

另一个非常有效的实现图 6.19 中解调的数字化方法是将原信号基于 $4f_0$ 进行采样，而不再将其 f_0 乘上 cos 和 sin 函数。很容易观察到一个余弦函数 $\cos(2\pi f_0 t_i)$ 的采样会得到一个循环的序列 $\{1, 0, -1, 0, \cdots\}$，其中 $t_0=i/4f_0$。因此，给一个 $4f_0$ 数字化的信号乘上 $\cos(2\pi f_0 t_i)$（比如上述循环序列），足以得到其他所有的采样并翻转其正负号。同时，由于对应的正弦序列为 $\{0, 1, 0, -1\}$，从余弦信道剩余的样本也可以类似地乘上 $\sin(2\pi f_0 t)$ 以得到正交信道的内容。

---

⑨在这一方面，我们需要谨慎看待带宽。严格使用传统-3 dB 带宽所带来的结果并不理想：信号频谱的有效部分通常在该限制外，且我们需要对多普勒效应等导致的归一化的频谱变化进行解释。因此，强烈建议考虑大于传统-3 dB 的实际带宽。

6.5.4 匹配滤波

当接收信号的特征已知时，匹配滤波将接收到的信号与传输信号的拷贝做相关运算。因此实现的互相关函数在接收信号 $x(t)$ 与传输信号 $s(t)$ 相一致时达到最大值(只要传输信号与接收信号的相干性足够高，图 6.16)。实际中，只有调制信号需要执行匹配滤波。在非调制信号中，带通滤波器一般已足够用来区分出预期信号的频谱分量。

一般情形下对于复函数 $x(t)$ 和 $s(t)$，匹配滤波可表示为

$$y(t) = \int_{-\infty}^{+\infty} x(\tau) s^*(\tau - t)\, \mathrm{d}\tau \tag{6.59}$$

模拟相关接收器需为匹配滤波配置长延迟线和求和的复杂硬件模块，而比较有利的是，这些相关操作现在都是数字化执行的。

实际上，信号的时域采样之间无需严格相关。参考 $y(t)$ 的傅里叶变换 $Y(f)$，并考虑到傅里叶变换的特性(见附录 A.6.1)，可以得到：

$$
\begin{aligned}
Y(f) &= \int_{-\infty}^{+\infty} y(t) \exp(-j2\pi ft)\, \mathrm{d}t \\
&= \int_{-\infty}^{+\infty} \left[\int_{-\infty}^{+\infty} x(\tau) s^*(\tau - t)\, \mathrm{d}\tau \right] \exp(-j2\pi ft)\, \mathrm{d}t \\
&= \int_{-\infty}^{+\infty} x(\tau) \left[\int_{-\infty}^{+\infty} s^*(\tau - t) \exp(-j2\pi ft)\, \mathrm{d}t \right] \mathrm{d}\tau \\
&= \int_{-\infty}^{+\infty} x(\tau) \left[S^*(f) \exp(-j2\pi f\tau) \right] \mathrm{d}\tau \\
&= S^*(f) \int_{-\infty}^{+\infty} x(\tau) \exp(-j2\pi f\tau)\, \mathrm{d}\tau \\
&= X(f) S^*(f)
\end{aligned}
\tag{6.59a}
$$

因此可以看出，时域上的相关运算等同于与一个传递函数进行一次频域滤波，该传递函数则由信号频谱的共轭而得出。鉴于实际中更偏向频域分析，则(数字)处理遵循：

$$x(t) \xrightarrow{FFT} X(f) \xrightarrow{Filter} Y(f) = X(f) S^*(f) \xrightarrow{FFT^{-1}} y(t) \tag{6.60}$$

其优势在于处理时间上的增益，而这是由于快速傅里叶变换在计算过程中的使用。

接收信号 $x(t)$ 不仅有时间延迟，而且发生相位偏移。相关器的输出会因相移而降低，最大相关不再位于信号到达的准确时刻(时隙)。解决方案是采用双信道以对接收信号采取双相关运算：①采用同相传输信号；②采用正交传输信号。然后求两个相关器的输出的平方和。该过程消除了时间偏移量，从而得出最大输出能级。然而，该过程中，相关函数的主瓣会乘以因数 2，因此会变宽，造成时间分辨率相应的降低。

6.6 声呐系统性能

6.6.1 声呐方程

上文提及的所有效应(传播、噪声、混响、天线、信号、处理……)都可体现在声呐方程中。该公式以简化形式表示,表明水声系统的检测概率或测量质量:

$$信号 - 噪声 + 增益 > 阈值 \tag{6.61}$$

声呐方程表达了一种能量上的估算,通过以下一些假设从系统性能的角度来估计最终的信噪比。

- 此处考虑的信号是系统接收的声强级。因此,该信号:①在主动声呐中,等于减去了双向传播损失并加上目标反向散射强度的声源级;②在被动声呐中,等于目标辐射的噪声级减去单独的传播损失。
- 影响接收的噪声是外部环境噪声与声呐自噪声的总和,以其功率谱密度为特征。在一些情况下(如主动声呐),该噪声也需要加上混响作用。
- 增益包含阵列的指向性指数和接收器的处理增益。
- 接收阈值(此处从接收器的输出端考虑)取决于最终检测或测量操作的性能。

因此,一个主动水声系统的功率估算(所有项都以 dB 表示)可详细写作:

$$SL - 2TL + TS - NL + DI + PG > RT \tag{6.62}$$

式中,SL 为声源级;$2TL$ 为双向传播损失;TS 为目标强度,用来量化目标反射接收的声能的能力;NL 为噪声或混响级;DI 为接收天线的指向性相关的指向性指数;PG 为采用的接收器和信号的处理增益;RT 为所需性能能级对应的接收阈值[⑩]。

对于被动声呐,式(6.62)可简化为

$$RNL - TL - NL + DI + PG > RT \tag{6.63}$$

其中,RNL 为目标辐射噪声级;TL 为单向传播损失,对应目标强度和混响的项消失。

6.6.2 有关接收阈值的注释

在下文中,接收阈值被定义为确保达到既定性能的接收器输出端的最小信噪比。接收阈值决定了系统正确运作的限制条件,根据系统类型,可由以下几点确定:

- 目标探测中的检测概率和虚警概率;
- 数据传输的错误概率;

[⑩]经典声呐方程还有一项是"操作退化损失",概括了声呐过程中使用的信噪比模型的各种不完善之处(传播损失、反向散射、噪声、接收器增益),该项取决于使用的声呐类型,Dawe(1997)在详细分析后给该项设定了一个总均值,定为-4 dB。

- 测量操作的估计精度。

接收阈值与输出信噪比 r 的关系是

$$\begin{cases} RT = 10\log r & \text{（振幅或线性接收器）} \\ RT = 5\log r & \text{（平方律或功率接收器）} \end{cases}$$

详细定义和解释[11]见 6.2.2.1 节。

上述内容不同于早期经典声呐专业书籍[12]的内容（Urick，1983；Burdic，1984）。在这些参考书中，检测阈值 DT 是在接收器的输入端定义的，因此其综合了处理增益和检测指数，也就是输出的最小信噪比；而指向性指数包含在接收器输入信噪比[13]中。尽管该表示方法自身十分合理，但我们觉得可以更加直观地在声呐分析中明确区分以下几点：

- 物理性的输入端信噪比，取决于所考虑的设置下的各物理参数，在有效的接收器频带中定义；
- 声呐接收器（阵列处理、滤波器……）带来的不同的信噪比增益；
- 输出端信噪比，用来与预期性能直接相关的接收阈值比较。

同时，检测阈值这一被系统使用的项自身略有误导性，毕竟大多数系统的性能不是严格从检测（通常是隐含的[14]）而是从测量（参数估计）或传输质量上评估的。因此，接收阈值的说法在这一方面更为通用，无论信号进一步的实际应用如何，都能表明信号的最低质量水平（考虑到所有的接收器增益）。

读者可以发现，尽管接收阈值的定义确实不同于参考书中的定义，但声呐方程的能量估算却是完全一致的。以这种方式展示似乎更加实际，更方便学生理解；同时这种表示方式也符合声呐工程师和操作者的当前经验——有效信噪比和系统性能确实是从接收链输出端方面理解的。

6.6.3　检测性能

检测过程就是通过夹杂在环境噪声或混响中目标的声呐回波来验证目标的存在。如果处理后接收到的信噪比超出预定阈值，则会决定是否有目标；在这一特定情形下，

---

[11]平方律接收器的不同形式确保了输入和输出信噪比量纲的同次性。

[12]尽管这些书籍在一些内容方面可能略有不同，可参考 Dawe（1997）有关检测阈值的各定义的讨论。

[13]本书在输入信噪比的定义方面持不同意见，我们是从接收器实际使用的有效频率带内考虑信噪比的（参见 6.2.2.1 节的讨论），而不是考虑 1 Hz 频带内的噪声功率[如 Urick（1983），同见 Dawe（1997）的论述]。这一选择导致只有声呐特征对我们的输入信噪比定义产生影响。从 1 Hz 频带内的噪声能级考虑输入信噪比时可避免这一（轻微）偏差，但不利于输入信噪比的直观理解。

[14]比如说，海洋测深测量声呐严格来说不是用来探测海底，而是准确测量海洋深度；这样就对信噪比较高的数值下工作的测量精度要求比较严格。最大作用距离对应的就是远早于目标可能失去前就已发生的精度退化，而不是等到目标从系统探测中消失。

接收阈值可作为检测阈值来考虑。Dawe(1997)清晰而详尽地展示了声呐探测性能的组成。Van Trees(1968)或 McDonough 等(1995)提供了更多基本资料。

在声呐基本功能——探测模式下，接收质量通常体现在如下两个指标上：

● 检测概率 p_d：就是处理信号的能级超出给定振幅阈值的概率(接收器输入端存在一个"真实"信号)；

● 虚警概率 p_{fa}：就是噪声峰值能级超出给定振幅阈值的概率(输入端不存在一个"真实"信号)。

整个问题在于能级阈值的正确设置。如果阈值设置太高，只有高功率(p_d 过低：错过可能有用的目标信号)信号达到阈值。相反，如果阈值设置太低，噪声峰值可能会超过阈值，导致做出错误的决策判断(p_{fa} 过高：容易决策错误)。理论上，最终目的是尽可能地使 p_d 更高，同时 p_{fa} 更低，而这两者本身是互相矛盾的，所以需要折中(图 6.20)，具体折中方法取决于系统的操作指令，决定选择哪一准则。例如，在探测威胁目标(潜艇或鱼雷)的海军声呐中，不检测的决定(p_d 过低导致)可能会造成重大失误，而错误检测(p_{fa} 过高导致)只是会浪费时间和精力，但不会带来重大失误。

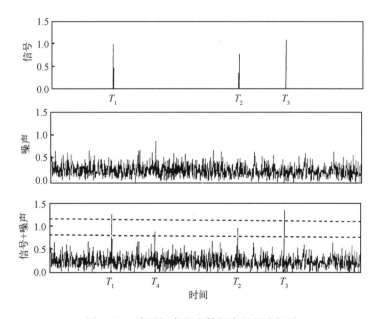

图 6.20　检测概率和虚警概率的概念阐述

预期信号(上图)展示了 T_1、T_2、T_3 三个时间点信号到达情况。噪声(中图)对信号造成了干扰。信号+噪声的总和(下图)与两个不同的振幅阈值(水平虚线)对比，采用过高的上阈值(1.2 级)时，只有 T_1、T_3 到达的信号被检测出；采用低阈值(0.8 级)时，T_1、T_2、T_3 三个时间点到达的信号都能被检测出，但在 T_4 时的噪声峰值也被检测出来，因此最佳阈值应在两个值之间

奈曼-皮尔逊（Neyman-Pearson）准则是声呐或雷达应用的常用检测标准（Van Trees，1968）：在给定虚警概率 p_{fa} 的上限中使检测概率 p_d 最大化。

p_d 和 p_{fa} 的预期值需要根据具体的应用而定。p_d 一般在 0.5 甚至是 0.9 以上，而 p_{fa} 一般在 10^{-3} 以下。经典检测条件下的数值是 $p_d = 0.5$、$p_{fa} = 10^{-4}$。

高斯情形

设 x 是接收信号的振幅，我们将它与阈值 A 相比较。在方差均为 σ_n^2、均值分别为 0 和 $\langle s \rangle$（信号仅加在噪声上）的高斯噪声和信号与噪声的高斯混合声情况下，p_d 和 p_{fa} 可表示为选定阈值 A 的函数。

检测概率 p_d 是信号+噪声超过选定能级阈值的概率：

$$p_d = \frac{1}{\sigma_n \sqrt{2\pi}} \int_A^{+\infty} \exp\left(-\frac{(x - \langle s \rangle)^2}{2\sigma_n^2}\right) dx = \frac{1}{2}\left[1 - \mathrm{erf}\left(\frac{A - \langle s \rangle}{\sigma_n \sqrt{2}}\right)\right] \quad (6.64)$$

虚警概率 p_{fa} 是噪声超过该阈值的概率：

$$p_{fa} = \frac{1}{\sigma_n \sqrt{2\pi}} \int_A^{+\infty} \exp\left(-\frac{x^2}{2\sigma_n^2}\right) dx = \frac{1}{2}\left[1 - \mathrm{erf}\left(\frac{A}{\sigma_n \sqrt{2}}\right)\right] \quad (6.65)$$

式中，erf（ ）是经典的误差函数（Abramowitz et al.，1964）。

图 6.21 展示了式（6.64）和式（6.65）的图形解析。

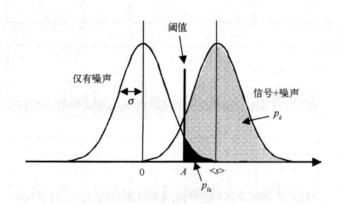

图 6.21　高斯情形下检测概率和虚警概率的图形表示

我们从式（6.65）（并在下文重复）中可以看出，输出端信噪比定义为：处理（接收信号+噪声）后的输出平均功率 $\langle x_{s+n} \rangle$（修正平均输出能级 $\langle x_n \rangle$ 后）（仅接收噪声）与噪声方差 σ_n^2 的比值：

$$r = \frac{(\langle x_{s+n} \rangle - \langle x_n \rangle)^2}{\sigma_n^2} \quad (6.65)$$

结合式(6.64)和式(6.65)，输出端信噪比和检测概率及虚警概率的最终关系是

$$\sqrt{r} = \sqrt{2}\left[\text{erf}^{-1}(1 - 2p_{\text{d}}) - \text{erf}^{-1}(1 - 2p_{\text{fa}}) \right] \tag{6.66}$$

将 r、p_{d} 和 p_{fa} 三者的值用图形连接起来就成了接收器工作特征(ROC)曲线。图 6.22(上图)给出了该基本高斯情形[式(6.66)]所对应的图。

非高斯情形

只要过程的高斯性充分，就可有效地应用高斯情形[式(6.66)]的基本结果；而这些过程只在有限的情况下发生，当大量信号用于检测操作时(如采用较大 $B{\times}T$ 的被动检测)可使用。但该设置不是万能的，因此下文将介绍其他极具代表性的情形。

(1)瑞利情形

如今主动声呐最常用的是基于较小 $B{\times}T$(一般是 $B{\times}T = 1$，样本数量较小)和回波振幅起伏(理想情况下遵循瑞利定律)情况下的振幅检测器。噪声输出和信号+噪声输出都遵循瑞利定律，最可能的值(平方)分别是 σ_{n}^2 和 $\sigma_{\text{n}}^2 + \sigma_{\text{s}}^2$。

与高斯情形相似，检测概率 p_{d}(信号+噪声超过选定阈值 A 的概率)现在变成

$$p_{\text{d}} = \int_{A}^{+\infty} \frac{x}{\sigma_{\text{n}}^2 + \sigma_{\text{n}}^2} \exp\left[-\frac{x^2}{2(\sigma_{\text{n}}^2 + \sigma_{\text{s}}^2)} \right] dx = \exp\left[-\frac{A^2}{2(\sigma_{\text{n}}^2 + \sigma_{\text{s}}^2)} \right] \tag{6.67}$$

虚警概率 p_{fa}(噪声超过阈值 A 的概率)变成

$$p_{\text{fa}} = \int_{A}^{+\infty} \frac{x}{\sigma_{\text{n}}^2} \exp\left(-\frac{x^2}{2\sigma_{\text{n}}^2} \right) dx = \exp\left(-\frac{A^2}{2\sigma_{\text{n}}^2} \right) \tag{6.68}$$

采用两个表达式的自然对数表示，变成

$$\frac{\log_e p_{\text{fa}}}{\log_e p_{\text{d}}} = \frac{\sigma_{\text{n}}^2 + \sigma_{\text{s}}^2}{\sigma_{\text{n}}^2}$$

用瑞利分布信号和噪声表示[式(6.25)]，即 $\langle x_{\text{n}} \rangle = \sqrt{\sigma_{\text{n}}^2}\sqrt{\pi/2}$，$\langle x_{\text{s+n}} \rangle = \sqrt{\sigma_{\text{n}}^2 + \sigma_{\text{n}}^2}$ $\sqrt{\pi/2}$ 和 $\sigma^2 = \sigma_{\text{n}}^2(2 - \pi/2)$ (见 4.6.3.2 节)，最终得出：

$$r = \frac{\pi}{4 - \pi}\left(\sqrt{\frac{\log_e p_{\text{fa}}}{\log_e p_{\text{d}}}} - 1 \right)^2 \tag{6.69}$$

图 6.22(中图)给出了相应的 ROC 曲线。该曲线可用于非相干振幅检测主动声呐(现今的大多数系统)等情形中，r 根据式(6.25)而定；$RT = 10\log r$ 则可应用于声呐方程中。

(2)指数情形

采用上文相同假设，但接收器换成功率接收器；只含噪声的输出与信号+噪声的输出现在都遵循指数分布定律(见 4.6.3.2 节)：

$$p_{\text{d}} = \int_{A}^{+\infty} \frac{1}{\sigma_{\text{n}}^2 + \sigma_{\text{s}}^2} \exp\left[-\frac{X}{2(\sigma_{\text{n}}^2 + \sigma_{\text{s}}^2)} \right] dX = \exp\left[-\frac{A}{2(\sigma_{\text{n}}^2 + \sigma_{\text{s}}^2)} \right] \tag{6.70}$$

$$p_{fa} = \int_A^{+\infty} \frac{1}{\sigma_n^2} \exp\left(-\frac{X}{2\sigma_n^2}\right) dX = \exp\left(-\frac{A}{2\sigma_n^2}\right) \tag{6.71}$$

最后，信号与噪声的平方的最高数值为 σ^4：

$$\frac{\log_e p_{fa}}{\log_e p_d} = \frac{\sigma_n^2 + \sigma_s^2}{\sigma_n^2} = 1 + \sqrt{r}$$

$$r = \left(\frac{\log_e p_{fa}}{\log_e p_d} - 1\right)^2 \tag{6.72}$$

图 6.22（下图）给出了相应的 ROC 曲线，该 ROC 曲线可用于积分时间较少的被动声呐或非相干主动声呐——两种情况都使用平方律检测器；因此，$RT = 5\log r$ 用于声呐方程（注意图 6.22 中信噪比的 dB 值定义为 $10\log r$）。

（3）莱斯情形

在预期信号的起伏特征未能充分了解时，一般振幅接收器的输出，信号+噪声的统计通常遵循莱斯分布定律（见 4.6.3.3 节），这是高斯情形和瑞利情形之间的中间情况，单独噪声的输出仍遵循瑞利统计。

将莱斯统计（4.6.3.3 节）对应于信号的稳定部分（平均振幅 $\langle s \rangle$）和起伏部分（方差 σ_n^2），检测概率 p_d 现在变成

$$p_d = \int_A^{+\infty} \frac{x}{\sigma_n^2} \exp\left(-\frac{x^2 + \langle s \rangle^2}{2\sigma_n^2}\right) I_0\left(\frac{x\langle s \rangle}{\sigma_n^2}\right) dx \tag{6.73}$$

式中，I_0 是修正后的零阶第一类贝塞尔函数（Abramowitz et al., 1964）。虚警概率 p_{fa} 变成

$$p_{fa} = \int_A^{+\infty} \frac{x}{\sigma_n^2} \exp\left(-\frac{x^2}{2\sigma_n^2}\right) dx = \exp\left(-\frac{A^2}{2\sigma_n^2}\right) \tag{6.74}$$

取 p_{fa} 的自然对数，则 $\log_e p_{fa} = -A^2/2\sigma_n^2$，将 p_d 积分中的 x 积分变量改成 x/σ_n，变成

$$p_d = Q(\sqrt{r}, \sqrt{-2\log_e p_{fa}}) \tag{6.75}$$

式中，$Q(a, b)$ 是 Marcum 函数，定义为

$$Q(a, b) = \int_b^{+\infty} z \exp\left(-\frac{z^2 + a^2}{2}\right) I_0(az) dz \tag{6.76}$$

在信噪比足够高（意味着起伏分量可忽略不计）的实际设置中，该表达式的数值结果将接近理想高斯情形[15]。

---

[15]这是因为，正如误差函数与高斯分布相关，Marcum 函数［式(6.76)］与莱斯分布［式(4.60)］相关。当非随机分量主导随机分量时，莱斯分布趋向高斯定律；同样的，当 r 值足够大时，Marcum 函数的结果就趋向高斯情形。

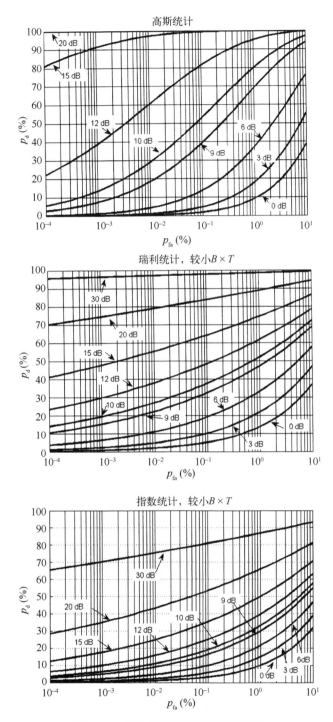

图 6.22　接收器工作特征(ROC)曲线

上图：式(6.66)所对应的高斯情形，$B \times T$ 值较大时有效；中图：式(6.69)所对应的瑞利情形；

下图：式(6.72)所对应的指数情形。三种情形中，信噪比值用 dB 表示为 $10\log r$

6.6.4 水声通信系统的性能

6.6.4.1 数字通信的误码率

数字通信中传输的信息是对应于不同预定值的编码信号。例如，二进制编码中，二进制符号 0 对应于载频 f_0，符号 1 对应于载频 f_1，利用载频变化来传递数字信息（BFSK 调制，二进制频移键控）；接收器必须设置成可接收两个不同的信号（例如，耦合处理的两个并行信道，如图 6.12 所示），并决定哪个正确（通过对比输出能级）。一般而言，如果系统使用 M 调制状态，处理复杂度随 M 增加而增加。

传输系统的性能特征与目标探测系统的性能特征有所不同。上文定义的检测概率和虚警概率的概念不再适合该情形。检测概率和虚警概率可合并成误差概率 p_e，表明错误数位值占接收的数字信息中的比重。最大后验概率（MAP）准则使该误差概率最大化。例如，在 BFSK 接收中，将两个独立频率信道的输出能级进行比较；因此，可以表明 p_e 是一个接收信道中的噪声输出能级大于另一个接收信道中的信号输出能级的概率。这样，误差概率可表示为

$$p_e = \frac{1}{2}\left[1 - \mathrm{erf}\left(\sqrt{\frac{r}{2}}\right)\right] \tag{6.77}$$

或相当于

$$\sqrt{r} = \sqrt{2}\,\mathrm{erf}^{-1}(1 - 2p_e) \tag{6.78}$$

1 bit 传输的基本结果可推广至正交信号相干检测的 M 种调制状态（使用 $M = 2^k$ 码元编码，每个传递 k 位信息）。每码元信噪比 r 也可与单位比特信噪比（r_b）联系起来：$r_b = E_b/n_0 = r/k$。因此误码率 P_M 可表示为

$$P_M = \frac{(M-1)^2}{M}\left[1 - \mathrm{erf}\left(\sqrt{\frac{\log_2(M)}{2}r_b}\right)\right] = \frac{(M-1)^2}{M}\left[1 - \mathrm{erf}\left(\sqrt{\frac{r}{2}}\right)\right] \tag{6.79}$$

由于调制类型和信道类型不同，因此有很多其他的误码率的表达形式。应用最广泛的调制方案是 2 位（BPSK）或 4 位（QPSK）调制状态的相移键控（6.4.3 节）。BPSK 的误码率为

$$P_M = \frac{1}{2}\left[1 - \mathrm{erf}\left(\sqrt{r_b}\right)\right] \tag{6.80}$$

QPSK（Proakis，2001）的误码率为

$$P_M = 1 - \frac{1}{4}\left[1 + \mathrm{erf}\left(\sqrt{r_b}\right)\right]^2 \tag{6.81}$$

对于差分 BPSK（D-BPSK，它不是利用信号相位的绝对数值传送数字信息，而是用前后基本信号的相对相位差来传送数字信息），其误码率是

$$P_M = \frac{1}{2}\exp(-r_b) \tag{6.82}$$

对于相位不连续的二进制频移键控（BFSK）（差分 BFSK 或 D-BFSK），包络检测接收器（非相干 BFSK）的误码率是（Proakis，2001）：

$$P_M = \frac{1}{2}\exp\left(-\frac{r_b}{2}\right) \tag{6.83}$$

图 6.23 总结了各种传统调制方案可实现的性能，感兴趣的读者可阅读数字通信理论书籍中的相关内容（Proakis，2001）。

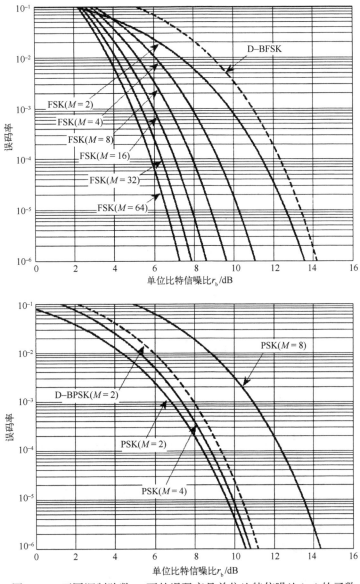

图 6.23　不同调制阶数 M 下的误码率是单位比特信噪比（r_b）的函数

上图：FSK 调制［M-正交信号（M-FSK）的相干检测和 D-BFSK 的非相干检测］；

下图：PSK 调制（M-PSK 单信号的相干检测，D-BPSK 的非相干检测）

6.6.4.2 信道容量

误差概率只表示了通信系统性能的一方面，但因它明显与声呐系统的探测性能类似，我们就先介绍了这个方面的内容。然而，设计者和用户更希望实际评估给定误差率下传送信息的能力(换句话说，就是信道容量)，以尽可能有效地进行利用。考虑到用户期望，这一问题在水声学中具有特别的现实意义，因为在水声学环境中，可达到的比特率通常很小——与大气或太空中的电磁系统相比较。

理想情况下，香农边界提供了给定信噪比 r 下加性高斯白噪声(AWGN)带限信道可达到的最大理论容量，可用下式表示(Shannon，1948)：

$$C = B \log_2 (1 + r) = B \log_2 \left(1 + \frac{P}{Bn_0} \right) \tag{6.84}$$

式中，C 是信道容量，单位为 bit/s；B 是接收器带宽；P 是接收的传输信号的平均功率；n_o 是噪声功率谱密度。P 是信道容量 C 和单位比特能量有关的值：$P = CE_b$，可以推导出(图 6.24)：

$$\frac{C}{B} = \log_2 \left(1 + \frac{C}{B} \frac{E_b}{n_0} \right) = \log_2 \left(1 + \frac{C}{B} r_b \right) \tag{6.85}$$

图 6.24 阐述了信道效率 C/B(每赫兹可达到的比特率)，该信道效率是单位比特信噪比的函数；因此，为完整描述传输性能，需要使用 6.6.4.1 节中的模型之一将信道效率与误差率关联起来。

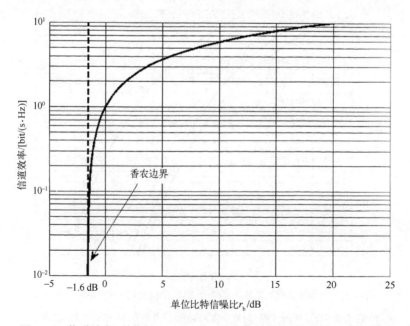

图 6.24 信道效率[单位是 $\mathrm{bit}/(\mathrm{s} \cdot \mathrm{Hz})$]，是单位比特信噪比($r_b$)的函数

实际上，香农边界得出的理想性能是无法实现的，应考虑从仿真得到的近似表示。附录 A.6.4* 展示了几种调制情形下信道容量值的实际结果。

6.6.5　参数估计的不确定性

水声系统通常不只是用来探测目标，也可用来估计各种参数，如：

- 声呐与目标之间的距离。在主动声呐中，该距离是根据信号双向传播时间来测量的。在被动声呐中，该距离可通过信号到达各接收器的时延或多径到达之间的时延来测量(见 7.2.2.1 节)；

- 目标速度。在主动声呐中，目标速度可通过目标反向散射的回波的多普勒频移来估计；

- 目标的角度位置。可利用接收阵列的指向性特性从估计的信号到达角来获得目标的角度位置。

6.6.5.1　克拉美–罗边界

这些值的测量精度显然取决于信号特征(如其时间分辨率)和接收器性能(如其指向性)，但信号通常与噪声混合在一起，且测量事实上应被认为是随机的(图 6.25 阐述了噪声对估计误差的影响)。参数估计理论(Van Trees，1968)规定了总体框架，将测量精度极限定义为信噪比函数的总体框架。该理论认为，当我们用一个对服从条件概率分布的随机变量 v 的测量值来估计参数 $\theta(p(\nu,\theta)=p(\theta)p(\nu\mid\theta))$ 时，θ 的估计的方差大于或等于一个绝对下限，克拉美–罗边界[16](CRB)：

$$\mathrm{var}(\theta) \geqslant \left[1+\frac{\partial B(\theta)}{\partial\theta}\right]^2 \bigg/ E\left(\left[\frac{\partial\ln\left[p(\nu\mid\theta)\right]}{\partial\theta}\right]^2\right) \tag{6.86}$$

其中，$E(\ )$ 和 $B(\ )$ 分别是随机变量的期望值(或统计平均值)和其偏差。当 θ 的估计值不存在偏差时，CRB 表达式变成

$$\mathrm{var}(\theta) \geqslant 1 \bigg/ E\left(\left[\frac{\partial\ln\left[p(\nu\mid\theta)\right]}{\partial\theta}\right]^2\right) \tag{6.87}$$

CRB 规定了估计精度的极限，接收器的优化设计就在于使估计性能尽可能接近该理想值。

6.6.5.2　到达时间的测量

从被噪声影响的信号中测量到达时间是主动声呐中的常见问题。检测理论表明最佳接收器可从接收信号与参考信号的相关运算得到；到达时间的测量不存在偏差，可

---

*：原著此处有误，应为附录 A.7.2。——译者注

[16] 或克拉美–罗下边界(CRLB)。

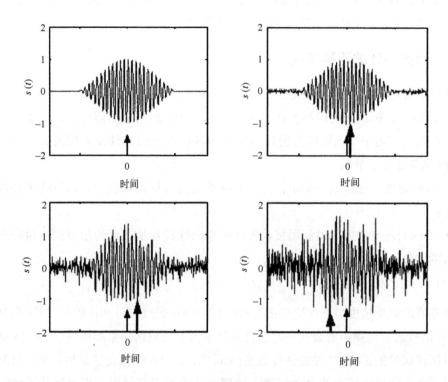

图 6.25　加性噪声信号到达时间的估计误差

估计的质量(此处只是检测最大值)随信噪比减少而降低，到达的估计时间(粗箭头)在到达的
"真实"时间(细箭头)附近变动

以表明已达到 CRB(即时间方差最低)。因此，该类接收器对检测和估计的功能都适合。
到达时间 τ 的方差可由 CRB 变量给出，也就是 Woodward 公式：

$$\mathrm{var}(\tau) \geqslant \frac{1}{r\,(2\pi B_\mathrm{e})^2} \tag{6.88}$$

式中，r 是接收器输出端的信噪比；B_e 是信号的有效带宽，定义为(Le Chevalier, 1989)：

$$B_\mathrm{e}^2 = \frac{\int (f-f_0)^2 \ |S(f)|^2 \mathrm{d}f}{\int |S(f)|^2 \mathrm{d}f} \tag{6.89}$$

B_e^2 可解释为中心频率 f_0 附近的频谱的方差，若是宽度为 Δf 的矩形频谱，$B_\mathrm{e} \approx \Delta f/3.46$；
若是宽度 Δf 在 $-3\ \mathrm{dB}$ 的 sinc 频谱，有效带宽 $B_\mathrm{e} \approx \Delta f/2.66$。

　　因此，式(6.88) $\mathrm{var}(\tau)$ 量化了给定信噪比下可达到的最佳时间精度。

　　在所有需准确测量时间的应用(定位、测深、目标定位、海洋声层析)中，测量精
度(而不是检测性能)实际上是主要限制。因此，Woodward 公式被用来定义系统的接收

阈值，而不是利用检测性能中所使用的 ROC 来评估。

6.6.5.3　角度与频率的测量

类似关系式 [见 Burdic(1984)] 可用于获取角度和频率的测量精度[16]，这些关系式是从克拉美-罗边界的一般表达式中推导出来的。

测量角度 φ 所对应的关系式是

$$\mathrm{var}(\varphi) \geqslant \dfrac{1}{r\left(\dfrac{2\pi L_e}{\lambda}\right)^2} \tag{6.90}$$

式中，r 是天线输出端的信噪比，因此包含其指向性指数；L_e 是天线的有效长度，定义为

$$L_e^2 = \dfrac{\displaystyle\int_{-L/2}^{L/2} y^2\,|g(y)|^2\mathrm{d}y}{\displaystyle\int_{-L/2}^{L/2} |g(y)|^2\mathrm{d}y} \tag{6.91}$$

其中，$g(y)$ 是阵列接收器的加权律。

若是长度为 L 的非加权 $[g(y)=1]$ 线性阵列：

$$\begin{cases} L_e = \dfrac{L}{2\sqrt{3}} \\[3mm] \mathrm{var}(\varphi) \geqslant \dfrac{12}{r\left(2\pi\dfrac{L}{\lambda}\right)^2} \end{cases} \tag{6.92}$$

应用加权后，有效阵列长度将下降，一般会下降 1.2~1.4 倍。

同样，对于频率 f 的估计，可以使用信号的有效持续时间 T_e 来表示：

$$\mathrm{var}(f) \geqslant \dfrac{1}{r\,(2\pi T_e)^2} \tag{6.93}$$

其中，

$$T_e^2 = \dfrac{\displaystyle\int (t-t_0)^2\,|A(t)|^2\mathrm{d}t}{\displaystyle\int |A(t)|^2\mathrm{d}t} \tag{6.94}$$

$A(t)$ 是信号在中心时刻 t_0 时的包络幅值。

式(6.90)或式(6.93)用于确定声呐方程中的接收阈值，具体取决于声呐或操作类型。

---

[16] 附录 A.5.7.1 给出了相位差测量精度的模型。

6.6.5.4 多重估计

如果多次独立的实现被用来估计接收信号的同一个参数，方差将随估计中包含的实现次数的增多而减小。例如，如果使用 N 个伴有独立实现加性噪声的接收信号来估计到达时间，则方差为

$$\mathrm{var}(\tau) \geqslant \frac{1}{Nr\,(2\pi B_e)^2} \tag{6.95}$$

方差的减少实际反映了信噪比(与 N 成比例)的提高，可表示为一个估计中所使用信号量的函数(见 6.2.2.2 节)。

第7章　水体中的应用

本书从本章开始介绍水声学的具体应用，本章主要讨论的是完全在水体中作业的水声系统。这些系统可划分为五大类(导航、军事、渔业、物理海洋学和水下干涉)，尽管这五类系统有时更像是人为区分的，但却为确定水声系统的不同类型提供了实用分类。

7.1　导航

导航和安全的需求(如测深、测速、避障)为水声学的初步发展作出了重大贡献，并且是很多其他应用系统(应答器、测深仪、测程器、声呐……)的起点。在这些应用中，有些应用从技术上看已经意义不大，且往往会被其他技术所取代，但它们仍在水声系统中起着重要而积极的作用。

7.1.1　水声信标

人们在水下声技术真正出现之前，早在20世纪初期，首个声学系统——水声信标便在航海安全的隐患区域投入使用。浮标或海岸电台同时发射一个声信号(水下或大气中)和一个光信号或电磁信号。由于两个信号的传播速度不同，这两个信号的到达时间也不同，前后信号之间的时延可使观察者测量其与信标的距离。

如今，更便捷的自动水声信标(声波收发器)常用于测量水下障碍或各水下系统在水中的具体位置。这些信标一般可用来简单探测和定位自身所在的平台在水中的位置。因此，它们可有效地作为安全装置，安装在投向海里的昂贵的或危险的装载物或系统上，即使意外丢失，也能再找回；飞机上的"黑匣子"(飞行数据和通信记录)也装有声波收发器以便飞机在海上失事后找回。

声波收发器也能为海上作业提供宝贵帮助。例如，通过装有声波收发器并下沉或深拖在船后装有声波收发器的系统可以根据直达信号与经海底反射回来的反射信号之间的时延，极其简单地测量其在水中距离海底的高度位置[图7.1(b)]。在更复杂的情况下，可通过接收网络中测量的不同接收时间之间的时差来定位装有声波收发器的水下系统(见7.5.1节)。

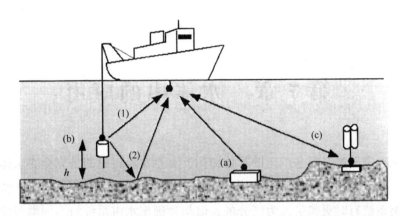

图 7.1　水声信标结构

（a）简单标记海床上物体；（b）通过测量路径（1）和路径（2）之间的时延，使用声波收发器测量水下系统
在水中距离海床的高度，接近垂直，$h \approx c(t_2-t_1)/2$；（c）使用应答器来定位并远程操作水下仪器

　　海洋生物学常需要使用一种特定类型的自动声波收发器。这种自动声波收发器被称为声标，常固定在鱼或海洋哺乳动物上，这样接收网络就可跟踪鱼或海洋哺乳动物的位移。这些声标工作频率在 100 kHz 或数百千赫兹，尺寸可能小至数毫米（图 7.2），具体大小取决于宿主。声标可固定在外部或内部。

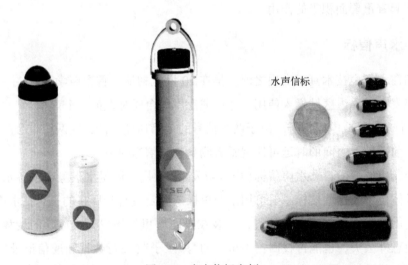

水声信标

图 7.2　水声信标实例

左图为在深海区或浅海区使用的自动声波收发器，长度分别为 20 cm 和 10 cm；
中图为声释放器（长为90 cm），照片由 iXSea 公司提供；右图为鱼类定位用声标，长度为 17~73 mm，质量
（空气中）为 0.65~24 g，频率为 307 kHz，图片由 HTI 水声技术公司（HTI Hydroacoustic Technology, Inc.）提供

　　通常来说，水下信标发射的是具有稳定脉冲速率的短连续波信号；由于 8~16 kHz 倍频带具备良好的传输特性且使用的换能器尺寸适中，水下作业最常使用该倍频带，

但也有可能使用更高的频率(例如,飞机"黑匣子"的声波收发器标准功率为 37 kHz)。典型的声源级范围在 160~190 dB *re* 1 μPa @ 1 m。水下信标需要接收任意方向上的声波信号,因此不需要选择方向性。最简单的系统以固定的速率发射信号,而更为复杂的装置则只在接收到询问信号后才发射信号。这些装置就是应答器,可使用编码信号进行一种传统意义上的"对话",因而提升了整个通信链路的可靠性。

　　这些精细系统常用于水下作业。例如,自动水下科学仪器常装有声释放器以便远程触发并释放该仪器,使它能返回海面。这类应用明显要求高可靠性,以避免声释放器在收到指令后未触发或因为噪声导致不必要的触发,这是通过使用编码信号完成的,可最小化虚警的风险。应答器也可被用作定位系统的一部分(见 7.5 节)。

7.1.2　回波探测

　　单波束回波探测仪常用于导航和绘图,旨在实时测量舰载或潜水艇下的局部水深;深度 D 由信号发射和回波接收之间的双向传播时间 t 和水体的平均水深* c 计算得到($D=c\times t/2$)。鉴于单波束回波探测仪目前也用于海底绘图,因此其详细工作原理见第 8 章。不论哪种应用领域,单波束回波探测仪毋庸置疑是最常见的水声系统(图 7.3 和图 7.4)。一般的回波探测仪在固定频率下工作,具体频率取决于待测水深,频率[①]范围在 10 kHz 到数百千赫兹。最新系统使用的频率集中在上述频率范围的上段,主要用来测量确实存在航海安全隐患的浅海底地区的水深。而低频探测仪更常用于海洋地理学的深海绘图调查。最简单的探测仪现在属于消费类电子产品范畴,就像便携 GPS 接收器或 VHF 无线电台一样(图 7.4),普遍用于休闲游艇。专业导航探测仪的测量误差在实测水深的 1% 左右,其声源级范围一般在 200~220 dB *re* 1 μPa @ 1 m。

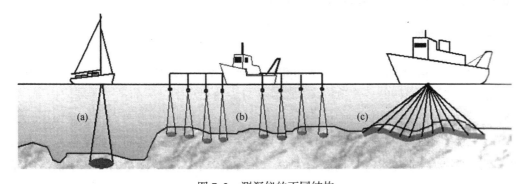

图 7.3　测深仪的不同结构

(a)单波束探测仪;(b)条带探测仪;(c)多波束探测仪

---

　*：此处原著有误,应为声速。——译者注

　①导航探测仪的频率常为 200 kHz,有时也在 50 kHz。

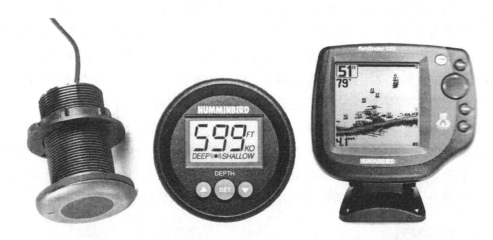

图 7.4 当前常用于休闲游艇的回波探测仪装置(图片由 Humminbird 提供)
左图为穿过船体安装的换能器(外径为 7.5 cm，在 200 kHz 和 83 kHz 时提供 20°和 60°的波束宽度)；中图为简单测深功能的简单显示；右图为回波探测仪更复杂的显示，包括鱼群的定位并测量海底深度的"鱼群探测"

水文回波测深旨在建立海图，因此遵从非常严格的精度标准②，尤其是对于沿海地区、港口和河口。尽管水文测深明显与航海安全相关，但在技术层面上属于海底绘图领域而不是导航设备，因此该技术的详细介绍见第 8 章。这足以说明海图现在大多是通过专业多波束回波探测仪记录的，主要采用两种设置：一种是在水平横杆上装有一组单波束回波探测仪[图 7.3(b)，条带探测仪，主要用在河流和港口]；另一种是多个声波束以扇形发射[图 7.3(c)]。第二种设置更实用，应用更广泛。回波探测仪通常用来探测海床，因此一直是向下操作的。但回波探测仪也可朝上，例如在极地浮冰下航行的核潜艇上使用的情况(Wadhams，2000)。

7.1.3 速度测量

多普勒测速仪用于估计其支撑平台相对于周围环境的速度。多普勒测速仪利用反向散射回波(2.5.1 节)的多普勒频移，该频移与声呐相对于目标的径向速度成比例[图 7.5(a)]。如果信号能够抵达海床，那么反射多普勒频移的声波参考介质就是海床，这种情形是最有利的，可以得出精确导航(相对于一个固定点)。然而，如果信号无法到达海床，信号就被水体自身反向散射，而导航是相对水体进行衡量的，必须根据局部流速进行修正。

---

②由国际海道测量组织(IHO)定义。

多普勒测速仪在极高的频率(100 kHz 至 1 MHz)下工作，发射数个(通常是 4 个)倾斜波束，这些波束在水平平面上的方向不同。在这些不同方向上测得的多普勒频移构成了速度矢量的空间坐标。由于水面舰船可以使用电磁定位系统[③]更简单准确地测量速度，因此水声测速仪现在常用于潜艇。

声相关测速仪利用沿径水平阵列上的各换能器分别接收到的海床回波以确定其搭载舰船的速度。当阵列(及平台)移动时，阵列"前端"单元所接收的信号结构与"尾端"单元接收的一致。时延 δt 则依据船速 V 和各换能器之间的间隔 δx 来计算，$\delta x = V\delta t$。因此，通过寻找两个信号的互相关函数的最大值，就可估计其时延进而计算其平台的速度[图 7.5(b)]。这种测量系统，有趣的一点在于其得出的是相对于海底的速度值，而不是相对于水体(受海流影响)的速度；这种测量系统的局限在于海底反射回波的能级必须足够高且连续声脉冲之间充分相干。

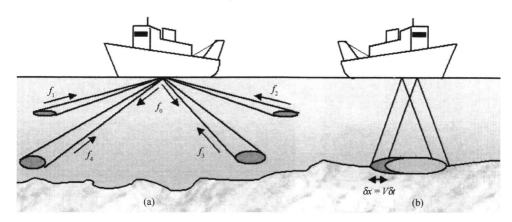

图 7.5　(a)多普勒测速仪，不同波束的频移用于确定各波束方向上的速度分量
[通过 $\nu_n = c(f_n - f_0)/2f_0$，$n = 1 \sim 4$]；(b)相关测速仪，两个波束的信号之间的
时延 δt 是换能器间隔 δx 和船速 V 的函数

7.1.4　避障

潜艇和水下勘探潜水器(ROV、AUV)需要装备避障声呐(图 7.6)。大多数情况下，这类系统以较高频率(几百千赫兹)在较宽角域上水平扫描，利用有限的阵列尺寸形成较窄的波束。这些声呐用于探测、定位和识别距离其搭载平台几十米或数百米远的障碍物。有些技术方案可实现在整个水平面上进行声扫描，从机械旋转的单波束探照灯类型系统(该技术在当今商业化系统中仍比较常见)发展到近期使用扇形波束的多波束

---

③例如，使用卫星定位的全球定位系统(GPS)及更准确的差分全球定位系统(差分 GPS)和 RTK-GPS(实时动态)，对船只位置的高速测量确保准确估计其瞬时速度。

系统(该技术与海底绘图中使用的系统类似，详见第 8 章)。随着矩阵结构换能器的近期发展以及数字处理能力的改善，这些系统最后发展成为 3D 系统(也就是声像仪)，通过在两个垂直平面完成的多波束扫描实现。

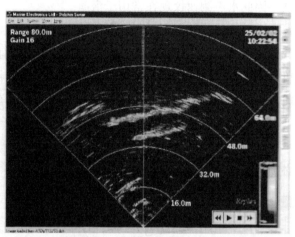

图 7.6　250 kHz 避障声呐(图片由 Marine Electronics Ltd 提供)

左图为声呐头(Marine Electronics Ltd 生产的多普勒 6201 型)，展示了发射(曲面)和接收(平面)阵列以及倾斜的回波探测仪(圆盘)；右图为在角度扫描情形下回波的展示

7.2　军事应用

尽管目前世界各国主张裁军并普遍减少海军预算，军事应用仍是水声学经济占比中的重要部分。现代海军的潜艇探测系统都很巨大且极其复杂，只有国防工业中的主要参与者④才能为它们提供相应的设计和发展方向。

很明显，出于保密性需要，我们很难找到军事应用的详细档案。因此，本节旨在介绍主要指导原理，未对水声系统军事应用的实际重要性进行阐述。Waite(2002)对该主题进行了概括，详细介绍了工程原理和性能分析。逻辑上，军官和操作员可通过海军内部培训获得水声学军事应用方面的知识，而工程师则可从工业界的专家那里获得。

7.2.1　历史回顾：ASDIC 系统

英国皇家海军在 20 世纪 30 年代末设计了首批操作性声呐系统——ASDIC，该系统

---

④海军声呐行业的重要参与者有雷声公司(Raytheon)、EDO、洛克希德·马丁公司(Lockheed Martin)、西屋公司(Westinghouse，美国)、泰雷兹水下系统(Thales Underwater Systems，法国)、BAE(英国)、STN-Atlas 公司(德国)、康斯伯格(Kongsberg，挪威)。

在第二次世界大战期间得到广泛使用。下文对这些系统进行了简单描述并提出了一些有用观点，可与本节剩余部分提及的现代观念进行对比。

ASDIC 系统（Proc，2008）主要设计用来在 4~22 kHz 频率范围下进行主动探测。声呐发射器（同时也可作为接收器）是定向石英换能器（波束宽度通常为 10°），发射时稍微倾斜，略低于掠射角，水平上可转向进行全景扫描。该声呐发射器可安装在防护罩内，在高速或困难海况下航行时在船壳下方可伸缩（驱逐艇或轻巡洋舰是装备声呐发射器的主要舰船）。后来在战争期间，ASDIC 系统又加入形状为横窄竖宽的 38 kHz 发射装置，用于填补以较大倾斜角发射时的盲区，并增加可操控的形状为横宽竖窄的 50 kHz 发射装置用于测量目标深度。

当时还没有波束形成的概念，操作员需要手动操作发射器波束。他可以随意发射声脉冲信号，或设置成为范围性的自动记录装置（标注在特定的纸质记录器上，以跟踪了解探测值随时间发生的变化）。从战术上来讲，操作员必须扫描整个视域来进行日常监控；当操作员探测到目标时，则集中于目标的方向，估计其距离、位置和深度（后者决定袭击的有效性，因为人们是通过预设深度-爆炸装料来轰炸潜艇的）；在距离目标更近时，操作员会以越来越精确的方式向舰桥传送他观察到的信息，并最终在最后阶段提供袭击的决定性参数。大多数处理（包括多普勒分析）是操作员"凭听力"完成的，主要的探测装置，除接收滤波器、频率解调器（用于频率解调，通常低至 1 000 Hz）和自动增益控制以外就是一对耳机。声呐操作员也基本使用相同装置来负责敌方目标的被动探测；当然，敌方目标不仅意味着潜艇，还可能是途中遇到的鱼雷。此外，操作员也是声呐系统所有硬件维护的船上专家，很多声呐系统硬件容易损坏且常常需要在海上维修。

ASDIC 系统通过恰当的操作可发射几百瓦的声能，一般能有效探测 2 km 范围内的潜艇，在良好条件下甚至可探测 3 km 或 4 km 范围内的潜艇。装有 ASDIC 系统的三四艘护卫舰船需要为分布在 10 km 或以上范围的几十艘商船护航，并且可能遭遇 U 型潜艇成群结队的袭击，这些就能反映出操作员完成任务的困难度。确实，当时的 ASDIC 操作员只能主要依靠自身技能和所受培训，很难寄希望于当时的技术。ASDIC 是初级水声系统，但也确实提供了现代系统能够提供的所有基本功能——从战略角度上讲，ASDIC 系统对大西洋海战产生了非常重要的影响。

7.2.2 被动声呐

现在被动军事声呐主要用来探测、定位和识别潜艇。它们在非常低的频率（数十赫兹到数千赫兹）下工作（使用声呐信号拦截器时，频率可能更高）。在该频率范围内，舰船辐射的声能确实是最重要的（特别是其特征谱峰，可用于识别噪声源）。低频下，由于吸收损失较小，声呐的探测距离会更长。被动声呐在两次世界大战中的应用更像是轶闻，但从 20 世纪 60 年代开始，人们倾向使用被动声呐来探测潜艇（Tyler，1992）。对于如今专门针对反潜战（ASW）的水面舰船，被动声呐的探测距离比传统主动声呐更大[5]，目标跟踪与识别的可能性增加。因此，潜艇的辐射噪声级受到极其严格的限制以确保其隐蔽性；另一方面，潜艇可使用这一独特、安静型探测工具以反击其对手（出于隐蔽需要，操作中的潜艇一般不会使用任何主动声呐，除非在较高频率下）。

现代被动声呐的特征是部署较长距离（几十米到数百米）的拖曳线性阵列，能有效探测和定位低频噪声源[图 7.7(a)]。这一原理被称为拖曳声呐阵列系统（TASS）。阵列由弹性管套包裹，包含接收水听器（多达几百个）、前置放大电子设备和相应的线路。阵列使用特定绞机存储和部署[6]在水面舰船及潜艇上。这些长长的拖曳阵列使得其在信噪比增益和角度分辨率方面效率很高。阵列远远拖在后面，不受装载舰船辐射噪声造成的声干扰的影响。此外，阵列沉入海中，它所在的海水深度适应当前的声速剖面（SVP），传播条件比海面声呐更有利。

水面浮标（亦称声呐浮标）等机载系统[图 7.7(b)]或直升机吊放声呐目前也用于被动探测和跟踪，但探测距离比船载系统更加有限。最后，固定设备[图 7.7(c)]同样用于区域尺度上的被动监控。

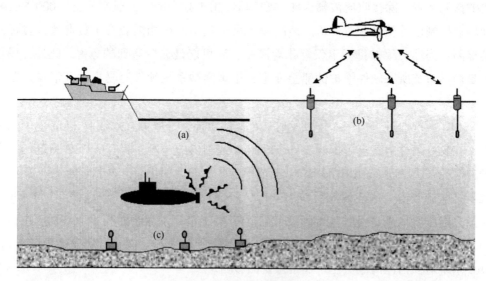

图 7.7 被动探测系统

(a)拖曳线性阵列；(b)机载浮标；(c)固定监控网络

---

⑤最新在较低频率下作业的主动声呐系统除外，该系统在 1 kHz（甚至以下）频率范围内工作。

⑥注意，同样的技术应用在海洋地波勘探中（油气勘探和地球物理勘探），但稍作变化：阵列的长度可达数千千米，同时有些阵列是拖曳的，详见第 9 章。

普通型舰载被动探测阵列(图 7.8 和图 7.9)是球形或圆柱形的,放置在水面舰船或潜艇的舰首,基于其几何形状,主要在水平平面形成很多波束,而在垂直平面上形成的角度则比较小。潜艇上更典型的是大型舷侧阵列,该阵列沿着船壳或潜望塔安装。舷侧阵列作为拖曳线性阵列的补充,最常用于跟踪应用。拦截阵列尺度较小,可安装在潜望塔或舱板上。

图 7.8 现代潜艇上的典型阵列设置

(a)拖曳线性阵列;(b)舰首圆柱形天线;(c)舷侧阵列;(d)拦截阵列

图 7.9 潜艇声呐阵列(图片来源于 Thales Underwater Systems)

左图为舰首安装型圆柱形被动探测阵列;右图为采用 PVDF 技术安装的潜艇舷侧阵列

7.2.2.1 跟踪

被动声呐除探测外,还必须能准确跟踪舰船辐射噪声源。这是通过分析各天线接收信号的空间结构实现的。利用接收阵列上的波束形成,在水平平面上的角度测量可以非常精确,尤其是拖曳声呐阵列系统,非常适合形成角度极窄的波束。通过标注在时间–角度图(就是 BTR,方位–时间记录)上的水平方位角,可以很明确区域内同时探测的各目标的位置变化(图 7.10)。

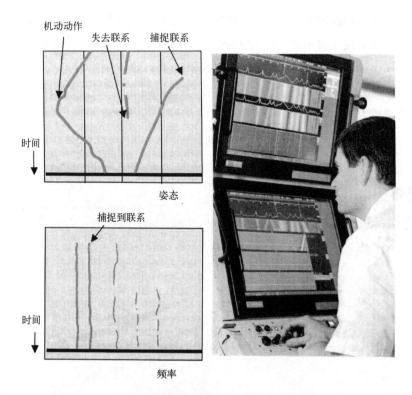

图 7.10　被动声呐的经典数据显示

左上图为方位−时间记录（BTR），宽带检测的 3 个加噪目标的记录，其水平角随时间的变化；左下图为
低频分析记录（LOFAR）谱图，窄带频谱在给定波束内的记录，以时间的函数形式显示，明确显示了目标
特征的变化；右图为潜艇舷侧阵列的图形用户面实例（图片来源于 Thales Underwater Systems）

　　然而，拖曳声呐阵列系统由于其自身线性阵列设计，存在两大主要测量限制。波束图形沿阵列轴对称，不能将垂直和水平平面上的角度分开。但从远距离上来看，声呐和目标可能近似在同一深度级上，因此这也不会造成太多限制。但即使在水平平面上，角度测量也会混淆，每个形成的波束在阵列的左右是对称的，因此各波束探测存在两个方向，必须通过改变拖曳方向来抑制这种模糊性。同时，拖曳声呐阵列系统的方向/定位性能在舷侧方向上更佳，主要是因为此时拖曳声呐阵列系统的方向性最佳，而在接近阵列轴向时崩溃。

　　因此必须使用其他阵列来估计垂直平面上的角度。遗憾的是，这些阵列的垂直尺度远远小于拖曳声呐阵列系统或舷侧阵列的可能水平范围，因此波束孔径的性能无法互相比较。

　　除"传统"波束形成外，基于非常直观的概念，利用线性天线进行角度定位的技术已成为近年来很多理论研究的主题。这些研究带来了高分辨率处理技术（见 5.4.9 节），利用阵列中不同换能器接收的信号的互相关特性，获得卓越的角分辨率性能（尽管角分辨率性能对声场和噪声结构特征非常敏感)。

　　利用主动声呐测量声呐和目标之间的斜距的方式非常直接,可直接利用发射与接收之间的传播延迟。当然,这通过被动声呐更难完成(图 7.11)。

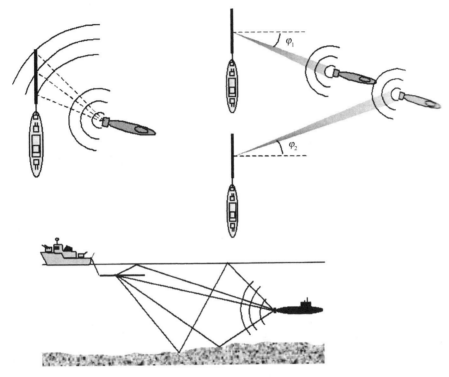

图 7.11　使用被动声呐进行距离估计的定位方法

左上图为利用波阵面面曲率方法进行直接水平被动测距;下图为利用多径角度估计的直接垂直方向被动测距;
右上图为利用方位角测量中的三角测量术进行目标运动分析(TMA)

　　第一个技术是测量一个长线性阵列不同点上的接收信号或以一定距离间隔的不同子阵列接收的信号之间的频移或时延(使用互相关函数)。由此获得各路径的声程差进行三角测量并推断噪声源的位置。第二个解决方案是测量探测信号到达多径的时延以及可能存在的垂直角度,然后通过垂直平面上的声场的几何重构可得出噪声源的位置。第三个解决方案是目标运动分析(TMA),即连续测量目标方位角(在水平平面上相对于声呐的角度位置)以获得目标轨迹,这也说明了声呐自身的路线;这种方法的时间更长,能够快速说明声呐与目标的相对运动;这一距离测量法没有真正说明接收声场的瞬时结构,而是展现了声呐-目标的关系随时间发生的变化。

　　水面舰船在执行被动定位时存在优势:可获得专业反潜战飞机或直升机提供的坐标信息,可部署额外换能器[被动型或主动型吊放声呐或机载浮标网,图 7.7(b)]。这大大提高了作业地区的覆盖范围,增加了跟踪可能性。

7.2.2.2 频谱分析与识别

被动声呐的另一重要目的是识别目标，而这点或许也是最令人印象深刻的。确实，该任务一般是由训练有素的操作员"凭听力"完成的，这些操作员根据所听到的辐射噪声就能区分出舰船的级别甚至是特定级别的个别船。这些专业人士所受到的培训和知识当然是极其机密的，专门处理那些经频率滤波器和解调器预处理过的"声频"信号。

"声频"分析同样是由能准确分析频谱的自动系统辅助完成的。被动声呐中常见的处理方法是低频分析记录（LOFAR）谱图（图 7.10），表示经过处理的噪声频谱内容随时间发生的变化。消除在目标辐射噪声中的宽带噪声后，随时间累积的频谱可显示出特征谱峰值及其变化。另一过程是解调噪声（DEMON），该过程通过分析解调噪声的包络来探测由机械动作和推进而产生的低频调制噪声。自动系统可以更加有效地从稳定的噪声信号声中探测和提取出信号的明显的谐波结构，而操作员在处理短时信号方面的能力更强。

7.2.2.3 拦截器

声呐拦截器是专门探测敌方发射的主动信号的被动系统。因此，拦截器旨在早于敌方声呐发现前识别并定位该声呐。这种可能性来自拦截器接收的信号只经历单向传播损失，比敌方主动声呐信号所遭受的双向传播损失（更不用说目标指数）小了两倍（单位是 dB）。拦截器的工作原理与空载雷达探测（对于军用飞机而言，探测敌方雷达的监控至关重要）和路面雷达探测（驾驶员需要检测并避免雷达的速度检查）相同。

声呐拦截器安装在潜艇和水面舰船上，包含特殊设计的阵列（舰载或拖曳）和高效处理系统，以尽可能快速地定位和识别主动声呐声源。拦截器在探测鱼雷发射的导航信号方面特别有效且至关重要。

在后一种情形下，可能采取的声波对策是释放诱饵以迷惑敌方声呐；诱饵可用来吸引装有被动声呐（这种情况下，诱饵发射一种类似舰船辐射噪声的信号）或主动声呐（这种情况下，诱饵拦截入射的声脉冲并以大于实际船壳回波的声强发射回去）的鱼雷。

7.2.2.4 监控网络

被动监控海洋区域的固定系统也属于被动声呐。该网络相当于安装在海底的大型阵列[图 7.7(c)]，美国在冷战期间就沿着其海岸和敌方潜艇不可回避的航道（如从格陵兰到爱尔兰再到英国北部）系统部署了该网络[声音监控系统（SOSUS）网络]。从技术角度上来看，该网络是由安装在海底、斜坡和海底山脉并由电缆连接到岸上的处理站的水听器阵列构成的，以探测通过 SOFAR 信道传输的潜艇辐射噪声并通过三角测量术进行定位。SOSUS 网络最初于 20 世纪 50 年代秘密安装，已逐渐失去其战略意义。SOSUS 网络已部分解密和退役，有一部分现已用于海洋学和地球物理学研究：监控鲸的数量或火山爆发和地震、全球声学实验等（Fox et al.，1995）。

7.2.2.5　机载系统

反潜战飞机和直升机投放的声呐浮标通常以被动模式工作[定向声接收器(DIFAR)浮标]。这些声呐浮标是自动收听站,通过无线电波重新传输其从水下接收的声信号。声呐浮标的意义在于其部署的简易性以及较低的自噪声能级。声呐浮标的部署建立了真正的临时监控网络:单个天线的指向性一般(相对于被动声呐操作寻找的长波长,其尺度较小),但在形成网络后,定位目标的潜能将大大增强。被动声呐(图 7.12)也可以由配备专业绞机的直升机吊放。

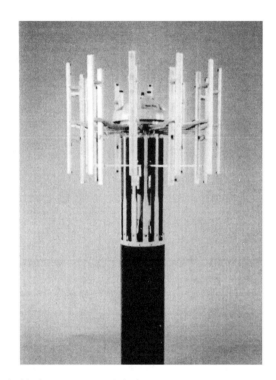

图 7.12　直升机吊放声呐(低频主动–被动 FLASH)(图片来源于 Thales Underwater Systems)

左图为存储和机动设置;右图为操作部署的接收器阵列

7.2.2.6　水雷与鱼雷

声触发式水雷配有自动探测舰船噪声的系统,在处理目标的声学特征后下达引爆指令;当然,其噪声分析的复杂度有所不同。为判断是否已完成探测,这些系统常通过磁场和静压力变化的检测器来辅助。我们通常使用专用高分辨率声呐系统以主动的方式探测和定位水雷(7.2.3.6 节)。

同样地,鱼雷装有被动导航声呐,将其指向目标中的主噪声源(如目标的推进系统)。另一方面,鱼雷通常是被通过其辐射的噪声或主动信号的拦截来探测并跟踪的。

这些操作可通过用于潜艇探测或信号拦截的相同阵列和接收器完成。

7.2.3 主动声呐

水面舰船的主动声呐首先依据潜艇的特征来监控、跟踪和识别潜艇。主动声呐使用的频率逐年下降，从几十千赫兹降到几千赫兹，现在保持在1 kHz左右甚至更低。声呐系统的复杂性同时也在增加。

7.2.3.1 传统主动声呐

传统主动声呐(舰载单机系统)的经典设计源于第二次世界大战；当时，使用的最佳频率范围在15~30 kHz频带。从那时起，使用频率在全球范围内逐渐降低；今天，使用频率可能低达2~3 kHz(低频主动声呐的频率更低，见7.2.3.3节)。用于发射和接收的换能器阵列，要么安装在船壳船头下方的声呐罩内[图7.13(a)]，要么在减少水动力影响的船首球鼻内。这些阵列的最佳几何形状是圆柱体，这样就能非常自然地形成大量水平波束以及少数垂直波束；这些阵列也可采用球面阵列设置，其对机械设计和阵列处理的要求更加严格，但明显可更好地对水体进行3D扫描。由于船速加大时其自噪声的能级也会增加，因此这些舰载阵列的效率会随船速增加而降低；同时由于螺旋桨和尾流而导致的噪声和吸收损失的局部增加，舰船尾部对这些阵列会产生更加严重的影响。这些圆柱体或球面阵列同样能用于被动声呐探测的接收中，常见于潜艇和水面军舰。

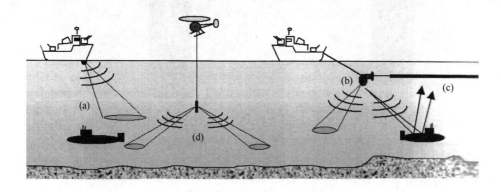

图7.13 针对潜艇的主动探测

(a)传统舰载声呐；(b)安装在拖鱼上带(c)TASS接收器的可变深度声呐；(d)直升机吊放声呐

主动声呐在探测模式下会系统性地采用脉冲压缩技术(见6.4.2节)，在保持良好距离分辨率的同时，能进一步增加有效功率并提高信噪比(也就是探测距离)。使用的主动声呐信号实际可分为以下几类：用于探测和距离测量的调制信号(通常是调频信号)以及用于估计多普勒频移(也就是目标速度)的窄带信号。

7.2.3.2　变深声呐

如果声呐在海面附近发射信号，探测性能将很大程度上取决于传播的局部条件。在深海区，其局限性来自近海面的负声速梯度而导致的声波向下折射，这种折射会产生声影区，该区域内数十千米内声波无法直接到达（2.8.3.2 节）。在反潜战策略中，掌握这些声影区的特征是至关重要的。

长期以来，对使用主动声呐的海面军舰而言，克服声影区的唯一解决方案就是以倾斜入射角发射信号并利用海床反射的海底反射路径。该方法的有效性主要取决于局部地形和海床的反射率。

当声源深度增加时，声影区的水平范围减少，因此使用变深声呐（VDS）可以更好地填补声影区导致的探测间隙。在海面温跃层以下、可变深度的"拖鱼"上安装的声呐阵列［图 7.13(b)］将极大地增加探测距离。这意味着需要开发能够承受较高静压力的特别声源（图 7.14），这些声源的拖曳深度由绳缆长度和船速决定。

图 7.14　（a）中频圆柱体阵列和球面阵列（Thales Underwater Systems 的 Kingkip 型声呐和 Spherion 型声呐），水面舰船舰载阵列实例；（b）低频主动变深声呐（Thales Underwater Systems 开发的 SLASM 系统，于 20 世纪 90 年代在法国海军调试），上图为在维修作业中打开的吊锚舱，展示了低频主动声呐阵列（垂直平面上有黑色缸体集群）和放置在下方的中频圆柱体阵列，左下图为护卫舰后甲板部署测试，右下图为拖曳线性阵列（图片来源于法国舰艇建造局）

7.2.3.3　低频主动声呐

主动声呐的使用频率向低频发展的原因是：被动声呐探测范围增加的需要(严重受制于潜艇辐射噪声近年来所取得的进展)以及应对隐蔽性潜艇外壳设计所取得的进展(例如，在潜艇外壳上装有吸收入射声波的消声瓦，波长较长时效率会降低)。该趋势使得低频主动声呐系统出现，该系统在1 kHz或以下频率范围内工作。在长距离应用的情况下，这些声呐在持续几十秒或几分钟内传输高功率调制信号。该领域的最大成就是美国海军的SURTASS-LFA系统，其工作频率范围是100~500 Hz。

为了保证效率，主动声呐必须在非常高的功率能级下传输，一般在240 dB re 1 μPa @ 1 m。对于低频主动声呐，达到该能级确实是一项很大的挑战：这除了需要原有的换能器技术外(详见5.1.2.3节)，还要求建立和部署巨大的声源(用于专业且专门装备的反潜战护卫舰)。

低频主动声呐的接收优先在长拖曳阵列上作业，其尺度可与被动声呐相比；实际上，这种装置可适用于这两种探测模式。接收器和声源还要求间隔一定距离，比如部署在不同船上，这样的多机系统设置[⑦]明显提高了探测和跟踪的可能性。

7.2.3.4　主动声呐的局限性

除了在高能级发射信号中存在的技术或物理问题外(5.3.6节)，主动声呐在针对潜艇的探测中还是会受环境噪声和辅助舰船的自噪声(自身很大程度上受船速影响)的影响。更具体地说，这些系统容易受到界面和不均匀水体导致的信号混响的影响，这些混响通常会掩盖目标的回波(通常是比较微弱)。改善所使用的信号的空间选择性(接收器宽带，接收时较窄的指向性波瓣)或利用(通过窄带频率滤波器)目标回声和混响回声的多普勒频移的差异可实现混响效应的最小化。由于存在界面混响的问题，浅海和大陆架是特别不利于主动声呐探测的地区。

7.2.3.5　其他类型的主动声呐

- 反潜战直升机可吊放主动声呐(图7.12)。这些声呐能很快地从一个区域移动到另一个区域，其部署比用舰船部署的装置更简单。因此尽管这些系统的尺寸很小，但效率很高；
- 飞机和直升机部署的一些浮标实际上也是主动声呐[定向指令主动式声呐浮标系统(DICASS)]；
- 鱼雷也装备高频主动导向系统，用于跟踪其目标；
- 一些特定的水雷现在也会装备主动声呐，作为其传统被动声呐探测的补充；
- 最后，潜艇自身装载的主动声呐，如与7.1.4节中描述的概念类似的避障系统，

---

⑦在水声学中，多数声呐系统(旨在目标探测)是单机的，同一换能器组可同时用于发射和接收。

或向上/向下工作的回波探测仪。当然，在这一领域使用主动声呐系统需要考虑到潜艇自身的隐匿性。

7.2.3.6　水雷对抗声呐

长期以来，水雷早已证明了其效率卓越且可以致命，这带来了专用于扫雷（MCM）或猎雷的特定类型的主动声呐的发展。这些系统在较高频率下作业（一般在 100 ~ 500 kHz）。扫雷声呐系统安装在专业舰船上，以极高分辨率提供海床或水体的声像。正如主动反潜战声呐，系统主要受限于水−海床界面引起的混响级；该界面存在很多微起伏，其回波很容易掩盖水雷反向散射的信号。现代水雷采用隐匿外形（如平截锥形）且镀有消声材料，以尽可能保证不显眼，因此该类主动声呐更容易受到混响的影响。

水雷对抗声呐（图 7.15）主要用来探测和识别这些目标，这些目标通常在海床上，有些会部分埋入沉积物，甚至漂浮在中层水域。该类声呐安装在船壳下方或自推进拖鱼上［推进式变深声呐（PVDS）］，用于对船前和船侧的海床和水体扫描，以此确保舰船的自身安全性。

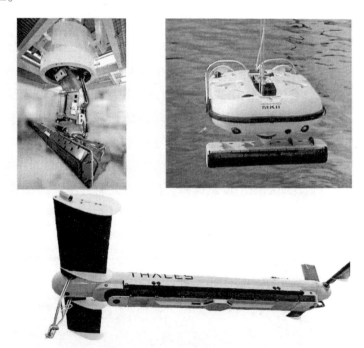

图 7.15　水雷对抗声呐（图片来源于 Thales Underwater Systems）
左上图为机械式旋转的舰载阵列（Thales Underwater Systems 的 TSM 2022 MKⅢ）；右上图为带可转向的前视声呐阵列的推进式变深声呐；下图为拖曳式侧扫声呐（Thales Underwater Systems 的 DUBM 44）

监控声呐是具备高分辨率特征的拖曳侧扫声呐，用于极其准确地描绘有限的海床区域并提供尽可能详尽的图像。这类声呐是拖曳式的，因而无法确保其支撑平台的安全性。

无论声呐系统的类型如何，系统在探测目标后对水雷的分类都是至关重要的(需要确定所探测的目标是不是真正的水雷)；该处理通常通过分析投射在海床上的声学阴影完成，从掠射角的方向上可给出非常准确的目标的几何构图。隐匿性水雷就旨在使该阴影效应最小化。

最后，可使用声扫雷系统来引爆声触发水雷。这些装置装备有低频宽带声源，该声源可以逼真地模拟特定舰船辐射的噪声从而引爆水雷。

7.2.3.7　声呐与潜水员

潜水员在混浊水域作业时，可装有较高频率的便携式系统，该系统就像是手持式的轻型发射器，可探测障碍甚至识别水雷。该系统自身容易被高分辨率多波束系统所探测，可被部署用来监控需保护的舰船四周或港口设施。在反恐技术发展的大环境下，这类技术近期也得到发展。大功率的声发射装置甚至可作为武器防止其他潜水员的接近。

7.3　渔业声学

专业渔业广泛使用了水声技术(McLennan et al.，1992；Mitson，1983；Dinner et al.，1995)。现代舰船用于工业及捕获小型鱼类时，常常大量装备声呐系统(图7.16)，专门从事渔业研究的海洋调查船也是这样。专业渔业所使用的水声系统首要目标是探测、定位鱼群并帮助捕捉，而科学考察中应用的水声系统则旨在对鱼类进行行为观察和物种识别，更实际地是出于监管需要对鱼类资源进行监控。很多年来，定量估计远洋鱼类丰度的标准方法是将声学数据与鱼的捕捞量结合起来用于识别鱼的物种和种群大小。然而，为了减少丰度估计中的限制以及偏差，很多研究船近年来都安装了多频回波探测仪甚至是更先进的多波束系统，在性能方面为科学家们提供了新的发展前景。

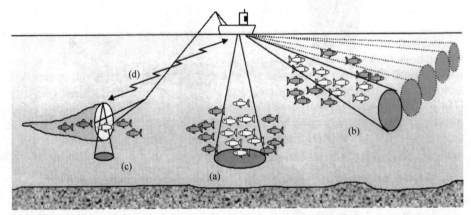

图7.16　典型捕鱼船上的经典声设备

(a)单波束回波探测仪；(b)全景扫描声呐；(c)网位仪；(d)拖网定位及远程控制

7.3.1　渔业探测器

渔民的基本水声工具是单波束回波探测仪，在船的下方垂直发射。该回波探测仪用于探测和定位船下方的鱼群甚至是某个独立的目标。反向散射的回波主要是由鱼鳔造成的，对于大多数鱼类而言，鱼鳔都是鱼体中反射能力最强的部位。

标准捕鱼声呐的主要声学特征与水文回波探测系统相同（见 8.1 节）。然而，由于目标强度较低，发射时需要确保高能级，从而保证回波处理和显示能穿过整个水体。为了使探测距离适合鱼所在的深度，需要使用不同频率，而这些频率有时集成在一个包含若干换能器的多频系统中（图 7.18）。但是，多频回波探测仪近年来在渔业研究中的使用逐渐增加（见 7.3.5 节），近十年来在物种识别方面已取得实质性进展。多频回波探测仪常用的频率范围是 20~200 kHz（比较常用的是 38 kHz），时间和角度分辨率特征通常分别取在 1 ms 和 5°~15°。这明确体现了传统单波束回波探测仪由角度分辨率与采样间隔之间的折中而产生的较大波束孔径。

渔业声呐（图 7.17 和图 7.18；同见本书的彩色插页部分）获得的回波显示成密集点阵，其大小尺度和强度对应鱼群的体积和密度。密集鱼群一般在数米到数十米不等。在夜里，鱼群散开，回波图显示了很多较小的、非反射性的云斑，这些斑块可能对应于每个个体的回波。我们很容易对回波图有个基本理解，但需要更多实践才能对它们进行详细分析，因为这里可能存在很多解读误差。

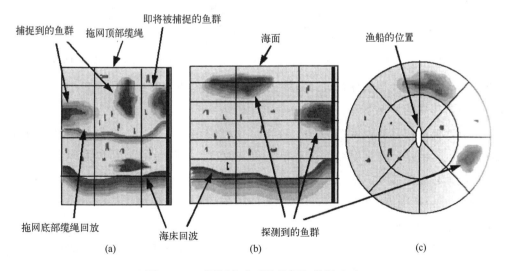

图 7.17　不同捕鱼声系统的图解数据显示

（a）网位仪；（b）单波束回波探测仪；（c）全景声呐

图 7.18　渔业回波探测仪(图片由 Simrad 公司提供)

左图为 38 kHz 和 200 kHz 的换能器；右图为显示器

7.3.1.1　渔业回波探测仪的性能

对渔业回波探测仪测量的回波能级建模是体反向散射系统的典型应用(见 3.4.2.1节)。

$$EL = SL - 40\log R - 2\alpha R + 10\log V + BS_v \tag{7.1}$$

式中，EL 和 SL 是回声级和声源级；R 是瞬时距离；α 是吸收系数；V 是瞬时声透射的体积；BS_v 是 1 m^3 水的体反向散射强度(见 3.4.2.2 节)。理想情况下，体积 $V = \psi R^2 cT/2$，其中 ψ 是波束的立体角，T 是传输信号持续时间；然而，很多情况下(计算出的体积相比实际体积会存在过高估计)，实际上被声透射的目标可能更小，例如波束仅贯穿鱼群边缘的情况下。

鱼群的体反向散射强度约为 $BS_v = 10\log(N\sigma)$(3.4.2.3 节)，其中 N 是鱼在鱼群中的数值密度，σ 是平均反射截面。对单个鱼体而言，σ 随鱼的类别和物种变化，同时也随声波信号频率变化(见 3.3.4 节)。在回波探测仪频率下，单体鱼的 σ 在 $-50 \sim -30$ dB re 1 m^2 范围内。鱼群的密度估计数值随鱼的大小变化极大，最小的鱼往往聚集成密度非常高的鱼群。

在单波束回波探测仪的测量性能方面，分析的基础详见第 8 章第一部分。探测仪的分辨率在垂直和水平距离上是不均匀的：垂直上由发射脉冲的范围得出(时间 T 或距离 $cT/2$)，而水平上由波束宽度 $\delta\theta$ 得出，并与换能器及其目标之间的深度差 H 成比例(即 $H\tan\delta\theta$)。因此，点目标(单鱼)的回波空间范围总会被高估：深度限制在 $cT/2$(例如，1 ms 信号为 0.75 m），但其横向和纵向（以船向为标准）的尺寸具有误导性⑧（当波束宽度为 10°，目标深度为 100 m 时，其值约为 18 m）。

角分辨率的缺陷并未严重影响工业捕鱼的效率，但却可能导致丰度估计出现明显偏差，例如，当鱼群尺寸小于波束宽度时就会出现这种情况。一些标准算法可对该效应进行补偿（Diner，2007），但由于鱼群形态只能通过 2D 的图像来描述（深度和纵向），不存在任何有关横向尺度的信息，因此其性能还是会受到限制。

7.3.2　全景声呐

全景扫描渔业声呐[图 7.17(c)和图 7.19]比渔业回波探测仪更加复杂，成本更高。该声呐在水平平面上探测和定位鱼群，得出的调查结果比传统的下视单波束系统更为有效。通过探照灯式的单波束声呐就能以简单的方式实现该功能，单波束声呐将保持机械旋转从而使波束扫描水平平面。然而，精细的现代系统采用圆柱形阵列进行全景声透射，在水平平面上形成具备一定尺度单孔径的波束。这些波束也可倾斜在垂直平面上（形成一种"伞状"指向性图案），扩大了目标探测的可能性。全景声呐通常在略低于回波探测仪的频率下作业（一般是 20～80 kHz），其工作距离可达数千米。与垂直探测器相比，全景声呐能够提供更多的空间信息，同时也更容易受到复杂的干扰（如海床或海面混响）。因此，更难对全景声呐的结果进行解释或加以利用。

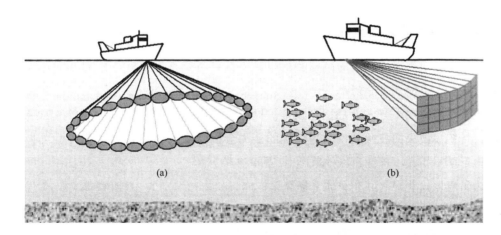

图 7.19　(a)利用伞状指向性波束形成技术的经典全景声呐概念；(b)现代多波束侧视声呐概念，用于渔业研究

在渔业研究（7.3.5 节）中，鉴于鱼类的水平移动或潜水行为可能会导致丰度密度发生偏差，因此人们利用全景声呐来观察鱼群游泳行为以及研究鱼群避船行为（Misund

---

⑧此外，波束宽度范围导致水体中点状散射体的回波图呈典型的月牙形（见 8.2.2.4 节）。

et al.，1992)。该领域在 21 世纪迎来了一项重要创新(7.3.5 节)，科研团队的需求推动了渔业多波束声呐概念(Andersen et al.，2006)的发展。渔业多波束声呐技术与垂直多波束回波探测仪相同(7.3.4 节)，通过数以百计的窄接收波束[9]可在船侧对每一次的声波应答进行 3D 观察。由于指向性旁瓣较低，该概念可使对接近海面的鱼群的测量更容易；该声呐也是研究鱼群避船行为的工具之一。

7.3.3　渔船上的其他水声设备

拖网通常装有特定类型的回波探测仪，也就是网位仪[图 7.16(c)]。网位仪安装在拖网网口，实时观测拖网位置和开口[图 7.17(a)]以及探测和评估入网鱼群。这些数据通过专用电缆或声波(在拖网作业距离海面较远时)传输至渔船。该数据可实时利用，因此在捕鱼作业时至关重要。

拖网同时装有[图 7.16(d)]声波定位系统，以定位其相对于拖船的位置；为实现该目的，该系统通常只需要进行水平方向上的角度测定，因为人们可以利用其他方式判定拖曳角度和深度。声波远程控制系统同样可用于拖网，例如人们可通过该系统关闭部分网口。

最后，捕鱼用具越来越频繁地装有声驱赶装置，旨在减少意外捕捉海豚和鼠海豚的可能性(见第 10 章)。

7.3.4　渔业多波束回波探测仪

传统单波束回波探测仪的结构特征限制了其在鱼类丰度估计方面的效率。波束的几何结构和较差的水平分辨率只允许粗略提取鱼群的二维(2D)聚集态结构，但却不能用来观察鱼群在水平方向上的回避反应。同时，受波束分辨率的影响，当鱼群接近海床时，传统单波束回波探测仪探测鱼群的能力会因此受到明显影响，尤其是当非平坦海底地形明显扩大了探测盲区的范围时(见 8.2 节)。

为了克服这些限制并在总体上提高采样体积和物种识别的 3D 观察能力，渔业研究团体(见 7.3.5 节)在 20 世纪 90 年代后期开始使用多波束系统(Gerlotto et al.，1999)，如图 7.20 左图所示，并开发协议以提供生物量评估的校准数据(Foote et al.，2005)。首批试验采用原本用于测深的设备，由于试验需要从整个水体中记录信号，因此待处理的数据量远大于测深系统所需。此外，试验需要探测鱼类是否接近海底，这就意味着必须严格限制指向性(即旁瓣较低，图 7.20 右图)以减少被波束旁瓣所探测到的海底回声级。

---

[9]例如，Simrad MS 70(2009 年)的横为 25、竖为 20 组成的 500 波束网络。

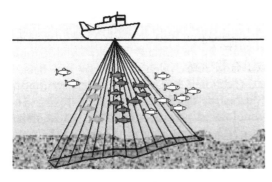
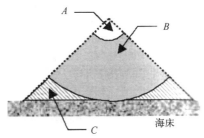

图 7.20　左图：多波束回波探测仪所观察的横向扇区；右图：接收波束中的不同回波分量，
A 为信号发射造成的盲区，B 为用于收集数据且不受海底影响的球形水体，C 为收集的数据被
海底回波影响的水体，该海底回波是被指向性图案中的旁瓣在垂直位置探测到的

因此，专注渔业研究的多波束系统的实现需要特定技术的发展。首台科研多波束回波探测仪[⑩]于 2007 年投入使用（Trenkel et al., 2008）。类似于量化评估海产资源的传统回波探测仪，该系统可根据分裂波束技术（见 7.3.5 节）在各波束上独立校准（Ona et al., 2009）。探测仪具有一个能独立控制单元的矩阵换能器（图 7.21），可在电信号形成的波束内发射和接收不同频率的信号。该设计提供了有效的旁瓣抑制（<−70 dB 能级，双向），同时稳定波束使其不受船身倾斜摇晃的影响。

图 7.21　渔业多波束回波探测仪 Simrad ME70 声呐头

左图为尾部展示了很多电缆的连接头，这些电缆将阵列换能器信号输至处理单元；右图为试验水池试验安装的
声呐头，声呐头的工作面旋转了 90°以进行测量（一般向下）。图片由 Simrad 公司和法国海洋开发研究院提供

就应用和设置类别而论，该系统可确保较高程度的用户控制的灵活度（波束数量可

---

⑩ME70 系统由挪威制造商 Simrad 公司开发，目前（2009 年）在一些渔业研究船上安装使用。

变、扇形中的频率空间分布、波束操纵……）。除水体数据外，系统还可提供深度测量和海床反射率等经典海底绘图数据；这些数据与水体数据一起，对海洋鱼类栖息地的科学研究至关重要，同时也为拖网部署做了有效准备。

7.3.5 渔业声呐的科学应用

声探测系统除渔民使用外，也是科学团体进行生物量评估的宝贵工具，因为声波信号可以在反向散射回波特征或鱼群结构和行为相关的参数方面为科学研究提供各种帮助。生物量评估勘测通常是在具有良好覆盖能力的舰船上进行的（典型测量速度为 10 kn），水声设备通常安装在船壳或拖体（特殊研究）上。为了减少海床附近的声盲区（见 8.2 节）或分析可能的回避行为，一些实验采用的是安装在自主式潜水器（AUV）上的换能器，探测巡航深度以下的水体（Fernandez et al.，2003；Trenkel et al.，2009）。

在存在独立个体的情况下，第一步是对探测的每个回波进行计数。这就要求探测器的空间分辨率足够高，确保以较窄的角度进行滤波。除计数外，个体回波也给出了个体目标强度。鉴于单波束内点状目标的测量值主要取决于目标的角位置（由于波束指向性），很多回波探测仪需要采用分裂波束[11]或双波束[12]等一些标准技术。这些技术也可以通过使用特别设计的标准化金属球（提供已知、稳定的目标强度）来准确校准声呐振幅的测量值（Foote et al.，1987）。

在鱼群或鱼密集层（其中个体回波不能区分开）情况下，丰度是从回波积分法所得出的密度测量估计的（MacLennan，1990）。该方法主要在于根据采样体积内所有目标反向散射所累积的声能以及平均个体目标强度的已知量（来源于一般捕鱼中的物种识别和鱼体大小的测量或在同一鱼群中的鱼散开时对个体鱼所进行的测量）来量化区域的生物数量。该技术看起来非常简单，但在处理仪器（探测器在指向性和灵敏度上的校准）和方法等相关方面时需要小心谨慎。此外，总能量并非总是与目标数成比例（由于目标上方造成的阴影或鱼群内的多重散射）。回波积分法通常在出于科学或经济目的对鱼群进行监控的情况下使用，在测量精度方面要求非常严格，并且在每次测量调查前需对仪器进行校准[13]。例如，必须以高精度（一般是 1 dB，如果能级估计存在 3 dB 偏差，则生物量定量估计中的误差会增加两倍）掌握声呐的发射和接收灵敏度或其波束宽度。

物种识别仍是渔业科学家们面临的主要挑战之一，他们通过窄带单波束回波探测仪在单种鱼组成的鱼群识别方面取得了有限但却鼓舞人心的进展（Scalabrin et al.，

---

[11]分裂波束探测仪将换能器的不同部分作为干涉计，以确定目标相对于波束轴的角位置，这样就可根据该角度的指向性值对测得的回声级进行准确补偿。

[12]双波束探测器使用两个不同孔径的同轴接收波束，两个波束的信号之间的回声级差可用来估计目标的角位置。

[13]定量测量中使用的所有探测仪一般在调查开始时校准，有时也会在调查结束后二次校准。

1996）。如果声数据都能被正确收集（Korneliussen et al.，2008），浮游生物、磷虾、鱼等各种生物体就能通过不同的频率成功区分开（Madureira et al.，1993；Korneliussen et al.，2003；Wood-Walker et al.，2003）。这明显表明，多频率法是区分各物种的最佳方法之一，尤其是在混合种群的情况下（Horne，2000）

　　由于几乎不可能足够准确地对实际场景中的鱼进行验证，该领域中的实验研究极其困难。因此，最有可能从目标回波提取更多信息的方法是将单波束回波探测仪中的多频率数据与多波束系统（7.3.2节和7.3.4节）提供的3D形态描绘（分辨率较高）相结合。在操作中，由于回波图的解译主要取决于专家解读，因此我们显然需要一个半自动分类，该分类将帮助提高物种识别的成功率并减少生物量评估中的偏差。

　　在这一研究环境下，近年来出现的专用多波束回波探测仪表明该研究领域实现了真正突破。这一概念改进了浮游微生物在近距离内以及鱼类等较高反射性目标在较远距离上的观察，同时在3D鱼群形态研究方面提供了新的发展方向，并将为行为研究作出贡献（见彩色插页）。在混合物种群的情况下，我们也期望该系统能帮助我们更好地理解邻近鱼群或生物体之间的生物和营养及空间上的联系。最后，除了刚刚讨论的水体模型，探测仪通常也附有测深功能，可用于常规调查操作。该模式除生成水深图[14]外（见第8章），可利用栖息在海床附近的鱼类（底栖生物）和海底沉积物之间的已知关系来对鱼类栖息地进行分类。

　　几十年来，工业捕鱼技术在捕捉工具及声探测系统方面的不断进化，导致鱼群减少，情况堪忧：一些鱼类（例如，西北大西洋中的鳕）濒临灭绝，更别提对海洋环境的间接伤害了（渔具意外捕捉的海洋哺乳动物）。这就不可避免地使人们重新关注捕鱼工具的选择和决策技术，努力为捕鱼行业提供更加环保的技术。出于这两种目的，水声学理所当然成为基石。这是人类在未来几年内面临的主要挑战，有待该领域内的科学家和工程师解决；这样，专业人员才能更加广泛地使用这些技术。

7.4　物理海洋学

7.4.1　多普勒流速剖面仪

7.4.1.1　工作原理

　　在小空间尺度调查中，物理海洋学家使用声学流速计[15]测量局部水流。流速测量是通过计算悬浮在水体内部的颗粒造成的（作为散射体）反向散射的回波的多普勒频移（见

---

⑭应当注意的是，海底绘图声呐现在也相应逐渐朝测量和显示水体数据等新功能演变，使其与渔业多波束声呐类似。

⑮ADCP（声学多普勒流速剖面仪）常用作通用术语，实际上是商业名称。

2.5.1节)实现的。假设这些颗粒相对于周围水体是静止的，测量颗粒的速度等于测量水流速度。实践中，这些散射体可能是浮游植物、浮游动物和有机物或矿物颗粒；空气和气泡也可能成为散射体，尤其在浅层水中。一些系统处理在换能器附近立即反向散射的回波(局部效应多普勒流速计)，其他则采用连续时间窗口来处理(多普勒流速剖面仪)。

深度 h_i 处颗粒反射的回波(图7.22)在时间 $t_i = 2h_i/(c\cos\theta)$ 时接收。深度 h_i 处的局部流速(假设此处为水平方向速度，与波束的水平转向平行)为 V_i，其在波束轴上的投影是 $V_i\sin\theta$，因此多普勒偏移的频率为 $f_i = f_0(1 + 2V_i\sin\theta/c)$。流速剖面最终从 $\{h_i, V_i\}$ 测量中获得。仪器形成的三维矢量场结构是从沿多条(至少三条)波束的测量中获得的。

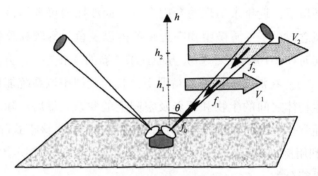

图7.22　流速计工作原理

各波束内，局部流速 V_i 是由接收时间确定的给定高度 h_i 处的
多普勒偏移频率 f_i 计算而得；$\{V_i\}$ 用来构建垂直速度剖面

发射−接收

在 Tx–Rx 窄波束确定的给定方向中，流速剖面仪处理连续接收时间间隙内的反向散射的回波(图7.23)，确定各回波的多普勒频移。各接收时间条对应于由接收时间、波束宽度和传播延迟确定的给定体积的水体的回波。

悬浮颗粒的速度是沿换能器波束轴向确定的，其值等于在每个单位体积内的值的平均，单位体积也可称之为测量单元。在给定接收时间时，信号是所有同步散射体(发射信号在同一时刻到达的，持续时间为 T)的总和；因此，瞬时接收到的信号是 $cT/2$ 距离内的一个均值。鉴于接收器会对持续时间内所有的回波相加，接收回波最后是距离为 cT 的范围内的所有的回波的均值，以接收间隔的中间为中心。另外，可在每个接收间隔上应用加权定律以强化在各层中心点测量的影响。

回声级建模

与渔业回波探测仪类似，流速计接收的回声级可从体反向散射模型[式(3.37)，见3.4.2.1节]得出。测量的回声级可以是任意大小的(电信号振幅给出)，也可以是可获得回波的实际声压绝对值。在后一情况下，系统可反演出目标强度值（因此也能得出一些有关散射体特性的信息），条件是必须正确校准 Rx 和 Tx 的灵敏度（只是了解制造商提供的校准信息是不够的，建议定期检查系统可能随时间变化的实际特征）。声源级 SL 是发射器的特征，但实际上，其在自动系统中也取决于电池电压随时间的变化，毕竟发射振幅取决于可用电力，因此会随时间降低。

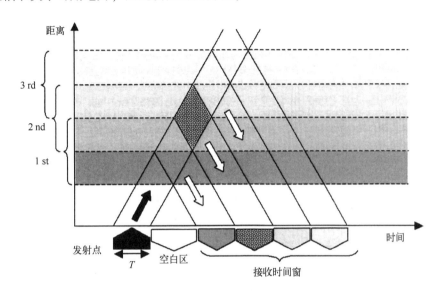

图 7.23　在必要"空白区"，换能器振动完全静止后，接收回波按时间积分条拆分，
其持续时间等于信号长度。这相当于一个分辨率为 cT 的传播距离的扫描，
使得各连续测量单元与其临近单元重叠。图片源自 RDI（1996）

体反向散射强度由 $BS_v = 10\log(N\sigma)$ 给出，其中 N 是悬浮颗粒的密度值，σ 是平均反向散射截面。反射体的反向散射截面 σ 随其性质和种类及声波信号频率变化（Lavery，2007）。个体浮游生物目标的体反向散射强度可低至 $-120 \sim -80$ dB re 1 m^2（见 3.4.2.2 节）。

7.4.1.2　接收端的处理与测量的参数

窄带/宽带信号与处理

多普勒效应流速计采用两种发射类型，具体发射类型取决于制造商和型号。典型系统是窄带系统，发射连续波信号。接收器一旦接收到发射的回波信号，就会对其进行频谱分析，将该回波的中心频率与发射的信号相比较（图 7.24）：测量得到的频率差给出预期多普勒频移。

最新设计的宽带系统采用相移键控（PSK）中的传输编码：一种利用伪随机序列进行相位调制的信号，序列重复多次（至少两次，见 6.4.3 节）。接收器一旦接收到回波信号后，就以接收回波的自相关为基础，在时域中对其进行分析（图 7.25）。该自相关给出了一系列峰值，其间距恰好是基础序列的长度。在多普勒情况下，回波存在时域上的压缩或膨胀，因此连续峰值之间的时延与标称值（无多普勒的情况）不同；鉴于 $\delta T/T = \delta f/f$，该时移可直接得出多普勒值（见 2.5.1 节中有关时域中的多普勒效应解释）。利用回波信号的相位测量可进行更为准确的时移估计（RDI，1996）。

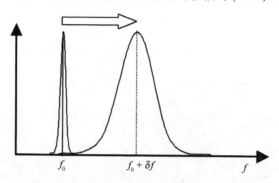

图 7.24　频域中的窄带处理

信号发射时的频率为 f_0，判定频移 δf 进行流速估计

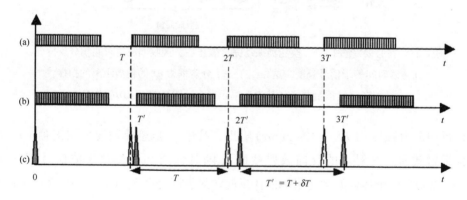

图 7.25　时域中的宽带处理

（a）参考信号（持续时间为 T 的基础序列），重复 3 次；（b）接收时间序列，已压缩或膨胀（持续时间 $T' = T + \delta T$）；（c）自相关结果：多普勒效应峰值（灰色）之间的间距与标定峰值（白色）的不同。相对时间变形 $\delta T/T$ 给出多普勒频移。相位测量可更加准确地判定时间迁移

　　就一次测量而言，流速计可以只发射一次声脉冲并记录流速剖面（单应答模式）；也可以发射一系列的连续声脉冲，累积其回波，从而在给定积分长度内给出一个平均剖面（多应答模式）。

流速矢量场的计算

　　利用至少三个不同方向上的波束，流速矢量场可在三维坐标系中确定。然而，

多普勒频移主要是在波束限定的轴系方向中测量的，因此沿波束的流速的幅值是质点的运动方向相对于波束轴的角度的函数。

首先，利用一个轴变化矩阵将波束轴参考系统转化成仪器采用的正交系统。然后，为获得以地球为参考的水中流速的矢量，需要利用一个含有系统运动参数(航向、横摇和纵摇)和流速计波束数量的旋转矩阵函数。如果是舰载系统，则需要参考平台自身的导航以补偿载体自身速度和定位测量数据。这些连续操作最终将提供海流的地理参照矢量场，而该矢量场则具备科学性的数据。

反向散射强度

各单元的回波强度是悬浮在声透射体积内颗粒浓度的函数。通过适当校准的装置，并根据声呐方程进行修正，就可反推出浓度剖面的相关信息，并观察到水体内部浮游动物的垂直运动(Tessier，2007)。

相关

在宽带模式下，当发射的信号是 PSK 信号且信号处理以互相关为基础时，互相关结果首先被记录下来，然后以任意归一化的单元来编码(如在[0~255]计数内)。因此，该参数直接关系着测量质量，如接近 255 时，处理结果质量优良，精度最佳。

海底跟踪

在一些装置上，海底反射的回波可用来测量相对于海底的多普勒速度(顾名思义，就是地理参考运动)，同时获得传感器的海拔高度。该测量模式就是海底跟踪。它可与处理的水体数据的典型应用统一实现，也可以采用专用于该测量的特殊声波传输。

7.4.1.3　性能与局限性

测量质量

流速计的测量会在整个测量单元上对信号进行积分，其尺寸和数量参数由用户决定。该类系统的测量精度主要取决于以下因素：

● 测量单元尺寸。测量单元越长(即脉冲持续时间越长)，测量质量越好，但这会导致深度分辨率和采样能力的退化，因此，必须找到折中点；

● 积分区间连续发射的数量。累积的声脉冲的次数越多，测量精度越高，但径向空间采样会退化；

● 悬浮物浓度。在水质较清的水域(如深海)，由于缺少声波反射体，流速计的最大范围严重降低。相反，在混浊水域(沿海水域)，悬浮物使得声波信号严重衰减，且多重散射也可能会干扰测量。

窄带与宽带

宽带模式由于其传输原理，需要较高信噪比的回波信号以准确估计多普勒频移。与窄带模式相比，宽带模式在给定频率下的操作范围更短，但流速测量的精度更高。同时必须强调的是，与宽带系统相比，窄带系统对同在一艘船上的其他声呐系统干扰较少。

旁瓣影响

流速剖面仪的波束与垂直放置的传感器主轴之间一般存在 20°~30° 的夹角，与其他换能器一样，主瓣被旁瓣所围绕，具体位置与换能器的设计及处理方式有关，其指向性图案可由制造商提供，也可通过重新校准操作获得。

当信号能抵达海面或海床时，旁瓣就会降低靠近界面记录的数据的质量。由于主瓣倾斜，旁瓣信号也可能在主瓣信号之前到达界面，从而产生伴生回波，因而有可能代替主瓣信号被感知到。在这种情况下，只有斜距 H 或深度 $H\cos\theta$ 内的测量未受旁瓣的影响[图 7.26(a)和图 7.26(b)]；所以，厚度为 $H(1-\cos\theta)$ 的那一层的数据将无法使用。

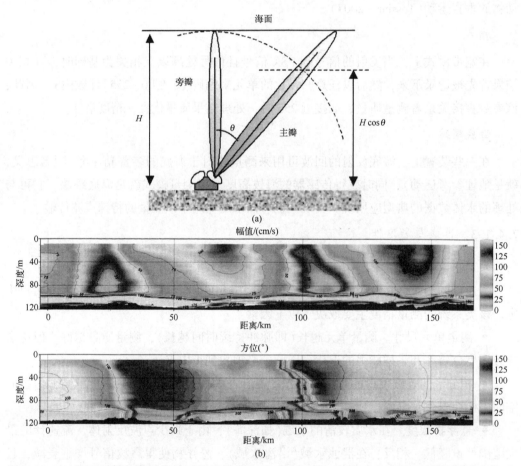

图 7.26　(a)海面反射的旁瓣回波对流速计测量造成的干扰，方向 θ 上实际可用深度是 $H\cos\theta$；(b)旁瓣对流速计测量的影响，流速(单位为 cm/s，上图)和沿舰船路径的方向(单位为°，下图)。舰载流速计 150 kHz(下视)，波束倾斜 30°，$H\cos\theta = 0.85H$(Teledyne-RDInstruments *Ocean Surveyor*，*Beautemps-Beaupre RV*，SHOM；处理及显示软件 *Ocean Data View* 来自 AWI)。数据来源于 SHOM

7.4.1.4　系统与操作设置实例

图 7.27 和表 7.1 展示了一些流速计的声学头部。根据频率和设置，这些装置的预期精度可达 0.5 cm/s，测量单元从 10 cm(2 MHz)到 24 m(28 kHz)不等，最大范围是 4 m(2 MHz)到 1 000 m(38 kHz)。

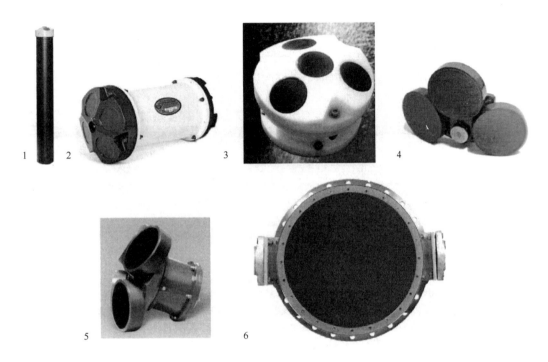

图 7.27　多种流速计的声学头部(图片由 Nortek 和 Teledyne-RDInstruments 提供)

1：Nortek AS Aquadopp 型 2 MHz；2：Teledyne-RDInstruments Sentinel 型 1 200 kHz；3：Nortek AS AWAC 型 600 kHz (特定换能器跟踪海面)；4：Teledyne-RDInstruments H-ADCP 型 300 kHz；5：Link-Quest Inc. FlowQuest 型 150 kHz；6：Teledyne-RDInstruments Ocean Surveyor 型 38 kHz(4 信道波束形成，使用多元换能器阵列)

表 7.1　常见流速计型号的主要特性(相应照片见图 7.27)

	频率/kHz	直径/cm	最大范围/m	波束宽度/(°)	单元尺寸/m
Nortek，Aquadopp 型	2 000	7.5	6	1.7	0.1~2
Teledyne-RDIns，Sentinel 型	1 200	23	200~300	1.4	0.25~2
Nortek，AWAC 型	600	21	50	1.7，3.4	0.5~8
Teledyne-RDIns，H-ADCP 型	300	73	250	1.2	4~8
Link-Quest Inc.，FlowQuest 型	150	40	500	无	2~16
Teledyne-RDIns，Ocean Surveyor 型	38	90	1 000	2.6	16~24

停泊式流速计

- 流速剖面仪可在固定位置使用：部署在海床或系泊索上，可根据局部设置，以其最大范围为限记录流速。如果将该剖面仪部署在河中，例如使用水平传输系统，就可进行流量估算。

- 一些装置(取决于其制造商和型号)能够获得海面涌浪的信息：使用带海面回波分析的压力传感器可描绘涌浪的特征(振幅、方向和周期)。

- 使用正确校准的系统来处理回波声强级时(图7.28)，可提供有关悬浮颗粒物浓度剖面的信息，因而能提供物质流的信息(Gartner，2004)。

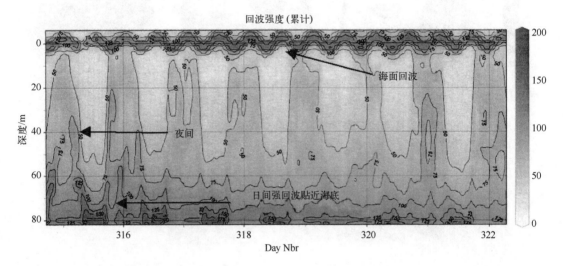

图7.28　部署在比斯开湾、朝向为上的流速计(Nortek AS NDP 500 kHz)所记录的反向散射回波，展示了浮游动物的昼夜迁移。数据由 SHOM 提供

下放式 ADCP(L-ADCP)

流速计的最大测量范围主要受声波频率和悬浮颗粒浓度限制。如果将流速计安装在专用笼形结构中并放置到需要的深度上，则可以在数千米的范围内记录剖面。由此获得的"滑动测量"可得出整个水体深度上的流速剖面。这就是下放式 ADCP 的原理(Visbeck，2002)。通过这一特定设备，剖面也能显示电导率、温度和压力的测量信息以及定位数据，以完成数据处理(见图7.29中的实例)。

舰载流速计

走航式 ADCP(VM-ADCP)安装在船体下方或潜水器(ROV 或 AUV)上。当然，对于在地理参照的框架中考虑水层(相对于传感器测量)的位移而言，对于传感器的配置(安装几何参数)和平台运动(位置、航向、横摇和纵摇)的完美控制不可或缺。GPS 是确定水面舰船的平台速度和导航的最佳工具，而 AUV 等水下平台必须选择合适的惯性导航系统。

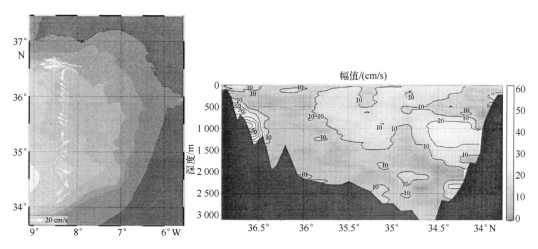

图 7.29　L-ADCP 站点结果

葡萄牙和摩洛哥之间，显示 1 000 m 深度处的海流方向（左图）和垂直剖面的振幅（右图）。该数据说明沿欧洲大陆架的大西洋中 1 000 m 深度处存在的地中海洋流（Teledyne-RDInstruments 公司仪器宽带 150 kHz）。

数据由 SHOM 提供

多普勒计程仪

多普勒计程仪（doppler velocity log，DVL）的工作原理与舰载流速计相同。但传感器和水体（或海底）之间的相对速度现在用于求解平台的速度。DVL 也能提供给系统距离海底的高度。目前，DVL 最常用于潜水器（ROV 和 AUV）。

当 DVL 无法达到海底时，则根据水流速度（如已知）估计平台速度。在水面舰船上，DVL 数据只是作为 GPS 给出的绝对速度值的补充，毕竟 GPS 给出的是舰船漂移的直接信息。

本书后面的彩色插页也展示了科学勘测之后处理数据的实例。

7.4.2　海洋声层析

现代物理海洋学也能使用低频声技术在中尺度上测量水体的一些物理特征，该方法就是海洋声层析（ocean acoustic tomography，OAT），于 20 世纪 70 年代被首次提出［Munk 等（1995）及相关参考文献］。海洋声层析的基本概念是测量待研究的海洋区域两侧的发射器和接收器之间的多径传播的时间（图 7.30）。该区域存在大量扰动（涡流、温度锋、流速等），可引起声速场的局部变化，因而改变了不同路径的传播时间。测量传播时间的起伏可以得出水文扰动的详细特征。这一反演是通过对比实验传播时间与局部环境的模型推测出来的传播时间来实现的。实际上，该方法可监控中尺度海洋过程，即在数周或数个月内监控数十千米海水的特征尺度。这样就有可能检测并评估相对于均值的局部声速反常点（即温度或盐度变化），或研究平均流速（通过对比相反方向上的声传播时间）。海洋声层析的主要意义在于其可对大面积海域进行近似瞬时监控，而不受传统技术的空间和时间采样的限制（如停船部署 CTD 探头）。图 7.31 和图 7.32 阐述了该技术在不同时间尺度上可获得的典型结果。

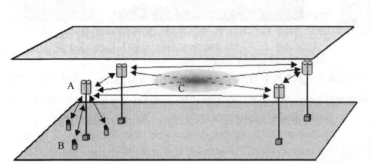
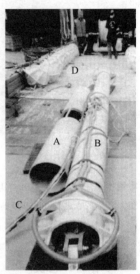

图 7.30　海洋声层析使用的仪器（图片由 SHOM 提供）

左图为海洋声层析网络设置：A 为低频发射器-接收器，B 为局部高频声定位系统，C 为声速扰动区域；右图为部署前船甲板上的 Erato 仪器：A 为声源（双谐振管），B 为电子设备和电箱，C 为接收线性阵列，D 为浮标

从技术上来讲，这些实验在于部署较低频率（一般 250~400 Hz）下工作的发射-接收网络，因此达到数百千米的范围。这些声源的设计构造（图 7.30）非常精细，因为它们必须将较低标定频率与较宽带宽相协调以获得合理的时间分辨率（几微秒），并可将较高的声源级与较高电声效率相结合来进行远距离探测（仪器必须在有限供能的情况下自动操作）。此外，为了使仪器能在较深的 SOFAR 信道中发射，因此仪器必须部署在深海处，从而需承受强大的静压力限制。另一要点是必须使用极其稳定的时钟以确保能在较长试验时间内（周到月）足够准确地测量传播时间。使用长持续时间调制信号可提高接收信噪比，得到较高的处理增益（见 6.4.3 节）。接收器用于记录信号便于后处理。仪器部署在长系泊索上，可能会在其平均位置来回变动，为保证其在估计多径传输延时的变化时的准确性，要求其定位精度必须与时间测量性能相匹配，这可通过高频声定位系统来实现（长基线型，见 7.5.1 节）。

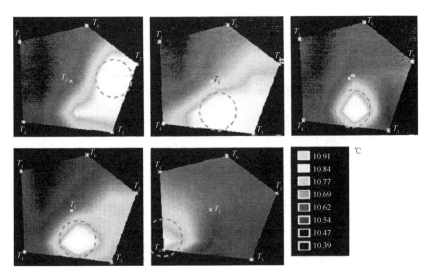

图 7.31　东北大西洋涡流导致的估计温度异常的时变横切，由六台声层析仪器组成的网络
测量（图上 T_1 到 T_6），时间从 6 月末到 9 月初（Stephan et al.，1995）。数据由 SHOM 提供

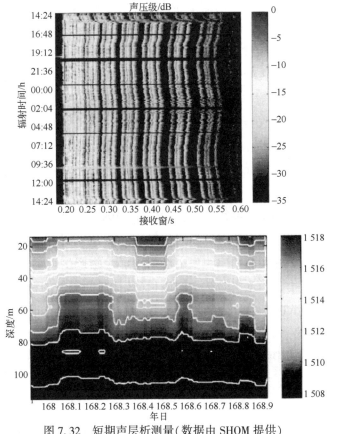

图 7.32　短期声层析测量（数据由 SHOM 提供）

上图：固定仪器设置下 24 小时内（垂直轴）的多径到达时间（水平轴）和振幅（灰度）；下图：24 小时内平均声
速剖面演变；温跃层深度的变化是由内部潮汐周期导致的，数据记录于葡萄牙大陆架（Stephan et al.，2000）

20 世纪 80—90 年代，海洋声层析是科学和技术行业中的研究热门领域[16]；但在此之后，尽管主要仪器问题已得到解决，海洋声层析对物理海洋学的吸引力已不复从前。这可能是因为该研究结果的实际科学意义不及在开发海域中维持操作网络的实验难度，因此声层析被其他中尺度应用调查技术（卫星观测、漂移浮标、滑行艇……）所取代。声层析测量从本质上可捕捉一个区域内的声变化，所以仍对沿海水域的快速环境测定（REA）（见图 7.32 中的例子）等专业海军应用具有意义。

7.4.3　全球声学

人类在 20 世纪 40 年代发现 SOFAR 信道并发觉其可用于远距离声传播（见第 2 章），而这就是通过较低频率声波调查海洋的新技术发展的起点。

历史性的澳大利亚—百慕大实验（1960 年）证明了数千千米范围内传输声波信号的可能性。澳大利亚海岸发生了一系列爆炸，而远在 20 000 km 外的百慕大的接收器却能接收到这些爆炸信号，且接收时信噪比良好。解释该类传播的难度在于判定声波的"水平"路径，而这取决于地球的曲率和大陆对其造成的衍射（Munk，1988）。

国际科研项目海洋气候声学测温（acoustical thermometry of ocean climate，ATOC）提出在大型海盆尺度上监控水体的平均温度（Munk，1988）。这一原理与声层析原理类似，且澳大利亚—百慕大实验证明了声波在非常远距离上传播的特性。声源在研究区域（主要海盆）的中心，发射非常低频的信号（75 Hz 左右）。这些信号在 SOFAR 信道传播数千千米后，被不同接收器接收。以月份为传播时间尺度的测量可监控全球变暖可能造成的海洋升温。该技术可探测平均温度的极小变化，并将其转换成经过相当长距离后可探测的较大时延，因此其意义尤其重大。此外，此处采用的地理尺度消除了声速的局部起伏。

作为 ATOC 实验的铺垫，赫德岛实验（Munk，1994）是在 20 世纪 90 年代初期实施的。该实验是从印度洋西南方的声源发射信号（在 57 Hz 左右调制），记录数千千米内的传播时间。尽管有人怀疑高功率声发射会对海洋生物产生影响，但该实验证实了大尺度声监控技术的潜力，毕竟实验结果的质量（传播时间测量的精度和稳定性）足以满足实验目的。最后，ATOC 项目未能以最初计划的等级启动，部分（具有一些讽刺意味）是出于环境隐患考虑；只在太平洋上实际部署了一个声源，且时间不长，并且同时伴有对海洋哺乳动物的影响的科研项目。

---

[16]该领域中的主要参与者是海洋研究所和海军实验室，即美国伍兹霍尔海洋研究所和美国斯克里普斯海洋研究所、法国海洋开发研究院和法国航道及海洋测量局、德国莱布尼茨海洋科学研究所（IFM-Gechar）和日本海洋科学技术中心（JAMSTEC）。

7.4.4　SOFAR 传播的其他应用

声波信号在较大距离上的传播技术也已用于深海漂流浮标(随深海海流漂动)的定位。在待研究的区域(海盆的尺度)装有 260 Hz 声源,该声源在 SOFAR 信道以已知间隔发射信号。浮标在漂移时,记录声源发射信号的到达时间,根据一个后验关系来重构其移动。这些定位装置的范围一般可达 1 000 km。

在防止核武器扩散[17]的国际公约框架中,一些国家部署了除地震仪外的水下声网络用于探测秘密核试验。再次,接收器可利用 SOFAR 传播特征以探测发生在数千千米外的爆炸事件。

7.5　水下干预

在过去的 50 年间,人类逐步向更深的海域探索,水下干预能力稳定加强。深海研究科研团体需要能在水下数千米处使用的专用仪器和相应部署工具,同时近海工业逐渐着眼于深海油气开发和海难干预,所有这些应用(有些具有重要经济意义)都推动了原始水声技术的发展。这些技术中,一部分技术用于舰船和潜艇的局部定位,另一部分用于数据传输。

7.5.1　水声定位

在水下,移动物体的瞬时和准确定位一直是一大难题。对于那些无法使用高度稳定的惯性导航系统(只有军事潜艇支付得起这些系统)的潜水器,唯一的解决方法是使用与合适的参考点交换的声波信号。该领域中的应用数量众多,形式多样。如今,主要有三类技术,对应不同测量原理,可满足所有需求。

7.5.1.1　长基线定位

长基线系统(long-baseline system,LBS)使用主要由声信标(至少三个)先期构成的网络,这些声信标广泛排列在覆盖区域[图 7.33(a)]。信标的准确位置需在使用系统前确定。被跟踪的潜水器[18](如潜艇或鱼雷)与信标交换编码后的声信号,而编码是为了区别各种各样的对话对象。网络内的位置是由测量的传播时间推导出的斜距计算的:理想上,跟踪物体的坐标位于以三个信标为中心、半径为三个传播时间得出的距离的三个半球体的相交处。但实际中使用的是优化算法,而不是上述几何解法。长基线系统在合理校准后(通过使用地理参考系统的水面舰船在信标场内移动并转化定位算法以

---

[17]例如,CTBT:全面禁止核试验条约。
[18]该技术在几年前也被用于在钻孔垂直位置定位钻探船,现在已被卫星定位系统替代。

重新得出信标的准确位置来完成），可得出 1 m 左右的定位精度。

还可采用一些其他设置。如果潜水器需要随时得知自身位置，就必须从信标接收时间标记信号；因此，绝对时间的测量需要使用同步时钟，或最好使用询问式的信标系统（设计为应答器）和双向传播时间的测量。在其他情况下，潜水器的轨迹必须由网络上控制；该情况下，潜水器必须装有自动声波收发器，信标捕捉潜水器发射的声脉冲，然后通过绝对传播时间（如同步）或网络节点之间的接收延迟来计算位置。

信标网络的部署、校准和复原需要一系列繁重、费时的操作。近期出现了一种替代性方案：在漂流浮标下方安装声信标，漂流浮标的准确位置通过 GPS 同步确定（Thomas，1994）。

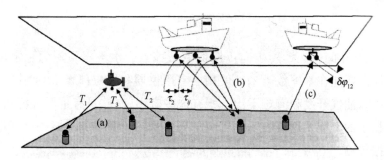

图 7.33　水声定位系统

（a）长基线定位系统：用三个信标和移动潜水器之间的传播时间来判定该潜水器的位置，潜水器位于三个半径为 $R_i = cT_i$ 的球体相交处的位置；（b）短基线定位系统：传播时间差 τ_{ij} 被用来判定平台相对于参考信标的位置；（c）超短基线定位系统：用相位差来计算信号的到达角度，而深度由信标传输，或由应答器确定斜距

7.5.1.2　短基线定位

短基线系统（short-baseline systems，SBL）使用一台发射器（被跟踪物体上）和一系列相距距离很近的接收器（安装在水面舰船等地理参考平台上）［图 7.33（b）］，通过天线上不同点接收路径之间的时间差，可以从几何上获得接收器系列的位置。与长基线系统相比，短基线系统更易于部署，但在精度上不及长基线系统。如今，这种系统的实际使用率不高，已被更好操作的超短基线概念所取代。

7.5.1.3　超短基线定位

超短基线系统（ultrashort baseline systems，USBL）在概念上与 SBL 类似，但使用的是相位差而不是时延，近年来得到广泛应用。USBL 仅在船体下方安装一台接收器，专门用来定位水下物体相对于海面设施的位置。利用离散换能器组成的小型阵列（图 7.34）作为 3D 干涉仪；更复杂的系统形成了 3D 波束形成阵列，在应用干涉处理前创建窄波束。接收信号之间的相位差的测量取决于安装在移动物体上的发射器发射的声波的到达方向；斜距由应答器确定，或通过水下物体的测量深度[19]的传输确定。超短基线定位系统的精度一般能达到水深的 1%。

图 7.34　声波水下定位装置

左图：在海面部署的长基线网络的接收阵列；中图：流动部署的超短基线阵列（直径为 30 cm）；

右图：船体即插即用安装的超短基线阵列。图片由 iXSea 公司提供

7.5.2　水声通信

水声通信应用范围可能非常广泛，涉及科学、民用、军事应用以及海上石油开采工业。除水面舰船与潜艇和潜水器之间的传统通信需求外，越来越多的应用现在需要通信功能：自主式水下潜水器、海底或海中部署仪器观测站。水声通信的实践成果和性能严重受限于一些难以（如非绝对不可能）克服的物理约束。尽管如此，人类近 30 年来的连续研究已大大改善了水声通信，使其性能和稳固性与其他通信领域（无线电、电缆、光纤）类似（Stojanovic，1996；Chitre et al.，2008；Lapierre et al.，2005）。

水声通信与其他现代传输系统类似，大多数使用数字信号（Proakis，2001）。就性能而言，必须考虑的是，水声通信可能达到的比特率取决于可用频率带宽，用参数——频谱效率［单位是 bit/(s·Hz)］来表示，频谱效率的值取决于采用的调制方式，并期望越高越好（详见 6.6.4 节）。在水下传输中，载频越低，传输距离越长，带宽（由换能器强加）就越窄，因此比特率就较低（根据频谱效率）；另一方面，比特率越大，带宽越宽，相应的载频就越高，传播距离就越短。从这方面考虑，载频又

---

[19]注意，在所有情况下，最好通过压力传感器来测量被跟踪物体的深度，然后从声学上传至定位系统；这种方式求得的深度比计算的深度更准确，并简化了定位算法。

不能超过数十万赫兹。因此，在给定应用和其相关的物理约束之间需要找到折中点（Stojanovic，2007）。

利用无线传输的水下活动必须考虑与这些水声系统相关的性能限制（比特率、误码率），不能期望水下声传播能达到大气中电磁传输的相同质量。然而，水下声波仍是无缆传输信号的最佳方式。

7.5.2.1 环境限制与影响

水下信道的多变性（见第 2 章）使得水声通信应用变得异常困难。海面和海底的反射（港口或工业区中各种水下障碍物）生成一种多径结构，导致信道冲激响应的时间扩展（严重情况下可达数百毫秒）。沿多径传输的信号在频域分析时形成一种局部干扰系统，导致频率选择性衰落效应，即不同频谱上的衰减不同（见 4.6.2 节）。由于短时的时变特性，该衰落效应是不稳定的，且频率的衰减随时间变化，这意味着需要使用自适应策略，即接收器能够跟从信道的变化。

在时域中考虑，当时间扩展（由于多径）大于二进制码元持续时间时，就形成码间串扰，这对传输质量尤其不利，且难以修正。在频域中，这也意味着信号所占带宽大于水声信道的相干带宽。

此外，多普勒效应（见 2.5.2 节）可使载频严重偏移——偏移量占可用频段的比例明显高于无线电广播中的，因此严重限制传输。最后，噪声级也降低了所有水声信号应用中的传输性能，因此需要在尽可能安静的区域使用传输系统。

很明显，水声信号的起伏特性使得有效、稳健的调制和接收方法的设计尤其具有挑战性。强度的起伏（不同时间尺度上）和低信噪比条件使得基于振幅调制变得极不可靠。在另一方面，尽管频率调制和相位调制更能适应衰落效应，但仍会受到影响，而且多径导致的时间扩展和多普勒效应也会对调频和调相产生严重影响。

7.5.2.2 水声传输中使用的技术

阵列指向性和处理

初步解决方案是使用 Tx 和 Rx 天线的指向性以消除或降低多径影响，该方案在多数情况下简单有效。另外，也可使用波束形成等更复杂的空间处理实现对多径影响的抑制。当信道结构较好时，即垂直传输或多径结构导致的方位角扩散很开（如倾斜传输时），系统上推荐使用该方法；但在水平导向传播情况下，多径到达时成一簇窄垂直束，使用该方法意义不大。这就解释了该解决方案最初用于深海通信应用的原因（Ayela et al.，1991）。

另一方面，在滤波方面非常有效的指向性天线，可能产生操控准确的问题，以跟踪发射器−接收器位置的可能变化。遗憾的是，自适应指向性的策略可能导致系统的严重复杂化。

另一有趣的技术（Fink，1992；Jackson et al.，1991）在于利用传播的互易性。该技术被称为相位共轭或时间反转镜（time reversal mirror，TRM）效应。如果给定点处发射的声波可接收、反转并发射回去，重新发射的声波应聚焦到原波源处。此外，水声信道越复杂，TRM 聚焦越佳。然而，水声结构在双向通信过程中必须保持准静态。该技术也减少了信道的时延扩展，但无法完全去除码间串扰。

以上内容证明这些使用声传播和天线特性的技术必须与均衡等更复杂的信号处理技术相结合（Stojanovic et al.，1993）。

调制

水下传播信道对传输的不利影响实际上限制了高性能调制（就信息比特率而言）的使用，并倾向选择稳健的解决方案（就传输安全性而言）。

首个水声传输系统（模拟水下电话）是基于载频（当前标准值是 8 kHz）的调幅为基础，但由于该系统中可用带宽较窄且由于传输信道物理扰动的强大影响，其传输质量很差。

在现代数字传输系统中，数据编码为二进制码元，各类码元利用不同的声信号传输。调频首先用于远程控制和数据传输：基本原理是利用合适间隔的频带将各码元转换成不同频率的信号传输。最简单的例子，码元"0"和"1"能对应两种不同频率的脉冲传输，但调制也可以更复杂，如同步传输几组频率，以增加比特率和优化频带的利用率。调频的优势在于可保证良好的安全级别（就误码率而言]。调频的缺点在于：频谱效率差，限制了高比特率传输；增加了频率的数量，因此不同频率之间间隔变小，降低了其对多普勒和衰落效应的耐受度。替代技术可从 FSK 原理开发出来，使用调制频率来编码二进制码元（啁啾调制，以频谱效率低为代价改善了单个码元的信噪比）或跳频技术（旨在处理多径时间扩展）。最近，人们基于载频的随机演化提出了更"无序"的方法（Luca et al.，2005）。

与调幅或调频相比，调相能提供较高的比特率；编码数字信息改变固定频率正弦曲线（相移键控，或 PSK，调制）的相位。在最简单的 PSK 系统中，只有两种相位值（间隔为 π）用于传输二进制码元，但也存在多个（大于 2）相位值的调制，可提高传输效率，比特率也更高，但遗憾的是，其对传输信道带来的不利影响的灵敏度也在增加。基于这一原理，我们可以对这些系统进行改进，而且近年来随着其他传输媒体（ADSL 电缆、WiFi 或 WiMax）的发展，人们确实已提出了很多的改进方案。

首个方法是：水声信道可通过其相干带宽来表征，依据频率选择性衰落效应将带宽分成子频带。在各相干子频带的内部，信道可给出全通响应（只有预期衰减和相移），可用于高频谱效率的传输调制。因此，通过将带宽分成子频带（其中衰减可忽略），可改善稳健性。同样地，多载波调制有效成为传统宽带单载波通信系统的替代方案。通过增加补充性的改进方案（各载频上的空闲时间、信道编码、FFT 的使用），该技术接近于正交频分复用（orthogonal frequency division multiplex，OFDM），广泛用于无线电传输，尤其是在一些 WiFi 标准或下一代蜂窝技术［通用移动通信系统（universal mobile telecommunications system，UMTS）将升级使用 OFDM 格式，称作长期演进（long term evolution，LTE）的技术］中。水声应用的特殊性在于子信道的确认性、可选择适合各子载波的最佳调制以及确保窄带子载波对于多普勒频移的稳健性（Coatelan et al.，1994）。

另一方法是通过插入一个名为扩频编码的特征码来占用可用带宽以保护传输的码元。该技术称为直接序列扩频（direct sequence spread spectrum，DSSS），可使一些发射的信号重叠在相同频带上。接收后，该特征码的信息能够恢复有用信号，而其他信号则被认为是噪声。这一具有吸引力的技术就是码分多址（code division multiple access，CDMA），由于消耗了较宽的频带，其吞吐量受限。扩频码越长，传输越稳健，用户数据速率越低。然而，基于多入多出（multiple input multiple output，MIMO）的新技术在同一应用中增加了一些新的传输路径。最终，时间、空间和频率三者的分集通过编码分集彻底完成。接收则是采用一个可称作耙栅（RAKE）滤波器的补偿模块，总结各路径的共同贡献以恢复各路径上的各种信息。在多用户环境下，必须对这些接收器进行改进以进行连续性的（SIC/RAKE）或同时性的（PIC/RAKE）解码传输（Ouertani et al.，2007）。这些后期改进在满足基于网络通信的新要求（网状结构）上非常有前景。

均衡

正如上文所述，多径效应造成接收信号的时间扩展，导致信道传输功能中出现码间串扰和衰落问题。

当前用来减少多径效应（导致码间串扰和衰落）的方法是插入空闲时间：单位码元持续时间就会长于回波在时间上的扩展，但比特率严重降低。有一个方法已发展多年，就是对传输信道造成的衰落进行补偿。该修正技术就是均衡，主要依靠衰落事件（先验未知）的识别、跟踪以及最后的补偿。人们仍在积极研究该技术的最佳应用策略［接收器结构、自适应算法以及复杂性的降低，见 Stojanovic（2008）］。衰落效应的补偿可通过一种训练方法来实现，即衰落效应可根据周期性的采样来估计（使用已知测试信号来传输和接收）；或利用信号的统计特性来估计衰落效应时，可采用自训练或盲均衡技术补偿衰落（Labat et al.，2001）。在接收器端，通常将决策反馈均衡器（DFE）结构用在多点接收器阵列上（多信道 DFE）以获得空间分集和更好的接收条件（Stojanovic et al.，1994）。

将均衡技术与先进调制方式(DSSS、OFDM)或空间处理(波束形成、相位共轭、MIMO 技术)相结合可优化通信信道容量并使之在新的应用上实现实时系统成为可能(Stojanovic et al.，1994)。

均衡技术的意义已在深海垂直应用以及浅海水平应用中的图像传输中有所展示(见图 7.35 中的实例)。

图 7.35　声传输图像

左图："泰坦尼克"号(深度 3 500 m)RMS 残骸部分的数字化照片，使用 TIVA 系统(1988 年)从"鹦鹉螺"号潜水器传输至其辅助船，图片来源于法国海洋开发研究院;右图:潜水员勘察水雷的照片，在 1 000 m 的水平距离上传输(TRIDENT 项目，2002)，图片来源于 GESMA

均衡技术的优点在于其比特率比之前的传输机制都要高，而缺点在于将该技术在实时处理链中实现的复杂度和难度很高。确实，应当注意的是，所有这些计算(从采集、滤波、采样、数字化、时间和节点的恢复以及均衡)的执行时间必须少于一个单位码元的持续时间。而且均衡技术的计算复杂性随着信道持续时间呈指数增长，对于浅海应用，这尤其具有挑战性(Stojanovic，2008;Trubil et al.，2001)。

更多的新技术发展利用了这些基本技术的优点，如将均衡技术与频谱扩展及信道编码技术相混合，甚至是整合的迭代过程以改善系统时间的性能(Lapierre et al.，2003)。

纠错编码

自从专用数字信号处理器以及由此在水声调制解调器内部实现的处理能力出现以来，人类所取得的实质性进展已允许通过信道编码来实现纠错技术。该步骤(在接收条件不佳时无用)可带来传输质量的显著提高。如果传输线路未编码时的二进制误码率为 10^{-3}，编码后的误码率通常可优化低至 10^{-6}。在该可靠性级别下，图像传输等要求很高的应用也可通过声波传输实现。该领域中的策略在今天仍然有效，即使趋势是朝着分组编码或卷积编码发展。同时值得注意的是，纠错编码可与均衡相结合。涡轮(Turbo)均衡是该技术应用实例之一(Sozer et al.，2001)。

7.5.2.3　水声传输系统与应用的概况

水声传输工业产品的当前性能在技术上远低于学术文献中描述的实验系统性能。一方面是因为需要很长时间才能将在实验室的发展在实际操作系统中实现；另一方面，传输系统通常集成在一个复杂结构中，必须与其他声学设备(测深仪、声呐、声波收发器、多普勒计程仪)相兼容。频谱必须受到严格管理，而实验室模型不需要如此。

首台声传输设备是以声音模拟传输技术为基础的，例如很多海军目前仍使用的水下电话设备[图7.36(左图)]。今天，很多应用都旨在远程控制连接或低比特率安全传输。因此，多数水声调制解调器[图7.36(右图)]使用调频和非相干处理技术(啁啾、跳频或多频移键控)，其比特率限制在每秒几十/几百比特。具有视频监控操作的水下无人机以及浅海环境下水声应用的出现推动了更为有效的调制技术和相干处理技术的发展。现在可使用结合调相和信道编码的调制解调器，其比特率每秒可达数万比特。当然，相对应的需要减少可达到的传播距离，因为相应带宽需要高载频(数万赫兹)。

应用实例很多，且随着传输系统的整体发展，应用领域也在逐渐增加，可能包括：

- 潜水员之间通信，使用较短距离装置；
- 与自主式潜水器通信，包含其记录数据的提取；
- 水下无人机的远程控制与遥感勘测，现在是比较热门的领域，显然属于军事应用，同样可能用于工业与科学应用；
- 水面舰船与潜艇之间的通信系统；
- 部署在海床或水体中的固定自动测量观察站的传输；
- 水–气界面布置的浮标，与水下潜水器通过水声连接而与水面舰船、岸上设施或卫星通过无线电连接；
- 水声网络。

各系统的性能和复杂度显著不同，这取决于具体应用和使用的技术。向自动系统(如海上石油开采)传输数据时，由于环境通常比较复杂，因此追求较高的整体可靠性但不要求高传输速率。而传输测量数据或数字化图片(如在科学应用中)传输能够在控制良好的声条件下实现，但对传输速率的要求较高。最后，应当牢记的是，最佳调制应根据实际应用目的和操作性的限制而定，例如：

- 安全稳健的低速传输：啁啾信号 FSK(频移键控调制)或跳频(每秒数十比特到数百比特)；
- 长距离低速传输：DSSS(20 bit/s)；

- 高速短距离传输：PSK(每秒数万比特)；

- 网络或多用户环境：CDMA/DSSS(20 bit/s)。

工业市场反映了这一趋势,一些制造商[20]现在提出了多调制设备(Ayela et al., 1994; Freitag et al., 2005)。

图 7.36 水声调制解调器实例

左图：水声电话 TUUM(Thales-Safare)；右图：水声调制解调器 MATS。图片由 Sercel 提供

---

[20]如今该领域的主要制造商包括 Sercel(前身是 Orca)，法国的 Thales-Safare(前身是 Safare Crouzet)，英国的 Qi-netiQ 和 Benthos(前身是 Data Sonics)，美国的 Link-Quest 和 L3-Communications-ELAC，德国的 Evologics。

第8章 海底测绘声呐系统

海底测绘是现代水声学最活跃的领域之一，可以满足多种类型活动的需求。毫无疑问，其中最早的需求来自沿海航行，因此制作优良的等深图对航行安全至关重要。当然，早在声学技术出现之前，就已存在等深图的绘制，但在条带测深技术出现之后，等深图受声学技术的影响，精度和完整性大大改善。每个海洋国家的国家水文局及其相关运营服务机构[①]都以精确勘察领海为目的，因而这些组织都广泛使用十分专业的声呐系统。浅水的深度测量精度[②]要求达到水深的1%，同时对小特征检测具有较高的分辨率。在科学或工业应用(地质学与地球物理学、水下电缆、石油工业的勘探开发)中，深海水域对测绘精度的要求更低。在所有的情况中，都希望水下图文能提供精确的水深测量，显示海底可能存在的障碍物以及指明海底性质。因此，现代海底测绘综合了各种不同类型的信息，而其中一大部分都能依靠声学方法获得。

海洋地球科学的发展很大程度上是对声学研究专用工具的开发和利用。依据专用工具的结构和处理原理(De Moustier，1988，1993；Tyce，1988；Somers，1933)，专用工具可提供海底特性的"声呐图像"(Blondel，2009)，或者定量评估海底的特定参数：海水与海底之间的声阻抗差，多个尺度的地形(从大型地球物理结构到微尺度结构)，浅地层的展示和结构。无需替代地质学家基于样品分析研究海底的直接方法，声学系统能够提供准瞬时的广泛观察到的水底界面与沉积层之间的形态差异。该类声学系统能在局部进行通用参数的测量，是对抽样和现场地质技术测量的补充。

现在的海底测绘技术主要使用多波束回波探测仪。在发射单个信号后，探测仪的声呐系统能在与船航线垂直的宽带地形上进行大量的点测量。系统的阵列常见于船体安装，特点是角度指向性较窄，能够以较高的空间分辨率接收来自海底的回波。此外，多波束回波探测仪还能够同时测量水深和海底反射率，因此是制作海底地形(测深功能)或描述海底地形性质(成像功能)的有效工具。多波束回波探测仪在20世纪70年代

---

①例如：美国国家海洋和大气管理局(NOAA)、美国海军海洋局(NAVOCEANO)、美国海岸警卫队(USCG)、美国国家成像测绘局(NIMA)、法国航道及海洋测量局(SHOM)、加拿大航道测量局(SHC)、英国航道测量局(UKHO)、澳大利亚皇家海军航道测量局(RANHS)、新西兰土地信息局(LINZ)、西班牙皇家海军航道研究所(IHM)、葡萄牙航道研究所(IHPT)、印度海军航道部(NHO)等。

②推荐性能级别由国际航道测量组织(IHO)技术委员会指定并定期更新。精确度依赖于应用类型，国际航道测量组织划分的等级从特别等级(航道要求最高的等级)到1级、2级、3级。

末出现，随后很快成功吸引了各行业用户（水文学、地质学和近海产业）的广泛使用，已取得技术和性能的显著进展，是目前应用于海底表面测绘最先进的系统。

多波束回波探测仪极其复杂且昂贵，但不完全占有绝对优势。目前，还有另外两种运用更传统技术的系统也在使用，而多波束回波探测仪实际上是这些传统技术的延伸和发展：

- 单波束回波探测仪，20 世纪 20 年代开始用于测量船舶垂直面的深度；
- 侧扫声呐，20 世纪 60 年代开始用于从以掠射角射入的回波中收集海底声学图像。

本章会对上述所有水声系统进行详细研究，首先介绍单波束回波探测仪和侧扫声呐的工作原理，并介绍基本概念，然后介绍多波束回波探测仪的一般结构以及水深测量的不同方法和误差来源的分析，最后介绍多波束回波探测仪与侧扫声呐类似的声呐成像能力。

8.1　单波束回波探测仪

8.1.1　综述

8.1.1.1　信号发射

单波束回波探测仪在载体平台（图 8.1）的正下方，以中等孔径角（通常为 $5° \sim 15°$）的单波束垂直向下发射单个短信号（通常为 $10^{-4} \sim 10^{-3}\,\mathrm{s}$）。探测仪通过测量信号的双向传输时间，可得出局部水深。通过分析回波也能提供关于海底类型的信息。此外，系统还能探测到水体中目标物的回波，因而可应用于渔业捕捞。彩色插页的图 1 和图 2 给出了实际数据示例。

单波束回波探测仪的频率取决于应用场景，它的范围介于深水模型的 12 kHz 至浅水模型的 200 kHz、400 kHz，甚至 700 kHz 之间。多家生产商提出了双频系统，使得同一个回波探测仪能够完成多种类型的应用。单波束回波探测仪的信号通常不是调制信号，而是持续时间很短的脉冲信号以获取所需要的分辨率，通常大约 1 ms 的持续时间就足够了。在浅水中的信号持续时间更短，以提高分辨率；而在深水中的信号持续时间更长，以提高信号接收时的瞬时声功率。

这种情况下的信号经过功率放大器后，发射功率可以高达数百瓦。发射声源级通常大于 200 dB re 1 μPa@1 m，可达到 230 dB re 1 μPa@1 m。

8.1.1.2　信号发射序列

信号排序由发射器的电子器件完成，并由测量条件决定。因为仅使用一个发射/接收天线, 正常情况下都是接收到前一个信号的整个海底回波之后, 才开始发射一个新的信号[图8.2(a)], 重复周期 T_R 表示为

$$T_R > \frac{2H}{c} + T + \delta T \tag{8.1}$$

式中, T 表示信号持续时间; δT 表示因海底反射而导致的信号周期的延长。

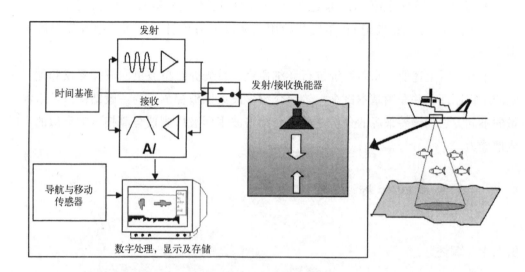

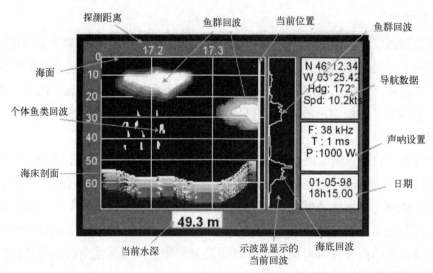

图 8.1　单波束回波探测仪的通用结构(上图)以及所收集数据的示意图(下图)

但是多次回波即使在水体中传播了多次, 尤其在浅水中, 其幅值可能仍然十分明显[图8.2(b)]。为了避免叠加引起的模糊性, 可通过有效倍数的级数 n 来降低重复

率，得到的重复周期如下：

$$T_R > \frac{2nH}{c} + T + \delta T \tag{8.2}$$

级数 $n = 2$ 往往就足够了（也是必要的），但在某些情况下，级数还需增加到 $n = 3$ 或 $n = 4$。

相反地，对于一些声发射脉冲速率[式(8.1)]很低的深水探测仪和需要利用数据的沿径冗余来改进图像质量的沉积物剖面仪(参见 9.2 节)来说，则使用交替传输。在前一个声脉冲到达之前发射一个新的电脉冲，几个信号就会同时在水体中出现。当然，这意味着接收窗被限制在海底有用回波附近的窄门限上，而不是延伸覆盖整个水深。唯一的约束条件是发射和接收的时差不能重叠，最小的脉冲速率可由 $T_R > T + \delta T$ 得到[图 8.2(c)]。也就是说，如果从一个声脉冲到另一个声脉冲之间的改变不是太快，使用该方法很容易去除信号接收时的模糊性。因此，通常用于平坦海底之类的设置，其过程是，从低电脉冲率开始去除深度模糊性，确定接收窗，随后增加中间发射的数量。

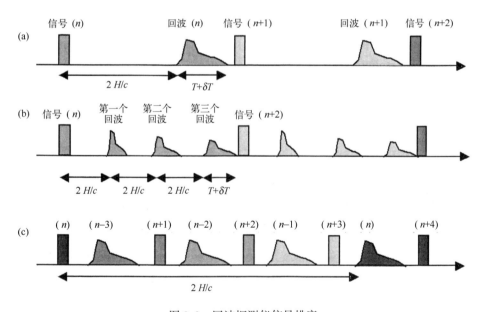

图 8.2　回波探测仪信号排序

(a)适用于第一个回波的接收；(b)适用于来源于两个多径回波的接收；(c)4 阶的交替传输

8.1.1.3　换能器

在大多数情况下，同一个换能器被用来发射和接收。换能器由陶瓷盘或矩形板组成，可以是单片陶瓷也可以是小型阵元换能器的组合体(参见第 5 章)。换能器安装在船舶下方，工作面平滑地沿着船体形状（并适当覆盖一层坚硬的透声涂层）放置在选好的位置，以避免螺旋桨噪声、水动力扰动以及来自船首的气泡群。单波束回波探测仪的换能器指向性一般具有几度的孔径。

换能器通常不需要阵列处理，除非是在渔业分裂波束或双波束系统的特殊情况下，其目的是孤立单个目标物的回波作用（参见 8.1.2.5 节）。特别是，波束形成和波束转向过程对单波束回波探测仪来说没有必要：波束孔径对海底回波足够宽，足以记录足够的回声级，以探测到达时间。

8.1.1.4 接收器的电子器件

单波束回波探测仪的基本接收电子器件很简单，往往基于能量的非相干检测，并结合一个时变增益装置来尽可能地减小回波能级的动态变化（参见 6.5.2 节）。非相干接收包括带通滤波，用来滤除有用信号周围的干扰频谱以及包络振幅或包络强度检测。因为同一个换能器用于发射和接收，接收过程须在发射后才能开始（但即使接收换能器与发射器分置，接收换能器仍会被发射过程中的高声源级信号所影响）。

当回波的声压级超过由人工设定或系统自动设置的检测阈值时，海底回波可在接收器的输出端被检测到。然后通过一种基于超过阈值的时域信号包络前沿的检测算法（为了获得最高目标点的回波），测量到达时间。利用平均声速 c 的简单线性关系式将双向传播时间 Δt 转化为距离，即

$$H = \frac{c\Delta t}{2} \tag{8.3}$$

可以很容易地发现，忽略实际声速剖面，并使用在整个水体中的平均常数 c，它所产生的测深误差是可以忽略不计的。

所测量的值可简单地数字化显示（图 7.4 和图 8.1）。更为详尽的是，整个反向散射的信号都可以随着时间推移显示出来，并且每个脉冲信号都可以自动添加到前面一个脉冲信号后；据此所生成的图像显示了海底和整个水体的垂直剖面。对渔业中的应用研究而言，显示水体中目标物的回波则更有用。这种显示会受船舶的不规则速度、探测仪的非恒定水平分辨率（参见 8.1.2.4 节）以及垂直方向上的自身运动（主要是起伏运动，也可能有横摇和纵摇）的影响而产生水平失真。

探测仪采集的数据包含时戳以及参考它采集的位置。也就是说，探测仪须连接配套船舶上的其他导航设备（如定位系统）。使用运动控制模块补偿船舶的运动主要是校正起伏运动。通过波束形成对角运动进行补偿往往是行不通的（而且测深也不需要）。通过探测仪采集的数据经过比对后进行数字记录，以便在数据库和地理信息系统（GIS）中做后处理和使用。

8.1.2　单波束回波探测仪的性能和局限性

8.1.2.1　回波组成

　　射入海底的声信号截取的有效面积是随时间变化的。为了描述有效面积和所产生回波的演变过程，我们假设：海底是平坦且水平的；探测仪的波束为圆锥形指向性方案；只有水-沉积物界面才产生回波。以下描述可通过图8.3证明：

- （a）初始时刻 $t_0 = \dfrac{2H}{c}$，有效面积就是碰撞点；

- （b）接着有效面积变成圆盘状，半径随时间增加；引入时间变量 $\tau = t - t_0$ 后，瞬时半径表示为 $r(t) \approx \sqrt{Hc(t-t_0)}$ 或 $r(t) \approx \sqrt{Hc\tau}$；有效面积线性增加为 $S(\tau) \approx \pi Hc\tau$；

- （c）当 $\tau = T$（信号持续时间）时，圆盘状态停止变化；声照射面积达到最大值 πHcT；

- （d）（e）超过 $\tau = T$ 时，信号足迹变成内半径为 $r_{int}(\tau) \approx \sqrt{Hc(\tau-T)}$ 和外半径为 $r_{ext}(\tau) \approx \sqrt{Hc\tau}$ 的环形；有效面积表示为 $\pi[r_{ext}^2(\tau) - r_{int}^2(\tau)] \approx \pi HcT$，不随时间变化；

- （f）当环形超出波束足迹极限时，声照射面积最终消失，则最大可能半径 $r_{max} = \theta H$；该状态下的面积减小为 $\pi(r_{max}^2 - r_{int}^2) = \pi(\theta^2 H^2 - HcT)$。

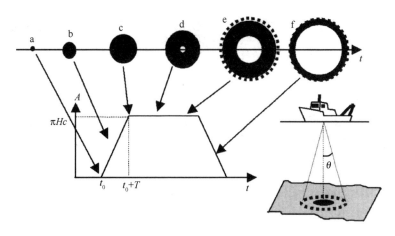

图8.3　单波束回波探测仪产生的信号足迹（阴影区域）以及有效面积在短脉冲状态下的演变
虚线描绘了波束足迹外轮廓的极限

　　该序列只在当波束孔径足够宽，信号的足迹能达到完整的范围（位于短脉冲或脉冲限制状态）时生成。

　　如果脉冲足够长，则在 $\tau = T$ 之前，就可能被波束足迹拦截（图8.4）。接着整个波束足迹可能同时被声照射。最大的反向散射面积等于 ΨH^2（Ψ 表示指向性的等效立体角），$\pi\theta^2 H^2$ 表示锥形波束。

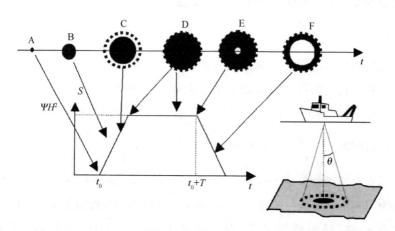

图 8.4　单波束回波探测仪产生的信号足迹（阴影区域）以及有效面积在长脉冲状态下的演变
虚线描绘了波束外轮廓的极限

长脉冲（或波束限制）状态通常在短距离应用时发生。长短脉冲状态之间的过渡范围大约由 $\Psi H^2 \approx \pi HcT$ 或 $H \approx \pi cT/\Psi$ 得出。

反向散射信号的声级不仅依赖于被瞬时声照射的面积，也依赖于反向散射强度和波束指向性。这些因素权衡了散射点足迹的多个贡献。反向散射强度在接近垂直入射时变化非常剧烈，尤其是在松软沉积物中的变化更大。定性地讲，可观察到以下效应：

●　在回波前缘，快速增加的入射角很快扫过，对应于急剧减少的反向散射强度值。因此，理论上的线性增加受到抑制；

●　在稳定足迹的阶段，由于入射角随时间增加反向散射强度实际上是减少；

●　事实上，波束指向性所带来的截断没有上述锥形模式假设的截断那么急剧，可观察到由旁瓣所带来的时间轨迹。

图 8.5 定性展示了回波及其多个组成部分随时间的变化。显然，由于存在指向性旁瓣，其回波的轨迹依赖于斜入射时的海底反向散射强度。因此，在宽角度响应的粗糙海底[③]，可观察到较长轨迹的回波。

8.1.2.2　单波束回波探测仪的最大工作范围

单波束回波探测仪的性能评估是以 6.6.1 节的声呐方程分析为基础的。这里的目标物是海底，海底的有效部分受到波束孔径 Ψ（长脉冲状态）或脉冲持续时间 T（短脉冲状态）的限制。海底反向散射强度 BS_B 由其法向值近似得到，信号覆盖面积由其最大值

---

③我们仅分析水–沉积物界面的反向散射，但是通过掩埋的非均质性（泥土中带有气泡或生物体群落）的高反向散射强度，我们也有可能在很软的海底上观察到较长印迹。

近似得到。

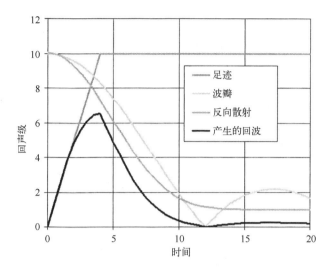

图 8.5　表示海底回波构建随时间变化的示意图, 详细的构成包括几何信号足迹、反向散射强度、指向性(带有第一旁瓣)以及产生的回波包络。振幅和时间尺度都是任意的

- 在长脉冲状态下, 接收的回声级表示为

$$EL = SL - 20\log R - 2\alpha R + 10\log\Psi + BS_\mathrm{B} \tag{8.4}$$

声呐方程表示为

$$SL - 20\log R - 2\alpha R + 10\log\Psi + BS_\mathrm{B} - NL + PG + DI > RT \tag{8.5}$$

- 在短脉冲状态下, 回声级表示为

$$EL = SL - 30\log R - 2\alpha R + 10\log(\pi cT) + BS_\mathrm{B} \tag{8.6}$$

声呐方程表示为

$$SL - 30\log R - 2\alpha R + 10\log(\pi cT) + BS_\mathrm{B} - NL + PG + DI > RT \tag{8.7}$$

为了确定 SBES 即单波束回波探测仪的最大范围, 应优先保留短脉冲状态(与最远距离相关的), 因而得到

$$30\log R_\mathrm{max} + 2\alpha R_\mathrm{max} = EL + 10\log(\pi cT) + BS_\mathrm{B} - NL + PG + DI - RT \tag{8.8}$$

8.1.2.3　水深测量精度

单波束回波探测仪的测量精度取决于超过给定阈值的回波时间包络前沿的检测。由于存在信号起伏和加性噪声, 信号包络不稳定, 导致检测时间在平均值附近变动。测量质量取决于信噪比, 也取决于接收器(随品牌和型号而改变)信号处理的操作, 当然更取决于给定的阈值。如果将测量的时间考虑成信号前沿的持续时间 T 的等概率分布, 我们可获得一个测量的保守值, 进而得出误差标准差为 $\delta t = T/\sqrt{12} \approx 0.3T$。相应的测深误差表示为 $\delta H = c\delta t/2 = 225T$。

整体测量的测深($H=cT/2$)偏差是由平均声速 c 的不准确造成的。实际情况中，这种误差往往可忽略[④]。因为 H 与 c 是成比例的，所以相对误差相等，即 $\delta H/H=\delta c/c$。因此，1%的水深误差意味着水体中平均声速 c 的误差为 15 m/s。即便是对当地水文学知识了解甚少，该误差发生的几率也很小。

最后要提到的是由支撑平台垂直运动引起的误差。通常会对误差进行补偿，其误差受到起伏传感器的固有精度的限制。考虑到所有情况，单波束回波探测仪的准确度存在的问题往往不大。但是，测深操作的分辨率就存在很多问题。

8.1.2.4 水深测量分辨率

探测仪的测量分辨率是指区分两个相近的目标物回波的能力(参见 6.2.1.2 节)。在垂直方向上，它是由发射脉冲持续时间[式(6.14)]$\delta z=cT/2$ 得出的，通常范围在 0.075 m ($T=0.1$ ms)至 0.75 m ($T=1$ ms)之间。

水平分辨率与波束角宽度有关。为了加以区分，两个目标物在测定深度(图 8.6)的间距至少为一个波束宽度(视为−3 dB)。如果 $\delta\theta$ 表示双向等效角孔径(参见 5.3.2.1 节中的表 5.1)，则在深度为 H 时的水平分辨率表示为

$$\delta x = 2H\tan(\delta\theta/2) \approx H\delta\theta \tag{8.9}$$

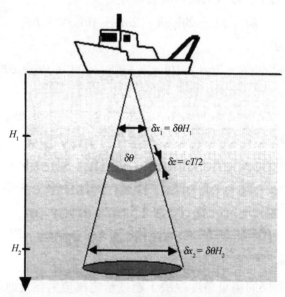

图 8.6 单波束回波探测仪的水平向和垂直向分辨率

根据脉冲持续时间 T，沿波束轴向的分辨率稳定在 $\delta z=cT/2$；垂直于波束的水平分辨率与探测的深度和波束宽度成线性比例，即 $\delta x=\delta\theta H$，因而水平分辨率随调查的水深变化很大

---

④由于射线声线的折射，多波束回波探测仪存在声速剖面问题。与单波束回波探测仪的简单时间−距离换算不同，多波束回波探测仪的声速剖面问题会产生完全不同的效应，在任何情况下都不能忽略。

例如，波束孔径为 10°（0.175 rad）时：在深度 10 m 的水平分辨率为 1.8 m，深度 100 m 的水平分辨率为 17.5 m，深度 1 000 m 的水平分辨率为 175 m。

因此，单波束回波探测仪的空间分辨率在水平方向和垂直方向之间的分辨率不是完全均匀的。而且，水平分辨率随目标深度变化很大。

波束的宽度导致另外一种结果：目标只要在波束内部，就能用探测仪观察到。也就是说，在一段观察时间内与波束孔径有关，而与目标自身大小无关。例如，使用同样的孔径为 10° 的波束，探测仪探测到 100 m 深处的鱼的沿途轨迹为 17 m，但是不能推断鱼的长度为 17 m。当船舶移动时（图 8.7），鱼相距探测仪的斜距会发生变化，随时间记录的回波也呈抛物线形状，计算如下（近似对 $x - x_0$ 的小偏移有效）：

$$z^2 = z_0^2 + (x - x_0)^2 \Rightarrow z \approx z_0 + \frac{(x - x_0)^2}{2z_0} = z_0 + \frac{V^2(t - t_0)^2}{2z_0} \tag{8.10}$$

式中，V 表示船舶速度；t_0 表示探测仪位于目标正上方（x_0，z_0）处的时间。

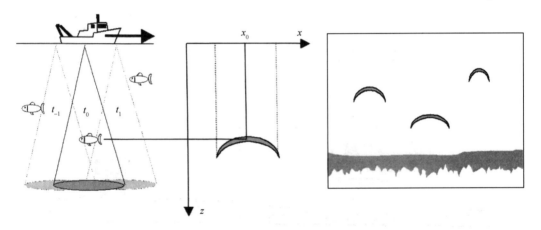

图 8.7　通过单波束回波探测仪形成目标物回波

在 t_{-1} 时，探测仪开始探测目标物，斜距大于深度；在 t_0 时刻，可以正确检测出目标的距离和深度；

在 t_1 时，探测仪停止探测目标物。依据式（8.10）的模式，在（x，z）空间内产生的回波具有典型的月牙形特征

上述方法会在回波测深图（图 8.7）上产生特殊的月牙形。由于水平分辨率一般，使用单波束回波探测仪来测绘海底起伏时，更易产生一些假象。如果沿船舶航迹的局部凹槽宽度小于波束足迹，就不能探测到局部凹陷，因为凹槽边缘会反射回波从而屏蔽掉由波谷返回的回波（图 8.8）。大多数情况下，我们仅能观察到一条回波时间轨迹的增加，这让人很难解译出低谷的存在。相反地，较高地形的探测较为容易，但前述的双曲线过程会对高地形的精确形状和范围造成严重偏差（图 8.9）。

由于导航对水下最高点测量的 100% 准确性的需求，单波束回波探测仪对最高点的探测的准确性是水文学中使用单波束回波探测仪进行航道测绘的强有力的支撑。水文

学家认为单波束回波探测仪是障碍物探测和测量的最好的声呐设备。实际上，现在工作在倾斜波束下的多波束系统反而不能保证其对障碍物的探测功能具有相同的可信度。

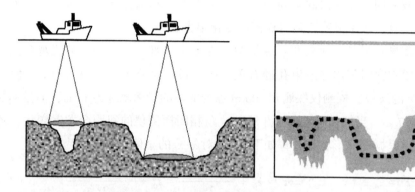

图 8.8　探测海底波谷的几何构型(左图)和回波测深图(右图)。最左边的波谷比波束更窄，
因此探测不到。探测仪可探测到最右边的波谷，但是会低估波谷的尺寸

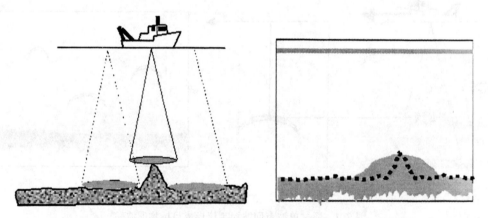

图 8.9　用单波束回波探测仪探测海底局部地形起伏的几何构型(左图)和回波测深图(右图)。
可探测到地形起伏的正确深度，但因为探测仪水平分辨率低，因而会过高估计地形的尺寸

8.1.2.5　单波束回波探测仪的性能改进

上述假象难以避免，主要是由于单波束回波探测仪的特殊结构以及不可能在波束内部进行更精细的横向划分。但是，有些方面可以得到完善。

分裂波束回波探测仪

在一些复杂的渔业探测仪中，通过把换能器的发射面分成几个扇区就可以人为地产生几个二级波束。因为探测仪的单个波瓣很宽，所以探测仪都能探测到主波束中出现的目标物。可以利用各种二级波束信号之间的相位差来计算目标物的位置角度，并确定目标物在水平面上的位置，这就是基本的干涉测量处理(更多说明，参见 5.4.8

节)。这种技术称为分裂波束，主要被应用于渔业科学声呐，来定位离群的鱼，并正确测量其单独的目标强度。分裂波束也可用于海底测绘，从接收阵列不同部分的回波相位差来确定局部坡度。

双波束回波探测仪

该探测仪的原理是，在接收时使用两个不同孔径的波束。可以很容易用单元阵列处理方法得到，要么使用换能器的整个表面(对于窄波束)要么仅使用换能器的中心部分(对于更宽的波束)。

因此，来自单个目标的回波将被两个接收指向性在两个不同点接收。通过测量两个回波声级之间的差，可以估计目标相对于波束轴的角度位置(图 8.10)。

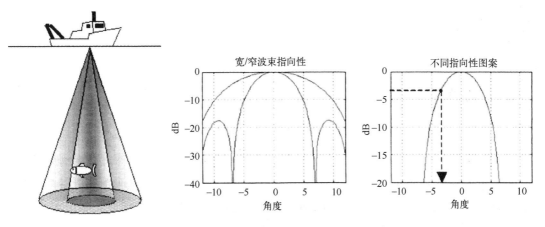

图 8.10　双波束单波束回波探测仪原理

两个不同孔径的共轴波束内部可探测到一个点目标(左图)；由于两个回波各自的指向性，
所以接收到的回声级是不同的(中图)；通过回声级差可估计目标在波束内部的角度位置(右图)

扫描探测仪

有些海底测绘系统利用安装在横向支架(配置在船两侧的转杆，参见图 8.11)上的多个单波束回波探测仪来增加测深点数量。与多波束回波探测仪相比(8.4 节)，该方法的优点在于：垂直测深对声速变化[5]不太敏感，所以能够回避与声速剖面校正相关的问题；无论水深多少，测量点都是等距的；在非常浅的水域，稳定的整个测绘宽度比多波束系统宽度要大；垂直测量的固有质量比倾斜测量的质量更好；且整个测绘带上的精度和分辨率都是均匀的，而倾斜波束测量系统则不是。但是另一方面，实际的布置有特定的限制。因此，上述系统适合在需要最大精度的地方应用(港口的浅水区和航

---

[5]这在河口环境下极具优势。通常在港口区域，淡水和海水的混合会带来不利的水文条件，而对高精度测深的要求会达到最高。

道水文学）。

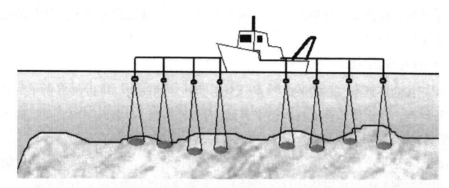

图 8.11　多个单波束回波探测仪同时部署，用于水文学（扫描回波探测仪）

8.2　侧扫声呐

8.2.1　综述

8.2.1.1　工作原理

　　侧扫声呐是一种重要的可视化工具，可提供海底声学图像。侧扫声呐通常安装在海底附近的拖曳平台（拖鱼）上（图 8.12）。这样一来，侧扫声呐在掠入射条件下的工作稳定性好，噪声环境优良。侧扫声呐通过两个水平指向性很窄（通常是零点几度）的旁侧天线照射海底。按照时间记录从海底反向散射回的信号，重现了界面上的小尺度的不规则结构，当以掠射角入射时，成像效果更好（参见附录 A.8.1）。

图 8.12　侧扫声呐部署
（a）拖鱼；（b）被单个声脉冲渗透的垂迹区域；（c）已扫过的区域

　　这种海底声成像技术，其工作原理的显著特点是简易性：窄声束以掠射角发射，在海底处形成一条随距离扩散的细条带（图 8.13）。在细条带内部，发射的极短脉冲信号会瞬间渗透整个划定的区域(尺寸很小),并扫描整个覆盖的区域。随时间接收的回波代表了沿测绘带的海底反射率以及不规则物体或小型障碍物的存在。信号是侧向记录的,侧扫声呐因此得名。每个反向散射的时间序列被逐行添加至在拖鱼位置处记录的声脉冲,据此创建海底的真实图像。

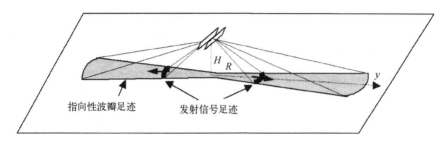

图 8.13 侧扫声呐声照射的几何构型

侧扫声呐的基本系统结构与单波束回波探测仪的结构相同。频率范围往往在数十万赫兹范围内,脉冲持续时间尽可能短(通常为 0.1 ms 或更少)。

8.2.1.2 发射序列

侧扫声呐声脉冲之间的延迟遵循简单的原理:前一个声脉冲发出的回波被全部接收后(回声级会充分减弱),才会发射新的声脉冲。两次发射之间的延迟为 $T_R > \dfrac{2R_{max}}{c}$,其中 R_{max} 表示可到达的倾斜范围最大值;由于声呐在掠射角下工作,倾斜范围大约等于侧向水平距离。

与单波束回波探测仪相反的是,没有其他简单的可替代方案。但值得注意的是,一些先进的声呐可以用不同频率在多个沿迹的扇区同时发射,这样可以增加覆盖效率(8.2.2.3 节)。

8.2.1.3 换能器

换能器系统基于很长的矩形天线(与声波长有关),产生的指向性图案如下:

● 垂直面开角很大(几十度),波瓣轴稍微向下倾斜,以便声波发射到较远的距离(通常垂直方向上的夹角可达±80°/85°),这样可避免海面的回波,并限制向下的垂直声照射;

● 水平面开角很窄(低于1°,以期获得可能的最高空间分辨率)。关键的指向性能通过阵列改进,该阵列可同时用作 T_x 和 R_x,因此如果波束宽度按照$\sqrt{2}$比例减少则旁瓣级按照系数 2 减少(单位为 dB)。

天线安装在拖鱼的两侧。在移动和以小掠射角发射信号时,拖鱼的水动力特性须保证具有较好的稳定性。由于采用的频率一般较高（通常是数十万赫兹），这些措施可确保正确的指向性能通过合理长度的天线实现。数万赫兹的带宽提供了较好的分辨率范围（几厘米）。有效范围仅限于数百米内，这与操作类型以及成像分辨率相匹配。通常不需要阵列信号处理，天线的几何形状本身已可以充分保证预期的指向性；但是，在一些高频和极窄波束情况下，需要应用阵列聚焦。

8.2.1.4 接收处理

接收器的基本结构与单波束回波探测仪的基本结构相似。处理链是成双的，以便对两侧同时进行处理。第一步的接收操作典型结构如下：

- 接收回声级的时变增益均衡；

- 解调和滤波；

- 信号 A/D 转换；

- 非相干接收处理：带通滤波和包络检测（少部分系统使用调制信号和声脉冲压缩）；

- 处理增益补偿；

- 数字化数据存储。

在第二步处理时，依据时间记录并显示回波：每个脉冲的反向散射强度表示成垂直于拖船航迹的一行像素。几个可能的模式如下。

- 作为第一步，简单显示一堆随时间记录的连续回波（图 8.14）。用这种方法制成的原始图像可以控制数据（在很多情况下，图像质量出奇的好，参见图 8.17）。但是，这仅是一个基础的呈现，不足以获得海底精确的几何图像。

- 使用上述信号时间记录法恢复海底的无失真图像时，会出现一些几何问题。由于接收时间与海底的水平横向范围不成比例，等距时间样本与规则海底的样本也不对应。在采用空间校正的方式替换时间样本时，须使用几何校正。如果海底是平坦的，斜距 $R = ct/2$ 与高度 H 和横向距离 y 的简单三角关系表示为 $R^2 = y^2 + H^2$。高度 H 由第一个海底回波决定，可得出

$$y = \sqrt{\frac{c^2 t^2}{4} - H^2} \tag{8.11}$$

- 如果海底不是平坦的，几何校正会更复杂。根据式（8.11）推导出：$y = \sqrt{c^2 t^2 / 4 - H(y)^2}$。需要对地形（比如，规则坡度）做出先验假设或对局部地形进行初步了解，或对水深测量加以补充（借助另一个声呐系统或侧扫声呐本身，参见 8.2.3 节）。

- 最后，如果拖鱼配置了导航和拖动控制的辅助设备，则可以补偿拖鱼的运动，声呐图像像素则可以重新定位在更精确框架内。在声呐图像像素内加入若干个声呐跟踪，我们称为声呐图像镶嵌（马赛克）。最后，图像在不同像素之间进行插值。

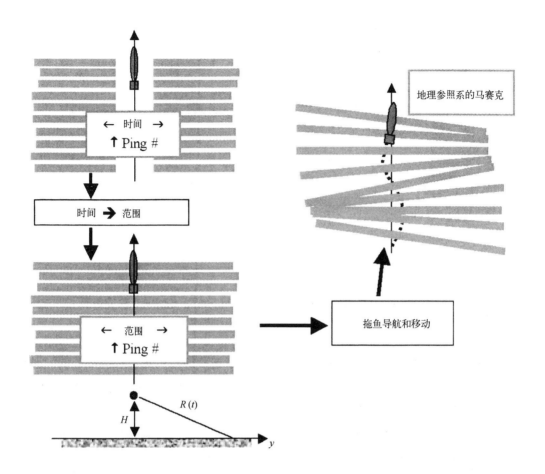

图 8.14　声呐图像几何建构的各种层次

左上图：根据接收时间记录的像素线，在没有轨迹修正的情况下，进行像素线简单叠加；左中图：利用
几何图形（左下图）得出的典型关系式(8.11)，已将时间 t[或倾斜范围 $R(t)$]转换为水平范围 y；
右图：对拖鱼航行和移动进行补偿，目的是为了创造以地理位置为参考的图像镶嵌(马赛克)

8.2.1.5　回波构建

图 8.15 显示了侧扫声呐接收信号的时空生成。发射的信号首先在水体中传播(图
8.15 中 A 部分)，声呐仅接收背景噪声以及中层水域目标物(鱼、气泡)的可能回波。
实际上，海底回波只有在脉冲到达声呐底点时才开始形成(图 8.15 中 B 点)。反射会产
生第一个高强度回波(因为其反向散射强度最大，而传播损失最小)。回波本身并不能
用于成像，但对声呐在海底上方实时高度的估计非常有用。随着时间传播，信号先探
测到紧随着垂直的角区。这一部分由于反射性高而水平空间分辨率低，一般画面质量
差。最后，当信号达到倾斜入射和掠入射时，对成像才真正起作用。一旦传输损失得
以校正，信号的平均能级将取决于海底的局部类型，且可能会按照阵列指向性进行调
制。由于信号的掠入射和高分辨率，反向散射回波的能级遵循海底界面的详细结构。

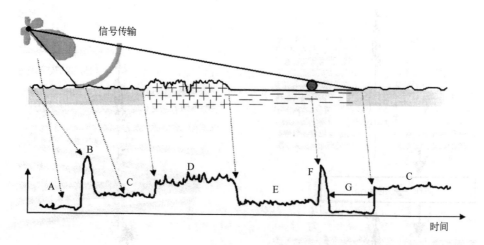

图 8.15　侧扫声呐的回波生成

A：水体中的噪声和混响；B：第一个海底回波；C：沙地区；D：岩石；E：淤泥；
F：目标回波；G：来自目标物的阴影。详情请参阅文中

另外一个有趣的效应是在海底形成的声影。足够大的障碍物会拦截部分的发射角扇区，并阻止来自海底且通常与这些角度相关的反向散射。接收到的回波因此很低，因为回波持续时间依赖于掠射角和掩蔽物体的高度。声呐图像上出现的阴影与物体的形状相称［图 8.16 与图 8.17(a)］。通过分析可估算障碍物的几何图形。这在查找并确定海底上的物体(如矿山或失事船舶)或评估一些海底地形尺度的应用上十分有用。

从阴影持续的时间可以获得障碍物高出海底的高度，即

$$\frac{h}{\Delta t} = \frac{H}{t_F} \Rightarrow h = H\frac{\Delta t}{t_F} \tag{8.12}$$

式中，t_F 是从发射时刻开始测量的(图 8.16)。

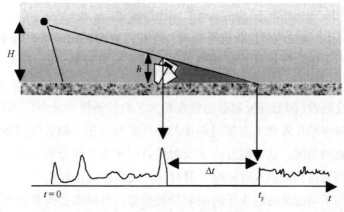

图 8.16　声呐阴影投影的几何描述

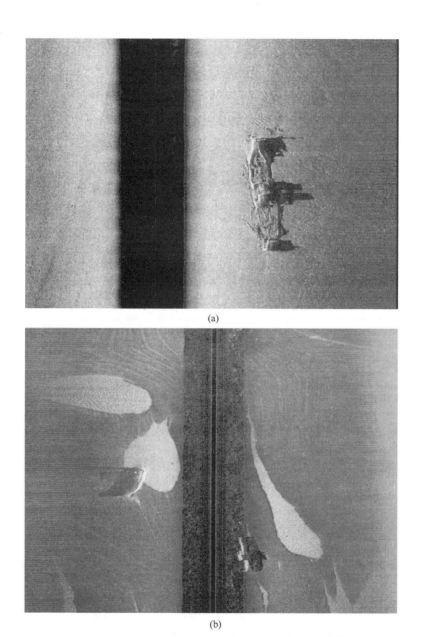

(a)

(b)

图 8.17　(a) Klein 5400 型侧扫声呐(455 kHz)创建的图像,说明了障碍物的阴影效应。更亮的灰度对
应于更高的反射率。没有使用几何校正,根据时间记录的声脉冲沿航迹叠加。Swansea Vale 号货船(长
77 m)残骸位于布雷斯特湾入口处的砂质海底。可观察到的图像中间部分是与水体传播相对应的;强回
波被残骸的突出部分(船体、上部构造)反射回来,这很好地解释了几何阴影区;(b) 侧扫声呐(Klein
5400 型)图像示例,显示沉积表面的变化。更亮的灰度对应于更高的反射率。注意,不同沉积相的反
向散射级别差异很大,沉积表面介于泥质区(深色部分)和沙波区(浅色部分)之间。残骸是两个拖网渔
船,沉没在 Douarnenez 湾作为人工渔礁,长度分别为 37 m(左)和 45 m(右)。可观察到界限非常分明的
阴影部分,该阴影部分方向相反,背离声呐踪迹。数据由 DCE-GESMA 提供

8.2.1.6 侧扫声呐系统

侧扫声呐通常是轻量级系统，容易移动，主要用于浅水域。最常使用的频率范围在 100~500 kHz，阵列长度限制在 1 m 以下，作用距离可长达数百米。角度孔径通常在 0.2°~0.5°。发射信号的典型持续时间是 0.1 ms 或以下，因此空间分辨率优于 0.1 m。现代声呐系统往往是双频的，可以在不同分辨率下工作。拖鱼的尺寸设计便于沿海船舶的小型团队布置。

深水域海底测绘需要特别设计的声呐：可以拖曳在接近海底的高频系统（如法国海洋开发研究院的 Sar 可在低至 6 000 m 处工作，频率为 170~190 kHz），或者把低频系统拖曳在靠近海面处，覆盖数千米。在这方面，英国 GLORIA 声呐属于极端情况，工作频率为 6.5 kHz，能够测绘高达 30~60 km 的宽度，可以观察到大约 100 m 分辨率的大型结构。少数为深水区域勘测设计的低频声呐(TOBI，SeaMarc，Okean……)已经投入使用了(Blondel, 2009)，但它们中的部分已经被水深测量性能更优的多波束回波探测仪取代。

8.2.2 侧扫声呐的性能和局限

8.2.2.1 分辨率

垂迹分辨率通过投影使用信号的等效长度得出；严谨的推导给出了下面的准确表达式，在倾斜角度下的近似表达式如下：

$$\delta y = H\tan\theta\left[\sqrt{1 + \frac{cT}{H}\frac{\cos\theta}{\sin^2\theta}} - 1\right] \tag{8.13a}$$

$$\delta y \approx \frac{cT}{2\sin\theta} \tag{8.13b}$$

当掠射角 $\theta \to \pi/2$，$\delta y \to cT/2$ 时，分辨率恰好是标称信号分辨率。当 $\theta \to 0$ 时，式(8.13a)演变为

$$\delta y \to \sqrt{HcT} \tag{8.14}$$

这也是长脉冲状态下单波束回波探测仪的分辨率。

沿迹分辨率根据投影波束宽度定义为 $\delta x = R\varphi$，其中 R 表示声呐到海底的斜距，φ 表示水平面上指向性波束的孔径。与单波束回波探测仪的情况类似，分辨率恶化的程度与信号传输的距离成正比。

侧扫声呐的垂迹分辨率和沿迹分辨率都是不均匀的，随着声透射带而变化（图8.18）：

- 在近距离时，$\delta y \gg \delta x$，垂迹分辨率最低，而沿迹分辨率最高，因为传输的距离最短；

- 在远距离时，$\delta x \gg \delta y$，垂迹分辨率最高，而沿迹分辨率较低，因为传输的距离最远，连续脉冲信号所覆盖的区域相互重叠。

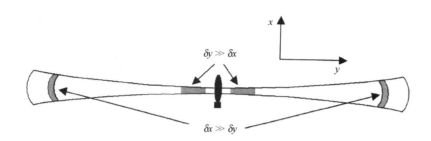

图 8.18　侧扫声呐(穿过测绘带)水平分辨率的演化

8.2.2.2　最大距离

现在考虑一个侧扫声呐在扩展目标上工作并受噪声影响的情况，与噪声级相比，回声级表示为

$$EL - NL + DI > RT \tag{8.15}$$

由界面反向散射造成的回声级表示为

$$EL = SL - 30\log R - 2\alpha R + 10\log(\varphi cT/2) + BS_{B} \tag{8.16}$$

因而，声呐方程表示为

$$SL - 30\log R - 2\alpha R + 10\log(\varphi cT/2) + BS_{B} - NL + PG + DI > RT \tag{8.17}$$

由以下等式可得出最大范围：

$$30\log R + 2\alpha R = SL + 10\log(\varphi cT/2) + BS_{B} - NL + PG + DI - RT \tag{8.18}$$

(假设入射角的掠射可以忽略信号足迹在海底的投影 $1/\sin\theta$)。

8.2.2.3　全覆盖

侧扫声呐的一个性能限制是要确保能够 100% 覆盖声照射的区域。要满足该条件，则必须保证两个连续的声脉冲所照射的区域之间没有缝隙。

显而易见，接近垂直照射时，声照射区域带最窄，此时满足上述条件最为苛刻。声呐指向性波瓣孔径为 φ，声照射的沿迹宽度表示为 $\delta x = H\varphi$。声呐平台按照 $\delta x = VT_{R}$，速度为 V，完成在两个声脉冲之间的前行；通过 $T_{R} = 2R_{max}/c$ 从声呐最大可达范围 R_{max} 获得传输延迟 T_{R}。最终可以得到的条件为 $\delta x = H\varphi = 2VR_{max}/c$。由此，可求得最大拖曳速度：

$$V = \frac{2H\varphi}{2R_{max}} = \frac{c\varphi}{2}\cos\theta_{max} \tag{8.19}$$

式中，θ_{max} 表示垂迹面的最大声照射角度。100% 覆盖的条件不受 H 约束。当最大倾斜 $\theta_{max} = 70°$ 时，波瓣孔径 $\varphi = 1°$，船舶速度被限制为 4.5 m/s(8.7 kn)。

既能进行高速勘测又能满足 100% 覆盖条件的方法是：同时以不同频率的声波束发

射 N 个沿迹扇区，使每个声脉冲的 N 个测绘带被声照射（图 8.19），这样才能通过因子 N 增加勘测速度。

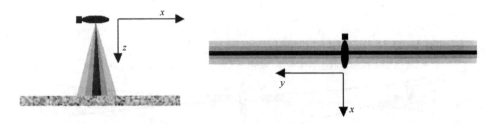

图 8.19　侧扫声呐形成的几个发射面，该方法可以按照扇区数量成
比例增加勘测速度或获得有意义的数据冗余

8.2.3　侧扫声呐的水深测量

传统的侧扫声呐不能直接测量海底的水深变化，只能根据底点的回波大概估计海底的高度。然而，可以通过增加干涉测量功能，以某种方式对侧扫声呐的测深性能进行补偿（参见 5.4.8 节）。我们可以通过平行放置一个与主换能器特性相同的第二个换能器来实现。两个接收器接收的信号需要同步。通过两个信号之间每个时刻的相移，可推导出声信号到达的方向与干涉仪轴线之间的角度（图 8.20）。

两个接收器之间的信号相位差表示为

$$\Delta\varphi_{AB} = k\delta R = k(\overline{MA} - \overline{MB}) = ka\sin\gamma \qquad (8.20)$$

可得到角度 γ：

$$\gamma = \arcsin\left(\frac{\Delta\varphi_{AB}}{ka}\right) \qquad (8.21)$$

利用拖鱼的斜距 R（$R = ct/2$）和瞬时横摇角度，可得到接触点 $M(y, z)$ 的坐标。

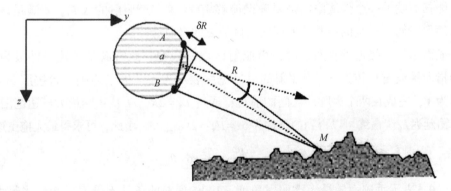

图 8.20　使用侧扫声呐进行水深的干涉测量
将两个接收器 A 和 B（间距 a）放置在拖鱼上（灰色圆盘），通过测量信号
间的相位差可得到几何声程差，进而得到以干涉仪轴线为参考的到达角 γ

这将产生一系列随时间变化的密集角度测量值(等效于水深数据)：事实上，数据的密度由时域信号抽样频率所决定。从结构上来说，概念很简单，仅涉及几个基本接收器，垂直面上不需要波束形成。干涉测量仪轴线附近的角度测量值最佳，而要在侧扫声呐工作的掠射角下测量，其几何形态决定了接收器必须垂直放置。限制条件是两个接收器之间的相位差(随角度变化)需正确校正。从各方面考虑，该方法的优点很多，但存在以下几项不足：

- 相位差(以及角度)的测量是模糊的(参见 5.4.8.2 节)，当模糊性不能解决时，会导致不可接受的误差。有几个策略可以解决模糊问题，其中最妥当的策略是使用多个接收器；

- 相位测量对不同来源的噪声都很敏感：加性噪声、回波振幅的变化和两个接收器之间的相干损失。因此，大多数情况下的干涉侧扫数据呈现类似于强噪声的波动。这个问题可通过对一些连续点的测量值做平均来消除，但是也就失去了测量高密度的优势；

- 回波接近底点时，测量质量严重下降。这是由两个信号之间的相干损失以及信号分辨率($1/\sin\theta$)的退化造成的。由于 Rx 阵列在垂直面不具备单独指向性，所以信号分辨率得不到角度选择性的补偿。

近些年来，侧扫声呐深度干涉测量的出现确实是一项重大突破，这项技术在以掠射角进行海底可视化的侧扫声呐概念与合理记录深度测量之间做出折中。这也催生了一系列专用产品[⑥]。然而，侧扫测量原理存在严重的固有限制条件，产生的性能往往比多波束系统获得的性能差。

8.2.4　合成孔径声呐

传统波束形成的最大的性能限制在于阵列平行方向上的低分辨率。波束孔径是固定的(通常为 λ/L)，空间分辨率与阵列-目标距离 D 成比例(图 8.21)：

$$\delta y = D\frac{\lambda}{L} \tag{8.22}$$

这就引起了两个问题：其一，空间分辨率在工作范围内是不均匀的；其二，当距离增加时，空间分辨率可能变得差到难以接受。通过增加阵列长度来缩窄波束的宽度并不是解决这两个问题的满意方式。

在阵列安装于移动平台的情况下，合成孔径阵列声呐提供了一个解决问题的更好方式。如今这项技术广泛应用在卫星雷达图像[合成孔径雷达，参见 Oliver 等(1998)]，其应用的阵列-目标距离可以很大，而且不需要使用传统的波束形成。基本原理是，在

---

⑥干涉条带式声呐的主要创建者是 Geoacoustics Ltd.、SEA Ltd.(UK)以及 STN-Atlas(D)。

沿轨迹前进时，利用一个短（"物理上的"）阵列记录接收信号，然后把信号整合起来，通过对记录的信号的后处理来创造一个与物理长度无关的人工（合成）阵列。

实际操作中，当实际的阵列（长度为L_{Tx}）扫过目标时，目标被声透射阵列辐射的物理孔径φ_{Tx}（图 8.21）可表示为

$$\varphi_{Tx} = \frac{\lambda}{L_{Tx}} \tag{8.23}$$

因此合成阵列长度受到$L_{maxSAS} = D\varphi_{Tx}$的限制，其中$D$表示垂直航迹的跨距。由阵列长度可推导出最终最小合成孔径φ_{minSAS}表示为

$$\varphi_{minSAS} = \frac{\lambda}{2L_{maxSAS}} \tag{8.24}$$

因为该过程也可用于发射和接收，所以使用因子 2。转过来，即可获得最佳沿迹分辨率δy_{minSAS}：

$$\delta y_{minSAS} = D\varphi_{minSAS} = D\frac{\lambda}{2L_{maxSAS}} = \frac{L_{Tx}}{2} \tag{8.25}$$

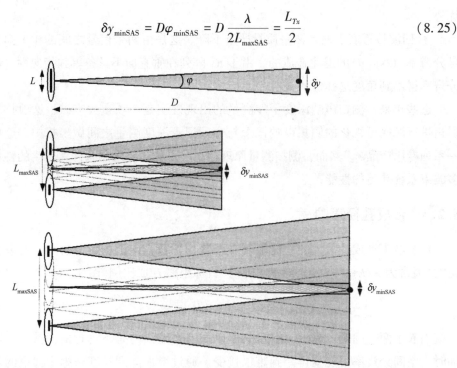

图 8.21   合成孔径阵列原理

上图为传统阵列处理，使用长的物理阵列可获得空间分辨率的增加。然而，对于固定长度的物理阵列，空间分辨率取决于垂迹范围D；中图和下图记录了多个瞬时的阵列信号，可组成一个长的合成阵列，而阵列长度受到暗灰阴影区两个极限位置的限制。所得分辨率不受垂迹照射范围的影响：目标越远，其合成阵列长度越长。中间的窄波束展示了合成阵列的孔径（实际上，孔径仅在接近目标时才有意义，因为合成孔径阵列声呐的长度随距离变化）

　　这也证明了合成孔径阵列声呐处理的一个很重要性质：沿迹分辨率不取决于垂直航迹的跨距而是依赖于发射阵列的物理长度。这与人们以往对传统波束形成中的直觉相反，合成孔径声呐物理上阵列越短，分辨率越好！图 8.22 证明了合成孔径阵列声呐对经典侧扫声呐成像图像分辨率的改进，两者成像的物理阵列长度相同。

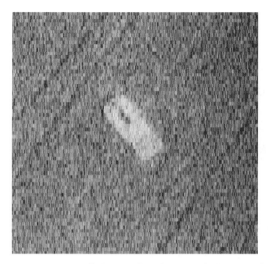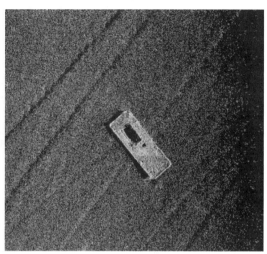

图 8.22　合成孔径阵列声呐在目标物上(近似尺寸：11 m×4 m；在 68 m 距离内)的处理示例

左图：物理阵列孔径采集的声呐图像；右图：经过微型导航和合成阵列形成后的声呐图像。

数据由 Kongsberg Maritime 提供

　　然而，实际情况没那么容易。虽然合成孔径阵列声呐很久以前已经提出(Cutrona，1975，1978)，但长期以来仍被视为纯理论概念。几项限制条件使得合成孔径阵列声呐实际上比合成孔径雷达的难度更大：

　　● 船或是沿着平均径迹附近运动的拖鱼的随机运动会损害系统的表现，远超卫星中所遇到的情况；

　　● 阵列换能器的定位精度一般要高于 $\lambda/8$；

　　● 水下环境对声波传播的干扰比空间大气或行星大气对雷达波的干扰大得多，水声速也比光速小得多。

　　近期姿态传感器的技术进步使得人们能够对阵列进行高精度导航。这样的精度对于传统声呐系统已足够。但是，除了有些导航条件很有利的情况外，这对于合成孔径阵列声呐来说，要完好地补偿船舶或拖鱼的移动还是不够的。在这方面，更加倾向于把合成孔径阵列声呐安装在极其稳定的平台上如自主式潜水器上(图 8.23)。

　　无论是什么样的平台，为了实现合成孔径声呐，更为实用的是使用后处理方法(称为"自动聚焦")来完成一阶导航，这样可以补偿阵列移动的细小波动。这些方法利用了多个水听器接收到的海底反射声信号的相关性(Bellettini et al.，2002)。利用该方法，

一种可实现稳健的合成孔径形成的途径是将阵列按照接收阵元间距一半的整数倍的速度移动，并把两个连续声脉冲之间，能照射到海底同一位置的不同接收阵元所收到的信号作相关处理。该方法能提取出阵列移动的跨迹部分轨迹可用来精确测量阵列相对于海床的速度，该技术也可称为多普勒计程仪技术。

图 8.23　合成孔径声呐 Kongsberg Maritime HISAS 1030 安装在自主式潜水器 Hugin 上

该图显示了两个长的水平接收阵列，用于干涉接收，两个接收阵列之间较短的是发射阵列。

图片由 Kongsberg Maritime 提供

另外一个重要的限制条件是对合成阵列的正确采样，避免创建阵列时出现的任何间隙，否则会造成合成阵列指向性的栅瓣。这意味着，在两个连续声脉冲回波之间的时延内，接收阵列移动的距离不能超过其自身长度 L_{Rx} 的一半（Bruce，1992）。如果 D_{max} 表示垂直航迹的最大跨距，可获得以下折中：

$$\frac{2D_{max}}{c} = \frac{L_{Rx}}{2V} \tag{8.26}$$

式中，V 表示声呐沿迹行进的速度。给定物理长度的情况下，如果声呐按比例减慢速度，即可得到一个较大的测绘带宽度。每小时的覆盖因此可保持不变，且只受到下列关系式的限制：

$$4VD_{max} = cL_{Rx} \quad （\mathrm{m^2/s}） \tag{8.27}$$

如果能达成满意的补偿，上述限制不会给星载雷达带来真正不利影响，而由于声波的声速较慢，会对声呐造成严重制约。因此，如果一个合成孔径阵列声呐系统有较高的沿迹分辨率和可以接受的覆盖率，必然会兼有长接收阵列和短发射阵列这样的特点。

最后，尽管合成孔径阵列声呐主要用来进行声成像，其同样也可用于水深测量。因为需要对水深测量进行部分空间平均，合成孔径阵列声呐在水深测量中获得的分辨率没有使用声成像获得的分辨率高，但也满足分辨率恒定的原理。图 8.24 说明了该原理的应用。

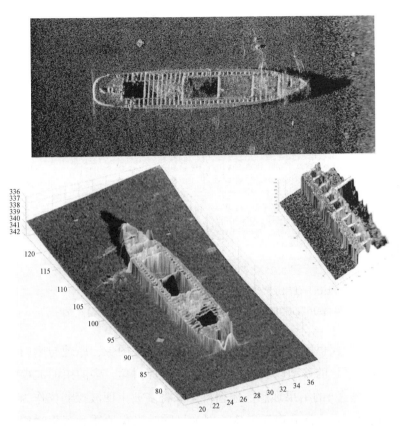

图 8.24　使用与图 8.23 中相同的合成孔径声呐 HISAS 1030 勘测残骸的示例

上图：声呐图像，残骸长度为 30 m；下图：通过干涉处理计算的水深测量数据，在 3D 展示图中，反射率编码值表示为场景 3D 呈现中的灰度级；下图右：场景细节图（船体左舷）。数据由挪威皇家海军和挪威国防研究所（FFI）提供

8.3　多波束回波探测仪

8.3.1　综述

多波束回波探测仪（MBES）一开始是单波束回波探测仪的扩展应用。多波束回波探测仪并不发射和接收单个垂直波束，而是垂直于船轴（图 8.25）发射和接收呈扇形分布的若干个宽度较小（新型系统的宽度为 1°~2°，或者更窄）的波束。显著的好处是，在沿着船的航迹（角宽为 150°，航迹的实际最大值是水深的 7.5 倍）扫出一条大的通路的同时接收到大量的深度测量的数据（通常是 200 个或以上）。由于测量精度的潜力很高，多波束回波探测仪成为海底测绘的主要工具，比如应用在水文学和近海产业中的海底测绘。

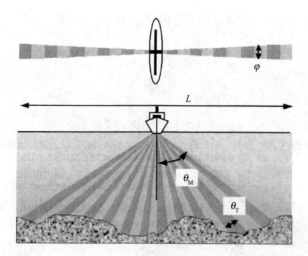

图 8.25　多波束回波探测仪几何结构

上图：使用总测绘带宽度 L 和沿迹纵向孔径 φ 进行俯视；

下图：使用跨迹（横向）波束孔径 θ_T 和最大波束斜角 θ_M 进行垂直视图

多波束回波探测仪也可利用宽角度覆盖来记录声学图像，原理与侧扫声呐原理相同，然而由于支撑平台的移动以及入射角不够接近掠射角，多波束回波探测仪成像结果没有深拖系统（拖鱼）的结果理想。地理科学家将多波束回波探测仪作为一种集成的多用途工具，同时测量水深和声反射率，因为可同时采集地质和沉积物剖面的数据有益于对沉积构造完整、彻底的研究。

自从 1977 年出现在民事活动[在 R/V Jean-Charcot 上使用的 SeaBeam 探测仪为 16 个波束，参见 Renard 等（1979）]的应用中，多波束回波探测仪已经得到了显著发展。多波束回波探测仪现在能够快速准确勘测大型区域，应用非常广泛[7]、多样化，已成为海底水深精确测绘、地质形态和地貌研究，或者多种环境监测应用的必备工具。在一个以 10 nmile/h 的速度航行的船舶上，使用一个覆盖 20 km 测绘带的深水多波束回波探测仪，每天可测绘大约 10 000 km²[8]。目前，需要改进的努力在于水深测量和图像测量的分辨率和质量，而不是扩展测量的覆盖能力。

多波束回波探测仪的应用非常多样化，生产厂家已经提出了几种类型多波束回波探测仪，可划分成以下三个主要类型。

- 用于区域测绘的深水系统（通常在深海的频率为 12 kHz，在大陆架的频率为

---

⑦Cherkis(2008)定期编制的多波束回波探测仪列表可以证明这一点。

⑧该数量级引人关注。如果地球深海面积大约为 35×10⁷ km²，深海的全球测绘大约可表示为：100 只船×年份。这个数量级听上去很高，但实际上可以相对快速地达到，因为现在已经有 100 余种深水多波束探测仪投入使用。对于中等深度水域和浅水域，覆盖效率当然会小得多。

30 kHz），其大尺寸的阵列限制了该类系统只能在大型深海船舶上安装。

● 浅水系统（通常频率为 70~200 kHz），用于大陆架测绘，该类系统最适合水文学应用。

● 高分辨率系统（通常频率为 300~500 kHz），用于水文学、船舶残骸定位以及水下结构勘察的局部勘测。该类系统尺寸小，适合安装在小型船舶、拖鱼或水下航行器（ROV 或者 AUV）上。

表 8.1 提供了覆盖上述类型的多波束探测仪的部分性能特征，目前（2009 年）多波束回波探测仪由两个主要供应商[9]提供。到 2008 年，大约有 1 350 个多波束回波探测仪已投入使用（Cherkis，2008），包括 200 多个深水低频系统。大约 75%的多波束回波探测仪是由上述两个斯堪的纳维亚生产厂家[10]制造。

表 8.1　根据生产商的文件，部分多波束回波探测仪（截至 2009 年）的主要特征概况如下
一些多波束回波探测仪具有可选配置，此处给出的数据都是最佳值。测深的数量与实际形成的波束数量不同，而且有些多波束回波探测仪系统的每个声脉冲具有两个测绘带。测绘带宽度以及测量精度等性能受到水深、波束角度以及海底类型的影响较大，此处不再概括

探测仪类型	频率/kHz	水深/m	总孔径	测深/测绘带数量	波束宽度	信号分辨率/m
Kongsberg EM122	12	50~11 000	144°	2×432	1°×1°	1.5
Kongsberg EM302	32	10~7 000	140°	2×432	0.5°×1°	0.5
Kongsberg EM710	70~100	3~2 000	140°	2×400	0.5°×1°	0.11
Reson Seabat 7111	100	3~1 000	150°	301	1.5°×1.9°	0.06
Reson Seabat 7101	240	0.5~300	150°	511	1.5°×1.5°	0.015
Reson Seabat 7125	455	0.2~120	128°	512	1°×0.5°	0.025

8.3.2　多波束回波探测仪结构

一个多波束回波探测仪具有以下几个部分：发射和接收阵列、发射阶段的电子器件、接收单元（信号接收、回波检测以及回波振幅处理）、后处理以及用户界面、辅助系统。这些内容将在下面的章节中加以介绍。

8.3.2.1　发射和接收阵列

发射和接收阵列在设计时应具有（图 8.25）以下功能。

● 水平面的窄波束宽度。与侧扫声呐一样，我们需要声照射到垂直于支撑平台航

----

[9]Kongsberg（挪威）和 Reson（丹麦）。
[10]该领域内其他著名的生产厂家为 Atlas（丹麦）、SeaBeam（美国）以及 Elac（丹麦）。

迹的细条带地形。这意味着需要一个长发射阵列(Tx)，这也是发射高声源级信号所必需的。由于阵列沿着支撑平台轴向设置，所以最容易安装在船体下方。对于深水多波束回波探测仪，当今设计的可操控阵列能够通过补偿船舶的移动来保持 Tx 扇区沿迹的垂直稳定，而高频系统往往摒弃了这个功能。最后，最新的系统提出了多个扇区的沿迹发射，发射方式与侧扫声呐相同(参见图 8.19)，目的是保持对小沿迹孔径的 100% 覆盖。

● 大的垂直航迹扇区能够覆盖尽可能宽的测绘带，并与窄的垂迹阵列相对应。与前一点一样，这有利于在船体下方建立发射阵列。现有阵列的孔径范围为±60°～ ±75°，特殊情况除外。多波束回波探测仪发射换能器目前主要使用两种技术：(基于经典 Tonpilz 或陶瓷块技术)二维矩阵板换能器阵列可以形成沿航迹的一个(或多个)纵摇补偿型窄波束以及垂直于航迹的横摇(以及可能的偏航)补偿型扇形区；Tore-shaped 换能器(固有宽垂迹孔径)组成的一维离散圆柱形阵列可以形成沿航迹的一个(或多个)纵摇补偿型窄波束，但是没有形成跨航迹波束的能力。

● 接收波束的角度鉴别较窄，因此海底的波束足迹尽可能地小。沿迹鉴别由发射阵列的指向性决定，而垂迹鉴别由接收阵列决定，这就要求使用较宽的阵列，当频率较低时，会导致阵列安装的困难。接收阵列最常使用的形状如下(图 8.26)：水平线阵，这是最简单的构型，因为波束转向角度值较大，有用的宽度范围限制在 120°～140°，水平线阵也可能会导致船体下方的安装问题；V 形，实际上两个线性阵列对称倾斜，独立工作(又称为"双重多波束回波探测仪")，该原理使得仅有中等的波束转向性能的换能器能够到达很大的波束开角，因而具备较大的测绘带宽度以及线性阵列波束形成的处理能力和简易性；U 形，阵列具有圆形截面，能够通过对部分阵列简单求和完成波束形成(参见 5.4.6.7 节)。

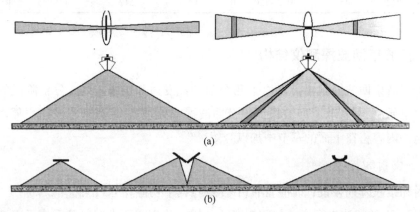

(a)

(b)

图 8.26 (a)多波束探测仪阵列指向性几何图形，左图为发射，右图为接收(利用垂直平面上的波束形成)；(b)三个不同多波束回波探测仪阵列几何构型的操作扇区的垂直剖面，从左至右分别为水平线阵、V 形和 U 形

　　低频多波束回波探测仪的接收和发射阵列都是物理上分离的，这限制了阵列系统的整体尺寸和重量（以及成本）。在这种情况下，发射阵列有沿迹分辨率，而接收阵列有垂迹分辨率。沿迹分辨率与垂迹分辨率的乘积决定了最终的分辨率（米尔斯交叉原理）。对于高频探测仪，可在发射和接收中使用同一阵列，为沿迹指向性图提供相应的主瓣宽度增益和旁瓣级增益。

8.3.2.2　发射电子器件

　　发射电子器件基本上用于信号生成（波形、持续时间、电平、频率）、功率放大以及与换能器的阻抗匹配。典型的发射电功率为数百瓦，也可高达数千瓦。特别是低频多波束回波探测仪，根据运动传感器（用于实时补偿横摇和纵摇）的配置参数和数据，发射电子器件须控制发射扇区的性能、孔径和倾斜度。一些制造商设计了一种发射器（电子器件和阵列）能同时发射多个角度的垂迹扇区，并通过稍微不同的频率加以区分。同时，通过控制发射扇区来补偿船舶移动的情况或多或少会更复杂。最简单的系统（第一代浅水系统）不会补偿船舶的任何移动；当今的浅水多波束回波探测仪可以补偿沿迹纵摇效应，深水系统倾向于同时补偿纵摇和横摇；最后，一些探测仪甚至会补偿偏航，以保持测绘带线总是与船舶的航迹垂直（最后这个补偿功能肯定会使用多个发射扇区）。

8.3.2.3　接收装置

　　接收装置执行以下操作：

- 随时间变化的能级的校正（时变增益），需使水听器信号振幅在合适范围内尽量恒定；
- 水听器信号的数字化，目前超过 12 bit 或 16 bit，也可能更多；
- 把信号解调至低频率然后进行低通滤波；
- 初步的水深测量（使用 8.3.3 节中描述的其中一个技术）；
- 修正平台的移动来控制接收波束的倾斜角；
- 按照局部声速剖面的变化，校正折射的声程；
- 调理图像信号。

　　除了在初始接收阶段满足模拟处理和数字化模块之外，特定硬件或处理器的使用也日益减少。上述的大多数功能现在都整合到专用个人计算机或工作站中，适应性更强。

8.3.2.4　用户界面

　　用户界面是系统的一部分，为用户实时展示如下方面：

- 系统控制选项(操作类型、探测仪及其辅助系统的设置、校准工具、数据存储);

- 实时处理结果通常如下:通过声脉冲控制显示原始信号;当前声脉冲所有波束的瞬时水深剖面;整个测绘带的反向散射级;原始声呐图像;地理参照水深测量和图像地图。

图 8.27 显示了多波束回波探测仪的典型图形用户界面组织。

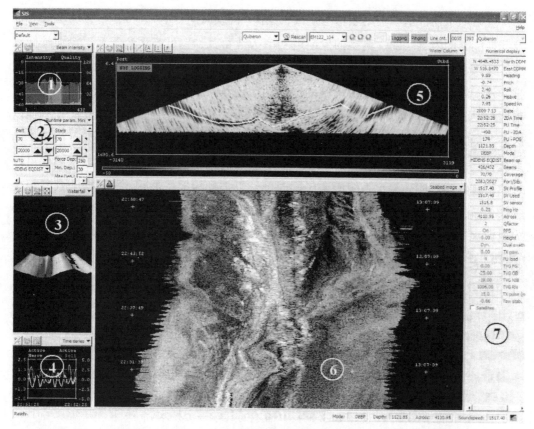

图 8.27　多波束回波探测仪图形用户界面的典型操作显示(Kongsberg SIS 采集软件)
①所接收波束的信号强度与品质因数;②多波束回波探测仪参数设置;③所测水深的瀑布图显示,从连续声脉冲中累积线条;④姿态传感器数据显示;⑤当前声脉冲反向散射强度的垂直平面显示,包括当前声脉冲水深测量剖面;⑥声呐图像(回波强度)显示;⑦多波束回波探测仪的当前设置以及辅助传感器数据。其他表示(如地理参考水深测量)由操作员选择

8.3.2.5　辅助系统

多波束探测仪需接收并处理几个辅助系统的数据,以确定深度测量的准确性(8.3.5.2 节)以及完善数据计算。辅助系统如下:

● 定位系统，给出船舶的准确地理位置。当前最常见的定位系统是全球定位系统（GPS），差分全球定位系统（DGPS）甚至是高精度实时动态（RTK）技术；

● 运动传感器单元，给出船舶瞬时移动的角度和线性分量，其测量值用来补偿以下几个方面：与船轴（航向）有关的深度测量的方位；波束的有效方位，其与船有关的测量可显示出与移动（横摇和纵摇）相关的误差；船舶的垂直移动（升降）。在这方面，横摇和升降补偿是主要的；

● 声速剖面，校正声呐与海底之间的声程，可以利用探头［可抛弃的（XBT，XCTD）或不可抛弃的（CTD）］，由船载走航或定点或利用特殊传感器（由船拖曳扫过水深）来测量。

● 阵列附近的声速测量，以进一步提高波束形成，可通过安装温度计或速度计来完成测量。

8.3.3　水深测量

8.3.3.1　概论

利用多波束探测仪进行水深测量的基本原理是对时间和角度的联合估计，每对 (t, θ) 都可用来完成一次深度测量（图 8.28）。

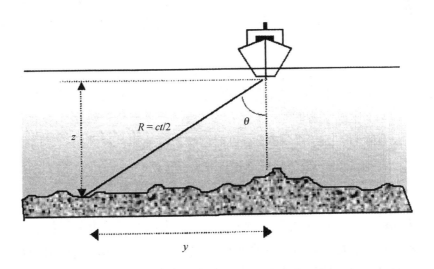

图 8.28　使用多波束探测仪进行基础时间-角度测量的几何表示

在整个水体上的声速剖面保持恒定的特定条件下，声程是直线运动的，$R = ct/2$ 以声呐位置为起点，测量点坐标 (y, z) 简单表示为

$$\begin{cases} y = R\sin\theta = \dfrac{ct}{2}\sin\theta \\ z = R\cos\theta = \dfrac{ct}{2}\cos\theta \end{cases} \tag{8.28}$$

现实更复杂的情况是声速随水深变化，需要使用几何射线跟踪软件重新构建声程（参见 2.7.2 节的主要公式）。对于特定波束，根据波束角度发射射线，并沿着水体随时间变化跟踪射线，当计算的时间等于测量值时，停止计算，射线末端可定义测深点位置。

测量需参考声呐位置，因而必须同时知道支撑平台的位置和姿态，进行角度和转向校正（特别是横摇），并把地理坐标与水深测量进行相关。如上所述，需同时记录来自导航系统（从地理上定位测量点）和运动传感器（以校正支撑平台的运动）的数据和声呐信号。

可利用若干项技术测量一对点 (t, θ) 的值。有两种方法可以实现，其中任意一种又可以分别被分成以下两个部分：

- 对于特定角方向（实际上是波束转向角），需通过估计信号时间包络的最大振幅瞬时或者估计两个子阵列接收信号的零相位差瞬时，来找到特定角方向上的信号到达时间；

- 在特定瞬间，估计阵列上的信号到达角。通过测量两个接收器所接收信号的相位差，或者通过查找最大振幅的方向，可获得信号到达角方向。最大振幅方向可从稍微不同的角度上形成的众多波束中选出。

下一节将阐述三种测量方法。最大振幅瞬时技术在靠近垂直面附近最常使用，因为垂直面上反向散射的信号较短，且信号包络在时域上相对容易定义，实际上，所有系统在测量中间入射扇区的水深时都会用到该技术。零相位差瞬时技术常常在中间波束以外的镜面反射方向上使用，该技术目前也被广泛使用。最大振幅方向技术曾在少数多波束回波探测仪上使用过一段时间，目前可能已被弃用。

8.3.3.2 最大振幅瞬时

最大振幅瞬时技术最接近单波束测量，该技术利用特定波束所接收信号的时间包络，假设该波束完全垂直且海底为水平的，则水深与信号包络的前沿相对应（参见 8.1.2.1 节和图 8.29），这与单波束回波探测仪中使用的方法一致。然而，对于大角度倾斜波束，回波包络实际上是经过阵列指向性图调制的，然后投影到海底。时间和角度的联合估计大致与接收信号的最大值对应。找到时间包络的重心而不是进行最大振幅检测，可以更高效地进行大角度倾斜波束的探测。在掠射角时，由于回波的时间散布太宽，波动影响（由于海底地形或性质的局部变化）太大，使用最大振幅瞬时技术无法精确地确定到达时间。

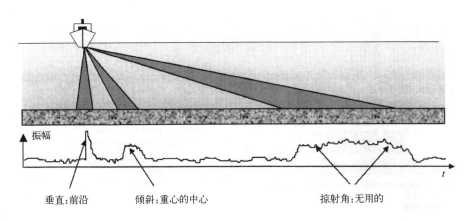

图 8.29　基于最大振幅瞬时技术进行的水深测量以及波束入射角带来的影响

这项技术对接近垂直面的波束比较友好，因为在垂直面上，回波包络随时间扩展不多，信噪比良好。测量的主要困难在于信号受到垂直于海底的反射的扰动，扰动强度很大时，探测时间点会发生很大偏移。这种镜面回波[11]是倾斜较小的窄波束的主要扰动源。我们可以通过设定接收波束的最窄的指向性以及尽可能降低主要接收伴生镜面回波的副旁瓣级来降低扰动。

8.3.3.3　零相位差瞬时技术

当两个相邻阵列(角方向相同)接收的两个信号之间出现零相位差时，可广泛使用零相位差瞬时技术来估计时间，并同时确定信号的时间和角度的结果。基于此目的，接收阵列被人为地分成两个更小的子阵列，且子阵列足够长能充分保证角度分辨率，间距足够远能优化相位差的测量。两个阵列中的每一个阵列都在标称观察方向上形成一个波束(图 8.30)。然后计算两个接收时间序列之间的每个瞬时相位差，探测算法能精确确定零相位差的时间点，而这刚好与在波束轴上一个点目标的信号到达时间相对应。

这种估计方法的问题是，相位差本质上是有噪声的，因而相位过零点需通过用低阶多项式对相位阶梯的先期匹配获得，目的是平滑瞬时相位扰动。尽管该项技术方法提高了测量精度(从这个意义上来说，减弱了扰动)，但是降低了测量分辨率，这是因为使用了多个邻近点的信号序列，测量值不再是局部值。这种折中是精度–分辨率之间的权衡：我们可以减少拟合过程中使用的样本数量 N 来提高分辨率，但是造成估计结果的不确定性则更大。通常，估计标准差与 $1/\sqrt{N}$ 成比例。

---

[11]镜面回波保证了最高点的局部测量，因而对单波束测量很有利。

当信号持续时间够长，即与从垂直面远离的倾斜波束相对应时，使用零相位差瞬时技术很有效（图8.30）。与8.2.3节中的干涉技术相比，接收阵列指向性收益提高了波束形成信号的信噪比。由于波束孔径较窄，该方法通过将处理限制在干涉仪波轴附近的非模糊扇区，从而避免了相位差测量的模糊。

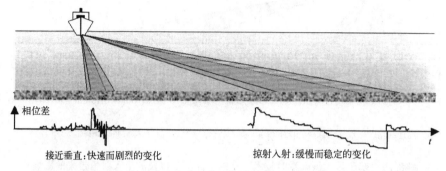

图8.30　基于零相位差瞬时技术进行的水深测量以及波束入射角带来的影响

这项技术可以加以普遍化，因为在波束内部，除了零相位差外，我们还可以利用其他的相位点以及相对应的时间、角度。事实上，与干涉侧扫声呐做法一样，也可以使用其他几个不同的相位值。这样一来，测量值的数量就会超过波束的数量。该技术在最新的多波束回波探测仪系统（2009年）开始实施。

8.3.3.4　最大振幅方向技术

最大振幅方向技术的目的是，在特定测量时间下，确定到达信号（对应于最大声强）的角度。这需要形成大量角间距很小的波束。从波束输出的时间系列提取对应不同方向的信号振幅，并保持对应于最大声强的方向（图8.31）。因为接收信号的起伏较大，确定的最大振幅的信号角度往往不精确。因而须对时域内足够多的点结果求平均，把误差降低至可以接受的范围。

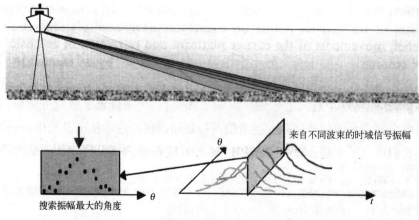

图8.31　基于最大振幅方向技术进行的水深测量

8.3.4 使用多波束回波探测仪进行声呐成像

多波束回波探测仪的声呐成像原理与侧扫声呐基本相同，依据时间变化记录海底反向散射的信号，信号的瞬时强度代表信号扫过地带的不平整性(微尺度粗糙度或海底性质)。然而两者仍有一些区别，这使得多波束技术变得稍微更复杂一些，但由于同时记录了地形信息与反射率数据，多波束回波探测仪可得到更满意的几何显示结果。

8.3.4.1 从多波束回波探测仪上描绘声呐图像

通过多波束回波探测仪数据创建声呐图像时，我们可以获得波束形成后的时域信号，然后对这些时域信号重新整合，以提供沿着测绘带整个长度的连续图像；声呐图像带也由沿着测绘带的连续图像分割(又称为"片断")拼合而成。

在水深测量创建出地形的数字模型后，我们可以组合出理想的声呐图像。我们先在测绘带上确定一个波束的中间点，然后围绕着中间点排列图像像素，直到下一个波束的边界(图 8.32)。实际上，波束内的采样点呈几何分布在连接当前测深点与两个相邻测深点的一条直线上。

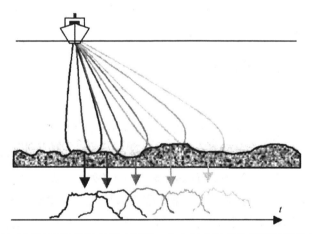

图 8.32　使用多波束回波探测仪形成声呐图像，来自每个波束的信号沿着每个信号轨迹排列，通过深度测量最终得到准确的几何图形

8.3.4.2 地形绘图质量

从地形学上来讲，多波束回波探测仪利用反射获得的地图质量应该比侧扫声呐(没有水深测量功能)获得的图像质量好得多。被记录在(x, y)水平面上的图像像素拥有更小的几何失真。对应于波束中间的点的定位是优化过的，而其他的测量点则根据测深之间插值的二阶误差来确定。不同于侧扫声呐，单独的斜距测量被多波束回波测深仪对海底照射点位置的完整估计所取代(图 8.32)，这其中包含了海底地形、载体平台运动以及水体中的声波折射等信息。

8.3.4.3 图像质量

尽管获得了几何精度上的增益，多波束回波探测仪的图像质量仍比同频侧扫声呐的图像质量要差一些，这源于以下几个方面：

- 多波束回波探测仪的沿迹分辨率（1°~2°）通常比侧扫声呐的分辨率（小于十分之一度）质量差；

- 波束形成提高了相关的信噪比，有利于改善波束内部接收的反射数据质量，但是从另一方面来说，波束的指向性倾向于调制所采集到的所有数据的振幅，除非进行恰当校正，多波束回波探测仪所生成的图像会显示出带有固定角度，并与船舶航迹一致的条纹；

- 多用于水面船舶的多波束回波探测仪的入射角范围比侧扫声呐（靠近海底拖曳）的入射角切入更小，最常见的情况是，多波束回波探测仪的有用角扇区通常被限制在±60°~±70°，超过这个范围，测量的准确性就很受限。因此，探测微型地貌细节的密集对比就没那么容易了（参见附录 A.8.1）。

因此，不要期待多波束回波探测仪的图像质量会与侧扫声呐获得的图像质量相同。多波束回波探测仪的成像功能与平均反射率测量相似，多用于测绘海底类型的差异，而不是作为高分辨率可视化的执行工具。

8.3.5 多波束回波探测仪的性能

8.3.5.1 最大范围

声呐系统的最大范围指的是能够检测系统运行良好（通常考虑信噪比的最小值[12]）的最大距离。最大范围通过声呐方程获得，多波束回波探测仪的声呐方程表示为

$$SL - 30\log R - 2\alpha R + 10\log(\varphi cT/2\sin\theta) + BS_B(\theta) - NL + PG + DI > RT \quad (8.29)$$

考虑到 $R = H/\cos\theta$，假设倾斜反向散射强度遵循朗伯定律 $BS_B(\theta) = BS_0 + 20\log\cos\theta$，通常情况下，特定水深 H 的最大范围计算为最大倾斜角 θ。极限角 θ_{max} 可通过下式估计：

$$50\log\cos\theta_{max} - 10\log\sin\theta_{max} - 2\alpha H/\cos\theta_{max}$$
$$= 30\log H - SL - 10\log(\varphi cT/2) - BS_0 + NL - PG - DI + RT \quad (8.30)$$

对于多波束回波探测仪，可达到的最大角是其最基本的性能标准，决定了有用的测绘宽度，然而实际测绘宽度的情况更复杂，通常依赖于以下几个因素（图 8.33）：

- 最大传播距离；

---

[12]也可以使用其他标准（测量分辨率或精度），但是不使用最低信噪比，就不能进行任何探测或测量，满足其他所有标准也没有意义。同样，依据 6.6.5 节提示，时间或角度测量精度直接是信噪比（以及声呐带宽或波束宽度）的函数，也是水深测量性能的良好指标。

- 探测仪阵列的最大角度孔径；
- 声速剖面的折射效果。

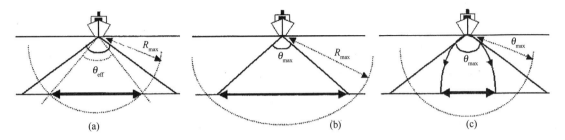

图 8.33　测绘带宽的限制条件

（a）最大距离的斜距 R_{max}；（b）探测仪最大角的波束宽度 θ_{max}；（c）声速剖面的折射

以上三种情况在图 8.33 中呈现。第一种情况下（受传播距离的限制），发射的角扇区限制在有用角扇区 θ_{eff}（有效覆盖产生的测绘带）内。在所有情况下，产生的测绘带宽对水深（或者更准确地说，海底以上到探测仪的高度）的依赖都较大。

8.3.5.2　水深测量误差

测深点坐标 (y, z) 的估计受到时间和角度不确定性的影响，测量误差为以下两种类型：

- 偏差：测量值受到系统误差的影响，如果稳定且可预测，则可在后处理过程中加以校正。例如，安装在船体上的阵列未对准或因为恒定声速剖面的稳定折射效应，会产生角度偏差；

- 随机波动：测量值在平均值附近波动，测量质量是以标准差来表征的。随机波动可能与外在环境（如噪声或支撑平台的移动）有关，或者与目标物自身有关（由于波动的声特性，参见第 4 章）。

恒声速水层[式(8.28)]的测深估计误差对应于范围测量的不准确度 δR，可由下式得出：

$$\begin{cases} \delta y_R = \sin \theta \delta R \\ \delta z_R = \cos \theta \delta R \end{cases} \qquad (8.31)^*$$

通过角度测量误差 $\delta \theta$ 表示，可以得到：

$$\begin{cases} \delta y_\theta = R\cos \theta \delta\theta = H\delta\theta \\ \delta z_\theta = R\sin \theta \delta\theta = H\tan \theta \delta\theta \end{cases} \qquad (8.32)$$

实际上，需要考虑的主要误差项往往是浅掠射角下（如 $\tan \theta$ 的较大值）水深的角误差（δz_θ）。

　＊：原著没有公式(8.31)的编号。——译者注

水深测量精度预测是多波束回波探测仪使用者主要考虑的问题（Hare et al.，1995），三种主要的误差类型对使用多波束回波探测仪测量水深的影响如下：

- 声测量本身的误差；

- 支撑平台的移动；

- 声速校正的不精确。

探测仪的整体估计误差可建模为这三个部分的平方和，每个部分都视为独立的。

声测量不准确所基于的事实是，不论使用什么样的测量技术，对研究参数（时间或角度）的估计都不是确定的而是取决于处理信号的起伏以及信噪比。可以证明参数估计的方差最好也就是等于极限值（克拉美-罗下界，参见 6.6.5 节），与信噪比成反比。需要注意的事实是，除了在噪声造成的信号波动之外，由于微尺度地形（散斑现象）相关的散射体各自散射的叠加，从海底反向散射的信号本质上就是不稳定的。

支撑平台的移动会导致深度测量定位的不精确，即使这些与船舶相关的支撑平台的移动经过了准确的校正，但是平台难以控制的移动（特别是横摇以及较小程度的纵摇、偏航和起伏）会给测量的最终位置造成错误的估计（图 8.34）。

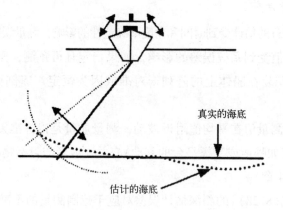

图 8.34　与支撑平台运动（此处为"横摇"）相关的测量误差

使用高精度的运动传感器持续测量声呐角度位置，可以解决上述问题。运动传感器获得数据有两种使用方式：把探测仪的波束同步转向至校正的方向（接收瞬间大多是横摇，发射瞬间较少是纵摇，偏航更为少见）；校正估计水深点（通过声呐几何计算）的位置。实际上我们需要一个精确度高于 $0.05°$ 的运动传感器来准确控制外层波束的影响。运动传感器（在 x，y，z 位置）的转化测量用来精确定位几何框架下的测深值，并与导航系统中粗糙的地理位置相补充。

水体中的声速剖面会改变声程（折射效应），因而影响了深度测量的位置（图 8.35）。所有多波束探测仪都可以受到折射效应影响，因此需要利用局部声速剖面计算声射线路径，这可通过直接测量或从地理/季节性数据库提取(Levitus，1982)。如果没有精确补偿(例如，没有准确估计局部声速剖面)，计算过程中会引入误差。

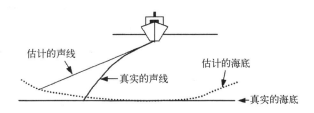

图 8.35　与声速剖面相关的测量误差

需要区分两种类型的声速效应：

● 探测仪阵列上的声速(通常用靠近阵列安装的专用速度计测量)会影响平面阵列中形成的波束的转向角。对波束转向值不正确的估计会产生波束形成的角度误差。另一方面，曲线阵列的波束转向值仅依赖于阵列几何结构，通常不受局部声速影响；

● 水体中的声速剖面受到几个误差类型的制约。由于平均声程附近的方向变化会被平均相互抵消，稳定的平均声速剖面附近不可避免的小尺度波动对声射线折射几乎没有影响。但是不居中的平均声速剖面的估计误差会产生明显的变化，从而导致难以评估的测量偏差(估计海底地形的稳定变化)，几种明显的情况除外(∪型或∩型垂迹海底剖面)。这种情况会在水文条件不稳定和(或)水体水文测量不充分的区域出现。

值得注意的是阵列局部声速与水体声速剖面的综合影响。对于平面阵列，如果阵列声速以及声速剖面相应的点(用于折射计算)出现了同样的误差，波束转向角的误差与沿水深折射的误差会相互补偿[13]；所以需要保证阵列声速以及靠近阵列的声速剖面测量之间的相关性，这比实际声速测量精度更重要。对于曲线阵列，阵列上的波束角度总是正确的，因而须非常准确地知道阵列声速，以便正确开始折射计算。

8.3.5.3　分辨率

多波束回波探测仪的图像分辨率性能遵循与侧扫声呐相同的公式。沿迹分辨率 δx 由发射和接收的指向性组合投影确定。通过合成孔径 φ 以及斜距，可得出沿迹分辨率 $\delta x \approx \varphi R$。而图像的垂迹分辨率可表示如下：

$$\delta y = H\tan\theta\left[\sqrt{1 + \frac{cT}{H}\frac{\cos\theta}{\sin^2\theta}} - 1\right] \approx \frac{cT}{2\sin\theta} \tag{8.33}$$

---

[13]使用错误的角度值以及相应的错误声速值开始进行折射计算，最后得到斯奈尔-笛卡儿常量的自补偿值 $c(z)/\sin\theta(z)$，从而得到正确射线跟踪。

其中，垂迹分辨率的极限值 $\delta y = \sqrt{HcT}$。

沿着水深测量的分辨率与图像分辨率相同，即 $\delta x \approx \varphi R$。垂直航迹水深测量的分辨率更复杂，依赖于对处理点的数量求平均，得出单个水深测量。因此，垂迹水深测量的分辨率最多等于（如果没有平滑效果）信号的时域分辨率 $cT/2$，这与在图像中的情况一样[式（8.33）]。相反地，如果所有的波束足迹点在平均过程中都被使用，最坏的情况下，分辨率等于投影在海底的垂迹波束宽度 θ_{T}，即

$$\delta y = \frac{H\theta_{\mathrm{T}}}{\cos^2\theta} \tag{8.34}$$

实际上，δy 介于式（8.33）的值与式（8.34）的值之间，取决于处理细节。作为一个估计，我们可认为，如果有 N 个独立信号样本（时间周期正好等于取样频率的倒数时，$\tau = 1/f_s$）被用作平均运算，垂迹水深测量分辨率可表示如下：

$$\delta y = \frac{Hc\tau}{2\sin\theta} \tag{8.35}$$

使用者使用的难点当然是确定 N 的值，这由制造商的检测算法所决定。

8.3.5.4 脉冲重复率与平台速度

信号的发射频率须尽可能地高，使得单位时间内区域采集的数据密度最高，但须避免连续声脉冲接收中的模糊。当第 n 个信号被完全接收时，立即发射第 $n+1$ 个信号，也就是说，在完成最外层波束中信号传播相对应的延迟之后立即发射，即可获得最大脉冲重复频率，即

$$\frac{1}{f_{\mathrm{PRF}}} = T_{\mathrm{R}} = \frac{2H}{c\cos\theta_{\max}} \tag{8.36}$$

式中，$\theta_{\max}$ 表示 Rx 波束的最大倾斜角，且忽略相对于传播时间较短的信号持续时间。

注意，理想的脉冲重复频率实际上是不可能达到的。这是因为在开始处理下一个声脉冲之前，必须完全处理完接收到的信号。因此，T_{R} 须加上数字处理时间 T_{P}。在深水应用中，$T_{\mathrm{R}} \gg T_{\mathrm{P}}$，式（8.36）得出的脉冲重复频率接近于理想的脉冲重复频率。相反地，在很浅的水域中，$T_{\mathrm{R}} \ll T_{\mathrm{P}}$，脉冲重复频率趋向 $f_{\mathrm{PRF}} \approx 1/T_{\mathrm{P}}$，仅依赖于处理器性能。

由于几何构型基本一样，所以与侧扫声呐情况类似，如果垂直面的波束足迹宽度小于两个信号之间时间内航行的距离，探测仪的沿迹移动会导致覆盖范围内出现缝隙。因此，支撑平台的最大速度 $V_{\max}$ 可表示为

$$V_{\max} = \frac{c}{2}\varphi\cos\theta_{\max} \tag{8.37}$$

因为需要保证100%的覆盖范围，所以在水文测量中必须满足上述条件。随着多波束回波探测仪分辨率的改进（如降低 φ），要达到预期的最大覆盖效率，最好的解决办法是，

使用多个声脉冲在沿迹的不同扇区中同时发射(同上所述,参见图 8.19)。

8.3.5.5　最大范围的概念延伸

上述简单的对多波束回波探测仪在水深测量和图像测量中的使用性能的回顾,让我们可以重新定义最大范围的概念。这在 8.3.5.1 节中已经提过,即反向散射信号的探测极限由信噪比或外层波束的几何结构定义。多波束回波探测仪须遵守特定的数据质量标准(如测深精度或纵向分辨率),最佳的工作范围须满足所有质量标准。

我们假设,比如主要标准为水文精度标准,探测仪的主要测量误差由横摇 [$\delta z_{\text{roll}} = H \tan \theta \delta \theta_{\text{roll}}$,式(8.32)]引起。如果标准要求的测深精度为 0.5% 水深,而横摇测量精度为 0.1°,很容易发现,探测仪的有效范围 $\delta z_{\text{roll}} \leqslant 0.005H$,直接导致了最大角度 $\tan \theta \leqslant 0.005/\delta \theta_{\text{roll}}$。这种情况导致了 θ 的实际极限值只有 70.7°,即使是在最优的信噪比以及其他所有信号检测和处理所能得到的所有增益条件下。

上述水深测量标准的示例是最明显且使用最广泛的,但是也存在其他的一些标准,如水深测量和图像的水平分辨率值。

在本书的彩色插页部分,给出了多波束回波探测仪水深测量和图像数据的几个示例。

第9章　浅地层勘探

除前几章讨论的声呐工具外，海洋地理科学研究和近海工业也会使用地波系统和沉积物剖面仪，这些仪器会生成海底沉积层的垂直和三维横截面。对于水声研究团体，这些工具可视为与海底绘图声呐系统类似，是从另一视角出发对海底绘图声呐系统的补充；实际上，不仅如此，这些工具还提出了一个截然不同的水下媒质的观察点，为极其复杂的水下媒质物理状态的研究提供了一种独特的三维分析法。

沉积物剖面仪是一种经典设计的回波探测仪，以单波束概念为基础，采用专业化的低频声波，能够描绘几十米深度的海底分层结构的图像。然而，沉积物剖面仪的物理工作原理与其他声呐系统不同，它是基于镜面回波的反射而非反向散射信号。本章专门讨论沉积物剖面仪的这一特性。

另一方面，海上地波勘探自成一界。海上地波勘探技术是为了特殊需求而开发的，尽管该技术使用主动声脉冲探查介质的物理工作原理与声呐基本相同，但技术手段却完全不同。正如陆地地理学一样，了解海底深层结构和特征就需要使用地波这一特定技术。尽管传统上认为这些技术不属于水声学范畴，但其物理过程、仪器和处理技术明显类似于其他水声系统，因此本书有必要设专门一章来对其进行探讨。但本书在这一主题上的篇幅并不长，并且是从声学家而非地球物理学家的观点出发，以本书其他章节提及的声呐方法的角度来介绍地波勘探技术。感兴趣的读者可阅读地球物理学方面的专业文献，如 Claerbout(1976)、Telford 等(1990)。

9.1 节介绍沉积物剖面仪，它采用的技术与第 8 章所述的单波束回波探测仪类似。9.2 节介绍海上地波勘探的一些基本原理，首先简要介绍反射和折射地波勘探，然后详细展示海上地波勘探技术。9.3 节研究反射式地波勘探，展示一些采集系统，介绍波传播的一些基本原理。9.4 节提出了对反射地波处理的简要见解。最后，9.5 节总结部分，对用于媒质探查的声呐与地波技术进行比较。

9.1　沉积物剖面仪

沉积物剖面仪(或浅地层剖面仪，SBP)是旨在探查位于海底下方的浅层沉积物的回波探测仪，探测深度常常达到几十米(在具有低吸收系数的松软沉积物情况下例外，其探测深度可达 100 m 甚至以上）。从技术上来讲，沉积物剖面仪通常是在高声源级和低频下作业的单波束探测仪（在 1~10 kHz 范围内，3.5 kHz 常常是标称信号频率）。沉积物剖面仪最常使用脉冲压缩技术以提高穿透距离。一些型号使用非线性参量声源以提供极窄的指向性（尽管因此产生的频率较低）。

回波信号来自各层之间的界面上的反射（而非反向散射），这与声阻抗的非连续性相一致（图 9.1）。图 9.1 中显示的沿船航迹收到的回波是平行绘制的，这些回波信号重构了沉积物分层的垂直剖面。多年来，这些记录只能用于沉积物分层的图形表示。现在，使用校准沉积物剖面仪进行回波幅值处理可反演信号所穿过的沉积层的反射系数和吸收系数。

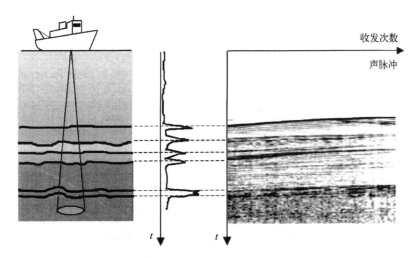

图 9.1 采用沉积物剖面仪进行的沉积物探测

左图：海床下方的沉积物分层；中图：回波的时域信号；

右图：从时域信号中得出的海底最终横截面，沿船只航行轨迹连续画图

9.1.1 概况

9.1.1.1 工作原理

沉积物剖面仪以一种介于声呐和地波系统之间的混合测量概念（下文详细介绍）为基础，一方面，沉积物剖面仪硬件的通用结构类似于测深或渔业单波束探测仪，但在物理工作原理方面存在部分明显差异，这部分需要单独介绍；另一方面，沉积物剖面仪的功能十分类似于 9.3 节中介绍的反射式地波勘探工具。

沉积物剖面仪的功能是记录来自沉积物各层之间的界面的回波，这些界面对应于非连续性的声阻抗，造成声波信号的反射（此处不涉及反向散射，至少预期的信号不涉）。

在各界面上，一部分入射能量反射回表面，另一部分透射入更深层，第 3 章已展示了反射和透射现象，海底地层中的地波传播的基础（包括反射和透射公式）详见 9.3.2 节。与海洋测深学中使用的单波束回波探测仪类似，支撑平台的水平移动可重构待探查的沉积物环境的垂直横截面（图 9.2）。

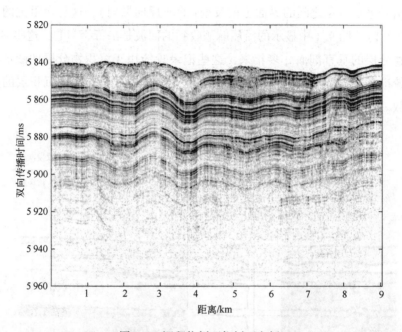

图 9.2 沉积物剖面仪剖面实例

发射的信号是时长为 50 ms 的线性调频（1.8～5.3 kHz）信号。对数据进行了以下处理：声源级的补偿、接收器的灵敏度和增益、与发射信号进行相关处理、球面发散修正、信号包络的计算。水深约为 4 380 m，穿透深度达 70 m，分辨率高于 40 cm。横坐标是搭载船只航行的距离，纵坐标是双向传播时间。剖面仪记录剖面是"亚特兰大 RV"号于 2009 年 6 月海上（比斯开湾）试验时记录。

数据由法国海洋开发研究院提供

由此得到的横截面是层间边界的初始近似图像，即沉积物层和埋藏地貌的形态结构。该图像可通过考虑以下参数来量化：①沿水平方向，平台的位置（通常基于传输时间）；②沿垂直方向，信号在沉积物内部的穿透（延续地波学中常用的方法，用秒表示，但可转化成距离，对沉积物内的声传播声速值进行假设）。该成像方法可用于很多应用。

如果采集过程是正确设计、实施和校准的，我们可以获得海底回波的绝对能级，进而在接收端获取海床特征。沉积物结构的成像可补充上沉积物结构的物理参数的估计值（可通过声探查获得），例如反射率、声阻抗和吸收系数（Theuillon，2008）。沉积物剖面仪可用于海床特征描述，这重新引起人们对这一水声装置的科学兴趣。确实，与局部测量海底特性的岩心系统相反，沉积物剖面仪可以从船只的航行方向和垂直方向来估计海底的地声特性，因此其测量的数据意义重大。

9.1.1.2　"啁啾"信号

当前的沉积物剖面仪普遍采用"啁啾"调频信号[1]和脉冲压缩处理技术（见 6.4.2 节）。这一发展给沉积物剖面仪技术带来了重要改进。确实，相干处理带来的信噪比增益可使系统的穿透深度明显大于使用传统信号时的穿透深度。为获得声压幅值的量级，常用调制信号使用的 BT 因子约为 100[即处理增益 $10\log(BT)$ 约为 20 dB]。该增益所对应的是 100 m 深、衰减系数为 0.1 dB/m 的松软沉积物（黏土状的）的吸收损失。测量的时间分辨率由线性调频带宽（可宽至数千赫兹）的倒数决定。

9.1.1.3　频率

大多数沉积物剖面仪是在 2～10 kHz 的频率范围内工作，即波长（水中）一般在 0.15～0.75 m，通常将 3.5 kHz 作为中心频率使用，该值对穿透深度与天线尺寸取了折中。有时也会遇到超过这些极值的频率：2 kHz 及以下的频率由于具有良好的穿透性，因此有时也会使用；由于重量的限制，剖面仪可能也会选择频谱中的较高频率。由于受到海水声吸收的抑制，且与镜面反射相比散射现象不可忽略，使用 10 kHz 以上频率意义不大。

主工作频率的选择十分重要，因为它主要制约着探测仪的穿透范围。假设沉积物中的衰减与频率成正比，穿透范围大概也遵循类似的规律（参见后文图 9.26）。

信号带宽 B 是一个非常重要的特征，其同时决定了处理增益 $10\log(BT)$，也就是信噪比以及回波的时间分辨率（$\delta t = 1/B$）。带宽范围一般在 1～5 kHz，所对应的时间分辨率范围在 1～2 ms；该垂直分辨率给出了可观察的连续回波之间的最小间隔，也就是各层界面之间的空间分辨率（9.1.2.2 节）。

9.1.1.4　时域

根据调频信号的理论（6.4.2 节），发射的线性调频信号持续时间应尽可能长，这样就可以在不影响时间分辨率的情况下改善信噪比增益。然而，实际中却没那么简单。首先，与多数探测器一样，沉积物剖面仪在发射时无法接收回波，这就带来了其第一个局限，尤其是在浅海区域。对于在浅海区域中的数据采集，一些特别设计的沉积物剖面仪将发射和接收阵列区分开使用，以克服这一问题。其次，发射过长序列带来与沉积物剖面仪垂直运动（受制于平台的升降）而引起的多普勒效应相关的潜在影响：会随时间变化的频移，导致发射信号及其回波之间的相干损失，也限制了互相关处理后的输出能级。所以，实际沉积物剖面仪线性调频持续时间被限制在数十毫秒内，延长更多的时间并没有什么效果。

通过调整脉冲重复频率（PRF）可以获得沿载体航迹的高密度数据点，以改善展示

---

[1]因此很多用户或操作员也经常称沉积物剖面仪为"啁啾探测器"或是"啁啾测深仪"（如果不是"线性调频"）。

的质量。尤其是在深度较大时，PRF 可远高于水体中 TWTT（双向传播时间）所定义的频率 $c/2H$。接收信号（海床内传播的信号）中的有效部分常常要比总周期短得多。接收信号的有效部分很少超过 0.2 s，而该信号在水体中传播时不会产生任何信息，传播可持续更长时间（深度为 4 500 m 时，可持续 6 s）。因此，声脉冲会发生交错（见 8.1.1.2 节）：在一个声脉冲发射后，还未等到该声脉冲的回波，下面的脉冲就已发出。所以，我们必须保证声脉冲的发射未在海床回波的接收窗内造成干扰。另外，我们可利用第一个不模糊的检测或其他探测仪的数据来获得真实的水深从而解决这种模糊性问题。

9.1.1.5 沉积物剖面仪换能器

从技术上来讲，沉积物剖面仪设计的主要挑战在于换能器。这些换能器必须提供高发射声源级，确保低频和较宽的带宽（希望带宽大于一倍频程）。Tonpilz 技术是满足这些要求的最佳方案之一，该类型的换能器在满足特定的频率和效率要求的同时还能保持在合理的尺寸范围内，它们可采用组成阵列以增加可用发射声源级（图 9.3），这种聚集可以同时改善发射指向性——尽管如下文所述这一方面并不重要。当然，应当牢记的是指向性特征（带宽、噪声指数……）不可避免地随带宽内的频率变化，这点同样并不重要。

图 9.3 沉积物剖面仪换能器

左图：为一艘研究船而研制的七阵列 Tonpilz 型换能器，频率带宽 1.8~5.3 kHz，长度 1.4 m，3 kHz 时主瓣孔径在 20° 和 40°（图片由 IFREMER 提供）；右图：深海船用 Janus-Helmholtz 型换能器（照片由 iXsea 公司提供）

依据实施环境，沉积物剖面仪换能器和阵列可采用不同尺寸和形状。经典 Tonpilz 设计和安装的换能器常用于水面舰船，但其在拖曳平台上的实施可能产生特殊的问题，因为必须考虑重量限制以及在深水中使用可能存在的高压要求。在这种情况下，最好将 Tonpilz 型换能器换成 Jamus-Helmholtz[*] 型换能器。

---

[*]：应为 Janus-Helmholtz。——译者注

9.1.2　沉积物剖面仪性能

9.1.2.1　最大穿透深度

最大穿透深度是沉积物剖面仪非常重要的特征，该参数可以从声呐方程的特定形式获得，其中：

- 目标与声波通过反射（而非反向散射）相互作用，所以，必须考虑海底反射的球面波，其传播损失为 $20\log(2R)$ 而非 $40\log R$；
- 传播损失分为两个部分（水和沉积物中），各自的吸收系数值不同。

在这种情况下，声呐方程（6.6.1 节）可写作：

$$SL - 20\log(2H + 2H_s) - 2\alpha H - 2\alpha_s H_s + 20\log(W_{ws}W_{sw})$$
$$+ 20\log V - NL + DI + PG = RT \tag{9.1}$$

式中，SL 为发射声源级；H 为水深；H_s 为沉积物内部穿透深度；α 和 α_s 分别为水和沉积物中的吸收系数；$20\log(W_{ws}W_{sw})$ 为水–沉积物交界面（见 3.1.1 节）上的双向透射系数（dB）；$20\log V$ 为被视为目标的被埋层界面的反射系数（dB）；NL 为噪声级；DI 为接收天线指向性相关的指向性指数；PG 为接收器对信号的处理增益；RT 为对应于期望性能水平的接收阈值。注意 PG 项（20 dB 或以上）的特殊重要性，与线性调频信号的使用相关。

从整体来看，沉积物剖面仪的最大穿透深度主要与沉积物吸收系数相关，该参数主要取决于频率。对于黏土状沉积物（α_s 约在 0.1 dB/λ），根据系统特征，它的典型穿透深度可达 50～200 m。因此，为增加最大深度，降低信号频率比增加声源级更有效。

9.1.2.2　分辨率

沉积物剖面仪的垂直分辨率是线性调频声呐的典型分辨率，它直接取决于带宽（$\delta z = c/2B$），1～5 kHz 的带宽对应于 0.75～0.15 m 的垂直分辨率。

由于该分辨率由发射信号的带宽控制，不管水深如何变化，该参数应保持恒定。然而，在海底下方，由于吸收作用，更高频率的信号衰减也更快，带宽也随中心频率的降低而减少。因此，垂直分辨率随海底下方的深度增加而降低。

鉴于回波是由反射而非反向散射导致，水平分辨率是由第一菲涅尔区的尺寸得出：$\delta x \approx \sqrt{\lambda H_1 / 2}$，其中 $H_1 = H + H_s$；λ 是信号频谱的平均频率。注意，水平分辨率并不取决于波束宽度值，通常比波束投影所界定的足迹尺寸小得多。

9.1.3　回波形成及结果

与其他类型的海底绘图声呐不同，沉积物剖面仪使用反射回波，而非反向散射回波。这源于几何测量的设置(该系统操作时与海床垂直，因此可接收相同方向反射的回波)且很大程度上与使用的频率相关。低频下，反向散射回波远小于相干回波，基本不受分界面上的微尺度地形(相比波长而言起伏很小)的影响(图9.4)。

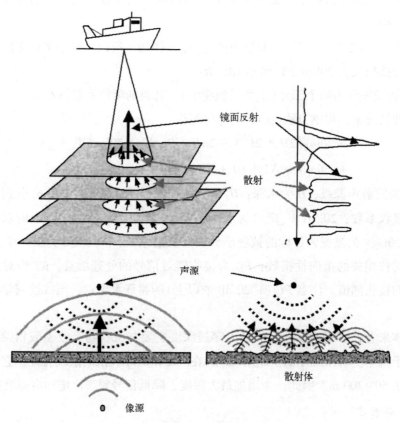

图9.4　沉积物剖面仪的回波形成(上图)；
反射成分(左下图)远大于界面微尺度地形所造成的反向散射回波(右下图)

当对来自沉积物剖面仪的数据进行解读时，这一明显行为至关重要。因为回波是由界面上的镜面反射生成的，其对应的海床的局部是由反射过程所局限的，而不是波束的覆盖区所局限的，因此波束宽度并不影响回波的持续时间。由此而得出的结论如下：

● 得出的图像质量并不取决于波束宽度，这与前文所述的其他声呐绘图系统相反。因此，较差阵列特征的沉积物剖面仪也能够生成高质量的沉积物横截面，图像质量更多的是与使用信号的时间分辨率相关，分辨率在浅海或深海区域是相同的；

● 波束的角度控制准确率是次要问题，只需镜面反射方向包含在指向性主瓣内。因此，沉积物剖面仪能忽略横摇和纵摇修正，也能允许海底坡度。但矛盾的是，指向性模式越宽，这种容忍度越好[②]，因此用常规评估标准衡量时，成像质量反而不佳；

- 沉积物剖面仪只有是在镜面入射时才能正常工作，在倾斜入射和存在反向散射信号时，该类剖面仪只能收集到掩藏在噪声和镜面反射成分中的微弱回波。此外，反向散射回波的空间分辨率不再是信号分辨率而是覆盖区的尺度，正如高频探测仪中一样，这使得紧密堆叠的沉积物界面无法分离开来。倾斜测量轴会增加覆盖区，也会降低分辨率(图 9.5)。

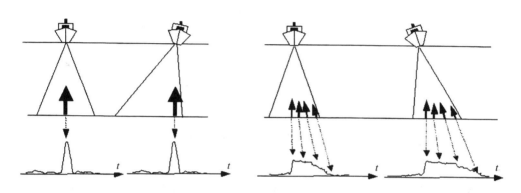

图 9.5　镜面反射回波(左图)和反向散射回波(右图)的时域包络。镜面回波并不取决于波束的倾斜度，反向散射信号的持续时间(因此也就是其分辨率)取决于波束的宽度和倾斜度

9.1.4　沉积物剖面仪的三种基本概念

9.1.4.1　参量阵列

各制造商已进行了许多尝试，开发基于非线性传输原理并使用参量阵列的沉积物剖面仪(5.1.2.4 节)。其原理是在低频下实现较窄的指向性，这确实可以通过非线性水声技术完成，优点是可以提供较宽的可用带宽以及与频率无关的波束指向性图。但这也存在一定的局限性：非线性生成效率较差，发射声源级非常低，这将导致信号穿透沉积物时的深度较浅。其他缺点还有，经典沉积物探测操作并非一定需要较窄的指向性，因为镜面回波的空间滤波是由相干反射自身完成，而参量波束必须准确控制在镜面方向。因此最后，以效率损失为代价可能不值得。然而，当需要获得来自浅埋目标的具体回波信息，如对埋入的管道或水雷的探测(图 9.6)，而不是镜面反射信号时，这类沉积物探测仪的使用就更具意义。确实，这些采用非线性技术的应用领域是最具前景的，因为经典波束沉积物剖面仪难以获得令人满意的横向分辨率。

---

②到一定的范围：如果波束过宽，指向性指数较差，信噪比会下降，同时增加多余横向目标回波干扰数据的风险。

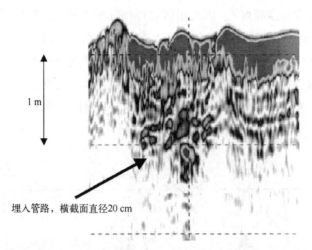

1 m

埋入管路，横截面直径20 cm

图 9.6　使用参量阵列的沉积物剖面仪从埋入沉积物的管路上获得的回波图

（数据由 Kongsberg Maritime 提供）

9.1.4.2　多波束沉积物剖面仪

多波束沉积物剖面仪[③]的独特概念是由多波束回波探测仪制造商在 21 世纪早期提出的，这类沉积物剖面仪的频带位于 2.5~7 kHz。多波束沉积物剖面仪采用了米尔斯十字原理，一个长的发射阵列安装在与船轴的同向上，同时一个长接收阵列安装在与船轴垂直的方向上（见 8.3.2.1 节）。在与航向垂直的方向上形成了一个扇形接收波束，而发射波束在沿迹方向上倾斜。这种基于多波束回波探测仪的低频阵列所实现的波束指向性确实很有吸引力，在 4 kHz 下，波束宽度可窄至 3°×3°，因此其回波的振幅能级优于其他传统系统。然而，尽管该设置具有与航向垂直方向的扫描能力，但不具备类似于三维地质设备同时记录多个沉积物分层横截面的能力（Pacault et al.，2005）：只有镜面反射的回波是有效的；倾斜波束所能提供的反向散射回波过低，可能被旁瓣镜面反射所掩盖。现在，很明确的是，该系统的意义实质上在于其对经典探测器在信噪比（由于高发射级和窄接收波束）和水平分辨率（允许通过空间选择性滤除多余反射体的影响）方面的改善。将波束从垂直于海底的方向转移有利于从倾斜反射界面接收回波，但事实上，这些设置的管理非常复杂。然而，一些具有最佳分辨率的沉积物分析回波图是使用这些技术记录获得的，这些结果证明了这一复杂声装置的作用。图 9.7 和本书的彩色插页给出了一些例子。图 9.8 表明接收回波主要来自镜面反射（在垂直于海底的波束上接收，或者说从水平平坦海底上的垂直波束上接收）。从图 9.8 可以看出，波束从 0° 移开（3° 和 6°）时，接收到的声强快速下降。

[③] Kongsberg Maritime 的 SBP 120，该系统是对 12 kHz 多波束回波探测仪的补充，共用一个常见宽带 7.2 m 长的接收阵列。

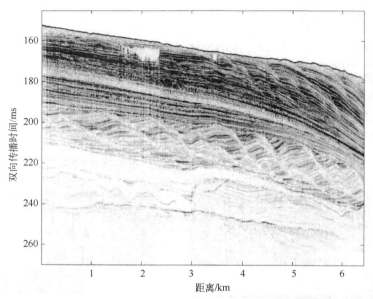

图 9.7　来自多波束沉积物剖面仪 SBP 120 的回波图

发射信号是长为 40 ms 的线性调频(2.5~7 kHz)信号，数据是通过垂直 3°×3° 波束宽度设置采集的，数据后处理如下：声源级的补偿、接收器灵敏度和增益、与发射信号的相关性、球面发散修正、从海底及其下方获得的线性增益、信号包络的计算。该数据展示了埋藏沙波结构上的沉积物分层。横坐标是搭载船只的运行距离，纵坐标是双向传播时间。剖面是 Beautemps-Beaupre RV 于 2004 年在地中海上记录的(数据由 SHOM 提供)

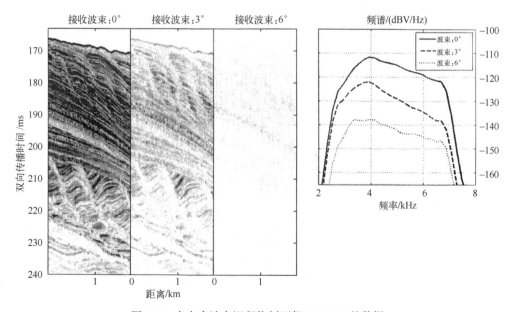

图 9.8　来自多波束沉积物剖面仪 SBP 120 的数据

左图为三种不同接收角度的剖面：0°(垂直波束)、3° 和 6°，采集参数和处理与图 9.7 相同，我们可以看到在垂直波束上能量最大，当波束从 0° 移开时，能量快速下降；右图为三种接收波束下估计的海底附近的功率谱(双向传播时间 165~172 ms)，功率谱是在相关处理后的数据上估计的。垂直波束和 6° 波束之间的差在所有频率带宽上都大于 25 dB，这与主瓣和旁瓣之间的差有关(数据由 SHOM 提供)

9.1.4.3　合成孔径沉积物剖面仪

本部分阐述了沉积物剖面仪未来的发展方向。参量阵列沉积物剖面仪(但原理与经典沉积物剖面仪相同)沿直线移动，记录回波时存在足够高的冗余。我们可以对所有时域信号求和，以聚焦来自共同目标点的所有声脉冲的信号(图9.9)。该处理的目的在于同时改善信噪比(通过信号叠加)和空间分辨率(通过聚焦一个长虚拟阵列的信号)。该处理实际上与合成阵列声呐(见8.2.4节)和地波反射处理(见9.3节和9.4节)类似。

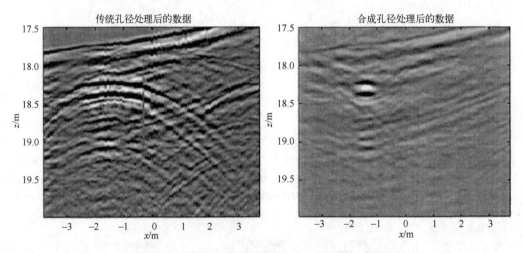

图 9.9　来自合成阵列沉积物剖面仪的数据实例

左图：原始数据；右图：合成孔径处理后的数据，在右图中目标清晰可见，

是一个埋入海底的直径为1 m、装满水的壳体(数据由 Kongsberg Maritime 提供)

9.2　海洋地质勘探

9.2.1　一般原理

地质勘探的基础假设是海底地表下方是由堆积层或埋入体之间的连续界面组成的，不连续的声阻抗足以明显反射或折射声波。分层结构是地质学家和地球物理学家最关注的问题，石油工业在勘探油气藏时也需要考虑这个问题。半个多世纪以来，地波勘探在石油工业中的应用使得人们对该技术的开发和运作进行大量投资。

在地球物理科学或石油勘探应用场景中，人们需要对海床界面下数百米甚至数千米以上的海底结构进行详细探查。由于沉积物对声波有较大的吸收作用，声波传播只有在较低频率下才能实现(主要在几十赫兹到几百赫兹，见9.3.2.6节)，且声波发射时能量较高。因此，地波勘探使用的声源不像声呐所采用的发射可控制信号的电声换能器④，而是采用可以生成高功率低频脉冲信号的装置。除简单使用炸药外，最流行的声源是利用气泡的膨胀和内爆，而这些气泡要么是机械(气枪)产生的，要么是电力(电火花器)产生的。一些声源可通过机械冲击(轰鸣器)生成冲击波。

考虑到地波勘探中使用的声源类型和信号以及其中采用的较低频率，无法想象出一种实际方法可以将发射声波聚焦在定向波束(哪怕宽达几十度)上；在几十赫兹的频率下，输出信号被认为是球面波。然而，需要将大多数发射能量指向目标，也就是方向朝下。在这一方面，唯一实际控制指向性的方式是海面反射，导致类似于偶极子的辐射模式(见附录 A.4.2)。另一习惯性做法是，将多个声源按照水平线阵或网阵放置，旨在增加指向性向下的波束(见 9.2.2.1 节)；然而无论如何，结果都无法与声呐获得的波束指向性相比，毕竟声呐获得的波束宽度可能窄至 1° 或更低。

因此，地波测量的精度和分辨率是由接收装置和在记录信号上使用的处理方法所决定的。地波信号由拖曳在船后的一个或几个长的线性阵列或拖缆接收。这些阵列可长达数千米，包含几百个水听器，分组为次阵列或迹线。与军事应用中的低频探测类似(7.2 节)，由于阵列上噪声非相干性，这一技术可提高信噪比。但该技术对于地波勘探的主要意义在于其在特殊空间处理方面的潜力(见下文介绍)。

目前主要有两种通用类型的地波勘探测量技术，分别是反射法和折射法(图 9.10)。最普遍⑤使用的是反射式地波勘探技术，该技术利用了来自不同界面、入射角在 0~60° 的由拖缆接收的镜面回波。这些回波按照其到达时间被记录下来；经特别几何修正后，被一次次叠加以构建出垂直剖面的横截图，类似于回波测深仪。各层的厚度是通过回波的到达时间和声速值计算得到，而沉积物内部声速一开始是未知的，通过先假设再迭代优化的方式获得；该过程被称为声速分析。后处理则可以利用高度冗余的数据来优化，由于接收端几何构形的原因：海底上每个声波照射点都充分被声穿透，阵列上的接收水听器因此记录下其产生的一系列的重复的回波。海底每一个照射点反射的多个回波都会经几何确定、修正(使用声速分析和迁移算法)和叠加来提高信噪比。

折射地波技术采用分层介质中声波传播的特性，以足够宽的角度入射的入射波会产生一系列界面波。主界面波是指以海床界面第一层声速传播的界面波。不同路径的到达时间与海床内部不同层的不连续性相对应，并被接收阵列上的大量水听器所记录。这些到达时间可用于反演潜在的不连续结构。大量测量点可帮助解决每一层的厚度和声速的模糊性。因此，地波折射可帮助我们同时获得海底的几何结构和

---

④然而，对于分辨率非常高的应用，该技术在地质频谱上部分(数百赫兹)可应用。9.1 节展示的沉积物分析探测仪(1 kHz 以上)是适用于浅地层探测的类似声呐的技术的另一实例。

⑤如今，反射式地波勘探是石油工业中最普遍的探测技术。

物理特征(通过波速测量)。

折射和反射式地波勘探法是以在垂直平面内部的二维传播的假设下引入的(图9.10)，可扩展至非平面或三维结构。这样，重构算法就变得非常繁琐且复杂，必须处理大量数据。此外，采集装置和结构也更复杂。必须牢记的是，地波记录的是(一阶近似)与垂直平面(包含声源、接收器和反射点)内生成的物理现象相关的数据，而不同于利用反向散射的条带声呐(发射和接收较窄倾斜指向性波束)。地质结构在数据冗余度和测量密度方面的优点是以相对较差的覆盖效率为代价的(如与低频多波束回波探测仪相比)，将一些平行阵列拖曳在一起可减少这一缺陷，但是地波和条带声呐探测的覆盖策略(事实上就是效率)明显不同。

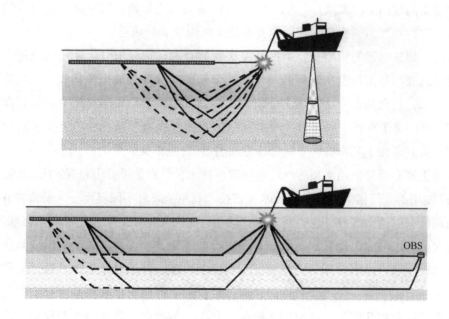

图 9.10　海上地波勘探

上图：反射式地波勘探，拖缆水听器上测量经深层反射体反射波的传播时间。假设一个声速场模型，利用该方法可获得反射体的几何结构。沉积物剖面仪可被认为是一个特定的单基站地波反射系统；下图：折射式地波勘探，到达时间对应于沿界面传播的折射波，该方法可反演不同层内部的几何构型和声速值，折射信号可能记录在拖缆上或部署在海底上的固定自主式海底地震仪上

地波勘探技术具备探查三维结构的独特能力，因此是海洋地理学中必不可少的工具，是利用回波探测器或成像声呐对海底界面进行声学探测的补充。地波勘探方法在地球物理学和海上油气勘探中确实至关重要，石油工业已经成为(半个多世纪来)且仍然还是海上油气勘探相关技术发展的主要推动者。

9.2.2　海洋地波勘探技术

9.2.2.1　声源

海洋地波勘探中使用的声源需要在低频带上(以应对传播损失,尤其是海底内部的吸收效应)以足够高的能级发射短信号(为了获得良好的距离分辨率)。声波发射最常用的物理原理是气泡破裂,这会产生一个脉冲式的压力,同时还有较强的低频分量:气泡越大,生成的频谱越低,声源级越高。

气枪

最常用来产生爆聚气泡的装置是气枪(图 9.11)。气枪上的空气腔(由优质钢制成)与压缩空气回路(由压缩机驱动)相连,压缩机可提供高达几十兆帕的压强。气枪一经触发,会在可控压力下释放一定量的空气;所生成气泡的膨胀和内爆产生了声压的波峰及随后的波谷,而在这之后会是一系列的振荡(图 9.13)。空气腔的容积决定了气枪的性能,一般在 $0.4 \sim 8$ L($25 \sim 500$ in^{3*},见图 9.12)。空气腔容积较大的气枪产生更强烈和更低频的声音,通过增压也能达到相同的效果。气枪的频率覆盖范围一般在 $10 \sim 200$ Hz,然而最大气枪的频率也能低至 $4 \sim 5$ Hz。

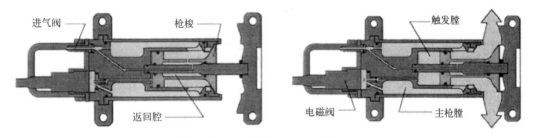

进气阀　　枪梭　　　触发腔
返回腔　　电磁阀　　主枪腔

图 9.11　气枪的工作原理

左图:在气枪射击前,返回腔加压,导致枪梭关闭并密封主枪腔;右图:气枪射击时,
电磁阀在压力下允许空气进入触发腔,释放枪梭,主枪腔中的压缩空气被释放入水中,
形成气泡,返回腔内部压力使得枪梭回移(图纸由 Sercel 提供)

气泡生成原理阻碍了我们在更大深度上使用气枪,主要是由于较大水深处静压力过高。因此,气枪一般拖曳在较浅的深度(几米)。为了能够充分利用回波脉冲在海面上的反弹以改善垂直方向上时域信号的波形,我们需要一个非常准确的水深值(见下文);该种与海面有关的设置,导致了对辐射信号频谱的一种典型调制(见图 9.13 左图或附录 2.4 中的等式 A.2.4.5**)。鉴于气枪必须在近海面处使用,通常需要考虑得出

＊:1 in^3 = 16.39 cm^3。——译者注

＊＊:此处原著有误,应为附录 A.4.2 中的等式 A.4.5。——译者注

的偶极子声源特性而不是气枪本身的声学特性——它们自身实际用途不大。

图 9.12　各种尺寸的气枪

左上图：微型 GI(0.2~1 L，25 kg)和 G 枪 150(2.3 L，长 0.6 m，55 kg)；右上图：大容积气枪
G 枪 520(8 L，长 0.6 m，90 kg)；下图：两支气枪并行安装成气枪群组(图片由 Sercel 提供)

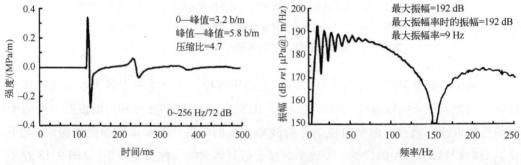

图 9.13　气枪激发信号在时域(左图)和频域(右图)中的典型形状，可观察到时域信号中的受迫振荡，
在频域中，根据等式 A.2.4.5*，150 Hz 处的最小值意味着声源深度为 5 m(数据由 Sercel 提供)

＊：此处原著有误，应为等式 A.4.5。——译者注

气枪通常组合在一起使用(可多达 48 支气枪,深度必须保持在较浅位置,因此放置在拖曳的水平框架上),如同声呐阵列。这样做不仅是为了增加可用发射功率,还为了改善向下操纵的指向性(见后文,图 9.15b)和优化生成的时域信号的形状;后一目标是通过组合各种不同容积的气枪来实现的,通过采用略微不同的触发时间来构成所需的波形。

气枪阵列的常见用法是将气枪的发射同步到第一个声压的峰值上,在一些情况下,同步到第一个气泡振荡的峰值位置被认为更有利,这比第一波峰位置在时域上要宽。这种单气泡求和技术(Avedik et al.,1993)可以获得一个更低频的频谱,因而获得更好的穿透能力,但在时域中的分辨率较低。

监测水听器部署在近场(大约距离气枪 1 m)以记录操作时气枪辐射的能级和时域信号形状。这些监控装置的作用是双重的:控制阵列各气枪的实际工作状况并记录各气枪发射信号的振幅级;此外,还提供关于阵列中不同气枪的精确同步的有用信息。

注射式气枪

地波信号的有效部分是由气泡爆炸产生的;气泡一旦产生,就会在振荡前由于静压力而坍缩。由于地波测量的时间分辨率要求,这些振荡都是不需要的,通常最好减少该现象。将两个气枪安装在同一外壳内可以实现这一点:使用第二个气枪的目的在于将空气注入首个气泡,防止其坍缩,从而阻止波谷的形成和振荡的发生。根据注入的体积以及相对于首次注入的延迟,可得到各种结果。图 9.14 对其进行了阐述,并展示了原气枪气泡和注射式气枪气泡之间的区别。

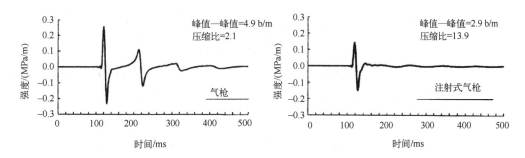

图 9.14　原气枪气泡(左图)和注射式气枪气泡(右图)的时域信号,
两种设置下的总空气体积是相同的(数据由 Sercel 提供)

海表面反射作用

气枪放置在靠近海表面的位置,这会生成发射脉冲的反射回波,且这种反射回波会与标称信号相加。回波的相位将偏移 π,并发生延迟,具体延迟值取决于气枪浸没位置和观察角度(偶极辐射的时域版本，见附录 A.2.4*)。合成总信号由一个正压力峰及随后的负压力峰构成。气枪部署的优化设计在于控制浸没的位置，使得在垂直方向上接收信号时(即名义上的发射角度)，信号的两个部分可平滑地连续上；在倾斜接收时，鉴于两个分量之间的延迟减少，两者可能会相互补偿；接近水平位置接收时，得出的信号级会显著下降。该方法等于构成了一个等效的垂直向下的指向性波束，可通过图 9.15(a)和图 9.15(b)中提出的理想模拟来解释。

电火花源——在火花隙源(亦称等离子体声源)中，坍缩气泡是由浸入水中的电极之间的强大电荷制造出来的，电极点火会生成水蒸气和等离子体的气泡。实现这一目的需要很高的电荷，而这些电荷是通过高压电池组获得的。与气枪相比，电火花器适用于功率更低、频率更高(数百赫兹)的应用。再次，由于静压力限制，电火花器也只能在浅水使用。

爆炸物——炸药和 TNT 显然曾经是海洋地波勘探声源的首要选择。由于它们比机械和电子声源更加难以控制，当然，操作时也更具风险性，因此不再用于地质数据采集。

轰鸣器——在轰鸣器中，储存的电荷释放至线圈上，导致磁感应峰值，从而造成邻近金属板非常快速地弯曲，这些金属板就可作为力声换能器：金属板的瞬时变形会生成声脉冲。与气枪相比，使用轰鸣器获得的频谱非常高(数百赫兹)，因此轰鸣器的使用限制在浅海应用以及上层沉积物层的调查；相应地，其分辨率将优于基于气泡的声源(气枪和电火花器)所获得的分辨率。

水枪——在水枪中，水流从主腔排出，被由压缩空气驱动的内部活塞射出，水流射出后，后面的空间会立即被水重新注满，从而产生声脉冲。严格意义上讲，这是一个无气泡生成的坍缩过程，因此初始脉冲后不存在振荡现象。同样，与基于气泡的声源相比，水枪可在更大的深度上操作。频谱范围高于之前描述的声源，从数百赫兹到数千赫兹，因此水枪可用于上层沉积物层的高分辨率调查。

可控震源——这些振动机械声源(可控震源实际上是商业名称)基于直接传入地面的长时间振动声源，而该类振动来自地面上使用液压或电磁换能的发射系统。发射的被调制时域信号，被用于接收时的脉冲压缩。该技术常用于陆上采集。对于海洋应用，可控震源在部署限制条件方面极为苛刻，并且明显是静态的。因此，该方法没有水下拖曳声源应用普遍。然而，人类需要减少声源对海洋动物的声影响，因此现在(2009年)也开始在海洋地波勘探中使用该技术(见第 10 章)。

发射声源级

正如上文解释的，气枪发射的能级取决于空气腔的容积和增压能级。不同尺寸的

---

*：此处原著有误，应为附录 A.4.2。——译者注

气枪(单独考虑)所获得的典型发射声源级范围在 $10^{11} \sim 10^{12}$ μPa@ 1 m，即 220 ~
240 dB *re* 1 μPa@ 1 m。

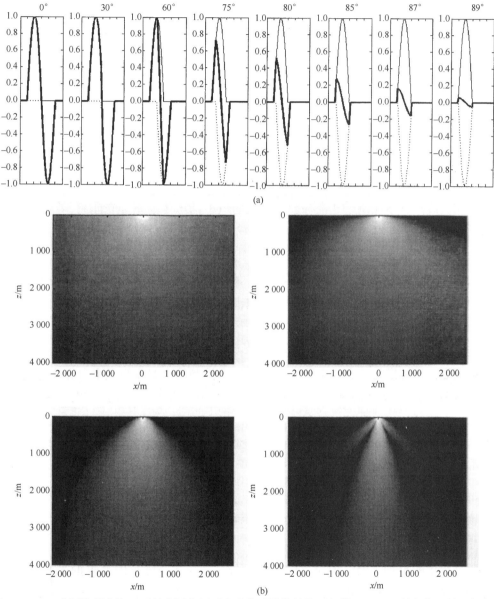

图 9.15　(a)声源发射和海面反射共同作用下生成的时域信号的近似模型，以入射角的函数。细实线
对应直接发射的信号，虚线代表海面反射的信号，生成的时域信号用粗实线表示。该设置是针对垂直
入射(0°)而优化的，直接和海面反射信号的平滑连续性最优，随着入射角度增加，得出的信号能级下
降，在接近水平位置(89°)时消失；(b)频率为 30 Hz 且深度为 12 m 时，声源的理想指向性。左上图：
假设无指向性效应声源的辐射声场；右上图：海面反射导致的偶极子指向性，趋于消除水平辐射；
左下图：x 轴上 $\lambda/2$ 间隔的两个声源的辐射声场，指向性改善；右下图：$\lambda/2$ 间隔的 4 个声源的辐射
声场，下视主瓣变窄。所有声场都以声源中心 1 m 远处归一化

将几个气枪组成阵列可达到更高的能级：多个独立声源同时开火，同时保证对发射声源的同相求和，这样就会导致声波最大振幅的线性叠加，例如，8 支相同的气枪组成的集群将使得出的高峰能级增加 $20\log(8) = 18$ dB。根据这一概念，高峰能级能达到 $255\sim260$ dB re 1 μPa@1 m，这确实远在单个声呐声源的最强能级之上。同样需要注意的是，该声压级不是一个实际上的局部振幅，而是相当于给定距离上的等效振幅。这一情况下，1 m 处的常用参考级是对等效声源级的重建，是从远场估计中重新获得的，而不是在近场中实际测量的。

9.2.2.2 接收器

水听器阵列

地波勘探仪器中最基本的接收结构是拖缆，成百上千台水听器组成集群(或拖缆)，并通过相关线路有条件地组合在一起。拖缆的电子信号传输至配套船只，并在船上进行数字化和处理。新技术的发展方向是：将信号数字化放在拖缆内部水听器的输出端，然后数字信息沿拖缆传输，直至配套船上的处理单元。

实质上，拖缆外壳通常是注满油状流体的软管，其中水听器、电子设备和接线安装在等压环境中。今天的技术向"实心"拖缆(尽管很明显是软的，方便绕在绞车上)发展，更抗震，机械和声学特性更佳。

拖缆可能长达数千米，拖缆的准确定位关乎到勘测结果的准确性，因而是个非常重要的问题。拖缆定位是由几个装置的数据综合控制的：罗盘拖缆上分布平行拖曳的拖缆上各节点发射器之间装有水声定位装置(长基线型)，表面还安装了 GPS 接收器。为了对拖缆的变形和移动进行实时补偿，整个拖缆上装有主动机械装置("鸟")。这些"鸟"可以从声学上定位，能够通过控制翼的方向来修正拖缆的拖曳深度和水平位置(图 9.16)。

地波检波器

地波检波器是一种可感应传播介质局部运动加速度的换能器。检波器旨在反演三个空间轴上的加速分量。检波器对固体介质中波场响应的完整性相对于受限于压力波的水听器提供的更加丰富，但付出的相应代价是，与水听器拖缆部署的简便性相比，检波器在海上的部署更复杂，受到的约束条件更多。部署在海底的特定测量站被称为海底地震仪。

这些测量站一般由地波检波器和水听器构成，以测量三组方向上的加速度(纵波，也包括剪切波)以及声压(纵波)。

地波电缆

地波检波器可沿着采集信号的共缆进行分组，该设置就是海底电缆(OBC)，其计划一般部署在海底，但受实际条件限制，通常部署在非常浅的深度。部署海底电缆的意义在于避免水中障碍物(这是传统拖曳拖缆调查中可能面临的问题)，同时与水听器相比，海底电缆能够给出更多更完整的信息。地波电缆受其部署方式和静态特性的影响，其应用主要在监控开发现场方面而不是勘探本身。

图 9.16　绕在绞车上(左上图)和拖曳部署(右上图)的"实心"拖缆；安装在拖缆上的"鸟"(左下图)，
操纵可控翼来修正拖缆的局部移动和位置，"鸟"节可能同时装有声应答器以定位；
"流体"拖缆的视图(右下图)，两个分段之间的连接头细节(中间图)。图片由 Sercel 提供

9.3　反射式地波勘探

本部分主要关注反射式地波勘探，首先展示采集设置，然后介绍反射式地波勘探中使用的波传播的基本原理。本节最后也概述了折射地波勘探的原理，但本书未对这一主题进行详细论述，感兴趣的读者如果想要了解更详细的折射地波勘探处理和相关勘测数据的解译，可参考 Palmer(1986)的著作。

9.3.1 采集设置

9.3.1.1 几何构型

单轨采集

反射地波勘探中最简单的配置是采用一个声源和一个接收器。声源和接收器通常不能严格定位在相同点(除非是采用收发共置的浅地层剖面仪，见9.1节)，然而两者之间的间距通常非常小，这种设置接近单基站。在单轨几何构形中，只有沿船前进的方向才能观察到给定的反射体(图9.17)。对于每个记录信号，"中间点"定义在声源和接收器之间的位置，"偏移距"定义为声源和接收器之间的距离，"方位"是声源-接收器连接线在地理框架中的方向。

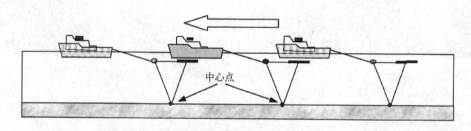

图 9.17 单轨采集

水平距离上只有一个点(就是中心点)在给定深度上被探测到，该目标点随声源的一次次拍照而发生改变

在这最简单的配置中，我们将获得一个稳定偏移距和方位的单轨截面(各中间点只能记录到一个信号)。

二维地波采集——多轨

通常来说，地波接收器是由水听器组成的拖缆，而一条拖缆又包含若干个拖轨，拖轨数量决定了系统描绘目标介质空间的性能。在二维反射地波勘探中，当前采用的采集原理是间歇性拍照，且两次拍照之间，地波装置的前进距离刚好等于拖缆上各轨之间的间距的整数倍(图9.18)。因此，一个选定的目标点(或中心点)可从不同拖轨上接收到的连续信号中观测到。在该二维设置下，我们将得到各中心点上的多个记录信号显示的多重覆盖截面，亦称为共中心点或CMP。各CMP上的记录信号对应于多个拖轨上不同声源-拖轨的组合，其偏移距(或各种入射角)可能不同，但方位一直是相同的。

三维地波采集

传统二维地波采集几何结构将数据解读限制在了垂直面上，但务必记住反射体的散射实际上可能是存在于整个空间的（由于接收和发射装置都不具备固有指向性）。因此，在很多情况下，二维的设置明显过于简单。为提高恢复复杂空间结构的能力（涉及反射回波的三维传播时）和提高覆盖效率，地波勘探船可平行拖曳几个拖缆（多达 16 个或以上，横向间距 100 m）。利用有限数量的声源（通常是两个，交替发射）提供信号，这样信号的回波在三维空间内实现可控。

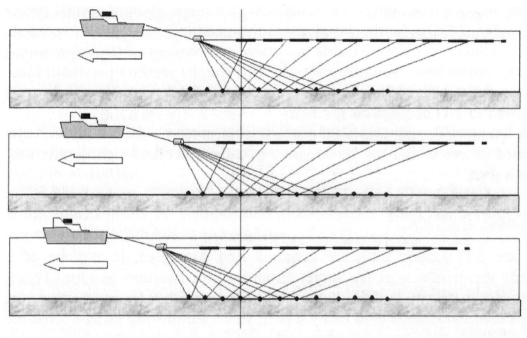

图 9.18　海床的多轨二维覆盖

鉴于前后两次拍照之间行进的长度等于轨间距，在不同入射角下，给定反射体可完成多次观测

在三维设置下（图 9.19），给定深度的目标点不再以直线分布，而是遍布整个表面。目标点沿船向的间距采用类似于二维的方式确定。与船垂直的方向上，目标间距同样取决于拖缆之间的间距和声源位置。各 CMP 中的记录信号对应于不同的声源–拖轨组合，其偏移距（或入射角）可能不同，方位也不同。

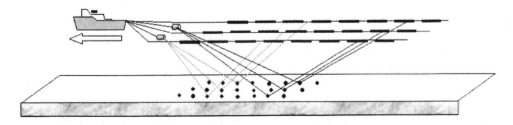

图 9.19　海底的三维覆盖。海底上/内的点目标被一个或数个（此处是两个）声波透射，在船只航行方向上被多次拍照，同时回波被记录在数个（此处是 3 个）平行的拖缆上，该设置可视为是多轨二维情况的一般化

三维设置不等于是数个平行二维线(称为 2.5D)的简单复制，在后一种情况下，在每条线上记录的信号的几何结构被认为是在连续独立垂直面内的，且所有记录的信号的方位相同。简化方法无需考虑横向的几何特征(如与船交叉方向的斜率)，而这一特征在三维采集的几何结构中是必须考虑的。

在复杂三维几何地质构造区域内，多船勘测(具有专用声源艇)被设计用来收集高密度和较宽方位的数据。

四维地波采集

三维地质数据经过采集和处理后，我们可以将目标结构的变化作为一种时间的函数来研究，这类监控就是四维。四维可通过在研究区域内执行连续勘测或采用固定测量基础设施进行永久监测来操作。例如，四维地波采集可用于油藏监测。

9.3.1.2 地波勘探性能分析

地波勘测的质量和性能可通过一些客观标准分析。

- **穿透性**：通常人们一直在寻求海底内最大的可穿透深度，这些可通过高发射声源级和较低频率来实现。

- **分辨率**：垂直分辨率和水平分辨率控制了对小尺度目标(点状反射体；沉积物层之间的较浅间距)成像的能力，它们可通过信号带宽和采集几何结构实现，这就需要找到分辨率和穿透深度之间的一个平衡点。

- **地质构造成像**：这一复杂改进得益于各处理步骤(解卷积和滤波、叠加、迁移、幅值补偿)。

穿透与吸收

地波在海底内部传播的可达深度由其中的矿物底层的吸收表现所控制，它们可能有很大的不同(见下文，图 9.26)。如果只考虑松软沉积物中的吸收，则有效穿透是相当大的，例如，频率为 100 Hz 时，平均波长为 20 m，吸收为 0.1 dB/λ，相应的双向吸收损失是每 100 m 为 1 dB：这样我们可预期接收到数千米外的回波(吸收为数十分贝)。在更密实的沉积物中，吸收可能要高得多，在沙子中，数量级可能达到 1 dB/λ，导致了近得多的有效穿透距离。

强阻抗比(如存在气体层的情况下)所生成的有效掩盖也可能引起较强的透射损失，因此严重降低了穿透性能。

垂直分辨率

地波信号的时间分辨率由其主频的半周期持续时间得出。因此，空间分辨率是 $cT/4 = c/4f$，也就是 10 Hz 时为 50 m，100 Hz 时为 5 m。

如同浅地层剖面仪，信号的频率越高，就越容易受吸收的影响，在海底下方快速衰减。因此，垂直分辨率随海底下方的深度增加而降低。

水平分辨率

水平分辨率由反射现象的固有物理分辨率得出，即第一菲涅尔区，如 $\delta x \approx \sqrt{\lambda H/2}$，其中 λ 是主频分量的波长，H 是距离反射界面的高度。

9.3.1.3　有关采集装置选择的建议

采样间隔 Δt 和轨间距 Δx 决定了地波数据的最大频率与波数。最大频率是 Nyquist 频率 $f_N = 1/2\Delta t$。Nyquist 频率以上的频率必须在数字化前滤除，以避免时域混叠。Nyquist 波数定义为 $k_N = 1/2\Delta x$，数据所包含的波数超过 k_N 值时会发生空间混叠，这意味着只有有限倾斜的界面可被成像。临界角 θ 由下式得出：

$$\Delta x = \frac{V}{4F_{max}\sin\theta} \tag{9.2}$$

式中，V 是表面到界面的平均声速；F_{max} 是最大可用频率。超过这一界限，到达波无法经采集装置进行空间滤波，就会发生空间混叠。

在反射地波勘探中，拖缆长度可达数千米。该长度与最大探测深度的数量级保持一致。声源和拖缆深度是影响信号频谱的两个主要参数。9.2.2.1 节已介绍了如何选择声源深度。信号的带宽同样与拖缆深度相关；由于海面的多余反射相当于高频滤波器（陷波器），使得带宽是有限的。减少拖缆深度将信号的陷波效应提到更高的频率，因此数据的垂直分辨率增加，但缺点是，当拖缆拖曳在近海面时，记录噪声可能增加，尤其是在恶劣天气情况下。船速一般在 5 kn。

三维海洋调查中的标准采集设置示例如下：

* 6 条拖缆，拖缆长度为 4 200 m，轨间距为 12.5 m（每条拖缆 336 轨），拖缆间的距离为 100 m，拖缆深度为 6.5 m；

* 2 个声源，声源之间的距离为 50 m，每 100 m 拍照 1 次，声源深度为 5.5 m，声源-首轨之间的距离为 150 m；

* 采样率为 2 ms。

得出的 CMP 网格沿迹为 6.25 m，垂迹为 25 m，每个框中包含 42 轨，Nyquist 频率是 250 Hz。

9.3.1.4　数据实例

此处给出的数据是由二维高分辨率地波装置记录的。声源是由微型-GI 24/24 构成（高频注射式气枪，生成器和注射器的容积是 24 in³；信号频带是 50~300 Hz），接收阵列是由 72 轨组成的一条拖缆，声源深度是 1.5 m，拖缆的淹没深度约为 2.5 m，两个连续轨之间的距离是 6.25 m，声源与首轨之间的距离是 45 m。以下处理已被应用于数据：

高通滤波以及球面波发散的补偿。

在图 9.20 中，我们展示了由拖缆第二轨所采集的稳定偏移距截面。海面与海底之间的多径明显出现在该截面上（例如，海底的首个多径可明显看出在截面左侧 340 ms 双向传播时间处）。

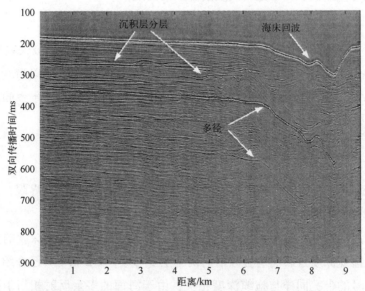

图 9.20　由拖缆第二轨记录的稳定偏移距截面信号（偏移距约 51.5 m）

这些数据是通过二维高分辨率地波装置在浅海区域记录的，纵轴对应传播时间，横轴对应船经过的距离。该图示给出了海底下方地质构造的第一"原始"图像，第一次振幅情况对应于海底上的反射，较深一点的时间对应于较深界面或多径上的反射（数据由 IFREMER 提供）

在图 9.21 中，我们展示了两个拍照点（对应于图 9.20 中显示的稳定偏移距截面上 3 km 和 7 km 处），伴随着传播时间的逐渐延长，发射信号在地表下方界面上反射后逐一抵达 72 个拖轨。

9.3.2　物理解读：传播与反射现象

本书的第 2 章和第 3 章已介绍了地波探测中涉及的声过程，但由于传输介质分层和采集配置的影响，地波探测中的一些方面是特定的。因此，本节将初步阐述一些有助于理解地波数据特性及其处理的独特特性。

9.3.2.1　单层

将平均声速为 c 的层内双向传播时间 t 与深度 h 和水平偏移距 x 关联起来的基本公式（图 9.22）是

$$t = \frac{\sqrt{4h^2 + x^2}}{c} \tag{9.3}$$

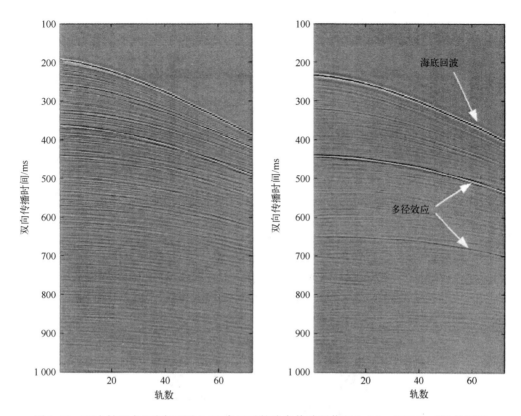

图 9.21　两个拍照点（对应于图 9.20 中显示的稳定偏移距截面上 3 km 和 7 km 处）的展示

对于每个拍照点，数据采用拖缆的 72 轨共同记录（首个偏移距：45 m，轨间距：6.25 m），这些数据是通过二维高分辨率地波装置在浅海区域记录的，纵轴对应传播时间，横轴对应轨数（1~72），对应于 45~500 m 的偏移距（数据由 IFREMER 提供）

在常规条件下，偏移距 x 是受控的，回波返回时间 t 是测量值，因此 h 和 c 的联合估计是模糊的。因此，地波回波图一般表示为双向传播时间的函数，垂直穿透的单位表示为秒。然而，如果我们假设一个（或常用）声速值为 c_A，则可得到一个深度的近似值 h_A：

$$h_A = \frac{\sqrt{c_A^2 t^2 - x^2}}{2} \tag{9.4}$$

9.3.2.2　分层介质

一般假设海底是具有不同声速 $\{c_i\}$ 和层厚 $\{h_i\}$ 的层的堆积（图 9.23）。如果 $\{\delta t_i\}$ 是穿过各层的相应传播时间，则一个有 N 层堆积的均方根声速 $c_{\text{rms}1,N}\{i=1, \cdots, N\}$ 可定义为

$$c_{\text{rms}1,\, N} \approx \sqrt{\frac{1}{t_N} \sum_{i=1}^{N} c_i^2 \delta t_i} \tag{9.5}$$

其中，$t_N = \sum_{i=1}^{N} \delta t_i$ 是至界面 N 层的累积传播时间。

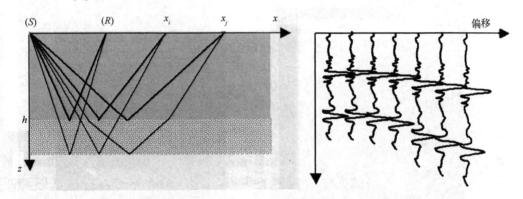

图 9.22　左图：从声源 S 到接收器 R 经过深度 h 处反射体的地波回波路径的几何结构和符号表示，距离 x 是水平偏移距；右图：地波数据回波图展示的概要原理，纵坐标轴一般是双向传播时间，横坐标轴是给定拍照点的接收器的偏移距

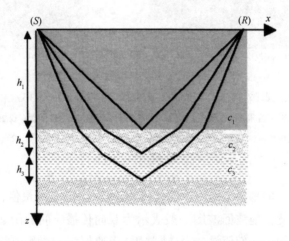

图 9.23　分层海底情况下，声源 (S) 和接收器 (R) 之间的反射路径的几何结构，各层由厚度 h_i 和声速 c_i 确定

　　从地波发射装置一直到海底内的反射层，我们能根据式 (9.5) 及 $\{t_i\}$ 和 $\{c_{\mathrm{rms1},i}^2\}$ 的测量值迭代来确定 $\{c_i\}$。在给定界面 n 上，如果 $n-1$ 层已被处理，n 层上的声速可根据经典迪克斯公式获得（Dix，1955）。该公式很容易从式 (9.5) 推导出来：

$$c_n^2 = \frac{c_{\mathrm{rms1},\,n}^2 t_n - c_{\mathrm{rms1},\,n-1}^2 t_{n-1}}{t_n - t_{n-1}} \tag{9.6}$$

当然，更多精确的数值方法也可用于确定声速，具体根据可用的实验数据而定。

9.3.2.3　多径

从各层界面反射的多径信号可能会干扰到接收的信号，尤其是在浅海区。这些现象与声呐应用相同，已在第2章中有所描述。与声呐相比，此处的多径可能在水体或海底层中生成（图9.24），因此更为复杂；如果多径在海底层中生成，则能量更低，导致接收信号变得模糊，但不会生成可清楚辨认的伴生回波。与之相反，如果是在水体内生成的多径，能量则较大，可严重影响接收信号的质量。

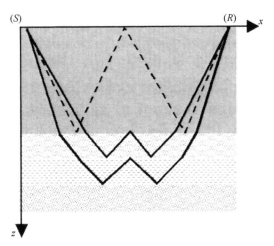

图9.24　水体中（虚线）或海底层中（实线）产生的多径

9.3.2.4　局部反射体的衍射

海底的分层结构并不总是一致的，局部不规则性和障碍物经常会破坏分层的规则性。无论这些反射体的形状和大小如何，都会在数据中产生比较常见的假象，即衍射双曲线。

假设声源和接收器之间的稳定偏移距为 Δx（图9.25），而系统是在深度为 h、水平距离由 (S) 和 (R) 之间的中心点的横坐标 X 所确定的地层上方平移，反射体横坐标为 X_0，双向斜距 R（声源–反射体–接收器）可由下式得出：

$$R = \sqrt{h^2 + \left(X - X_0 - \frac{\Delta x}{2}\right)^2} + \sqrt{h^2 + \left(X - X_0 + \frac{\Delta x}{2}\right)^2}$$

最后（见附录A.9.1），可很好地近似为

$$R^2 \approx 4h^2 + \Delta x^2 + 4\frac{h^2}{h^2 + \Delta x^2/4}(X - X_0)^2 \tag{9.7}$$

即绘于 (R, X) 平面的双曲线方程；如果双向传播时间和拍照时间分别随 R 和 X 线性变化，该衍射双曲线在回波图中可见。

当中心点在反射体最高点的垂直方向上（$X = X_0$）时，最小距离值 $R_0 = \sqrt{4h^2 + \Delta x^2}$（相

对应时间 $t_0 = \sqrt{4h^2 + \Delta x^2} / c$)可以明显看出。

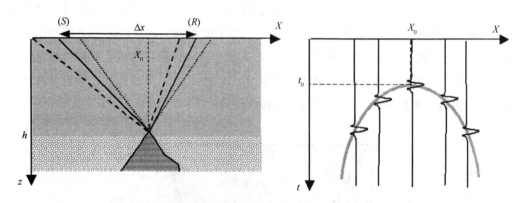

图 9.25　衍射双曲线设置，垂直平面上的符号和几何结构

左图：横坐标为 X_0 的局部反射体，导致衍射双曲线；右图：Δx 是声源和接收器之间的稳定偏移距

9.3.2.5：界面反射和透射

考虑到地波勘探中涉及的波长(数十米)，回波形成中的普遍现象是球面波反射，而在海底绘图声呐中占主导的由界面粗糙度等原因造成的散射过程，在地波数据中一般可忽略不计。

只要反射发生的位置与声源的距离相对于波长足够远，球面波反射可通过以相应入射角度入射的平面波的反射系数近似建模(Brekhovskikh et al., 1992)。平面波反射系数已在第 3 章介绍并讨论，在此不再赘述。可以这么说，平面波近法向入射时，角度相关性可忽略不计，近似反射系数(V)和透射系数(W)可直接通过界面(ij)上的阻抗比得出：

$$V_{ij} = \frac{Z_j - Z_i}{Z_j + Z_i} = \frac{\rho_j c_j - \rho_i c_i}{\rho_j c_j + \rho_i c_i}$$

$$W_{ij} = 1 + V_{ij} + \frac{2Z_j}{Z_j + Z_i} = \frac{2\rho_j c_j}{\rho_j c_j + \rho_i c_i}$$

$$(9.8)$$

常见地波反射体来自两个海底层之间的阻抗差。根据不同海底物质，阻抗值的范围从 2×10^6 Rayl(细粒饱和沉积物)到 4×10^6 Rayl(沙子)，有时甚至高达 10×10^6 或 15×10^6 Rayl(岩石)。

尤其有意义的是，相比上层沉积物具有较低阻抗的气体层或流体层的情况，因为该反射体反映了潜在油气藏的存在。在这些情景中，反射系数为负，因此波符号反相；同时，由于阻抗差较大(特别是气体反射体)，反射声强可能很高。

剪切波在坚实粗糙沉积物和所有的岩石类里比较明显。在第一种情况下，剪切波的声速值范围在每秒数百米，而在岩石里，其声速可高达纵波声速的 1/2，因此声速可达 1 500~2 000 m/s。但是，在近法向入射的情况下，剪切波对反射系数的作用不大，在一阶近似中可忽略不计；当然，如果需要准确重构整个声场，我们则必须将其考虑在内。

从反射系数中反演海底层的地质参数确实是地质勘探中的一个主要目标。这强调了保幅法的重要性，保幅法主要用来处理受控振幅能级以反演各界面上的反射-透射系数值，从而重构声阻抗-深度剖面。这类方法在实验监控(声源控制装置、接收器灵敏度校准)方面非常苛刻，因为必须全程监控发射信号和回波的能级；尽管存在这些限制，但与传统成像方法相比，该类方法仍实现了重大突破。

9.3.2.6 吸收

吸收过程是声波穿透海底内部深度的主要限制，沉积物和岩石内部的吸收系数值远高于海水中的，沉积物的吸收系数值一般在 0.1~1 dB/λ。因此，穿透深度的相应值很大程度上取决于沉积物特性和声波频率。图 9.26 给出了不同吸收系数值下，双向吸收损失分别为 40 dB 和 60 dB 时，海底内部穿透深度的数量级，以频率的函数表示。图表清楚表明，在用于地波勘测的频率(数十赫兹)下，穿透深度可达千米级，而在用于浅地层分析声呐的频率(2~5 kHz)下，穿透距离只有数十米。

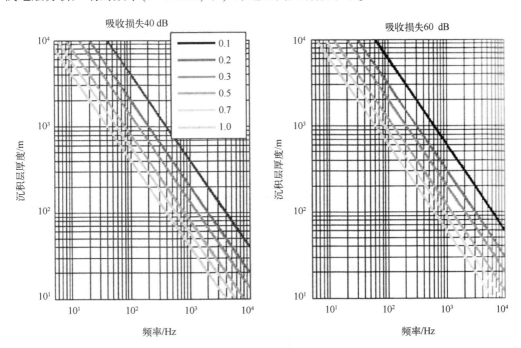

图 9.26 在海洋地波装置和沉积物剖面仪的频率下，海底内部双向吸收损失分别为 40 dB(左图)和 60 dB(右图)时沉积物层内的穿透深度，表示为频率的函数。对于不同损失值，穿透深度与 dB 值成反比。各曲线对应 0.1~1 dB/λ 范围内的吸收系数，相应 Q 值约为 300、150、100、60、40、30

传统上讲，地波的衰减是由品质因数 Q 表示的，它表示一个波长距离上的声强的衰减。可将一个衰减的纵波(2.3.2节)表示为

$$p(R,\ t) = \frac{p_0}{R} \mathrm{e}^{-\gamma R} \mathrm{e}^{j\omega(t-R/c)} \tag{2.16}^*$$

系数 γ 与 Q 的关系是

$$\gamma = k/2Q = \pi/\lambda Q \tag{9.9}$$

衰减系数可用 dB 表示成

$$\alpha = 20\gamma \mathrm{loge} \approx 8.686\pi/\lambda Q \tag{9.10a}$$

转换成 dB/m，则变成

$$\alpha \approx 8.686\pi/Q \tag{9.10b}$$

其中，α 的单位是 dB/λ。

吸收现象常常可视为与频率成正比的，因此 Q 与频率无关，Q 值的范围一般从 600 (岩石)降到 30(流体状沉积物)，即大约在 0.05~1 dB/λ。

9.3.2.7　声速剖面

海床是一种极其不均匀的传播介质，这点与海水相同(甚至不均匀程度更高)。特别是，由于上覆层和水体的压力，物质压实程度随沉积物内深度增加而增加。这种压实作用会增加弹性模量，从而会加大声速(2.1.2节)。声速值可能从 1 500 m/s(沉积物第一层)变化到 6 000 m/s(更深层)。该变化容易导致声波传播的角度变化，正如海洋中的声传播一样(2.7.1节)。

地波传播中考虑的声速梯度的数量级与水声学中考虑的完全不同：在海底内部，平均声速梯度可能高达 1 m/(s·m)(与海水中静压力造成的 0.017 m/(s·m)平均等温梯度相比较)。因此，射线弯曲的效应更明显。

9.3.2.8　折射波

折射波[6]以下层介质中的声速在两层之间的界面上传播(图 9.27)：界面上的入射角等于最大倾角，即 $\sin\theta_1 = c_1/c_2$ 给出的临界角。介质的声速通过分析折射波到达时间以及采集配置的几何结构得出。图 9.27 描述了折射波传播的几何结构。

对于介质 1 和介质 2 之间界面上的折射波(图 9.27)，可用基础等式(见附录 A.9.2[**])确定传播延迟：

＊：此处原著公式编号有误，应为 9.9，依次类推。——译者注

⑥地波传播中的术语折射波是用来表示一种界面波，与水声学中目前使用的折射波术语含义不同，水声学中的折射波只表明声波方向的变化，地波中的折射波是水声学中的横波。

＊＊：此处原著有误，应为附录 A.9.1。——译者注

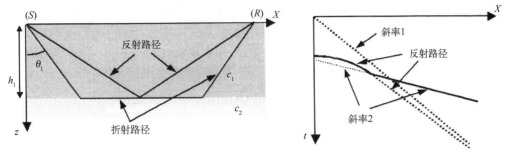

图 9.27 折射波几何结构

左图：折射波在界面上传播的几何结构；右图：直达波、反射波和折射波（虚线）的时间/偏移距相关性；
因此，小偏移距时，其相关性（实线）是双曲线；在折射波存在的情况下，其相关性变成线性的

$$t_1 = \frac{X}{c_2} + \frac{2h_1}{c_1}\cos\theta_1 \tag{9.11}$$

式中，X 是 (S) 和 (R) 之间的水平距离，这一重要结果表明折射波到达时间值是偏移距 X 的线性函数。

然而，式(9.11)只有在距离 X 足够大到确保折射波存在的情况下才有效；在较短距离下，信号是被界面反射的，这种变化发生在：

$$t_1 = \frac{2h_1}{c_1\cos\theta_1} = \frac{2h_1}{c_1\sqrt{1 - c_1^2/c_2^2}} \tag{9.12}$$

图 9.28 描述了折射波在多层介质中的几何结构。对于介质 2 和介质 3 界面上的折射波，到达时间（见附录 A.9.2*）变成

$$t_2 = \frac{X}{c_3} + \frac{2h_1}{c_1}\cos\theta_1 + \frac{2h_2}{c_2}\cos\theta_2 \tag{9.13}$$

式中，$\sin\theta_1/c_1 = \sin\theta_2/c_2 = 1/c_3$。

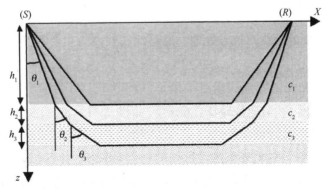

图 9.28 折射波在多层介质之间界面上传播的几何结构

＊：此处原著有误，应为附录 A.9.1。——译者注

最后，对于介质 N 和 $N+1$ 之间的界面上的折射波，折射时间公式可概括为

$$t_N = \frac{X}{c_{N+1}} + \sum_{n=1}^{N} \frac{2h_n}{c_n} \cos \theta_n \qquad (9.14)$$

式中，$\sin \theta_1 / c_1 = \sin \theta_2 / c_2 = \cdots = \sin \theta_N / c_N = 1/c_{N+1}$。

应当注意的是，与各层相关的角度集 $\{\theta_1, \theta_2, \cdots, \theta_N\}$ 会随折射波变化（图9.28），各角度集由给定界面上的全反射条件得出。

同时需要注意的是，当接收器位于海底时（海底地震仪接收器），式（9.11）至式（9.14）会略微不同，详见附录 A.9.2[*]。

这些公式的未知数较多且会使解不唯一，因此不能直接求解方程。例如，求解式（9.11）时，必须求得 c_1、c_2 和 h_1，这对于一个等式来讲，工作量太大。下层声速 c_2 可通过一系列偏移值 X 计算出的时间测量值 t_1 来确定，并给出 $t_1(X)$ 线的斜率（$1/c_2$）。然后，从其他地方获得 c_1 值（例如从直达路径到达时间或水道测量），c_2 值也确定后，θ_1 值可从 $\sin \theta_1 = c_1/c_2$ 计算出。最后，截取 $t_1(X)$ 线中的 $2h_1/c_1 \times \cos \theta_1$，得出 h_1 值。

在多个堆积层的情况下，相同的基本原理可迭代应用，从最上层开始，一直向下迭代。

在倾斜界面的情况下，存在一个以上的未知量（斜角），因此无法求解。常用方法是在一个地质带上同时往两个相反的方向测量，这样就有可能隔离斜率的影响，参见 Telford 等（1990）。

注意，在反射地波数据中，折射波首先出现在较浅界面，存在较长偏移。这一部分的数据通常视为噪声，不会在反射地波处理中得到利用。

9.4 地波处理原理

9.4.1 地波处理概况

本节简要展示反射地波的信号处理，反射地波处理的主要目标是恢复地表下方的地质构造的图像。

对于三维地质勘测，处理的最后结果是以 (X, Y, Z) 为参考的三维区域，其中 (X, Y) 对应地理坐标，Z 对应传播时间或深度。因此，界面的三维几何结构、反射信号的振幅（及振幅随偏移距发生的变化）、信号的频率范围和不同层的声速被用来按照地质学方式来解译数据。所有这些不同属性数据的整合可用来估计不同层的物理特性。对于石油工业，主要目标之一是在沉积岩中探测油或气的存在以及估计潜在油气藏的储量。

---

[*]：此处原著有误，应为附录 A.9.1。——译者注

记录的地波回波受到一系列系统的典型默认项的影响，每一项都可通过专用方法修正：

- 传输的信号与狄拉克脉冲不同，不是理想形状的，且其波形影响记录的回波：这可以通过对发射波形进行解卷积来修正，而这些发射信号要么是从模型中获得，要么从发射波形的远场记录中获得。

- 重影信号（海面反射的信号）和多径（海面和海底之间反弹）可通过解卷积从多径时间结构中去除，多径也可通过组合不同偏移距的回波来排除。

- 接收信号振幅的绝对值（保幅处理应用所需）可通过声源级控制、传播损失修正、接收器灵敏度和增益补偿来恢复。

- 加性噪声可通过使用接收滤波器和叠加来自不同发射点和频移的信号来减少。

- 几何失真和畸变（例如，衍射双曲线）可通过动校正（NMO）、声速分析和迁移算法（旨在重构非平或倾斜反射体）等各种处理来进行修正。

这些处理步骤之间多少都是相互依赖的。比如，地质带的正确叠加表明相关的同步性可以首先从来自不同几何路径的单独信号之间获得。这些结果又反过来说明足够精确的传播声速是必要的，因此叠加和声速分析是相关联的。

在主要方法中，反射地波数据的处理流程可分为三个主要部分：①预处理；②声速分析、动校正和叠加；③迁移。

预处理的目的在于提高记录信号的有用部分的质量。对于一些预处理步骤（尤其是迁移），对三维介质中传播声速的准确测量是必不可少的。这类声速可从地波数据集上采取的传播时间分析中得到。这些声速分析可在不同的处理步骤中反复使用以改善最后的声速场。由于采集装置不具备指向性，必须将地表下方的分层界面放置在其真实的位置上。这一最后的步骤就是迁移，使用的就是之前估计的声速模型。

在下文中，我们将简单展示记录的信号以及上文所述的三大主要处理步骤。如果感兴趣的读者想要了解更详细、更丰富的地波数据处理方面的知识，可阅读 Claerbout（1976）和 Yilmaz（1987）等的参考书（尤其是关于迁移方面的知识），也可参考 Claerbout（1985）、Scales（1994）和 Biondi（2004）等的书籍。

9.4.2　记录的信号

地波信号通常是在其基本"原始"形式下被数字化、调整和处理的。这是由于这些信号一般具有宽带低频的特征，不需要解调和基带迁移（这与传统上具有频移的声呐信号相反）。采样的要求就是 Nyquist 的经典采样条件（采样频率必须至少是最高有效频率的两倍），因此采样频率值一般在数百赫兹。由于需要保持信号振幅不失真的需求（从进一步操作的角度来看），因此需要使用高动态接收器，一般是 16 位或以上的接收器。

单轨信号数字化所需的较低比特率会随拖缆上的轨数和拖缆数（可能）的增加而急剧增加，因此最后待记录和处理的数据量可能是巨大的。作为粗略说明，当采样频率为两个字节 500 Hz，拖缆数量为 6，各拖缆上的轨数为 336 时，得出的比特率可达 2 Mbytes/s 或 170 Gbytes/d。

9.4.3　预处理

预处理的主要目标是设置勘测几何结构，减少噪声级（重影信号、折射波、多径波、涌浪噪声……），并恢复信号的真实幅度。一些预处理步骤需要使用初始声速场（声速分析见 9.4.4 节）。

9.4.3.1　地波勘测几何结构

首个预处理步骤是定义地波勘测的几何结构，对于各拖缆，很有必要估计相应声源、接收器和 CMP 位置的地理（或相对）坐标。

9.4.3.2　高通滤波器和高噪拖轨的去除

高通滤波器常常在预处理开端使用以减少记录在拖轨上的低频噪声（涌浪噪声）。

我们也会直接去除噪声最大的拖轨以确保数据集的一致性。

9.4.3.3　真实振幅恢复

由于球面波扩散和沉积物的吸收，地波的振幅下降，可进行各种传播损失补偿以恢复其真实振幅值。在无衰减的均匀介质中，声波振幅以 $1/R$ 减少，其中 R 是波阵面半径。在声呐处理中，对于存在反射的双向传播，该振幅衰减通过 $20\log(2R)$ 修正来补偿［见式（9.1）］。

对于分层介质，振幅衰减可通过 $1/[tv^2(t)]$ 估计，其中 t 是双向传播时间，v 是到反射体的均方根声速。在地波数据处理中（Newman，1973），$tv^2/t_0 v_0^2$ 这一增益修正一般被用来补偿沉积物中球面波发散，其中 v_0 是特定时间 t_0 时的声速值。

该修正必须使用初始声速场（声速分析见 9.4.4 节）。

由于得出的有关数据振幅的损失信息可用于数据解译，一般不采用自动增益控制（AGC）。

大多数情况下，吸收不在预处理中补偿，而只在处理末端补偿，以避免增加高频噪声的能级。根据数据频谱信息随深度发生的变化，可估计一个平均吸收系数。整个勘测过程中通常只使用一个平均吸收系数，但如果需要更加准确地在三维空间（x，y 和传播时间）对吸收损失进行补偿，可使用一个可变系数。

9.4.3.4　解卷积

在地波数据处理中，解卷积主要有两大用途：声源特征的解卷积（脉冲解卷积）和多径解卷积(预测解卷积)。这些过程通常需要使用维纳滤波器。本段只是稍微提及解卷积和维纳滤波器, Yilmaz(1987)所著参考书详细介绍了解卷积,并给出了一些基本假设的重要评论。

声源特征解卷积

在声呐和地波系统中,接收的回波(在时域中考虑)由被延迟和衰减的传输信号的副本构成;换言之,原始信号波形已被探测介质的冲激响应所卷积(沿着声传播过程)。这导致接收到的物理信号具有这种信号振荡复制的波形表征,这不利于数据的可读性。在地波数据处理(声呐处理中很少涉及)中,常常需要通过对原始信号波形的一些细节部分的抑制来完成对原始的传输波形信号的解卷积,从而更好地恢复图像质量(图9.29)。这就意味着需要使用更准确的信号副本,而信号副本要么是从模型中获得,要么从传播波形的远场记录中获得。

实际上,解卷积的结果不是一个尖锐脉冲(因为这样会增加高频部分的噪声级),而是较短的、具有最小相位或零相位的小波(图9.29 右图)。

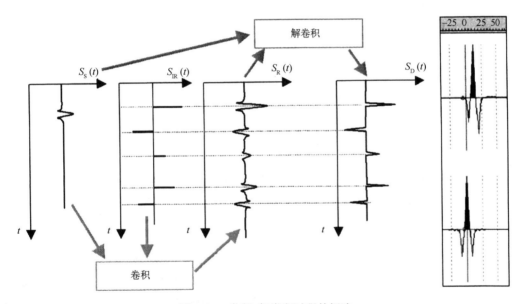

图 9.29　卷积-解卷积过程的阐述

物理接收信号 $S_R(t)$ 可建模为声源信号 $S_S(t)$ 和探测介质的理想冲激响应 $S_{IR}(t)$ 的卷积产物,卷积是物理过程,在声波传播过程中自然应用;解卷积过程(人为使用)旨在通过测量的 $S_R(t)$ 和 $S_S(t)$ 恢复冲激响应的估计 $S_D(t)$ (尤其是消除传输信号的振荡);右图中的图片展示了声源远场特征信号(上图)经声源解卷积后变成常规波形 (下图)的过程(数据由 Total 提供)

预测解卷积

预测解卷积的目标是减弱与多径相关的反射。能量最强的多径是由海面到海底的多重反射造成的。对于各界面，根据水深值，可预测与海面-海底反射相关的多径所对应的双向传播时间。通过特定维纳滤波器（利用海面-海底传播时间相应的预测延迟），可以部分消除这些多重反射（图 9.30）。

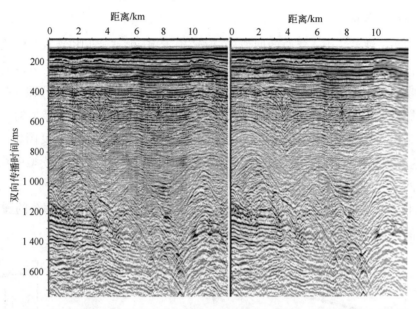

图 9.30　预测解卷积前（左图）后（右图）的叠加。多径经预测解卷积后减弱，
在距离 6~10 km 处特别明显（数据由 Total 提供）

9.4.4　声速分析、动校正和叠加

对于声速分析、动校正和叠加，所有记录的拖轨必须分为包含多轨且偏移距不同的共中心点。本节中，我们将首先解释动校正原理，然后介绍用于声速分析的过程，最后展示叠加过程。

9.4.4.1　动校正

动校正处理旨在给定共中心点上对声源（其位置随时间变化）到接收拖轨（位于拖缆上，自身随时间变化）上的不同路径的差进行补偿。图 9.31 描述了恒定声速的均匀层下平坦界面的几何构型。声源和接收器沿拖曳轴 x 的连续位置差对应于偏移距值 $X_n = x_{Sn} - x_{Rn}$ 和相应的双向传播时间 t_n。双向传播时间 t 相应的曲线（偏移距 X 的函数）是双曲线，顶点在零偏移距拖轨上。传播时间与偏移距的关系式是

$$t_n^2 = t_0^2 + \frac{X_n^2}{c^2} \tag{9.15}$$

式（9.15）仍可被用于多层介质。因此传播时间不再是精确的双曲线；然而，事实上，可以用双曲线去拟合数据。声速 c 对应地波从声源到较深界面再回到接收器的均方根声速。

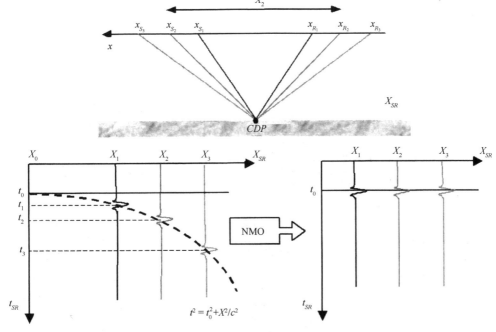

图 9.31　动校正处理的几何描述

上图：对于共深度点，可以利用声源和接收轨的几个位置，偏移距不同，对应拍照于不同的拍摄点；

然而，这些会带来不同的传播距离和接收时间（左下图），因此时域信号需要在该范围内修正

相反地，获得双曲线参数 (t, t_0, x) 就可能恢复平均声速 $c = x \left/ \sqrt{t^2 - t_0^2} \right.$，这实际上就是在动校正过程之前进行声速分析的目的。

9.4.4.2　声速分析

正如我们前文所见（9.3.2.7 节），声速随深度而变化。影响声速的主导因素是围压，围压会随深度而增加。如果地质结构并非严格水平分层的（即只与 z 相关），则声速的横向变化可被观察到。地波从声源到较深界面再回到接收器的传播时间直接取决于声速。对每一个共中心点，都需要三维声速场的准确测量值来补偿各轨的不同传播时间。

声速分析是在整个勘探区中一些选定的共中心点上执行的。其目的在于估计非常密集的三维声速场（例如，每千米进行一次声速分析），其中需考虑声速的横向变化。

对于每个选定的共中心点，目的在于定义能够最佳拟合双曲线 $t^2(x) = t^2(0) + x^2/c^2$（对应界面上的连续反射）的声速。$c(t)$ 随着 t（无间断）连续变化且对应地波从表面到不同界面的均方根声速 ν_{rms}（图 9.32 左图）。

有一些算法可用于自动确定声速，但大多数情况下，声速分析是极为细致且耗时的人工过程。尤其是，需要十分注意选择对应直达波（而非多径）的双曲线，因为多径

会导致估计的声速偏低。声速分析是反射地波处理的基本步骤，估计的声速场将被用于随后的处理步骤，即将地表下方的界面置于其真正的位置（动校正和迁移处理）。

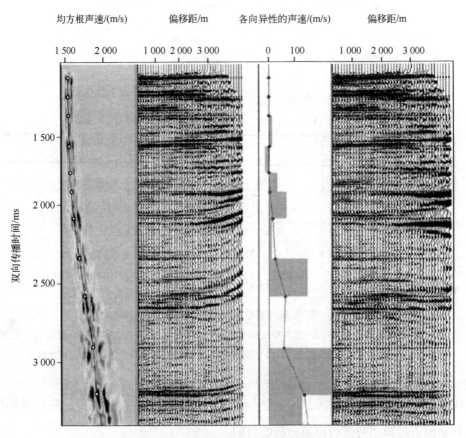

图 9.32　选定共中心点上的声速分析

首先选择 NMO2（二阶动校正）声速（左图：选取 NMO2 声速和经 NMO2 修正的共中心点）；

为了准确定位远偏移距的数据，有必要考虑各向异性和确定 NMO4（四阶动校正）

声速（右图：选取 NMO4 声速和经 NMO2+NMO4 修正的共中心点）。数据由 Total 提供

结论

上文简要展示的声速分析过程只有在均匀层下的平坦界面上有效。对于多层介质和下沉界面，等式 $t^2(x) = t^2(0) + x^2/\nu_{rms}^2$ 并不正确。

对于多层介质，更加准确的表达式是

$$t^2(x) = C_0 + C_1 x^2 + C_2 x^4 + \cdots \tag{9.16}$$

为了更好地对不同传播时间进行补偿，可引入 x^4 项。考虑沉积层内在各向异性（垂直方向和水平方向上的声速值不同）时可使用该四阶项，因此我们需要涉及 NMO2（x^2 项）和 NMO4（x^4 项）声速（图 9.32 右图和图 9.33）。

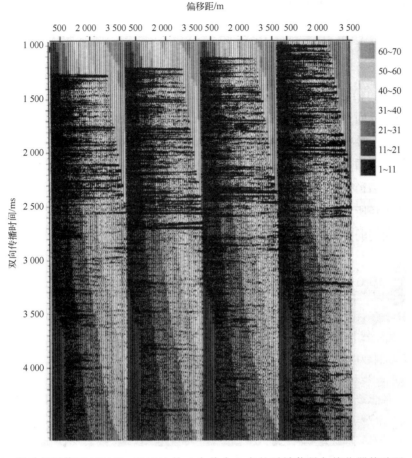

图 9.33　经动校正修正（NMO2+NMO4）的 4 个共中心点的时域信号与接收器偏移距。信号的多余部分被消音：较宽偏移距的数据部分删除（较浅部分），轨内消音也用于删除 6 个较短偏移距的较深部分。入射角（描述成背景灰度级）从 0°变化到约 60°（数据由 TOTAL 提供）

对于下沉界面，估计的动校正声速 ν_{NMO} 并不对应于均方根声速 ν_{rms}，但：

- 在二维中，$\nu_{NMO} = \nu_{rms}/\cos\theta$，其中 θ 是界面倾角（如果是水平界面，$\theta = 0$）；
- 在三维中，$\nu_{NMO} = \nu_{rms}\big/(1-\sin^2\varphi\cos^2\theta)^{1/2}$，其中，$\varphi$ 是方位角，θ 是界面倾角。

9.4.4.3　叠加

一般说来，叠加意味着对不同记录点记录的相同目标所发回的信号求和。叠加的目的在于提高海底图像展示的质量（或一般情况下，任何声呐或雷达图像的质量），其基本思想与 6.2.2 节中提及的声呐信号相干求和类似：一系列来自给定目标的加噪信号的同相求和将强化信号的有用部分，并相对减少噪声的影响。该方法应用于地波信号时，主要限制在于各个拍照点间预期信号之间的相干性，由于回波形成中所涉及的传播现象在各个拍照点上略微有所不同，因此这种相干性也不容易获得。

在地波数据处理中，叠加过程是在动校正处理后进行的，其包含对共同 CMP 上不同拖轨的信号的求和(视各轨之间的偏移距为零)。

鉴于动校正修正已经导致信号拉伸(尤其是在较浅界面，对于较宽偏移距)，因此最好删除(减弱)信号中的失真部分，因为该部分可能会降低叠加效果。所谓的消音就是将对应较浅界面和较宽偏移距的信号换成 0。常用限制对应的入射角约为 50°。该消音也用于移除信号中的折射波。一些条件下也可使用轨内消音，主要在于删除较短偏移距中较深的数据部分，旨在减少叠加剖面上的多径效应。

为了移除多径效应，在叠加前可以采取一些处理(通常基于声速鉴别，见图 9.34)。但由于这些多径所对应的反射并未适当求和(声速低于动校正过程中使用的声速)，叠加过程自身会消弱多径效应。

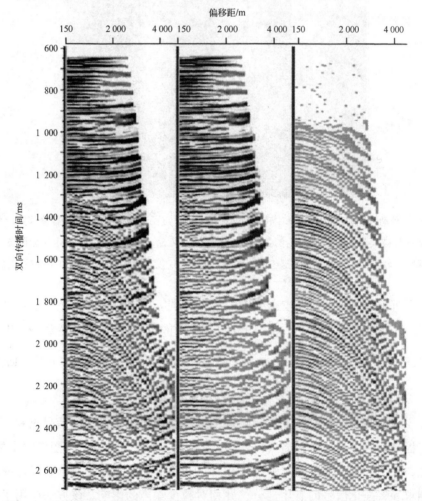

图 9.34　基于动校正差的多次衰减前(左图)和后(中图)经动校正修正的共中心点；
右图为两个共中心点之差(数据由 Total 提供)

叠加增益

叠加一系列拖轨时域信号可提高信噪比增益(相对于单个信号的)。理想条件下,增益由下式给出:

$$G = \frac{N_T \delta x_T}{2VT_S} \tag{9.17}$$

式中,N_T 为拖缆上的轨数;δx_T 为轨间距,单位为 m;V 为拖曳速度,单位为 m/s;T_S 为各拍照点间的延迟,单位为 s。

9.4.5　迁移

预处理期间,在不考虑射线路径复杂性(下沉界面上反射、衍射双曲线……)的情况下,记录的信号已按照 CMP 归类,而射线路径的复杂性主要是由复杂地质构造和无指向性的声源和接收器所导致的。因此,在叠加部分中,下沉反射体没有被置于其在地表下方的真实位置上的,我们可由此观察出一些衍射双曲线。

迁移过程的主要目标是将反射事件从下沉界面移至其在地表以下的真实位置,并聚焦衍射双曲线。该过程需要知道精确的三维声速场。首先可以使用之前估计的动校正声速场,但因为聚焦反射和双曲线的最佳声速可能不同于动校正声速,该声速场常常需要更精细化。

本节首先通过两个简单实例引入迁移过程,然后简要展示一些可使用的不同迁移方法,这些方法取决于待成像的地质构造。

两个简单实例

一种简单解释迁移的方法是考虑一个恒定声速的均匀介质和单一目标点的场景。一系列迁移距为零的拖轨每次接收一个回波,因此每次都能探测到一个到达时间。这些时间 $\{t_i\}$ 定义了前文提及的衍射双曲线。对于接收器 i,已知 t_i 并假设传播声速 c,可得出一种直接的几何结构:目标必须放置在半径 $R_i = ct_i/2$ 的等时圆中,找出所有接收器的等时圆就可复原目标的真实位置,也就是在各圆的相交处。

实际中,并不采用这种处理方法。由于所记录的信号是从整个传播介质上的多个传感器所收集的,因此任意一个给定时域信号的样本都会被介质上所有可能的反射点所影响。在对来自所有拖轨的所有样本的作用求和后,相干作用明显增加,实际的目标位置在几何图上可得到强化。

在图 9.35 中,目标为单一散射点,坐标 $(x, z) = (0, 500)$。第一幅图展示了记录的时域信号,然后是 2 轨迁移后信号,接着是 8 轨迁移后信号,最后是 40* 轨迁移。在

---

* :此处原著有误,应为 32。——译者注

图 9.36 中，设置更加复杂，反射层呈现一些起伏。原始时域信号给出的图片中，海底几何结构严重变形，而在迁移处理后（301 轨），界面起伏很好地被复原。图 9.37 展示了应用于实际数据的迁移处理。

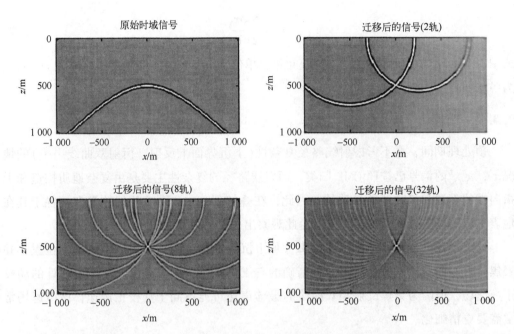

图 9.35　定位于(0，500)处的点目标的迁移处理模拟，由拖缆记录的时域信号图表（左上图）展示了一个衍射双曲线。从 2 轨反向传播的信号（右上图）表明目标在两个等时圆的相交处；在 8 轨（左下图）的情况下，相交改善；在 32 轨（右下图）的情况下，只有实际目标反射的信号可见，其他信号作用已不明显

一些有关迁移的结论

将记录的信号聚焦到给定目标点意味着一些设置参数是需要预先知道的，否则我们就必须做出大量近似或假设（如直线传播，对应恒定平均声速）。在这些近似下，记录的信号通常没有得到正确的补偿：给定的目标点未能被准确定位，信号求和只能得出海底结构的模糊照片和不准确的表现。因此，迁移处理的主要难点在于对所应用的几何补偿的调整，以增加信号的相干性，从而改善由此产生的信号聚焦及最后的几何重建。

事实上，只要探查的界面不同于最简化模型（水平平坦分层，等声速介质），就需要迁移处理，如下沉界面、非分层埋入结构、声速不均匀的情况——换言之，具有实际意义的所有设置都需要迁移处理。

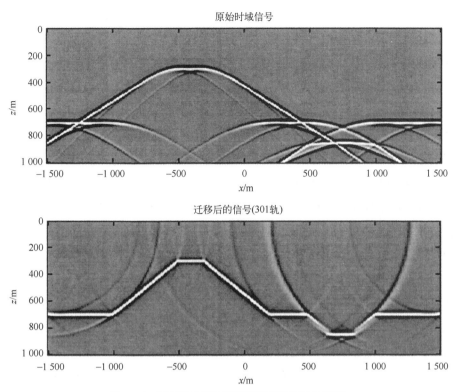

图 9.36　不同海底界面情况下迁移处理的模拟

拖缆记录的时域信号图(上图)几乎没有生成实际的几何结构,经 301 轨迁移处理后(下图),
能看到产生记录反射的结构。衍射双曲线不成立,下沉反射体在其真实位置

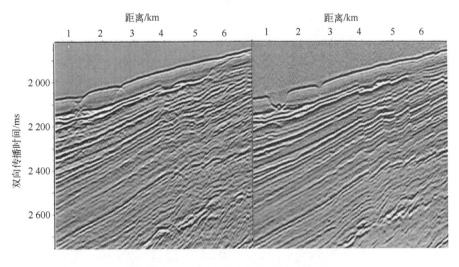

图 9.37　应用于真实数据的迁移实例

左图:迁移前叠加;右图:迁移后叠加(基尔霍夫叠前时间迁移),
迁移后,海底上的孔洞和剖面成像更准确(数据由 Total 提供)

不同的迁移方法

根据地质构造的复杂性，可采用以下不同的迁移方法。

- 如果不存在结构性的下沉，且声速只随深度变化，可应用简单的时间–深度转换。

- 当叠加处理部分包含衍射双曲线或下沉反射体时，就必须使用叠后时间迁移。这类迁移只在轻微横向声速变化时有效，时间迁移过程的结果是三维结构的(X，Y，时间）。

- 当叠加处理部分包含衍射双曲线或下沉反射体且具有严重横向声速变化时，就必须使用叠后深度迁移。深度迁移过程的结果也是三维结构的(X，Y，深度）。深度迁移中，地质结构能够从其真实的位置上观察到，因此该迁移似乎比时间迁移更便于地质学的解译。但这类迁移需要首先非常准确的声速模型的估计，而这种估计并不容易获得。同时，深度迁移中使用的算法需要大量的计算资源。

- 如果地波数据涉及下沉反射体，则通常使用叠前时间迁移（图 9.38）。在给定 CMP 上，由于不同轨上的反射回波来自不同下沉界面，有时无法找出正确的声速。叠前时间迁移成为一个对抗这类衰减的更严谨的解决方案。

- 最后，当横向声速变化非常明显时，就必须使用叠前深度迁移。这种迁移方法能给出地表下方构造的最准确图像，但在计算资源方面要求非常苛刻。

三维地波勘测中，一般使用三维迁移算法，以考虑地质构造的三维几何结构。

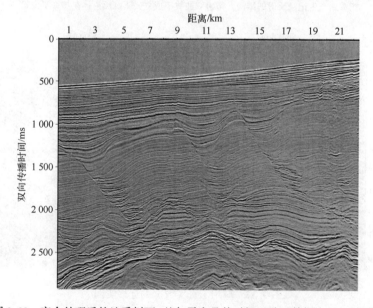

图 9.38　完全处理后的地质剖面（基尔霍夫叠前时间迁移，数据由 Total 提供）

迁移算法成为地球物理学者和工程师的经典工具包。迁移算法中有很多算法，各算法的性能等级不同，且定义在不同域中：时间-空间（基尔霍夫，有限差分迁移）、频率-波数（f-k 迁移，Stolt，相移法）或频率-空间（f-x 或 omega-x 迁移）。这些都存在一些特定基本假设和限制（例如，反映重要的下沉或考虑强烈的横向声速变化的能力），需要可变计算资源。这些算法的详细描述不在本书讨论范围之内，因此不在此赘述。同样，感兴趣的读者可阅读专业文献（Yilmaz，1987；Claerbout，1985；Scales，1994；Biondi，2004）。

简单地说，多数迁移算法的理论基础是标量波动方程，该方程将声压场的空间和时间变化联系在一起（见 2.1.4 节）。例如，基尔霍夫迁移以波动方程的积分求解为基础，该波动方程从表面测得的波场 $P_{in}(x_{in}，z=0，t)$ 得出地表下方位置 $(x，z)$ 的输出波场 $P_{out}(x，z，t)$。基尔霍夫算法对应于沿着衍射双曲线上的振幅求和。求和前进行数据修正，从而使该求和与波动方程（振幅的角度相关性、球面扩散因子和相移因子）一致。三维基尔霍夫算法使用三维算子在三维中移动下沉界面，使衍射双曲线坍塌。该算法在叠前应用时，也将数据的各种偏移距和方位角考虑进去，以便更准确的定位下沉的事件。该迁移可处理斜度达 90° 的下沉和轻微的声速变化，通常用于常规处理。

9.4.6　振幅处理

鉴于发射信号的形状和大小受控，使用校准后的接收装置和处理链可在保幅条件下处理回波。这样就可以从记录场开始就解决获取沉积物内实际反射-透射系数的反演问题，最终反演得到待探查介质的参数。

解决该反演问题必须考虑各固体层内的传播现象，涉及模式-转换现象（如果这些层足够压实，来自水体的入射纵波将在沉积物层内部生成剪切波，见 3.1.1.5 节）。在两层之间的界面，纵波和剪切波都必须考虑连续性条件；一般是通过转移矩阵法来建立模型。其中使用的数值求解的传播方程非常复杂，且计算量大。但是，鉴于较低频率下的信号（几乎不受水体传播和传播介质小尺度特征的干扰）比声呐中使用的信号更加稳定，振幅处理的结果确实比高频水声学中的更加可靠。

9.5　地波勘探对比声呐调查

最后，本节不再从本书的一般观点来探讨地波勘探，而是总结了其与声呐系统的相同点和不同点。正如引言所述，海上地波勘探的反演问题与声呐系统中的大不相同。尽管目的（从涉及声脉冲波的间接测量中恢复复杂目标介质可能的一些特征和几何结构）和接收的数据内容（受控发射信号回波的到达时间和振幅）基本相同，但需要指出一些重要不同点。

- 对于声呐，地波回波信号由非连续界面的镜面反射或局部散射体的衍射回波产生；但是也有折射波在分层介质的各界面上传播，尽管这种情况很难在声呐中观测到。与声呐不同的是，普遍存在于声呐系统中的反向散射回波（由体积或界面的不均匀性导致）现象，与地波勘探中的镜面反射回波相比可忽略不计。我们也要提及剪切波的角色：地波在压实沉积物或岩石中传播时，剪切波起着非常重要的作用；而对于主要在流体介质中传播的声呐波，剪切波的作用不大。

- 天线指向性的空间滤波功能是声呐工作原理中的关键能力，但在地波勘探中，由于波长、物理目标和测量装置的不同尺度，该功能并不适用。因此，在地波信号传输中，待探索的整个空间是立即被声穿透的，导致时间-空间的探查中存在很多模糊性问题。这些模糊性问题在经过处理（尤其是迁移过程）后可以解决，迁移过程的主要目标是将下沉反射体移至其地表下方真实的位置，并聚焦其衍射双曲线。

- 此外，在声呐应用中，传播介质的三维探测非常有限：即使需要用到三维声呐探测，也只能选择"探照灯"型（同样是由于声呐指向性能力的选择性和多功能性），其几何结构可能以多重二维的方式分析。这完全不同于地波探测方法，我们必须考虑声波传播和时域信号的整个空间结构，而不会对信号进行任何空间角度的选择。

- 在声呐探测中，传播介质（即海水）的物理参数一般是先验已知的，且准确率较高（取决于部署的传感器，见2.6.3节）；地波勘探中，情况有所不同，实际上测量的目的之一是恢复这些参数以及目标的几何结构。我们可立刻意识到其复杂度完全不同：要完成以未知声速和三维（甚至只有二维）几何结构在分层介质中传播的地波信号其面临的挑战在声呐系统中前所未有，显然需要使用专门的策略。

海底地波探查的特定难点可通过下列几点说明。

- 从待探查空间的先验网格采样中记录的信号的重叠和冗余，导致地波探查中的覆盖策略不同于声呐探测；地波探查中使用的覆盖策略可能更加繁琐，且无法通用，但确实能够提供待探测介质的准确常规网格，而声呐（其空间分辨率以角度分辨率为基础）中常常不具备这一优点。

- 需要对整体探测待探索区域的需求与声呐探测中以高瞬时/局部分辨率扫描扩展目标的方法不同。对于地波勘探[7]，这意味着：较长采集序列上数据的全面记录，这样就需要记录局部目标相关的所有空间相关信息；在采集过程中，需要对整个测量装置（声源和拖缆）的导航和移动有完美的控制；考虑进一步后处理的数据记录。实时处理和展示在很多声呐应用（在海军作战或渔业等领域中，由于显而易见的原因而大受欢

---

[7]然而，注意地波采集限制与SAS系统非常类似，见5.3.9节。

迎)中非常有用而且很受欢迎，但在整个地波勘测中并不必要。最后处理数据常常在数据收集后几周内给出，但在地波勘探环境下这一延迟不会造成任何不利影响。由于需要进一步数据分析(尤其是声速分析，无法实时完成)，实时处理无法在地波收集中同时进行。此外，为了对探查区中选定的点准确成像，很有必要在该点附近的较大区域内收集并处理数据，这也导致无法对数据进行实时处理。但是，在地波勘探中，原始记录数据的实时监测是至关重要的，因为这将决定处理结果的最终质量。该实时监测是通过各种数据显示和控制执行的：显示来自监控水听器的信号来控制声源，显示声源和拖缆位置和深度，显示拍照点数据或单轨截面，实时估计数据的频域内容，对拖缆上各水听器接收的信号进行振幅控制……

- 基于在结构复杂的介质中传输信号的未知参数的连续估计，我们需要更多特殊处理方法的研发。

- 对巨大数值计算设施的要求，远大于声呐系统中涉及的计算设施——即使是最复杂的声呐。注意，在声呐中，大部分的处理负荷是实时完成的(如与波束形成相关的所有操作)，而地波探测中的相应计算必须作为后处理在数据存储后进行操作。

第 10 章　海洋动物声学

听觉是海洋环境中的一种重要感知形态。光无法在海水中有效传播，因此海洋较深处只存在很少的环境光，动物通常无法使用视觉线索进行相互交流，或探索其在海洋深处的生活环境。即使在浅海环境中，受水混浊度的影响，能见度也通常较差。相反，声音在海水中可以相对有效地传播。很多海洋物种已适应这些环境限制，并在很大程度上依赖于声信号完成觅食、发现捕食者、交流和导航等任务。

本章概述了海洋动物的听觉能力、发声机理和声音的使用，并阐述了海洋中声污染的来源和影响。

在文中，当常用名模糊不清时，就会使用学名，但附录 A.10.1 同样列出了常用名和拉丁文名。

10.1　海洋哺乳动物生物声学

海洋哺乳动物是一种多样化的种群，根据常见栖息地而非物种分类关系群居在一起。在本章中，一些学名偶尔被用来指代下列各类海洋哺乳动物，包括鲸类动物（鲸鱼、海豚和鼠海豚）、鳍脚亚目动物（真海豹、突耳海豹和海象）、海牛目哺乳动物（海牛和儒艮）、海獭和北极熊。鲸类动物可进一步分为齿鲸亚目（齿鲸）和须鲸亚目（须鲸），而鳍脚亚目动物可进一步分为海豹（真海豹）、海狮（突耳海豹）和海象。图 10.1 中展示了一些所选的海洋哺乳动物物种照片以及其中一些动物发出的声音的例子。

10.1.1　声接收

人类早前已经研究了海洋哺乳动物的听觉，我们在对这一主题进行更深入的探讨时可参考这些研究（Au et al., 2008；Ketten, 1997, 1998, 2000；Pabst et al., 1999；Richardson et al., 1995；Supin et al., 2001）。

与大多数哺乳动物的外周听觉系统相同，这些海洋哺乳动物的外周听觉系统可以分为三大部分，首先是声传导通道，该部分将声能传至耳朵，类似于人类外耳和耳道；其次是中耳，该部分将声能转化成可被内耳探测的机械信号；最后是内耳（耳蜗），特殊感官细胞会在此过滤信号并将其转换成神经元脉冲，传输至大脑。

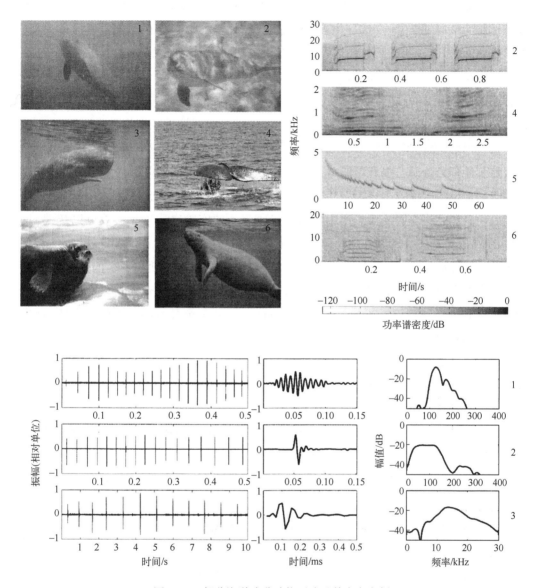

图 10.1　部分海洋哺乳动物照片及其声音实例

左上图：1 为鼠海豚（DeRuiter 拍摄），2 为瓶鼻海豚，3 为抹香鲸（2 和 3 由巴哈马海洋哺乳动物研究组织拍摄）；4 为北露脊鲸（Parks 拍摄），5 为髯海豹（Van Parijs 拍摄），6 为西印度海牛（佛罗里达综合科学中心 Reid 拍摄，美国地质调查，海牛目项目）；右上图：海洋哺乳动物声音频谱图，包含瓶鼻海豚的哨声（2，Sayigh 记录），两只北露脊鲸的上叫声（4，Parks 记录）；髯海豹鸣声的一部分（5，Van Parijs 记录）；两只西印度海牛的叫声（6，Miksis-Olds 记录）；下图：齿鲸回声定位声音的波形和频谱，包含鼠海豚（1，Wahlberg 记录）；瓶鼻海豚（2，Jensen 记录）；抹香鲸（3，Madsen 记录）

海洋哺乳动物接收环境声音，并通过各种方式（至今仍未完全理解）将其传至中耳。齿鲸被认为是通过声脂肪组织（主要集中于下颌骨上）接收声音的，而不是通过外耳或充气或充液的耳道接收声音（Brill et al., 1988；Bullock et al., 1968；McCormick et al., 1970；Møhl et al., 1999；Mooney et al., 2008a；Norris, 1968；Norris et al., 1974）。下颌骨上的脂肪组织可能直接或通过盘骨（下颌骨附近的薄椭圆形部位）连接到中耳（Ketten, 2000）。该脂肪组织具有独特的化学特性，包括接近于海水的声阻抗（Ketten, 1997），并以复杂的形式排列（Koopman et al, 2006）。该声学脂肪体分布在头部两侧并与骨骼其他部分分开，很有可能帮助间接检测信号到达身体两侧的时间及频率结构之间的差别。检测这些差别可能对声音定位至关重要。也有人提出，海豚可能是通过牙齿接收声音的；将海豚牙齿的作用建模成接收阵列的实验表明这一假设可以帮助解释海豚的方向敏感性和鉴频能力（Dible et al., 2009；Dobbins, 2007；Goodson et al., 1990；Graf et al., 2009）。人类至今还未充分理解将声能传至须鲸中耳的声传导通道。尽管充满蜡和碎屑的耳道能够在其中发挥的作用已被排除，声音还是可能通过组织和骨骼传导到中耳（Ketten, 2000；Wartzok et al., 1999）。突耳海豹和海狮有外耳和直径相对较大的耳道，一般认为它们是通过这些部位来接收声音的。另一方面，海豹没有外耳，且耳道非常窄，它们甚至可通过特殊肌肉封锁耳道。我们无从得知海豹在正常水下听声时其耳道是否充满空气或水，或是否塌陷（Wartzok et al., 1999）。与齿鲸相反，海豹不存在以组织为基础的专门声传导通道，不过也不能说该专用声传导通道完全不存在。海牛和儒艮也不存在声传导通道，但它们可能绕过耳道，涉及颧突（带有复杂且富含脂肪的腔体的软体结构，该部位就在头部侧边眼睛的下方（Wartzok et al., 1999）。海獭和北极熊的听力系统并未经过过多研究，但一般认为它们和陆栖哺乳动物一样，是通过外耳和耳道接收声音的。

鲸、海豚和鼠海豚的中耳位于骨壳内部，称为鼓泡，一般认为鼓泡是充气的（Ketten, 1997）。中耳结构包含鼓骨和3个较小的骨骼，分别是锤骨、砧骨和镫骨，这些合起来称为听小骨或听骨链。对于大多数海洋动物而言，声音刺激中耳运动的准确机理仍然比较有争议，尤其是鲸目动物。多数哺乳动物中，声能通过骨传导或鼓膜的激烈振动导致听小骨运动，也就是导致听骨链的运动；听小骨运动会转化成卵圆窗膜的振动以及中耳和内耳之间的连接。由于听小骨的尺寸取决于动物自身大小，相对比其他哺乳动物，鲸类动物的更大，密度更高。齿鲸类动物中，听小骨之间的连接非常稳固，骨性结构将鼓骨与听小骨之一连接起来，以进一步稳固整个结构（Wartzok et al., 1999）。这种稳固性提高高频声音传输至中耳的效率，这对于使用超声波生理声呐的齿鲸非常重要。须鲸的中耳骨（与动物体积相称）比较巨大，且该组织之间的连接比较宽松。这两个特征似乎使得它们很好地适应低频声传导。真海豹的听小骨比突耳海豹的更大，这表明了真海豹的低频听力（Au et al.，2008）。海豹的中耳具备一些特征，可使海豹同时适应大气中和水中听见声音。一般认为，在空气传声中，声音是通过鼓膜和听骨链的机械运动传至中耳的，这点和陆栖哺乳动物相同。而在水下，由于鼓膜周围的空气在鼓膜与周围海水及组织之间形成一道密度梯度屏障，上述声传输通道看起来似乎是不可能发挥作用的。海牛和儒艮的听小骨很大，但密度也特别大，这样听小骨的密度很大，使得预期的中耳的共振频率超出基于它们质量而估计的低频（Wartzok et al.，1999）。海獭的中耳一般类似于陆栖哺乳动物，北极熊的中耳还未在科学文献中详细报道过。

以下内容简单描述了海洋哺乳动物内耳的功能，主要是基于别处发表的更加详细的介绍（Dallos et al.，1996；Pabst et al.，1999；Pickles，2003；Popper et al.，1992）。除耳蜗——听觉系统的一部分外（图 10.2），内耳包含 3 个半规管，而半规管是前庭系统的一部分，帮助感觉方向和保持平衡。鲸、海豚和鼠海豚的半规管明显小于人类，不到耳蜗大小的一半（Au et al.，2008）。耳蜗是一种有点类似蜗牛壳的螺旋结构，底部较大，顶端较窄，声能通过卵圆窗的振动从底部进入鲸目动物的内耳耳蜗。在内部，耳蜗从底部到顶端被分成 3 个充以流体的区室。基膜在中央腔（中道），且基膜上面有带触觉毛细胞的哥蒂氏器［哺乳动物型 Ⅰ 和 Ⅱ 类毛细胞，如 Pickles 等（1994）所描述］。卵圆窗膜的运动使得耳蜗振动，基膜也产生共鸣反应。哥蒂氏器中的触觉毛细胞的纤毛由于基膜发生移位，导致毛细胞释放神经传递素。这些神经传递素可刺激神经冲动，由听觉神经纤维传至大脑，传达到来的声刺激的时间、频率、振幅和相位的信息。

以下内容主要基于先前有关海洋哺乳动物内耳功能的描述（Ketten，1997；Wartzok et al.，1999）。基膜的硬度、厚度和宽度沿其长度变化；靠近卵圆窗和耳蜗底部的基膜要比耳蜗顶部的更厚、更硬、更窄（Ketten，1997）。因此，基膜能够更加积极地响应耳蜗底部附近的较高频率和顶端的较低频率的声音。因此，耳蜗是拓扑结构的：感觉器官的空间结构对应其频率响应。在哺乳动物中，基膜的长度、宽度和柔软度随动物的体积而增加，因此，较大的动物能够更好地听到较低频率的声音。然而，通过如增加内耳硬度这样构造上的适应，大动物可改变这单一模式。例如，骨板能够形成硬架或锚形体以支撑基膜；这些特征的普遍性也就解释了齿鲸能够听到较高频率的声音的原因。

鲸、海豚和鼠海豚（尤其是但不局限于使用高频回声定位的物种）的内耳具有较高密度的听觉神经纤维和神经节细胞，三倍于人类的内耳神经密度。此外，专用于听觉系统的神经纤维的比例大约是大多数哺乳动物的两倍，这与光学系统截然不同。这一高神经密度可表明鲸目动物的听觉处理机理比人类和其他哺乳动物更加复杂，用于听觉接收的神经纤维的比例也强调了听觉对于鲸目动物的重要性。有关鳍脚亚目动物的内耳的研究并不像鲸目动物那么深入，但鳍脚亚目动物的内耳大致类似于陆栖哺乳动物，尤其在高频或低频声音的获取上无明显改变。有关海牛类、海獭和北极熊的内耳的信息相对较少，但和鳍脚亚目动物一样，似乎没有什么明显的特别之处。海牛内耳的神经节细胞密度相对较低，仅为高频齿鲸的1/6。

总之，海洋哺乳动物身体结构大量的适应性改变使得它们能够很好地适应海洋栖息地。尤其是鲸目动物，它们能很好地在水下接收声，将听觉作为它们在海洋中的第一感知形态。另一方面，鳍脚亚目动物（水獭和北极熊可能在较低程度上）具备两栖听觉系统，在空气中和水下都能发挥作用。

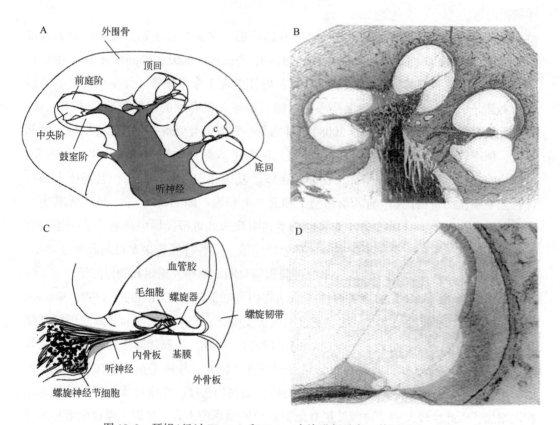

图 10.2　耳蜗（经过 Wartzok 和 Ketten 允许进行重印，其原图片 4-7）

A：海豚耳蜗的横截面示意图，"C"表明该区域在 C 图中详细展示；B：鼠海豚耳朵的显微照片（25 μm 组织切片），对应示意图 A；C：耳蜗管（高频基底区）示意图；D：大西洋斑纹海豚内耳 25 μm 截面的放大图，对应示意图 C

10.1.2　听觉性能

作为与频率相关的机能，大量的海洋哺乳动物种类的听觉灵敏度阈值已经被实验测定：图 10.3 至图 10.6 对这些听图进行了总结。大多数听图是从少量受训动物获得的。因此，对同物种的听觉性能的不同我们仍然缺乏认识，但可参见 Houser 等

（2006）和 Houser 等（2008）。海洋哺乳动物的听图数据一般是通过行为方法（动物被训练通过行为来表示它们是否感知了声信号）或电生理技术（实验对象身体上不同位置的电极之间的电势差提供指示声探测的神经活动方面的数据）来收集的（Nachtigall et al., 2007a）。

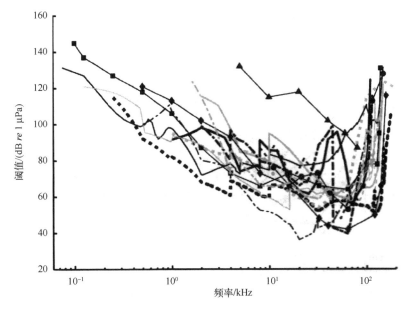

■ ■ 鼠海豚(4听图平均)；•••• 长江江豚(2听图平均)；　■ 白鳍豚(2听图平均)；•••• 土库河豚(2听图平均)；

━━ 亚马孙河豚(4听图平均)；━━ 瓶鼻海豚(2听图平均)；━━ 太平洋瓶鼻海豚(2听图平均)；━●━ 真海豚(2听图平均)；

━■━ 太平洋斑纹海豚(2听图平均)；━◆━ 条纹原海豚(2听图平均)；━━ 白豚(2听图平均)；■ ■ 伪虎鲸(3听图平均)；

•━ 虎鲸(5听图平均)；━ ━ 瑞氏海豚(2听图平均)；━▲━ 杰氏中喙鲸(1听图)

图 10.3　齿鲸类的听图，引自出版报告[①]。杰氏中喙鲸的值并非真正的听图，但也说明了研究个体可听见的频带（Cook et al., 2006）。对于具有多个可用听图的物种，对听图进行了线性插值（间隔 50 Hz），然后按研究个体的数量进行加权平均。对于平均曲线，W 型听图一般说明了不同研究或个体的不同听觉频率上限，而非物种可听范围内较低敏感度频带

---

①Awbrey 等（1988）：白鲸；Cook 等（2006）：喙鲸；Fay（1988）：鼠海豚、亚马孙河豚、白鲸、虎鲸；Finneran 等（2005）：白鲸；Finneran 等（2006）：瓶鼻海豚；Kastelein 等（2002a）：鼠海豚；Kastelein 等（2003）：条纹原海豚；Ljungblad 等（1982a）：太平洋瓶鼻海豚；Nachtigall 等（1995）：瑞氏海豚；Nachtigall 等（2005）：瑞氏海豚；Popov 等（1990b）：鼠海豚、亚马孙河白海豚、亚马孙河豚、瓶鼻海豚、白鲸；Popov 等（2005）：长江江豚；Ridgway 等（2001）：白鲸；Sauerland 等（1998）：亚马孙河白海豚；Schlundt 等（2007）：瓶鼻海豚；Szymanski 等（1999）：虎鲸；Thomas 等（1988）：伪虎鲸；Tremel 等（1998）：白腰斑纹海豚；Wang 等（1992）：白鳍豚；Yuen 等（2005）：伪虎鲸。

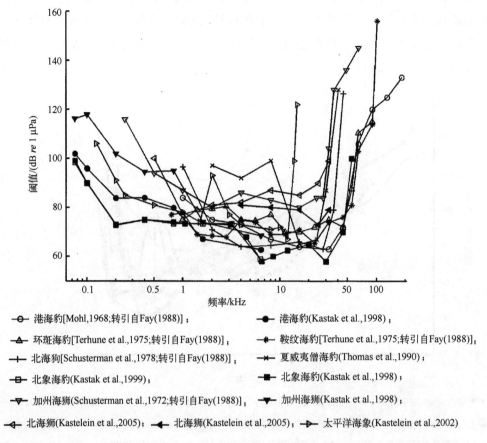

─○─ 港海豹[Mohl,1968;转引自Fay(1988)]；   ─●─ 港海豹(Kastak et al.,1998)；

─△─ 环斑海豹[Terhune et al.,1975;转引自Fay(1988)]；   ─✱─ 鞍纹海豹[Terhune et al.,1975;转引自Fay(1988)],

─+─ 北海狗[Schusterman et al.,1978;转引自Fay(1988)]； ─✕─ 夏威夷僧海豹(Thomas et al.,1990)；

─□─ 北象海豹(Kastak et al.,1999)；   ─■─ 北象海豹(Kastak et al.,1998)；

─▽─ 加州海狮(Schusterman et al.,1972;转引自Fay(1988)]； ─▼─ 加州海狮(Kastak et al.,1998)；

─◁─ 北海狮(Kastelein et al.,2005)； ─◀─ 北海狮(Kastelein et al.,2005)； ─▷─ 太平洋海象(Kastelein et al.,2002)

图 10.4　鳍足亚目动物的水下听图[引用自出版报告：Fay(1988)；Kastak 等(1998)；
Kastak 等(1999)；Kastelein(2002b，2005)；Thomas 等(1990)]

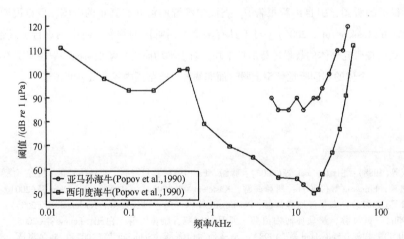

图 10.5　海牛目哺乳动物的听图[引用自出版报告：Gerstein 等(1999)；Popov 等(1990b)]

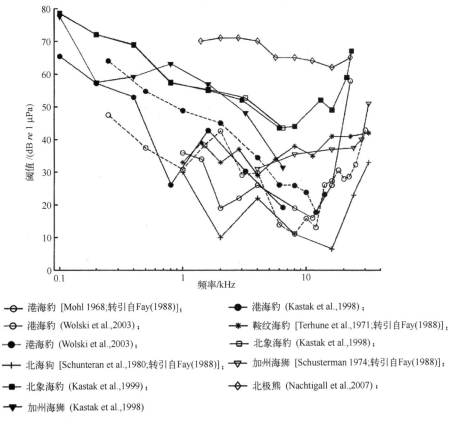

图 10.6　大气中海洋哺乳动物的听图[引用自出版报告：Fay(1988)；Kastak 等(1998，1999)；
Nachtigall 等(2007b)；Wolski 等(2003)]

　　齿鲸一般具有良好的高频听觉能力，最佳听觉频率在 10~100 kHz。须鲸的听觉能力并未被直接测量，但是以身体结构为基础对其功能性听觉能力的估计表明，其在低频时听觉功能更佳，频率范围从次声频到 20 kHz 左右(Houser et al.，2001a；Ketten，1997；Parks et al.，2007b)。鳍脚亚目动物也是在低频时听力更佳，频率范围是 6~20 kHz(Gerstein et al.，1999)。空气中，频率范围为 11~23 kHz 时，北极熊听力最佳，但它们的水下听觉能力仍未测试过(Nachtigall et al.，2007b)。

　　从频谱分析能力来看，哺乳动物的耳朵一般被认为是具有带通滤波器功能的：听觉系统的组成部分对特定频率下的声音最为敏感，当声音频率偏离最佳频率时，其灵敏度下降。听觉滤波器的带宽一般以两种方式量化：临界比例法[2]和临界频带法[3]。以

　　[2]临界比例法以以下假设为基础：在被白噪声掩蔽的检测阈值上，音强等于听觉滤波器频带内的噪声强度。在该假设下，判定存在于已知强度的白噪声中的一系列纯音的掩蔽听觉阈值可将听觉带宽[或临界比例 $CR=10\log_{10}$(听觉滤波器带宽)]作为频率的函数来估计。

　　[3]临界频带法涉及测量带宽变化的噪声中的纯音的掩蔽阈值，其中假设掩蔽阈值将随噪声带宽增加直到噪声带宽符合听觉带宽，在此之后，即使噪声带宽增加，阈值也是恒定的。

瓶鼻海豚、伪虎鲸和白鲸为实验对象的研究表明，其听觉滤波器带宽近似于随最佳听觉的频率范围内的中心频率线性增加（Au et al.，2008），得出相对恒定的 Q 滤波器频带（其中，Q 等于滤波器中心频率除以滤波器带宽），其中带宽小于 1/3 倍频程（大多数物种约在 1/12~1/6 倍频程）（Richardson et al.，1995）。对于至今研究过的所有海洋哺乳动物物种而言，滤波器的带宽在听觉范围的上限或下限显著增加；然而一些来自海洋哺乳动物的临界频带的数据与上述结果相矛盾，因此很难得出有关带宽的明确结论。以瓶鼻海豚为研究对象的行为研究发现实际临界频带是用临界比例法估计的 2.6~16 倍，如果海豚（像人类一样）能够实际探测声强低于滤波器频带中噪声级的信号，这一结果就能得到合理的解释了（Au et al.，2008）。然而，综合海豚的行为研究、海豚的电生理研究和斑海豹的行为研究的结果，可以发现临界频带带宽是窄于使用临界比例法估计的带宽的（Richardson et al.，1995）。

人们还未直接研究众多物种的频率分辨能力，但从瓶鼻海豚的研究结果可以看出，海洋哺乳动物的鉴频能力较强，尤其是齿鲸。瓶鼻海豚的频差界（动物可探测的最低频差，表示为中心频率的比值）在其最佳听力区域内小于整个听觉范围的 1%，2~55 kHz 时为 0.2%~0.4%（Herman et al.，1972；Jacobs，1972；Thompson et al.，1975）。斑海豹、加州海狮和环斑海豹的鉴频能力稍弱，不能区别小于 1%~12% 的频差（不同物种的鉴频能力也不同，一般是在较低频率下更佳），Au 等（2008）对其进行了回顾。

定位声源的能力在海洋哺乳动物回声定位中起着关键作用，与它们选择靠近或远离声源来响应同类的交流声音、猎物或捕食者的声音的能力一样。帮助海洋哺乳动物定位声音的信息包括双耳到达时间或相位差、双耳的声强差以及与声音在水体（到声源的距离）中传播或动物声接收通道相关的声频特征（有时被称为头相关传递函数）。动物可利用这些线索，例如，瓶鼻海豚能够检测 1 dB 及以下的声强差以及短至 7 s 的两双耳时差（Dankiewicz et al.，2002；Evans，1973；Moore et al.，1995）；以一些小型齿鲸物种为研究对象的研究表明整体声强感知和双耳声强差都会随声源位置而变化（Brill et al.，2001；Mooney et al.，2008a；Popov et al.，1991，1993）。对于波长短于双耳距离的声音，相位差线索则比较模糊；而声强差线索主要是由头部导致的较高频声音的衰减导致，因此对于波长大于双耳距离的声音，其声强差最小（Brown，1994）。鉴于声音在水下是高速传播的，采用基于时间或相位的线索来实现定位性能（在海豚中）可能需要较高听觉系统的时间分辨率（高于目前已实际观察的）；这表明也可能使用了其他线索（尤其是分析较小型动物时）（Moore et al.，1995）。另一方面，鉴于须鲸叫声的频率较低，双耳声强差可能无法帮助须鲸来定位其发出叫声的同类（Branstetter et al.，2006）。

齿鲸中，瓶鼻海豚具有极佳的声音定位能力，类似甚至高于人类的声音定位能力。

海豚最小可听角度④约为 3°或在 20~90 kHz 的纯音下更小，对于宽频咔嗒声或自身发出的咔嗒声的回声，海豚最小可听角度可低至 0.7°~0.8°（Branstetter et al.，2003，2007；Renaud et al.，1975）。研究发现，鼠海豚在 16 kHz、64 kHz 和 100 kHz 的声音下具备良好的声源定位能力，并且当声源在其前面或侧面（而非后面）时其声源定位能力更佳，对于较长、较密集的信号，声源定位准确率也会增加（Kastelein et al.，2007a）。须鲸的定位能力还未被量化，但声音回放试验中观察到的趋向或回避反应表明它们能够定位声源（Clark et al.，1980；Cummings et al.，1971；Mobley et al.，1988；Tyack，1983）。已有研究测量了一些鳍脚亚目动物物种的水下定位能力，整体上没有齿鲸的水下定位能力强。例如，斑海豹的最小可听角度在 2 kHz 以下时为 3°，4~6 kHz 时或在宽频带咔嗒声情况下为 9°~10°，16 kHz 时为 13°~17.4°（Bodson et al.，2006，2007；Møhl，1964；Terhune，1974）。加州海狮的最小可听角度在 1 kHz 时低至 4°，6~16 kHz 时为 10°~18°，在 2~4 kHz 时更低（15°~40°以上）（Gentry，1967；Moore，1975；Moore et al.，1975）。北海狗的最小可听角度在 500 Hz 至 25 kHz 时为 6.5°~7.5°，在脉冲声波情况下可低至 3°（Babushina et al.，2004）。其他唯一定位能力已被测量的海洋哺乳动物是海牛。在 4 kHz、16 kHz 和宽频带声音的情况下，该物种能够区别在其左右两侧与其呈 45°或 90°的 4 个声源。在宽频带声音的情况下，尽管声音的频率范围被限制在小于或大于动物双耳距离的波长，但水下定位性能更佳（Colbert et al.，2009）。

　　方向听觉（或差分听觉灵敏度，是声源位置的函数）也可能为声音定位提供信息（Branstetter et al.，2006），同时也强化了对探测生物声呐目标反射的回波的敏感度。瓶鼻海豚、鼠海豚和白鲸都具有方向听觉，对其身体轴向上（从动物的头开始）接收的声音的检测阈值较低或感知声强提高（Au，1993；Kastelein et al.，2005a；Mooney et al.，2008a）。例如，瓶鼻海豚在 30 kHz、60 kHz 和 120 kHz 时接收的方向性指数是 10.4 dB、15.3 dB 和 20.6 dB；在这 3 个频率下，其−3 dB 接收波束宽度在垂直平面是 30.4°、22.7°和 17.0°，在水平平面是 59.1°、32.0°和 13.7°（Au et al.，1984）。鼠海豚的接收指向性指数在 16 kHz、64 kHz 和 100 kHz 时是 4.3 dB、6.0 dB 或 11.7 dB，相同频率下水平平面上的波束宽度为 115°、64°和 22°（Kastelein et al.，2005a）。

10.1.3　齿鲸发出的声音

　　一般认为，至今研究的所有齿鲸可发出用于回声定位的咔嗒声，其声源特性和重复率适用于所需要完成的回声定位任务。其他研究对齿鲸的回声定位能力进行了更为详细的分析（Au，1993；Au et al.，2008；Thomas et al.，2003）。齿鲸的回声定位能力

---

　　④最小可听角度是偏移最小角度（在收听者前面直接测量），这样收听者能指出声源偏移的方向（方位上的左和右，高度上的上与下）。

与蝙蝠的类似，似乎包含几个不同阶段：首先是搜索阶段，发出搜索间隔有规律的回声定位信号；接着是趋向阶段，其中捕猎者将其注意力集中于一个猎物目标，然后向其靠近；最后是终端阶段或嗡鸣声，在此阶段，回声定位信号更快、更频繁地重复发射。我们已经在鼠海豚（DeRuiter et al.，2009；Verfuss et al.，2009）、独角鲸（Miller et al.，1995）、抹香鲸（Madsen et al.，2002a；Miller et al.，2004；Watwood et al.，2006）和喙鲸（Johnson et al.，2004，2008；Madsen et al.，2005b）的回声定位过程中观察出事情发生的顺序。在嗡鸣阶段，抹香鲸、喙鲸和鼠海豚发出的咔嗒声的强度大约比平均常规咔嗒声强度小了 20 dB（DeRuiter et al.，2009；Madsen et al.，2002a，2005b；Miller et al.，2004），且柏氏中喙鲸的高频颤动咔嗒声可通过其频谱和时间特征与其调频搜索咔嗒声区分开来（Johnson et al.，2006）。已有研究提出可将高频颤动发声率视为齿鲸的觅食成功率的一个代表项（Madsen et al.，2002b；Miller et al.，2004；Watwood et al.，2006）。

附录 A.10.1 详细展示了很多齿鲸所发出的咔嗒声特征和声呐性能统计资料。齿鲸的回声定位咔嗒声是以较窄、前向波束发射的（Akamatsu et al.，2005；Au et al.，2008；Au et al.，1999；Cranford et al.，2008a；Lammers et al.，2009；Møhl et al.，2000；Rasmussen et al.，2004；Zimmer et al.，2005a，2005c）。至今记录的大多数海豚科动物都是发出脉冲型、高振幅（210~225 dB re 1 μPa @ 1 m）宽带回声定位咔嗒声。与此相反，鼠海豚、康氏矮海豚、赫氏矮海豚、沙漏斑纹海豚、河中物种和小抹香鲸都发出较低振幅（155~190 dB re 1 μPa @ 1 m）、较高频率、更窄频带[5]的咔嗒声，而且大多数都不发出哨声（Au et al.，2008；Ketten，1998；Kyhn et al.，2009；Madsen et al.，2005a）。这些窄带高频（NBHF）咔嗒声后更快速地在水中衰减，比宽带咔嗒声的可能范围更小。但是，高频率也存在其他优点（首先是不会被虎鲸探测到，还有低环境噪声，能探测较小目标特征和减少混杂回波）（Kyhn et al.，2009；Madsen et al.，2005a；Morisaka et al.，2007）。

除回声定位咔嗒声外，很多齿鲸物种同样发出基于咔嗒声的声音或脉冲叫声、哨声或具有沟通功能的混合型声音。

尚未发现鼠海豚、很多海豚亚科动物、小抹香鲸和矮抹香鲸能发出任何非咔嗒声的声音[6]（Amundin，1991b；Dawson，1991；Herman et al.，1980；Madsen et al.，2005a；Morisaka et al.，2007；Oswald et al.，2008；Ridgway et al.，2001；Watkins et al.，1977），而抹香鲸能发出少量这样的声音（Teloni et al.，2005）。在这些物种中（包含很多发出 NBHF 咔嗒声的物种），社交声中咔嗒声发声的时间模式被认为具有沟

---

[5]其绝对咔嗒声带宽并不明显小于其他物种，但带宽与中心频率之间的比例显著降低。

[6]到目前为止，未发现喙鲸可发出哨声，但大多数物种的声音还未经详细研究。

通功能。例如，抹香鲸发出短促（＜10 次）、有节奏的咔嗒声（就是强音）（Rendell et al.，2005；Schulz et al.，2008；Watkins et al.，1977；Whitehead，2003），鼠海豚和很多海豚科动物发出快速咔嗒声的短促脉冲（或短脉冲声音）（Amundin，1991b；Au et al.，2008；Clausen et al.，2008）。对于大西洋点斑原海豚和瓶鼻海豚，这些声音常常与攻击、打斗或交配相关（Herzing，1996）。抹香鲸中一些母系社群具有"可文化学习"的地区性强音方言，一般认为这种方言有助于识别群体并帮助维持群体凝聚力（Rendell et al.，2005；Schulz et al.，2008；Watkins et al.，1977；Whitehead，2003）。食鱼虎鲸中的稳定母系社群同样也有可文化传递、群体特定方言类似功能（尽管所有组成组分不仅限于基于咔嗒声的声音）（Ford，1991；Miller et al.，2000；Riesch et al.，2006；Yurk et al.，2002）。

人类已经记录了齿鲸发出的很多哨声和其他哨声，一般认为这些声音的主要功能是相互交流，增强社会凝聚力和协调行为（Tyack，2000）。哨声的复杂性（量化为频率调制的大小）与齿鲸群体大小及社会结构的复杂性呈现正相关（May-Collado et al.，2007）。这一发现支持了哨声为社交功能服务的假设。虎鲸的叫声（Miller，2002）和长吻原海豚的哨声（Lammers et al.，2003）都被视为具有方向性，因此可提供呼叫者位置和方向等线索，帮助群体协调和维持凝聚力。哨声及类似声音常常还具有情境、物种、性别或个体特定特征，这些声音其中有一项功能就是将信息传至其他动物（Caldwell et al.，1973；Ding et al.，1995；Esch et al.，2009a；Steiner，1981），无论这些信息是否真实（Tyack，2000）。这一个体或类别相关声音尤其常见于个体之间存在稳定社会关系的情况（Tyack et al.，2000）。在对这类交流充分研究的例子中，瓶鼻海豚发出个体独特的或特征的哨声，可将身份信息传至其他海豚（Harley，2008；Janik et al.，2006；Sayigh et al.，1999），并用这些声音维持群体凝聚力，帮助原本分开的动物重聚（如母海豚与小海豚）（Caldwell et al.，1990；Janik et al.，1998；Smolker et al.，1993；Watwood et al.，2005）。个体特征哨声系统的发展（具有促使语音发展的学习能力）可在海豚的复杂社会结构情境下解释，其中大型群体经常分分合合，但个体之间的关联会持续很长一段时间（Tyack，1997，1998；Tyack et al.，1997）。

10.1.4 齿鲸的发声机理

一般认为，齿鲸亚目类鲸是通过其鼻腔通道（而不是声道）发出咔嗒声的。当压缩空气经过称为声唇（也称为猴唇或猴唇/背黏液囊复合体）的结构时，它们会发出声音。实验证据支持了瓶鼻海豚（Amundin et al.，1983；Mackay et al.，1981）、鼠海豚（Amundin，1991a，1991b；Amundin et al.，1983）和抹香鲸（Madsen et al.，2002a；Møhl et al.，2000，2003a，2003b；Thode et al.，2002；Wahlberg et al.，2005；Zimmer et al.，2005b，2005c）的发声机理，齿鲸亚目身体结构的相似性表明这种发声机理在该类海洋哺乳动物中是通用的（Cranford et al.，2004；Cranford et al.，1996；Cranford et al.，2008b）。白鲸哨声频率随深度增加而增加（Ridgway et al.，2001），且抹香鲸回声定位咔哒声的频谱中的一个峰值频率同样随深度增加而增加（Thode et al.，2002）。这些频率变化(可能与空气体积随深度和压力的增加而减少这一变化相关)，进一步支持了空气在齿鲸发声机理中发挥关键作用的想法。除抹香鲸以外的物种有两组声唇，已有人假设这些鲸类物种可同时使用这两对声唇以控制声音的振幅、频谱、调制和方向性(Cranford et al.，2004；Cranford et al.，1996；Foote et al.，2008；Lammers et al.，2009；Lilly，1967，1968)。实验数据为以下理论提供了部分支持：白鲸几乎一直近同步使用两对声唇来发出咔嗒声（Lammers et al.，2009）。在发声后，咔嗒声会经过额隆（齿鲸前额上的脂肪沉积器官）。额隆可作为指向的声透镜，聚焦并过滤声音，这在很大程度上解释了齿鲸回声定位的声音波束具有高指向性的原因。抹香鲸的发声机理更为复杂，最早由 Norris 等（1972）提出并经后来的研究学者（Madsen et al.，2002a，2002b，2005a；Møhl et al.，2002，2003a；Thode et al.，2002；Wahlberg et al.，2005；Zimmer et al.，2005b，2005c）细化。抹香鲸只有右侧一对声唇，位于其肥大的鼻子前面附近，但在末端气囊的后面，声唇处发出的声音可由末端气囊反射，到达鲸蜡（一种油状或蜡状物质，占据了鼻子背部的大部分），再次从鲸蜡器官尾端的前庭的液囊，进入排泄物（由结缔组织围绕的一系列卵形蜡状物质），最终以狭窄前向波束冲入水中。少量能量会在头部回响，导致抹香鲸所发出的咔嗒声具有一系列幅值衰减的脉冲特征（Backus et al.，1966；Møhl，2001；Møhl et al.，2003a；Norris et al.，1972）。

哨声(音调声)的发声机理可能不同于脉冲咔嗒声，但人类至今还未总结出来（Mackay et al.，1981；Ridgway et al.，1988；Ridgway et al.，2001）。

除咔嗒声和哨声外，齿鲸可以用鳍、尾或身体拍打海面或其他表面发出震音；一个比较明显的例子是虎鲸在捕食鲱时尾拍发出的声音。一般认为，尾拍是为了让猎物丧失能力（Domenici et al.，2000；Simon et al.，2005；Van Opzeeland et al.，2005）。

10.1.5　须鲸发出的声音

附录 A.10.1 以表格形式展示了海洋哺乳动物发出声音的声学特征，下文将对该主题进行简要概述。

一般认为，大多数须鲸的发声与繁殖和社交相关，从联络声和求偶表现到震慑叫声和打斗时发出的其他声音（Tyack et al.，2000）。这些声音一般是低频的、突发的、调频的、重复性的叫声，通过使其更易区别于背景声并在传输时不易失真的方式增加其远距离传输性（Boughman et al.，2003）。例如，低频声音在海水中的衰减相对较小，因此低频叫声可在深海声道并传播很长距离。

一些须鲸物种可发出很有规律的声音，这些声音被认为是雄性求偶的象征。例如，成年雄性座头鲸一次可连续歌唱几个小时（Baker et al.，1991；Darling et al.，1983，2006；Guinee et al.，1983；Win et al.，1978）。唱歌者发出的声音可分成约 15 s 的乐句，这些乐句结合并重复变成旋律，3~9 个旋律以特定顺序合在一起变成一首曲子（Tyack et al.，2000）。一般认为，雄性借着歌声向雌性暗示其所在并告知自身的信息（Chu et al.，1986；Payne et al.，1971；Tyack，1981；Win et al.，1978），以歌声作为媒介进行互动，与潜在的其他雄性对手保持距离（Darling et al.，2001；Darling et al.，2006；Frankel et al.，1995；Tyack，1981），但它们不会直接与雌性接触（Darling et al.，2001；Mobley et al.，1988；Tyack，1983）。根据记录，歌声最常见于繁殖区，但也会出现在迁徙期间（Charif et al.，2001；Norris et al.，1999）和聚食场（Clark et al.，2004；Mattila et al.，1987；McSweeney et al.，1989），这可能暗示交配发生的地区和时间周期比一般认为的更广（Clark et al.，2004）。在同一繁殖区内或有时甚至在同一海盆内，不同座头鲸的歌声在某个时间点内比较类似，但其在几个月或几年内是发生变化的（Cerchio et al.，2001；Guinee et al.，1983；Maeda et al.，2000；Payne et al.，1985；Payne et al.，1983；Tyack et al.，2000；Winn et al.，1981）。

在不久之前被记录的北极露脊鲸（弓头鲸）的歌声是由以相同次序重复的短歌元素组成的（Stafford et al.，2008），一般是发生在春季而不是秋季迁徙期间（Cummings et al.，1987；Ljungblad et al.，1982b；Würsig et al.，1993），因此与交配期相一致（Reese et al.，2001）。与座头鲸的歌声相比，北极露脊鲸（弓头鲸）的歌声更短（约 1 min）、更简单，但与座头鲸一样，北极露脊鲸之歌也是一种求偶表现（Stafford et al.，2008；Würsig et al.，1993），歌声随时间（而不是个体之间）变化（Ljungblad et al.，1982b；Würsig et al.，1993；Stafford et al.，2008）。

侏儒小须鲸同样发出复杂、有规律的声音，这种声音被称为"星战"叫声，被认为是雄性求偶表现。这种声音的固定模式和复杂性令人想起座头鲸的歌声，常见于繁殖聚集区，但人类还未对发声者的性别以及同类听到声音后的反应进行详细研究（Gedamke et al.，2001）。

与座头鲸及很多其他须鲸不同，长须鲸并未形成繁殖聚集区，它们一般是独居的。然而，雄性长须鲸也会发出声音用于远距离交流来吸引雌性交配或召集猎物或者两种目的皆有（脉冲为 20 Hz，Croll et al.，2002；Watkins et al.，1987）。每一轮脉冲是由规律性脉冲间隔分隔开来，可持续数小时或数天（Watkins et al.，1987）。有些人认为这些叫声的间隔时间和其他特征具有区域性差异，可能与群体结构有关（Clark et al.，2002；Thompson et al.，1992）。雄性长须鲸的叫声是季节性的，12 月至翌年 2 月之间叫声更为频繁，与估计的繁殖季节相符（Watkins et al.，1987，2000）。

蓝鲸可发出较长（数秒到数十秒）、高声源级（178~186 dB *re* 1 μPa @ 1 m）、低频率的叫声（主要为 10~100 Hz，基本频率在 20 Hz 以下），最长可持续数个小时。叫声特征随群体结构呈地区性变化，人们常常检测到叫声会发生振幅调制（A）和频率调制（B）（Berchok et al.，2006；Cummings et al.，1971；McDonald et al.，2006b；Melinger et al.，2003；Širović et al.，2007；Stafford et al.，1999a，1999b；Thompson et al.，1996；Watkins et al.，2000）。这些叫声的目的还是未知的，但可能与前文讨论的叫声类似。与长须鲸一样，蓝鲸也不会形成繁殖聚集区，其叫声似乎更适合远距离传播。

尽管我们已经描述了很多类型的社交叫声，但须鲸发出的很多其他声音的功能还有待了解，例如露脊鲸（Clark，1983；Clark et al.，1980；Parks et al.，2005；Parks et al.，2005）和座头鲸（Dunlop et al.，2007；Tyack et al.，1982）发出的一些声音。有些声音似乎是联络声，例如露脊鲸发出的上叫声（Clark，1983）。在一些情况下，南露脊鲸（Clark et al.，1980）和北露脊鲸（Parks，2003）和座头鲸（Mobley et al.，1988；Tyack，1983）可能会回放它们自己的叫声。

一些物种也会发出与捕食相关的声音，有时可能是交流性的（协调捕食或告知食物的存在）或有时是更直接的功能；例如，有人认为利用气泡网捕鱼的座头鲸可建立一种声音屏障，这一屏障与气泡网一起将鱼困在鲸设置的陷阱中（Leighton et al.，2004，2007）。

没有令人信服的证据表明须鲸也可以像齿鲸一样进行回声定位，但它们能够利用其低频声音形成的回声中的信息，例如测量自身到海底的距离（Au et al.，2008；Tyack et al.，2000）。人们提出座头鲸的歌声具有声呐功能（唱歌者可定位其他鲸类），但还未经过验证（Frazer et al.，2000），人们也假设北露脊鲸使用回声信息定位冰块障碍物和判定冰块厚度（Gerorge et al.，1989；Würsig et al.，1993）。人类最近发现觅食中的座头鲸可发出一连串低频"大咔嗒声"，有些"大咔嗒声"最后是以嗡鸣声（一系列重复率渐增的咔嗒声）结束的（Stimpert et al.，2007）。这些模式令人想起齿鲸的回声定位行为，但低频、低声源级和较长时间的咔嗒声似乎不太适合回声定位小猎物；因此这些声音的功能仍不明确（Stimpert et al.，2007）。

鉴于须鲸使用的频率范围，船舶航行或其他人类活动产生的低频声音可能掩蔽须鲸发出的声音，见 10.5.6 节有关该主题的详细讨论。

10.1.6　须鲸的发声机理

人类还未详细研究须鲸的发声机理。解剖观察表明，尽管须鲸有声带，但没有任何其他明显的潜在声发声器可表明声音是通过声道发出的（Reidenberg et al.，2007）。

有限的蓝鲸叫声频谱及其深度可变相关性的观察暗示了充气腔共振可能在发声中发挥的作用(Thode et al.，2000)。须鲸也能通过用鳍、尾或身体拍打海面或其他物体发出声音。

10.1.7　鳍脚亚目动物发出的声音

Au 等(2008)最近概述了鳍脚亚目动物声音的声学特征，而 Insley 及其同事(2003)已对鳍脚亚目动物中的社交识别(包括声沟通的作用)进行了分析。声音通常是用吼叫、嗡鸣、咕噜声、咆哮或大叫等术语来描述的，包含音调/谐波元素以及脉冲或非音调元素(Au et al.，2008)。鳍脚亚目动物发声的声源级范围为 $135 \sim 193$ dB re 1 μPa @ 1 m，低于大多数其他海洋动物。海豹和海狮的水下发声通常比其他海洋动物少，一般不认为它们会使用回声定位来定位猎物或导航(Au et al.，2008；Schusterman et al.，2000，2004)，也许是因为它们的生态需要能在空气中和水下发挥作用的两栖听觉系统和发声机理(Schusterman et al.，2000，2004)。然而，鳍脚亚目动物确实可能会在水面上和水面下发声，且它们发出的大部分声音具有社交功能，尤其是在群聚(如母子相认、求偶表现和择偶)和争斗(如威胁、领域维护和主导互动)情境中(Insley et al.，2003；Schusterman et al.，2003)。与鲸目动物一样，它们可能通过发声学习来改变叫声使用模式和叫声特征——非人类哺乳动物中很少有动物具备这样的能力(Boughman et al.，2003；Lindemann et al.，2006；Schusterman，2008)。

人类已经观察了北象海豹(Le Boeuf et al.，1969；Le Boeuf et al.，1974)、威德尔氏海豹(Abgrall et al.，2003；Collins et al.，2007；Terhune et al.，2008；Thomas et al.，1983)、髯海豹(Cleator et al.，1989)、豹形海豹(Thomas et al.，1995)、格陵兰海豹(Perry et al.，1999)和斑海豹(Van Parijs et al.，2003)的叫声特征的地理变化。这些模式可能是语音发声学习的结果，也可能是遗传因素或生态因素造成的[参见上述 Boughman 等(2003)的研究；Fitch，2006]。

目前研究的所有鳍脚亚目动物物种都是以个体独特的声音特征发出声音的，尽管程度不同(Insley et al.，2003)，且个体叫声特征在至少长达 16 年的时间内保持稳定(Van Parijs et al.，2006)。声音回放实验和行为观察共同表明：33 种鳍脚亚目动物中，至少有 8 种动物利用叫声来识别个体，通常是母子相认[5 种突耳海豹：加拉帕戈斯海狗(Trillmich，1981)、亚南极海狗(Charrier et al.，2001，2002，2003；Paulian，1964；Roux et al.，1987)、北海狗(Bartholomew，1959；Insley，2000，2001)、加州海狮(Gisiner et al.，1991；Hanggi，1992；Peterson et al.，1969)和加拉帕戈斯海狮(Trillmich，1981)；3 种真海豹：灰海豹(McCulloch et al.，2000)、北象海豹(Petrinovich，1974)和斑海豹(Renouf，1984，1985；Renouf et al.，1983；Wilson，

1974)]。行为研究表明，声音沟通至少在 6 种以上的突耳海豹中的母子重聚中扮演重要角色：澳洲海狮（Marlow，1975；Stirling，1972）、新西兰海狮（Marlow，1975）、南美海狗（Philips，2003）、新西兰海狗（McNab et al.，1975；Stirling，1970）、南极海狗（Bonner，1968；Dobson et al.，2003）和南非海狗（Rand，1967）。这一模式在物种和种群水平上存在例外：夏威夷僧海豹（Job et al.，1995）和来自五月岛（苏格兰）种群的灰海豹中，母海豹无法通过小海豹的发声来认出自己的子女。叫声的特殊性（特别是在叫声用于个体识别的范围）似乎随繁殖区中的种群密度、小海豹依靠母海豹的时间长度、母子分别的可能性以及看护/哺乳和多雌性的普遍性而增加（Charrier et al.，2006；Insley et al.，2003）。突耳海豹面临着更大的压力，尤其是海豹哺乳时间较长且哺乳期内捕食将小海豹留在岸上时（Costa et al.，1999；Insley et al.，2003）；确实，研究发现，个体发声的识别尤其常见于海狮科。

除在母子重聚方面的作用，叫声也能帮助亚南极海狗（Roux et al.，1987）和澳洲海狗（Tripovich et al.，2008a，2008b）进行雄性间的识别。两种物种都能识别陌生动物和邻近区域雄性的叫声，它们对陌生动物的反应更加强烈。雄性澳洲海狮对雄性同类的吠声比对雌性或其他物种的叫声反应更加强烈（Gwilliam et al.，2008）。

很多水下交配的鳍脚亚目动物的雄性（主要是海豹和海象）在交配季节同样发出一些水下求偶表示的声音；事实上，这类声音占很多物种发声的主要部分（Schevill et al.，1966；Sjare et al.，2003；Stirling et al.，1987；Stirling et al.，2003；Van et al.，2003）。一般认为，这些声音在繁殖季节雄性之间的争斗、建立和捍卫领域及吸引雌性交配中发挥作用（Sjare et al.，2003；Stirling et al.，2003；Van et al.，2003）。在海豹中，水下求偶表示的声音的复杂性似乎和雄海豹与雌海豹交流的距离联系起来。在接收声音的雌性分布较广的物种中，声音频带较窄、更有规律、更容易接收且整体组成部分变化较小（Moors et al.，2003，2004；Rogers，2003）。

10.1.8　鳍脚亚目动物的发声机理

一般认为，鳍脚亚目动物就像陆栖哺乳动物一样，是通过喉咙中声带的振动来传播声音的，不过一些声音是通过其他方式发出的（Pabst et al.，1999）。假设鳍脚亚目动物是通过喉部发声机理发出声音的，但格陵兰海豹和威德尔氏海豹的叫声频率不随深度变化，这表明声带振动（但声道中无共振腔）能够控制叫声的频率（Moors et al.，2005）。也有一些证据表明，鳍脚亚目动物存在非喉部发声机理，但人们未对该主题进行深入研究。例如，一般认为海象在交配时使用咽部气囊发出吼叫声，虽然我们还不清楚准确的发声机理，但它们显然也会通过该气囊漂浮在水面。

10.1.9　海牛和儒艮发出的声音

据报告，海牛和儒艮可以发出各种各样的声音，主要有啸叫-吱吱声、啾啾声、吱吱声、鸣叫-吱吱声、吼叫声和颤声，这些声音主要是历时短、调频的哨声，并带有一些谐波和非线性要素，经常都是连续发出的（Anderson et al., 1995；Bengtson et al., 1985；Evans et al., 1970；Hartman, 1979；Miksis-Olds et al., 2009；Nowacek et al., 2003；O'Shea et al., 2006；Philips et al., 2004；Schevill et al., 1965；Sonada et al., 1973；Sousa-Lima et al., 2002, 2008）。啾啾声是较长、较纯粹的音调，而吱吱声更短，人听起来会比较刺耳（Bengtson et al., 1985；Miksis-Olds et al., 2009；Schevill et al., 1965）。海牛的声音基础频率范围在 500 Hz 至 8 kHz，亚马孙海牛使用的频率略高（1.07~8 kHz），佛罗里达海牛使用的频率则略低（500 Hz 至 5 kHz，Sousa-Lima et al., 2002）。海牛的叫声持续时间范围在 0.02~0.9 s（Nowacek et al., 2003；O'Shea et al., 2006；Sousa-Lima et al., 2002），叫声率为 0.1~1.3 次/min（Nowacek et al., 2003；Philips et al., 2004），叫声具有较低的声源级，均方根能级为 113 dB re 1 μPa@ 1 m，而佛罗里达海牛的值最大，为 150 dB re 1 μPa@ 1 m（Miksis-Olds et al., 2009；Philips et al., 2004）。儒艮的声音基础频率范围是 500 Hz 至 4.6 kHz，其持续时间从 30 ms（吼叫声）到 2.2 s（颤声）（Anderson et al., 1995）。在所有情况中，叫声都被认为具有交流功能。在西印度海牛中，社交活动叫声的比率高于觅食、游水或休息期间的叫声比率（Bengtson et al., 1985）。尤其是，声音似乎在维持个体联系中扮演角色，特别是母子关系中（O'Shea et al., 2006；Sousa-Lima et al., 2002；Sousa-Lima et al., 2008）。海牛和儒艮的声特性表明它们的个体独特性（Anderson et al., 1995；O'Shea et al., 2006；Sousa-Lima et al., 2002；Sousa-Lima et al., 2008）。

10.1.10　海牛和儒艮的发声机理

人类还未完全了解海牛和儒艮的发声机理，但有研究者提出它们发出的一些声音是从头的前部发出的，而不是通过喉部（Anderson et al., 1995）。

10.2　鱼类生物声学

10.2.1　鱼类的声接收

毫无意外地，30 000 种鱼之间的声接收机理和能力之间的差别是十分巨大的（Froese et al., 2009）。目前，大多数研究是与多骨鱼（辐鳍鱼纲）相关（Popper et al.,

1992），因此本节大部分内容都与此有关。鱼可以分为两大组：普通听力类和专化物种类，这与声音到达耳道的路径和鱼的听觉范围上限相一致（Ladich et al., 2004）。普通听力的鱼类只通过直达路径接收声音（参见下文讨论），它们不能听清 1 kHz 以上的声音（图 10.5），其主要对声质点运动比较敏感（Ladich et al., 2004; Lovell et al., 2005a）。专化物种具有额外的声传播道，可以使它们更有效率地感知声压，听觉更加敏锐，听取的频率更高［一般达 2～10 kHz，在一些特殊情况下，甚至到 100 kHz 以上（图 10.7）］。种内沟通（Maruska et al., 2007; Tricas et al., 2006）以及捕食者或猎物探测（Ladich, 1999, 2000; Wisenden et al., 2008）等可能存在的进化压力驱使鱼类听觉更加专业化。

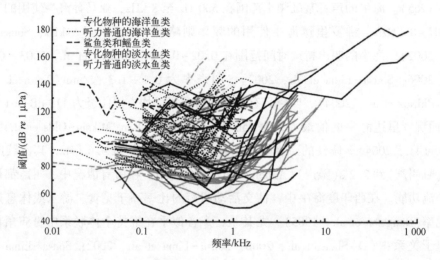

图 10.7 已出版的报告中，95 种鱼类的听图（物种表和参考见附录 A.10.2）。对于具有多个可用听图的物种，对听图线性插值（每 50 Hz），然后按研究个体的数量进行加权平均

鱼类拥有两种独立的机械感觉系统，帮助它们感知声音：耳朵和侧线，两者只感知近场低频声音（200 Hz 以下，在鱼的体长范围发出的）相关的质点运动（Popper et al., 1993）。两种系统都利用触觉毛细胞，其功能大致上与脊椎动物的毛细胞类似；其多样性、形态和功能在其他地方有详细描述（Popper, 2000; Popper et al., 1999）。

侧线系统包含神经丘，每个神经丘由很多毛细胞组成，毛细胞的周围是被称为胶质顶的胶质丘形结构。神经丘经常是在沿鱼侧（鱼鳃和鱼尾之间）浅水槽中以线状排列（每个神经丘间隔数毫米）。这种情况下，它们常常不会直接接触在鱼周围的水，但其所在的管是通过体侧线接触到周围的水的。我们也会发现神经元遍布鱼身。在一些鱼中，耳朵、鱼鳔和侧线是相连的，这样可以帮助侧线感应细胞探测到声压信号（Popper et al., 1993）。

鱼类⑦内耳包括三个充液腔体——椭圆囊、球囊和瓶状囊，每个腔体都包含密度较大、钙质化的耳石（耳骨）或耳石质（Popper et al.，1999）。腔壁上有触觉毛细胞，通过薄膜连接到耳石（Popper et al.，1999）。不同鱼类的耳石形状也不同，且在鱼的生命周期内，耳石会一直生长；与哺乳动物相反，鱼在其大部分的生长周期内会长出新的毛发细胞（Kasumyan，2005；Popper et al.，1999）。目前研究的一些鱼和所有鲨、鳐的耳朵还多了一个器官——小听斑，该器官包含触觉毛细胞，但没有耳石，一般认为该器官主要用于听觉功能（Ladich et al.，2004）。鱼的内耳也包含三个⑧半规管以及耳石器官，主要作用在前庭系统中，帮助感应头部运动，维持平衡和方向（Ladich et al.，2004）。

我们已经介绍了声能量到达鱼内耳的多种途径，但并未完全理解这些途径，且只有一小部分鱼类经过检验。当声波到达鱼所处的位置时，鱼的身体组织会动。然而，鉴于耳石的密度比其他多数身体组织的密度大，它们对移动的惯性阻抗更大，不会随周围组织同步移动。由此导致的耳石和毛细胞之间的相对运动可由毛细胞通过其纤毛察觉，且毛细胞的响应（正如哺乳动物和脊椎动物中）将刺激一个神经信号，该神经信号将有关拦截声音的信息传至大脑（Popper et al.，1999）。上述机理就被称为直达路径，也就是抵达鱼的声波是导致耳石和毛细胞的相对运动的直接原因。

声音通过间接或鱼鳔路径的传播同样发生在一些专化物种的鱼种中。鱼鳔是具有一个或多个腔体的充气气囊；鱼通过调节鱼鳔中的空气量，能够控制其浮力（Steen，1970）。然而，由于空气和海水/鱼组织之间的较大密度和压缩性的差异，鱼鳔在响应经过的声波时会发生移动，因此可将到来的声能从鱼体内向内耳辐射，强化了鱼对声压的灵敏度，并提高听觉上限（Ladich et al.，2004；Sand et al.，1973；Von Frisch，1938）。在一些物种中，鱼鳔的前部凸起末端在头骨耳骨器官或其他器官的附近或直接就在该器官的上面，这将进一步强化间接路径的作用（Kasumyan，2005；Ramcharitar et al.，2006）。将耳朵附近的空气腔分隔开来可达到类似的功能（Flectcher et al.，2001；Yan，1998，2001；Yan et al.，2000）。例如，在鲱类鱼中（有两种鱼已被证实可听见超声波的声音），鱼鳔的凸起连接到听泡中的空气腔上，这些腔体反过来附在椭圆囊上，使得声传导通道变得完整，而我们一直认为该声传导通道在这些物种的听觉系统中扮演重要角色（Mann et al.，1998）。

在一些耳鳔系物种中，存在第三种声传播道，其中声介导鱼鳔的振动可导致 1~4 根韦伯氏小骨的机械运动，被调整的椎骨由韧带（实际将鱼鳔连接到球囊）连接到一起（Kasumyan，2005；Weber，1820）。这一替换间接传导道降低了听觉阈值并拓宽了听觉

⑦该描述指的是有颌类或颌类脊椎动物，另见 Ladich 等（2004）有关八目鳗和七鳃鳗耳的论述数据。
⑧八目鳗类鱼只有一个，七鳃鳗有两个。

带宽（Ladich，1999；Popper et al.，1993；Yan et al.，2000），但这种声传导方式需要鱼鳔体积更大且强化高频灵敏度的听小骨更多（Lechner et al.，2008）。

10.2.2　鱼类听力性能

大多数普通鱼类在数十赫兹到 500 Hz 频率范围内听力最佳，听觉频率范围的上限是1 kHz。另一方面，"专化物种的鱼类"的最佳听觉频率范围是 100 Hz 到 3 kHz。但是，研究已发现，一些鲱科鱼类能够听到超声波和（或）对超声波做出行为反应[Popper 等（2004）的评论]。美洲西鲱和大鳞油鲱能够检测到频率高达 100 kHz 的声音（Mann et al.，1997，1998，2001）。鳕类已被发现可检测到 38 kHz 的声音（Astrup et al.，1993），尽管其检测阈值比相同频率下的其他物种至少高了 15 dB，然而，Schack 及其同事（2008）在最新的研究中却无法得出这些结果。测试的其他鲱类（太平洋鲱、海湾鳀鱼、斑青鳞鱼和西班牙沙丁鱼）在 4 kHz 以上时已无法听得清楚（Mann et al.，2001）。蓝背西鲱（Nestler et al.，1992）、大肚鲱（Ross et al.，1993，1996）和西鲱（Wilson et al.，2008）等一些物种对超声波的回避反应表明这些鱼能够听到超声波声音。不断发展中的鱼类的听觉灵敏度的研究证明，随着鱼的成熟，听觉频率的上限会增加，听力会变得更加敏锐，但在鱼成年后，尽管毛细胞数量在增加，听力灵敏度却保持不变（Enger et al.，2005；Higgs et al.，2001，2003，2004；Kenyon，1996；Popper et al.，1971；Sisneros et al.，2005；Wright et al.，2005，2008；Wysocki et al.，2001）。在繁殖季节，也就是当探测和定位雄性声音最为关键的时候，雌性蟾鱼类固醇激素水平的增加将带来较高频率下听觉灵敏度的增加（Sisneros et al.，2003；Sisneros et al.，2004）。图 10.7 展示了一些鱼类的听图。

鱼类听力的临界比一般以每倍频程 3 dB 的速度随频率增加（Chapman et al.，1973；Fay，1974；Hawkins et al.，1975；Tavolga，1974，1982）。这一结果表明，对于鱼类（哺乳动物也一样），听觉系统可视为一个恒定 Q 值的滤波器，但鱼类滤波器的带宽略比其他组的宽（Fay，1988）。鱼能定位声源，不过具体的机理还不明确。考虑到水中声速以及鱼类的双耳距离接近，它们不可能使用耳间时间差或能级差来完成这一任务，但定位似乎涉及一些双耳处理（Fay，2005）。感觉上皮内的毛细胞定位模式具有物种或类属特异性，且可调整不同轴向上优先感应声音的上皮区域，提供对声源定位有用的信息（Fay，1984；Fay et al.，2000；Popper et al.，1993）。已有研究表明，鱼类和海洋哺乳动物一样可以探测频率差，纯音鉴频阈值为 2% ~ 5%（Fay，1970，1989a；Marvit et al.，2000）。它们也能探测小至 1.5~3 dB 的声强差，在频率较低、绝对声源级较高时，性能更好（Chapman et al.，1974；Fay，1985，1989b；Jacobs et al.，1967；Yan et al.，1993）。

10.2.3　鱼类的发声

鱼类发出的大多数声音是低频声音，峰值频率很少超过 1 kHz（Kasumyan，2008）。附录 A.10.1 包含了一些海洋鱼类声音的声特征数据。鱼类会发出哨声和脉冲声，脉冲时间、重复率和脉冲数会不断变化。用于形容鱼类声音的术语包括：咕噜声、咆哮声、呱呱叫声、鸟叫声、长尖叫声、猫的呜呜声、嗡鸣声、嘘声、咯咯声、敲击声和吠声（Kasumyan，2008）。鱼类的发声机理是多种多样的，且包含摩擦发声（由骨头、鳍条、牙齿或咽头齿等硬性结构之间的摩擦产生）、击鼓发声（通常是由鱼鳔壁上或鱼鳔壁附近发声肌肉的快速收缩产生）、击打发声（鱼类会用其身体部分撞击底物，例如在求偶表现中）、无意识的气动声（来自鱼鳔系统或消化道中的空气移动），最后是呼吸、捕食或游泳过程中的意外发声（Kasumyan，2008；Parmentier et al.，2006）。

尽管鱼类发出的声音很多都是无意识的，但是这些声音还是会具有交流功能，例如，幼年珊瑚鱼寻找栖息地时，会被珊瑚礁生物群落的典型噪声吸引（Simpson et al.，2005）。所有鱼类至少会发出一些无意识的声音，但只有相对较小部分的鱼能够有意识地发出特定声音——超过 20 000 种真骨鱼中可能只有不到 1 000 种是有意识发出特定声音（Au et al.，2008；Kasumyan，2008）。这些声音中大多数是由摩擦发声或击鼓发声造成，可能由单条鱼发出，也可能由一群鱼每天或每个季节组在一起发出组合声。摩擦声通常由一系列短脉冲（一般 10~50 ms）组成，而鼓声一般是由更长、更具音调的脉冲组成（Au et al.，2008）。两种声音都是在争斗（争斗、防卫领域）或亲近（如交配、求偶）行为情境中发出。更多有关鱼类发声机理的详细分析可参考专业文献（Fish et al.，1970；Kasumyan，2008；Tavolga et al.，1981；Zelick et al.，1999）。

10.3　海龟、海蛇和海鸟的生物声学

目前现存的海龟主要有 7 个品种：赤蠵龟、绿蠵龟、玳瑁、大西洋或肯普氏丽龟、太平洋或榄蠵龟及平背龟。人类一般不认为海龟能发出任何声音（除伴随其他活动意外发出的声音外），也未对其听觉系统进行详细研究。然而，由于很多海龟品种濒临灭绝，海龟是当前研究的重点。根据世界自然保护联盟的《濒危物种红色名录》，肯普氏丽龟极度濒危，赤蠵龟和绿蠵龟也岌岌可危，榄蠵龟是易危物种，且目前没有足够的数据可判定平背龟的现有数量（IUCN，2008）。保护海龟的需求——尤其是关注海龟可能受到的人工声音的负面影响，推动人类对海龟的听觉能力进行研究。

Moein Bartol 等（2003）已分析了海龟的感觉生理学。目前为止，证据表明所有生活阶段的海龟只有在低频率下听觉良好，不过新孵化出的小海龟和大型海龟之间的较大

尺寸差表明，体积较小、年龄较小的海龟在较高频率下可能听觉更佳（Ketten et al.，2005）。海龟没有外耳，中耳包含一个很厚的鼓膜，该鼓膜覆盖在大量脂肪层上，且鼓膜自身是面部组织的延续（Moein Bartol et al.，2003）。鼓膜的振动导致海龟听小骨的振动：外耳柱是与鼓膜下的脂肪层相接处的软骨盘，其连接到耳小柱/镫骨——一块较长镫形的小骨，镫骨经骨管附着于耳蜗的卵圆窗，纤维链将该卵圆窗连接到球囊（Moein Bartol et al.，2003）。海龟的耳蜗功能的流体力学与哺乳动物、鸟类及蜥蜴的不同，可能限制了海龟的听觉频率上限（Moein Bartol et al.，2003）。一般认为，海龟的耳朵缺少明显的充气空腔，结构上适应于在水下或通过骨传导接收声音，但不适合在空气中接收声音（Bartol et al.，1999）。

　　人类使用电生理方法测试了 3 种海龟物种的听觉。一种绿蠵龟被训练用来听力行为测试，对频率范围在 280~640 Hz 及可能超出此范围的声音做出反应（Streeter et al.，1999）。图 10.8 总结了可用数据，表明海龟在频率 1 kHz 以下时听觉最佳。

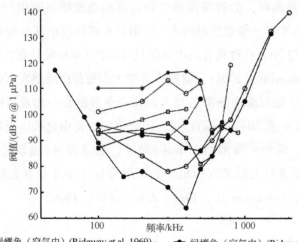

绿蠵龟（空气中）(Ridgway et al.,1969)；　绿蠵龟（空气中）(Ridgway et al.,1969)；
绿蠵龟（水中，幼体）(Ketten et al.,2005)；　绿蠵龟（水中，亚成年体）(Ketten et al.,2005)；
赤蠵龟（水中，1岁）(Ketten et al.,2005)；　赤蠵龟（水中，2岁）(Ketten et al.,2005)；
赤蠵龟（水中，3岁）(Ketten et al.,2005)；　肯普氏丽龟（水中，幼体）(Ketten et al.,2005)

图 10.8　海龟的听图［引用自出版报告：Ketten 等（2005）；Ridgway 等（1969）］

　　我们未直接研究海龟的声音定位能力，不过幼年赤蠵龟在两项研究中都展示了其对气枪的回避反应（Moein Bartol et al.，2003；O'Hara et al.，1998）。在陆地上，孵化的棱皮龟在无任何暗示存在水方向的其他线索下，向人造冲浪声的方向移动，而孵化的榄蠵龟并没有这样的反应（Streeter et al.，1999）。

　　陆生蛇类的耳朵和皮肤感受器允许其感应空气传声和地面振动（Hartline，1971；Young et al.，2002），而海蛇对声质点运动相对不够敏感。唯一一项公开研究证明海蛇能够检测水流运动，但其灵敏度（最低 2 m 峰间水位变化）比鱼类低了约 3 个数量级，约为头足类动物的 1/10（Westhoff et al.，2005）。灵敏度被认为是皮肤中机械性刺激感受器的关联函数（Westhoff et al.，2005）。

迄今为止，人类还未对鸟类的水下听觉能力进行研究，也不清楚其是否会有意在水下制造声音，尽管潜鸟会偶然发出可探测的噪声（Szczucka，2009）。一些声威慑装置可有效阻止渔具捕捉鸟类（Melvin et al.，1999），这表明海鸟可以听到水下声音。然而，由于缺少海鸟在水下利用声音的相关数据，我们不在此对其听觉系统进行介绍。

10.4　无脊椎动物的生物声学

10.4.1　无脊椎动物的声接收

一些海洋无脊椎动物能够感应低频声音。通常，它们感应的是质点运动分量，而不是声压。一些种群（尤其是甲壳纲动物）也会发出声音，可能是偶然发声，也有可能是社交表现的一部分。

一般不认为无脊椎动物能够感应声压，但它们能够感应低频声音相关的质点运动，尽管它们比大多数普通鱼类的灵敏度差（Breithaupt，2001；Goodall et al.，1990；Popper et al.，2001）。无脊椎动物存在一些机械性刺激感受器，该感受器被认为涉及声（质点运动）接收。首先是纤毛（触毛）和相关细胞，这些可能分布在身体表面；其次是位于动物柔性附肢关节上的弦音器官；最后是平衡囊，常见于（但不总是位于）身体前部附近。平衡囊是囊壁有触觉毛细胞的充液腔体，该腔体包含由沙子和凝胶物质形成的平衡石（Breithaupt，2001；Popper et al.，2001）。

例如，美国龙虾会对 10～150 Hz 的声音做出反应，37.5 Hz 下声压为 207 dB *re* 1 μPa，质点振速为 0.6 μm/s 时具有最低响应阈值（Offutt，1970）。对虾（锯齿长臂虾）的听觉同样也是在 100～3 000 Hz 下测试。我们发现对虾的最高灵敏度是在 100 Hz（106 dB *re* 1 μPa rms）时，这与动物的体积无关（Lovell et al.，2006）；当平衡囊移除时，反应消失（Lovell et al.，2006）。

其他一些种群也存在可感应水动力水体移动的机械感觉器官，因此也可检测到低频声源近程声场中的质点运动。八足类生物和十足类头足类动物（章鱼、鱿鱼和墨鱼）与甲壳纲动物一样，具有平衡囊器官。每个动物都有一对平衡囊器官，位于头部两侧，嵌入脑部周围的软管内（Budelmann，1990；Hanlon et al.，1996；Williamson，1991）。平衡囊包括两类感觉系统：感觉斑/平衡石系统，该系统包含密集、钙化物质（称为平衡石）和触觉毛细胞；感觉脊/胶质顶系统，该系统包含触觉毛细胞，但不存在类似于平衡石的结构。平衡囊的形态和功能细节随物种变化（Budelmann，1990；Dilly，1976；Hanlon et al.，1996；Young，1960）。平衡囊帮助头足类动物维持平衡，感应重力和加速度（Boycott，1960；Budelmann，1990；Hanlon et al.，1996；Williamson，1991；Williamson et al.，1985），但也对声音的质点运动分量比较敏感（Kaifu et al.，2008；Packard et al.，1990；Williamson，1988）。

除平衡囊外，很多鱿鱼、章鱼和墨鱼也在其头部和爪部有表皮线（Hanlon et al.，1983；Sundermann，1983）。这些纤毛触觉细胞线使得它们能够感应水体移动，类似于鱼类的侧线（Budelmann et al.，1988；Komak et al.，2005），不过它们对声音的灵敏度不及平衡囊（Kaifu et al.，2008）。

头足类动物对次声频最为敏感，100 Hz 以下时灵敏度最高，且不存在可探测的低频灵敏度限制[9]（Kaifu et al.，2008；Packard et al.，1990）。根据电生理数据，墨鱼（乌贼科）的头线能够探测峰值振幅低至 0.1 μm@（75~100）Hz 的正弦水体移动（Budelmann et al.，1988）。据记载，头足类动物对声音的行为反应限制在低频：在 180 Hz 的信号下，乌贼会变色（Dijkgraaf，1963）；鱿鱼（北鱿）受 600 Hz 的声音吸引（Maniwa，1976）；章鱼（蛸科：短蛸）在频率低于 150 Hz 的 120 dB rms 声音下会改变呼吸模式，而不是在 200~1 000 Hz 频率范围内（Kaifu et al.，2007）。长鳍鱿鱼并不会对模拟的齿鲸回声定位咔嗒声（峰间接收级高达 226 dB re 1 μPa）表现出可检测到的反应（Wilson et al.，2007）。普通章鱼（蛸科：短蛸）和莱氏拟乌贼对听觉刺激的电生理回应的上限分别为 1 kHz 和 1.5 kHz（Hu et al.，2009）。因此，尽管高频听力可能提供可以帮助头足类动物逃避回声定位的齿鲸捕食者的线索，但其行为、身体结构和生理证据表明它们即使在高声强的情况下也无法探测较高频率的声音。

各种海鞘纲动物（海鞘；被囊动物亚门；海鞘纲）有形似壶状、冠状或囊状的器官，该器官包含纤毛触觉细胞，可检测水体移动，也可能检测声质点运动（Bone et al.，1978；Caicci et al.，2007；Koyama，2008；Mackie et al.，2003，2004）。例如，原索动物海鞘在 80 m 范围内对声源级为 104 dB re 1 μPa 的换能器发出的 240~260 Hz 的声音会有行为反应（Mackie et al.，2003）。

10.4.2　无脊椎动物的发声

海洋无脊椎动物也会发出声音，其中有一些声强较大。尤其是甲壳纲动物，包含 50 种已知的发声属（Schmitz，2001）。一般认为，这些声音主要用于防御领域，抗议或

---

⑨Kaifu 及其同事（2008）发现章鱼（短蛸）在 50 Hz（最低测试频率）时存在最小检测阈值（0.000 35 m/s²）。Packard 及其同事（1990）研究了乌贼、普通章鱼和枪乌贼（鱿鱼），发现在 1~3 Hz（测试的最低频率）下最低阈值为 0.003 m/s²。

暗示干扰以及威慑捕食者，但也同样用于物种内或物种间的求偶表现和亲近互动。另一方面，一些声音（如鼓虾发出的那些声音）似乎是其他活动的副产品（Breithaupt，2001；Schmitz，2001；Vanini，1985）。一些双壳类动物偶尔也会发出声音，例如贻贝在足丝线（通过其附在基底物上）被扯松时也会发出声音（Fish et al.，1970）。

无脊椎动物最常用来发出间歇性脉冲声的机理是摩擦原理，通常使用其附肢和甲壳上坚硬、成脊状的部分发声，但它们也会用身体撞击另一个动物或基底物来发出撞击声（Schmitz，2001）。

加州龙虾发出一种刺耳的脉冲声，可能以此来惊吓或威慑捕食者（Meyer-Rochow et al.，1976）。为了发出这种声音，加州龙虾会采用黏滑摩擦机理（类似于弦乐器上使用的琴弓），该机理就算在动物中也很独特（Patek，2001；Patek et al.，2007）。美国龙虾同样具有独特的发声机理：它会通过收缩触须底部上的肌肉来产生甲壳振动，发出类似嗡鸣的声音，这种声音的平均频率约为 180 Hz，平均持续时间为 227 ms（Fish，1966；Henninger et al.，2005）。

鼓虾（鼓虾科）会发出一种振幅很高的脉冲弹响声。单个弹响声的宽带峰间声源级高达 189 dB re 1 μPa，频谱峰值在 2～5 kHz，能量可扩散至 200 kHz（Au et al.，1998）。很多只鼓虾生成的环境噪声的谱级在 2～5 kHz 时能超过 75 dB re 1 μPa^2/Hz，只比 100 kHz 时低了 20 dB（Cato et al.，1992）。鼓虾的声音非常普遍，有时可能成为纬度低于 40° 的浅海区的主要噪声源，在夏季或黄昏时观察的噪声级会较高（Everest et al.，1948；Johnson et al.，1947；Knudsen et al.，1948；Radford et al.，2008；Readhead，1997）。该分布或许可被归结为全球气候变化（Finfer et al.，2007）。鼓虾发出的声音可归因于其极其快速地闭合螯时产生的空化现象（Lohse et al.，2001；Versluis et al.，2000）。该动作是为了弄晕或杀死猎物，同时也用于捍卫领域和争斗或者种群内的亲近行为（Herberholz et al.，1998；MacGinitie，1937；Nolan et al.，1970；Schmitz，2001；Schmitz et al.，1998）。上述这些功能，大多数都被认为是视觉上传播的，或通过鼓虾快速闭合螯时引起的喷水实现，而不是声音本身（Hughes，1996；Schmitz，2001）。

10.5　海洋声污染

10.5.1　概况

尽管声音是海洋中信息传输的可行手段，但海洋中同时还存在着很多其他声源（生物上及其他方式的），而这将产生明显的背景噪声。除海洋动物发出的声音外，风、波浪、降雨和风暴、地震和冰块等非生物噪声源也会产生巨大影响，尤其是在较低频率时(见 4.2 节和图 10.9)。

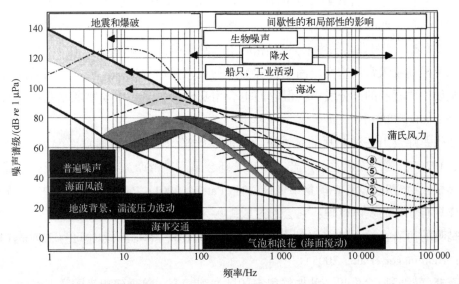

图 10.9　海洋中的背景噪声级(复绘于 Wenz，1962；National Research Council，2003)

粗黑线表示的是一般噪声的限制；点虚线是地震和爆炸引起的噪声的一般模式；浅灰色填充块表示低频、极浅海域中风的影响；灰色实线表明强降水引起的噪声；黑色虚线是重载航运引起的噪声。中灰及深灰填充块分别表示浅海及深海水域中常规交通引起的噪声。黑线的点延伸线表明风的噪声，主要噪声的上限由外推法算出。

10～100 kHz 的粗黑虚线是热噪声

　　数千年来，动物的交流、回声定位和声接收系统已经过无数次的进化，已经可以处理甚至是利用海洋中的背景噪声条件。例如，须鲸的低频、猝发、调频、重复性的叫声非常适合海洋中的远距离传播，鼠海豚和小抹香鲸的高频回声定位咔嗒声可能是对 130 kHz 附近的环境噪声频谱中的最小量的一种适应(Dallos et al.，1996；Madsen et al.，2005a；Popper et al.，1992)。然而，自 20 世纪中叶以来，人们将大量额外声音带到海洋，有的声音是刻意的(通过使用主动水声技术)，有的是无意的(船舶交通以及海上施工、工业活动、炸药使用等其他活动造成的)。海洋环境中噪声的增加可视为是噪声污染，动物需要在相对较短的时间内调整以适应这些声音。

　　以下章节简要回顾了人类已经发现的噪声对海洋动物的影响，同时讨论如何减轻噪声对海洋生态系统所造成的负面影响，最后描述了有关噪声污染管制的当前进展。

10.5.2　声音对动物导致的伤害

　　暴露的噪声可能以多种方式影响动物。在一些情况下，如果噪声暴露的强度足够高，声音可能直接带来损伤，可能对耳朵及相关结构产生伤害，或者在有些情况下损害非听觉系统(Hastings et al.，2005)。对听力系统造成的伤害可能导致暂时性或永久性听阈偏移(TTS 或 PTS)。对可能发生该效应的噪声能级进行估计是海洋哺乳动物声学管理的重要任务,因为该能级可能随物种变化,且可作为声音频谱和时间特征的函数(Southall et al.,2007)。人类只是对相对较少的海洋动物和鱼类进行了有关这一主题的实验,而其他海洋动物可用数据更加有限。

通常,给定噪声的暴露所导致的听阈偏移的量随暴露总能量的增加而增加。这一观察结果得出了等能量假说(Eldred et al.,1955)。该假说预测同等能量的声暴露将导致相同的 TS,不管峰值能级或声音的持续时间是否存在差别。虽然实验数据为这一假说提供了一些支持,但这些数据也表明等能量假说只是对实际情况的粗略近似,声压级、持续时间和听阈偏移的关系更为复杂(Ahroon et al.,1993;Buck et al.,1984;Clark,1991;Hamernik et al.,2007;Harding et al.,2004;Kastak et al.,2005,2007;Mooney et al.,2009;Roberto et al.,1985)。除一些潜在的影响以外,可以明确的是,同等能量下,具有脉冲分量的噪声所造成的伤害似乎大于时间更长、声强更低的噪声的伤害,因此量化声暴露峰值的声级及能量对于脉冲信号尤为重要(Ahroon et al.,1993;Hamernik et al.,2007;Southall et al.,2007)。

Southall 及其同事(2007)综合可用的 PTS 和 TTS 数据,提出了海洋动物的损伤标准(旨在避免声损伤的可用的候选声暴露限制)。下文中的峰值或声暴露级阈值都不应当超过:

- 鲸目动物的峰值暴露级不得超过 230 dB *re* 1 μPa;鳍脚亚目动物在水下为 218 dB *re* 1 μPa,在大气中为 149 dB *re* 20 μPa;
- 暴露于脉冲[10]声音的鲸目动物[11]的频率加权[12]的声暴露级不得超过 198 dB *re* 1 μPa^{2}s;暴露于非脉冲声音的鲸目动物的声暴露级为 215 dB *re* 1 μPa^{2}s;水中暴露于脉冲声音的鳍脚亚目动物的声暴露级为 186 dB *re* 1 μPa^{2}s;水中暴露于非脉冲声音的鳍脚亚目动物的声暴露级为 203 dB *re* 1 μPa^{2}s;大气中暴露于脉冲声音的鳍脚亚目动物的声暴露级为 144 dB *re* 20 μPa^{2}s;大气中暴露于非脉冲声音的鳍脚亚目动物的声暴露级为 144.5 dB *re* 20 μPa^{2}s。

10.5.3　噪声对动物的其他生理机能和行为的影响

噪声污染可能对海洋动物造成很多超出物理伤害之外的其他广泛影响。当噪声限

---

⑩在该情境中,脉冲声音被 Southall 等定义为在 35 ms 时间窗内测量的声压级至少比 125 ms 时间窗内测得的声压级高 3 dB 的声音。

⑪近期以鼠海豚为实验对象的研究表明,鼠海豚的 TTS 阈值比至今已研究的所有鲸目动物的都要低。因此,我们可能需要对这些阈值进行修改(Lucke et al.,2009)。

⑫Southall 及其同事也定义了频率加权函数,该函数可被用来过滤接收信号,从而将各群组听觉灵敏度与频率的相关性考虑在内。

制了动物可探测其他动物发出的叫声或相关环境声音的范围时，人类产生的额外噪声的引入将掩蔽相关信号并限制其探测范围，这就对动物觅食、寻找配偶、维持社会凝聚力、导航或躲避捕食者的潜能带来了很大的限制。海洋动物在呼叫同伴时，如果背景噪声提高，可以通过增加呼叫的次数或改变其叫声的其他声音特征(例如，转换至噪声级较低的频率带)来解决这一问题。然而，这样的变化一般需要具备一些资本(精力充沛或其他)，因此可能危害个体健康或种群的完整性。动物也会对噪声做出行为反应，改变潜水或呼吸等活动的模式，从一个活动切换到另一个活动，或者转到噪声暴露级较低的地区(Richardson et al.，1995)。这些变化同样需要付出一定的代价。暴露在噪声中，尤其是慢性暴露，也可能会激起一种生理应激反应(Wright et al.，2008a，2008b)。除对应激源反应而做出的行为变化对动物的影响外，长时间的应激可能对动物的生殖和免疫系统造成不利影响(Romero et al.，2008)。

10.5.4 高功率声呐对动物的影响

军事声呐的声源级在 1 m 处能超过 230 dB *re* 1 μPa rms(Richardson et al.，1995)，是人类在海上使用的最强大的声源之一。一些广义类的军事声呐装置得到公认，其中包括被动装置和主动装置。海军的主动声呐传统上可分为低频(<1 kHz)、中频(1~10 kHz)和高频(>10 kHz)系统。其中低频和中频主动声呐似乎对环境造成的负面影响最为严重，具体原因如下。

- 声呐的操作频率范围与很多动物的听觉灵敏度或发声的频率范围重叠。
- 声呐信号的频率相对较低，因此有可能在较小衰减的情况下实现远距离传播，会在较大区域内产生影响。
- 先前军事演习期间的研究和观察结果已记录了动物对声呐的反应，还有反常搁浅事件与军事声呐操作之间的关联性(Cox et al.，2006；Hildebrand，2005；Parsons et al.，2008)。

信号相对较长的持续时间(高达数秒)也可能产生一定的影响，会带来更大总能量的声暴露，使得信号更类似于海洋动物之间用以交流的哨声。

低频主动声呐主要用于反潜战争中，可在高达 200 km 的距离范围内远距离探测和监控潜艇(United States Navy，2008)。该声呐在 1 000 Hz 以下的频率下操作，其占空比低于 20%。与传统高频声呐相对较短、脉冲型、无变化的输出信号不同，低频主动声呐传输可能含有频率和时间不断变化的各种信号，这些信号总的持续时间为 6~100 s(美国海军 SURTASS LFA 系统的数据；Anonymous，2007)。

我们已发现动物会响应低频主动声呐的声暴露，但很难判定动物的反应是否具有生物学意义(即，低频主动声呐暴露是否会对个体动物身体或种群生存力产生影响)。雄性座头鲸在低频主动信号[13]暴露期间延长了它们的歌声(一般认为该歌声与座头鲸的繁殖行为有关，Miller et al.，2000)。尽管歌声持续时间随低频主动声源级和歌声与声呐声音之间的暂时重叠的量而增加，低频主动声音的存在被认为只是导致歌声持续时间变化的一小部分原因(Fristrup et al.，2003)。在另一项研究中，觅食中的长须鲸和蓝鲸并未展现出其对低频主动声暴露的任何前后一致、明显的反应(Croll et al.，2001)。虹鳟鱼作为其他鲑科鱼听力普通者的研究代表，受控暴露于低频主动信号中，信号能级为 190 μPa^2 rms，持续时间为 324 s 或 648 s。即使是在该能级上(可能超过海洋鱼类在海上低频主动声呐操作内可能承受的暴露量)，鱼都没有因为暴露死去或出现任何组织损伤(在听觉系统或其他方面)的现象。然而，在高达 49 h 暴露后，鱼在 100~400 Hz 的听阈值提高了 5~25 dB；同时，不同鱼群的听阈偏移也不相同，可能是由于基因性的或个体发育的听觉能力上的或敏感性上的差异(Poper et al.，2007)。同时可观察到，在信号输出时，鱼会奋力游泳(Popper et al.，2007)。

中频主动声呐也广泛用于反潜战，主要用来在较短距离(1~20 km)内探测、识别和跟踪潜艇。中频主动声呐在 1~10 kHz 范围内操作，可能会产生信号持续时间不断变化的传输(以数十秒到数秒的顺序)(United States Navy，2008)。

有关海洋动物对中频主动声呐的行为反应的数据很少。在加勒比海中，抹香鲸对来自附近潜艇的中频主动信号的反应是停止发声、潜水并离开那个区域(Richardson et al.，1995；Watkins et al.，1993)。尽管人类并未特别研究或记录须鲸对中频主动声呐信号的反应，但北大西洋露脊鲸会停止其捕食活动并浮出水面，作为对一个承载类似中频主动或低频主动传输的警告信号(Nowacek et al.，2004)做出的反应。越冬的鲱类未对中频声呐信号表现出一种可探测的回避行为反应，不过我们观察到其在听到虎鲸声音时会做出回避反应(Doksæter et al.，2009)。科学文献中未对中频主动声呐对海龟和无脊椎动物的影响有所记载。

中频主动声呐演习与大量海洋哺乳动物的不正常搁浅事件相关，但是我们还不明确搁浅事件是在动物遭受噪声损害后发生还是搁浅本身就是动物对声呐暴露的行为反应(Cox et al.，2006)。搁浅事件中涉及的鲸类物种主要是柯氏喙鲸，然后是其他喙鲸(包括柏氏中喙鲸、杰氏中喙鲸和北瓶鼻鲸)以及其他物种(Hidebrand，2005)。每次搁浅至少涉及两个动物，很多都是"不正常"搁浅动物；与大多数搁浅事件相比，动物常常几乎在相同时间搁浅，但不在同一位置(Frantzis，1998)。此外，大多数搁浅事件都涉及很少搁浅的物种，尤其是那种脱单的(Hidebrand，2005)。从整体上来看，自军事

---

[13] 最大声暴露级是 150 dB *re* 1 Pa，6 个动物中，每个动物以每 6 分钟一个脉冲的速度下暴露于 4~10 个脉冲中，脉冲持续时间为 42 s。

中频声呐 20 世纪 60 年代开始应用以来，柯氏喙鲸集体搁浅事件的发生率已显著增加；尽管随着人们越来越关注这一问题，检测和报道搁浅事件的可能性也在增加（Hidebrand，2005）。军事演习和中频主动声呐相关的搁浅事件曾发生在巴哈马群岛、加那利群岛、希腊、马德拉群岛、墨西哥、中国台湾地区和美国等地。表 10.1 汇总了这些事件的详细情况，其他地方也对这些事件进行了更完整的分析（Cox et al.，2006；Hidebrand，2005；Parsons et al.，2008）。

表 10.1　一些可能与中频军事声呐使用相关的不正常搁浅事件的详细情况

地点	日期	物种(数量)	声源(或军事演习，如声源未知)	声源级/(dB re 1 μPa @1 m)	中心频率	海洋条件	参考文献
加那利群岛	1985 年 2 月	柯氏喙鲸(12) 杰氏中喙鲸(1)	"军事演习"	未知	未知	未知	Simmonds et al.，1991
加那利群岛	1986 年 6 月	柯氏喙鲸(4) 杰氏中喙鲸(1)	"军事演习"	未知	未知	未知	Simmonds et al.，1991
加那利群岛	1988 年 11 月	柯氏喙鲸(3) 北瓶鼻鲸(1) 小抹香鲸(2)	"军事演习"	未知	未知	未知	Simmonds et al.，1991
加那利群岛	1989 年 10 月	柯氏喙鲸(~19) 杰氏中喙鲸(3) 柏氏中喙鲸(2)	"军事演习"	未知	未知	未知	Simmonds et al.，1991
希腊	1996 年 5 月	柯氏喙鲸(12)	TVDS (垂直拖曳指令源)	228 rms 226 rms	600 Hz 3 kHz	深度＞1 km 接近陆地； 表面波导	Frantzis，1998； D'Spain et al.，2006
巴哈马群岛	2000 年 3 月	柯氏喙鲸(9) 柏氏中喙鲸(3) 未识别鲸(2) 小须鲸(2) 点斑原海豚(1)	AN/SQS53C AN/SQS56	235 rms 223 rms	2.6, 3.3 kHz 6.8, 7.5, 8.2 kHz	深度＞1 km 接近陆地； 表面波导	Anonymous，2001； Balcomb et al.，2001； Cox et al.，2006； D'Spain et al.，2006

续表

地点	日期	物种(数量)	声源(或军事演习,如声源未知)	声源级/(dB re 1 μPa @1 m)	中心频率	海洋条件	参考文献
马德拉群岛	2000 年 5 月	柯氏喙鲸(3) 未识别喙鲸(1)	NATO 海军演习	未知	未知	未知	Ketten, 2005; Cox et al., 2006
加那利群岛	2002 年 9 月	柯氏喙鲸(10) 柏氏中喙鲸(1) 杰氏中喙鲸(1) 未识别喙鲸(1)	Neo-Tapon 2002 国际海军演习	未知	未知	深度>1 km 接近陆地; 表面波导	Fernández et al., 2005; Cox et al., 2006
中国台湾地区	2004—2005 年	银杏齿中喙鲸(1) 短肢领航鲸 小虎鲸	美国/菲律宾/中国台湾地区/日本海军演习	未知	未知	未知	Wang et al., 2006; Parsons et al., 2008
美国北卡罗来纳州	2005 年 1 月	短肢领航鲸(33) 小抹香鲸(2) 小须鲸(1)	美国海军"常规战术 MFA 声呐操作"	未知	未知	未知	Hohn et al., 2006

　　与声呐暴露相关的鲸类死亡的数量只是估计的,毕竟搁浅动物可能在遥远地区而未被发现,或者动物可能死在海里且从未被冲上岸,或证据可能不足以将一些声呐相关的鲸类死亡与军事活动联系起来(Parsons et al.,2008)。

　　但是人们已经直接提出了行为机理以解释鲸类(尤其是喙鲸)在中频主动声呐暴露中搁浅和死亡的原因。可能发生的情况是,声音直接使动物受伤导致其搁浅,或声音导致鲸鱼发生负面影响其生存的行为变化。极高能级的声音可能导致爆炸损伤或其他压力相关的创伤,或者声音能够与鲸鱼体内的气腔发出共鸣现象,导致鲸鱼身体受伤或发生疼痛,证据表明有些喙鲸搁浅事件存在这些影响(Anonymous,2001;Balcomb et al.,2001;Ketten,2005)。研究者们反驳了深潜海洋哺乳动物对减压病免疫的传统观点,发现类似于减压病症状的气泡损伤、脂肪栓塞、骨质组织病理存在于海洋哺乳动物组织中,表明这些海洋哺乳动物也会经历潜水的不良生理反应(Fernández et al.,2005;Jepson et al.,2003,2005;Moore et al.,2004)。由于在因军事演习搁浅的动物中发现这种损伤,我们可以假设噪声暴露可能通过引起动物产生类似人类减压病的症状从而间接导致损伤或搁浅(Fernández et al., 2005；Jepson et al., 2003, 2005)，要么是直接引起[导致气泡形成和(或)氮气超饱和组织的增长](Crum et al., 2005；Houser et al., 2001b)或通过一种反应行为(Tyack et al., 2006；Zimmer et al., 2007)。生理模型结果表明两种情况都是可能发生的，柯氏喙鲸(声呐相关的搁浅事件中最常见的物种)发生这两种情形的可能性可能大于北瓶鼻鲸(Hooker et al., 2009；Zimmer et al., 2007)。暴露于高能级中频主动信号中可能导致海豚的听阈偏移，这样就影响海豚科捕食或导航的能力，尤其会使喙鲸等使用回声定位的物种失去这种能力(Mooney et al., 2008b)。最后，动物对声呐所做的严重反应行为可能就直接导致其在中频主动声呐暴露下搁浅。例如，动物游进浅海区域或搁浅可能是为了逃离或减弱声暴露，或者它们可能会改变其潜水或游泳行为，最后因此受伤或迷失方向以及最终搁浅⑭。一些研究已经表明，喙鲸尤其会对人为声音做出强烈的行为反应(Carretta et al., 2008；Tyack et al., 2008)，这表明人类行为可能在导致喙鲸搁浅的各个机理中扮演重要角色。然而，当前数据不足以表明上述假设中哪一项最为可能，所以最可能发生的情况是，各个因素相结合，共同导致了搁浅事件。

通过对三次不正常搁浅事件的环境条件的分析已经确认出了可能与搁浅相关的声环境和物理环境的一些特征，即：

- 深海栖息地极为接近海岸线(1 km 内)；
- 声源至少以 5 kn 的速度移动；
- 有利于中频信号远距离传播的声传播条件，例如，将声源放在表面波导或其他由水体内折射所确定的较低边界的其他声波传播通道(D'Spain et al., 2006)。

总之，造成搁浅的准确条件以及中频主动声呐暴露导致喙鲸不正常搁浅事件的机理仍是研究热点主题。但是，声呐与搁浅之间的联系明显是存在的。由于搁浅的后果可能是致命的，且鉴于喙鲸的种群数量和详细分布模式很大程度上还是未知的，很有必要立即实施管制以防止未来再次发生搁浅事件，且这些管制会随着研究的继续和人类对问题的科学理解的改善而不断进化。

10.5.5 气枪对海洋动物的影响

传统气枪阵列产生的峰值声强可能相当于或大于军事声呐(见第 9 章)，因此有人担心这些气枪阵列可能也会对海洋哺乳动物产生严重的负面影响。然而，到目前，只有一例海洋哺乳动物受伤或死亡事件是与气枪相关的：2002 年发生在加利福尼亚湾的两只柯氏喙鲸的不正常搁浅事件(Petersen, 2003)。检验搁浅动物的尸体以判定死亡原

⑭行为变化的例子可能包括改变在某一深度或海面的时间量，或变得大力游泳而不是休息，这类行为变化可能导致减压病的症状，或缺氧、虚脱或其他类型的创伤(Cox et al., 2006)。

因在当时是无法实现的，因此不能断定搁浅就是与气枪的活动相关。

　　须鲸对气枪噪声相对不太敏感，这点不足为奇，因为气枪阵列产生的大部分能量在频率上比较低（＜250 Hz）。这一频率范围低于所有齿鲸的叫声频率，且也刚好低于某些已测物种的最佳听觉频率，因此齿鲸很有可能对频率很低的声音相对不敏感。另一方面，气枪的操作频率范围与大部分须鲸发出的声音的频率范围重叠，且气枪确实会产生一些频率至少达到 1 kHz 的能量（即使是在较低声强下）。此外，很多领域中的工业地球物理测量早在 1995 年就已受到管制，这些管制旨在防止负面的环境影响（Compton et al.，2008；见 10.5.7 小节）。这些限制可能已经有助于减少气枪对海洋生物的影响。

　　根据科学文献记载，鲸类一般不会对气枪暴露做出剧烈反应，但海洋哺乳动物对气枪暴露的行为反应已有记录。例如，在暴露于气枪声音时，抹香鲸有时会远离气枪阵列或改变其发声模式，而须鲸——包括灰鲸、弓头鲸和座头鲸——有时会降低游速，避开或游离声源，或改变其呼吸、浮出水面或潜水模式（Richardson et al.，1995）。一项研究同时表明，随着气枪阵列活动在巴西水域的增加，该水域鲸类动物种类的多样性在下降（Parente et al.，2007）。工业地球物理调查期间在英国（Stone et al.，2006）和安哥拉（Weir，2008a）收集的海洋哺乳动物观察数据表明鲸目动物在气枪操作过程中确实会进一步远离，同样也不太可能趋向正在运行中的声源；且与须鲸相比，小型齿鲸亚目动物通常会表现出更明显的回避反应。在生理效应方面，以圈养动物为实验对象的研究已经阐述了气枪影响海洋哺乳动物听觉的可能性：暂时暴露于地质水枪的脉冲声会影响白鲸（而非瓶鼻海豚）的听觉（Finneran et al.，2006），气枪发出的脉冲也会对鼠海豚造成类似影响（Lucke et al.，2009）。

　　缓解气枪勘测潜在影响的常用方法是将气枪阵列渐升或是软启动，即气枪声源幅值逐渐增加，这样理论上可提供一个让动物意识到声源的存在并远离声源的机会（Castellote，2007；Weir et al.，2007）。只有极少部分研究调查了气枪渐升的有效性，而且还是不清楚海洋哺乳动物实际上是否真的会在渐升操作时远离气枪。以 15 只短肢领航鲸为对象的观察结果表明，这些鲸对气枪渐升操作的回避反应有限（Weir，2008b）。从英国水域中的气枪阵列收集到的更广泛的海洋哺乳动物观察数据同样表明，在渐升期间，动物趋于进一步远离气枪，转向与气枪相反的方向，尽管这些趋势在统计上并不明显（Stone et al.，2006）。

　　人类已经记录了气枪对海洋鱼类的效应；大多数发现气枪对鱼类效应的研究除了行为效应外，还记录了气枪对鱼类耳朵和相关结构的物理损伤以及对商业捕鱼的不利影响。一些研究表明，气枪暴露可能使鱼受伤，伤害鱼耳或导致暂时性听阈偏移，尽管引起这些效应（或未能引起这些效应）的暴露能级随物种不同，其在各个研究中的定义也不尽相同，同时我们无法明确损伤是不是永久性的（Amoser et al.，2003；McCauley et al.，2003；Popper et al.，2005；Song et al.，2008；Sverdrup et al.，1994）。对于某些种群和研究区域，人类已发现气枪活动期间和之后的渔业出货量或单位捕捞渔获量（CPUE）的减少（Engås et al.，1996；Hassel et al.，2004；Skalski et al.，1992）以及鱼类丰度的下降（有水声调查确定）（Engås et al.，1996；Slotte et al.，2004）。鱼类对气枪暴露的行为反应可能在低至 161 dB *re* 1 μPa 的暴露级（平均−峰值能级，Pearson et al.，1992）下发生，具体行为包括增加游速，惊吓或逃离反应（Hassel et al.，2004；McCauley et al.，2000，2003；Pearson et al.，1992；Wardle et al.，2001）以及增加集群行为、迁移至不同深度（通常是水体中的更深处，Pearson et al.，1992；Slotte et al.，2004）。

一些研究已经指出了海龟对气枪声音暴露的反应。赤蠵龟在 300 m×45 m 的闭合测试河道中暴露于 3 支一组的气枪[15]的声音之下，其回避了气枪周围半径为 30 m 的范围（O'Hara et al.，1990）。网围内的幼年赤蠵龟在首次暴露时同样回避了一对气枪[16]，但在三次暴露[17]后可能由于已经习惯了声音或暴露导致海龟暂时性的听阈偏移，该反应消失（McCauley et al.，2000；Moein Bartol et al.，2003）。在另一项研究中，关在笼子里的绿蠵龟和赤蠵龟暴露于一支气枪的声音之下，当接收到的声级大于 165 dB *re* 1 μPa rms[18] 时，两只海龟都提高了游速，当接收到的声级大于 175 dB *re* 1 μPa rms 时，海龟的行为明显变得更为慌乱（McCauley et al.，2000）。这些受控暴露表明海龟可能回避正在开枪的气枪阵列，但对安哥拉和巴西地球物理调查期间收集的目测数据的分析却无法得出明确结论，有些证据表明了海龟可能的回避反应（尤其在短距离下），但同时也有证据（有限数据）让我们无法得出任何明确的结论（Gurjão et al.，2005；Parente et al.，2006；Weir，2007）。

根据可用的有限数据，气枪暴露似乎不会严重影响无脊椎动物；鉴于无脊椎动物的有限听觉能力，这点不足为奇。一项研究表明，关在笼子里的鱿鱼（南部枪乌贼）暴露在能级超过 160 dB *re* 1 μPa rms[19] 的气枪声音下时，鱿鱼会增加游速，展示更多警觉反应，可能转至靠近水面的低声音暴露区（McCauley et al.，2000），然而该研究并没有

---

[15]该测试并未确定定义声源级和暴露级。使用的气枪是 1 支螺栓型 600B 气枪和 2 支螺栓型 542 气枪。作者说明 600B 枪产生了大部分的声能，且峰值声源级大约为 220 dB *re* 1 μPa @ 1 m，但在测试中这 3 支枪都是在不同压力下同时开枪。

[16]暴露级并未明确定义，但气枪声源级是 175 dB *re* 1 μPa @ 1 m、177 dB *re* 1 μPa @ 1 m 和 179 dB *re* 1 μPa @ 1 m，海龟是被关在一个 18 m×61 m×3.6 m 的网围中。

[17]每次暴露持续 5 min，在此期间气枪每隔 5 s 开枪。

[18]rms 能级是通过"实证推导修正"从气枪脉冲期间（未指定）计算的等效能量级（单位为 dB *re* 1 μPa² s）转化而来的。

[19]rms 能级是通过"实证推导修正"从气枪脉冲期间（未指定）计算的等效能量级（单位为 dB *re* 1 μPa² s）转化而来的。

记录研究个体的数量和统计显著性。雪蟹并未对峰值能级范围在 197～227 dB *re* 1 μPa 的气枪暴露展现任何明显的反应行为，蟹的身体状况或可捕性都未受到影响（Christian et al.，2003）。邓杰内斯蟹类幼体以 1 m 距离暴露于峰值能级高达 231 dB *re* 1 μPa 的气枪声音时也未受到影响（Pearson et al.，1994）。同样，在澳大利亚，地质勘测活动也未对岩龙虾的捕获量造成严重影响（Parry et al.，2006）。

鉴于海洋动物对气枪暴露反应相关的数据相对较少，我们也可考虑海洋气候声学测温（ATOC）等使海洋动物暴露于低频声音的其他研究；ATOC 的中心频率为 75 Hz，声源级为 195 dB *re* 1 μPa @ 1 m（ATOC Consortium，1998）。一系列有关须鲸对 ATOC 信号的反应的研究表明，座头鲸除潜水模式发生细微变化外并无明显反应，且反应强度随着声暴露能级的增加而增加（Frankel et al.，1998，2000，2002）。与此相反，将瑞氏海豚与伪虎鲸两者在典型 ATOC 信号声传播模式下的 ATOC 信号听力阈值进行比较的研究表明：这两类物种（可能还有其他齿鲸）甚至无法检测到距离大于 0.5 km 以上的信号（Au et al.，1997）。

10.5.6　声驱赶装置

声驱赶装置是另一类广泛使用的主动声波装置。它们附在捕鱼或水产养殖设备上，会发出声音以提醒动物该设备[声驱赶装置（acoustic deterrent devices，ADD），声响报警器或声波发射器]的存在或引起疼痛，从而驱赶动物并防止其破坏装置[声波干扰装置（acoustic havassment devices，AHD）]。Richardson 及其同事（1995）回顾了早期声波驱赶装置的发展，对在一些以北极熊、鳍足亚目动物和鲸目动物为研究对象的测试中至少存在一些有效应的声音类型[例如，记录的伪虎鲸叫声，气枪/炸药/射击（击中部分为淹没在水中的金属管）的声音]进行了讨论。声波发射器一般具有相对较低（130～135 dB *re* 1 μPa@1 m）的声源级，并在每 3～4 秒内发射较短的高频脉冲（9～15 kHz 峰值频率，持续数百毫秒）。另一方面，AHD 具有较高的声源级，一些装置的峰值能级超过 190 dB *re* 1 μPa。AHD 也趋于使用较宽的频率范围（鳍足亚目动物为 5～20 kHz，海豚科动物为 30～160 kHz），也有时会使用随机信号的组合（持续时间、定时、频谱特征）（Caretta et al.，2008；Kraus et al.，1997；Leeney et al.，2007；Lepper et al.，2004；Morizur et al.，2008；Olesiuk et al.，2002）。

对于很多物种，声波发射器可以减少间接的捕获，特别是在刺网捕鱼中。声波发射器似乎对鼠海豚（Carlström et al.，2002；Gearin et al.，2000；Kraus et al.，1997；Trippel et al.，1999）和喙鲸（柯氏喙鲸、中喙鲸属亚种、贝氏喙鲸）最为有效（Caretta et al.，2008）且同样影响亚马孙河白海豚（Monterio-Neto et al.，2004）、普拉塔河豚（Bordino et al.，2002）、赫氏矮海豚（Stone et al.，1997）、座头鲸（Lien et al.，1992）以

及其他鲸目动物和鳍脚亚目动物（Barlow et al.，2003）。因此，很多捕渔业都会使用声波发射器，例如美国和欧盟的刺网渔业[20]。有人担心动物可能最终会习惯这些声音，从而降低这些装置的效率。已有证据表明鼠海豚在几天到几个月的周期内已习惯了声波发射器的声音（Carlström et al.，2009；Cox et al.，2001；Teilmann et al.，2006）。

以圈养动物为研究对象的实验已经证明了鼠海豚对声响报警器和频率高达 120 kHz 的类似声音的敏感性（Kastelein et al.，2000，2001，2008），并强调了种内敏感性差异，例如条纹海豚并不会对严重影响鼠海豚的暴露级做出反应（Kastelein et al.，2006）。人们已经开发了旨在减少深海捕鱼中间接捕获瓶鼻海豚和真海豚的较高声源级的装置（165、178 dB *re* 1 μPa @ 1 m），这类装置具有一定的发展前景（Leeney et al.，2007；Morizur et al.，2008）。

而声波发射器一般不会影响鱼类的行为或减少鱼的捕获量（Cox et al.，2001；Culik et al.，2001；Trippel et al.，1999），但在一个案例中，声波发射器减少了鲱的捕获量（Kastelein et al.，2007b）。

使用 AHD 以防止海豹破坏捕鱼装置和水产养殖设施一直是一个较不严格的测试主题，但却很少成功。AHD 广泛用于水产养殖设施，似乎会在一定情况下发挥作用，但即使这样，该装置的有效性常常会随着时间慢慢退化，这表明至少有些动物会慢慢适应 AHD（Anderson et al.，1978；Fjälling et al.，2006；Mate et al.，1987；Morris，1996；Nelson et al.，2006；Pemberton et al.，1993；Quick et al.，2004）。事实上，一些动物可能会学会将声波发射器或 AHD 与食物源联系起来，因此反而会被这些装置所吸引（Bordino et al.，2002；Fjälling et al.，2006；Mate et al.，1987）。声波发射器和 AHD 的使用还可能涉及一个物种保护问题，即这些装置可能将动物驱除出重要栖息地。例如，这些装置影响了鼠海豚在数百千米甚至数千千米内的分布（Carlström et al.，2002；Culik et al.，2001；Johnston，2002；Olesiuk et al.，2002），因此这些装置在鼠海豚重要栖息地的使用可能会影响鼠海豚的数量。

10.5.7　其他主动声装置对动物的影响

除了军事声呐和气枪外，人们在海中还部署了其他各式各样的主动水声装置，详见第 7 章、第 8 章和第 9 章。这些声源产生的声音的能级要比高功率军事声呐产生的声音能级低得多，且这类声音具有高度指向性，一般在超声频率下操作，因此会相对有效地在海水中衰减。另一方面，这些主动装置也有可能成为海洋环境中噪声污染的重要来源：它们的数量明显多于军事声呐装置（即使是最小的捕鱼船或游艇上

---

[20]这些原则涵盖规定的区域和时间周期，见《美国联邦法规》第 50 条第 229 部分，可在 ecfr. gpoaccess. gov 下载，《EC 管理条例》第 812 号（2004 年），可在 cur-lex. europa. cu 下载。

都会装有测深仪），操作的频率范围常常与齿鲸回声定位和交流所使用的重叠。事实上，一些研究已经记录了一些鲸目动物、海豹和鱼类对主动水声装置的反应（Richardson 等 1995 年对其进行了详细回顾）。其他海洋哺乳动物、海龟或无脊椎动物还没有这类信息[21]。

根据公开研究，我们观察到的海洋哺乳动物对高频（＞10 kHz）声波装置的最常见反应是回避（浮出水面或从声源处游离）以及发声模式的变化（Richardson et al.，1995）。在 20 世纪 50 年代，高频声呐或以声呐为模型的超声波发射器最早部署在捕鲸船上使用；据说鲸（大概是抹香鲸和须鲸）对声音暴露的反应是浮出水面并快速从声源处游离，使得捕鲸者相对容易地跟踪和追捕它们（Richardson et al.，1995；Tønnessen et al.，1982）。

实验已经展示了一些鱼类对超声和声呐装置（一些情况下）的反应行为是回避。该行为类似于鱼类对捕食者齿鲸（发出超声回声定位咔嗒声寻找猎物）所做出的反应（Popper et al.，2004）。这些鱼类都属于鲱科鱼类，有些鱼已被证实能很好地听到超声声波（见 10.2.1 节）。蓝背西鲱在声暴露级达到 180 dB re 1 μPa（Nestler et al.，1992）时会回避 110~140 kHz 的声音。美洲西鲱对超声暴露的反应存在强度分级：对于 0.3 s 至 2 min 的 60~120 kHz 纯音（暴露级低于 185 dB re 1 μPa），它们会有惊吓或逃避反应；对于 1~4 s 的 70~110 kHz 脉冲和大于 1.5 min 的 80~100 kHz 脉冲，这种反应会加强（大幅度提高游速，集群行为也会增加）；对于所有的测试频率（20~150 kHz，由发射器限制），当暴露级在 185 dB re 1 μPa 时，鱼会出现类似恐慌反应，快速四处乱游，甚至跃出水面（Plachta et al.，2003）。西鲱暴露于 70~120 kHz 的正弦脉冲（持续 50 千周）时，会提高游速；反应强度会随声强变化，反应阈值为 161~167 dB re 1 μPa 峰间值（Wilson et al.，2008）。太平洋鲱会对宽带模拟齿鲸的咔嗒声（峰值频率 6~7 kHz，带宽 1.3~140 kHz）做出逃避反应，停止觅食、集群、降到水体深处并提高游速（Wilson et al.，2002）。大肚鲱（Dunning et al.，1992；Ross et al.，1993）和蓝背西鲱（Nestler et al.，1992）都是淡水鱼物种，都会回避高频（110~150 kHz）声源。面对操作频率为 200 kHz 的声呐，葡萄牙鲱会出现一种惊吓而逃的回避反应，但对标称频率为 1.1~1.8 kHz 的成像声呐（双频识别声呐）的回避反应会相对缓和（Gregory et al.，2007）。只有双频识别声呐研究特别记录了鱼类对功能性主动水声装置的反应，但也有其他研究记录了鱼类对频率类似于声呐或其他类似装置的声音的反应。

———————————

[21]无脊椎动物对声压和质点运动的敏感度还未被详细研究，它们对人为声音的反应也未得到详细分析；但是，一项研究确实发现长鳍鱿鱼未对回放的齿鲸回声定位咔嗒声做出明显反应，从性质上讲，该声与一些声呐信号在中心频率、带宽和声强方面比较类似（Wilson et al.，2007）。

10.5.8　随机声源和环境噪声对海洋动物的影响

除主动水声装置外，人类在海上产生的噪声很多都是偶然的：例如，来自船只、海上工程、油气钻探和钻井平台、风电场、飞机和直升机[22]、破冰和炸药（目前主要用于军事演习和爆破）以及其他的噪声（Richardson et al.，1995）。

随机声源具有局部效应。海上工程（尤其是涉及打桩，包括建设风力场和油气钻井平台）所产生的高振幅、脉冲声音，可能在近距离（约 2 km）内会对海洋动物造成伤害，在 10 km 以上的距离时会使海洋动物发生行为变化（包括回避）（Carstensen et al.，2006；Madsen et al.，2006）。噪声暴露能够导致鱼类的急性应激反应（Smith et al.，2004；Wysocki et al.，2006）。一些研究表明，鱼类通过潜到水体深处（De Robertis et al.，2008；Fréon et al.，1993；Gerlotto et al.，1992；Handegard et al.，2005；Hjellvik et al.，2008；Mitson，1995；Ona et al.，2007；Soria et al.，1996；Vabø et al.，2002）和（或）游走（Mitson，1995；Soria et al.，1996）来回避不断接近的船只所带来的噪声，但不会回避静音[23]船只（Fernandes et al.，2000）。然而，鱼类的反应随物种、行为和环境情境变化，较浅海域的鱼群更有可能做出反应（De Robertis et al.，2008；Mitson，1995；Skaret et al.，2005；Vabø et al.，2002）。但在一些情况中，鱼回避静音船只的几率等于或大于其回避传统船只的几率（De Robertis et al.，2008；Ona et al.，2007）。鱼甚至能被船只吸引，尤其当船静止或缓慢航行时（Handegard et al.，2005；Røstad et al.，2006）。因此，鱼对船只的反应是复杂的，不只与舰船的辐射噪声能级相关。

很多偶然的噪声源会产生低频声音，增加的环境噪声会对其周围相对较大区域产生影响。我们可以合理怀疑，海洋中的低频环境噪声已由于 20 世纪以来的机动船舶交通的增加而大量增加；在具有相关数据的少数区域，环境噪声已明显增加。可用信息表明，低频海洋噪声自 20 世纪 50 年代以来每十年增长 3 dB，这与商业航运的增加[24]相一致（Andrew et al.，2002；McDonald et al.，2006a；National Research Council，2003）。此外，近期研究表明，大气中二氧化碳水平的增加导致的海洋酸化将影响海水的声吸收特性，造成低频声音较少衰减，进一步增加海洋中的低频噪声级（Hester et al.，2008）。

环境噪声的增加可能会影响海洋中使用声音的动物，尤其是那些使用低频声音进行远距离沟通的动物（例如须鲸）。噪声级的增加会大大缩小动物的沟通范围，这使得

---

[22]直升机能够在足够高的强度下产生声音，明显会有一定的声音量穿过空气/水界面，见 3.6.1.2 节。

[23]静音渔业调查船的建议书（旨在尽可能缩小与噪声船只所导致的回避的调查分布的偏差）由国际海洋考察理事会（Internatinal Counesl for the Exploration of the Sea，ICES）于 1995 年颁布（Mitson，1995）。

[24]在船的大小和速度、主动船只的数量和航行次数方面。

动物难以找到食物或维持社交。Payne 等（1971）首次指出，在使用螺旋桨推进的船只前，长须鲸的声音能够被整个海盆（距离高达 20 000 km）的同类所探测到。而将他们研究时的环境噪声能级考虑进去后，长须鲸的声音传播距离可能降到了 1 000 km。尽管这些计算表明环境噪声的增加可能对鲸鱼的沟通产生巨大作用，但由于动物使用声音在野外进行沟通的实际距离是未知的，这样就难以预测环境噪声的增加对动物的影响程度。

动物主要通过以下几种方式来应对环境噪声的增加，以保持沟通范围。例如，它们可能会增加呼叫声源级（隆巴德反应）或将其叫声的频带转至较少噪声限制的频带。这些变化可能需要具有精力成本（尽管未经量化），且身体结构和生理上的局限也可能限制动物可使用的程度。改变叫声模式或特征同样需要付出一定的代价，例如增加被捕食者探测到的可能性。动物可能通过延迟或减少叫声来应对噪声，为此付出一定的社交或生态成本。

事实上，很多研究已经观察到动物的声行为随环境噪声级所发生的变化。虎鲸提高了其在嘈杂环境下的叫声振幅（Holt et al.，2009）。白鲸在环境噪声级增加的情况下提高了叫声能级（Scheifele et al.，2005），且船只靠近时，它们改变了器叫声速率并增加叫声频率（Lesage et al.，1999）。印太瓶鼻海豚的哨声特征也会随噪声级变化，当环境噪声在其哨声使用的全带宽内都较高时，海豚就会发出较低频率的哨声，减少调频声（Morisaka et al.，2005a）。人们还发现，与南露脊鲸相比，北大西洋露脊鲸会以较低的叫声速率发出较高基频的叫声，而南露脊鲸栖息地的低频环境噪声较少；而且在 1956 年或 1971—2000 年之间，这两种鲸鱼的叫声频率都在增加（Parks et al.，2007a）。最新研究进一步描述了北大西洋露脊鲸的叫声参数与局部环境噪声级之间的复杂关系，并指出鲸鱼除对整体噪声级的变化做出反应外，还会应对噪声峰值频率的变化（Parks et al.，2009）。为了应对环境噪声级的增加，海牛也会选择低频环境噪声较少的觅食地（Miksis-Olds et al.，2007；Miksis-Olds et al.，2006），并以一种行为-环境-相关的形式改变其叫声的持续时间、频率和发声速率（Miksis-Olds et al.，2009）。

也有一些证据表明，长期一致的噪声污染可能将动物赶出其重要的栖息地，尤其是捕食场和繁殖区。例如，由于频繁的商业航行和河道疏浚活动，灰鲸在十年内停止去往其在加里福尼亚半岛的主要繁殖环礁湖之一（Richardson et al.，1995；Tyack，2008）；而当先前占领的觅食地上游船变得密集之后，瓶鼻海豚也会开始回避该区域（Bejder et al.，2006a，2006b；Lusseau et al.，2008）。

10.5.9　了解和管制噪声污染的挑战

如前文所述，当前数据明确指出噪声对海洋动物存在重要影响；一些特定情况还具备有关噪声和动物反应特征的更为详细的信息。然而，噪声暴露的影响取决于很多因素，包括：

- 声音暴露的声学特征（例如频谱、暴露级和暴露持续时间）；

- 动物的特征（不只包括物种，还包括年龄、个体适应度/身体状况/应激水平/忍耐度、行为状态以及先前对噪声暴露的习惯性或敏感度等）；

- 水声环境（声速剖面，水深、海床特性、测深以及散射体的存在）；

- 更广泛的环境情境（例如，适合动物生存的栖息地是有限的还是广阔的）。

除动物本身对声音反应的复杂性和可变性外，我们对噪声影响的科学理解尤其受制于我们自身在海洋动物声音产生和接收方面基本信息的不足。对于很多种群（尤其是须鲸和海龟），几乎没有任何有关听力灵敏度的数据可用。尽管有一些齿鲸、海豹和海狮的听图，但它们基本都是基于一些圈养动物的数据。对于鱼的声接收研究也提供了有用信息，但只占成千上万种鱼中的很小一部分。声接收方面的可用数据同样是不完整的，即使在某一物种发出的声音已很好地从声学角度进行特征化的情况下，实际被动物用来沟通或回声定位的声音的有效范围通常还是不确定的，我们也不能清楚理解动物的不同叫声的准确功能。以上提及的领域的研究一直在进行中，但当前缺少综合性数据，这使得我们更加难以预测不同声音暴露对各种海洋动物的影响。

海洋动物噪声暴露管理的关键问题之一是动物应受到保护的噪声影响的类型。人们对动物身体状况的强烈关注将激发对噪声污染的严格管制，这些管制旨在避免噪声污染造成个体动物出现任何损伤、行为异常或应激行为。另一方面，主要用来确保物种和种群存续、维持种群数量的法规的关注点可能比较狭隘，只对那些对动物数量增长产生重大影响的噪声作用进行管制。然而，一些因素使得我们难以或不可能判定出某些噪声暴露的影响是否可能会导致动物种群数量方面的问题。首先，对于很多海洋动物，种群数量和种群增长率方面的估计具有很大的不确定性，因此研究常常很难探测动物种群增长率的变化或在动物种群数量层面出现问题前估计该种群可被影响的数量（Forney，2000）。此外，当前方法一般不足以将个体层面的变化（例如，改变的行为模式、觅食成功率或沟通范围）与个体适应度以及种群数量层面的影响相联系起来，尽管人类已开始开发和验证适合海洋动物的模型（National Research Council，2005）。因此，即使当种群生存力已经成为主要管理关注点，噪声污染的管制还是通常以限制个体动物出现损伤或行为异常的标准为基础。

特定情况下严重负面影响的有力证据加上公众对该问题的关注使得人们在这种不确定下不得不做出海洋噪声的管理决策并实施相应管制。

10.5.10　减轻人为声音的负面影响

一种将声源对动物的影响概念化的方式是由 Richardson 及其同事(1995)最先提出的影响模型中的地带的概念。根据该模型,任一声源都是由一系列地带(通常由不断增加的声源距离来定义,但更为准确的是,根据不断减少的接收声源级来定义)包围着的。最高暴露级的地带可能导致损伤或痛苦;在较低能级地带,可能会出现掩蔽现象;在更低能级地带,动物可能做出行为或生理反应;在能级甚至更低的地带,声音可被探测,但将不会激发非听觉反应。

在这一背景下,管理策略旨在尽可能减少动物在损伤带、掩蔽带或反应带的可能性(无论管制的主旨是什么)。实际上,减少噪声对海洋生物影响的选择是有限的。可能在整个海洋或某些特定区域(例如,关键捕食区或繁殖地)禁止、限制或避免某些主动水声系统的操作。另外,可规定允许的声音暴露的限制(对于考虑的物种群或单独物种)。然而,极其难以对"海洋哺乳动物"或"鱼类"等广泛群体确定合适的暴露限制,尤其是考虑到声源距离(不同声源级、指向性、频谱、声音持续时间、部署持续时间和部署深度)、同样众多的物种(可能会受影响)的类型以及很多物种听觉和声音使用的数据的不足。同样,人们对最适合用来判定特定声音危险性(广义上讲,就是最适合衡量声暴露级的指标)的标准(峰值暴露级还是整体暴露的总能量)还存在争议。峰值暴露级可能是脉冲型、高振幅声音的关键特征,而在其他情况下,损伤可能主要随总能量变化;最后,衡量听力灵敏度的可变性随频率的变化时还需要考虑频率加权(Madsen,2005;Southall et al.,2007)。

可允许的暴露级的实际实施同样具有难度。一般情况下,这些危险阈值是对可允许的声暴露级进行定义,但需要将其转化为操作过程中与应用的声源之间的可允许距离。在很多情况下,这种转化并不考虑实地局部环境和声音的传播条件,而这有时是由于缺少足够的环境数据等实际原因。然而,在该情况下,可能会明显低估暴露级(也就是对动物的危害)(DeRuiter et al.,2006)。

到目前为止,管制注重的是可能导致动物永久性损伤的声源级的危险阈值的定义,而很少关注声音对动物行为的影响。目前,已有证据表明行为影响可能出现在非常低的声暴露级的情况下(Southall et al.,2007),因此,要定义一个行为影响的阈值并减少该类影响所做的尝试可能更具挑战性。声源周围的物理范围(包含在该危险半径内)一般非常大,可能超过视声监控的操作范围。类似的情况在确定不同情况下的损伤区域时就会出现,尤其对于军事声呐和气枪阵列等极高强度的声源。

目前,有关海上声音产生的特定法律限制相对较少。欧盟法规禁止故意捕捉、损伤、杀害或妨碍海洋哺乳动物以及毁坏、破坏和恶化动物繁殖地和休息地的行为(1992

年的《欧盟栖息地及物种保育公约》，92/43/EEC 号欧洲理事会指令）。英国针对该指令制定了管制人为声妨碍及损害的法律，特别是英国已实行有关在英国水域进行工业地质勘探的特殊规定㉕。地质勘探指导准则在未定义可允许或禁止的声暴露级的情况下，禁止人们在气枪 500 m 范围内看到海洋哺乳动物的 30 min 内开始使用气枪。在美国，管理声音对海洋哺乳动物影响的法规包括《海洋哺乳类保护条例》，该条例禁止侵扰海洋哺乳动物的行为。美国国家海洋渔业局（National Marine Fisheries Service）一般基于其对声音暴露阈值的判定，监管所有可能对海洋哺乳动物造成 A 类侵扰（永久生理伤害）或 B 类侵扰（行为破坏）的业务的批准流程（Southall et al.，2007）。现在也有特定的法规来减少在墨西哥湾进行的地质勘探（National Marine Fisheries Service，2003）。澳大利亚、巴西、加拿大、新西兰和俄罗斯联邦（库页岛地区）也存在地质勘探相关的法规，近期的一些研究对这些法规进行了总结（Castellote，2007；Compton et al.，2008；Weir et al.，2007）。

尽管这些法规随地区变化，它们也会具有一些相同特征。规定减少声音影响的方法一般包括气枪阵列的软启动或渐升，其中气枪阵列的声源级逐渐从可能的最低能级增加至全功率。渐升大概是给予动物注意到声音的存在、离开区域的时间，尽管证明其有效性的数据非常有限 [见 10.5.2 节，Weir（2008b）]。几乎所有法规部要求有资格的观察员对海洋哺乳动物进行目测，以确保该区域在调查开始前不存在海洋哺乳动物。在一些情况下，气枪操作时，观察仍在继续；如果气枪阵列的特定范围内出现动物，气枪就会关闭。如通过距离来定义，上述范围在 500～3 000 m 之间；在其他情况下，通过将可允许的暴露限制转化为上述范围 [目前，造成鲸目动物损伤的限制是 180 dB re 1 μPa，见 Southall 等（2000）或 10.5.2 节] 来定义。一些地方也需要被动水声监控（相似结果），尤其是在敏感区、夜里或可视性较差的情况下操作时。最后，这些法规鼓励或要求操作员避开研究动物关键栖息地的地点和时间，并且使用能级最低的实用声源。

军事声呐操作期间或军事演习计划期间通常也需要或要求应用类似的缓解影响的技术（Dolman et al.，2009），这就带来了旨在进行风险分析和尽可能减少操作风险的专用软件包和协议的开发㉖。在美国，中低频声呐使用的合法性（针对其对海洋哺乳动物的潜在影响）、可允许进行这些使用的区域以及避免不良作用的缓解方法已经成为频繁、不间断的诉讼和政治操纵的主题（Parsons et al.，2008）。

㉕JNCC 指导准则 2009，可在 http：//www. jncc. gov. uk/page-1534 下载（2009 年 9 月 25 日访问）。

㉖例如，荷兰皇家海军的 SAKAMATA，详见 http：//www. tno. nl/content. cfm？ context ＝ marketen&content ＋ product&laag1 ＝ 178&laag2 ＝ 365&item_id ＝ 580&Taal ＝ 2（2009 年 5 月 5 日访问）和英国皇家海军的 ERMC [英国国防部 （U. K. Ministry of Defense，2005），JSP 418-《国防部可持续发展与环境手册》：第 2 卷，10.2 节——海洋环境声呐保护 [重新编号：2008 年 4 月]，详见 http：//www. mod. uk/UR/rdonlyres/14A192AA - E415 - 45A7 - BBB0 - 2DA6F0F85D93/0/JSP418Leaf101. pdf（2009 年 5 月 5 日访问）。

目前，尽管公众和政治普遍关注海上声暴露，但是旨在限制海洋哺乳动物的声暴露和规定有关声源类型、声暴露能级和受管制的地理区域的特定指导方针的国家或国际法规却相对较少。这些更加特定及可实施的法规的发展可能是国际(和国家)海洋噪声法规前进的重要一步。

10.6　总　结

对于很多海洋动物而言，听觉是重要的感知形式，它们不但可以通过声音进行社交，还可进行捕食和感应周围环境。海洋动物发声的频率范围较广——鱼和须鲸主要使用低频声音，包括次声；有些无脊椎动物(如鼓虾)和齿鲸等发出脉冲式、宽带声音；还有一些(尤其是鲸和海豚)发出中频和超声回声定位脉冲和较长的声音(如哨声)。海洋动物的听觉系统专门用于水下声波接收任务，一般适用于探测其使用的声音的类型：无脊椎动物、海龟、鱼类、须鲸和海牛目哺乳动物可能主要听的是低频声音(有时受限于近场相关的质点运动，听取频率非常低的声音)；鳍脚亚目动物等其他一些动物(尤其是齿鲸)具有灵敏度较高、高度发达的听觉系统，且这类动物的听觉系统具有绝佳的频率分辨率和声源定位性能。海洋动物不断进化以更好地适应海洋环境，形成了多种多样的听觉系统，为仿生声呐或其他装置提供了灵感。另一方面，因为大部分海洋动物都在很大程度上依赖于声音，人为噪声(包括附带声音和主动声呐装置的声音)有可能对它们造成伤害。噪声污染会产生不利影响，不仅会导致动物受伤(尤其是听力系统)，而且会掩蔽其他对动物很重要的声音并干扰其正常行为。噪声对动物的影响不易预计，因为噪声影响由多个因素决定，包括声暴露的声学特征、动物的特征(物种、个体适应度/身体/应激水平/忍耐度、行为状态以及先前对噪声暴露的习惯性或敏感度等)、声环境以及更广泛的环境情境(例如，适合动物生存的栖息地是有限的还是广阔的)。我们对噪声影响的科学理解尤其受制于我们自身在海洋动物声音产生和接收方面的基本信息的不足，更别提不同动物对各种声源在特定背景下的反应了。因此，噪声的影响仍然是科学研究领域中的热点课题；综合的定量化噪声污染管制现在开始逐步形成，旨在使噪声对海洋生物的影响最小化并实现环境保护与军事部署、海上导航和安全、声学研究、海上航运和工业等需求之间的平衡。

第 11 章　结　论

11.1　总　结

11.1.1　传播

水声学研究载体为机械波这一在海洋环境中传输信息的唯一有效的物理媒介。因而水声学主要是基于声波在诸如海洋或海底等复杂介质中传播的复杂物理过程展开研究。该过程中的主要现象是传播损失，这会导致声波在水中传输时，幅值从声源开始随距离减小。对于水下声波来说，传播损失不仅源于几何扩散，也源于传播介质的吸收，通过黏滞或分子弛豫耗散掉传输中的部分声能。吸收效应是限制传播范围的主要因素之一，其随频率显著增强。当靠近海面的海水中出现气泡时，往往会加剧这种吸收效应。海底的吸收效应比海水中的吸收效应要高很多，这也解释了沉积物研究中使用很低频率声波的原因。

水下声信号的另一个典型特征是，在许多情况下，声信号在传播介质(比如海面和海底)的界面处发生多次反射。多次反射通过声源与接收器之间的多径传播，使回波的时间结构更加复杂。很多时候，多径回波与直达声信号的量级类似，干扰了直达声信号的接收。而且水下物理环境非常不均匀，声速随水深频繁变化。即使把声速的变化限制在几个百分点水平，这些变化也会导致声波——特别是以接近水平角度传播的声波——发生明显折射。毫无疑问，最显著的效应是 SOFAR 信道，在这种深海波导中，低频声波发射并被局限在最小声速的水深附近，并能够传播数千千米以上。因此声速剖面(海军应用的一个关键特点)能控制水体中的实际声传播的区域成为一个距离的函数；同时，也是诸如回波探测仪等精确测量传输时间的系统的重要控制变量。

折射效应可通过几何射线声学理论建模：传输的声能沿着不同声传播路径传递，局部声速梯度则决定了声波传播方向上的折射。实际上，该建模方法基于对射线跟踪非常直观的表示，是最经常采用的方法，特别是在高频情况下(该方法可以直接给出传播时间和角度)。在低频情况下，更倾向于使用波动方法求解传播方程(对于水平分层介质采用简正模态法和快速数值变换；与距离相关的情况则采用抛物近似方法)。波动方法没有射线跟踪法直观，物理解释也没有射线跟踪法清晰（简正模态法除外），但是波动方法计算具体声场幅值，特别对于低频窄带信号，所得结果更精确。在大多数实际情况下，两种方法（几何射线方法和波动方法）都可以用来处理由于声速随水深（和距离，简化而言）变化造成的折射和多径效应以及用来解释由波导传播引起的声场结构的异常作用。

为了了解大范围的声场结构，需要对由于折射效应和海面及海床之间的限制而产生的多径结构进行建模。对声场结构的了解和精确预测在几项重要的实际应用中很有必要。比如，对隐秘区域进行军事搜索；在海底地形测量中，能够非常精确地重建来自海床的回波路径以及在声学海洋学中，能够从远程声测量中推断出大范围的水文特征。

11.1.2　反射与反向散射

声波在海床、海面或水体中的障碍物上发生反射，是许多水声学应用的一个关键方面。以下两种不同的物理模式需要考虑：规则表面引起的镜面反射以及不规则表面引起的散射。在规则表面的镜面反射中，入射波在与到达方向对称的方向上产生反射，反射系数则取决于阻抗差、在分界面上的入射角度，还有可能是界面上的细小粗糙。该物理模式影响了发射和接收端之间的传输以及决定了多径的特点。粗糙表面会在所有方向上反射入射的能量，这种现象称为“散射”。散射的有用分量通常是指返回声呐的反向散射部分。反向散射水平取决于信号波长和目标特征尺度之间的比值；当目标相对于波长较小时不会产生较强的反向散射（瑞利区域）。在高频情况下，反向散射可从几何学上解释为在基础切面上发生的一系列局部反射。

当然，研究反射的过程对掌握多径传播的特征是有必要的。但是反射本身通常不会直接用作反射体特性的测量工具（因为反射大多受制于收发分置的配置，而收发分置的配置实际上仅用于海洋地波勘探）。而大多数声呐系统基于反向散射回波的测量。因此，了解反向散射现象并对其建模，无论是对于设计声呐系统（例如回波探测仪、侧扫声呐、多普勒系统），还是从测得的反向散射能量中恢复目标特性，都是十分关键的应用。例如，渔业声呐通过反向散射强度的累积测量来定量估计给定区域的生物量；测绘声呐测量的反向散射强度也是海床性质的一个良好指标。

与声呐不同的是，地波勘探系统和沉积物剖面回波探测仪发射信号的波长很长（1~100 m 及以上）。它们更加关注于在沉积层界面上由于阻抗不连续性而产生的镜面反射。测量回波的幅值就可大致得出阻抗差。在宽角度设置中，接收端可以探测到折射波沿分界面的传播。在给定的界面上，从折射波到达信息可得出下层介质内部的声速值。

11.1.3　噪声与起伏

海洋环境对传输信号或反向散射回波的影响包含了许多会恶化这些信号接收的随机扰动以及叠加在有用信号上的噪声。这些噪声可能是声学噪声（出现在传播介质中，被接收器连同信号一起被接收，会掩盖部分信号）或是电噪声（接着会影响接收器本身或其基础结构：接线、电子板等）。有许多类型的加性声学噪声：最常见的是由海面搅动以及支持平台上的噪声源所造成的。引起噪声的其他原因也很重要（如船舶、雨水、活生物体、热噪声）。环境噪声的结构（如时空变化）相当复杂，与有用信号遵循相同的传播规律。在设计尽可能多地去除噪声的方法时，有必要了解噪声的生成、传输以及接收时的结构。特别是近几十年来，在了解并降低船舶辐射噪声方面已经取得了突出进展，以提高噪声的隐蔽性并将自身声呐的自噪声影响降到最低。

噪声影响主动声呐接收器的一个重要方面是因为混响。混响是通用术语，即所有不同于期望回波的返回信号的重组。由于混响的形成特性与有用信号的特性相同，所以混响现象很难消除。频域滤波不能把混响过滤掉，而空间滤波则更有效，即利用高指向性系统把实际目标物从混响环境中分离开来。

最终，信号本身受到传输（界面折射和反射中产生的多径，或者与小尺度散射相关的微径）扰动以及传播介质和目标物理变化产生的扰动。从本质上来说，接收信号在时间和空间上发生起伏。信号随机起伏的水平与类型对信号接收过程的质量影响很大。

自然环境噪声的一个重要组成是来自海洋生物（哺乳类、鱼类和甲壳类），其中许多自然环境噪声被证实对某些条件下的声呐操作非常不利。另一方面，已证明人为的水下噪声场（声呐与地质活动以及船舶和近海产业）对海洋生物也造成了干扰，这也是当今环境问题的关注点之一。

11.1.4　换能器与阵列处理

为了发射或接收声能，声呐系统工程需要设计和使用电声换能器。使用共振机械系统（通常基于由电信号控制的压电装置）能获得很高的发射能级，可用于再现所需的声信号波形。大多数声源是基于在高频率下（Tonpilz 型）和超高频率下（陶瓷片）下采用的经典通用技术进行设计。在低频率下（1 kHz 以下），许多设计参量和换能器原理可能取决于所需应用类型的特别要求。通常选用一些专用设备来获得地质勘测所需的低频脉冲声，这些设备是基于机械（气枪）或电动（电火花器）作用下所生成的气泡内爆。

在发射能级很高时，容易出现一种特别的现象。空化现象（如溶解气体的蒸发）是发声器的一个限制因素。声波导致的介质特性扰动会引起非线性传播。这种非线性作用可被某种类型的发射器（参量阵列）利用，其主要作用是将低频率下的窄指向性能与较高频率下的大带宽性能进行互换，代价就是其能效较低。

换能器和天线的基本特性是其指向性。选择偏好方向上的窄波束，能增加发射的声能级，并提高接收时的信噪比以及测量的空间分辨率，其波束的角度选择性随着波长与天线尺寸的比值变化。声呐系统的性能主要受限于所用的换能器和天线处理的类型。高指向性天线能够非常精确地测量目标物的角度位置，或者对特定场景进行高分辨率成像。角度测量的变体是干涉测量，即在不使用高指向性天线的情况下，利用两个换能器之间的相位差非常精确地测量信号的波达方向。几年前就已出现了阵列处理的高分辨率法，该方法的空间定位性能超过了阵列大小与波长之间比值的经典极限。但是，直到今天该方法的实际应用仍然有限。

适合水声使用的机械转向天线在材料上很难实现，因此声呐系统广泛使用电子转向。即由众多阵换能器组成的物理阵列保持固定不变，每个阵元的单独信号发生相移或延迟，以引导指向性图案指向所需要的方向。波束形成是最常使用的处理技术。该技术基于的假设条件是接收端的声波是平面波，其可以控制波束指向相对于天线轴倾斜很大的方向，该倾斜度扩大了指向性的主瓣。使用阵列束控可以降低二次旁瓣。例如，降低换能器在阵列两端的输出。在近场，考虑到波阵面的曲率影响，天线需要经过聚焦处理。合成孔径声呐技术使用物理上的短天线代替长阵列，短天线的位置可根据时间非常精确地测量出。尽管水下声传播存在物理局限性，合成孔径声呐技术对于高分辨率影像提供了有趣视角，因为该技术特别提供了成像场景上均匀稳定的分辨单元。

11.1.5　信号处理

检测和估计的经典理论以及当前经验表明，声呐性能的所有方面(检测概率或虚警概率；传输系统的数据误差；声测量参数的不一致性，如角度或时间；声呐图像质量)都随信噪比的下降而快速降低。声呐接收器的首要作用就是改善这一极其重要的参数。

在水声中从噪声中提取期望信号的基本处理操作包括：

- 频域滤波，用来选择所期望信号的带宽；
- 信号包络检测或平方律检波，以求得声能；
- 对多个信号的实现进行求和，以提高信噪比。

这种处理链可以很直观地检测未知的具有稳定先验的信号，如探寻出被动声呐中的船舶辐射噪声。接收的窄/宽带滤波(如经过平方律处理的滤波)可通过时间积分加以补充，目的是提高信噪比。

当发射的信号是连续波脉冲时，相同的接收器处理链(没有平方律)在主动声呐中占主导地位。这些传输信号及其处理都非常简单，当输入合适的信噪比时，可以为测量时间和角度(这往往是声呐系统的最终目标)提供足够的性能。

调制信号(大多数是频率调制，有时也是相位调制)的使用频率较低。在探测和测量应用中，利用相关性过滤接收信号可使得信号参数与期望的时域信号(包括信号相位)完美匹配。由于信号的互相关性可产生大量的处理增益(基本上等于信号的持续时间与带宽乘积)，当信噪比较差时，使用调制信号及其处理特别有效。有时在相对较长时间内传输的声能可在短输出信号中全部找出(脉冲压缩技术)。通信系统则用于重组调制的信息内容。

实际上，声呐接收器的操作使用解调、数字化和滤波的经典功能。声呐应用中很常见的处理技术是时变增益，其目的是通过补偿由于传播距离(也即传播时间)而产生的物理性的回波减弱来保持接收回声级的相对稳定。

与大多数系统中基本接收操作不同的是，后处理模块随系统变化很大。后处理模块是基于所需的特定功能：快速测量目标回波的物理参数(时间、角度、相位、频率)、格式化并显示这些测量值(最常见的是用图表表示，此外，为丰富显示内容，会利用其他类型的数据，如导航、运动或环境传感器等方面的数据)以及存储测量值。最后，专门模块可对接收信号进行更加精确的分析[时间和(或)频率分析]，用于描述目标物的特征。

11.1.6　海洋生物与声学

海洋动物以一种自然而广泛的方式应用着海洋中的声传播。其中特别吸引人的是，海洋哺乳类动物利用可控制的信号进行交流或实现像声呐一样的功能。这些交流信号具有歌声的特点(在合适的条件下，鲸的歌声特别是一些须鲸的歌声可以传播远达数千千米)或听起来特别像是高频口哨的声音。大多数回波探测信号是一连串位于高频谱内用来探测和定位障碍物和猎物的快速脉冲声或咔嗒声。海洋哺乳类动物中与发射和接收声信号相关的生理特征很复杂，直到现在尚未完全了解，对于大多数哺乳类动物甚至连听力测定性能都很难得知。值得注意的是，许多其他种类的海洋生物也会利用水下声音，尽管它们没有鲸类动物利用水下声音的方式复杂。

11.2　当前趋势与展望

11.2.1　地球监测和开发的重要工具

此处我们不再详细重复描述不同类型的水声学系统和应用，这些在第1章、第7章、第8章和第9章已经作了不同层次的描述。我们只简单回顾在导航及安全设备上的声学应用：船舶和近海产业(测深、标记、水下定位、速度测量、障碍物探测、通信、远程控制)、军事行动(潜艇和水雷的探测、跟踪和特征描述)、生物量的监测和开发(鱼群的探测、定位、可视化和测量)、海床测绘(水深测量和成像在水文、科学或工业领域的应用)、地球物理和油气勘探的海底研究(使用声呐或地质设备进行沉积物测深)、物理海洋学(水文学和海流测量)等。

在第三个千年初期,两个密切相关的主要应用领域显得至关重要。首先是在控制环境质量和管理生存自然资源方面的应用。其次是能源的开发和利用。这两个领域的应用,尤其是在海洋中的应用,预期在未来几年里日益重要。在这种背景下,水声学势必会发挥更多作用。

海床的高分辨率测绘和监测是这些应用活动的主要部分,这与地球大陆的空间测量类似。专用声呐在这方面的功能正得到持续改进。虽然受到水下环境的物理性质的限制,不同类型声呐系统的最大探测范围无法再扩大,但声呐系统的分辨率和精度正在明显不断地提高。水深测量现在可达到的相对精度为 1/1 000;角分辨率可达到零点几度;测量点的密度(以及待处理的数字数据量)随之增加;高分辨率声图像的质量也相应地提高了。还可以通过以下方式加以补充:提高测绘系统的覆盖面和数据冗余以及利用垂迹/沿迹多波束这些新概念,或从长远考虑,有向 3D 研究系统发展的趋势。合成孔径声呐虽然不像在雷达遥感中那么迫切需要,但其也满足了一些对于高分辨率成像的特殊需求(如水雷探测)。但是在测绘和水声学的许多其他应用领域中,最重要的进展是在反向散射能级的绝对测量方面。上述应用进展尽管重要,但其测量相关的物理条件不太确定。极少有声呐系统能够准确校正用于目标特征描述的反向散射强度,而这项校正功能已经在机载雷达或星载雷达上使用多年了。

其他迫切需要声测量或其控制系统的应用领域包括生物量监测、管理和开发。单波束渔业回波探测仪发展成为能提供更丰富空间信息的设备:多波束探测仪同时可以探测二维空间而不仅仅是一维角度,可对鱼群进行 3D 可视化和定量评估,比传统方法可达到的精确度更高。但是鉴于识别单独目标强度的固有复杂性,长期以来,人们关于物种识别定性领域的目标远远未能实现;这些问题可利用鱼群可视化的新工具来解决。生物资源的监测向整体生态系统的综合统筹方向发展,这一点可从当前增加的鱼类栖息地测绘科学项目上证明,因而明智的做法是构想出对水体和海底同时进行测量和成像的声呐工具(这与地球科学上应用探测仪的发展相对应,这些探测仪希望被应用于水体内部洋流的探测和成像)。在相近的应用领域,水产养殖和鱼类养殖的发展同样也会促进声学监测、测量和保护系统的设计。

监测沿海环境和沉积物通量时,使用的测量系统希望能够探测到表面沉积物的变化,其分辨率要比目前水深测量系统的分辨率更高。监测时,也需要评估上层沉积层的结构和特征,并对水体中的悬浮颗粒物进行定量估计。由现代探测仪或流速剖面仪衍生的声学仪器可以用来满足这一监测应用需求。

在军事活动领域，近年来的主要应用（潜艇探测和定位）并没有发生较大的变化，这肯定了被动声呐和极低频率主动声呐的基础原理，而处理能力的提升当然得益于数字技术的整体进步。这种相对稳定性可能是基于这样的事实：从战略角度来看，搜寻核潜艇已经丧失了部分重要性，或者可能已经达到物理约束的某些最佳点。随着自主勘测系统的出现以及合成孔径声呐技术趋于成熟，水雷战领域的技术进展则更加显著。军事水声学的技术创新重新聚焦于新威胁、新要求，比如工作在沿海水域的传统潜艇或潜水突击队。因而现在的研发着眼于安装在浅海或港口的高分辨率探测系统、行动之前可以对未知滨海地区进行快速隐蔽探测的环境传感器以及装备有高性能传感器的自主航行器。

11.2.2　水声学展望

长期以来，水声学进展主要依赖于军事研究方面，这得益于庞大的资金支持（在该领域，其他领域也类似）。从技术层面来说，民用技术发展的质量因此长期低于军用技术发展。原因之一是，传统民用使用者（水文工作者、渔民和海洋学家）无法负担开发创新技术和精密处理系统的费用。时至今日，水声学军事应用获得的经济支持仍然比民用的力度大。

但是，随着水声学民事应用自主发展到了一个不错的技术水平，20世纪最后20年来这种情况开始改变。由于民用的应对更加迅速，从某种程度上来说，现在的军用和民用的质量等级排名与过去恰好相反。至少不再以金钱来衡量这两个领域的价值。这种转型趋势已在今天确立，转型的原因如下：

● 对海洋学需求的改变：意味着海洋开发日益深入，由此产生对测绘、测量、定位和通信工具的新需求。反过来也促使该领域研发活动的加强。

● 对离岸产业的需求增多：包括油气勘探或开发，管道或通信电缆铺设；勘测和水下干预工具，获得了与这块经济体量相匹配的资金支持。

● 相关海洋仪器（比如卫星定位、运动传感器、通信以及拖曳式、系缆式或自主式潜水器）的技术进展：有助于出现新的水声系统概念。特别是近期自主式潜水器（具备实际操作能力）的出现，使声呐在海上应用的环境发生了巨大变化，并为声呐生产厂家（高压限制、小型化）带来了新的挑战和改进操作性能（比如，合成孔径声呐更容易装载在稳定平台上）的绝佳机遇。

● 数字信号处理技术的推广：出现了小型团队更容易研发出的廉价高效的工具；这导致了那些独立于军事工业高成本开发的昂贵专业处理器的声呐系统的发展。这促进了众多独立生产厂家的涌现以及在系统处理能力和较低成本实现生产运行方面取得显著进展。

由于现在大多数声呐电子设备都是数字化的，该领域的进展直接与计算机技术的发展相关。第一个例子是在声呐模拟/数字转换和相应数据管理能力的提高：现在工作在 16 位或 24 位(甚至达到 32 位)的系统十分普遍。当然，这提高了记录数据的质量，但也改变了对接收器电子结构一级模块的要求。接收器曾使用(TVG 时变增益和 AGC 自动增益控制)模块来专门减弱信号的物理动态范围，现在看来已经越来越不需要了。现代计算机能力的巨大革新使得专用处理器的使用越来越不奏效了：现在的标准计算机能够应对许多声呐处理要求。

相反，水声换能器技术仅仅间接受益于其他领域的进展，比电子设备或信号数据处理的发展更慢。所有声系统仍然无法规避电声设计，很多情况也决定了其最终性能[1]；水声换能器技术领域仍然十分特殊，同时也要求高度专业化的试验性人员。不过现在该领域仍取得了重大进展：出现了具有应用前景特点的可用于换能器的新材料，这些材料势必会越来越重要；也出现了数字换能器的概念，虽然设备的名称过于简单化，但模拟/数字转换器物理集成在了换能器外壳内(当然换能器本身仍然是模拟的)，相比现有系统，其使数字处理能在信号处理的更早阶段就介入。数字换能器概念的兴趣点在于能直接处理数字信号，而不是模拟电信号。电信号需要前置放大，更易于受到外部电噪声的变形和干扰。带来的风险是，传感器在换能器内紧密集成后产生的整体复杂性，使得传感器更加脆弱，维护灵活性更低。

尽管换能器领域的技术突破很少见，但是与换能器质量控制过程泛化相关的性能改进和再现性取得了进展。随着人们对绝对测量领域的期望越来越高，从某种意义上来说，需要推广幅值校准系统。小型声系统在测试水槽内方便测量，而对适用于海上大型系统的校准方法的需求仍将增加。

毫不夸张地说，水声学现在可以实现电磁系统在大气和空间中的大多数操作；可实现的相同基本功能包括：探测、跟踪、测量以及利用回波或本身发出的信号进行目标识别；利用条带式声呐进行水文和反射率测绘；数字数据传输等。以测绘为例，多波束探测仪的测深性能(精度或分辨率)数量级最后可与机载或星载测绘雷达相媲美。对于成像来说，现代高分辨率侧扫声呐可提供与水下摄影质量相当的图像，图像的分辨率较低，但是覆盖的范围大得多。不过由于无法规避的约束条件，声系统的某些特征远远落后于电磁系统(这一状态在将来将长期保持)。例如，在测绘系统中，声速限制了脉冲重复频率，因而支撑平台(平台本身受限于水动力约束条件)可达到的速度，

---

[1]该原理在空气声学中广为人知：真正的高保真音响爱好者会在扬声器上花费他的/她的大部分支出，因为扬声器的影响大大超出了读取和放大电子器件的影响。在水声学中，大多数精密的电子设备、数字处理器和后处理软件无法补偿设计较差的换能器或不妥当的安装。该领域如同某些其他领域一样，不论信息处理技术的进展如何，物理学基本定律带来的限制实际上很难克服。

即所谓的扫描速度无法与安装在卫星上的合成孔径雷达相提并论。在数据传输领域，强制使用相对低频的声载波频率限制了信息率，因而比高频率信息传输中可达到的信息率小得多。

因水下噪声对海洋环境的偶尔负面影响，水声学最近受到了大众的广泛注意或批评，这其实并不公平。一方面，水声学在海洋开发利用中取得的正面成就足以弥补任何潜在的损害；另一方面，海洋声学团体正付出巨大努力来减轻其带来的危害。未来几年可以确定的是，水声学领域的活动(科学研究、专用技术和方法论的发展)注定会增加，与之伴随的将是各类国际条例的出现。必须在环境保护者的期望与保持工业活动所需水平之间进行权衡。当然这种权衡与妥协不仅仅局限于水声学，在许多人类活动中亦能找到。最后值得强调的是，声污染的持续增加，相对应的是整体环境噪声级的提高，是影响海洋生态方面备受关注的话题：声污染主要由海上的航运活动和工业活动造成。虽然噪声级的增加(考虑到其成因)是不言而喻的，但至今仍无法知晓声污染的具体量值和影响。在未来几年内，这个问题肯定会成为观察研究的热点话题。

与空气声学中观察的结果相反，水声学技术几乎只存在于海洋专业领域，面向更大范围商业传播仍然很少。另一方面，与电磁波相比，水声学专业应用对人们日常生活的直接影响可以忽略。尽管有这些基本限制，水声学学科已经进入了这样的发展周期：市场的不断扩大进一步挖掘出其经济潜能，促使人们开发性能更高且成本较低的新系统，而系统改进又会促进水声学学科更广泛的使用。在用户对数量增加和紧急性需求的支撑下，特别是数字电子设备和数据处理领域相关技术的快速持续进展可加速水声学学科的发展。在这种背景下，水声学将来的发展无疑会像它的第一个世纪那样光辉灿烂。

附　录

注意，在下文中，章节号的第一个数字对应前文的章节(例如，A.2.1、A.2.2 等都与第 2 章有关)。

A.1.1　水声学单位

此处列出的官方 SI 或 SI 导出单位①用于水声学中遇到的主要物理量。然后是其他常用单位，官方 SI 或 SI 导出单位和其他常用单位之间可通过适当的转换因子进行相互转换(注意，基本单位未在此处定义)。

长度、面积和体积

　SI 单位

- 米(m)；
- 公倍数和因数：千米(1 km = 1 000 m)，厘米(1 cm = 0.01 m)，毫米(1 mm = 0.001 m)，微米(1 μm = 10^{-6} m)。

　SI 导出单位

- 平方米(m^2)；
- 立方米(m^3)。

　其他

- 1 英尺(ft) ≈ 0.304 8 m；
- 1 英寸(in) ≈ 0.025 4 m；
- 1 码(yd) ≈ 0.914 4 m；
- 1 海里(n mile)(国际②) = 1 852 m；
- 1 英寻(fath) ≈ 1.828 8 m(深度)。

时间

　SI 单位

- 秒(s)；

---

① SI：国际单位，见国际计量局(法国)的报告。
② 海里定义为地球子午线上纬度 1′所对应的弧长的近似长度。

- 公因数：毫秒(ms)。

速度

SI 导出单位

- 米/秒(m/s)。

其他

1 节(kn)=1 海里/小时(nmile/h)=1 852 m/h≈0.514 4 m/s。

质量

SI 单位

- 千克(1 kg=1 000 g)。

其他

- 1 磅(lb)≈0.453 592 kg。

密度

SI 单位

- 千克/立方米(kg/m^3)。

力

SI 导出单位

- 1 牛顿(N)=1 kg×m/s^2。

能量

SI 导出单位

- 1 焦耳(J)=1 N×m。

功率

SI 导出单位

- 1 瓦特(W)=1 J/s

压强

SI 导出单位

- 1 帕斯卡(Pa)=1 牛顿/平方米(N/m^2)。

其他

- 1 巴(bar)=10^5 Pa;

- 1 达因/二次方厘米(dyne/cm^{5*})= 1 微巴(μbar)= 0. 1 Pa;
- 1 标准大气压≈1. 013 25×10^5 Pa;
- 1 磅/平方英寸(psi)≈6. 894 8×10^3 Pa。

声阻抗

SI 导出单位

- 1 瑞利(Rayl)= 1 kg/m^2·s。

动态黏滞度

SI 导出单位

- 帕斯卡×秒(Pa·s)。

其他

- 1 泊(Po)= 0. 1 Pa·s。

温度

SI 单位

- 开尔文(K);
- 摄氏度(℃): t(℃)= t(K)−273. 15。

其他

- 华氏度(℉): t(℉)= 1. 8 t(℃)+32。

电流强度

SI 单位

- 安培(A)。

电压

SI 导出单位

- 伏特(V): 1 V = 1 W/A。

平面角与立体角

SI 相关单位

- 弧度(rad);
- 球面度(sr)。

对数尺度

---

* : 此处原著有误, 应为 cm^2。——译者注

SI 相符单位

- 奈培(Np)：对数衰减率的单位；
- 贝尔(B)：功率比的十进制对数；
- 公因数：分贝(dB)。

A.1.2　基本对数公式

以下公式和数值是对数单位和分贝常规用法的基础，强烈推荐对其进行完全了解。

- $10\log(A \times B) = 10\log(A) + 10\log(B)$；
- $10\log(A/B) = 10\log(A) - 10\log(B)$；
- $10\log(10) = 10$；
- $10\log(10^N) = 10N$；
- $10\log(A^N) = 10N\log A$；
- $10\log 2 = 3.010\ 3 \approx 3$；
- $10\log 3 = 4.771\ 2 \approx 5$；
- $10\log 5 = 6.989\ 7 \approx 7$；
- $10\log(A+B) \neq 10\log(A) + 10\log(B)$。

A.1.3　基正弦函数

sinc(基正弦)函数广泛用于水声学模型中。该函数在水声学中准确或近似为很多当前问题的常用模型(线性非加权阵列的指向性函数、方波信号的频谱、线性调频的自相关函数……)。sinc 函数定义为

$$\text{sinc}(x) = \frac{\sin(\pi x)}{\pi x} = \frac{\sin u}{u} \tag{A.1.1}$$

其中，$u = \pi x$。图 A.1.1 将其展示为 u 的函数，分别用自然值和分贝 $10\log(\sin u/u)^2$ 表示。

居中的主瓣宽度由 $2u$ 给出，$u \approx 1.391\ 6$ 时，为 $\sqrt{2}/2$(或 -3 dB)；$u \approx 1.895\ 5$ 时，为 0.5(或 -6 dB)；$u \approx 2.318\ 6$ 时，为 $\sqrt{0.1}$(或 -10 dB)；$u \approx 2.852\ 3$ 时，为 0.1(或 -20 dB)；$u = \pi$ 时，为 0(或 $-\infty$ dB，第一零点)。

第一旁瓣的最大值是在 $u \approx 4.493\ 4$ 时，振幅为 $0.217\ 2$ dB 或 -13.26 dB。下面列出了一些有用公式：

$$\int_{-\infty}^{\infty} \frac{\sin u}{u} \mathrm{d}u = \pi \tag{A.1.2}$$

$$\int_{-\infty}^{\infty} \left(\frac{\sin u}{u}\right)^2 \mathrm{d}u = \pi \tag{A.1.3}$$

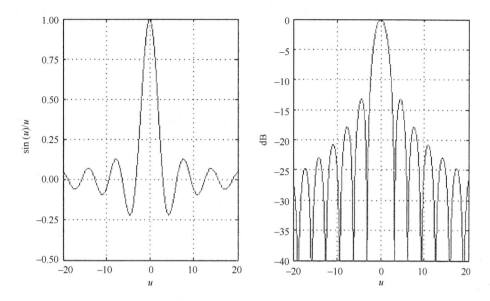

图 A.1.1　自然值(左图)和 dB(右图)表示的 sinc 函数

$$\int_{-\infty}^{\infty} \left(\frac{\sin u}{u}\right)^3 \mathrm{d}u = \frac{3\pi}{4} \tag{A.1.4}$$

$$\int_{-\infty}^{\infty} \left(\frac{\sin u}{u}\right)^4 \mathrm{d}u = \frac{2\pi}{3} \tag{A.1.5}$$

$$\int_{-1.3916}^{1.3916} \left(\frac{\sin u}{u}\right)^2 \mathrm{d}u \Big/ \int_{-\infty}^{\infty} \left(\frac{\sin u}{u}\right)^2 \mathrm{d}u \approx 0.722 \tag{A.1.6}$$

$$\int_{-\pi}^{\pi} \left(\frac{\sin u}{u}\right)^2 \mathrm{d}u \Big/ \int_{-\infty}^{\infty} \left(\frac{\sin u}{u}\right)^2 \mathrm{d}u \approx 0.903 \tag{A.1.7}$$

$$\frac{\sin u}{u} \approx 1 - \frac{u^2}{6} + \frac{u^4}{120} + 0(u^6) \tag{A.1.8}$$

A.2.1　平均声强模型

当声源与接收器之间存在足够的声射线时, 多径结构可描述为一个角度波束的连续体, 其承载的平均声强通常等于声射线声强的离散总和(Weston, 1971, 1980a, 1980b; Brekhovskikh et al., 1992)。该方法特别适合波导传播, 例如在浅海、海面或深海声道的传播(Lurtce, 1992)。一个单元波束以角度范围$[\beta, \beta+\delta\beta]$在分层介质中传播, 其特征如下。

- 周期跨距

$$D_\beta = 2 \int_{z_{\min}}^{z_{\max}} \frac{1}{\tan \beta(z)} \mathrm{d}z \tag{A.2.1}$$

其中，z_{min} 和 z_{max} 是轨迹上的转折点或反射点处的深度（图 A.2.1）；注意 β 是发射角，而 $\beta(z)$ 是局部掠射折射角。

- 穿过深度 z 的可能性，局部发散与周期跨距之比为

$$M_\beta(z)\,\mathrm{d}\beta = \frac{4}{D_\beta}\frac{\partial r}{\partial \beta}\mathrm{d}\beta \tag{A.2.2}$$

每个波束 β 可向上或下传播，在一个周期内两次穿过深度 z，因此因子为 4。如果由于折射，波束无法到达深度 z，则 $M_\beta(z) = 0$。

- 波束聚焦因子（详见 2.7.3 节）：

$$F_\beta(z) = \cos \beta \left| \sin \beta(z)\,\frac{\partial r}{\partial \beta} \right|^{-1} \tag{A.2.3}$$

其他效应（即海水吸收和反射损失）也应考虑其中。这些可被定义为每个周期内的一个损失项，随距离而连续减少。总衰减项变成

$$A_\beta(r) = \exp(-\gamma_\beta r) \tag{A.2.4}$$

其中，

$$\gamma_\beta = 2\frac{L_\beta}{D_\beta}\alpha - 2\frac{\log_e V_\beta}{D_\beta} \tag{A.2.5}$$

其中，α 是吸收造成的振幅衰减；L_β 是沿一个周期轨迹的路径长度，$L_\beta = 2\int_{z_{min}}^{z_{max}}[1/\sin\beta(z)]\mathrm{d}z$。由于界面反射，每当 r 增加 D_β 时，声强损失 $A_\beta(r)$ 乘以 V_β^2，其中 V_β 是每个周期中波束 β 的振幅反射系数，因此 V_β 是海面和（或）海底的累积反射系数。

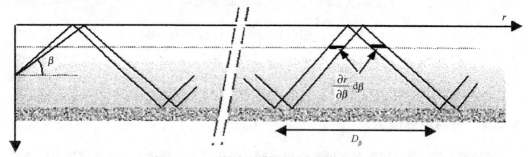

图 A.2.1　平均声强模型的几何结构与表示

宽度为 $\mathrm{d}\beta$ 的波束以角度 β 发射，传播周期跨距为 D_β

假设一个单位振幅的声源 (r, z) 时的平均声强最终可通过对整个传输角域积分获得：

$$\begin{aligned}\langle p^2(r,\ z)\rangle &= \frac{1}{r}\int_{\beta_{min}}^{\beta_{max}} M_\beta(z) F_\beta(z) A_\beta(r)\,\mathrm{d}\beta \\ &= \frac{4}{r}\int_{\beta_{min}}^{\beta_{max}} \frac{\cos \beta}{|\sin \beta(z)|D_\beta}\exp(-\gamma_\beta r)\,\mathrm{d}\beta\end{aligned} \tag{A.2.6}$$

在等速信道的简化情况中，角度 $\beta(z)$ 保持恒定，等于发射角度值 β；周期距离由 $D_\beta = 2H/\tan\beta$ 得出。最后，由于 $L_\beta = 2H/\sin\beta$，平均声强由下列等式得出：

$$\langle p^2(r,\ z)\rangle = \frac{2}{rH}\int_{\beta_{\min}}^{\beta_{\max}}\exp(-\gamma_\beta r)\,\mathrm{d}\beta \tag{A.2.7}$$

其中，

$$\gamma_\beta = 2\frac{\alpha}{\cos\beta} - \frac{\tan\beta}{H}\log_e V_\beta \tag{A.2.8}$$

此处描述的方法给出了沿波导方向上的声强（在距离上是统计平均的），相同描述可用于声射线（频率范围和会聚区存在相同局限性）。从数值上来讲，该技术无需准确搜索特征声线。虽然，该技术只描述了场的统计平均值；但其常常足以用来评估波导效应占主导的传播设置（浅海、海面或深海声道，传播距离远大于声道高度）中的传播损失。

平均声强模型也便于（平均）声场的时间和角度特征的评估，可用于建立环境噪声模型（以一种明显类似于 4.3.2 节中展示的噪声模型方式）。最后，平均声强模型可用于存在距离相关性的环境中（Harrison，1977；Lurton，1992）。

A.2.2　几何射线声学的基本推导

声射线轨迹和射线发射的等式是从亥姆霍兹方程获得的：

$$\Delta p + k^2 p = 0 \tag{A.2.9}$$

其中，波数 $k = \omega/c(x,\ y,\ z)$，将等式

$$p = A\exp(jk_0 S) \tag{A.2.10}$$

代入声压场。A 和 S 分别是声压场的振幅和减少的相位，其中参考波数 $k_0 = \omega/c_0$。声速指数由 $n = c_0/c(x,\ y,\ z)$ 定义。

将式（A.2.10）代入式（A.2.9），得出

$$k_0^2 A(n^2 - (\nabla S)^2) + jk_0(2\,\nabla A\cdot\nabla S + A\Delta S) + \Delta A = 0 \tag{A.2.11}$$

几何射线声学源于高频近似。通过假设 k_0 较大并忽略上一等式左边的最后一项获得其公式。更为精确的是，当 $k = k_0 n \gg \nabla n$（这意味着波长远远小于介质变化的典型长度尺度）时，几何射线声学模型是有效的。我们可以得出程函方程 [作为式（A.2.11）的实部]：

$$(\nabla S)^2 = n^2 \tag{A.2.12}$$

和强度方程（作为虚部）[3]：

$$2\,\nabla A\cdot\nabla S + A\Delta S = 0 \tag{A.2.13}$$

---

③更为通用的处理方式在于将振幅演变为德拜级数（级数是波数的倒数 $1/k$），从该级数的系数中我们可以获得一个传输方程的层次系统，其中第一个等式是式（A.2.13）。该理论的详细介绍参见经典教科书，例如 Brekhovskikh（1992）。几何射线声学中的一般做法是只考虑第一项 [式（A.2.13）给出]，不考虑所有较高阶的项。

程函方程（A.2.12）意味着波矢量的模（定义为相位的梯度）就是 $k_0 |\nabla S| = k_0 n = k(x, y, z)$。该方程也可用来判定声射线的轨迹，即是在各点垂直于波阵面 $S = Const$ 的线。将 r 定为确定声射线上任意点的矢量，u 为单位切向矢量。根据声射线的定义，程函方程为

$$\nabla S = n\boldsymbol{u} \tag{A.2.14}$$

通过沿声射线的曲线距离 s 推导上述表达式，再次使用式（A.2.12），得出

$$\frac{\mathrm{d}}{\mathrm{d}s} n\boldsymbol{u} = \nabla n \tag{A.2.15}$$

该一阶方程的积分 $\left(\text{结合} \dfrac{\mathrm{d}}{\mathrm{d}s} \boldsymbol{r} = \boldsymbol{u}\right)$ 给出了起源初始位置 r_0 和方向 u_0 的声射线轨迹。一旦获得该声射线轨迹，相位可很简单地通过 $\dfrac{\mathrm{d}S}{\mathrm{d}s} = n$ 的积分恢复，也就是

$$k_0 S = k_0 \left(S_0 + \int_0^s n\mathrm{d}s\right) \tag{A.2.16}$$

对于分层海洋，∇n 在 z 方向上，因此式（A.2.15）乘以 $\boldsymbol{u}$（径向单位矢量），可以得到 $n\boldsymbol{u} \cdot \boldsymbol{u}_r = const$ 或 $\dfrac{\cos(\beta(z))}{c(z)} = const$，这是 2.7.1 节中以其他方式推导的斯奈尔-笛卡儿定律的连续形式。从式（A.2.15）也可推导出的是，这种情况下的声射线的曲率半径 R 由 $\dfrac{1}{R} = -\dfrac{\cos(\beta(z))}{c(z)} \dfrac{\mathrm{d}c}{\mathrm{d}z}$ 得出；因此，对于线性声速剖面，声射线轨迹是一段圆弧。2.7.2 节详细介绍了这一情形。

强度方程（A.2.13）反映了能通量的守恒。将该等式的两边都乘以 A，得出

$$\nabla \cdot \boldsymbol{J} = 0 \tag{A.2.17}$$

其中，$\boldsymbol{J} = A^2 \nabla S$ 是矢量，与特定能通量 $\boldsymbol{I} = p^* \boldsymbol{v}$ 成比例。质点振速 v 由欧拉方程式（2.8）给出，对于具有时间相关性 $\exp(-j\omega t)$ 的单频波，$v = \nabla p /(j\rho\omega)$。对于 k_0 中的一阶，$\nabla p = jk_0 p \nabla S$，因此

$$v = \frac{p}{\rho c(x, y, z)} \boldsymbol{u} \tag{A.2.18}$$

该关系式概括了类似海洋这样的连续非均匀介质的特性阻抗 $\rho c(x, y, z)$（见 2.1.4 节）的定义。特定能通量为

$$\boldsymbol{I} = \frac{|p|^2}{\rho c} \boldsymbol{u} \tag{A.2.19}$$

表明了声线所承载的能通量。通过式（A.2.14），可以直接获得比例关系式 $\boldsymbol{J} = \rho c_0 \boldsymbol{I}$。式（A.2.17）确保了能通量的守恒。特殊情况下，考虑一个起源于垂直于中心射线的微小表面 $\mathrm{d}\sigma_0$ 所形成的轮廓线的声射线管（图 A.2.2），该射线管在任意曲线距离 s 的横截面

就是 $d\sigma$。

式(A.2.17)在射线管和两个界面上定义的体积积分在高斯定理的帮助下(记住特定能通量只能沿射线方向)得出

$$A(0)^2 n(0) d\sigma_0 = A(s)^2 n(s) d\sigma(s) \tag{A.2.20}$$

量 $D = \dfrac{d\sigma(s)}{d\sigma_0}$ 被称为声射线的几何发散。强度方程控制声压场的振幅演变，确保量 $A^2 nD$ 沿声射线保持恒定：

$$\frac{\mathrm{d}}{\mathrm{d}s}(A^2 nD) = 0 \tag{A.2.21}$$

在实际海洋中，声压场的振幅可通过强度方程的数值积分或考虑邻近声射线的发散(二维计算中的双射线法)计算。

图 A.2.2　无穷小横截面的射线声管

基本上，几何射线声学的声射线可视为局部平面波，其波数依据局部声速场而连续调整，且其振幅同时变化以保持能通量守恒。声射线轨迹的重要特征是其不取决于频率，这可以从式(A.2.15)看出(这些轨迹也与 k_0 的选择无关)。这是根据式(A.2.20)推断的，因为几何扩散并不取决于频率，因此振幅变化同样也与频率无关。仅当海面或海底的吸收系数和反射系数与频率相关时，频率才会进入宽带或瞬时信号传播的计算。事实上，信号的所有频率分量都是以相同方式传播的(无扩散)，因此可对声射线进行运动学描述，其中时间可作为声脉冲传播的参数：

$$\frac{\mathrm{d}\boldsymbol{r}}{\mathrm{d}t} = \frac{\mathrm{d}s}{\mathrm{d}t}\frac{\mathrm{d}\boldsymbol{r}}{\mathrm{d}s} = c(x, y, z)\boldsymbol{u} \tag{A.2.22}$$

几何射线声学可提供一种非常有效且直观的方式来获得声压场的空间–时间特征(给定设置下的能级、到达角度和传播时间)，所有这些具有合理的计算量。此外，几何射线声学可提供一个研究海洋中发生起伏效应的有利框架(内波造成的体积起伏、面积和海底粗糙度⋯⋯)。

图 A.2.3 展示了经典声速剖面④(Munk，1974)描述的典型分层深海设置中的射线跟踪例子以及射线轨迹中的特征周期性、交替的声影区和会聚区(见 2.8.3 节)。

④Munk 声速剖面由 $c(z) = 1\,500\{1 + \varepsilon[\tilde{z} - 1 + \exp(-\tilde{z})]\}$ 给出，其中 $\varepsilon = 0.007\,37$，$z = 2(z/1\,300 - 1)$。

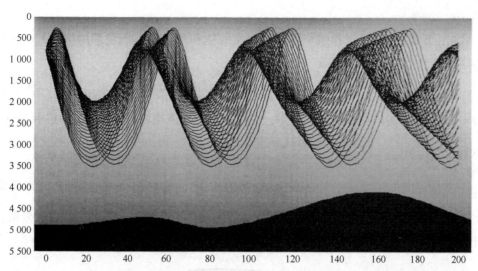

图 A. 2. 3　通过 Munk 声速剖面进行的深海区域射线跟踪(深海声道中声速剖面的经典形式)

明显可见焦散线(射线聚焦区域)的存在。深度单位为 m，距离单位为 km

作为声射线在距离相关介质中传播的例子，图 A. 2. 4 展示了暖水透镜体[例如东北大西洋中遇到的地中海水涡流("地中海涡流")]的效应，图 A. 2. 5 展示了相应的声速场。与图 A. 2. 3 相比，图 A. 2. 4 明显地阐述了声速场中存在的不规则性是如何干扰声射线轨迹的规律性。

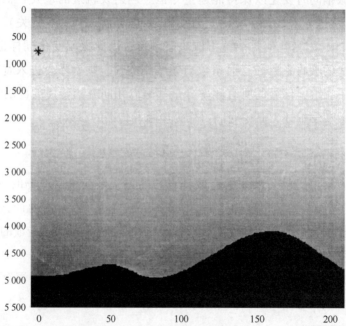

图 A. 2. 4　暖水透镜体(中心在 $x = 70$ km 和 $z = 1\ 000$ m)的声速场，以 Munk 声速剖面背景上的地中海涡流为特征

在较高速度时，灰度级变暗，板块下方黑色部分代表海底。声速场用于图 A. 2. 5 介绍的计算

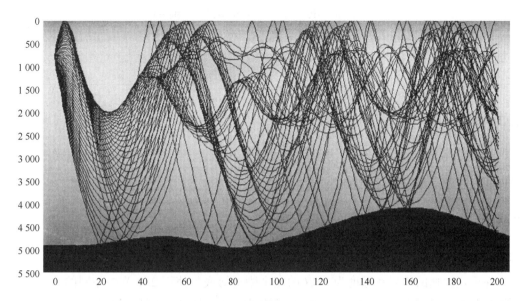

图 A.2.5　图 A.2.4 中介绍的声速场的射线跟踪

声道与声源分开约 50 km

然而，几何射线声学的缺点主要与其忽略衍射效应相关（高频近似）。缺点之一是焦散线——也就是声波聚焦和射线声学预测无限大声强（与零几何发散相关）的轨迹——的处理。在这些情况下，必须求助于特殊技术（Brekhovskikh et al.，1992）。另一缺点是声场在声影区完全消失。为了规避这些限制，已开发了全波方法。上述问题已在 2.9 节提及。

A.2.2.1　几何射线的传播延迟

深度 z 和 z_0 处两个点之间的传播时间可由下列等式给出：

$$t = \int_{z_0}^{z} \frac{\mathrm{d}z}{c(z)\sin\beta(z)} \tag{A.2.23}$$

使用斯奈尔-笛卡儿定律，

$$\frac{\cos\beta(z)}{c(z)} = \frac{\cos\beta_0}{c_0} \tag{A.2.24}$$

得出

$$t = \frac{\cos\beta_0}{c_0} \int_{z_0}^{z} \frac{\mathrm{d}z}{\cos\beta(z)\sin\beta(z)} \tag{A.2.25}$$

对式（A.2.24）求微分得

$$\sin\beta\mathrm{d}\beta = -\frac{\cos\beta_0}{c_0}\frac{\mathrm{d}c}{\mathrm{d}z}\mathrm{d}z \tag{A.2.26}$$

最后，对于梯度为 g 的深度-线性声速，将式（A.2.26）代入式（A.2.25），$c(z) = c_s + gz$：

$$t = -\frac{1}{g}\int_{\beta_0}^{\beta}\frac{\mathrm{d}\beta}{\cos\beta} = \frac{1}{g}\ln\left(\frac{\tan(\beta_0/2 + \pi/4)}{\tan(\beta/2 + \pi/4)}\right) \qquad (A.2.27)$$

注意：

$$\tan(\beta/2 + \pi/4) = \frac{1 + \sin\beta}{\cos\beta} \qquad (A.2.28)$$

且在 β 的二阶时：

$$\ln\left[\frac{1 + \sin\beta}{\cos\beta}\right] \approx \beta + \frac{\beta^3}{6} \qquad (A.2.29)$$

后面的公式都可用于简化计算中。

A.2.3　恒声速情况下的简正波模型

A.2.3.1　理想波导

在恒定声速的水层和深度为 $z = H$ 的完全刚性海底，使用 2.9 节中相同的符号，声压场能分解为（阶数 $n = 1$，2，$\cdots$，N）特征模 $\Phi_n(z)$ 的总和，满足方程组：

$$\begin{cases} \dfrac{\mathrm{d}^2\Phi_n}{\mathrm{d}z^2} + (k^2 - k_n^2)\Phi_n = 0 \\[2mm] \Phi_n(0) = 0 \\[2mm] \dfrac{\mathrm{d}\Phi_n}{\mathrm{d}z}(H) = 0 \\[2mm] \displaystyle\int_0^{\infty}\Phi_n(z)\Phi_m(z)\,\mathrm{d}z = \delta_{mn} \end{cases} \qquad (A.2.30)$$

其中，δ_{mn} 是克罗内克（Kronecker）算符（如果 $m = n$，$\delta_{mn} = 1$；如果 $m \neq n$，$\delta_{mn} = 0$）；第二个方程式是在海面（$z = 0$）时声压为零；第三个方程式代表完全刚性的海底；第四个方程式对应特征模的正交性。式（A.2.30）的通解具有如下形式：

$$\Phi_n(z) = A_n\sin(k_{zn}z) + B_n\cos(k_{zn}z) \qquad (A.2.31)$$

其中，$k_{zn}^2 = k^2 - k_n^2$。由边界条件可得出

$$\begin{cases} B_n = 0 \\[2mm] A_n\cos(k_{zn}H) = 0 \Rightarrow k_{zn} = \left(n - \dfrac{1}{2}\right)\dfrac{\pi}{H} \end{cases} \qquad (A.2.32)$$

由正交性条件得出

$$A_n^2\int_0^H\sin^2(k_{zn}z)\,\mathrm{d}z = 1 \Rightarrow A_n = \sqrt{\frac{2}{H}} \qquad (A.2.33)$$

则式（2.92）的通解变成

$$p(r, z) = \frac{2j\pi}{H}\sum_n\sin(k_{zn}z)\sin(k_{zn}z_0)H_0^{(1)}(k_nr) \qquad (A.2.34)$$

其中，z_0 是声源深度。

传播模式

这些模式对应沿 r 向传播的解：

$$k_n^2 = k^2 - k_{zn}^2 > 0 \qquad (A.2.35)$$

因此，

$$k^2 > \left(n - \frac{1}{2}\right)^2 \left(\frac{\pi}{H}\right)^2 \Rightarrow n < \frac{kH}{\pi} + \frac{1}{2} \qquad (A.2.36)$$

衰减模式

这些模式对应沿 r 向衰减的解。这些模式验证：

$$k_n^2 < 0 \Rightarrow k_n = j\sqrt{k_{zn}^2 - k^2} \qquad (A.2.37)$$

模式的数量是无限的。由于汉克尔函数退化为指数衰减，这些模式的作用限制在较短距离内。

A.2.3.2　等声速流体模型

该模型比理想波导模型更现实，形成了水声学中简正波模态理论发展的基础（Pekeris，1948）。假设恒定声速 c_1 和密度 ρ_1 的水层在较高声速 c_2 和密度 ρ_2 的流体底部之上。$\Phi_{1n}(z)$ 和 $\Phi_{2n}(z)$ 分别代表这些正交模型在水中和底部的波动函数。波动函数 $\Phi_{in}(z)(i=1, 2)$ 具有下列形式：

$$\Phi_{in}(z) = A_{in}\sin(k_{zn}z) + B_{in}\cos(k_{zn}z) \qquad (A.2.38)$$

同时有边界和归一化条件为

$$\begin{cases} \Phi_{1n}(0) = 0 \Rightarrow B_{1n} = 0 \\ \Phi_{1n}H = \Phi_{2n}H \\ \dfrac{1}{\rho_1}\dfrac{d\Phi_{1n}}{dz}H = \dfrac{1}{\rho_2}\dfrac{d\Phi_{2n}}{dz}H \\ \displaystyle\int_0^H \dfrac{\Phi_{1n}^2(z)}{\rho_1}dz + \int_H^\infty \dfrac{\Phi_{2n}^2(z)}{\rho_2}dz = 1 \end{cases} \qquad (A.2.39)$$

上述第二个和第三个等式分别代表声压和垂直方向上的振速的连续性关系。通过寻找 $\Phi_{2n}(z)$（传播模式）的底部衰减形式，结合先前的等式，可获得超越方程：

$$\tan(k_{zn}H) = -j\frac{\rho_2}{\rho_1}\frac{k_{zn}}{\sqrt{k_2^2 - k_n^2}} \qquad (A.2.40)$$

该关系式是特征模的特征方程。该等式中，仅在 $k_2 \leqslant k_n \leqslant k_1$ 时，k_n 存在实数解（传播模式），其中 $k_i = \omega/c_i$。传播模式在数量上是有限的，少于相应理想波导中的数量。

特征模可物理解释为波矢量坐标 (k_n, k_{zn}) 的平面波，对于角度 β_n 的平面波，可证明：

$$\sin \beta_n = \pm \frac{k_{zn}}{k_1}; \quad \cos \beta_n = \frac{k_n}{k_1} \tag{A.2.41}$$

当然，不是所有的掠射角 β 都对应的特征模；只有声波在一个周期后再次与自身同相位的那些掠射角才具备特征模。一个周期的相位变化为

$$2k_{zn}H + \pi + \chi = 2n\pi \qquad n = 1, 2, 3, \cdots \tag{A.2.42}$$

其中，π 是表面反射的相移；χ 是底部反射的相移。可以表明[通过使用反射系数的波数形式，见 A.3.1.1 节中的式（A.3.6）]该等式相当于式（A.2.40）中给出的特征方程。

因此，条件 $k_2 \leqslant k_n$ 意味着 $\cos \beta_n \geqslant \dfrac{c_1}{c_2}$。该传播模式因此对应于低于临界角（作为波导中传播的界限角）的传播掠射角。角度谱的其他扇区 $\left(\text{其中 } \cos \beta_n < \dfrac{c_1}{c_2}\right)$ 则对应于在底部的能量损失。严格来说，我们不能在角谱的这一部分考虑特征模。但是可以准确对衰减模式（对应涉及能量损失的传播）的存在建立模型。因此，波数 k_n 需要加上虚部 δ_n。比较好的近似是将一个周期内（水平长度 D_n）的模式衰减率等于其在所观察角度上传播的平面波的反射系数 $V(\beta_n)$。k_n 的虚部 δ_n 可由下列等式给出：

$$\exp(-\delta_n D_n) = V(\beta_n) \tag{A.2.43}$$

因此，

$$\delta_n = \frac{-1}{D_n} \log_e V(\beta_n) = -\frac{\tan \beta_n}{2H} \log_e V(\beta_n)$$

$$= \frac{-1}{2H} \frac{k_{zn}}{k_n} \log_e V(\beta_n) \tag{A.2.44}$$

这些衰减模式的波数的实部可足够准确地通过下列等式确定：

$$\cot(k_{zn}H) = 0, \quad \text{其中 } k_{zn} > \sqrt{k_1^2 - k_2^2} \tag{A.2.45}$$

对应于式（A.2.42）中的 $\chi = 0$（底部反射无相移）。

函数 $[\Phi_{1n}(z) = A_{1n} \sin(k_{zn}z)]$ 的归一化项 A_{1n} 为

$$A_{1n} = \left[\rho_1 \left(\frac{H}{2} + \frac{\sin(2k_{zn}H)}{4k_{zn}} \frac{k_1^2 - k_2^2}{k_2^2 - k_n^2} \right) \right]^{-1/2} \tag{A.2.46}$$

A.3.1 流体界面反射系数

A.3.1.1 波数公式

将两个均匀介质隔开并由 $z = 0$ 定义的平面界面上的反射和透射过程一般可通过平面波表达式描述。将 (k_{ix}, k_{iz})、(k_{rx}, k_{rz}) 和 (k_{tx}, k_{tz}) 分别作为入射波、反射波和透射波在 (x, z) 平面的波矢量坐标。其反射系数和透射系数分别由 V 和 W 表示。声压和法向振速在界面上的连续性条件是

$$\begin{cases} p_{i} + p_{r} = p_{t} \\ \dfrac{1}{\rho_{1}}\dfrac{\partial p_{i}}{\partial z} + \dfrac{1}{\rho_{1}}\dfrac{\partial p_{r}}{\partial z} = \dfrac{1}{\rho_{2}}\dfrac{\partial p_{t}}{\partial z} \end{cases} \quad (A.3.1)$$

由此，我们可以推导出：

$$\begin{cases} \exp(j(k_{ix}x + k_{iz}z)) + V\exp j(k_{rx}x + k_{rz}z)) = W\exp(j(k_{tx}x + k_{tz}z)) \\ \dfrac{k_{iz}}{\rho_{1}}\exp(j(k_{ix}x + k_{iz}z)) + \dfrac{k_{rz}}{\rho_{1}}V\exp(j(k_{rx}x + k_{rz}z)) = \dfrac{k_{tz}}{\rho_{2}}W\exp(j(k_{tx}x + k_{tz}z)) \end{cases}$$

$$(A.3.2)$$

考虑到上述等式在 $z=0$ 和任意 x 导致的 $k_{ix} = k_{rx} = k_{tx} = k_x$ 条件下有效。代入声波发射角度 θ_1 和 θ_2（图 3.1），可得出

$$\begin{cases} k_{ix} = \dfrac{2\pi f}{c_{1}}\sin\theta_{1} \\ k_{tx} = \dfrac{2\pi f}{c_{2}}\sin\theta_{2} \end{cases} \quad (A.3.3)$$

如果上述 x-分量相等，则等同于斯奈尔-笛卡儿定律：

$$\frac{\sin\theta_{1}}{c_{1}} = \frac{\sin\theta_{2}}{c_{2}} \quad (A.3.4)$$

其他波矢量分量则为

$$\begin{cases} k_{iz} = \sqrt{k_{1}^{2} - k_{x}^{2}} = k_{1z} \\ k_{rz} = -\sqrt{k_{1}^{2} - k_{x}^{2}} = -k_{1z} \\ k_{tz} = \sqrt{k_{2}^{2} - k_{x}^{2}} = k_{2z} \end{cases} \quad (A.3.5)$$

其反射系数和透射系数最终变成：

$$\begin{cases} V = \dfrac{\rho_{2}k_{1z} - \rho_{1}k_{2z}}{\rho_{2}k_{1z} + \rho_{1}k_{2z}} \\ W = \dfrac{2\rho_{2}k_{1z}}{\rho_{2}k_{1z} + \rho_{1}k_{2z}} \end{cases} \quad (A.3.6)$$

这一类型的表示比使用传播矢量角更加方便，因为其在不改变公式的情况下可处理全反射的情形（$k_x > k_2$，且 k_{2z} 是虚部），或泄漏现象（k_2 是复数）。在理论研发和数值编程中偏向使用该类型的符号。

A.3.1.2 "慢"反射体

对于声速小于入射介质中声速的反射体（$c_2 < c_1$），必须注意一些特定特征：

● 无论角度如何，反射系数严格小于单位反射系数 1，由于总是能够在第一介质中产生反射波，无法观察到全反射（正好零掠射角入射的情况除外）；

- 给定角度下可观察到最低值，如果 $\rho_2 > \rho_1$，在下列条件下，我们可观察到反射系数为零，

$$\rho_2 c_2 \cos \theta_1 = \rho_1 c_1 \sqrt{1 - \left(\frac{c_2}{c_1}\sin \theta_1\right)^2}$$

或

$$\sin \theta_1 = \frac{1}{c_2}\sqrt{\frac{\rho_2^2 c_2^2 - \rho_1^2 c_1^2}{\rho_2^2 - \rho_1^2}} \tag{A.3.7}$$

因此，在这一特定入射条件下，没有声能会被第二介质反射。

除水-空气界面的特定情况外，该类边界条件在水声学中并不常见。然而，这对应于某些沉积物很软的海底情况，主要常见于深海区；注意沉积物声速的值不太可能低于水中声速的 0.98 倍，而其密度通常为 1.2~1.3 倍。

A.3.1.3　穿过中间层的透射

我们可以采取 3.1.2 节中的相同模型来研究穿过中间层的透射。而这对于研究透声窗(放置在安装在船体内部的换能器前面)的通透性很有意义。

使用 3.1.2 节中的相同表示，从介质 1 到介质 3 的透射系数可分解为中间层内多重反射作用的总和：

$$W = W_{12}W_{23}\exp(jk_{2z}d)\sum_{n=0}^{\infty}\left[V_{21}V_{23}\exp(2jk_{2z}d)\right]^n \tag{A.3.8}$$

最后

$$W = \frac{W_{12}W_{23}\exp(jk_{2z}d)}{1 - V_{21}V_{23}\exp(2jk_{2z}d)} \tag{A.3.9}$$

特别有意义的情况是在介质 1 和介质 3 相同时(即板浸在水中的实际情形)，因此 $V_{21} = V_{23}$，鉴于 $W_{ij} = 1 + V_{ij}$，最后可得出：

$$W = \frac{(1 - V_{12}^2)\exp(jk_{2z}d)}{1 - V_{12}^2\exp(2jk_{2z}d)} \tag{A.3.10}$$

从这一表达式可明显看出，当板厚 d 足够小时，透射系数将接近于 1，无论板的材料及与水的声阻抗比如何。

忽略板内吸收，声强透射系数可表示为

$$|W|^2 = \frac{(1 - V_{12}^2)^2}{1 + V_{12}^4 - 2V_{12}^2\cos(2k_{2z}d)} \tag{A.3.11}$$

当板厚小于波长时，我们能够利用余弦项的级数展开，变成：

$$|W| = 1 - \frac{V_{12}^2(2k_{2z}d)^2}{2(1 - V_{12}^2)^2} \tag{A.3.12}$$

当板厚和波长的数量级相同时，板内可形成干涉体系，透射系数在余弦给定的限制值之间变动，变成 +1 或 -1。仍然忽略板内吸收效应，$|W|$ 的最大值 $|W|_{max} = 1$，最小值由

下列等式给出：

$$|W|^2_{\min} = \frac{(1 - V^2_{12})^2}{1 + V^4_{12} + 2V^2_{12}} \Rightarrow |W|_{\min} = \frac{1 - V^2_{12}}{1 + V^2_{12}} \qquad (A.3.13)$$

考虑接近法向入射的透射体系，介质 1 和介质 2 之间的反射系数可近似为 $V_{12} \approx \frac{Z_2 - Z_1}{Z_2 + Z_1}$；
因此最后 $|W|$ 最小值是

$$|W|_{\min} = \frac{2Z_1 Z_2}{Z^2_1 + Z^2_2} = \frac{2}{\dfrac{Z_1}{Z_2} + \dfrac{Z_2}{Z_1}} \qquad (A.3.14)$$

应当强调的是，该模型只是研究浸入板实际问题时优先采用的方法。如果想要更为精确地建立模型，必须考虑以下现象：

- 板内剪切波，目前用于换能器窗的聚合物等硬性材料会遇到；
- 板的振动模式，由于其在垂直于 z 的平面上的有限尺度。

A.3.2　生物目标强度的简化模型

A.3.2.1　鱼目标强度的简化模型

此处提出的半启发式模型源于 Medwin 等（1998）及 Love（1978），是两种不同方法的合成：

- 鱼鳔的目标强度，鱼鳔被视为具有共振特性、低频瑞利散射和超出共振的几何限制的气泡；
- 鱼体的平均几何散射，当波长小于鱼身长的时候。

反向散射截面可被分解为两项之和，对应于两个频率范围：

$$\sigma_{\text{fish}} = \sigma_{\text{LF}} + \sigma_{\text{HF}} \qquad (A.3.15)$$

在低频下：

$$\sigma_{\text{LF}} = \frac{a^2}{[(f_a/f)^2 - 1]^2 + \delta^2} \qquad (A.3.16)$$

式中，a 是鱼鳔的半径；f_a 是共振频率；δ 是相应的阻尼项。共振频率由下列等式给出：

$$f_a = \frac{1}{2\pi a}\sqrt{\frac{3\gamma P_{\text{w}}}{\rho_{\text{w}}}} \approx \frac{3.25}{a}\sqrt{1 + 0.1z} \qquad (A.3.17)$$

式中，ρ_{w} 是水的密度（$\rho_{\text{w}} \approx 1\,030\ \text{kg/m}^3$）；$P_{\text{w}}$ 是静压力 [$P_{\text{w}} \approx 10^5(1 + z/10)\ \text{Pa}$，其中 z 是深度，单位为 m]；γ 是空气绝热常数（$\gamma \approx 1.4$）。阻尼效应是辐射、剪切黏滞性和热传导性共同作用的结果，可近似为

$$\delta \approx \frac{2\pi f a}{c_{\text{w}}} \frac{\rho_{\text{w}}}{\rho_{\text{f}}} + \frac{\varepsilon}{\pi f a^2 \rho_{\text{f}}} \qquad (A.3.18)$$

ρ_f 和 ε 是鱼肉的密度和剪切黏滞性。实际操作中，ρ_f 可能等于 ρ_w，且 $\varepsilon \approx 50$ Po（见附录 A. 1. 1）。鱼鳔半径 a 可能与鱼长 L 相关，$a \approx 0.04L$。

在高频限制下，鱼体的反向散射截面可在 $f > f_1 \approx c/L$ 时，记作：

$$\sigma_{HF} = 0.003\ 2L^2 \tag{A. 3. 19}$$

该表达式是由 Love(1978)的经典公式推导并简化的。事实上，为避免完整的频率响应存在缺口，可以使用类似瑞利衰减的平滑因子来描述当频率低于 f_1 时的贡献：

$$\sigma_{HF} = 0.003\ 2L^2 \frac{f^4}{f^4 + f_1^4} \tag{A. 3. 20}$$

A. 3. 2. 2　个体浮游动物目标强度的简化模型

以下源于 Medwin 等（1998）的研究结果和模型。浮游动物个体是长度一般在 1 mm 到 1 cm 的小型动物（虾的长度最大，可能在几厘米）。由于浮游动物外形多变，通常最方便的是将它们表示成具有等效目标强度的球体。Greenlaw 等（1982）整合的结果给出了等效球体的平均半径为 $a \approx 0.1L$，其中 L 是浮游动物的长度。这就给出了 a 的数量级为 $10^{-4} \sim 10^{-2}$ m。

因此，主要反向散射过程是由条件 $ka = 1$ 确定的，表明了瑞利体系和几何体系之间的限制。这也表明，范围在 0. 1 mm 到 1 cm 的 a 所对应的限制频率在 25 kHz 到 2. 5 MHz 之间；因此，可以预期的是，两种散射体系都有可能同时满足。

这些生物组织的密度和声速与海水非常接近。Greenlaw 等（1982）给出了相对密度（1. 01 ~ 1. 09）和相对声速（1 ~ 1. 04）的值。我们可继续得出，阻抗比值的范围在 1. 01 ~ 1. 13，平均值为 1. 07。相应的，反射损失（法向入射时的平面波反射系数）的范围为 $-46 \sim -24$ dB，平均值为 -29 dB。该损失值被用于几何体系目标强度中，正如式（3. 27c）所给出的。

通过式（3. 27b）到式（3. 24）中的比值，瑞利体系下的目标强度可逐渐变化至理想刚性球体情况。在上述阻抗比的平均值情况下，平均值约为 -25 dB，极限值在 $-42 \sim -20$ dB。

因此最后得出的目标强度是从式（3. 27c）和式（3. 27b）得出的。图 A. 3. 1 给出了一个计算的例子，其阻抗比平均值为 1. 07。

A. 3. 3　粗糙界面上的相干反射

考虑一个粗糙表面，其超出平均平面表面的高度是由中间值为 0 和偏差为 h 的随机函数 $\xi(\vec{r})$ 量化的（图 A. 3. 2）。在 A 点反射声波的相位起伏（相对于理想平均平面表面的高度是 ξ）对应于 A 和平均表面之间的几何距离（$\xi \cos \theta$）：

$$\Delta \varphi = 2k\xi \cos \theta \tag{A. 3. 21}$$

反射场的平均值是通过对高度 ξ 处的所有点的贡献进行积分[由其概率 $q(\xi)$ 加权]以及使用表面不存在起伏时的声压反射系数 V 而得出的：

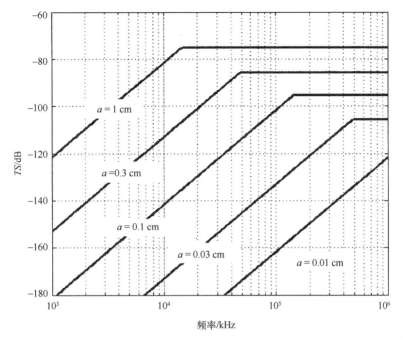

图 A.3.1　个体浮游动物的目标强度

以等效球体半径 a（$a=L/10$，L 是浮游动物长度）为特征，计算是在海水与浮游动物身体的阻抗比为 1.07 的情况下完成的

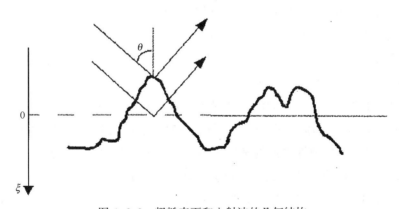

图 A.3.2　粗糙表面和入射波的几何结构

$$\langle p \rangle = V \int_{-\infty}^{\infty} \exp(-j\Delta\varphi)\, q(\xi)\, \mathrm{d}\xi$$

$$= V \int_{-\infty}^{\infty} \exp(-2jk\xi\cos\theta)\, q(\xi)\, \mathrm{d}\xi \tag{A.3.22}$$

此处假设概率 $q(\xi)$ 是高斯分布的：

$$q(\xi) = \frac{1}{h\sqrt{2\pi}}\exp\left(-\frac{\xi^2}{2h^2}\right) \tag{A.3.23}$$

式（A.3.15）*中出现的傅里叶变换可表示为

$$\langle p \rangle = V\exp(-2k^2h^2\cos^2\theta) = V\exp\left(-\frac{P^2}{2}\right) \qquad (A.3.24)$$

该表达式表明了瑞利系数 $P = 2kh\cos\theta$ 的存在。此处很明显的是，P 是界面起伏造成的相位变化的标准差。由此获得反射场的值是镜面反射方向上反射场的"相干部分"。当相位起伏的标准小于 $\pi/2$ 时有效，其对应于 $h = \lambda/(8\cos\theta)$。与这一极值相关的损失是：$\exp(-\pi^2/8) \approx 0.3$（即-10.7 dB）。

A.3.4　一种海底反向散射的启发式模型

在大量应用中，一个能通过一小部分具有物理重要性的参数控制的函数模型对具有角度相关性的反向散射强度建模很有意义，从而无需将这些参数与这些学科中使用的地质或经典声学参数关联起来。基本上，这样一种模型由下式给出：

$$B(\theta) = 10\log\left\{A\exp\left(-\frac{\theta^2}{2B^2}\right) + C\cos^D\theta\right\} \qquad (A.3.25)$$

我们可以在式（A.3.25）中找到类似于3.5.3节中所描述的体系中的项。等式右边 log 项中的第一个项类似于微平面模型结果，而第二个存在类似朗伯的相关性。参数（A，B，C，D）可解译如下：

- A 给出了镜面反射的振幅，A 在光滑沉积物的情况下较高，在粗糙界面时减少，也会随阻抗比变化；

- B 给出了镜面反射体系下的角度宽度，B 与海底粗糙度的平均（中尺度）斜率相关，对于坚硬且粗糙的海底，B 会增加；

- C 给出了斜入射时的平均反向散射级，名义上它是基于粗糙界面中间角的经典朗伯定律的偏移。C 会随海底粗糙度和阻抗增加而增加，但也受柔软海床材料情况下的沉积物体积内的不均匀性造成的散射的影响。C 也随会频率增加而增加。$10\log C$ 的范围在-30~-20 dB，但一些情况下可能会达到极值-10 dB 或40 dB；

- D 是反向散射角度的递减，根据不同掠射角情况而变化。对于柔软和光滑的沉积物，D 较高，在较硬和粗糙的界面，D 会减少。在经典朗伯定律中，D 等于2，通常情况下该值是一个较好的平均值，尽管可能还会遇到更小的值。

通过将匹配的测量 BS 值（作为角度的函数）代入该模型，可能提取描述性参数（A，B，C，D）的值（图 A.3.3），这些参数可用于海底类型分类。注意，参数预期是与频率相关的，需要在给定测深仪的情况下进行估计。尽管该模型不及全反演方法强大（通常情况下无法实现），但却在海底绘图应用及相关研究中非常有效且方便（Lamarche et al.，2008）。

---

*：此处原著有误，应为式（A.3.22）。——译者注

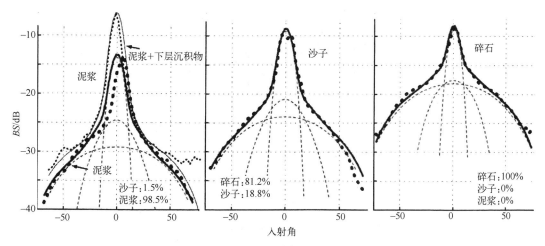

图 A.3.3　角度相关的反向散射强度的模型–数据对比

将 32 kHz 多波束回波探测仪(Kongsberg EM 300)在新西兰库克海峡测量的实验反向散射强度结果代入模型式
(A.3.25)，沉积物的类型(泥浆、沙子、碎石)通过地表实况调查(抓取和图片)获得。对于每个图表，虚线
描绘式(A.3.25)的三个分量，而实线是得出的模型反向散射强度，实验数据通过粗虚线描绘。"泥浆"图
中(左图)画出了第二个数据，对应覆盖在较硬沉积物上的泥浆层：实验数据(细虚线)与模型(细实线)对
比。泥浆、沙子和碎石情况下估计的参数分别是：$A = -13.6$ dB，-9.1 dB，-9.1 dB；$B = 5.5°$，$5.9°$，$4.9°$；
$C = -29.1$ dB，-23.9 dB，-17.9 dB；$D = 2$，2，2

A.4.1　海洋调查船的自噪声级：案例研究

我们在此处展示的是由 MBES 接收器阵列(Kongsberg EM 300，标称中心频率为
32 kHz)换能器测量的"R/V Le Suroit"号的自噪声级(功率谱密度)。"R/V Le Suroit"号
于 1975 年建成，其发动机为传统柴油发动机，驱动一根恒速轴，采用变螺距的螺旋
桨；因此，该船推进器的机械(和声学)性能并不随螺旋桨转速变化，而是随螺旋桨的
设置变化。

图 A.4.1 综合了不同水深时不同速度(2~9 kn)下测量的自噪声级。数据显示噪声
级与水深存在明显相关性，测量到的能级随深度的增大而减少。这表明自噪声级(由向
下定向的指向换能器接收的)主要由海底反射的船只辐射噪声造成。为了与传播损失曲
线比较，相同图表中给出了 $20\log H + 2\alpha H$ 的传播损失曲线，对应于界面–反向散射信号
的能级变化。在计入不同声速造成的弥散的情况下，其整体匹配较好，强化了海底反
射噪声贡献的假说。

图 A.4.2 阐述了自噪声级在浅海和深海区域与船速的相关性。在浅海中，自噪声
是由海底反射的螺旋桨噪声导致的，最大噪声级是在船速为 7 kn 时观察到的，该条件
下最安静的体系是在船速高于 8 kn 时。该观测可能是特定推进器类型(变螺距螺旋桨)
造成的。与之相反，在深海中，主要噪声分量是流噪声，自噪声级随速度单调增加。

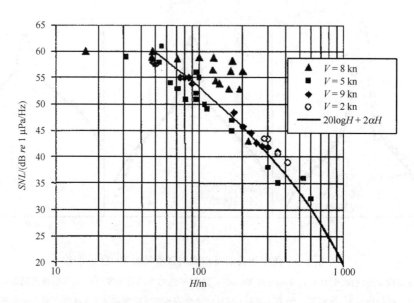

图 A.4.1　自噪声与水深之间的相关性

32 kHz 下多波束回波探测仪测量的噪声级（使用 Kongsberg EM 300 在"R/V Le Suroit"号上测得），
噪声级随深度的变化（从浅海到深海）明确表明了类似与 20log$H$+2αH 海底反射路径特征上的相关性

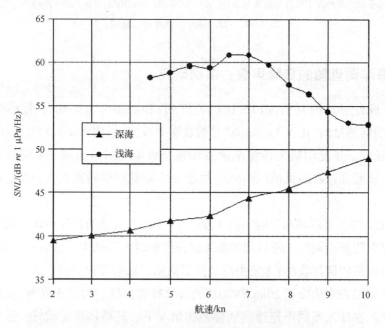

图 A.4.2　自噪声与速度之间的相关性

32 kHz 下多波束回波探测仪测量的噪声级（使用 Kongsberg EM 300 在"R/V Le Suroit"号上测得）。在深海中，
由于自噪声主要是流噪声，自噪声级随速度增加，而从海床反射的推进器噪声可忽略不计。在浅海区，主
要自噪声分量是推进器噪声，可能由于推进器类型（柴油机+变螺距螺旋桨），自噪声随速度的变化不是单调
变化的，自噪声在船速为 7 kn 时最大

A.4.2　偶极子的辐射模式

偶极子由一组发射相反特征信号的相同声源组成。这将带来典型的指向性图案，其模型在一些水声传播问题中是有效的，如与海面反射相关的问题中。

图 A.4.3 给出了其几何结构。假设 $2a$ 为两个声源 S_1 和 S_2 沿 z 轴方向的间距，R_1 和 R_2 是声源到接收点 $M(x, z)$ 的距离（由从偶极子中心测量的入射角 θ 确定）。

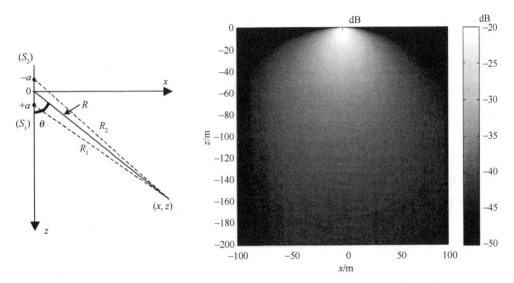

图 A.4.3　左图：偶极子辐射的几何结构；右图：从式（A.4.4）计算的 dB 尺度的辐射场，
归一化为 $2Aka/R_{1\,\mathrm{m}} = 1$，即单位距离上的单位振幅

如果 A 是两个声源的振幅，得出的信号 M 由下列等式给出：

$$p(M) = A\,\frac{\exp(-jkR_1)}{R_1} - A\,\frac{\exp(-jkR_2)}{R_2} \tag{A.4.1}$$

将 R_1 演变为 R 和 a，变成

$$R_1^2 = (z-a)^2 + x^2 = z^2 - 2az + a^2 + x^2 = R^2\left(1 - \frac{2az - a^2}{R^2}\right)$$

其中，$z/R = \cos\theta$，利用一阶展开，假定 $R \gg a$，变成

$$R_1 \approx R - a\cos\theta$$

及类似地：

$$R_2 \approx R + a\cos\theta \tag{A.4.2}$$

考虑到，在球面波扩散中，可足够准确地近似 $1/R_1 \approx 1/R$ 和 $1/R_2 \approx 1/R$，式（A.4.1）变成

$$p(M) = A\frac{\exp(-jkR)}{R}[\exp(jka\cos\theta) - \exp(-jka\cos\theta)]$$

$$= 2jA\frac{\exp(-jkR)}{R}\sin(ka\cos\theta) \tag{A.4.3}$$

现在假设偶极子半间距小于波长，因此取 $ka \ll 1$，一阶的声压模量为来自式（A.4.3）：

$$|p(M)| \approx \frac{2A}{R}ka\cos\theta \tag{A.4.4}$$

在固定球面距离 R 处，上式对应一个随 $\cos\theta$ 变化的指向性图案。图 A.4.3 给出了其辐射场例子。

偶极子特性的另一重要结果是辐射场振幅呈现出强烈的频率调制特性。该调制通过 $\sin(ka\cos\theta)$ 项在式（A.4.3）中表示出来。在偶极子的轴向上，由 $\theta = 0$ 给出，其调制由 $\sin(ka)$ 简单给出；因此，当满足下式时，发出的偶极子辐射信号的频谱为零：

$$ka = n\pi, \text{ 或 } \lambda_n = 2a/n, \text{ 或 } f_n = nc/2a \tag{A.4.5}$$

其中，$n = 0, 1, 2, \cdots$

在较低频率下［由式（A.4.4）近似］，鉴于 $k = 2\pi f/c$，声场振幅与频率成正比。这意味着，在给定几何设置下（也就是偶极子间距 a），辐射声强随频率降低而减少，减少速率为 -6 dB/倍频程。

A.5.1 压电基础

A.5.1.1 基础关系式

压电的基础关系式将机械参数（变形 S 或应力 T）和电气参数（电场 E 或电感 D）联系起来。由于压电晶体的各向异性特征，正压电效应以矩阵符号记作：

$$D = d \cdot T + \varepsilon^T \cdot E \tag{A.5.1}$$

逆压电效应也以矩阵符号记作：

$$S = s^E \cdot T + d^t \cdot E \tag{A.5.2}$$

这些等式中符号的含义，D 为三维电感矢量，单位为 C/m^2；E 为三维电场矢量，单位为 V/m；S 为六维相对变形矢量（无量纲）；T 为六维机械应力矢量，单位为 N/m^2；d 为 3×6 压电矩阵，单位为 C/N 或 m/V（d^t 是 d 的转置）；ε^T 为 3×3 介电常数矩阵（T 是常数），单位为 F/m；s^E 为 6×6 柔度矩阵（E 是常数），单位为 m^2/N。

按照惯例，在矢量和矩阵指数的符号中（图 A.5.1），指数 3 受到极化场的方向坐标轴的影响。T_1、T_2、T_3 和 S_1、S_2、S_3 分别是沿 1、2、3 号轴的拉应力和相对变形；T_4、T_5、T_6 和 S_4、S_5、S_6 分别是沿 1、2、3 号轴的剪应力和相对变形。

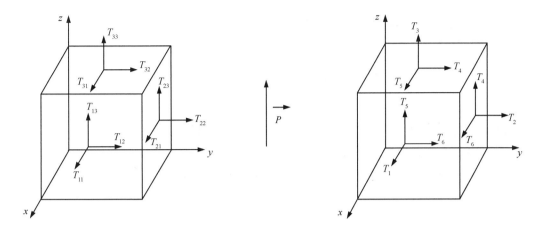

图 A.5.1　压电基础关系式的表示和几何结构

A.5.1.2　压电陶瓷的机械特性

柔度矩阵(也称为弹性矩阵)s^E 将变形 S 和应力 T 通过以下关系式关联起来:

$$s_{ij}^E = \frac{S_i}{T_j} \quad (\text{m}^2/\text{N}) \tag{A.5.3}$$

刚度矩阵 c 主要由其倒数构成, 其系数是

$$c_{ij} = \frac{T_i}{S_j} \quad (\text{N}^2/\text{m}) \tag{A.5.4}$$

不同方向的杨氏弹性模量(图 A.5.1)由下列等式给出:

$$Y_{ii}^E = \frac{1}{s_{ii}^E} = c_{ii} \quad (\text{N}/\text{m}^2) \tag{A.5.5}$$

(无量纲)泊松系数由下列等式给出:

$$\sigma^E = -\frac{s_{12}^E}{s_{11}^E} \tag{A.5.6}$$

对于不同的振动模式, 频率常数 $N(\text{kHz mm})$ 表示上述模式中陶瓷的共振频率与特征尺度的乘积:

$$N = f_0 \times a \tag{A.5.7}$$

除了密度(kg/m^3)之外, 所有上述参数对于换能器陶瓷的设计也都至关重要。

A.5.1.3　压电陶瓷的电气特性

介电常数 ε 将电感与电场关联起来。如果介电环境是各向同性的, 介电常数就是标量, 且

449

$$D = \boldsymbol{\varepsilon} \cdot \boldsymbol{E} \tag{A.5.8}$$

如果介电环境是各向异性的，介电常数就是矩阵 $\boldsymbol{\varepsilon}$，且式(A.5.8)变成

$$D = \boldsymbol{\varepsilon} \cdot \boldsymbol{E}, \ \text{其中} \ \boldsymbol{\varepsilon}^T = \begin{bmatrix} \varepsilon_{11}^T & 0 & 0 \\ 0 & \varepsilon_{22}^T & 0 \\ 0 & 0 & \varepsilon_{33}^T \end{bmatrix} \tag{A.5.9}$$

介电刚度表示陶瓷的击穿电压，限制可施加的电场(一般是 $3 \sim 4$ kV/cm)。

矫顽场就是陶瓷极化为零的电场。

最后，介电损耗可通过等效电阻 R_0 及陶瓷的电容 C_0 表示；介电损耗因子 $\tan \delta$ 定义为损耗角 δ 的正切：

$$\tan \delta = \frac{1}{R_0 C_0 \omega} \tag{A.5.10}$$

A.5.1.4　压电特性

压电常数 d(单位为 C/N，重新组合在矩阵 d 中)表示陶瓷面出现的电荷密度与施加的应力(正压电效应)之间的关系。反过来(单位 m/V)，该系数也可表示获得的相对变形与施加的电场(逆效应)之间的关系。矩阵记作：

$$d = \begin{bmatrix} 0 & 0 & 0 & 0 & d_{15} & 0 \\ 0 & 0 & 0 & d_{15} & 0 & 0 \\ d_{13} & d_{13} & d_{33} & 0 & 0 & 0 \end{bmatrix} \tag{A.5.11}$$

压电常数 g [单位为 Vm/N，重新组合在矩阵 g 中，见式(A.5.12)]表示陶瓷面上出现的电场与施加的应力(正压电效应)之间的关系。反过来(单位 m^2/C)，该系数也可表示获得的相对变形与电荷密度(逆效应)之间的关系。

压电常数 d 和 g 之间的关系是

$$d = \boldsymbol{\varepsilon}^T \cdot g \tag{A.5.12}$$

其中，$\boldsymbol{\varepsilon}^T$ 是介电常数矩阵。

对于尺度小于波长的水下陶瓷，其活动面上的应力是相同的(图 A.5.1)，其相应的特征就是静压力常数：

$$\begin{aligned} d_h &= d_{33} + 2d_{31} \\ g_h &= g_{33} + 2g_{31} \end{aligned} \tag{A.5.13}$$

居里温度是一个阈值，高于这一阈值时，陶瓷的压电特性就会消失；陶瓷一般在 300℃ 左右时会出现去极化。

A.5.1.5　耦合系数

耦合系数 k_{ij} 是表示电能转化为机械能的一个量(小于单位量1)，反之亦然。该系

数取决于样本的形状和极化方向上的振动模式。对于沿极化方向(方向"3")振动的较厚样本,其记作:

$$k_{33} = \frac{d_{33}}{\sqrt{\varepsilon_{33}^T s_{33}^E}} \tag{A.5.14}$$

该系数可反映机电效率。

对于 PZT,系数 k_{33} 在 70%左右(若为石英,则在 10%)。

A.5.2　参量阵列

参量阵列的辐射可通过 Westervelt(1963)模型来简单描述。一虚源线阵以对应于两个主频的差的频率沿主瓣的轴辐射声波。主波的衰减(由衰减率 δ_m 量化)限制了其有效作用距离(通常是 $1/\delta_m$)。

可以表明(Medwin et al., 1998)差频下在距离 R 处产生的声压可通过下列等式表示:

$$p_d(R) = \frac{\pi \beta f_d^2 p_1 p_2 S_A \exp(-\alpha_d R)}{2R\alpha_m \rho_0 c_0^4} \left[1 + \frac{k_d^2}{\delta_m^2} \sin^4\left(\frac{\theta}{2}\right) \right]^{-\frac{1}{2}} \tag{A.5.15}$$

式中,β 为非线性系数(海水中,$\beta \approx 3.4$);ρ_0 和 c_0 为水的特征值(分别是水的密度和声速);p_1 和 p_2 为在两个主波束传输的声压振幅;S_A 为两个主波束的相交处的有效截面,其在 1 m 处可通过 $\pi R_{1m}^2 (2\theta_m/2)^2$ 近似,其中 $2\theta_m$ 是波束的平均宽度,S_A 随距离增加,用于补偿 p_1 和 p_2 的减少;α_m 为主波束的平均吸收系数,$\alpha_m = \frac{\alpha_1 + \alpha_2}{2}$;$\delta$ 项是振幅衰减(Np/m);k_d 为差频下的波数(主频是 f_1 和 f_2),$k_d = \frac{2\pi f_d}{c} = \frac{2\pi}{c}|f_2 - f_1|$;$\alpha_d$ 为差频下的吸收系数(Np/m)。

距离换能器 1 m 处的沿轴向的声压,可以表示成低频次波声源的等效能级:

$$p_d(R) = \frac{\pi \beta f_d^2 p_1 p_2 S_A}{2\alpha_m \rho_0 c_0^4} \tag{A.5.16}$$

我们可以看到次波的声压随主波声压的平方而增加,而吸收造成的减少是基于次波频率的。

因此,指向性函数(用声强表示)记作:

$$D(\theta) = \left[1 + \frac{k_d^2}{\alpha_m^2} \sin^4\left(\frac{\theta}{2}\right) \right]^{-1} \tag{A.5.17}$$

该函数展示了一个 $\theta = 0$ 附近的较窄指向性的主瓣,且完全不存在旁瓣。这是参量阵列的明显特征。

−3 dB 孔径可由下列等式给出：

$$2\theta_{\mathrm{d}} = 4\sqrt{\frac{\alpha_{\mathrm{m}}}{k_{\mathrm{d}}}} \qquad (\mathrm{A.5.18})$$

很简单，Westervelt 模型给出了一个质量很好的结果，足以快速评估指向性特征。我们可通过验证主波束的宽度是否窄于次波束的宽度这样一个后验性来检查其适用性，该条件下这一线性声源的模型才具有意义。

参量阵列的效率定义为次波束与主波束辐射的功率之比，其可近似为

$$\eta \approx \frac{\pi\beta^2 f_{\mathrm{d}}^2 P_0}{2\rho_0 c_0^5 \theta_{\mathrm{d}}^2} \approx \frac{\pi^2\beta^2 f_{\mathrm{d}}^3 P_0}{4\rho_0 c_0^6 \alpha_{\mathrm{m}}} \qquad (\mathrm{A.5.19})$$

其中，P_0 是主波的总功率（$P_0 = P_1 + P_2$）。非线性生成的效率很低，这明显可以从图 A.5.2 看出。输入功率越高，次波频率越高，次波波束越窄，其效率越佳。

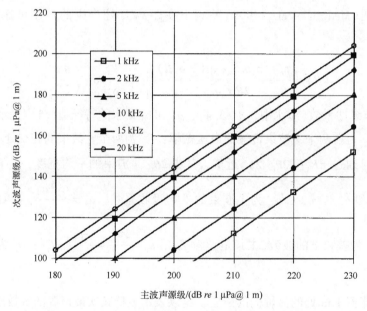

图 A.5.2　参量阵列的声压级为主波声源级和频差（1~20 kHz）的函数（根据 Westervelt 模型），主频集中在 100 kHz 附近，阵列直径是 0.3 m

A.5.3　电−声类比

电−机类比或电−声类比能够对更复杂的系统以及简单电路的过程建立模型。该方法用于研究换能器工作时不同参数产生的影响以及换能器及其相关电子设备的匹配。

电−机类比的基本原理是电阻抗（电压与电流之比）和机械阻抗（力与速度之比）之间的类比。一个质点+弹簧型的基本共振机械系统遵循运动方程：

$$F(t) = F_0\sin\omega t = m\frac{\mathrm{d}\nu}{\mathrm{d}t} + R_{\mathrm{M}}\nu + k\int v\mathrm{d}t \qquad (\mathrm{A.5.20})$$

式中，$F_0\sin \omega t$ 是施加的外力；m 是以速度 v 移动的质量；R_M 是摩擦阻力；k 是弹簧刚度。这一基本方程类似于共振电路的方程：

$$U(t) = U_0\sin \omega t = L\frac{\mathrm{d}i}{\mathrm{d}t} + Ri + \frac{1}{C}\int i\mathrm{d}t \qquad (\mathrm{A.5.21})$$

因此，表 A.5.1 阐述了参数之间的相关性。

表 A.5.1　机械值与电气值之间的等效性

机械值	电气值
力 F	电压 U
速度 v	电流 i
质量 m	电感 L
摩擦力 R_M	电阻 R
弹力 $1/k$	电容 C
刚度 k	逆电容 $1/C$
阻抗 $Z_M = F/v$	阻抗 $Z_e = U/i$

由于存在这些相关性，换能器的等效电路可用图 A.5.3 表示。电路最左边的部分是闭合电路或静态电路，R_0 是介电损耗电阻，C_0 是介电电容。变压器代表了比率为 φ 的机电转换能力，因此

$$\begin{cases} F = \varphi U \\ v = \dfrac{i}{\varphi} \\ Z_M = \varphi^2 Z_e \end{cases} \qquad (\mathrm{A.5.22})$$

除了变压器，我们可以发现换能器的机械部分中：R_M 可表示材料阻尼的机械损耗(部分机械能变成热能，类似焦耳效应的电能)；L_M 可表示换能器的动态质量；C_M 可表示其弹性。

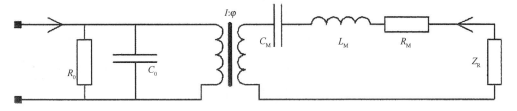

图 A.5.3　水声换能器的等效电路(符号细节见正文)

在电路的端部，Z_R 是辐射阻抗，是系统的纯声学部分。Z_R 的表示取决于换能器辐射部分的几何结构。对于辐射入无限障板、半径为 a 的圆活塞，可以记作：

$$Z_R = \pi a^2 \rho_0 c_0 \left[1 - \frac{J_1(2ka)}{ka} \right] + j\frac{\pi \rho_0 c_0}{2k^2} K_1(2ka) \qquad (\mathrm{A.5.23})$$

式中，ρ_0 和 c_0 分别是水的密度和声速；J_1 和 K_1 分别是第一类和第二类一阶贝塞尔函数。如果辐射面的尺度远大于波长，辐射阻抗趋向于其极限值：

$$Z_R \rightarrow \pi a^2 \rho_0 c_0 \qquad\qquad (A.5.24)$$

或者，更普遍地，辐射面为 S 的换能器的辐射阻抗 $Z_R \rightarrow S\rho_0 c_0$。

变压器上的电气元件形成了换能器的固定阻抗，而机械阻抗和声阻抗可归类为动态阻抗。

A.5.3.1 发射线路中阻抗匹配影响的例子

图 A.5.4 阐述了在宽带换能器中使用并联电感实现视在功率最小化和电力负荷因数最大化的重要性。此处考虑的换能器是在[1.8~5.4 kHz]频带上共振的 Tonpilz 型发射器。优化并联电感（L_p）以减少无功功率并平衡所需频带中的视在功率。视在功率（VA）是复功率模量。

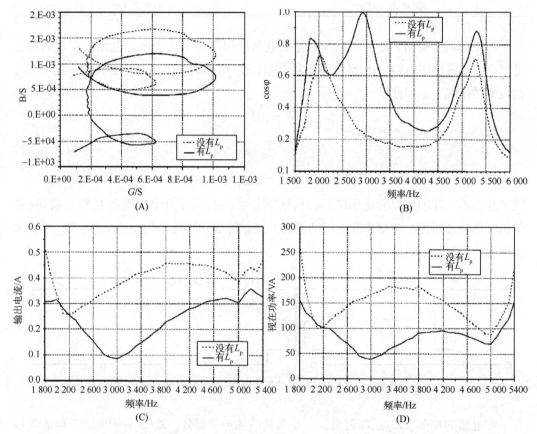

图 A.5.4　在宽带换能器中使用并联电感实现视在功率最小化和电力负荷因数最大化的重要性

（A）：存在或不存在 L_p 的肯涅利环；（B）：存在或不存在 L_p 的 $\cos \varphi$；

（C）：存在或不存在 L_p 的输出电流；（D）：存在或不存在 L_p 的视在功率

图 A.5.4 中各个部分明确表示出：

- 增加并联电感后，肯涅利环被大大修改，带来电导纳的减少；

- 受 L_p 的影响，随着电学品质因数 Q_e 的减少，电力负荷因数 $\cos\varphi$ 增加。在频率为 2.9 kHz 时，导纳是纯电阻性的，负荷因数等于 1；

- 所需生成给定声压级的输出电流强度（此处为 193 dB re 1 μPa@1 m）大大减少。达到上述声压级的视在功率减少了近 40%。

A.5.4 线性阵列的指向性

A.5.4.1 指向性图案

我们想要在空间中 A_0 点通过长度为 L 的线性阵列来计算辐射场。在远场，该场的表达式是角度的函数，依据其最大值归一化处理，形成指向性图案。通过对阵列中所有单元的贡献进行积分可得

$$D(\theta) = \left| \int_{-\frac{L}{2}}^{+\frac{L}{2}} \frac{\exp[-jkR(M)]}{(M)} \mathrm{d}y \right|^2 \tag{A.5.25}$$

图 A.5.5 中解释了相关符号。这一问题涉及以 y 轴为对称轴的圆柱对称性。在 xy 平面中，观察点 A_0 位于具有其笛卡儿坐标 (x_0, y_0) 或柱面坐标 (R_0, θ_0) 的空间中。

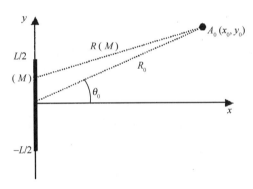

图 A.5.5 计算线性阵列指向性的几何结构和符号

在下文中，我们使用连续发射阵列。天线发射信号的振幅是 $1/L$，以在整个长度 L 上求积分后获得归一化为 1 的能级。这些推导对于接收阵列同样有效。

观察点 A_0 接收的声压是阵列所有单元辐射的球面波的积分：

$$p_0 = \frac{1}{L} \int_{-\frac{L}{2}}^{+\frac{L}{2}} \frac{\exp[-jkR(y)]}{R(y)} \mathrm{d}y \tag{A.5.26}$$

其中，$R(y)$ 是 y 轴上的 M 点到 A_0 点的斜距：

$$R(y) = \sqrt{x_0^2 + (y_0 - y)^2} = \sqrt{x_0^2 + y_0^2 - 2yy_0 + y^2} \tag{A.5.27}$$

假设 A_0 点距离阵列较远，因此 x_0、y_0 和 R_0 远大于 y 和 L（图 A.5.5）。因此，

$$R(y) \approx \sqrt{x_0^2 + y_0^2 - 2yy_0} = R_0 \sqrt{1 - 2\frac{yy_0}{R_0^2}}$$

$$\approx R_0 \left(1 - \frac{yy_0}{R_0^2} \right) = R_0 - \frac{yy_0}{R_0} = R_0 - y\sin\theta_0$$

(A.5.28)

将上述推导代入 A_0 点处的声压表达式，可得

$$p_0 = \frac{1}{L} \int_{-\frac{L}{2}}^{+\frac{L}{2}} \frac{\exp[-jkR(y)]}{R(y)} \mathrm{d}y \approx \frac{\exp(-jkR_0)}{LR_0} \int_{-\frac{L}{2}}^{+\frac{L}{2}} \exp(jky\sin\theta_0)\,\mathrm{d}y$$

$$= \frac{\exp(-jkR_0)}{LR_0} \int_{-\frac{L}{2}}^{+\frac{L}{2}} [\cos(ky\sin\theta_0) - j\sin(ky\sin\theta_0)]\,\mathrm{d}y$$

(A.5.29)

$$= \frac{\exp(-jkR_0)}{LR_0} \left[\frac{\sin(ky\sin\theta_0)}{k\sin\theta_0} \right]_{-\frac{L}{2}}^{+\frac{L}{2}} = \frac{\exp(-jkR_0)}{R_0} \frac{\sin\left(k\frac{L}{2}\sin\theta_0 \right)}{k\frac{L}{2}\sin\theta_0}$$

因此，指向性图案：

$$D(\theta_0) = \left[\frac{\sin\left(k\frac{L}{2}\sin\theta_0 \right)}{k\frac{L}{2}\sin\theta_0} \right]^2$$

(A.5.30)

而 $|\exp(-jkR_0)|^2 = 1$。此外，$1/R_0$ 被认为是固定倍数，这里将其省略来归一化函数 $D(\theta_0)$ 值为 1。

A.5.4.2 指向性指数

按照定义，指向性指数（自然单位下）是在整个指向性的空间积分与无指向性阵列的立体角 4π 之间的比值：

$$I_\mathrm{d} = \frac{4\pi}{\int_{-\pi}^{+\pi} \int_{-\pi/2}^{+\pi/2} D(\theta, \varphi) \cos\theta\mathrm{d}\theta\mathrm{d}\varphi}$$

(A.5.31)

其中，分母等于：

$$\int_{-\pi}^{+\pi} \int_{-\pi/2}^{+\pi/2} D(\theta, \varphi) \cos\theta\mathrm{d}\theta\mathrm{d}\varphi = \int_{-\pi}^{+\pi}\mathrm{d}\varphi \int_{-\pi/2}^{+\pi/2} \left[\frac{\sin\left(k\frac{L}{2}\sin\theta_0 \right)}{k\frac{L}{2}\sin\theta_0} \right]^2 \cos\theta\mathrm{d}\theta$$

$$= 2\pi \int_{-1}^{+1} \left[\frac{\sin\left(k\frac{L}{2}u \right)}{k\frac{L}{2}u} \right]^2 \mathrm{d}u = 2\pi \frac{2}{kL} \underbrace{\int_{-\infty}^{+\infty} \left(\frac{\sin v}{v} \right)^2 \mathrm{d}v}_{\pi} \approx \frac{4\pi^2}{kL}$$

(A.5.32)

我们假定 $kL/2$ 较大 $(L\gg\lambda)$ 且代入变量 $\begin{cases} u=\sin\theta \\ v=\dfrac{kL}{2}u \end{cases}$，以获得上述表达式。指向性指数最终

可记作：

$$I_d \approx \frac{4\pi}{\dfrac{4\pi^2}{kL}} = \frac{kL}{\pi} \approx \frac{2L}{\lambda} \qquad (\text{A.5.33})$$

用 dB 表示，该等式变成

$$DI = 10\log\left(\frac{2L}{\lambda}\right) \qquad (\text{A.5.34})$$

A.5.5 曲面阵列的指向性

曲面(圆柱形)阵列的辐射一般比线性阵列的辐射略微复杂。曲面阵列以其曲率半径 ρ_c、曲线长度 L_c 和长度 h_c 为特征(图 A.5.6)。曲面阵列的另一个特征是其孔径角 γ_c，其中 $L_c = \rho_c\gamma_c$。沿着长度的方向 h_c，辐射可看成长度为 h_c 的线性阵列的辐射(参见 A.5.4 节)。

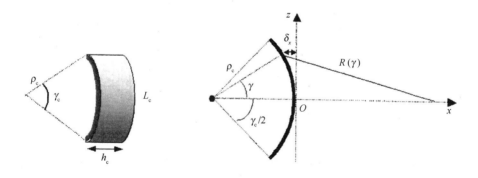

图 A.5.6 Ox 方向上曲面阵列的辐射几何结构和符号

在横向平面 xz，辐射可通过对横坐标上曲线分布的点源的共同作用的积分来获得。然而，与线性阵列不同，即使在较大距离上，各个点的贡献之间的声程差不会收敛致一个空值，而是阵列曲率所给出的一个常数。沿辐射轴，对于 Ox 轴方向上距离较远的观察点(图 A.5.6)，阵列中心点 O 与角度为 γ 的阵列上的点之间的声程差为

$$\delta x(\gamma) = \rho_c(1-\cos\gamma) \approx \rho_c\frac{\gamma^2}{2} \qquad (\text{A.5.35})$$

整个曲线长度的辐射场实际上是对角度 γ 的积分：

$$p(R) = \frac{1}{L_c} \int_{-\frac{L_c}{2}}^{+\frac{L_c}{2}} \frac{\exp[-jkR(\gamma)]}{R(\gamma)} ds = \frac{\rho_c}{L_c} \int_{-\frac{\gamma_c}{2}}^{+\frac{\gamma_c}{2}} \frac{\exp[-jkR(\gamma)]}{R(\gamma)} d\gamma$$

$$= \frac{\rho_c}{L_c} \frac{\exp(-jkR_0)}{R_0} \int_{-\frac{\gamma_c}{2}}^{+\frac{\gamma_c}{2}} \exp\left(-jk\rho_c \frac{\gamma^2}{2}\right) d\gamma \qquad (A.5.36)$$

$$= \frac{\rho_c}{L_c} \frac{\exp(-jkR_0)}{R_0} \int_{-\frac{\gamma_c}{2}}^{+\frac{\gamma_c}{2}} \cos\left(k\rho_c \frac{\gamma^2}{2}\right) d\gamma$$

积分类似于菲涅尔余弦积分 $C(x) = \sqrt{\frac{2}{\pi}} \int_0^x \cos u^2 du$。

在阵列曲率足够大、波长足够小的情况下，阵列上各点的贡献的相位可发生多次变化，菲涅尔余弦积分趋向于：

$$\int_0^{+\infty} \cos(au^2) du = \frac{1}{2}\sqrt{\frac{\pi}{2a}} \qquad (A.5.37)$$

因此辐射声压的模：

$$|p(R)| \approx \frac{\rho_c}{L_c R_0}\sqrt{\frac{\pi}{k\rho_c}} = \frac{\rho_c}{L_c R_0}\sqrt{\frac{\lambda}{2\rho_c}} = \frac{1}{\gamma_c R_0}\sqrt{\frac{\lambda}{2\rho_c}} \qquad (A.5.38)$$

即使阵列的尺寸不能完全满足上述 $[0, +\infty]$ 上积分的近似，该数量级也是足够的。事实上，大多数能量贡献是由第一菲涅尔区(由 $\delta x_F = \lambda/2$ 定义)边界上的阵列部分所辐射的。该菲涅尔区的孔径角 γ_F 等于：

$$\gamma_F = 2\sqrt{\frac{\lambda}{\rho_c}} \qquad (A.5.39)$$

上述区域外的阵列单元的作用很小，使得由此得出的声压在式(A.5.38)的平均值附近波动。

因此，如果菲涅尔孔径角 γ_F 与物理阵列的孔径角 γ_c 相比可忽略不计，曲面阵列的指向性图案的宽度就接近于 γ_c。由于菲涅尔余弦积分的行为(在其渐近线附近振荡)，指向性图案会发生轻微起伏。

A.5.6 阵列束控性能

我们在此处给出了一些阵列加权(或束控)定律相关特征的简图(Harris，1978)。参考性能是那些未加权阵列(矩形窗)的性能。此处研究的参数是：

- 旁瓣的最大级 A_{maxsec} (dB)；
- 旁瓣的渐减斜率 Δa_{sec} (dB/倍频程)；
- 主瓣变宽(未加权阵列瓣宽相关的倍增系数)；
- 与未加权阵列相比，指向性增益的损失 ΔG_{dir} (dB)；

- 阵列的相干求和增益(依据其数量归一化的加权接收器增益的平均值)G_{coh}(dB)。

以上参数列于表 A.5.2。图 A.5.7 展示了不同加权束控律下得出的指向性图案。

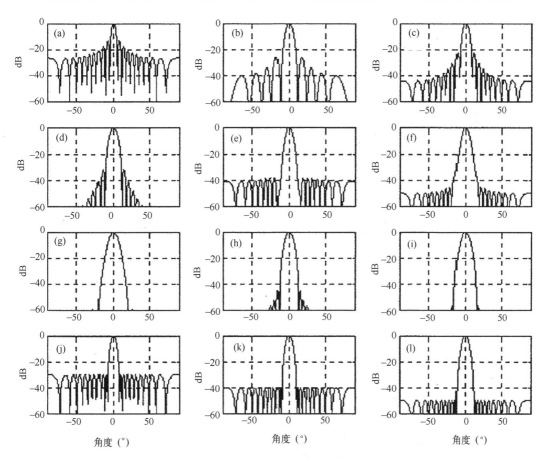

图 A.5.7　不同加权束控律下指向性的阵列束控效应

指向性(dB)按角度(°)绘图。(a)无束控；(b)三角；(c)$\cos x$；(d)汉宁或$\cos^2(x)$；(e)汉明；

(f)高斯，$\alpha=2.5$；(g)高斯，$\alpha=3.0$；(h)凯塞-贝塞尔，$\alpha=2$；(i)凯塞-贝塞尔，$\alpha=2.5$；

(j)道夫-切比雪夫，$\alpha=1.5$；(k)道夫-切比雪夫，$\alpha=2.0$；(l)道夫-切比雪夫，$\alpha=2.5$

表 A.5.2　不同加权律相关的参数

不同加权	A_{maxsec}/dB	Δa_{sec}/(dB/倍频程)	$\Delta\theta_{lobe}$	ΔG_{dir}/dB	G_{coh}/dB
无束控	−13.5	−6	1	0	0
三角	−27	−12	1.44	−1.3	−6.0
$\cos x$	−23	−12	1.35	−0.9	−3.9
$\cos^2(x)$	−32	−18	1.62	−1.8	−6.0
汉明	−43	−6	1.46	−1.3	−5.4
高斯，$\alpha=2.5$	−42	−6	1.49	−1.7	−5.8

	$A_{\text{maxsec}}/\text{dB}$	$\Delta a_{\text{sec}}/(\text{dB}/\text{倍频程})$	$\Delta\theta_{\text{lobe}}$	$\Delta G_{\text{dir}}/\text{dB}$	G_{coh}/dB
高斯，$\alpha=3.0$	−55	−6	1.74	−2.1	−7.3
凯塞–贝塞尔，$\alpha=2$	−46	−6	1.61	−1.8	−6.2
凯塞–贝塞尔，$\alpha=2.5$	−57	−6	1.76	−2.2	−7.1
道夫–切比雪夫，$\alpha=1.5$	−30	0	1.14	−0.5	−3.2
道夫–切比雪夫，$\alpha=2.0$	−40	0	1.31	−0.9	−4.5
道夫–切比雪夫，$\alpha=2.5$	−50	0	1.49	−1.4	−5.5

下面给出 $x\in\left[-\dfrac{L}{2},\ +\dfrac{L}{2}\right]$ 下的不同束控定律：

- $\cos(x)$：$p(x)=\cos\left(\dfrac{\pi}{L}x\right)$；

- $\cos^2(x)$，或升余弦，或汉宁：$p(x)=\cos^2\left(\dfrac{\pi}{L}x\right)=0.5+0.5\cos\left(\dfrac{2\pi}{L}x\right)$；

- 汉明：$p(x)=0.54+0.46\cos\left(\dfrac{2\pi}{L}x\right)$；

- 高斯（带参数 α）：$p(x)=\exp\left[-\dfrac{1}{2}\left(\alpha\dfrac{2}{L}x\right)^2\right]$；

- 凯塞–贝塞尔（带参数 α）：$p(x)=\dfrac{I_0\left[\pi\alpha\sqrt{1-(2x/L)^2}\right]}{I_0(\pi\alpha)}$，其中，$I_0$ 是修改后的第

一类零阶贝塞尔函数，$I_0(x)=\sum\limits_{k=0}^{+\infty}\left[\dfrac{(x/2)^k}{k!}\right]^2$；

- 道夫–切比雪夫（以旁瓣级为参数）：加权系数是通过切比雪夫多项式 $m=(N-1)/2$ 判定的，其中 N 是接收器的数量。为简洁起见，此处不列出详细公式，感兴趣的读者可阅读相关的参考文献（Harris，1978；Steinberg，1975）。

A.5.7　干涉测量法

A.5.7.1　噪声造成的相位差测量误差

当测量干涉仪的两个接收器之间的相位差为 $\Delta\varphi$（混有噪声的稳定窄带信号）时，$\Delta\varphi$ 的标准差与信噪比 r 的关系由以下经典关系式确定：

$$\delta\Delta\varphi=\sqrt{\dfrac{2}{r}} \tag{A.5.40}$$

其中，$\delta\Delta\varphi$ 的单位是弧度（rad），这可扩展至较低信噪比值（Quazi，1981）：

$$\delta\Delta\varphi = \sqrt{\frac{2}{r} + \frac{4}{r^2}} \tag{A.5.41}$$

实际上，当复信号被样本数 N 平均时（ $\sqrt{N}$ 的倒数），该误差会减少。

在更为实际的情况下（信号振幅随瑞利定律起伏），可以表明（Lurton，2001），$N=1$ 时，相位差为

$$\delta\Delta\varphi \approx \left[\frac{2.571 + \log_e(r)}{r}\right]^{1/2} \tag{A.5.42}$$

$N>1$ 时，相位差为

$$\delta\Delta\varphi = \left[\frac{1}{N-1r} + \frac{N}{2N-1N-2r^2}\right]^{1/2} \tag{A.5.43}$$

在 $\delta\Delta\varphi$ 值低于 30°时，该表达式有效。当 N 和 r 的值足够大时，该表达式可被简化为

$$\delta\Delta\varphi \approx \left(\frac{1}{Nr}\right)^{1/2} \tag{A.5.44}$$

A.5.7.2 差分相位模糊消除技术

正如 5.3.7* 节所述，干涉测量法利用两个邻近接收器之间的相位差 $\Delta\varphi$ 以估计信号的波达方向，然而，得出的值是以 2π 为模的。相位差与相位延迟的匹配需要消除 2π 模糊性，以下内容描述一些模糊消除技术。

展开技术

当连续样本之间的干涉相位（即两个干涉仪接收器发出的两个信号 s_1 和 s_2 之间的相位差）被假定为连续时，消除相位模糊的直观方式是检测其相位跳变。当两个相邻样本之间的相位变化的绝对值（下文提及的 $k-1$ 和 k）达到给定阈值［一般是 π，Goldstein 等（1998）］时，算法认为检测到相位跳变并纠正相位，具体如下：

$$
\begin{aligned}
&若 \quad \arg\{s_1 s_2^*\}_k - \arg\{s_1 s_2^*\}_{k-1} > \pi \\
&则 \quad \forall i \geqslant k \ \arg\{s_1 s_2^*\}_k = \arg\{s_1 s_2^*\}_i - 2\pi \\
&若 \quad \arg\{s_1 s_2^*\}_k - \arg\{s_1 s_2^*\}_{k-1} < -\pi \\
&则 \quad \forall i \geqslant k \ \arg\{s_1 s_2^*\}_i = \arg\{s_1 s_2^*\}_i + 2\pi
\end{aligned} \tag{A.5.45}
$$

展开过程极其简单，且只需要阈值检测和 $\pm 2\pi$ 修正。因此，得出的算法只需要较低的计算时间成本，非常适合快速处理。

遗憾的是，该技术存在两大缺点，一是因出现虚警或检测故障，当算法对相位跳变进行了错误展开时，该错误会沿着声呐条带一直传递下去，二是缺乏能定位对应于 $2\pi m|_{m=0}$ 的过零点的相位参考。

---

* ：此处原著有误，应为 5.4.8 节。——译者注

互相关函数

鉴于干涉仪传感器接收的是大致相同的信号，一种估计前后信号的时延的方式是对比接收的信号来检查两个信号最相似的时刻。互相关函数可给出这一时刻，在其连续形式中进行评估：

$$R_{s_1 s_2}(\tau) = \lim_{T \to +\infty} \frac{1}{2T} \int_{-T}^{+T} s_1(t) s_2^*(t + \tau) \, dt \tag{A.5.46}$$

互相关函数的振幅随着两个信号 s_1 和 s_2 之间的相似性增加而增加，在给定时刻 $\tau_0 = \tau$ 达到最大值，对应于 $\max_\tau \left[\int_{-T}^{+T} s_1(t) s_2^*(t + \tau) \, dt \right]$。信号延迟 τ_0 受制于基线长度 a（距离上）或 a/c（时间上）。

游标法

游标法是使用三个并列放置的传感器，形成两组接收器（即间距分别为 a_1 和 a_2 的两个干涉仪）以判定相位模糊性；另一替代方案是使用一个接收器组和两个不同波长 λ_1 和 λ_2 的信号。这种设置可提供抗模糊的绝对参考相位。

游标过程以干涉方程式（5.57）为基础，其中 m 的值是待定的（$m \in \mathbb{N}$）。当 m 未知时，每个干涉仪都存在一组解，对应 m 个可能的波阵面方向。然而，物理上的波阵面（来自与干涉仪轴的夹角为 γ 的目标）是唯一的，且是两个干涉仪共用的（只要这两个干涉仪是实际并列的）。在这种情况下，一组（m_1, m_2）可验证如下等式：

$$\frac{\Delta \varphi_1 \lambda_1}{2\pi a_1} \pm m_1 \frac{\lambda_1}{a_1} = \cos\gamma = \frac{\Delta \varphi_2 \lambda_2}{2\pi a_2} \pm m_2 \frac{\lambda_2}{a_2} \tag{A.5.47}$$

式（A.5.47）是基于游标法的模糊消除技术的通用表达式。该方法可应用于频域（两个不同载频的一组传感器）或空间域（不同基线和一个信号的两组传感器）。

其他模糊消除方法

作为对上述三种主要方法的补充，多种统计方法（如平均角度或平均时间法、直方图法）已被应用并验证（Masnadi-Shirazi et al., 1992；Goldstein et al., 1998）。平均角度法将计算固定时间间隔内相位差的统一平均值，因此展示的是小组数据而不是所有瞬时相位差的样本。在平均时间法中，时域样本的统一平均值是在固定角度间隔下取得的。直方图法在于把差分相位数据放入二维直方图（相位与时间）中，选择每个角度框中的模态时间或换成选择每个时间框中的模态角度。与平均法相比，直方图法的缺点在于其繁琐的处理过程和由于不同角度框存在相同时间或不同时间框存在相同角度的模态点而造成的模糊性。

A.5.8　阵列处理中的高分辨率方法

本节展示利用传感器输出端接收信号的协方差矩阵来改善分辨能力的高分辨率方

法。特征分解允许将协方差矩阵的估计分成与信号或噪声相关的正交子空间，以形成在一个或其他子空间内的波达方向的估计值(详见 Krim 1996 年的相关论述)。

A.5.8.1　时域窄带模型

将 $x(t)$ 视作频率 f_0 附近的一个窄带信号，到达一个给定的参考传感器，则在第 k 个传感器上测量的信号 $y_k(t)$ 的模型为

$$y_k(t) = h_k(t) * x(t - \tau_k) + n_k(t) \tag{A.5.48}$$

式中，$h_k(t)$ 代表第 k 个传感器上的冲激响应；τ_k 是阵列中第 k 个传感器与参考传感器之间的延迟；$n_k(t)$ 是接收噪声；$h * x$ 是 h 与 x 之间的卷积。到达信号 $x(t)$ 可通过解析信号理论表示为包络函数 $s(t)$ 和载频 f_0 的复指数的乘积：

$$x(t) = s(t)\exp\{j2\pi f_0 t\} \tag{A.5.49}$$

考虑到采样前窄带信号会被转化为基带信号，假定阵列冲激响应 $H(\omega)$ 的谱密度在频带内是恒定的。因此，M-传感器阵列上接收的数据矢量 $y(t)$ 可被建模为

$$y(t) = A(f_0, \theta)s(t) + n(t) \tag{A.5.50}$$

式中，$y(t)$ 是加噪数据矢量；$s(t)$ 是信号振幅矢量；$n(t)$ 是加性噪声矢量。矩阵 $A(f_0, \theta)$ 常被称为转移矩阵或转向矩阵。一般来说，信号到达角度 θ_0 的列矢量可记作(假定传感器内距为 d 的 M-传感器为窄带均匀线性阵列)：

$$a(f, \theta_0) = a(\theta_0) = \left[1 e^{2j\pi \frac{d}{\lambda}\sin\theta_0} \cdots e^{2j\pi(M-1)\frac{d}{\lambda}\sin\theta_0} \right]^T \tag{A.5.51}$$

注意：式(A.5.49)中的时间延迟 s_k 已被转化为相位延迟。

A.5.8.2　谱方法

A.5.8.2.1　常规波束形成

波束形成在于使用信号处理方法将阵列指向性控制在给定方向 θ 上。考虑到信号模型式(A.5.50)，接收信号 $y(t)$ 是由矢量 w 加权的，该矢量补偿了接收器入射波前的传播时间延迟。波束形成可表示为测角形式(Krim，1996)：

$$y_{BF}(t) = w^* y(t) = \sum_{k=1}^{M} w_k^* y_k(t) \tag{A.5.52}$$

式中，M 是阵列传感器数；w^* 代表 w 的复共轭。对于方位角 θ，加权矢量 w 等于式(A.5.51)定义的转向矢量 $a(\theta)$。因此，在理想无噪声情况下，得出的信号 $y_{BF}(t)$ 记作：

$$y_{BF}(t) = w^* y(t) = a^*(\theta)a(\theta)s(t) = Ms(t) \tag{A.5.53}$$

因此，最大增益是在转向方向 θ 上实现的。然而，在更为实际的信号+噪声模型式(A.5.50)中，波束形成器输出由下列等式给出：

$$y_{BF}(t) = w^* y(t) = w^* a(\theta)s(t) + w^* n(t) \tag{A.5.54}$$

由波束形成带来的能量富余可帮助信噪比的改善。对于给定传感器，信噪比可表示为

$$r_{\text{sensor}} = \frac{|s(t)|^2}{E\{|n_k(t)|^2\}} = \frac{P}{\sigma_n^2} \tag{A.5.55}$$

式中，P 是信号功率。阵列输出信噪比来自式(A.5.54)：

$$r_{\text{array}} = \frac{E\{|w^* a(\theta)s(t)|^2\}}{E\{|w^* n(t)|^2\}} = \frac{P|w^* a(\theta)|^2}{||w||^2 \sigma_n^2} = \frac{|w^* a(\theta)|^2}{||w||^2} r_{\text{sensor}} \tag{A.5.56}$$

通过加权矢量 $w = a(\theta)$，可以得到一个广泛已知的结果：阵列的信噪比相对于阵元信噪比增加了 M 倍：

$$r_{\text{array}} = M \times r_{\text{sensor}} \tag{A.5.57}$$

卡彭波束形成

卡彭法[5](Capon，1969)属于自适应波束形成类。当由预期声源和干扰源发出的信号被同时接收时，如果这两个信号均来自小于指向性图案主瓣宽度的角度方向，经典波束形成就无法区分出来。因此，一个强大的干扰源可能会屏蔽掉预期信号的回波。

卡彭波束形成定义了一个加权矢量 w，该加权矢量会使得不同于预期方向 θ(此处增益设置为1)上的其他方向的增益最小化，问题就转化成找到使下式最小化的矢量 w：

$$\min_w E\{|w^* y(t)|^2\} = \min_w E\{|w^* \hat{R}w|^2\} \tag{A.5.58}$$

由于要求转向方向上的增益为最大值，在这一约束下：

$$w^* a(\theta) = 1 \tag{A.5.59}$$

其中 $\hat{R}$ 代表 $R_y(t) = E\{y(t)y^*(t)\}$ 定义的协方差矩阵 R 的估计；其经典估计值是 $\hat{R}_y = \frac{1}{N}\sum_{k=1}^N y_k y_k^H$，其中 k 是时域样本数量。

最理想的 w 是通过使用拉格朗日乘子(Arfken，1985)找到的，结果是

$$w_{\text{Capon}} = \frac{\hat{R}^{-1} a(\theta)}{a^*(\theta)\hat{R}^{-1} a(\theta)} \tag{A.5.60}$$

空间滤波后卡彭功率谱 S_{Capon} 可表示为

$$S_{\text{Capon}} = \frac{1}{a^*(\theta)\hat{R}^{-1} a(\theta)} \tag{A.5.61}$$

该波束形成法不像传统波束形成法旨在使预期信号功率最大化，而是促使不在转向角方向的贡献最小化。这是通过取消多余功率但却保持转向方向中的固定增益来实现的。

MUSIC 算法

MUSIC(多信号特征)算法(Schmidt，1979；Bienvenu，1979)以观察的传感器输出 $y(t)$ 的协方差矩阵的特征分解为基础：

$$R_y(t) = V\Lambda V^* \tag{A.5.62}$$

――――――――――
⑤同样称作最小方差无失真响应滤波器(MVDR)。

464

式中，V 代表协方差矩阵的特征矢量，$\Lambda = \text{diag}(\lambda_1, \lambda_2, \cdots, \lambda_M)$ 是由 $\lambda_1 \geq \lambda_2 \geq \cdots \geq \lambda_M \geq 0$ 代表的真实特征值的对角矩阵。如果我们考虑 p 个声源发出的入射信号，则

$$\lambda_i > \sigma_n^2, \quad i = 1, \cdots, p$$
$$\lambda_i = \sigma_n^2, \quad i = p+1, \cdots, M \tag{A.5.63}$$

因此，特征值或特征矢量可被分为两组，要么对应信号特征矢量划分的信号子空间，要么对应噪声特征矢量划分的噪声子空间。因此，协方差矩阵式(A.5.62)可被记作信号和噪声分量的总和：

$$R_y(t) = V_s \Lambda_s V_s^* + V_n \Lambda_n V_n^* \tag{A.5.64}$$

V_s 的列同 $A(\theta)$ 一样跨越了相同的信号子空间，而 V_n 的列则仅跨过了噪声子空间，且与信号子空间的正交互补。如果噪声子空间是由协方差矩阵决定的，那么转向矢量 $A(\theta)$ 就由所有可能的波达方向值组成，且与属于声源信号的那些 θ 角度的噪声子空间正交。换言之，与噪声子空间相关的特征矢量与转向矩阵 $A(\theta)$ 正交；则对于一个波达方向角 θ_k：

$$a^*(\theta_k) v_n = 0 \tag{A.5.65}$$

MUSIC 算法伪频谱函数 $S_{\text{MUSIC}}(\theta)$ 记作：

$$S_{\text{MUSIC}}(\theta) = \frac{1}{a^*(\theta) V_n V_n^* a(\theta)} = \frac{1}{\sum\limits_{k=p+1}^{M} |v_k^* a(\theta)|} \tag{A.5.66}$$

A.5.8.3 参量法

参量法不提供功率谱，但会直接产生满足给定标准的波达方向值。因此，波达方向估计值并不取决于算法中引入的测试值；相反，算法自身可提供一组准确解。估计的波达方向是通过求解一种分析语句得到的。例如，多项式算法(Root-MUSIC 算法)中单位圆最近的 p 个根，或者 p 个最高的特征值(ESPRIT)。

多项式算法

对于一个传感器间距为 d 和由式(A.5.51)所表示的转向矢量 $a(\theta)$ 所代表的均匀线性阵列，定位函数式(A.5.66)可通过下列多项式形式表示：

$$g^{-1}(\theta) = \sum_{m=1}^{M} \sum_{n=1}^{M} e^{-2j\pi m \frac{d}{\lambda} \sin\theta} \Delta_{mn} e^{-2j\pi n \frac{d}{\lambda} \sin\theta} = \sum_{k=-M+1}^{M-1} \delta_k e^{-2j\pi k \frac{d}{\lambda} \sin\theta} \tag{A.5.67}$$

式中，$\Delta = V_n V_n^*$ 用于 MUSIC 算法；δ_k 是矩阵 Δ 的第 k 个对角线的总和。式(A.5.67)可在多项式形式 $F(z)$ 下重新定义为

$$F(z) = \sum_{k=-M+1}^{M-1} \delta_k z^{-k} \tag{A.5.68}$$

$g(\theta)$ 的峰值对应于 $F(z)$ 离单位圆最近的根：

$$z = z_i = |z_i| e^{2j\pi g(z_i)} \tag{A.5.69}$$

最后，波达方向的估计为

$$\sin \theta_i = \frac{\lambda}{2\pi d} \arg(z_i) \qquad (\text{A.5.70})$$

该方法源自 MUSIC 算法，被称为 Root-MUSIC 算法（Barabell，1983）。注意，阵列传感器间距必须是统一的，以确保多项式算法[式（A.5.68）]的有效性。

ESPRIT 算法

ESPRIT 算法（Roy，1987）是一种解决之前高计算成本算法的方案。该算法不需要大量了解阵列的设置，但需要两个完全相同的阵列以已知距离 ξ 线性放置。基于该阵列设置，第一个阵列接收的第 p 个信号在一定时间或相位延迟之后到达第二个阵列。由此得出的转向矢量 $A_1(\theta)$ 和 $A_2(\theta)$（分别对应于第一个阵列和第二个阵列）的关系式是

$$A_2(\theta) = A_1(\theta)\Phi(\theta) \qquad (\text{A.5.71})$$

式中，$\Phi(\theta)$ 是具有如下形式的一个对角矩阵：

$$\Phi(\theta) = \text{diag}\left[e^{2j\pi f_0\tau(\theta_1)} \, e^{2j\pi f_0\tau(\theta_2)} \cdots e^{2j\pi f_0\tau(\theta_p)} \right]$$

其中，$\tau(\theta_i)$ 是两个阵列之间的时间延迟。鉴于特征矢量 V 的列与 $A(\theta)$ 跨过一样的信号子空间（见上文有关 MUSIC 算法的内容）并假定 $p < M$，则唯一的非奇异（$p \times p$）矩阵 T 存在，满足：

$$V_1 = A_1(\theta)T$$
$$V_2 = A_1(\theta)\Phi(\theta)T = V_1 T^{-1}\Phi(\theta)T = V_1\Psi(\theta) \qquad (\text{A.5.72})$$

依据上述关系，$\Psi(\theta)$ 和 $\Phi(\theta)$ 可通过相似变换关联起来，因此存在相同的特征值；换言之，$\Psi(\theta)$ 的特征值等于 $\Phi(\theta)$ 的对角元素。然而，在实际情形中，真正的协方差矩阵是未知的，从估计值推导的子空间不满足 $S\{V_s\} = S\{\widetilde{A}\}$。求解式（A.5.72）的最常见方法是最小二乘方法（Roy，1987），Ψ 被估计为

$$\hat{\Psi}(\theta) = \arg \min_{\Psi} \left|\left| \hat{V}_2 - \hat{V}_1\Psi(\theta) \right|\right| = (\hat{V}_1^* \, \hat{V}_1)^{-1} \hat{V}_1^* \, \hat{V}_2 \qquad (\text{A.5.73})$$

最后，波达方向是从 $\hat{\Psi}(\theta)$ 估计的特征值 $\hat{\lambda}_k$ 中估计的：

$$\sin \theta_i = \frac{\lambda}{2\pi\xi} \arg(\hat{\lambda}_k) \qquad (\text{A.5.74})$$

式中，λ 是声波波长。

A.5.8.4 最大似然法

检测信号波达方向的另一方式是采用最大似然估计等统计方法。这种随机估计方法假设接收的信号是高斯分布的白信号，时域平稳；而噪声是互相关矩阵为 σ_n^2、圆高斯[⑥]白信号。其随机最大似然信号参数通过求解最小化问题估计：

---

⑥带正交分量的复白噪声。

$$\hat{\rho} = \arg\left\{\min_{\rho}\left(N\log_e(\hat{R}_y(t) + NT_r\{\hat{R}_y^{-1}(t)\,\hat{R}_y(t)\})\right)\right\} \qquad (A.5.75)$$

式中，$T_r\{x\}$ 代表平方矩阵 x 的迹；N 代表 N 个相同信号独立、恒等分布的观察结果。波达方向角度估计为

$$\hat{\theta} = \operatorname{argmin}\left\{\log_e(A(\theta)\hat{S}(\theta)A^H(\theta) + \hat{\sigma}_n^2(\theta)I)\right\} \qquad (A.5.76)$$

其中，

$$\hat{S} = A^+(\theta)(\hat{R}_y(t) - \sigma_n^2 I)A^{+*}(\theta) \qquad (A.5.77)$$

式中，I 是单位矩阵；A^+ 代表 Moore-Penrose 伪逆[⑦]矩阵（Moore，1920；Penrose，1955）；A^* 是 A 的共轭转置。

A.6.1 傅里叶变换对

时域信号	频谱
$s(t)$	$S(f)$
$s_1(t)+s_2(t)$	$S_1(f)+S_2(f)$
$s(-t)$	$S(-f)$
$s^*(t)$（复共轭性）	$S^*(-f)$
$s(at)$	$\dfrac{1}{a}S\left(\dfrac{f}{a}\right)$
$s(t-t_0)$	$S(f)\exp(-j2\pi t_0 f)$
$s(t)\exp(j2\pi f_0 t)$	$S(f-f_0)$
$s_1(t)s_2(t)$	$S_1(f)\otimes S_2(f)$（卷积）
$s_1(t)\otimes s_2(t)$	$S_1(f)S_2(f)$
$\delta(t)$	1
（时域狄拉克）	（常数谱）
$\exp(j2\pi f_0 t)$	$\delta(f-f_0)$
$\cos(2\pi f_0 t)$	$\dfrac{1}{2}\left[\delta(f-f_0)+\delta(f+f_0)\right]$
$\sin(2\pi f_0 t)$	$\dfrac{1}{2j}\left[\delta(f-f_0)-\delta(f+f_0)\right]$
$\mathrm{rect}(t/T)$（方波，$[-T/2,\ T/2]$）	$T\mathrm{sinc}(Tf)$（基正弦）
$B\mathrm{sinc}(Bt)$	$\mathrm{rect}(f/B)$（方波，$[-B/2,\ B/2]$）
$\exp\left(-\dfrac{t^2}{2\sigma^2}\right)$	$\sigma\sqrt{2\pi}\exp(-2\pi^2\sigma^2 f^2)$

A.6.2 窄带脉冲的模拟接收机和处理增益

用于窄带脉冲的模拟接收机包括：

[⑦]$M\times N$ 矩阵 A（其输入是实数或复数）的伪逆 A^+ 由其独特 $N\times M$ 矩阵定义，满足 $A^+ = (A^H A)^{-1}A^H$，其中 A^H 是 A 的共轭转置。

- 尽可能靠近传输信号频谱的带通滤波器，可能需要对预期的多普勒频移进行修正；
- 滤波信号的平方律包络检测器；
- 对信号在与信号长度相匹配的延迟 τ 内积分。

因此，主要原理是检测信号在带宽和持续时间内的能量，这是一种非相干处理(图 A.6.1)。

图 A.6.1　窄带脉冲的非相干处理
从左到右分别是：带通滤波、平方律和积分

用 E 代表持续时间为 T 的接收信号的能量，同时噪声的功率谱密度为 $n_0/2$，在包含信号频谱的频带 B 内，其输出功率信噪比 r_{0P} 定义为

$$r_{0P} = \frac{E/T}{n_0 B} = \frac{E}{Tn_0 B} \tag{A.6.1}$$

如果 B 是输入带通滤波器的带宽，在时间 $\tau = T$ 上积分后，只包含噪声的输出是均值为 $\langle z_B(t) \rangle = n_0 B$ 的随机变量，且方差 $\sum_n^2 = n_0^2 B/T$。信号+噪声的平均输出是信号和噪声功率的总和 $\langle z_{s+n}(t) \rangle = E/T + n_0 B$。输出信噪比 r(处理后，最大输出能量与只含噪声的方差之比)，根据平方律接收器的定义[式(6.26)]为

$$r = \frac{\langle z_{s+n} \rangle - \langle z_n \rangle}{\sqrt{\sum_n^2}} = \frac{E}{n_0\sqrt{BT}} = \sqrt{BT}\, r_{0P} \tag{A.6.2}$$

处理增益 PG 可用 dB 表示为

$$PG = 5\log(BT) \tag{A.6.3}$$

由于滤波器的带宽 B 匹配信号的持续时间 T，因此接近 $1/T$，所以 PG 接近 0 dB。事实上，由于信号的能量仅在适配的频带内接收，所以基本上没有处理增益。

A.7.1　数字传输的信道容量

正如 7.5.2 节所述，水声通信最初是以稳健的非相干技术为基础，由于它具有的较低复杂性、成熟性和可用性(这可能是其至今仍用于低数据率或安全通信的原因)而用于一些工业应用。然而，现在大多数系统依赖相干通信技术和先进的信号、编码和空间处理。

考虑到可用技术的范围，根据通信链路的分析和预期性将一种调制方式换到另一种上是很有意义的。当设计声频调制解调器时，最重要的参数就是换能器带宽。而对于给定的误码率(应用要求和调制性能的要求)，在接收器输入端评估每码元所需的信

噪比 r 是可行的。

图 A.7.1 展示了在加性高斯白噪声（AWGN）情形下，6.6.4 节中展示的调制可达到的最佳信道性能，误码率为 10^{-5}。

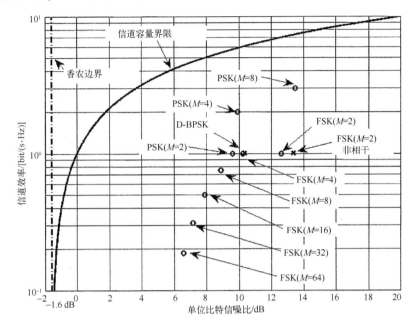

图 A.7.1　误码率为 10^{-5} 时，几种调制方法可实现的信道容量[（bit/(s·Hz)）]与单位比特信噪比（E_b/n_0）的对比

这些基本信道容量曲线给出了在给定误码率下特定调制模式[由信道效率 C/B(bit/s·Hz)定义]所需要的单位比特信噪比（E_b/n_0）。

很明显，此处并不考虑所有水声信道的影响；然而，该图阐述了 PSK（相移键控）和正交信号之间如 FSK（频移键控）等的对比，给出了一些有用的趋势，并确定了以下几点：

- 信道效率随 PSK 调制的阶数增加而增加；
- PSK 比正交信号更有效；
- 高阶 PSK 调制需要提高单位比特信噪比；
- 相反，信道效率随 FSK 调制的阶数增加而减少，在给定误码率下仅需要较低的单位比特信噪比；
- 给定单位比特信噪比下，M 进制的 FSK 的使用可改善误码率；
- 使用高阶调制正交信号需要增加必要带宽，这在给定换能器的情况下一般不可能实现。

前文提到（7.5.2.3 节），制造商的当前策略是在同一声频调制解调器内采用不同的调制方案以满足更多数用户的需求（Ayela et al.，1994）。对于无线通信，这一自适应调制与编码（AMC）概念将信号和协议参数（调制和编码）与通信链路条件（如路径损失、干涉、可用发射器功率、安全裕度等)相匹配。

作为一个描绘，图 A.7.2 展示了香农边界，代表加性高斯白噪声带限信道上可达到的最大理论容量，随单位比特信噪比和不同调制性能变化。可以看出，在给定误码率条件下选择一个可以优化信道效率的合适调制方案(取决于信噪比值)是有必要的。

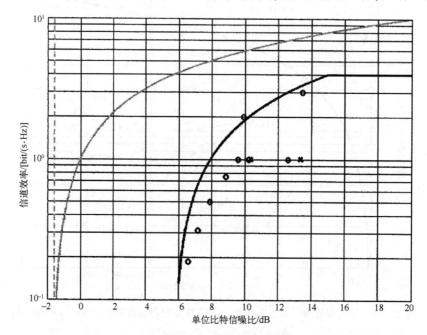

图 A.7.2　根据式(A.7.1)的 AMC 近似(黑线)，包含简化的香农边界(浅色线)；
码元与图 A.7.1 中的相同

在本例中，使用 AMC 时，以下等式给出了给定单位比特信噪比 E_b/n_0 下信道容量的近似：

$$C/B = \begin{cases} 0, & E_b/n_0 < 6 \text{ dB} \\ 10\log(10^{S/10} - 4), & 6 < E_b/n_0 < 15 \text{ dB} \\ 4, & E_b/n_0 > 15 \text{ dB} \end{cases} \quad (A.7.1)$$

式中，S 是香农边界，$S = C/B = \log_2(1+r)$。

考虑水声信道带来的其他影响(瑞利振幅起伏、时变方面)可进一步细化图 A.7.2 中的极限曲线。最后，代表实际声频调制解调器性能的不同曲线可用来推导不同的误码率。这将带来不同的接收器工作特征曲线(图 6.22)，这些特征曲线将不同信道效率曲线描述为单位比特信噪比的函数，每个都对应一个给定的误码率。

使用这些曲线，加上发射器(功率、指向性)、接收器(指向性、滤波器、处理增益)以及链路预算中的预期通信距离和性能的特征，可得出合适的系统设计。必须要说明的是，对于给定通信范围，信噪比可以在特定载频下进行优化[如 5 km 时的 10 kHz，参见 Stojanovic(2007)]。

A.8.1　海底声呐图像的对比度

侧扫声呐和多波束回波探测仪记录从海床反向散射回的、掠入射的信号(见第 8 章)。信号强度映射到一个平面上,即代表海床声波反射率的变化。这些变化源于目标的自然特性或导致入射角变化的几何变化的特征(也即反向散射级的变化)。

声呐图像的质量与其对比度(即与界面特征的给定变化相关联的图像水平的差异)部分相关。为了让事情更简单,我们假设反射率强度根据以下朗伯定律变化:$BS(\theta)=BS_0+20\log\cos\theta$,图 A.8.1 展示了不同斜率的两个微平面的声入射几何结构的区别。一个微平面是水平的(入射角为 θ),而其邻近微平面以角度 α 倾斜(因此入射角为 $\theta-\alpha$)。

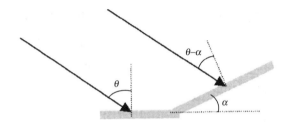

图 A.8.1　不同斜率的两个微平面的声波入射的几何结构

声级差(即这部分声呐图像的声对比度)可用 dB 表示为斜率 α 和入射角 θ 的函数:

$$\Delta BS(\theta) = \left| 20\log \frac{\cos(\theta - \alpha)}{\cos\theta} \right| \tag{A.8.1}$$

$\alpha>0$ 时,$\Delta\sigma=\cos(\theta-\alpha)/\cos\theta$ 中的 θ 的导数为

$$\frac{d(\Delta\sigma)}{d\theta} = \frac{d}{d\theta}\left(\frac{\cos(\theta - \alpha)}{\cos\theta} \right) = \frac{\sin\alpha}{\cos^2\theta} \tag{A.8.2}$$

该表达式总是正的。对于给定斜率 α,对比度 ΔBS 随 θ 增大而增加,在掠入射情况下达到最大($\theta\rightarrow\pi/2$);当 $\alpha<0$ 时也可获得相同结论。可以总结的是,入射角越接近掠射角(即在给定条带宽度下,图像在离海床较近的深度被记录),声呐图像[8]的质量越好。事实上,拖曳于接近海底区域的侧扫声呐可提供最佳质量的图像[详见第 8 章及 Blondel 等(1997)的第 2 章]。

A.9.1　地波传播

A.9.1.1　衍射双曲线的基本公式

从图 9.25 中描述的设置入手并使用相同的符号表示,假设声源与接收器之间存在

---

⑧尽管对比度不是唯一考虑的因素:图像的分辨率和噪声级也是重要因素。

稳定偏移距 Δx，而系统在深度为 h、水平距离由 (S) 和 (R) 之间的中心点的横坐标 X 所确定的地层上方平移，反射体横坐标为 X_0，双向斜距 R（声源－反射体－接收器）可由下列等式得出：

$$R = \sqrt{h^2 + \left(X - X_0 - \frac{\Delta x}{2}\right)^2} + \sqrt{h^2 + \left(X - X_0 + \frac{\Delta x}{2}\right)^2} \qquad (A.9.1)$$

定义 $\xi = X - X_0$，上述公式可简化为

$$R = \sqrt{h^2 + \left(\xi - \frac{\Delta x}{2}\right)^2} + \sqrt{h^2 + \left(\xi + \frac{\Delta x}{2}\right)^2}$$

$$= \sqrt{h^2 + \xi^2 + \frac{\Delta x^2}{4} - \xi\Delta x} + \sqrt{h^2 + \xi^2 + \frac{\Delta x^2}{4} + \xi\Delta x}$$

$$= \sqrt{A^2 - \xi\Delta x + \xi^2} + \sqrt{A^2 + \xi\Delta x + \xi^2}, \quad \text{其中 } A^2 = h^2 + \Delta x^2/4$$

$$R^2 = A^2 - \xi\Delta x + \xi^2 + A^2 + \xi\Delta x + \xi^2 + 2\sqrt{(A^2 + \xi^2)^2 - \xi^2\Delta x^2}$$

$$= 2A^2 + 2\xi^2 + 2\sqrt{A^4 + \xi^4 + 2A^2\xi^2 - \xi^2\Delta x^2}$$

直到这一阶段我们没有采用近似。现在假设沿反射体的偏移距 $\xi = X - X_0$ 小于水深 h，则有

$$\sqrt{A^4 + \xi^4 + 2A^2\xi^2 - \xi^2\Delta x^2} = A^2\sqrt{1 + \xi^4/A^4 + 2\xi^2/A^2 - \xi^2\Delta x^2/A^4}$$

$$\approx A^2(1 + 2\xi^2/2A^2 - \xi^2\Delta x^2/2A^4)$$

$$\approx A^2 + \xi^2 - \xi^2\Delta x^2/2A^4$$

将这一结果代入 R^2，上式变成

$$R^2 \approx 2A^2 + 2\xi^2 + 2(A^2 + \xi^2 - \xi^2\Delta x^2/2A^2)$$

$$\approx 4A^2 + 4\xi^2 - \xi^2\Delta x^2/A^2$$

$$\approx 4A^2 + 4\xi^2(1 - \Delta x^2/4A^2)$$

最后，鉴于 $\xi = X - X_0$ 和 $A^2 = h^2 + \Delta x^2/4$，结果变成

$$R^2 \approx 4h^2 + \Delta x^2 + 4\frac{h^2}{h^2 + \Delta x^2/4}(X - X_0)^2 \qquad (A.9.2)$$

这确实是一个双曲线等式，在 (X, R) 坐标定义的平面中，h、Δx 和 X_0 是固定的。

A.9.1.2 折射波

对于在界面 1-2 折射的声波（图 A.9.1），入射角可由临界角条件给出：

$$\frac{\sin\theta_{1c}}{c_1} = \frac{1}{c_2}$$

声源和入射点的水平距离是 $x_1 = h_1\tan\theta_{1c}$，上层介质上的斜距是 $R_1 = \dfrac{h_1}{\cos\theta_{1c}}$。因此，鉴于 (S) 和 (R) 在相同深度，传播时间为

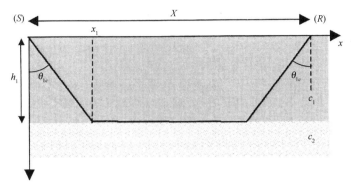

图 A.9.1　单层界面上的折射路径的几何结构和符号

$$t_1 = \frac{2R_1}{c_1} + \frac{X - 2x_1}{c_2} = \frac{2h_1}{c_1 \cos \theta_{1c}} + \frac{X - 2h_1 \tan \theta_{1c}}{c_2}$$

$$= \frac{X}{c_2} + 2h_1 \left(\frac{1}{c_1 \cos \theta_{1c}} - \frac{\sin \theta_{1c}}{c_2 \cos \theta_{1c}} \right) = \frac{X}{c_2} + \frac{2h_1}{\cos \theta_{1c}} \left(\frac{1}{c_1} - \frac{\sin \theta_{1c}}{c_2} \right)$$

$$= \frac{X}{c_2} + \frac{2h_1}{c_1 \cos \theta_{1c}} \left(1 - \frac{c_1^2}{c_2^2} \right) = \frac{X}{c_2} + \frac{2h_1}{c_1 \cos \theta_{1c}} (1 - \sin^2 \theta_{1c})$$

最后

$$t_1 = \frac{X}{c_2} + \frac{2h_1}{c_1} \cos \theta_{1c} \qquad (\mathrm{A}.9.3)$$

如果 (R) 被认为在界面 1 上 (海底地震仪)，公式可变成

$$t_1 = \frac{X}{c_2} + \frac{h_1}{c_1} \cos \theta_{1c} \qquad (\mathrm{A}.9.4)$$

如果 (R) 被认为在界面 2-3 上 (图 A.9.2)，入射角由临界角 θ_{2c} 确定：

$$\frac{\sin \theta_1}{c_1} = \frac{\sin \theta_{2c}}{c_2} = \frac{1}{c_3}$$

声源与入射点的水平距离变成 $x_2 = h_1 \tan \theta_1 + h_2 \tan \theta_{2c}$，两个上层介质中的斜距是 $R_1 = \frac{h_1}{\cos \theta_1}$ 和 $R_2 = \frac{h_2}{\cos \theta_{2c}}$。因此，鉴于 (S) 和 (R) 在相同深度，传播时间为

$$t_2 = \frac{2R_1}{c_1} + \frac{2R_2}{c_2} + \frac{X - 2x_2}{c_3}$$

$$= \frac{2h_1}{c_1 \cos \theta_1} + \frac{2h_2}{c_2 \cos \theta_2} + \frac{X - 2h_1 \tan \theta_1 - 2h_2 \tan \theta_{2c}}{c_3}$$

$$= \frac{X}{c_3} + 2h_1 \left(\frac{1}{c_1 \cos \theta_1} - \frac{\sin \theta_1}{c_3 \cos \theta_1} \right) + 2h_2 \left(\frac{1}{c_2 \cos \theta_{2c}} - \frac{\sin \theta_{2c}}{c_3 \cos \theta_{2c}} \right)$$

以类似前文的方法对该公式的第二项和第三项进行演变，变成

$$2h_1\left(\frac{1}{c_1\cos\theta_1} - \frac{\sin\theta_1}{c_3\cos\theta_1}\right) = \frac{2h_1}{c_1}\cos\theta_1\left(\frac{1}{\cos^2\theta_1} - \frac{c_1\sin\theta_1}{c_3\cos^2\theta_1}\right)$$

$$= \frac{2h_1}{c_1}\cos\theta_1\left(\frac{1}{\cos^2\theta_1} - \frac{\sin^2\theta_1}{\cos^2\theta_1}\right) = \frac{2h_1}{c_1}\cos\theta_1$$

$$2h_2\left(\frac{1}{c_2\cos\theta_{2c}} - \frac{\sin\theta_{2c}}{c\cos\theta_{2c}}\right) = \frac{2h_2}{c_2}\cos\theta_{2c}$$

最后，对于传播延迟：

$$t_2 = \frac{X}{c_3} + \frac{2h_1}{c_1}\cos\theta_1 + \frac{2h_2}{c_2}\cos\theta_{2c} \tag{A.9.5}$$

在海底地震仪情况中（接收器位于界面 1-2）：

$$t_2 = \frac{X}{c_3} + \frac{h_1}{c_1}\cos\theta_1 + \frac{2h_2}{c_2}\cos\theta_{2c} \tag{A.9.6}$$

相同的推导可应用到一个 N 层的叠加。现在，角度的连续条件记作：

$$\frac{\sin\theta_1}{c_1} = \frac{\sin\theta_2}{c_2} = \cdots = \frac{\sin\theta_{Nc}}{c_N} = \frac{1}{c_{N+1}}$$

$$t_N = \sum_{n=1}^{N}\frac{2R_n}{c_n} + \frac{X - 2x_N}{c_{N+1}} = \sum_{n=1}^{N}\frac{2h_n}{c_n\cos\theta_n} + \frac{1}{c_{N+1}}\left(X - \sum_{n=1}^{N}2h_n\tan\theta_n\right)$$

$$= \frac{X}{c_{N+1}} + \sum_{n=1}^{N}2h_n\left(\frac{1}{c_n\cos\theta_n} - \frac{\sin\theta_n}{c_{N+1}\cos\theta_n}\right)$$

最后，对于传播延迟：

$$t_N = \frac{X}{c_{N+1}} + 2\sum_{n=1}^{N}\frac{h_n}{c_n}\cos\theta_n \tag{A.9.7}$$

或者，对于位于界面 1-2 的海底地震仪：

$$t_N = \frac{X}{c_{N+1}} + \frac{h_1}{c_1}\cos\theta_1 + 2\sum_{n=2}^{N}\frac{h_n}{c_n}\cos\theta_n \tag{A.9.8}$$

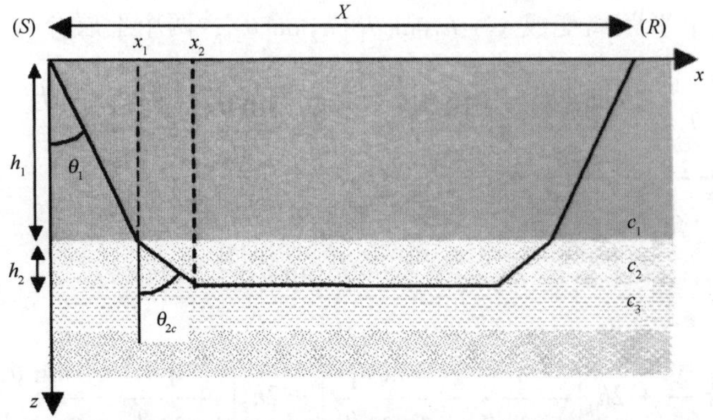

图 A.9.2 三层介质中折射路径的几何结构和符号

A.10.1 海洋哺乳动物的发声

除了特别提到的参考文献，下表中的内容也来自 Au(1993)、IUCN Red List(2008)、Richrdson 等(1995)、Folkens 等(2008)以及 Shirhs 等(2007)。

常用名	学术名/拉丁名 (IUCN Red List)	生存状态 (IUCN Red List)	呼叫类型	更多叫声类型的形容	中心频率或主要频率	频率范围	声源级/(dB re 1 μPa @1 m)	估计探测/操作范围	周期	呼叫频率	带宽(-10 dB)	带宽(-3 dB 或 ms)/kHz	波束宽度(发射角度)或指向性指数	调频	ICI(非峰鸣声)	ICI(峰鸣声)	其他参考资料
须鲸亚目：露脊鲸科																	
北大西洋露脊鲸	Eubalaena glacialis	濒危	呼叫	尖叫，枪声，吹气声，上呼叫和颤音和下呼叫	20 Hz 至 11.5 kHz	20 Hz 至 22 kHz	137~192 ms		0.01~4.77 s								Parks et al., 2005
北大平洋露脊鲸	Eubalaena japonica	濒危	呼叫	上，上，下，下呼叫和恒呼叫	40~220 Hz				0.1~1.5 s	进食时 5%~17% 占有率①							McDonald et al., 2002; Clark, 1982, 1983
南露脊鲸	Eubalaena australis	无危	呼叫	上，下，混和呼叫，高叫，脉冲叫	50~500 Hz	<2.2 kHz	172~186										

① 占有率定义为在整个记录时间中呼叫或声音出现时长的比例，这个测量并不能准确描述动物呼叫的次数以及它们呼叫的作用的距离。

续表

常用名	学术名/拉丁名（IUCN Red List）	生存状态	呼叫类型	更多叫声的形容	中心频率或主要频率	频率范围	声源级/（dB re 1 μPa @1 m）	估计探测/操作范围	周期	呼叫频率	带宽（-10 dB）	带宽（-3 dB 或 rms）/kHz	波束宽度（发射角度）或指向性指数	调频	ICI（非峰鸣声）	ICI（峰鸣声）	其他参考资料
北极露脊鲸（弓头鲸）	*Balaena mysticetus*	无危	呼叫，歌唱	歌唱，呻吟	100~400 Hz，<4 000 Hz	20~6 000 Hz	129~189 峰值		0.4~146 s	迁移时，每小时47.4次呼叫或歌唱。进食时，59小时中有53小时探测到							Cummings et al., 1987; Ljungblad et al., 1982; Stafford et al., 2008
须鲸亚目：新露脊鲸科																	
小露脊鲸	*Caperea marginata*	数据不足	呼叫	成对的碎碎声	60~120 Hz		165~179 峰峰值		140~225 ms（脉冲），1 s（1对）	每条每小时0.24次				-0.15~0.4 Hz/ms			Dawbin et al., 1992
须鲸亚目：灰鲸科																	
灰鲸	*Eschrichtius robustus*	无危	呼叫	呻吟，敲击声，咕噜声，脉冲声或碎碎声	40~2 740 Hz	12.5 Hz 至 4.5 kHz	185		0.01~3.9 s	每条每小时0.01~0.33次							Cummings et al., 1968; Crane et al., 1996

续表

常用名	学术名/拉丁名（IUCN Red List）	生存状态（IUCN Red List）	呼叫类型	更多叫声的形容	中心频率或主要频率	频率范围	声源级（dB re 1 μPa @ 1 m）	估计探测/操作范围	周期	呼叫频率	带宽（-10 dB）	带宽（-3 dB 或 rms）/kHz	波束宽度（发射角度）或指向性指数	调频	ICI（非蜂鸣声）	ICI（蜂鸣声）	其他参考资料
须鲸亚目：长须鲸科																	
座头鲸	*Megaptera nonaeangliea*	无危	呼叫、歌唱	呻吟、咕噜声、尖叫声、哭声以及其他咔嗒	20 Hz 至 5.5 kHz	20 Hz 至 24 kHz+	144~192		5 ms 至 5 s	几乎占据100%繁殖区、迁移时，每小时 0.002~0.184次							Au et al., 2000; Au et al., 2006; Clark et al., 2004; Dunlop et al., 2007; Norris et al., 2007; Stimpert et al., 2007
小须鲸	*Balaenoptera acutorostrata*	无危	呼叫	脉冲链式叫声、向下扫描	42~850 Hz	42~6 000 Hz	151~175		脉冲（40~60 ms）；脉冲链（37~76 s）；下扫（0.2~0.3 s）	每小时 1~20个脉冲链							Edds-Walton, 1997, 2000

续表

常用名	学术名/拉丁名 (IUCN Red List)	生存状态 (IUCN Red List)	呼叫类型	更多叫声的形态各	中心频率或主要频率	频率范围	声源级/(dB re 1 μPa @1 m)	估计探测/操作范围	周期	呼叫频率	带宽 (−10 dB)	带宽 (−3 dB 或 rms)/kHz	波束宽度（发射角度）或指向性指数	调频	ICI (非蜂鸣声)	ICI (蜂鸣声)	其他参考资料
矮小须鲸	*Balaenoptera acutorostrata* ssp.	无危	呼叫，歌唱	"星艇"声，下扫及其他		50 Hz 至 9.4 kHz	150~165		0.2~3 s								Gedamke et al., 2001
南极小须鲸	*Balaenoptera bonaerensis*	数据不足	呼叫	下扫式呼叫	60~130 Hz	60~130 Hz	~165+		0.2~3 s								Schevill et al., 1972
布氏鲸	*Balaenoptera edeni*	数据不足	呼叫	呻吟，脉冲声，脉冲式呻吟以及其他	15~900 Hz	<1 kHz	152~174		0.25~4.9 s	总监测时间的11%							Heimlich et al., 2005; Oleson et al., 2003
角岛鲸	*Balaenoptera omurai*	数据不足	呼叫					数百米	0.1~3 s								

续表

常用名	学术名/拉丁名（IUCN Red List）	生存状态	呼叫类型	更多叫声的形容	中心频率或主要频率	频率范围	声源级/（dB re 1 μPa @ 1 m）	估计探测/操作范围	周期	呼叫频率	带宽（-10 dB）	带宽（-3 dB）或rms/kHz	波束宽度（发射角度）或指向性指数	调频	ICI（非蜂鸣声）	ICI（蜂鸣声）	其他参考资料
大须鲸	Balaenoptera borealis	濒危	呼叫	呻吟（下扫，调音），呼啸声，隆隆声	100~1 000 Hz	21~3 500 Hz	147~156 ms										Baumgartner et al., 2008; McDonald et al., 2005; Rankin et al., 2007
长须鲸	Balaenoptera physalus	濒危	呼叫，歌唱	20 Hz 的脉冲声，呻吟，调音，上扫和下扫	~20 Hz	10~750 Hz	155~195	数千米到超过20 000 km	0.2~4.7 s（呼叫），3~20 min（序列），<1~32.5 h（长段）	每年平均51天，每天84~614次呼叫							Chanif et al., 2002; Clark et al., 2002; Payne et al., 1971; Schevill et al., 1964; Sirovic et al., 2004, 2007; Thompson et al., 1992

续表

常用名	学术名/拉丁名 (IUCN Red List)	生存状态 (IUCN Red List)	呼叫类型	更多叫声的形容	中心频率或主要频率	频率范围	声源级/ (dB re 1 μPa @ 1 m)	估计探测/操作范围	周期	呼叫频率	带宽 (-10 dB)	带宽 (-3 dB 或 rms) /kHz	波束宽度 (发射角度) 或指向性指数	调频	ICI (非蜂鸣声)	ICI (蜂鸣声)	其他参考资料
蓝鲸	*Balaenoptera musculus*	濒危	呼叫	A, B, D, AM, FM, 下扫, 噪声, 咕噜声以及其他	9~80 Hz	12~390 Hz	182~195		0.4~28.2 s	每年16 573~27 582 次呼叫, 平均 每天177 次呼叫, 每小时 6.3 次呼叫, 每天 44%~78% 的占有率							Berchok et al., 2006; Edds, 1982; Olseon et al., 2007; McDonald et al., 2001, 2006; Mellinger et al., 2003; Rivers, 1997; Sirovic et al., 2004, 2007; Stafford et al., 1999; Thompson et al., 1996

续表

常用名	学名/拉丁名（IUCN Red List）	生存状态	呼叫类型	更多叫声的形容	中心频率或主要频率	频率范围	声源级（dB re 1 μPa @1 m）	估计探测/操作范围	周期	呼叫频率	带宽（-10 dB）	带宽（-3 dB 或 rms）/kHz	波束宽度（发射角度）或指向性指数	调频	ICI（非峰鸣声）	ICI（峰鸣声）	其他参考资料
齿鲸亚目：抹香鲸科（2族）																	
抹香鲸	*Physeter macrocephalus*	脆弱	咔嗒声，爆破式脉冲，呼叫	常规咔嗒声，慢声，尾咔嗒声，尾声，小号声，尖锐声	2~4 kHz（慢，尾声），10~16 kHz（常规），700 Hz（尖锐声）	0.1~30 kHz	220~336 rms 或最高到240峰峰值（常规），175~205 rms（其他）	数百米到上千米	100~120 μs（生物声呐），300 μs（尾声），0.5~10 ms（慢）	回声定位时占据49%的周期（包括两个"咔嗒声"之间的间隔）	10~15 kHz（生物声呐），3~4 dB（尾声）	6	见 Zimmer et al., 2007；DI=27		0.2~2 s	0.02~0.2 s	Goold et al., 1995；Madsen et al., 2002a, 2000b；Mohl et al., 2000, 2003；Teloni et al., 2005a, 2005b；Watwood et al., 2006；Weir et al., 2007
小抹香鲸	*Kogia breviceps*	数据不足	咔嗒声		120~130 kHz	60~200 kHz	175峰峰值（水池）		120 μs		15 kHz	8			40~70 ms		Madsen et al., 2005；Marten, 2000；Ridgway et al., 2001
矮抹香鲸	*Kogia sima*	数据不足	咔嗒声														

481

续表

常用名	学术名/拉丁名 (IUCN Red List)	生存状态	呼叫类型	更多叫声的形容	中心频率或主要频率	频率范围	声源级/(dB re 1 μPa @1 m)	估计探测/操作范围	周期	呼叫频率	带宽(-10 dB)	带宽(-3 dB 或 rms)/kHz	波束宽度(发射角)度或指向性指数	调频	ICI(非峰鸣声)	ICI(峰鸣声)	其他参考资料
齿鲸亚目：有喙鲸科																	
柯氏喙鲸	Ziphius cavirostris	无危	咔嗒声		$f_c = 42$ kHz	20~80 kHz	214 峰值		175~200 μs		23 kHz	12	$DI > 25$	35~45 kHz	0.39~0.44 s	4~150 ms	Johnson et al., 2004; Zimmer et al., 2005
阿氏贝喙鲸	Berardius arnuxii	数据不足	咔嗒声，爆破式脉冲，哨声，呼叫	调幅呼叫	16 kHz(咔嗒声)	1~12 kHz			0.3~2 s(非咔嗒声)						0.029 s		Roger et al., 1999
贝氏喙鲸	Berardius bairdii	数据不足	咔嗒声，爆破式脉冲，哨声		22~25 kHz(咔嗒声)，4~8 kHz(哨声)	可超过80 kHz			463 μs(咔嗒声，范围122~953)；33~623 ms(脉冲序列)						0.098~0.541 s		Dawson et al., 1998; Rankin et al., 2008

续表

常用名	学术名/拉丁名（IUCN Red List）	生存状态（IUCN Red List）	呼叫类型	更多叫声的形容	中心频率或主要频率	频率范围	声源级/（dB re 1 μPa @ 1 m）	估计/探测/操作范围	周期	呼叫频率	带宽（-10 dB）	带宽（-3 dB 或 rms）/kHz	波束宽度（发射角度）或指向性指数	调频	ICI（非蜂鸣声）	ICI（蜂鸣声）	其他参考资料
谢氏塔喙鲸	*Tasmacetus shepherdi*	数据不足															
朗氏中喙鲸	*Indopacetus pacificus*	数据不足															
北瓶鼻鲸	*Hyperoodon ampullatus*	数据不足	咔嗒声，哨声	海面上快速咔嗒声，嗒链声，嗣啾声	24 kHz（深海咔嗒声），2~25 kHz（海面咔嗒声）	哨声 3~16 kHz，咔嗒声 0.5~30 kHz		数百米（回声定位）	0.3 ms（深海），0.3~15 ms（海面咔嗒声），0.115~0.85 s（哨声）			4			0.4 s		Dawson et al., 1998; Hooker et al., 2002
南瓶鼻鲸	*Hyperoodon planifrons*	无危															Dawson et al., 1998
赫氏中喙鲸	*Mesoplodon hectori*	数据不足	咔嗒声			超声											

续表

常用名	学术名/拉丁名（IUCN Red List）	生存状态（IUCN Red List）	呼叫类型	更多叫声的形容	中心频率或主要频率	频率范围	声源级（dB re 1 μPa @1 m）	估计探测/操作范围	周期	呼叫频率	带宽（-10 dB）	带宽（-3 dB 或 rms）/kHz	波束宽度（发射角度）或指向性指数	调频	ICI（非蜂鸣声）	ICI（蜂鸣声）	其他参考资料
初氏中喙鲸	*Mesoplodon mirus*	数据不足															
杰氏中喙鲸	*Mesoplodon europaeus*	数据不足	咔嗒声		35~40 kHz	30~50 kHz			200 μs						0.2~0.4 s		Gillespie et al., 2009
梭氏中喙鲸	*Mesoplodon bidens*	数据不足															
哥氏中喙鲸	*Mesoplodon grayi*	数据不足															
小中喙鲸	*Mesoplodon peruvianus*	数据不足															
斐氏中喙鲸	*Mesoplodon perrini*	数据不足															
安氏中喙鲸	*Mesoplodon bowdoini*	数据不足															
胡氏中喙鲸	*Mesoplodon carlhubbsi*	数据不足	咔嗒声、脉冲、哨声		0.3~2 kHz（哨声）	300 Hz 至超过 80 kHz											Marten, 2000

续表

常用名	学术名/拉丁名(IUCN Red List)	生存状态	呼叫类型	更多叫声的形容	中心频率或主要频率	频率范围	声源级(dB re 1 μPa @ 1 m)	估计探测/操作范围	周期	呼叫频率	带宽(-10 dB)	带宽(-3 dB 或 rms)/kHz	波束宽度(发射角度)或指向性指数	调频	ICI(非蜂鸣声)	ICI(蜂鸣声)	其他参考资料
银杏齿中喙鲸	*Mesoplodon ginkgodens*	数据不足															
长齿中喙鲸	*Mesoplodon layardii*	数据不足															
柏氏中喙鲸	*Mesoplodon densirostris*	数据不足	咔嗒声		30~40 kHz	20~80 kHz(搜索咔嗒声)	200~220峰值	数百米(回声定位)	250~270 μs(搜索), 105 μs(蜂鸣声)		26~51 kHz(搜索), 25~80 kHz(蜂鸣声)			110 kHz/ms(搜索), 无(蜂鸣)	0.2~0.5	4~40 ms	Johnson et al., 2004, 2006, 2008
铲齿中喙鲸	*Mesoplodon traversii*	数据不足															
史氏中喙鲸	*Mesoplodon stejnegeri*	数据不足															
齿鲸亚目：淡水豚科(4簇)																	
恒河豚	*Platanista gangetica*	濒危	咔嗒声		15~60 kHz(咔嗒声)	1~100 kHz											

续表

常用名	学术名/拉丁名 (IUCN Red List)	生存状态 (IUCN Red List)	呼叫类型	更多叫声的形容	中心频率或主要频率	频率范围	声源级/ (dB re 1 μPa @ 1 m)	估计探测操作范围	周期	呼叫频率	带宽 (-10 dB)	带宽 (-3 dB 或 rms) /kHz	波束宽度 (发射角度) 或指向性指数	调频	ICI (非蜂鸣声) /ms	ICI (蜂鸣声)	其他参考资料
亚马孙河豚	Inia geoffrensis	数据不足	咔嗒声，哨声		95~105 kHz (咔嗒声)	200~105 kHz			200~250 μs (咔嗒声)，0.002~4.42 s (哨声)	每只每分钟 0.1 次呼叫							May-Collado et al., 2007; Podos et al., 2002; Wang et al., 2001
长江豚 (白鳍豚)	Lipotes vexillifer	灭绝	咔嗒声，哨声		3~6 kHz (哨声)，50~120 kHz (咔嗒声)	3~20 kHz (哨声)，20~120 kHz	143~156 (rms，哨声)，156 (咔嗒声)		10~30 μs (咔嗒声)，0.5~1.6 s (哨声)	每只每分钟 0.005 次哨声		37			21~286 ms		Akanatse et al., 1998; Wang et al., 2006
普拉塔河豚	Pontoporia blainvillei	脆弱	咔嗒声	不同步的低频、中频及高频咔嗒声	300 Hz 至 3 kHz，13~24 kHz	300 Hz 至 24 kHz			250~400 μs (中频及高频咔嗒声)，1.5~5 s (低频咔嗒声)						19~228 ms		Busnel et al., 1974

续表

常用名	学术名/拉丁名	生存状态(IUCN Red List)	呼叫类型	更多叫声的形容	中心频率或主要频率	频率范围	声源级/(dB re 1 μPa @ 1 m)	估计探测/操作范围	周期	呼叫频率	带宽(-10 dB)	带宽(-3 dB 或 ms)/kHz	波束宽度(发射角度)或指向性指数	调频	ICI(非峰鸣声)	ICI(峰鸣声)	其他参考资料
齿鲸亚目: 白鲸/独角鲸																	
白鲸	Delphinapterus leucas	易危	咔嗒声, 哨声, 爆破式脉冲声	极端多变的叫声	200 Hz 至 20 kHz (哨声), 100~115 kHz (咔嗒声)	2~8.3 kHz, 40~120 kHz (咔嗒声)	182~225 (咔嗒声)		50~80 μs (咔嗒声), 0.1~2.87 s (哨声)	每只每分钟3.4~10.5次呼叫, 48.7次呼叫/分钟占有率, 72%记录时间中处于沉默状态			30~60	10°		5~200 ms	Belikov et al., 2006, 2007; Karlsen et al., 2002; Lammers et al., 2009; Le Sage et al., 1999; Rutenko et al., 2006
独角鲸	Monodon monoceros	易危	咔嗒声, 哨声, 爆破式脉冲声		500 Hz 至 18 kHz (哨声), 27~58 kHz (咔嗒声)	300 Hz 至 100 kHz (咔嗒声)	218~227 (咔嗒声)	最高到约125 m	23~49 μs (咔嗒声), 0.5~2.7 s (其他)		75	27			0.03~0.5 s		Miller et al., 1995; Mohl et al., 1990; Shapiro, 2006

续表

常用名	学术名/拉丁名（IUCN Red List）	生存状态（IUCN Red List）	呼叫类型	更多叫声的形容	中心频率或主要频率	频率范围	声源级/（dB re 1 μPa @ 1 m）	估计探测/操作范围	周期	呼叫频率	带宽（-10 dB）	带宽（-3 dB 或 rms）/kHz	波束宽度（发射角度）或指向性指数	调频	ICI（非峰鸣声）	ICI（峰鸣声）	其他参考资料
齿鲸亚目：海豚科																	
康氏矮海豚	Cephalorhynchus commersonii	数据不足	咔嗒声，无哨声		0.2~6 kHz（脉冲声），120~134 kHz（咔嗒声）	116~134 kHz（咔嗒声）	160（咔嗒声）										
智利矮海豚	Cephalorhynchus eutropia	易危															
海氏矮海豚	Cephalorhynchus heavisidii	数据不足	咔嗒声，无哨声		0.8~4.5 kHz	0.8~5 kHz											
贺氏矮海豚	Cephalorhynchus hectori	濒危	咔嗒声，无哨声		117~135 kHz	82~135 kHz	150~187 峰峰值	小于30 m	41~65 μs（单次咔嗒声）	呼叫一次停4次 通常小于10 s		7~56（平均20）	24~66°（平均30）		1.3~164 ms		Thorpe et al., 1991; Thorpe et al., 1991; Kyhn et al., 2009

续表

常用名	学术名/拉丁名（IUCN Red List)	生存状态	呼叫类型	更多叫声的形容	中心频率或主要频率	频率范围	声源级/(dB re 1 μPa @ 1 m)	估计探测/操作范围	周期	呼叫频率	带宽(−10 dB)	带宽(−3 dB 或 ms)/kHz	波束宽度(发射角度)或指向性指数	调频	ICI(非蜂鸣声)	ICI(蜂鸣声)	其他参考资料
糙齿海豚	*Stenobredanensis*	无危	咔嗒声，哨声		3~12 kHz(哨声)，5~32 kHz，120 kHz(咔嗒声)	4~120 kHz			0.2~1 s(哨声)	31次声监测中检测到30次，4次呼叫中有2次为哨声							Gotz et al., 2006; Oswald et al., 2003, 2007, 2008; Rankin et al., 2008
大西洋白海豚	*Sousateuszii*	脆弱															
中华白海豚	*Sousachinensis*	易危	咔嗒声，哨声，爆破式脉冲声，呼叫	犬吠声，呱呱叫声，呼噜声	500 Hz 至 22 kHz(哨声/音调)，8~22 kHz(小于，咔嗒声，脉冲声)	600 Hz 至 22 kHz(小于)			0.06~9 s(哨声/音调)，0.1~8 s(爆破式脉冲声)	每只海豚每分钟0.8次呼叫					43 ms		Kamminga et al., 1995; Van Parijs et al., 2002; Van Parijs et al., 2001

续表

常用名	学术名/拉丁名（IUCN Red List）	生存状态	呼叫类型	更多叫声的形容	中心频率或主要频率	频率范围	声源级/（dB re 1 μPa @1 m）	估计探测/操作范围	周期	呼叫频率	带宽（-10 dB）	带宽（-3 dB或rms）/kHz	波束宽度（发射角度）或指向性指数	调频	ICI（非蜂鸣声）	ICI（蜂鸣声）	其他参考资料
圭亚那海豚	*Sotalia guianensis*	数据不足	咔嗒声，哨声	呼叫，漱口声	1~48 kHz（哨声），95~100 kHz（咔嗒声）	0.2~100 kHz			120~200 μs（咔嗒声），0.038~2.2 s（哨声）	每分钟18.6次哨声占有率，每只每分钟占空比0.27~1.35次哨声		大约40					Azevedo et al., 2002; Azevedo et al., 2005; Erber et al., 2004; May-Collado et al., 2009; Monteiro-Filho et al., 2001; Pivari et al., 2005; Rossi-Santos et al., 2006
土库海豚	*Sotalia fluviatilis*	数据不足	咔嗒声，哨声		4~24 kHz（哨声），95~100 kHz（咔嗒声）	0.2~100 kHz			120~200 μs（咔嗒声），0.1~1 s（哨声）			大约40					Podos et al., 2002; Wang et al., 2001

续表

常用名	学术名/拉丁名（IUCN Red List）	生存状态（IUCN Red List）	呼叫类型	更多叫声的形容	中心频率或主要频率	频率范围	声源级/（dB re 1 μPa @ 1 m）	估计探测/操作范围	周期	呼叫频率	带宽（-10 dB）	带宽（-3 dB）或 rms /kHz	波束宽度（发射角度）或指向性指数	调频	ICI（非峰鸣声）	ICI（峰鸣声）	其他参考资料
瓶鼻海豚	*Tursiopstruncatus*	无危	咔嗒声、哨声、爆破式脉冲声	冒泡声、咝咝叫声、蜂鸣声、尖叫声、犬吠声	110~130 kHz（咔嗒声），1.1~28.5 kHz（哨声）	300 Hz 至 130 kHz	哨声 125~173，咔嗒声 187~228	100~200 m（回声定位），不超过 25 km（哨声）	50~80 μs（咔嗒声），0.005~4.1 s（哨声）	500 m 内的海豚群里有 82%的机会监测到，每每分钟头有哨声占空比 0~1.5 次哨声，18 个群体中有 11 个探测到哨声		30~60	*DI*=26，10°~40°（基于动物控制）		26~200 ms		Akamatsu et al., 1998; Azevedo et al., 2007, Buckstaff, 2004; Connor et al., 1996; dos Santos et al., 2005; Esch et al., 2009; Herzing, 1996; House et al., 2005; Janik, 2000; May-Collado et al., 2008; Moore et al., 2008; Oswald et al., 2003, 2007, Philpott et al., 2007; Quick et al., 2008; Wang et al., 1995

491

续表

常用名	学术名/拉丁名 (IUCN Red List)	生存状态	呼叫类型	更多叫声的形容	中心频率或主要频率	频率范围	声源级/(dB re 1 μPa @1 m)	估计/探测/操作范围	周期	呼叫频率	带宽 (-10 dB)	带宽 (-3 dB 或 rms)/kHz	波束宽度(发射角度)或指向性指数	调频	ICI(非峰鸣声)	ICI(峰鸣声)	其他参考资料
印太瓶鼻海豚	*Tursiops aduncus*	数据不足	咔嗒声，哨声，爆破式脉冲声		1~21 kHz (哨声)	1~21 kHz			0.1~0.9 s (哨声)	每头每分钟占比1.12次哨声，83%的群落监测到声波活动							Hawkins et al., 2009; Morisaka et al., 2005a, 2005b; Rankin et al., 2008
热带点斑原海豚	*Stenella attenuata*	无危	咔嗒声，哨声，爆破式脉冲声		6~23 kHz (哨声)，69 kHz (咔嗒声)	3~22 kHz (哨声)	最高可到220峰值(咔嗒声)		0.5~1.3 s (哨声) 43 μs (咔嗒声)	86%的群落监测到声波活动，8个群落中有5个监测到哨声							Oswald et al., 2003, 2007, 2008; Rankin et al., 2008; Schotten et al., 2004
大西洋点斑原海豚	*Stenella frontalis*	数据不足	咔嗒声，哨声，爆破式脉冲声	呱呱叫声，蜂鸣声，尖叫声，大吠声	5.5~18 kHz，40~45 kHz (爆破式脉冲声)，40~50 kHz，110~130 kHz (咔嗒声)，7~17 kHz (哨声)	100 Hz 至 170 kHz	180~220峰值(咔嗒声)		0.1~0.8 s (哨声)，小于70 μs (咔嗒声)			13~23 (爆破式脉冲声)，10~60 (咔嗒声)					Au et al., 2003; Baron et al., 2008; Lammers et al., 2003

续表

常用名	学术名/拉丁名 (IUCN Red List)	生存状态 (IUCN Red List)	呼叫类型	更多叫声的形容	中心频率或主要频率	频率范围	声源级/(dB re 1 μPa @1 m)	估计探测/操作范围	周期	呼叫频率	带宽(-10 dB)	带宽(-3 dB 或 rms)/kHz	波束宽度(发射角度)或指向性指数	调频	ICI(非峰鸣声)	ICI(蜂鸣声)	其他参考资料
长吻原海豚	*Stenella longirostris*	数据不足	咔嗒声, 哨声, 爆破式脉冲声		2~23 kHz (哨声), 32~40 kHz (爆破式脉冲声), 70 kHz (咔嗒声)	1~100 kHz	108~125, 150~159 (哨声), 222 峰峰值 (咔嗒声)		0.01~1.8 s (哨声), 0.05~2.1 s (爆破式脉冲声), 40~70 μs (咔嗒声)	每水听器每分钟占空比 4~110 次咔嗒声，每水听器每分钟占空比 0~5 次哨声，80% 的群落监测到声波活动，6 个群落中有 4 个监测到哨声		16~25 (爆破式脉冲声)					Bazua-Duran et al., 2002; Benoit-Bird et al., 2009; Camargo et al., 2006; Lammers et al., 2003; Lammers et al., 2003; Oswald et al., 2003, 2007; Rankin 2008; Rankin et al., 2008; Rossi-Santos et al., 2008; Schotten et al., 2004
短吻飞旋原海豚	*Stenella clymene*	数据不足	哨声			6~20 kHz											

493

续表

常用名	学术名/拉丁名 (IUCN Red List)	生存状态	呼叫类型	更多叫声的形容	中心频率或主要频率	频率范围	声源级/(dB re 1 μPa @1 m)	估计探测/操作范围	周期	呼叫频率	带宽 (-10 dB)	带宽 (-3 dB 或 rms)/kHz	波束宽度(发射角度)或指向性指数	调频	ICI (非峰鸣声)	ICI (峰鸣声)	其他参考资料
条纹原海豚	Stenella coeruleoalba	无危	咔嗒声, 哨声, 爆破式脉冲声		6~19 kHz (哨声)	6~25 kHz			0.3~1.1 s (哨声)	80%的群落监测到声波活动, 75%的群落监测到哨声							Gamier et al., 2008; Oswald et al., 2003, 2004, 2007, 2008; Rankin et al., 2008
短吻真海豚	Delphinus delphis	无危	咔嗒声, 哨声, 爆破式脉冲声		0.5~23.5 kHz (哨声), 23~67 kHz (咔嗒声)	500 Hz 至 67 kHz	140~175 基于 120 Hz 带宽的 40 kHz (咔嗒声)		0.05~2 s (哨声), 50~250 μs (咔嗒声)	每只海豚1.5次, 37.7%的时间(占空比), 88%的群落监测到声波活动		17~45					Ansmann et al., 2007; Fish et al., 1976; Hammer et al., 2008; Goold, 1998; Oswald et al., 2003, 2004, 2007; Rankin et al., 2008
长吻真海豚	Delphinus capensis	数据不足	咔嗒声, 哨声		5~21 kHz (哨声)	5~21 kHz (哨声)			0.2~1.1 s (哨声)	88%的群落监测到声波活动							Oswald et al., 2003, 2007; Rankin et al., 2008

续表

常用名	学术名/拉丁名（IUCN Red List）	生存状态	呼叫类型	更多叫声的形容	中心频率或主要频率	频率范围	声源级/（dB re 1 μPa @ 1 m）	估计探测/操作范围	周期	呼叫频率	带宽（−10 dB）	带宽（−3 dB 或 rms）/kHz	波束宽度（发射角度）或指向性指数	调频	ICI（非峰鸣声）	ICI（峰鸣声）	其他参考资料
弗氏海豚	Lagenodelphis hosei	无危	咔嗒声，哨声		4~24 kHz（哨声）	4~40 kHz			0.06~2.2 s（哨声）	每次海豚班周期中每分中的值 0.001~0.003次哨声，2个群落中有2个群落监测到声波活动							Leatherwood et al., 1993; Oswald et al., 2007b; Watkins et al., 1994
白喙斑纹海豚	Lagenorhynchus albirostris	无危	咔嗒声，哨声，爆破式脉冲声		115~120, 250 kHz（咔嗒声），3~34 kHz（哨声）	上限可达325 kHz	167~219峰峰值（咔嗒声） 118~167（哨声）	0.14~10.5 km（哨声）	10~30 s（咔嗒声）			50 (30 ms)	8°, DI = 18 dB		2.8~56.2 ms		Mitson et al., 1988; Rasmussen et al., 2002, 2004; Rasmussen et al., 2002, 2004, 2006

续表

常用名	学术名/拉丁名（IUCN Red List）	生存状态	呼叫类型	更多叫声的形容	中心频率或主要频率	频率范围	声源级/（dB re 1 μPa @1 m）	估计探测/操作范围	周期	呼叫频率	带宽（-10 dB）	带宽（-3 dB 或 rms）/kHz	波束宽度（发射角度）或者指向性指数	调频	ICI（非蜂鸣声）	ICI（蜂鸣声）	其他参考资料
大西洋斑纹海豚	*Lagenorhynchus acutus*	无危	咔嗒声，哨声		6~15 kHz												
大平洋斑纹海豚	*Lagenorhynchus obliquidens*	无危	咔嗒声，哨声，爆破式脉冲声		4~12 kHz（哨声），30~60 kHz（咔嗒声）	2~80 kHz	170~180（咔嗒声）		34~52 s(咔嗒声)	9个群落中有4个群落监测到声活动，7个群落中有1个群落监测到哨声							Fahner et al., 2004; Oswald et al., 2008; Rankin et al., 2008
暗色斑纹海豚	*Lagenorhynchus obscurus*	数据不足	咔嗒声，哨声，爆破式脉冲声		6.4~19.2 kHz（哨声），80~100 kHz（咔嗒声）	1~150 kHz	165~210峰峰值（咔嗒声）		小于70 μs(咔嗒声)	3个群落中有3个群落监测到声活动，2个群落中有0个群落监测到哨声		10~100（40~50 rms）					Au et al., 2004; Oswald et al., 2008; Rankin et al., 2008

续表

常用名	学术名/拉丁名 (IUCN Red List)	生存状态	呼叫类型	更多叫声的形容	中心频率或主要频率	频率范围	声源级/(dB re 1 μPa @ 1 m)	估计探测/操作范围	周期	呼叫频率	带宽(−10 dB)	带宽(−3 dB 或 rms)/kHz	波束宽度(发射角度)或指向性指数	调频	ICI(非峰鸣声)	ICI(蜂鸣声)	其他参考资料
皮氏斑纹海豚	Lagenorhynchus australis	数据不足	咔嗒声，鸣声，爆破式脉冲声		300~1 000 Hz	300 Hz 至 12 kHz	低										
沙漏斑纹海豚	Lagenorhynchus cruciger	无危	咔嗒声		122~132 kHz		190~203峰峰值 (咔嗒声)	50~100 m (回声定位)	79~176 (均值116) μs (咔嗒声)		13	8 (11 ms)					Kyhn et al., 2009
北露脊海豚	Lissodelphis borealis	无危	咔嗒声，爆破式脉冲声		31.3 kHz (咔嗒声)，18.2+kHz (爆破式脉冲声)	1~40+ kHz	170 rms (咔嗒声)		60~630 μs (咔嗒声)，0.18~1.3 s (爆破式脉冲声)	35%~37%的群落中有监测到咔嗒声或脉冲声，20个群落中有0个群落监测到哨声	18.9	9.4					Oswald et al., 2008; Rankin et al., 2007, 2008

续表

常用名	学术名/拉丁名 (IUCN Red List)	生存状态	呼叫类型	更多叫声的形容	中心频率或主要频率	频率范围	声源级 (dB re 1 μPa @1 m)	估计探测/操作范围	周期	呼叫频率	带宽 (−10 dB)	带宽 (−3 dB 或 rms) /kHz	波束宽度 (发射角度) 或指向性指数	调频	ICI (非蜂鸣声)	ICI (峰鸣声)	其他参考资料
南露脊海豚	*Lissodelphis peronii*	数据不足															
瑞氏海豚	*Grampus griseus*	无危	咔嗒声, 哨声, 爆破式脉冲声	尖叫声, 哭泣声, 嘘嘘声, 大吠声, 蜂鸣声, 呼噜声, 嘲啾声	50~70 kHz (咔嗒声), 4~20 kHz (哨声), 400~800 Hz (呼噜声)	30 Hz 至 125 kHz	202~222 峰峰值 (咔嗒声)	85~130 m (回声定位)	30~100 μs (咔嗒声), 0.65~11 s (哨声), 0.2~7.4 s (爆破式脉冲声)	0%~23%群落中有监测到哨声	60	16~94			12~200 ms	2.5 ms	Corkeron et al., 2000; Gannier et al., 2008; Madsen et al., 2004a; Oswald et al., 2008; Philips et al., 2003
瓜头鲸	*Peponocephala electra*	无危	咔嗒声, 哨声, 爆破式脉冲声		8~12 kHz (哨声), 20~40 kHz (咔嗒声)	8~40 kHz	155 (哨声), 165 (脉冲声)		0.1~0.2 s (爆破式脉冲声), 0.1~0.9 s (哨声)								Watkins et al., 1997

续表

常用名	学术名/拉丁名(IUCN Red List)	生存状态	呼叫类型	更多叫声的形容	中心频率或主要频率	频率范围	声源级/(dB re 1 μPa @ 1 m)	估计探测/操作范围	周期	呼叫频率	带宽(-10 dB)	带宽(-3 dB 或 rms)/kHz	波束宽度(发射角度)或指向性指数	调频	ICI(非蜂鸣声)	ICI(蜂鸣声)	其他参考资料
小虎鲸	Feresa attenuata	数据不足	咔嗒声, 哨声, 爆破式脉冲声		70~85 kHz(咔嗒声)	10~140 kHz(咔嗒声)	197~223 峰峰值		20~40(均值25) μs(咔嗒声), 0至5 s(哨声)	在6个视野内的小虎鲸中监测到2个有发声, 最大声探测距离1.75 n mile	100	32 rms					Castro, 2004; Madsen et al., 2004b; Rankin et al., 2008
伪虎鲸	Pseudorca crassidens	数据不足	咔嗒声, 哨声, 爆破式脉冲声		3~9 kHz(哨声), 33~68 kHz(咔嗒声)	4~130 kHz	201~228	80~320 m(回声定位)	0.2~0.7 s(哨声), 18~55 μs(咔嗒声)	19个群落中全部落中监测到声波活动	39~89	15~80 (12~29 rms)			50~120 ms		Madsen et al., 2004a; Oswald et al., 2003, 2007; Rankin et al., 2008

续表

常用名	学术名/拉丁名（IUCN Red List）	生存状态	呼叫类型	更多叫声的形容	中心频率或主要频率	频率范围	声源级/（dB re 1 μPa @1 m）	估计探测/操作范围	周期	呼叫频率	带宽（-10 dB）	带宽（-3 dB 或 rms）/kHz	波束宽度（发射角度）或指向性指数	调频	ICI（非峰鸣声）	ICI（峰鸣声）	其他参考资料
虎鲸	*Orcinus orca*	数据不足	咔嗒声，哨声，爆破式脉冲声（脉冲呼叫）	双声及多声再呼叫，尾部拍打声（这里不包含，但参见 Simone et al., 2005）	22~80 kHz（哨声），0.3~18.5 kHz（咔嗒声）	100 Hz 至 140 kHz	173~224 峰峰值（咔嗒声），133~174 rms（呼叫），169~192 峰峰值（脉冲呼叫）	上百米（回声定位）	31~203 μs（咔嗒声），0.06~18.3 s（哨声），上至 4 s（爆破式脉冲声）	每分钟每只 0.1~2.1 次呼叫，43%的可视群落中有监测到声波活动，单独的咔嗒声每分钟每只 0.01~0.34 次呼叫，占据~0.15%~4%的时间，其中捕鱼时较高，捕食哺乳动物时较低	8~58	35~50 ms					Au et al., 2004; Barrett-Lennard et al., 1996; Deecke et al., 2005; Filatova et al., 2007, 2009; Foote et al., 2008; Holt et al., 2009; Miller et al., 2000; Rankin et al., 2008; Riesch et al., 2006, 2008; Shulezhko et al., 2008; Simon et al., 2006, 2007a, 2007b; Thomsen et al., 2001; Van Opzeeland et al., 2005; Van Parijs et al., 2004; Wieland et al., In press

续表

常用名	学术名/拉丁名（IUCN Red List）	生存状态	呼叫类型	更多叫声的形容	中心频率或主要频率	频率范围	声源级/（dB re 1 μPa @ 1 m）	估计探测/操作范围	周期	呼叫频率	带宽（-10 dB）	带宽（-3 dB 或 ms）/kHz	波束宽度（发射角度）或指向性指数	调频	ICI（非蜂鸣声）	ICI（蜂鸣声）	其他参考资料
长肢领航鲸	*Globicephala melas*	数据不足	咔嗒声，哨声，爆破式脉冲声		0.5~8 kHz（哨声），30~60 kHz（咔嗒声）	0~60 kHz	180		0.45~0.56 s（哨声）	73%的可视群落中有监测到声波活动							Baron et al., 2008; Rendell et al., 1999; Rendell et al., 1999; Rankin et al., 2008; Weilgart et al., 1990; Taruske, 1979; Yurk et al., 2002
短肢领航鲸	*Globicephala macrorhynchus*	数据不足	咔嗒声，哨声，爆破式脉冲声		1~12 kHz（哨声）	500 Hz 至 60 kHz	180		0.1~0.9 s（哨声）	73%的可视群落中有声波活动，45%的群落中监测到哨声					200~800 ms		Aguilar Soto et al., 2008; Oswald et al., 2003, 2007, 2008; Rendell et al., 1999; Rankin et al., 2008; Turuski, 1979
澳大利亚短吻瓶鼻海豚	*Orcaella heinsohni*	易危															

续表

常用名	学术名/拉丁名 (IUCN Red List)	生存状态	呼叫类型	更多叫声的形容	中心频率或主要频率	频率范围	声源级 (dB re 1 μPa @ 1 m)	估计探测/操作范围	周期	呼叫频率	带宽 (−10 dB)	带宽 (−3 dB rms) /kHz	波束宽度 (发射角度)或指向性指数	调频	ICI (非峰鸣声)	ICI (峰鸣声)	其他参考资料
伊河海豚	*Orcaella brevirostris*	脆弱	咔嗒声，哨声，爆破式脉冲声		1~8 kHz(哨声)，50~60 kHz(咔嗒声)	1~75 kHz			150~170 μs(咔嗒声)，0.1~0.3 s(哨声)，0.1~6 s(爆破式脉冲声)		大约22						Bahl et al., 2006; Van Parijs et al., 2000

齿鲸亚目：鼠海豚科

常用名	学术名/拉丁名 (IUCN Red List)	生存状态	呼叫类型	更多叫声的形容	中心频率或主要频率	频率范围	声源级 (dB re 1 μPa @ 1 m)	估计探测/操作范围	周期	呼叫频率	带宽 (−10 dB)	带宽 (−3 dB rms) /kHz	波束宽度 (发射角度)或指向性指数	调频	ICI (非峰鸣声)	ICI (峰鸣声)	其他参考资料
江豚	*Neophocaena phocaenoides*	脆弱	咔嗒声，爆破式脉冲声		2~3 kHz(脉冲声)，100~145 kHz(咔嗒声)	1.6~200 kHz	164~209峰值(咔嗒声)，116~130(脉冲呼叫)	最近可达77 m	30~140 μs(咔嗒声)，0.5~1 s(爆破式脉冲声)	78%~82%的可视群落中有监测到声波活动，在82%的记录时间内至少每分钟一次(占空比)，声活动两倍于可视可探测		10-30			20~80 ms		Akamatse et al., 1998, 2001, 2005, 2008a; Goold et al., 2002; Kimura et al., 2005, 2006, 2007a, 2007b, 2008, 2009; Li et al., 2009; Wang et al., 2005

续表

常用名	学术名/拉丁名（IUCN Red List）	生存状态	呼叫类型	更多叫声的形容	中心频率或主要频率	频率范围	声源级/（dB re 1 μPa @ 1 m）峰峰值	估计探测/操作范围	周期	呼叫频率	带宽（-10 dB）	带宽（-3 dB 或 rms）/kHz	波束宽度（发射角度）或指向性指数	调频	ICI（非峰鸣声）	ICI（峰鸣声）	其他参考资料
鼠海豚	*Phocoena phocoena*	无危	咔嗒声，爆破式脉冲声，没有发现哨声		130~142 kHz	107~165 kHz	178~205 峰峰值	最近 40 m（回声定位），最近可达 500~1 200 m（通信）	44~175 μs（咔嗒声）		14~46	6~26	DI=22		25~200 ms	1.5~5 ms	Au et al., 1999; Clausen et al., In press, DeRuiter et al., 2009; Verfuss et al., 2009; Villadsgaard et al., 2007
加湾鼠海豚	*Phocoena sinus*	严重濒危	咔嗒声		128~139 kHz（咔嗒声）	125~160 kHz			79~193 μs（咔嗒声）,			11~28			19~144 ms		Siber, 1991
棘鳍鼠海豚	*Phocoena spinipinnis*	数据不足							48~804 μs			2~20					Bassett et al., 2009
南美鼠海豚	*Phocoena dioptrica*	数据不足															

续表

常用名	学术名/拉丁名（IUCN Red List）	生存状态	呼叫类型	更多叫声的形容	中心频率或主要频率	频率范围	声源级/（dB re 1 μPa @ 1 m）	估计探测/操作范围	周期	呼叫频率	带宽（-10 dB）	带宽（-3 dB 或 rms）/kHz	波束宽度（发射角度）或指向性指数	调频	ICI（非蜂鸣声）	ICI（蜂鸣声）	其他参考资料
无喙鼠海豚	Phocoenoides dalli	无危	咔嗒声		117~198 kHz	40 Hz 至 200 kHz	社交 120~148，咔嗒声 165~175										
鳍脚亚目：海狮科																	
南极海狗	Arctocephalus gazella	无危	呼叫（空中）	犬吠声，危险警告，雌性和幼体引人注意的呼叫		上至 3.6 kHz			0.1~1.4 s								Page et al., 2001, 2002
亚南极海狗	Arctocephalus tropicalis	无危	呼叫（空中）	幼体引人注意的呼叫和回应		350~6 500 Hz			0.8~2.1 s								Charrier et al., 2003a, 2003b; Page et al., 2001, 2002
胡岛海狗	Arctocephalus philippii	易危	咔嗒声			100~200 Hz			0.1~3.6 s								Stirling et al., 1971; Tripovich et al., 2005, 2006, 2008

续表

常用名	学术名/拉丁名（IUCN Red List）	生存状态	呼叫类型	更多叫声的形容	中心频率或主要频率	频率范围	声源级/（dB re 1 μPa @1 m）	估计探测/操作范围	周期	呼叫频率	带宽（-10 dB）	带宽（-3 dB或rms）/kHz	波束宽度（发射角度）或指向性指数	调频	ICI（非蜂鸣声）	ICI（蜂鸣声）	其他参考资料
南澳海狗	*Arctocephaluspusillus*	无危	呼叫（空中）	大吠声，危险警告，服从的呼叫，幼体引人注意的呼叫，鸣哮		100~6 000 Hz			不超过0.2 s									Page et al., 2001, 2002; Stirling, 1971
瓜达卢佩海狗	*Arctocephalustownsendi*	易危				最高可达7.5 kHz			0.05~10.6 s									Philips et al., 2001
新西兰海狗	*Arctocephalusforsteri*	无危	呼叫（空中）	大吠，危险警告					不超过2 s									Trillmich, 1981
南美海狗	*Arctocephalusaustralis*	无危	呼叫（空中）	探测，威胁，服从以及有亲和力的呼叫		最高可达2.6 kHz（基础的）												

续表

常用名	学术名/拉丁名（IUCN Red List）	生存状态	呼叫类型	更多叫声的形容	中心频率或主要频率	频率范围	声源级/（dB re 1 μPa @ 1 m）	估计探测/操作范围	周期	呼叫频率	带宽（-10 dB）	带宽（-3 dB 或 rms）/kHz	波束宽度（发射角度）或指向性指数	调频	ICI（非蜂鸣声）	ICI（蜂鸣声）	其他参考资料
加拉帕戈斯海狗	*Arctocephalus galapagoensis*	濒危	呼叫（空中）	幼体引人注意的呼叫		500~4 000 Hz			0.5~2 s								Insley, 1992, 2000, 2001
北海狗	*Callorhinus ursinus*	脆弱	呼叫（空中）	幼体引人注意的呼叫和回应		最高可达大约6 kHz											
加州海狮	*Zalophus californianus*	无危	呼叫	犬吠，马嘶，咔嗒，蜂鸣		最高可达8 kHz			0.5~1.3 s	每只每分钟0.007~2.5次呼叫							Kunc et al., 2008; Trillmich, 1981
加拉帕戈斯海狮	*Zalophus wollebaeki*	濒危	呼叫（空中）			最高可达6 kHz											Campbell et al., 2002
北海狮	*Eumetopias jubatus*	濒危	呼叫（空中）	母体和幼体的联系呼叫		最高可达大约2 kHz			0.03~1.4 s								Charrier et al., 2006; Gwilliam et al., 2008

续表

常用名	学术名/拉丁名（IUCN Red List）	生存状态	呼叫类型	更多叫声的形容	中心频率或主要频率	频率范围	声源级（dB re 1 μPa @1 m）	估计探测/操作范围	周期	呼叫频率	带宽（-10 dB）	带宽（-3 dB或rms）/kHz	波束宽度（发射角度）或指向性指数	调频	ICI（非蜂鸣声）	ICI（蜂鸣声）	其他参考资料
澳大利亚海狮	Neophoca cinerea	濒危	呼叫（空中）	母体和幼体的联系呼叫，犬吠		最高可达约10 kHz											
新西兰海狮	Phocarctos hookeri	脆弱															
南美海狮	Otaria flavescens	无危	呼叫（空中）	尖锐的呼叫，犬吠，喝嗥，呼气，母体的主要呼叫，呼噜		最高可达约2 kHz											

水声学概论：原理与应用

续表

常用名	学术名/拉丁名 (IUCN Red List)	生存状态	呼叫类型	更多叫声的形容	中心频率或主要频率	频率范围	声源级 (dB re 1 μPa @ 1 m)	估计探测/操作范围	周期	呼叫频率	带宽 (-10 dB)	带宽 (-3 dB 或 rms) /kHz	波束宽度（发射角度）或指向性指数	调频	ICI（非蜂鸣声）	ICI（蜂鸣声）	其他参考资料
海象科																	
海象	Odobenus rosmarus	数据不足	呼叫, 歌唱（仅雄性）	敲击, 拍打, 钟吟, 歌声	400~1 200 Hz	100 Hz 至 20 kHz			0.1 s（个体发声）到 48 h（连续歌唱）	在歌唱, 雄性潜水及歌唱 4~6 min, 再回到海面呼吸 1~2 min, 周而复始							Nowicki et al., 1997; Schusterman et al., 2008; Sjare et al., 2003
鳍脚亚目：海豹科																	
髯海豹	Erignathus barbatus	无危	呼叫,（大部分来源于繁殖季节的雄性海豹）	抖音, 爬音, 扫音, 呻吟	125 Hz 至 4 kHz	20 Hz 至 22 kHz	178		0.7~74 s	0.2~24 次呼叫每分钟 占空比, 呼叫发生在 3 月下旬到 7 月中旬							Cleator et al., 1999; Davies et al., 2006; Risch et al., 2007; Terhune, 1999; Van Parijs et al., 2001; Van Parijs et al., 2006

508

续表

常用名	学术名/拉丁名(IUCN Red List)	生存状态(IUCN Red List)	呼叫类型	更多叫声的形容	中心频率或主要频率	频率范围	声源级(dB re 1 μPa @ 1 m)	估计探测/操作范围	周期	呼叫频率	带宽(-10 dB)	带宽(-3 dB或rms)/kHz	波束宽度(发射角度)或指向性指数	调频	ICI(非蜂鸣声)	ICI(蜂鸣声)	其他参考资料
港海豹	Phoca vitulina	无危	呼叫、脉冲或咔嗒声	咆哮，呼噜，呻吟，咯吱声，泡泡式的嘟嘟声（空气中不同的呼叫，包括小海豹的联系呼叫）	100 Hz 至 1.5 kHz	100 Hz 至 40 kHz			0.1~20 s	0~3.1 次呼叫叫每分钟占空比，呼叫发生在4—5月及7—8月							Bjorgesater et al., 2004; Hanggi et al., 1992, 1994; Hayes et al., 2004; Renouf et al., 1982; Renouf, 1984; Van Parijs et al., 2002; Van Parijs et al., 1999, 2000, 2003a, 2003b; Wartzok et al., 1984
斑海豹	Phoca largha	数据不足	呼叫、脉冲或咔嗒声		500 Hz 至 4 kHz	500 Hz 至 40 kHz											Renouf et al., 1982; Wartzok et al., 1984

续表

常用名	学术名/拉丁名 (IUCN Red List)	生存状态	呼叫类型	更多叫声的形容	中心频率或主要频率	频率范围	声源级/ (dB re 1 μPa @1 m)	估计探测/操作范围	周期	呼叫频率	带宽 (-10 dB)	带宽 (-3 dB 或 rms) /kHz	波束宽度 (发射角度) 或指向性指数	调频	ICI (非蜂鸣声)	ICI (蜂鸣声)	其他参考资料
环斑海豹	*Pusa hispida*	无危	呼叫、冲激声或咔嗒声	犬吠，咔嗒声，嶽立，嘟啾	小于5 kHz	400 Hz 至 16 kHz	95~130		5~6 ms（咔嗒声），0.04~1.7 s（其他）								Hyvarinen 1989; Kunnasranta et al., 1996; Rautio et al., 2009
带纹海豹	*Histriophoca fasciata*	数据不足	呼叫	扫频式		100 Hz 至 8 kHz	160										
里海海豹	*Pusa caspica*	濒危	呼叫														
淡水海豹	*Pusa sibirica*	无危	呼叫														
灰海豹	*Halichoerus grypus*	无危	呼叫、冲激声或咔嗒声	咔嗒声嘟嘟声敲击声	100 Hz 至 10 kHz	0~40 kHz											

续表

常用名	学术名/拉丁名（IUCN Red List）	生存状态	呼叫类型	更多叫声的形容	中心频率或主要频率	频率范围	声源级/（dB re 1 μPa @ 1 m）	估计探测/操作范围	周期	呼叫频率	带宽（-10 dB）	带宽（-3 dB 或 rms）/kHz	波束宽度（发射角）度）或指向性指数	调频	ICI（非蜂鸣声）	ICI（蜂鸣声）	其他参考资料
鞍纹海豹	*Pagophilus groenlandius*	无危	呼叫，冲激声或咔嗒声	26种呼叫类型	100 Hz 至 3 kHz，30 kHz（咔嗒声）	100 Hz 至 30 kHz	103~180	0.03~5.5 km	0.1~8 s	35~135次呼叫每分钟占空比							Moors et al., 2005; Perry et al., 1999; Rossong et al., 2009; Serrano, 2001; Serrano et al., 2001, 2002
冠海豹	*Cystophora cristata*	脆弱	呼叫，冲激声或咔嗒声	咔嗒声，敲击声	200~1 200 Hz	上至 6 kHz											Ballard et al., 1995
地中海僧海豹	*Monachus monachus*	极度濒危	呼叫（空中）	幼体哺乳的呼叫													Job et al., 1995
夏威夷僧海豹	*Monachus schauinslandi*	极度濒危															

续表

常用名	学术名/拉丁名（IUCN Red List）	生存状态	呼叫类型	更多叫声的形容	中心频率或主要频率	频率范围	声源级/（dB re 1 μPa @1 m）	估计探测/操作范围	周期	呼叫频率	带宽（-10 dB）	带宽（-3 dB 或 rms）/kHz	波束宽度（发射角度）或指向性指数	调频	ICI（非峰鸣声）	ICI（峰鸣声）	其他参考资料
南象海豹	*Mirounga leonina*	无危	呼叫（空中）	雄性具有攻击性的叫声	200~1000 Hz	30~1000 Hz	98~120（空气中）		1~57 s								Sanvito et al., 2000, 2003; Sanvito et al., 2008
北象海豹	*Miroungaan gustirostris*	无危	可能有水下呼叫	咔嗒声链条，类似于空气振动		250~350 Hz			约1 s								Burgess et al., 1998; Fletcher et al., 1996; 空中呼叫参见 Southall et al., 2003
韦德尔海豹	*Leptonychotes weddelli*	无危	呼叫	超过34种呼叫类型	100 Hz至13 kHz	上至15+ kHz	153~193		2~40 s	12~80次呼叫每分钟占空比							Moors et al., 2004; Pahl et al., 1997; Rouget et al., 2007; Terhune et al., 2008
锯齿海豹	*Lobodon carcinophaga*	无危	呼叫	呻吟	100~1500 Hz	100 Hz至8 kHz											
大眼海豹	*Ommatophoca rossii*	无危	呼叫	脉冲声，警报声		250 Hz至4 kHz			0.05~2 s								Watkins et al., 1985

续表

常用名	学术名/拉丁名(IUCN Red List)	生存状态	呼叫类型	更多叫声的形容	中心频率或主要频率	频率范围	声源级/(dB re 1 μPa @ 1 m)	估计探测/操作范围	周期	呼叫频率	带宽(-10 dB)	带宽(-3 dB 或 rms)/kHz	波束宽度(发射角度)或指向性指数	调频	ICI(非蜂鸣声)	ICI(蜂鸣声)	其他参考资料
豹形海豹	*Hydrurga leptonyx*	无危	呼叫	脉冲声,抖音,碎碎声,爆炸声,咆哮,汽笛声,超声	100 Hz至3.5 kHz, 64~132 kHz	100 Hz至164 kHz			0.3~40 ms(超声), 2~8 s	2~5次呼叫每分钟占空比							Awbrey et al., 2004; Rogers, 2007; Rogers et al., 2002; Rogers et al., 1996
海牛科																	
儒艮	*Dugong dugon*	脆弱	呼叫			500 Hz至5 kHz											Anderson et al., 1995
西印度海牛	*Trichechus manatus*	脆弱	呼叫			500 Hz至5 kHz	113~150 rms										Sousa-Lima et al., 2002; Miksis Olds et al., 2009; Philips et al., 2004
亚马孙海牛	*Trichechus inunguis*	脆弱	呼叫			1.07~8 kHz											Sousa-Lima et al., 2002
西非海牛	*Trichechus senegalensis*	脆弱	呼叫														

A.10.2 鱼类发声的案例

在下表的准备过程中，我们向鱼类库组织（www.fishbase.org）咨询了下列鱼类的通用名和学术名称。Fish 等（1970）提供了详细的审阅。

通用名	学术名	栖息地	呼叫类型，描述性词	发声机制	中心，峰值，或主要频段	频率范围	声源级	周期	呼叫率	其他参考文献
夏威夷军士鱼	*Abudefduf abdominalis*	海洋	脉冲序列		90~380 Hz	上至 1 kHz		18~103 ms（脉冲），0.07~2.5 s（声音）		Maruska et al., 2007
白条鲇鱼	*Afamyxis pectinifrons*	淡水			100 Hz 至 5 kHz					Ladich, 2000
三棘蟾鱼	*Batrachomoeus trispinosus*	咸水湖，海洋	鸣鸣声，呼噜声（通常成串）	鼓叫	低于 1 kHz	100 Hz 至 2.5 kHz		0.01 s，一串约 30 s		Rice et al., 2009
博拉潜鱼	*Carapus boraborensis*	海洋	脉冲序列	鼓叫，"慢声肌"/张弛	80~440 Hz	55 Hz 至 2.5 kHz		83~136 ms（脉冲），3~30 s（声音）		Lagardere et al., 2005; Parmentier et al., 2006
多带蝴蝶鱼	*Chaetodonmul- ticinctus*	海洋	呼噜式脉冲尾声，脉冲声，咔嗒声	内部，尾部的抽动	0~800 Hz，3~5 kHz	上至 5 kHz		1~280 ms（脉冲），0.2~8 s（脉冲链）		Tricas et al., 2006
矮密鲈	*Colisa lalia*	淡水	宽频脉冲		400 Hz 至 1 600 kHz					Ladich, 2000
花椒鼠鱼	*Corydoraspa- leatus*	淡水	宽频脉冲	胸鳍的摩擦	500 Hz 至 3 kHz	500 Hz 至 3 kHz		12~20 ms（脉冲），0.7~1.3 s（脉冲链）		Ladich, 2000; Pruzsinszky et al., 1998
绿玻璃飞刀鱼	*Eigenmannia virescens*	淡水			200 Hz 至 1.5 kHz					Ladich, 2000

续表

通用名	学术名	栖息地	呼叫类型，描述性词	发声机制	中心，峰值，或主要频段	频率范围	声源级	周期	呼叫率	其他参考文献
细鳗潜鱼	*Encheliophis gracilis*	海洋	脉冲序列	鼓叫	低于600 Hz	0~3.5 kHz		362 ms（拍击），小于1 s（击鼓）		Parmentier et al., 2003
长胸细潜鱼	*Encheliophis homei*	海洋	脉冲序列	鼓叫	90~912 Hz	90 Hz至4.5 kHz		218~262 ms（脉冲），3~5 s（声音）		Lagardere et al., 2005; Parmentier et al., 2003
直立海马	*Hippocampus erectus*	海洋	喂食的敲击	冠状头饰的摩擦	400~800 Hz	500~4 800 Hz				Colson et al., 1998
小海马	*Hippocampus zosterae*	海洋	喂食敲击	冠状头饰的摩擦	2.6~3.4 kHz			5~20 ms		Colson et al., 1998
斑点叉尾鮰鱼	*Ictalurus punctatus*	淡水	脉冲声群	胸鳍的摩擦	600 Hz至2.9 kHz	上至4 kHz	79~100	3~13 ms（脉冲），56~177 ms（扫脉冲）		Fine et al., 1997
豹蟾鱼	*Opsanus tau*	海洋	船哨声，呼噜声	鼓叫	110~270	上至约1.5 kHz	112~132	48~407 ms		Barimo et al., 1998
意大利彭多遥虎鱼	*Padogobius nigricans*	淡水	一系列近似纯音的脉冲		80 Hz			327 ms（脉冲，大约每系列26个脉冲）		Lugli et al., 1996
布氏油鲇鱼	*Pimelodus blochii*	淡水，咸水湖			100 Hz至4 kHz					Ladich, 2000
平口油鲇鱼	*Pimelodus pictus*	淡水			100 Hz至4 kHz	上至5 kHz				Ladich, 1999, 2000
平囊鲇鱼	*Platydoras costatus*	淡水			100 Hz至5 kHz					Ladich, 2000

续表

通用名	学术名	栖息地	呼叫类型，描述性词	发声机制	中心、峰值或主要频段	频率范围	声源级	周期	呼叫率	其他参考文献
非洲矮长颌鱼	*Pollimyrus adspersus*	淡水	呼噜声（脉冲串），呻吟声	类似于鼓叫	200~300 Hz	上至 2 kHz		0.1~1.7 s		Crawford et al., 1997
奥氏矮长颌鱼	*Pollimyrus isidori*	淡水	呼噜声（脉冲串），呻吟声	类似于鼓叫	250~400 Hz	上至 2 kHz		0.1~0.5 s		Crawford et al., 1997
麦穗鱼	*Pseudorasbora parva*	淡水	喂食时的发声：宽频脉冲	等同于击打，咀嚼等	100~800 Hz		104~115	10~50 ms		Scholz et al., 2006
纳氏臀点脂鲤	*Pygocentrus nattereri*	淡水			100~600 Hz	上至 1 kHz				Ladich, 1999, 2000
短攀鲈	*Trichopsis pumila*	淡水			1~4 kHz					Ladich, 2000
条纹短攀鲈	*Trichopsis vittata*	淡水	呱呱叫	胸鳍	800 Hz 至 2.5 kHz	上至 5.5 kHz		约 1~5 ms		Hengmuller et al., 1999；Ladich et al., 1992a, 1992b
纵带直棱鲂鮄	*Trigloporus lastoviza*	海洋	吼叫，1~3 个脉冲的组合		304~1 018 Hz	上至 2 kHz		2.9~7 ms（脉冲），0.05 ms 至 3.1 s（吼叫）		Amorim et al., 2000
橙鳍沙鳅	*Yasuhikotakia modesta*	淡水	咔嗒声，撞击声		80~330 Hz（均值 225~238）	上至 8 kHz	102（咔嗒声），106（撞击声）	33~35 μs（咔嗒声），21~29 ms（撞击声）		Ladich, 1999, 2000；Raffinger et al., 2009

声 呐 方 程

本章概括了声呐方程的经典形式。这些公式可用于多数的实际设置。具体项在本书的相关章节中有所介绍(损失、目标强度、噪声、指向性、处理和性能)。

在下文中,dB 表达式都是简化的,省略了当前使用中的单位参考量。例如,传输损失记作 $20\log R$,而不是 $20\log(R/1\text{ m})$,功率记作 $10\log P$,而不是 $10\log(P/1\text{ W})$ 等。

1 主动声呐

主动声呐中的通用声呐方程是

$$SL - 2TL + TS - NL_B + DI + PG = RT$$

式中,SL 为发射声源级($\text{dB } re\ 1\ \mu\text{Pa@ 1 m}$);$TL$ 为单向传播损失(dB);TS 为目标强度($\text{dB } re\ 1\ \text{m}^2$);$NL_B$ 为接收器带宽内噪声或混响功率($\text{dB } re\ 1\ \mu\text{Pa}$);$DI$ 为接收器天线的指向性指数(dB);PG 为信号与接收器的处理增益(dB);RT 为预期性能级相对应的接收阈值(dB)。

1.1 声源级

$SL(\text{dB } re\ 1\mu\text{Pa@ 1 m})$要么是给定声源的特征常数,要么与发射特性相关:

$$SL = 170.8 + 10\log P_{el} + 10\log\beta + DI_{Tx}$$

式中,P_{el}是电功率(W);$\beta = P_{ac}/P_{el}$是换能器电声功率效率,其中 P_{ac}是辐射声能(W);$170.8 = 20\log(10^6) + 10\log(\rho c/4\pi)$,将声压与功率关联起来的常数,$\rho$ 和 c 是介质密度和声速,通常为 1 000 kg/m^3 和 1 500 m/s;DI_{Tx}为发射指向性指数(参阅本部分1.5)。

1.2 传播损失

$$TL = 20\log R + \alpha R \quad (\text{dB})$$

式中,R 为距离(m);α 为吸收系数(dB/m),注意,α 一般用 dB/km 表示。

1.3 目标强度

1.3.1 点目标

$$TS = 常量 \quad (\text{dB } re\ 1\ \text{m}^2)$$

TS 取决于目标尺度和自然属性，在给定角度和频率下，TS 是常量。

1.3.2 界面目标

$$TS = BS_S + 10\log A$$

式中，BS_S 为界面反向散射强度，在单位面积内定义（dB/m²）；A 为声照射面积（m²）。

1.3.2.1 斜入射

$$TS = BS_S(\theta) + 10\log\left(\frac{R\Phi_c}{2B_0\sin\theta}\right)$$

1.3.2.2 法向入射

$$TS = BS_S(0) + 10\log(\Psi R^2)，长脉冲，由波束宽度限制$$

$$TS = BS_S(0) + 10\log\left(\frac{\pi Rc}{B_0}\right)，短脉冲，由脉冲时间限制$$

式中，近法向入射时，长/短脉冲体系由 ΨR^2 或 $\pi Rc/B_0$ 的最小值确定；$BS_S(\theta)$ 是以入射角 θ 入射的界面反向散射强度（dB/m²）；Φ 为水平角等效孔径（弧度）；θ 为信号入射角，相对于平面垂线；Ψ 为立体角等效孔径（球面度）；B_0 为信号带宽（Hz），对于持续时间为 T 的非调制信号，使用 $B_0 \approx 1/T$，因此在 TS 公式中，T 可用来替代 $1/B_0$。

1.3.3 体目标

$$TS = BS_V + 10\log V$$

式中，BS_V 为单位体积的体反向散射强度（dB/m²）；V 为声照射体积（m³）。

$$TS = BS_V + 10\log\left(\frac{\Psi R^2 c}{2B_0}\right)$$

Ψ 为立体角等效孔径（球面度）。

1.4 噪声级

此处考虑的是接收器带宽 B 内的噪声级。对于主动声呐，噪声项主要由外部噪声或混响主导。

1.4.1 外部噪声

$$NL_B = NL + 10\log B \quad (\text{dB } re \text{ 1 } \mu\text{Pa})$$

式中，NL 为噪声功率谱密度（dB re 1 μPa/$\sqrt{\text{Hz}}$）；B 为接收器带宽（Hz）。

1.4.2 混响

混响级是以类似界面或体积回声的方式计算的：

$$NL_B = SL - 2TL + TS \quad (\text{dB } re \text{ 1 } \mu\text{Pa})$$

其中，*TS* 的定义见本部分 1.3.2 节和 1.3.3 节。

1.5 指向性指数

$$DI = 10\log(2L/\lambda)，长度为 L(\mathrm{cm}) 的线形天线$$

$$DI = 10\log(4\pi S/\lambda^2)，面积为 S(\mathrm{m}^2) 的天线$$

其中，λ 为波长（m），$\lambda = c/f$。

注意 1：*DI* 只适用空间各向同性加性噪声（通常是假设的）的情况。例如，*DI* 不适用一个局部噪声源主导噪声场的情况，在这一情况中，*DI* 由接收器指向性给定的抑制能级取代。

注意 2：不要在混响主导的信号接收情况下应用 *DI*，在混响级估计时已考虑了指向性特征。

1.6 处理增益

$$PG = 10\log(B_0 T) \quad （相干接收；B_0 = 调制带宽）$$

$$PG = 5\log(B_0 T) \quad （非调制信号的平方律接收器；理想情况下 B_0 \approx 1/T，$$
$$因此 PG \approx 0 \text{ dB}）其中，T 为发射信号的持续时间（s）。$$

注意：不要在混响主导的信号接收情况下应用 *PG*，鉴于接收器以相同方式处理目标回声和混响，因此处理增益是无意义的。

1.7 接收阈值

$$RT = 10\log r \quad （线性接收器）$$

$$RT = 5\log r \quad （平方律接收器）$$

式中，*r* 为输出信噪比，由 ROC 曲线（探测声呐，见 6.6.3 节）或克拉美–罗下界（测量声呐，见 6.6.5 节）给出。

2 被动声呐

被动声呐中的通用声呐方程是

$$RNL-TL-NL_\mathrm{B}+DI+PG=RT$$

式中，*RNL* 为接收器带宽上的目标辐射噪声级（dB *re* 1 μPa @ 1 m）；*TL* 为单向传播损失（dB）；NL_B 为接收器带宽内噪声或混响功率（dB *re* 1 μPa）；*DI* 为接收器天线的指向性指数（dB）；*PG* 为接收器的处理增益（dB）；*RT* 为预期性能级相对应的接收阈值（dB）。

与主动声呐方程相比，此处只考虑单向传播损失，目标强度和混响项消失。

2.1 目标噪声级

该"声源级"可能是：线谱的幅值（窄带被动检测）；频带 B 中的噪声频率（宽带被动检测），

$$RNL = NL_R + 10\log B$$

其中，NL_R 为辐射噪声的频谱密度（dB re 1 μPa/ $\sqrt{\text{Hz}}$ ）。

2.2 传播损失

见本部分 1.2。

2.3 噪声级

见本部分 1.4.1。

2.4 指向性指数

见本部分 1.5。

2.5 处理增益

$$PG = 5\log(BT_i)$$

式中，B 为接收器带宽（Hz），在窄带中一般是 1 Hz，在宽带中，为中心频率 f_0 的倍频程 $[2^{-1/2}f_0, 2^{1/2}f_0]$ 或 1/3 倍频程 $[2^{-1/6}f_0, 2^{1/6}f_0]$；$T_i$ 为接收器积分持续时间（s）。

2.6 接收阈值

$$RT = 10\log r \quad （线性接收器）$$

$$RT = 5\log r \quad （平方律接收器）$$

式中，r 由 ROC 曲线（探测声呐）或克拉美–罗下界（测量声呐）给出。

3 单向传输系统

单向传输系统中的通用声呐方程是

$$SL - TL - NL_B + DI + PG = RT$$

式中，SL 为发射声源级（dB re 1 μPa@1 m）；TL 为单向传播损失（dB）；NL_B 为接收

器带宽内噪声或混响功率(dB re 1 μPa)；DI 为接收器天线的指向性指数(dB)；PG 为信号和使用的接收器的处理增益(dB)；RT 为预期性能声级相对应的接收阈值(dB)。

3.1 声源级

见本部分1.1。

3.2 传播损失

见本部分1.2。

3.3 噪声级

见本部分1.4.1和本部分1.4.2。

3.4 指向性指数

见本部分1.5。

3.5 处理增益

见本部分1.6。

3.6 接收阈值

$$RT = 10\log r \quad (线性接收器)$$

$$RT = 5\log r \quad (平方律接收器)$$

式中，r 由误差概率公式中的预期性能或/和预期的比特率(见6.6.4节)给出。

4 浅地层探测

在浅地层探测(浅地层剖面、地波勘探)情况中，反射率由相干反射而不是散射来主导；传播损失按照球面波的双向传播描述，吸收效应主要发生在海底内部。通用声呐方程与主动声呐应用中的有所不同。

$$SL - TL + RC - NL_B + DI + PG = RT$$

式中，SL 为发射声源级(dB re 1 μPa@1 m)；TL 为球面波的双向传播损失(dB)；RC 为反射系数(dB)；NL_B 为接收器带宽内噪声或混响功率(dB re 1 μPa)；DI 为接收器天线的指向性指数(dB)；PG 为信号与接收器的处理增益(dB)；RT 为预期性能级相对应的接收阈值(dB)。

4.1 声源级

见本部分1.1。

4.2 传播损失

$$TL = 20\log(2R_w + 2R_s) + 2\alpha R + 2\alpha_s R_s + 20\log(W_{WS} W_{SW})$$

式中，R_w 为水体内的距离(m)；R_s 为沉积物内的距离(m)；α 为水吸收系数(dB/m)，通常在 SBP 和地波频率下可忽略不计，注意：α 一般用 dB/km 表示；α_s 为海底吸收系数(dB/m)，注意：α_s 通常是用 dB/λ 表示的，必须转化为 dB/m；W_{WS} 和 W_{SW} 分别是水到海底以及海底到水的透射系数。实际上，对于多数水–沉积物阻抗比，该项可忽略。

最后，传播损失可近似为

$$TL \approx 20\log(R_w + R_s) + 2\alpha_s R_s + 20\log 2 \quad (\text{dB})$$

4.3 反射系数

在较低频率的界面回波的情况下(浅地层剖面仪、地波勘探)，反射率由相干反射主导而非散射主导：在该情况下，目标强度被"目标反射系数"$RC = 20\log V$ 所取代。在一阶近似中，V 可作为两个流体介质 1 和介质 2 之间的界面上平面波法向入射时的反射系数：

$$V = \frac{Z_2 - Z_1}{Z_2 + Z_1}$$

声阻抗由 $Z_i = \rho_i c_i$ 给出，ρ_i 和 c_i 分别是每个介质上的密度和声速。

4.4 噪声级

见本部分1.4。在浅地层探测中，噪声级通常是由支撑平台导致的。同样应注意的是，混响级(由水和沉积物层内多径导致的)也可能存在有限的影响。

4.5 指向性指数

见本部分1.5。然而，鉴于噪声源可能是局部的，经典指向性系数(为各项同性噪声定义)在这里需要换成接收阵列指向性所带来的噪声抑制级。

4.6　处理增益

见本部分 1.6。对于啁啾–发射 SBP，处理增益由相干处理表达式 $10\log(B_0 \times T)$ 给出。对于地波勘探系统，处理增益取决于 N 轨上的叠加操作的详细情况，SNR 上的增益可近似为 $10\log N$。

4.7　接收阈值

见本部分 1.7。

练习与问题

注意，在下文中，练习或问题号的第一个数字对应先前已提及过相关知识的一个章节(例如，Ex.2.1、Pb.2.1 等都与第 2 章有关)。

Ex.2.1　dB 的自然值

(a)将以下声压值用 dB re 1 μPa 表示：10 Pa；51 μPa；10^{-12} Pa；0.01 μPa。

(b)将以下对数声压级用 Pa 表示：20 dB re 1 μPa；−12 dB re 1 μPa；200 dB re 1 μPa。

(c)将以下功率值用 dB re 1 W 表示：1 kW；30 W；10 mW；0.1 W。

(d)用 W 表示以下对数功率值：23 dB re 1 W；−6 dB re 1 W；46 dB re 1 W。

Ex.2.2　空气中和水中的噪声源

(a)空气中，小型摩托车辐射的噪声级为 110 dB re 20 μPa @ 1 m。喷气式飞机起飞辐射的噪声级是 150 dB re 20 μPa @ 1 m。那么，两辆小型摩托车辐射的噪声级是多少？多少辆小型摩托车能辐射出与该喷气式飞机相同的噪声级？

(b)水中，潜艇辐射的噪声级是 150 dB re 1 μPa @ 1 m，水上摩托艇辐射的噪声级是 180 dB re 1 μPa @ 1 m，那么，多少艘潜艇辐射的噪声级与一艘水上摩托艇辐射的噪声级相同？

(假设一个单点上的所有声源是集中在一起的，求声强的总和)

Ex.2.3　声压级求和

考虑声压分别为 10^5 μPa 和 5×10^4 μPa 的两个信号的求和：

(a)单个分量的能级是多少(用 dB re 1 μPa 表示)？

(b)假设各分量相干(即振幅)或非相干(即声强)叠加，得出的声压级是多少？

(c)声压级分别为 160 dB re1 μPa 和 170 dB re1 μPa 的两个信号同样进行上述求和，

结果如何？

Ex. 2.4   声压功率换算

从平面波的功率和声压的关系入手，推导出面积 Σ 内均方根声压（用 dB *re* 1 μPa 表示）和功率（用 dB *re* 1 W 表示）两者对数级之间的关系。

Ex. 2.5   水下声波：物理量

主动海军声呐在孔径为 0.1 球面度的指向性瓣内发射频率为 1 kHz、声压级为 240 dB *re* 1 μPa @ 1 m 的 CW 信号。

（a）以自然单位表示声源的声源级（@ 1 m）；假设是局部平面波，计算相应的工作距离；计算发射的声能和所需的电功率（电声效率为 40%）。

（b）如果是水声信标在无指向性的情况下以声压级 180 dB *re* 1 μPa @ 1 m 发射 10 kHz 的信号情况（电声效率与主动海军声呐相同），上述问题的结果如何？

Ex. 2.6   平面波特征

（a）从平面波的声压、流体振速和质点位移的关系入手，计算声压为 100 dB *re* 1 μPa 时相应的声压、声强、振速和位移值。

（b）声压为 200 dB *re* 1 μPa 时，上述问题的结果如何？

Ex. 2.7   基本传播损失

计算声波以频率 1 kHz（$\alpha = 0.1$ dB/km）、10 kHz（$\alpha = 1$ dB/km）和 100 kHz（$\alpha = 30$ dB/km）在 100 m、1 km、10 km 和 100 km 的距离上传播时的一般传播损失。

Ex. 2.8   最大工作距离

此处假设数据传输系统以 120 dB 的传播损失正常工作（唯一声源–接收器路径）。

（a）标称工作频率 100 Hz、1 kHz、10 kHz 和 100 kHz 下，上述情况所对应的最大距离是多少？

（b）对于在 1 kHz、10 kHz 和 100 kHz 频率下最大传播损失为 180 dB（声呐–目标–

声呐)的声呐系统，上述问题的结果如何？

Ex. 2. 9　多普勒效应值

在以下各情景(声呐、雷达、空气中的声音)中估计相对多普勒效应的数值：

(a)海军主动声呐：潜艇上的回波，相对速度为 20 kn；

(b)军事防空雷达：喷气式飞机上的回波，相对速度 1 000 km/h；

(c)交通监测雷达：车上的回波，相对速度为 50 km/h；

(d)零速运动的被动海军声呐，跟踪速度为 10 kn 的潜艇时：最接近点时的多普勒变化；

(e)均以速度 150 km/h 沿相反方向行驶的特快列车：在两列列车的铁路交叉口，列车上的乘客感知到的最高噪声的多普勒变化；

(f)垂直回波探测仪，放置在受升降(海面搅动产生的垂直运动)影响的船上，假定为正弦波，波峰-波谷振幅为 6 m，周期为 8 s。

Ex. 2. 10　有限推导

推导式(2.80)和式(2.81)给出的近似。

Pb. 2. 1　表面声道中的传播

假设一个层厚为 100 m，表面声速为 1 500 m/s，底部最大声速为 1 510 m/s 的表面声道。声源浸在 50 m 处；频率为 10 kHz，吸收为 1 dB/km。

(a)局限在声道内的声射线传输时的最大角度是多少？极限声射线的跨距是多少？

(b)该波导中的传播通过平均声强模型描述。球面和圆柱体系之间的转变距离是多少？在无传播-反射损失的情况下描述传播损失定律。

(c)将该传播损失与等声速设置下获得的传播损失对比，等声速设置下声场由两条路径(直接和表面反射)构成；计算距离为 2 km 和 10 km 时的差值。

(d)声源和接收器现在位于表面 5 m 以下。从传播角域中水平声速的估计入手，推导出传输信号的时间散布。计算声源和接收器分别在 2 km 和 10 km 时的时间散布值。

(e)实际上，波导声场受表面反射损失的影响。使用 Eckart 反射模型计算"每次反弹"的损失，考虑表面波高的标准差为 0.1 m。试从该结果推导出给定角度下距离上平均降低的表达式，最终试推导 2 km 和 10 km 处声道接收的信号的起止之间的能级差

(由于反射损失)。

Pb. 2. 2 SOFAR 传播

假设 SOFAR 信道具有以下简化声速剖面。

z/m	0	2 000	5 000
$c/$ (m/s)	1 530	1 500	1 545

声源深度为 $z_s = 1\,950$ m，接收器深度为 $z_r = 2\,100$ m。

(a)计算这两个点的声速；推出最接近这两个点的水平连线的声射线的发射角度；当射线穿过声道轴时，计算其角度及其周期特征(距离、时间、等效水平声速)。

(b)计算 SOFAR 角域中倾斜最大的声射线的周期特征及其在声源的发射角。

(c)通过上述表达式表示时间散布并计算距离 1 000 km 处的时间散布。

(d)推导声源与接收器之间的极限路径的周期数；推演给定距离下声源与接收器之间的声射线数，并计算距离为 1 000 km 时声源与接收器之间的声射线数。

(e)从该结果进行推演，对于永久持续信号，该 SOFAR 设置与单一路径情况下的传播损失所存在的距离相关性。

(f)已知声源级为 175 dB *re* 1 μPa @ 1 m，载频为 250 Hz，吸收系数是 0.009 dB/km，海况是 6 级，传播距离是 1 000 km，在 1 Hz 频带上计算接收器输入信噪比。然后假设发射信号是持续时间为 80 s 的 FM 信号，扫频为 1.5 Hz，接收时的处理是相关；从这些条件推出处理后的信噪比。

(g)事实上，由于采用了脉冲压缩，有效信号的持续时间是有限的。可用于探测的接收信号部分的传播损失是多少(假定多径到达的时间密度在接收时间内随时间线性增加)？

Pb. 2. 3 简正波传播

假设深度为 50 m 的等速水层(1 500 m/s)覆盖在速度为 1 600 m/s 和密度为 2 000 kg/m³ 的均匀流体海床上。这一波导设置下，发射信号频率为 200 Hz。

(a)该波导中传播模式的波数的最低限制是多少？给出具体数值。相应的掠射角是多少？

(b)假设传播模式是由题设同一关系确定的，但底部是完全刚性的，(a)中计算的限制仍然有效，求出波数的通用表达式和这些模式的数量，计算相应掠射角的值。

（c）简单考虑周期距离概念，推导连接分别位于 1 km 和 10 km 处的声源和接收器的特征射线的近似数量。概括出简正模型的效率。

（d）假设，超过临界角后，底部反射系数等于其在法向入射时的值。掠射为 21°时，将损失以距离的函数进行计算。证明简正求和只限定在传播模式上。

（e）海面粗糙度的标准差为 0.2 m，考虑相干反射损失模型，表示出给定特征模中反射损失造成的距离减少系数，依据问题（b）中确定的传播模式计算该损失的数值。

Ex. 3.1 完全刚性球体

假设一个半径为 0.1 m 的完全刚性球体。该目标被距离 5 km、声源级为 220 dB *re* 1 μPa @ 1 m 的声呐照射，频率为 12 kHz。

（a）计算目标强度以及声呐接收的回波的声压级。

（b）如果频率变成 1 kHz，求上述问题的结果。

Ex. 3.2 流体界面反射

假设沉积物中的声速为 1 700 m/s、密度为 1 900 kg/m³；界面上的水速是 1 500 m/s。考虑在该界面上的平面波反射，计算临界入射角以及法向入射时的反射损失（用自然值和 dB 表示）。

当沉积物特征为 1 600 m/s、1 700 kg/m³ 和 1 480 m/s、1 300 kg/m³ 时，求上述问题的结果。

Ex. 3.3 沉积层内的吸收

假设沉积层内声速为 2 000 m/s，密度为 2 000 kg/m³，吸收系数为 1 dB/λ；界面上水速为 1 500 m/s。

（a）频率为 1 kHz、10 kHz 和 100 kHz 时，沉积层内吸收系数的值（dB/m）是多少？

（b）假设声波可有效透入沉积层直到衰减为 -20 dB（双向吸收），3 种频率下探测的沉积层厚度是多少？

Ex. 4.1 白噪声级

假设白噪声的功率谱密度为 120 dB *re* 1 μPa/$\sqrt{\text{Hz}}$。

(a)4 000 Hz 带宽内的声压级(μPa)是多少?

(b)假设为平面波,相应的声强是多少(W/m^2 和 dB re 1 W/m^2)?

Ex. 4.2　白噪声级对比有色噪声级

(a)假设[4 000~6 000 Hz]带通滤波器接收功率谱密度为-53 dB re 1 W/Hz 的白噪声,滤波器输出端的功率级(dB re 1 W 和 W)是多少?

(b)[1 000~8 000 Hz]滤波器接收在带宽(-6 dB/倍频程)低端的能级为-45 dB re 1 W/Hz 的有色噪声,求解相同问题的答案。

Ex. 4.3　有色噪声级

假设有色噪声的功率谱密度以 $N(f) = A(f_0/f)^2$ 变化。

(a)推导集中在频率 f_c 的频带 B 内总功率的表达式。

(b)带宽为 1 Hz、1/3 倍频程、倍频程、2 倍频程和 10 倍频程时,推导出上述表达式。

Ex. 4.4　环境噪声

计算声呐接收的环境噪声各分量的噪声谱密度级及其总和值。

环境条件如下:交通噪声级在中低之间(图 4.4);风速为 12 kn(输入至 APL 模型,$\delta t = 1\,℃$);考虑的频率为 100 Hz、300 Hz、1 kHz、3 kHz、10 kHz、30 kHz、100 kHz 及 300 kHz。计算 1/3 倍频程带宽内各频率下得出的噪声级。

Ex. 4.5　1/3 倍频程

假设舰船辐射宽带噪声以 $-20\log(f/f_0)$ 下降;100 Hz 时,舰船辐射宽带噪声为 126 dB re 1 μPa/$\sqrt{\text{Hz}}$@ 1 m。测量是在 200 m 距离上进行的,传播损失假定为球面的。

(a)中心在 200 Hz 的 1/3 倍频程滤波器的输出端测量的等效声强是多少?该频带内平均功率谱密度值(dB re 1 μPa/$\sqrt{\text{Hz}}$)是多少?

(b)210 kHz 下,一个振幅为 166 dB re 1 μPa @ 1 m 的线谱分量实际重叠在宽带噪声上,则(a)中相同问题的结果如何?

(c)线谱噪声级只有 136 dB re 1 μPa @ 1 m 时,则(a)中相同问题的结果如何?

(d)频谱分量实际上不是完美谐波信号,但其所有占据的有效带宽为 3 Hz,平均频谱级为 146 dB *re* 1 μPa @ 1 m 时，则(a)中相同问题的结果如何？

Ex.4.6　潜艇辐射噪声级

潜艇辐射以下噪声分量(所有能级都@1 m)：

- [0~100 Hz]频带内宽带噪声，与频率无关，功率谱密度为 108 dB *re* 1 μPa$/\sqrt{\text{Hz}}$；
- 超过 100 Hz，宽带噪声随频率降低($-20\log f$)；
- 三条线谱，能级分别为 111 dB *re* 1 μPa、118 dB *re* 1 μPa 和 121 dB *re* 1 μPa。

计算各分量对应的声压级和声功率，并进行比较和分析。最后计算潜艇辐射的总声功率。

Ex.4.7　潜艇噪声探测

Ex.4.6 中描述的潜艇现在深海中 1 km 范围内由被动声呐接收器跟踪，阵列提供的信噪比指向性增益为 20 dB；此外，假设接收时的处理增益为 10 dB。克努森模型对环境噪声模型进行了描述，海况为 4 级。

(a)信噪比高于 6 dB 时，潜艇辐射噪声的哪些分量可被探测(假设是在 1 Hz 频率框内接收)？

(b)跟踪距离如果变成 5 km，上述问题的结果如何？

(c)最后探测的最大可能距离是多少？

Ex.4.8　舰船自噪声

1 kHz 下，长为 100 m 的舰船所辐射的噪声级为 120 dB *re* 1 μPa$/\sqrt{\text{Hz}}$，以 $-20\log(f/f_0)$ 减少。假设该噪声只来自螺旋桨，且螺旋桨位于船后。考虑水听器接收的噪声：

- 位于船体长度的 1/3 处(从船首起)；
- 部分被船体掩蔽，以至来自螺旋桨的噪声级与直接传播相比额外衰减 10 dB；
- 下视指向性，主瓣宽度为 30°，旁瓣在 -30 dB。

(a)计算水听器在[11~13 kHz]频带内接收的噪声级。

(b)当舰船在砂质海底上方航行($\rho = 2\,000$ kg/m^3，$c = 1\,750$ m/s)时，该噪声级在船体下方 200 m 处会发生如何变化？(假设 10 dB 的掩蔽效应只在直接传播时有效且换能器指向性将会使得螺旋桨的噪声比来自船体下方的垂直声波衰减 30 dB)。

Pb. 5. 1　Tonpilz 型 换 能 器

辐射面直径为 70 mm 的 Tonpilz 型换能器在水中的共振频率为 12 kHz。以下表格给出了[8~16 kHz]内轴向发射电压响应(*TVR* 用 dB *re* 1 μPa/1 V @ 1 m 表示):

F/kHz	8	9	10	11	12	13	14	15	16
TVR	129.5	134.3	137.2	139.1	140	138.8	136.9	133.5	128.6

换能器的驱动器是一叠(8 个)PZT 压电盘，d_{33} 常量等于 300×10^{-12} m/V。在共振条件下，换能器的指向性指数是 9 dB，其并联电阻(R_p)是 2 kΩ，并联电容(C_p)是 10 nF。

换能器使用的是交流电压，振幅为 ±2 000 V，周期为 0.083 ms。

(a)描述 Tonpilz 型换能器，说明各组件的作用。

(b)计算陶瓷堆在上述电压驱动时所发生的长度变化。假设电场和极化是平行的且在相同方向。

(c)相同驱动电压下，换能器轴向上 1 m 远处的声源级是多少?

(d)该声源级所对应的声功率是多少?

(e)该换能器的−3 dB 带宽是多少? 推断出其机械品质因数。

(f)计算其在共振条件下的电声效率。

(g)描述空化现象，如果应用相同驱动电压，避免该问题的最小深度是多少?

(h)计算相同驱动电压下的无功功率和总电能，提出减少无功功率效应的改进方案。

(i)考虑 7 个相同的换能器组成圆盘形状的阵列，其中共振条件下指向性指数是 17 dB。假设阵列中换能器之间的相互作用可忽略不计，计算:

● 共振条件下阵列的发射电压响应;

● 共振条件下阵列的并联电阻和电容;

● 驱动电压为 500 V(RMS)，频率与上述条件相同时，阵列轴向上 1 m 远处的声源级;

● 避免空化现象的最小深度。

Ex. 5. 1　线 性 阵 列 指 向 性

考虑长度为 60 m 的拖曳线性阵列，在频率范围[50~8 000 Hz]下作业。

(a)50 Hz、250 Hz、1 000 Hz、4 000 Hz 下最小波束宽度各是多少?

（b）这 4 个频率下的指向性指数是多少？

（c）100 Hz 下指向性图中零位的角度方向是什么？

（d）一个切比雪夫束控律（-40 dB）应用在阵列上，波束宽度和指向性指数会如何变化？

（e）频率低于 1 kHz 时才会使用整个长度的阵列，换能器的间距是多少？阵列需要多少个换能器？

（f）定义两个阵列段：一段 24 m 长，用于[1~2 kHz]倍频程；一段 12 m 长，用于[2~4 kHz]倍频程。两种情况下，水听器的间距和数量各是多少？试确定整个阵列水听器的最佳数量。

Ex.5.2　线性阵列的指向性指数的推导

假设一个线性阵列上有 N 个间距为 $\lambda/2$ 的传感器。

（a）将波束形成操作考虑成带有独立加性噪声的 N 个信号的求和，推导出指向性指数（使用阵列输入和输出信噪比表达式）。

（b）考虑三角加权，推导出加权造成的指向性指数的减少（假设 $N \gg 1$）。

Ex.5.3　宽带指向性

试推导 5.4.5.1 节中中间过程以反演式（5.29）和式（5.32）的结果。

Ex.6.1　水声信标

水声信标在 12 kHz 频率下发射持续时间为 1 ms 的非调制脉冲，能级为 180 dB *re* 1 μPa @ 1 m。一个非相干接收器被调到[11~13 kHz]频带上。如果海况为 5 级，信噪比至少需要 10 dB，最大探测距离是多少？（接收时不考虑指向性增益）

Ex.6.2　水下通信系统

水下通信系统旨在以 50 kHz 频率在 10 kHz 的带宽上作业。预计该系统在 5 级海况时，可达到 2 km 的传输距离，其中接收的 SNR 为 20 dB。为满足上述性能要求，发射声源级应是多少？（接收时不考虑处理增益）

Ex. 6. 3　检 测 阈 值

确定以下设置和性能级的接收阈值：

（a）被动宽带检测：（pd, pfa）=（50%, 0.1%），（80%, 0.1%），（95%, 0.01%）；

（b）主动平方律检测：（pd, pfa）=（50%, 1%），（80%, 0.1%）；

（c）主动线性检测：（pd, pfa）=（50%, 0.1%），（80%, 0.01%），（95%, 0.000 1%）。

Ex. 6. 4　输 入 信 噪 比

假设以下所有情况下的接收阈值是 15 dB，试确定接收器输入信噪比（定义为接收器带宽内的功率信噪比）是多少？

（a）被动宽带，带宽为 100 Hz，积分时间为 8 s；

（b）被动窄带，带宽为 10 Hz，积分时间为 20 s；

（c）主动 CW，信号持续时间为 5 ms，带宽为 200 Hz 的平方律接收器，接收 12 个声脉冲；

（d）主动 FM，信号持续时间为 2 s，带宽为 500 Hz，接收 5 个脉冲。

Ex. 6. 5　海 军 被 动 声 呐

海军被动声呐探测一个辐射声级为 110 dB re 1 μPa$/\sqrt{\mathrm{Hz}}$ @ 1 m 的潜艇，频带为 [100~200 Hz]，积分时间超过 10 s。接收器阵列的指向性增益为 20 dB，环境噪声级等同于海况 3 级。输出 SNR 为 10 dB 时，探测的最大距离是多少？

Pb. 6. 1　渔 业 回 波 探 测 仪

电功率为 500 W 的渔业回波探测仪发射持续时间为 1 ms 的 38 kHz 非调制脉冲。用于发射和接收的换能器是边长为 40 cm 的方形板，发射器的总电声效率为 50%。噪声级是 40 dB re 1 μPa$/\sqrt{\mathrm{Hz}}$，接收器是非相干接收器。

探测目标是目标强度为 −35 dB 的鱼，以 pd = 50%和 pfa = 0.1%进行探测。

（a）对于该目标的探测，最大深度是多少？

（b）对于该鱼的同类鱼群，单鱼平均间距为 50 cm，最大可探测深度是多少？

（c）假设海底垂直方向上反向散射强度为 -5 dB/m^2，探测海底时的最大水深是多少？（讨论长/短脉冲体系）

Ex. 6.6　拖曳阵列

反潜护航舰舰部署的海军被动声呐的特征是一条长为 200 m 的拖曳线性阵列，该阵列的全长可用于探测。该海军被动声呐可用于探测核潜艇，辐射噪声谱的特征是频率为 100 Hz、能级为 135 dB re 1 μPa @ 1 m（作为可探测的最简单的分量）。环境噪声级是 70 dB re 1 μPa$/\sqrt{\text{Hz}}$。

如果探测性能要求是 $pd = 90\%$，$pfa = 0.000\ 1\%$，探测距离是 10 km 内，那么接收器的积分时间应是多少？

Ex. 6.7　海洋声层析系统

海洋声层析系统在 400 Hz 下发射信号，在 12 s 长的持续时间上调制，带宽为 80 Hz。发射声源级限制在 185 dB re 1 μPa @ 1 m。接收器为一个点状水听器，记录接收到的信号。接收时应用相干处理；此外，在相关器的输出端，累积 10 个连续信号以改善 SNR。环境噪声级等同于 3 级海况（使用克努森模型）。

（a）测量到达时间的标准差为 1 ms 时，最大发射器–接收器距离是多少？

（b）如果该距离要达到 1 000 km，则应使用的频率是多少？（假定信号特征和发射级保持不变）

Pb. 6.2　数据传输声系统

数据传输声系统旨在将数字化图像从潜艇垂直传输至水面船只。载频为 30 kHz，以 10 kbits/s 比特率进行 PSK2 调制数据传输。

（a）明确描述调制信号的设计，所占带宽是多少？如果数据压缩算法在数据量上提供的增益为 4，传输一个图像（320×200 点组成，16 灰度上编码）需要多长时间？

（b）接收换能器是安装在船体下方的圆盘。指向性图案是顶角为 45° 的椎体。计算圆盘直径和指向性指数。使用贝塞尔函数的渐近式：$J_1(x) \approx \sqrt{\dfrac{2}{\pi x}} \cos\left(x - \dfrac{3\pi}{4}\right)$ 以推导指向性函数旁瓣的平均下降定律。

（c）探测器性能的局限性首先是环境噪声导致的。让我们考虑海况为 6 级的情况（克努森模型）。信号带宽内接收器感知的总等效噪声级（考虑换能器指向性指数）是多少？

（d）将船螺旋桨产生的噪声考虑在内。距离螺旋桨 1 m 处的噪声级是 $NIS = 140 - 20\log\left(\dfrac{f}{1\,000}\right)$（用 dB re 1 μPa$/\sqrt{\text{Hz}}$ 表示）。换能器安装在距离螺旋桨 50 m 处，请在信号频带内计算换能器上的噪声级。试推断接收器（修正指向性）感知的等效噪声级：螺旋桨可在向下的波束主瓣外的 90° 处听到，使用旁瓣的平均下降定律。计算系统性能估计中需要考虑的有效噪声级。

（e）安装在潜艇上的发射器系统的能级是 195 dB re 1 μPa @ 1 m。假设接收器输出端信噪比至少为 10 dB（假定接收器处理增益为零）时，最大深度是多少？

Pb. 6.3　直升机载声呐

直升机载声呐用于探测（在 5 km、10 km 和 20 km 处）$BS = +10$ dB 的潜艇。该声呐的工作频率为 10 kHz（$\alpha = 1$ dB/km）。发射信号是持续时间为 1 s、带宽为 1 kHz 的 FM 信号。阵列提供水平平面上孔径为 15° 的角域、垂直平面上孔径为 30° 的角域的全景覆盖。探测受限于：

- 环境噪声，环境噪声级等同于 6 级海况；
- 体积混响（$BS_V = -80$ dB/m^3）；
- 界面混响（$BS_S = -50$ dB/m^2）；

探测的预计性能是 $pd = 50\%$ 和 $pfa = 0.1\%$。

（a）计算接收时的指向性增益以及相应的阵列尺度（假定矩形的）。

（b）为了在距离 5 km、10 km 和 20 km 处满足性能要求（环境噪声的影响下），发射级是多少？

（c）假设发射级为 230 dB re 1 μPa @ 1 m，推导并计算体积和界面的混响级（作为距离的函数），并将其与环境噪声比较。

Ex. 7.1　FDR 声波发射器

装有 FDR（飞机上的"黑匣子"）的声波发射器在 40 kHz 下发射持续时间为 10 ms 的脉冲，声压级为 160 dB re 1 μPa @ 1 m。通过一艘部署开口为 $2\theta_3 = 90°$ 的盘形天线的船，该声波发射器在 40 kHz 下可被探测的最大距离是多少？船的自噪声级为 67 dB re

$1\ \mu Pa/\sqrt{Hz}@1\ kHz$，探测阈值是 10 dB。

Ex. 7.2 休闲游艇回波探测仪

休闲游艇上使用的回波探测仪的发射级应是多少？频率是 200 kHz，换能器是直径为 5 cm 的圆盘；待考虑的最大水深是 100 m；信号分辨率是 10 cm；预计接收阈值至少是 20 dB。可假设其他没有给出的环境参数。

Pb. 7.3 大西洋海战

驱逐舰使用 ASDIC 系统试图探测 U 型潜艇。ASDIC 发射器在[14~22 kHz]频带内作业。换能器是一个边长为 0.4 m 的方形板，由电声效率较低(20%)的石英制成。适用的最大瞬时电功率是 1 kW。

(a)在中频 18 kHz 下，计算发射波束的主要特征(单向和双向波束宽度和立体角、声源级、噪声指向性指数)。

(b)发射的 CW 声脉冲持续时间是 5 ms，信号带宽和距离分辨率分别是多少？

(c)确定平均大西洋条件下频率为 18 kHz 时的吸收系数的近似值。计算频率为 18 kHz，距离为 250 m、500 m、1 km、2 km、3 km、4 km、5 km、7 km 和 10 km 时的一般传播损失。

(d)驱逐舰在其最大速度 15 kn 前都能使用 ASDIC，U 型潜艇的航行速度为 8 kn。多普勒效应会对接收回波(在最大频率、最小频率和中频下)造成多大的影响？确定接收滤波器的实际带宽，将其表示为标称频率的函数。

(e)驱逐舰在 17 kHz 外差频率附近解调 18 kHz 回波。能否证明这一标注尺寸的相关性？考虑多普勒效应时，接收的载频范围应是多少？

使用音乐类比：半音是 6% 频移，明显可被任何非音乐演奏者的其他人感知。训练有素的演奏者(或类似地，声呐操作员)可分辨小至 0.5%(有时甚至更小)的迁移。使用这两个数字，求出听取解调信号的操作员感知到的相对速度变化的量级。

(f)待探测的目标的平均 TS 是+15 dB。驱逐舰在其自身 ASDIC 换能器上的自噪声是 96 dB $re\ 1\ \mu Pa/\sqrt{Hz}$，以 $-20log(f/1\ 000)$ 递减。对于一次声脉冲探测(假设高斯统计特性，线性接收)，预期探测性能是 $pd=0.5$ 和 $pfa=10^{-4}$。这些条件下的平均探测距离是多少？

(g)[14~22 kHz]范围内的吸收系数随频率的平方变化。采用与前面问题类似的方式，计算潜艇在 14 kHz 和 22 kHz 下的探测距离，考虑各相关量中的频率变化。总结频率选择。

（h）在监视模式下，ASDIC 用于区域内的全景扫描。转向是手动操作的，根据操作员的技术，可能需要 10~20 s 来改变两次声脉冲之间的指向角。假设探测距离为4.5 km，在各转向方向会发射两次脉冲，需要多长时间才能完成一个区域内的全部扫描？考虑到 ASDIC"看不见"船尾方向附近±30°的扇区，一般不在该扇区内操作。

（i）接收回波中有混响。海底和海面反向散射强度通过朗伯定律描述，参考级分别是-30 dB 和-45 dB。水体反向散射指数是-60 dB/m³。计算水深 200 m 时距离为 500 m 和 2 000 m 处的总混响级。将该总混响级与潜艇回声级进行比较。

（j）潜艇现在位于坚硬海底（-20 dB/m²）上方，位于水深为 200 m，与驱逐舰的水平距离为 1 000 m 的地方，计算海床混响、潜艇回波和目标阴影之间的比。

（k）驱除舰在被动模式下探测潜艇的距离可达多少？在电力推进模式下，U 型潜艇在 1 kHz 下辐射的噪声级是 126 dB re 1 μPa$/\sqrt{\text{Hz}}$@ 1 m，以-6 dB/倍频程的速度递减。ASDIC 使用无时间积分的宽带滤波器。探测性能现在变成 $pd=0.5$ 和 $pfa=0.01$，考虑高斯 ROC 曲线。

（l）在相同假设下，如果探测的是运行的鱼雷，（i）中相同问题的结果如何？鱼雷辐射噪声级是 148 dB re 1 μPa@ 1 m@ 1 kHz。如果鱼雷速度是 40 kn，从探测到鱼雷到被击中有多长时间？

（m）潜艇装有被动声呐探测仪：半球状指向性的船壳水听器；带一倍频程滤波器（[1~2 kHz]、[2~4 kHz]等）的接收器。潜艇自噪声是 85 dB re 1 μPa$/\sqrt{\text{Hz}}$@ 1 kHz，以-20log$f$ 速度下降。潜艇以（f）中相同的探测性能来探测驱逐舰发射的 ASDIC 声脉冲，能够探测的距离是多少？

Ex.8.1　单波束回波探测仪

计算使用单波束回波探测仪在频率为 12 kHz、30 kHz、100 kHz、400 kHz、700 kHz（吸收系数分别近似为 1 dB/km、5 dB/km、30 dB/km、100 dB/km、200 dB/km）进行海底探测时最大距离的数值。

做出如下假设：发射级=220 dB re 1 μPa @ 1 m；信号带宽=载频的1/20；海底反向散射强度=-20 dB/m²；噪声谱级=65-20log$F$（如 F<100 kHz）或-15+20log$F$（如 F>100 kHz）；指向性增益=+20 dB；接收阈值=+10 dB。假设探测是在"短脉冲"模式下进行的。

Ex. 8. 2　SBES 的声速剖面

单波束回波探测仪在声速剖面是等温的区域中使用：从 $z=0$ 时的 1 505 m/s 到 $z=$ 2 500 m 时的 1 547. 5 m/s。推导出垂直传播时间和等效声速的表达式。为测量时间和水深之间的转换，取平均声速值 $c_0=1$ 500 m/s，试得出因此造成的深度测量误差的表达式。

IHO-S44 标准(此处为简版)指定特殊级别(港口等)的相对深度精度为 0. 75%；级别 1 为 1. 3%(浅水 $H<100$ m)；超出 $H=100$ m 后为 1. 3%。当使用 1 500 m/s 近似后，该标准能否实现？水深分别为 10 m、100 m、1 000 m 和 2 500 m 时，相同问题的结果如何？

Ex. 8. 3　侧扫声呐

确定侧扫声呐以频率为 30 kHz、100 kHz、400 kHz、800 kHz(吸收系数分别为 5 dB/km、30 dB/km、100 dB/km、250 dB/km)工作时最大距离的数值。

做出如下假设：声源级=220 dB re 1 μPa @ 1 m；信号带宽=载频的 1/10；横向角度孔径=0. 5°；底部反向散射强度=−30 dB/m²；噪声谱密度=65−20log$F$($F<100$ kHz) 或−15+20log$F$($F>100$ kHz)；指向性增益=+30 dB；接收阈值=+10 dB。反向散射级与角度无关。

Pb. 8. 1　海底测绘多波束回波探测仪

该问题旨在通过用于大陆架(水深为 10～200 m)的图像函数来处理多波束回波探测仪的性能问题，主要特征如下：
- 测深测量的总精度是 0. 25%；
- 每个条带上有 200 个测深点；
- 横向上每 5 m 至少有一个测深点；
- 声呐图像能力：标称横向分辨率是 0. 2 m；
- 阵列尺寸小于 0. 6 m(横向)和 0. 5 m(纵向)；
- 横向孔径 $\psi=1°$；纵向上，接收时的所有波束窄于 2. 5°；
- 安装环境：自噪声级 NIS(dB re 1 μPa/$\sqrt{\text{Hz}}$)=60−20log(f_{kHz})(热噪声)；最大横摇±10°，只在接收时补偿。

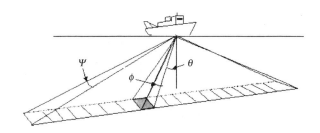

（a）一般特征：在超过 75° 后不可使用接收信号的前提下，提出并证明阵列的有效角度孔径以及波束再分割模式（针对这点，讨论声照射的条带上测深点的再分割）。分析以下几点：总角度孔径；横摇的影响；数值 $H=10$ m、50 m 和 200 m 时，最大条带宽度（作为水深的函数）的表达式。讨论限制该最大距离的因素。

（b）声脉冲速率和覆盖：探测器在再次发射前需要接收完整的反向散射信号。同样，区域需要全部声覆盖，无任何间隙以避免遗漏障碍物的风险。根据这两个限制，描述以下参数之间的折中：最大脉冲率频率——船只的最大速度——船速/水深/沿迹抽样之间的折中。试估计 $H=10$ m、50 m 和 200 m 时的日常覆盖。

（c）阵列设计：最好使用 V 形结构，一侧是一个 Rx 矩形阵列，一侧是一个 Tx 矩形阵列；Rx 沿迹波束宽度应是 25°。

定量证明一些指向性图案使用阵列加权的合理性。试推导 Tx 和 Rx 阵列的指向性特征（在这一阶段，它们还是由波长参数化的）：阵列尺度和指向性增益。考虑阵列加权的效应（假定瓣宽增加 20%）。

确定频率带宽的下限，证明该下限作为探测器标称频率的合理性。计算阵列的最终尺度以及发送和接收的指向性指数。

（d）最大距离与发射功率：计算探测器在特定条件下工作所需的声源级：海底反射强度为 $BS=-30+20\log\cos\theta$，接收阈值是 $+10$ dB。推导出所需的电功率（电声效率 = 50%）。

（e）声呐图像：声呐图像所需的纵向分辨率（0.2 m）实际上对应于信号的持续时间。试求出横、纵方向上的有效分辨率（作为阵列波束宽度和条带上考虑的点的几何位置的函数）。请计算入射角为 30° 和 75°，$H=10$ m、100 m 时上述分辨率所对应的值。评论以这种方式定义的"地面-像素"的量级。

如果记录的声呐图像数据的抽样周期等于信号的时间分辨率，试估计每个记录日内储存声呐图像的数字数据的量（每个像素编码占两个字节）。

（f）声速的影响：波束形成精度取决于以专门传感器测量的阵列上的声速值。如果声速测量误差为 1 m/s，那么最大测深测量误差是多少？

探测器用于深度 $H = 100$ m 的区域内，实际声速剖面随深度下降，从海面的 1 520 m/s 降到 $z = 100$ m 时的 1 495 m/s：

- 这一声速剖面所引起的条带宽度的变化是什么？
- 如果使用平均等声速进行测深计算，那么最倾斜波束的测深点位置上的误差（由于折射）是多少？

(g)测深精度预算：列出一些测深测量中可能出现的误差。

测深误差的主要原因之一是船的横摇。可通过运动传感器（测量平移和角度移动）的数据来控制波束形成角度来补偿。试估计该运动传感器所需的角度测量精度。

Ex. 9.1　气枪阵列

一个地波勘探系统的特征是 12 支空气枪组成的发射阵列。阵列是边长为 20 m 的正方形。

(a)气枪的峰值能级（在 1 m 处测量）是：其中 4 支是 0.8×10^6 Pa，其他是 0.2×10^6 Pa。如果这些气枪同步发射信号，远场中产生的等效最大峰值（用 dB re 1 μPa@1 m 表示）是多少？

(b)所有气枪信号的频谱主要集中在[10~60 Hz]频带，这些气枪所在的深度小于 10 m，需要考虑垂直平面上哪些指向性效应？

(c)选定的气枪阵列的深度会使向下传输的信号频谱在 100 Hz 出现明显的最小值，试确定该深度。假设辐射模式（理想上）符合偶极子指向性模型，确定在 2 000 m 深度和 30 Hz 频率下以 30°、45°、60°、70°（与垂直方向的夹角）时发射级。

(d)影响接收的噪声是由舰船辐射噪声主导，假设其在接收器带宽（100 Hz）上的能级恒定为 170 dB re 1 μPa/$\sqrt{\text{Hz}}$@1 m。如果接收水听器距离船尾 200 m，水深为 2 000 m，沉积物层平均吸收是 0.5 dB/λ，目标层反射系数是 −10 dB，接收端最小信噪比是 6 dB，计算 30 Hz 时的最大穿透深度。

Ex. 9.2　地波采集装置

考虑地波勘探系统记录的以下几何结构和参数：

- 4 条拖缆，单个长度为 1 800 m；轨间距为 6.25 m；拖缆之间的距离为 50 m；拖缆深度为 2 m；
- 2 个声源，声源间距为 25 m，声源距第一轨的距离是 25 m；
- 每 25 m 拍照一次；

- 信号抽样频率是 1 kHz。

对于这些几何结构和参数值:

(a)计算倍数 n 和 CMP 网格的尺寸($d_x \times d_y$),d_x 是横向尺寸,d_y 是纵向尺寸。

(b)确定 Nyquist 频率 f_N。

(c)计算接收端重影所对应的频率,平均声速为 $c = 1\ 500$ m/s。

(d)使用式(9.2),平均声速 $c = 1\ 500$ m/s,最大频率 $F_{max} = 200$ Hz,在无混淆情况下计算可成像的最大下沉深度。

Ex. 9.3　地波声速

假设海底是由多个水平分层构成,每一层的厚度是由双向零迁移距传播时间 Δt 和内部声速 c 确定的:

- 水体:$\Delta t_w = 0.5$ s,$c_w = 1\ 500$ m/s;
- 第一层厚度:$\Delta t_1 = 0.2$ s,$c_1 = 1\ 800$ m/s;
- 第二层厚度:$\Delta t_2 = 0.4$ s,$c_2 = 2\ 200$ m/s。

(a)使用式(9.5),求出到水底和到两层底部的 RMS 声速。

(b)使用双曲线近似式(9.15),求出到 1 000 m 迁移距的水底、水底第一层以及第二层底部所对应的双向传播时间。

(c)假设一个接收器位于水底,与声源的迁移距为 5 000 m,计算两个折射波的到达时间,将其与直达路径到达的时间进行对比。

Ex. 9.4　迁移

假设一个恒定声速为 v 的均匀介质和一个下沉反射体;假设地质截面与下沉反射体垂直。在迁移前的深度截面(通过声速 c 在垂直轴上进行简单时-深转换)上,反射体由倾角为 θ_z 的 CD 部分表示(见下图)。在深度迁移后,该反射体由倾角为 θ_z' 的 $C'D'$ 部分表示。

(a)将 θ_z' 表示为 θ_z 的函数。

(b)求出 C 点与 C' 点之间位移 dx 和 dz 的表达式(作为 z 和 θ_z' 的函数,其中 $z = AC = AC'$)。

(c)对于任意一个时间截面,深度与时间(双向传播时间)的关系式可由 $\tan \theta_z = (c \tan \theta_t)/2$ 给出。使用该关系式和(a)的结果,将 θ_t'(迁移后时间截面上的倾角)表示为 θ_t(迁移前时间截面上的倾角)的函数,求出 θ_t' 的表达式。

(d)求出时间截面上 C 点与 C' 点之间位移 dx 和 dt 的表达式(作为 t 和 θ_t 的函数,

其中 $t = z/c$)。

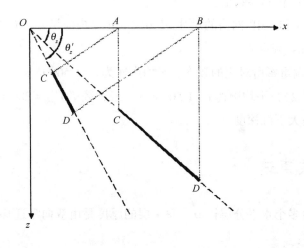

Pb. 9. 1　沉积层剖面分析

浅地层剖面仪基于直径为 0. 80 m 的圆形阵列，该阵列可用于发射与接收。放大器可使输出电功率达到 2 kW。总电声效率是 40%。发射的信号是"啁啾"（线性 FM）；信号持续时间是 50 ms，频率范围是 [1. 8~3. 6 kHz] 倍频程。

注意：对于沉积物剖面仪，海底回波是反射而不是反向散射的。

（a）计算发射带宽的（几何）中心频率上的发射声源级。在下文中，该能级将作为标称级。

（b）信号垂直分辨率是什么？接收端的理论处理增益是什么？深度 100 m、500 m 和3 000 m 处中心频率上的水平分辨率是什么？请将该水平分辨率与同一波瓣宽度和脉冲持续时间的经典高频单波束回波探测仪的分辨率进行对比。

（c）换能器安装在长为 80 m 的船体下方，与船首距离 10 m。主要噪声分量是直接或通过海底反射接收的螺旋桨辐射噪声。1 kHz 下辐射的噪声功率谱密度是 130 dB re 1 μPa$/\sqrt{\text{Hz}}$ @ 1 m。假设一个沙质沉积物海底，考虑到噪声直接传播路径由于换能器的指向性衰减 30 dB，且反射路径沿接收指向性瓣的轴向到达，考虑（b）中提及的水深试确定这两个自噪声分量和合成的总噪声级（用噪声功率谱密度表示）并在有效带宽内积分。

（d）沙层内的吸收系数是 1 dB$/\lambda$，以信号的中心频率考虑该值。如果信噪比是6 dB、底层界面反射系数为−10 dB，试确定探测仪作用于（b）中提及的水深处时可在沙层内探测的深度。

(e)如果换成是吸收系数为 0.1 dB/λ 的黏土海底，(d)中相同问题的结果如何？此外，要考虑自噪声级的变化。

Ex. 10.1 鲸的交流

鲸的呼叫声的能级为 189 dB re 1 μPa @ 1 m，主频为 100 Hz。在以下假设条件下试估计鲸可探测同伴的最大距离：噪声级为 65 dB re 1 μPa/$\sqrt{Hz}$，吸收系数为 1.5×10^{-3} dB/km，传播发生在 SOFAR 声道中，超出 12 km 的过渡区后即为理想波导传播。假定鲸的听觉系统类似一个非相关接收器，滤波器带宽是有效频率附近的 1/3 倍频程，积分时间为 0.25 s，接收阈值假定为 6 dB。如果噪声级增加 10 dB，该探测距离会如何变化？

Ex. 10.2 海豚回声定位咔嗒声

宽吻海豚发出一系列能级为 197 dB re 1 μPa @ 1 m 的咔嗒声，主频为 100 kHz。

环境噪声由海面噪声主导，风速为 20 m/s。海豚的发声和听觉系统都具有方向性；接收时，指向性主瓣近似为角度为 20° 的圆锥体。假定接收器带宽是主频附近的 1/3 倍频程。假设海豚能够探测接收频带内 SNR 高于 10 dB 的任何目标。海豚能够探测 TS 等于 -42 dB 的鱼的最大距离是多少？

海豚位于使用工作频率为 100 kHz 的 MBES(声源级为 222 dB re 1 μPa @ 1 m，横向波束宽度为 1°，信号持续时间为 0.2 ms；接收时的指向性抑制是主瓣外 -32 dB)的船只附近，其位于水深 100 m 的平坦海底上方(假定 BS 符合朗伯定律，参考级为 -30 dB/m²)。即使海豚不在 MBES 波束中，海豚发出的咔嗒声也很容易被声呐感知到，容易干扰测深测量。试确定当咔嗒的声级比以 45° 波束接收的海底回声高 15 dB 时(假定海豚在 MBES 主接收瓣外，其自身发射瓣指向 MBES 阵列)的最大海豚-声呐距离。

习 题 答 案

以下习题答案旨在帮助学生检查其解答是否具有正确的量级，由于部分假设可能不同及四舍五入的区别，具体答案的数字不需要完全一致。所有答案背后的原理及来源均可在相应的章节找到，老师可以帮助学生指出出处。当然，错误和疏漏难免，如有发现，务请直接联系本书作者，作者将会收录在出版社网站上的勘误中。

Ex. 2.1

(a) 140 dB *re* 1 μPa；14 dB *re* 1 μPa；−120 dB *re* 1 μPa；−40 dB *re* 1 μPa。

(b) 100 μPa；0.25 μPa；10^{10} μPa。

(c) 30 dB *re* 1 W；14.8 dB *re* 1 W；−20 dB *re* 1 W；−10 dB *re* 1 W。

(d) 200 W；4 W。

Ex. 2.2

(a) 113 dB *re* 20 μPa @ 1 m；10 000 小型摩托艇。

(b) 1 000 潜艇。

Ex. 2.3

(a) 100 dB *re* 1 μPa；94 dB *re* 1 μPa；103.5 dB *re* 1 μPa；101 dB *re* 1 μPa。

(b) 172.4 dB *re* 1 μPa 和 170.4 dB *re* 1 μPa。

Ex. 2.4

$$P_{(\text{dB}\,re\,1\,\text{W})} = P_{\text{rms}\,(\text{dB}\,re\,1\,\mu\text{Pa})} = 10\log(\Sigma/1\ \text{m}^2) - 181.8。$$

Ex. 2.5

(a) 10^6 Pa；10^{-4}m；30 kW；75 kW。

（b）10^3 Pa；10^{-7}m；4 W；10 W。

Ex. 2. 6

（a）0. 1 Pa；0.67×10^{-8}W/m²；0.67×10^{-7}m/s；10^{-10}m@ 100 Hz 和 10^{-12}m@ 10 kHz。

（b）10^4 Pa；67 W/m²；0.67×10^{-2} m/s；10^{-5} m@ 100 Hz 和 10^{-7} m@ 10 kHz。

Ex. 2. 7

@ 1 kHz，如果 $\alpha = 0.1$ dB/km：40 dB；60. 1 dB；81 dB；110 dB。

@ 10 kHz，如果 $\alpha = 1$ dB/km：40. 1 dB；61 dB；90 dB；200 dB。

@ 100 kHz，如果 $\alpha = 30$ dB/km：43 dB；90 dB；更远的值无意义了。

Ex. 2. 8

（a）$TL = 20\log R + \alpha R$。最大距离对应的 $TL = 120$ dB：

f/kHz	0. 1 kHz	1 kHz	10 kHz	100 kHz
α/（dB/km）	0. 001	0. 05	1	30
R_{max}/km	901	244	30	1. 8

（b）$2TL = 40\log R + 2\alpha R$。最大距离对应的 $2TL = 180$ dB：

f/kHz	1 kHz	10 kHz	100 kHz
α/（dB/km）	0. 05	1	30
R_{max}/km	27	10	1

Ex. 2. 9

（a）1. 4%。

（b）0. 001 8%。

（c）4.6×10^{-6}%。

（d）0. 34%；交叉点，0. 68%。

（e）24. 5%；交叉点，65%。

（f）0. 31%；最大变化 0. 62%。

Pb. 2. 1

(a) 6. 60°; 3 471 m;

(b) 868 m; $r<r_0$, $20\log r+10^{-3}r$; $r>r_0$, $10\log r+10^{-3}r$。

(c) 0. 6 dB; 7. 6 dB。

(d) 1 503. 31 m/s 和 1 500. 32 m/s; 0. 002 7 s 和 0. 013 3 s。

(e) 平均降低 $\approx 5. 1\times10^{-3}\sin(2\beta_s)$, in dB/m. 0. 8 dB 和 8 dB。

Pb. 2. 2

(a) 1 500. 75 m/s 和 1 501. 5 m/s; ±1. 81°; ±2. 56°; 17 844 m; 11. 92 s; 1 497. 0 m/s;

(b) 80. 364 m; 53. 22 s; 1 510. 03 m/s; 11. 22°。

(c) $\approx 5. 8\times10^{-6}r\approx5. 8$ s@1 000 km。

(d) $\approx 1. 74\times10^{-4}r\approx174$@1 000 km。

(e) ≈ 22 dB。

(f) −5 dB; 15. 88 dB。

(g) 113. 2 dB。

Pb. 2. 3

(a) $k_n>k_2=0. 785$ m^{-1}; 20. 36°。

(b) 共 5 阶模态; 2. 14°; 6. 46°; 10. 81°; 15. 22°; 19. 72°。

(c) 14 和 148 rays。

(d) −33. 8 dB/km。

(e) 0. 003 dB; 0. 07 dB; 0. 32 dB; 0. 8 dB; 2. 0 dB。

Ex. 3. 1

(a) −26 dB *re* 1 m^2; 36 dB *re* 1 μPa。

(b) −36. 7 dB *re* 1 m^2; 34. 3 dB *re* 1 μPa。

Ex. 3. 2

(a) 28. 07°; 0. 366; −8. 7 dB。

(b)20.36°; 0.29; −10.8 dB。

(c)无掠射角; 0.124; −18.1 dB。

Ex. 3.3

(a)0.5 dB/m; 5 dB/m; 50 dB/m。

(b)20 m; 2 m; 0.2 m。

Ex. 4.1

(a)156 dB re 1 μPa; 63 Pa。

(b)2.65×10^{-3}W/ m^2; −25.8 dB re 1 W/ m^2。

Ex. 4.2

(a)−20 dB re 1 W 或 0.01 W。

(b)−14.5 dB re 1 W 或 0.035 W。

Ex. 4.3

(a)$B×A×(f_0/f_c)^2$。

(b)将 $B=1$; $B≈0.232f_c$; $B≈0.707f_c$; $B≈1.5f_c$; $B≈2.846f_c$代入上式。

Ex. 4.4

噪声谱级（dB re 1 μPa/$\sqrt{Hz}$）：交通为 $75-20\log(f/100)$; 海表为 $65.4-15.9\log$ $(f/1\,000)$，中间计算结果不再赘述，最终 1/3 倍频程带宽内的噪声级（dB re 1 μPa）如下：

f/Hz	100	300	1 000	3 000	10 000	30 000	100 000	300 000
NL	89.1	86.8	89.4	86.2	83.1	80.3	77.8	83.5

Ex. 4.5

(a)7.6×10^{-10}W/m^2; 74 dB re 1 μPa/Hz。

(b)6.67×10^{-7}W/m²；103.4 dB *re* 1 μPa/Hz。

(c)1.43×10^{-9}W/m²；76.7 dB *re* 1 μPa/Hz。

(d)2.08×10^{-8}W/m²；88.3 dB *re* 1 μPa/Hz。

Ex. 4.6

宽带噪声 #1：131 dB *re* 1 μPa @ 1 m 或 −39.8 dB *re* 1 W 或 10^{-4}W；

宽带噪声 #2：131 dB *re* 1 μPa @ 1 m 或 −39.8 dB *re* 1 W 或 10^{-4}W；

总宽带噪声：134 dB *re* 1 μPa @ 1 m 或 −36.8 dB *re* 1 W 或 2×10^{-4}W；

线谱噪声 #1：−59.8 dB *re* 1 W 或 10^{-6}W；

线谱噪声 #2：−52.8 dB *re* 1 W 或 5×10^{-6}W；

线谱噪声 #3：−49.8 dB *re* 1 W 或 10^{-5}W；

总线谱噪声：1.5×10^{-5}W；

总舰船辐射噪声：2.15×10^{-4}W。

Ex. 4.7

(a)全部三条线谱以及低于 377 Hz 的宽带噪声。

(b)两条线谱；无宽带噪声。

(c)8.4 km。

Ex. 4.8

(a)84.9 dB *re* 1 μPa。

(b)增加 6 dB。

Pb. 5.1

(b)3.4 μm。

(c)203 dB *re* 1 μPa@ 1 m。

(d)200 W。

(e)4 kHz；3。

(f)0.2。

(g)30 m。

（h）1 507 VA、1 800 VA、17 mH。

（i）157 dB *re* 1 μPa/1 V @ 1 m；286 Ω；70 nF；211 dB *re* 1 μPa@ 1 m；5 m。

Ex. 5. 1

（a）25. 5°；5. 1°；1. 28°；0. 32°。

（b）6 dB；12 dB；19 dB；25 dB。

（c）14. 48°；30°；48. 59°；90°。

（d）波束宽度增加 1. 31；指向性指数降低 −0. 9 dB。

（e）0. 75 m；81。

（f）0. 375 m 和 65；0. 188 m 和 65；145。

Ex. 5. 2

（a）$DI = 10\log(N) = 10\log\left(\dfrac{2L}{\lambda}\right)$。

（b）−1. 25 dB。

Ex. 6. 1

10 km。

Ex. 6. 2

196 dB *re* 1 μPa @ 1 m。

Ex. 6. 3

（a）5 dB；6 dB；7. 5 dB。

（b）7. 5 dB；15 dB。

（c）12 dB；20 dB；30 dB。

Ex. 6. 4

（a）0. 5 dB。

（b）3.5 dB。

（c）9.6 dB。

（d）-22 dB。

Ex. 6. 5

3.35 km。

Pb. 6. 1

（a）1 200 m。

（b）3 100 m。

（c）3 800 m（备注：短脉冲情况）。

Ex. 6. 6

50 s。

Ex. 6. 7

600 km；70 Hz。

Pb. 6. 2

（a）"片段"的时长 0.1 ms（3 周期）；10 kHz；6.4 s。

（b）0.067 cm；12.5 dB；$\overline{D(\theta)} \approx 0.017 \sin^3\theta$。

（c）45 dB re 1 μPa/$\sqrt{\text{Hz}}$；85 dB re 1 μPa；72.5 dB re 1 μPa。

（d）116 dB re 1 μPa；98 dB re 1 μPa。

（e）3 000 m。

Pb. 6. 3

（a）0.5 m；0.25 m；18 dB。

（b）5 km：193 dBre 1 μPa@ 1 m；10 km：215 dB；20 km：247 dB。

（c）$RL_V = 171 - 20 \log R - 2\alpha R$，高于环境噪声直到 12 km；$RL_S = 203 - 30 \log R - 2\alpha R$，

高于环境噪声直到 9 km。

Ex. 7. 1

3 300 m。

Ex. 7. 2

179 dB *re* 1 μPa @ 1 m（$BS = -30$ dB/m^2）。

Pb. 7. 3

（a）单向：10. 6° 和 0. 043 sr；双向：7. 6° 和 0. 019 sr；$DI = 24.7$ dB；$SL = 218.5$ dB *re* 1 μPa @ 1 m；

（b）$B_{sig} \approx 1/T \approx 200$ Hz；$\delta R = cT/2 = 3.75$ m。

（c）2. 5 dB/km

R/km	0. 25	0. 5	1	2	3	4	5	7	10
TL/dB	48. 6	55. 2	62. 5	71	77	82	86. 5	94. 4	105

（d）$\delta f/f = 0.016$；$\delta f = 352$ Hz @ 24 kHz；224 Hz @ 14 kHz；288 Hz @ 18 kHz；$B_{rec} \approx 900$ Hz @ 24 kHz；≈ 650 Hz @ 14 kHz；≈ 800 Hz @ 18 kHz。

（e）人耳在 1 000 Hz 调频下具有最佳灵敏度：频率范围 [712~1 288 Hz]，0. 2 m/s，或者约等于 0. 4 kn。

（f）$NL = 99.9$ dB *re* 1 μPa，$RT = 10 \log r \approx 11$ dB，$TL = 73.7$ dB，因此，$R \approx 2\,400$ m。

（g）14 kHz：$a = 1.5$ dB/km，$TL = 69.3$ dB，$R \approx 2\,100$ m；

22 kHz：$a = 3.7$ dB/km，$TL = 77.2$ dB，$R \approx 2\,500$ m。

（h）16 min 或者 11 min，取决于操作员。

（i）水体：$RL_V = 90.5$ dB *re* 1 μPa @ 500 m；71 dB *re* 1 μPa @ 2 000 m。

海底：$RL_b = 93.5$ dB *re* 1 μPa @ 500 m；56. 9 dB *re* 1 μPa @ 2 000 m。

海面混响可忽略（更低的混响级和更浅的角度）；

总的混响级：$RL = 95.3$ dB *re* 1 μPa @ 500 m，71 dB *re* 1 μPa @ 2 000 m；

$EL = 123$ dB *re* 1 μPa @ 500 m，91. 4 dB *re* 1 μPa @ 2 000 m。

（j）$RL_b = 86.5$ dB *re* 1 μPa；$EL = 108.5$ dB *re* 1 μPa；阴影级 = $NL - DI = 75.2$ dB *re* 1 μPa（用噪声级减去指向性指数作为对比）。

（k）$RT \approx 7$ dB；$TL = 47.7$ dB；$R \approx 250$ m。

（l）$TL = 69.7$ dB；$R \approx 1\,800$ m；90 s。

（m）$TL = 107.5$ dB；$R \approx 10$ km。

Ex. 8. 1

12 000 m；4 000 m；1 000 m；250 m；120 m。

Ex. 8. 2

相对误差 = 0.34% @ 10 m；0.39% @ 100 m；0.89% @ 1 000 m；1.73% @ 2 500 m。所有情况中均使用 IHO 标准，本结论仅适用于垂直向下工作的单波束回波探测仪。

Ex. 8. 3

1 700 m；550 m；130 m；90 m（半幅宽度值）。

Pb. 8. 1

（a）Rx：$\pm 75°$；Tx：$\pm 85°$；$\theta_n = (n-101)\theta_M/100 = (n-101)\,0.75°$，$n = 1, \cdots, 201$
或 $\theta_n = \mathrm{arctg}[(n-101)\mathrm{tg}\,\theta_M/100]$ $n = 1, \cdots, 201$；

74.6；373；746 m，$H = 10$ m，50 m，100 m。

（b）0.05 s 或 20 pings/s；3.4 m/s（或 6.6 kn）；22 km²/d @ 10 m 或 440 km²/d @ 200 m。

（c）加权可以降低旁瓣的影响；发射端作用于沿迹而接收端作用于垂迹；150 kHz；尺寸：发射端 0.6 m×0.006 m；接收端 0.4 m×0.02 m；Tx：$DI = 26.6$ dB，Rx：$DI = 30$ dB。

（d）226.6 dB re 1 μPa @ 1 m；1.7 kW。

（e）

深度 H	10 m		100 m	
入射角	30°	75°	30°	75°
δx	0.2	0.67	2	6.7
δy	0.4	0.2	0.4	0.2

1. 3 GByte/d

（f）$\delta H/H$ = 3. 2×10⁻³ 或 0. 32 m（H = 100 m）；

抵达角/海床 = 71. 81°，传播时间 0. 232 s；

半幅宽度：y = 336. 9 m 替换 373. 2 m，即一个 11% 的损失；

估计值（336. 5 m；90. 1 m）替换（336. 9 m；100 m）；

（g）0. 04°。

Ex. 9. 1

（a）4. 8×10⁶ Pa 或 253. 6 dB *re* 1 μPa @ 1 m。

（b）忽略阵列指向性，但具有类似偶极子声源的指向性。

（c）7. 5 m；187. 1 dB *re* 1 μPa @ 0°；184. 6 dB @ 30°；181. 1 dB @ 45°；175. 1 dB @ 60°；168. 5 dB @ 70°。

（d）4 350 m。

Ex. 9. 2

（a）dx×dy = 3. 125 m×12. 5 m；n = 36。

（b）f_N = 500 Hz。

（c）375 Hz。

（d）17. 5°。

Ex. 9. 3

（a）1 500 m/s；1 591. 5 m/s；1 836. 3 m/s。

（b）0. 83 s；1. 20 s；1. 59 s；1. 84 s。

（c）折射 2. 916 s 和 2. 571 s；直达 3. 343 s。

Ex. 9. 4

（参见 Chun et al. , 1981）

（a）$\tan \theta_{z} = \sin \theta'_{z}$。

（b）d$z = z(1-\cos \theta'_{z})$ 和 d$x = z \sin \theta'_{z}$。

（c）$\tan \theta_{t} = \tan \theta_{t} / (1-c^2/4×\tan^2 \theta_{t})^{1/2}$。

（e）$dx = c^2 t \tan \theta_t / 4$ 和 $dt = t \left[1 - \left(1 - c^2 \tan^2 \theta_t / 4 \right)^{1/2} \right]$。

Pb. 9. 1

（a）$f_c \approx 2.5$ kHz；$2\theta_{3\,dB} \approx 44°$，$DI = 12.4$ dB；$SL = 212.2$ dB re 1 μPa @ 1 m。

（b）$\delta z = 0.42$ m；$PG = 19.5$ dB；$\delta x \approx 5.5$ m @ 100 m，12.2 m @ 500 m，30 m @ 3 000 m；

高频单波束回波探测仪，长脉冲模式：$\delta x = 0.57H$；短脉冲模式：$\delta x = 18.3$ m@ 100 m，40.9 m @ 500 m，100 m @ 3 000 m。

（c）噪声级 = 125 dB re 1 μPa$\sqrt{Hz}$ @ 1 m @ 1 800 Hz，122 dB @ 2 500 Hz，119 dB @ 3 600 Hz；

带宽内噪声级 $NL = 154.6$ dB re 1 μPa @ 1 m；直达路径：≈ 88 dB re 1 μPa；

海床（e.g.）$\rho_2 = 2 000$ kg/m^3；$c_2 = 1 800$ m/s；$V \approx 0.4$ dB 或 -8 dB；反射路径 $\approx$ 101 dB re 1 μPa @ 100 m；87 dB re 1 μPa @ 500 m；71.5 dB re 1 μPa @ 3 000 m。

（d）沉积层厚度 $H_s = 21$ m @ 100 m，20 m @ 500 m，21 m @ 3 000 m*。

（e）海床（e.g.）$\rho_2 = 1 400$ kg/m^3；$c_2 = 1 550$ m/s；$V \approx 0.18$ dB 或 -15 dB；

反射路径 ≈ 94 dB @ 100 m，80 dB @ 500 m，64.5 dB @ 3 000 m；

$H_s = 210$ m @ 100 m，200 m @ 500 m，160 m @ 3 000 m。

Ex. 10. 1

2 000 km；370 km。

Ex. 10. 2

150 m；330 m。

$*$：此处原著有误，应为 19 m@ 3 000 m。——译者注

参 考 文 献

Abgrall, P., Terhune, J.M. and Burton, H.R. (2003). Variation of Weddell seal (Leptonychotes weddellii) underwater vocalizations over mesogeographic ranges. Aquatic Mammals 29, 268−277.

Abramowitz, A. and Stegun, I.A. (1964). Handbook of Mathematical Functions, Washington, DC: US Government Printing Office, http://www.math.sfu.ca/~cbm/aands/toc.htm

Aguilar Soto, N., Johnson, M.P., Madsen, P.T., Díaz, F., Domínguez, I., Brito, A. and Tyack, P.L. (2008). Cheetahs of the deep sea: Deep foraging sprints in short-finned pilot whales off Tenerife (Canary Islands). Journal of Animal Ecology 77(5), 936−947.

Ahluwalia, D.S. and Keller, J.B. (1977). Exact and asymptotic representations of the sound field in a stratified ocean. In: J.B. Keller and J.S. Papadakis (eds) Wave Propagation and Underwater Acoustics, Lecture Notes in Physics 70, Berlin: Springer, pp. 14−85.

Ahroon, W.A., Hamernik, R.P. and Davis, R.I. (1993). Complex noise exposures: An energy analysis. Journal of the Acoustical Society of America 93(2), 997−1006.

Akamatsu, T., Nakazawa, I., Tsuchiyama, T. and Kimura, N. (2008). Evidence of nighttime movement of finless porpoises through Kanmon Strait monitored using a stationary acoustic recording device. Fisheries Science 74(5), 970−975.

Akamatsu, T., Wang, D., Nakamura, K. and Wang, K. (1998). Echolocation range of captive and free-ranging baiji (Lipotes vexillifer), finless porpoise (Neophocaena phocaenoides), and bottlenose dolphin (Tursiops truncatus). Journal of the Acoustical Society of America, 104(4), 2511−2516.

Akamatsu, T., Wang, D., Wang, K. and Wei, Z. (2001). Comparison between visual and passive acoustic detection of finless porpoises in the Yangtze River, China. Journal of the Acoustical Society of America 109(4), 1723−1727.

Akamatsu, T., Wang, D. and Wang, K. (2005). Off-axis sonar beam pattern of free-ranging finless porpoises measured by a stereo pulse event data logger. Journal of the Acoustical Society of America 117(5), 3325−3330.

Akamatsu, T., Wang, D., Wang, K.X. and Naito, Y. (2005). Biosonar behaviour of free-ranging porpoises. Proceedings of the Royal Society B-Biological Sciences 272(1565), 797−801.

Akamatsu, T., Wang, D., Wang, K., Li, S., Dong, S., Zhao, X., Barlow, J., Stewart, B.S. and Richlen, M. (2008). Estimation of the detection probability for Yangtze finless porpoises (Neophocaenoides asiaeorientalis) with a passive acoustic method. Journal of the Acoustical Society of America 123 (6), 4403−4411.

Ainslie, M. (2010) Handbook of Sonar Performance Modelling, Springer-Praxis.

Akal, T. and Berkson, J. M. (1986). Ocean Seismo-Acoustics (NATO Conference Series No.16). New York: Plenum Press.

Allard, J. F. (1993). Propagation of Sound in Porous Media. London: Elsevier Science.

Amorim, M.C.P. and Hawkins, A.D. (2000). Growling for food: Acoustic emissions during competitive feeding of the streaked gurnard. Journal of Fish Biology 57(4), 895–907.

Amoser, S. and Ladich, F. (2003). Diversity in noise-induced temporary hearing loss in otophysine fishes. Journal of the Acoustical Society of America 113(4), 2170–2179.

Amundin, M. (1991a). Helium effects on the click frequency spectrum of the Harbor porpoise, Phocoena phocoena. Journal of the Acoustical Society of America 90(1), 53–59.

Amundin, M. (1991b). Sound production in Odontocetes with emphasis on the harbour porpoise Phocoena phocoena. PhD Thesis, Department of Zoology, Division of Functional Morphology, University of Stockholm, Stockholm, Sweden.

Amundin, M. and Andersen, S.H. (1983). Bony nares air pressure and nasal plug muscle activity during click production in the harbour porpoise, Phocoena phocoena, and the bottlenosed dolphin, Tursiops truncatus. Journal of Experimental Biology 105(1), 275–282.

Anderson, J.T., Van Holliday, D., Kloser, R., Reid, D.G. and Simard, Y. (2007). Acoustic seabed classification of marine physical and biological landscapes. ICES Cooperative Research Report No. 286.

Anderson, J.T., Van Holliday, D., Kloser, R., Reid, D.G. and Simard, Y. (2008). Acoustic seabed classification: Current practice and future directions. ICES Journal of Marine Science, 65(6): 1004–1011.

Andersen, L. N., Berg S., Gammelsæter, O. B., Lunde, E. B. (2006). New scientific multi-beam systems (ME70 and MS70) for fishery research applications. Journal of the Acoustical Society of America, 120 (5), pp. 3017.

Anderson, P.K. and Barclay, RM.R. (1995). Acoustic signals of solitary dugongs: Physical characteristics and behavioral correlates. Journal of Mammalogy 76(4), 1226–1237.

Anderson, S.S. and Hawkins, A.D. (1978). Scaring seals by sound. Mammal Review 8(1–2), 19–24.

Andrew, R.K., Howe, B.M., Mercer, J.A. and Dzieciuch, M.A. (2002). Ocean ambient sound: Comparing the 1960s with the 1990s for a receiver off the California coast. Acoustics Research Letters Online 3(2), 65–70.

Anonymous. (2001). Joint Interim Report, Bahamas Marine Mammal Stranding Event of 15–16 March 2000 United States Department of Commerce, National Oceanographic and Atmospheric Administration National Marine Fisheries Service, and United States Navy.

Anonymous. (2007). Final supplemental Environmental Impact Statement for Surveillance Towed Array Sensor System Low Frequency Active (SURTASS LFA) Sonar: Chief of Naval Operations, Department of the Navy, United Stated Department of Defense.

Ansmann, I.C., Goold, J.C., Evans, P.G.H., Simmonds, M. and Keith, S.G. (2007). Variation in the whistle characteristics of short-beaked common dolphins, Delphinus delphis, at two locations around the British Isles. Journal of the Marine Biological Association of the United Kingdom 87(1), 19-26.

APL (1994). APL-UW High-Frequency Ocean Environmental Acoustic Models Handbook (APL-UW TR 9407). Seattle, WA: Applied Physics Laboratory, University of Washington.

Arfken, G. (1985). Lagrange Multipliers. Section 17.6 in Mathematical Methods for Physicists, 3rd ed., Orlando, FL: Academic Press, pp. 945-950.

Astrup, J. and Møhl, B. (1993). Detection of intense ultrasound by the cod Gadus morhua. Journal of Experimental Biology 182, 71-80.

Atem, A.C.G., Rasmussen, M.H., Wahlberg, M., Petersen, H.C. and Miller, L.A. (2009).Changes in click source levels with distance to targets: Studies of free-ranging white-beaked dolphins (Lagenorhynchus albirostris) and captive harbor porpoises (Phocoena phocoena). Bioacoustics in press.

Au, W.W.L. (1993). The Sonar of Dolphins. New York, NY: Springer-Verlag.

Au, W.W.L. and Banks, K. (1998). The acoustics of the snapping shrimp Synalpheus parneomeris in Kaneohe Bay. Journal of the Acoustical Society of America 103(1), 41-47.

Au, W.W.L. and Hastings, M.C. (2008) Principles of Marine Bioacoustics. New York, NY: Springer Science+Business Media, LLC.

Au, W.W.L. and Herzing, D.L. (2003). Echolocation signals of wild Atlantic spotted dolphin (Stenella frontalis). Journal of the Acoustical Society of America 113(1), 598-604.

Au, W.W.L. and Moore, P.W.B. (1984). Receiving beam patterns and directivity indexes of the Atlantic bottlenose dolphin Tursiops truncatus. Journal of the Acoustical Society of America 75(1), 255-262.

Au, W.W.L. and Wursig, B. (2004). Echolocation signals of dusky dolphins (Lagenorhynchus obscurus) in Kaikoura, New Zealand. Journal of the Acoustical Society of America 115(5), 2307-2313.

Au, W.W.L., Nachtigall, P.E. and Pawloski, J.L. (1997). Acoustic effects of the ATOC signal (75Hz, 195dB) on dolphins and whales. Journal of the Acoustical Society of America 101(5), 2973-2977.

Au, W.W.L., Kastelein, R.A., Rippe, T. and Schooneman, N.M. (1999). Transmission beam pattern and echolocation signals of a harbor porpoise (Phocoena phocoena). Journal of the Acoustical Society of America 106(6), 3699-3705.

Au, W.W.L., Mobley, J., Burgess, W.C., Lammers, M.O. and Nachtigall. P.E. (2000). Seasonal and diurnal trends of chorusing humpback whales wintering in waters off western Maui. Marine Mammal Science 16 (3), 530-544.

Au, W.W.L., Ford, J.K.B., Horne, J.K. and Allman, K.A.N. (2004). Echolocation signals of free-ranging killer whales (Orcinus orca) and modeling of foraging for chinook salmon (Oncorhynchus tshawytscha). Journal of the Acoustical Society of America 115(2), 901-909.

Au, W.W.L., Pack, A.A., Lammers, M.O., Herman, L.M., Deakos, M.H. and Andrews, K. (2006). Acoustic properties of humpback whale songs. Journal of the Acoustical Society of America 120(2), 1103-1110.

Augustin, J.M., Dugelay, S., Lurton, X. and Voisset, M. (1997). Applications of an image segmentation technique to multibeam echo-sounder data. Oceans'97, Halifax, NS, Canada. MTS/IEEE Conference Proceedings, 1365–1369.

Augustin, J.M. and Lurton, X. (2005). Image amplitude calibration and processing for seafloor mapping sonars. Oceans'2005–Europe, IEEE Conference Proceedings, 698–701.

Avedik, F., Renard, V., Allenou, J.P., and Morvan, B. (1993). 'Single-bubble' air-gun array for deep exploration. Geophysics, 58, 366–382.

Awbrey, F.T., Thomas, J.A. and Kastelein, R.A. (1988). Low-frequency underwater hearing sensitivity in belugas, Delphinapterus leucas. Journal of the Acoustical Society of America 84(6), 2273–2275.

Awbrey, F.T., Thomas, J.A. and Evans, W.E. (2004). Ultrasonic underwater sounds from a captive leopard seal Hydrurga leptonyx. In: J.A. Thomas, C.F. Moss and M. Vater (eds) Echolocation in Bats and Dolphins, Chicago, IL: University of Chicago Press, pp. 327–330.

AWI, Ocean Data View AWI: http://odv.awi.de/en/home/

Ayela, G. and Coudeville, J.M. (1991). TIVA: A long range, high baud rate image/data acoustic transmission system for underwater applications. In: Proc. Underwater Defense Technology Conference. Paris 1991.

Ayela, G., Nicot M. and Lurton, X. (1994). New innovative multimodulation acoustic communication system. In: Proc. Oceans94 (Brest France), pp. 292–295.

Azevedo, A.F. and Simão, S.M. (2002). Whistles produced by marine tucuxi dolphins Sotalia fluviatilis in Guanabara Bay, southeastern Brazil. Aquatic Mammals 28, 261–266.

Azevedo, A.F. and Van Sluys, M. (2005). Whistles of tucuxi dolphins (Sotalia fluviatilis) in Brazil: Comparisons among populations. Journal of the Acoustical Society of America 117(3), 1456–1464.

Azevedo, A.F., Oliveira, A.M., Rosa, L.D. and Lailson-Brito, J. (2007). Characteristics of whistles from resident bottlenose dolphins (Tursiops truncatus) in southern Brazil. Journal of the Acoustical Society of America 121(5), 2978–2983.

Babb, R.J. (1989). Feasibility of interferometric swath bathymetry using GLORIA, a long-range sidescan. IEEE Journal of Oceanic Engineering, 14, 299–305.

Babushina, E.S. and Polyakov, M.A. (2004). The underwater and airborne sound horizontal localization by the northern fur seal. Biofizika 49(4), 723–726.

Backus, R. and Schevill, W.E. (1966). Physeter clicks. In K.S. Norris (Ed.) Whales, Porpoises and Dolphins, pp. 510–528. Berkeley, CA University of California.

Bahl, R., Ura, T., Sugimatsu, H., Inoue, T., Sakamaki, T., KojiMa, J., Akamatsu, T., Takahashi, H., Behera, S.K., Pattnaik, A.K. et al. (2006). Acoustic survey of Irrawaddy dolphin populations in Chilika lagoon: First test of a compact high-resolution device. Oceans 2006–Asia Pacific, pp. 340–345. Singapore: 16–19 May 2006.

Baker, C.S., Lambertsen, R.H., Weinrich, M.T., Calambodkis, J., Early, G.A. and O'Brien, S.J. (1991). Molecular genetic identification of the sex of humpback whales (Megaptera novaeangliae). Report of the

International Whaling Commission Special Issue 13, 105-111.

Balcomb, K.C.I. and Claridge, D.E. (2001). A mass stranding of cetaceans caused by naval sonar in the Bahamas. Bahamas Journal of Science 8, 1-12.

Ballard, K.A. and Kovacs, K.M. (1995). The acoustic repertoire of hooded seals (Cystophora cristata). Canadian Journal of Zoology 73(7), 1362-1374.

Barabell, A.J. (1983) Improving the resolution performance of eigenstructure-based direction-finding algorithms. IEEE Transactions on Acoustics, Speech and Signal Processing, vol. 8, pp. 336-339.

Barimo, J.F. and Fine, M.L. (1998). Relationship of swim-bladder shape to the directionality pattern of underwater sound in the oyster toadfish. Canadian Journal of Zoology 76(1), 134-143.

Barlow, J. and Cameron, G.A. (2003). Field experiments show that acoustic pingers reduce marine mammal bycatch in the California drift gill net fishery. Marine Mammal Science 19(2), 265-283.

Baron, S.C., Martinez, A., Garrison, L.P. and Keith, E.O. (2008). Differences in acoustic signals from Delphinids in the western North Atlantic and northern Gulf of Mexico. Marine Mammal Science 24(1), 42-56.

Barrett-Lennard, L.G., Ford, J.K.B. and Heise, K.A. (1996). The mixed blessing of echolocation: differences in sonar use by fish-eating and mammal-eating killer whales. Animal Behavior 51, 553-565.

Bartholomew, G.A. (1959). Mother-young relations and the maturation of pup behaviour in the Alaska fur seal. Animal Behaviour 7(3-4), 163-171.

Bartol, S.M., Musick, J.A. and Lenhardt, M.L. (1999). Auditory evoked potentials of the loggerhead sea turtle (Caretta caretta). Copeia 1999(3), 836-840.

Bassett, H.R., Baumann, S., Campbell, G.S., Wiggins, S.M. and Hildebrand, J.A. (2009). Dall's porpoise (Phocoenoides dalli) echolocation click spectral structure (abstract). Journal of the Acoustical Society of America 125(4), 2677.

Baumgartner, M.F., Van Parijs, S.M., Wenzel, F.W., Tremblay, C.J., Esch, H.C. and Warde, A.M. (2008). Low frequency vocalizations attributed to sei whales (Balaenoptera borealis). Journal of the Acoustical Society of America 124(2), 1339-1349.

Bazúa-Durán, C. and Au, W.W.L. (2002). The whistles of Hawaiian spinner dolphins. Journal of the Acoustical Society of America 112(6), 3064-3072.

Bejder, L., Samuels, A., Whitehead, H. and Gales, N. (2006a). Interpreting short-term behavioural responses to disturbance within a longitudinal perspective. Animal Behaviour 72, 1149-1158.

Bejder, L., Samuels, A., Whitehead, H., Gales, N., Mann, J., Connor, R., Heithaus, M., Watson-Capps, J., Flaherty, C. and Krutzen, M. (2006b). Decline in relative abundance of bottlenose dolphins exposed to long-term disturbance. Conserv Biol 20(6), 1791-1798.

Belikov, R.A. and Bel'kovich, V.M. (2006). High-pitched tonal signals of beluga whales (Delphinapterus leucas) in a summer assemblage off Solovetskii Island in the White Sea. Acoustical Physics 52(2), 125-131.

Belikov, R.A. and Bel'kovich, V.M. (2007). Whistles of beluga whales in the reproductive gathering off Solovetskii Island in the White Sea. Acoustical Physics 53(4), 528–534.

Bellettini, A. and Pinto, M.A. (2002). Theoretical accuracy of synthetic aperture sonar micro-navigation using a displaced phase-center antenna. IEEE Journal of Oceanic Engineering, 27(4), 780–789.

Bendat, J.S. and Piersol, A.G. (1971). Random Data: Analysis and Measurement Procedures. New York: Wiley-Interscience.

Bengtson, J.L. and Shannon, M.F. (1985). Potential role of vocalizations in West Indian manatees. Journal of Mammalogy 66(4), 816–819.

Ben Menahem, A. and Singh, S. J. (1981). Seismic Waves and Sources. Berlin: Springer-Verlag.

Benesty, J., Chen, J. and Huang, Y. (2007). On recursive and fast recursive computation of the Capon spectrum. IEEE International conference on Acoustics, Speech and Signal Processing, vol. 3, pp. 973–976.

Benoit-Bird, K.J. and Au, W.W.L. (2009). Phonation behavior of cooperatively foraging spinner dolphins. Journal of the Acoustical Society of America 125(1), 539–546.

Beranek, L. (1954). Acoustics. Published for the Acoustical Society of America. New York: American Institute of Physics.

Berchok, C.L., Bradley, D.L. and Gabrielson, T.B. (2006). St. Lawrence blue whale vocalizations revisited: Characterization of calls detected from 1998 to 2001. Journal of the Acoustical Society of America 120 (4), 2340–2354.

Bergem, O., Pouliquen, E., Canepa, G. and Pace, N. G. (1999). Time-evolution modeling of seafloor scatter. Ⅱ. Numerical and experimental evaluation. Journal of the Acoustical Society of America 105(6): 3142–3150.

Bienvenu, G. (1979). Influence of the spatial coherence of the background noise on high resolution passive methods. IEEE Transactions on Acoustics, Speech and Signal Processing, vol. 4, pp. 306–309.

Biondi, B.L. (2006). 3D Seismic Imaging. Society of Exploration Geophysics.

Bjørgesæter, A., Ugland, K.I. and Bjørge, A. (2004). Geographic variation and acoustic structure of the underwater vocalization of harbor seal (Phoca vitulina) in Norway, Sweden and Scotland. Journal of the Acoustical Society of America 116(4), 2459–2468.

Black, P.G., Proni, J.R., Wilkerson, J.C. and Samsbury, C.E. (1997). Oceanic rainfall detection and classification in tropical and subtropical mesoscale convective systems using underwater acoustic methods. Mon. Weather Rev., 125, 2014–2042.

Blackington, J.G. Bathymetric resolution, precision and accuracy considerations for swath bathymetry mapping sonar systems. Paper presented at Oceans'91, Honolulu, HI. Piscataway, NJ: IEEE.

Blondel, P. (2009). Side-scan Sonar, Springer-Praxis.

Blondel, P. and Murton, B.J. (1997). Handbook of Seafloor Sonar Imagery. Chichester, UK: John Wiley and Sons/Praxis.

Blondel, P. (1996). Segmentation of the Mid-Atlantic Ridge south of the Azores, based on acoustic classification of TOBI data. In: C.J. MacLeod, P. Tyler and C.L. Walker (eds), Tectonic, Magmatic and Biological Segmentation of Mid-Ocean Ridges (Geological Society Special Publication No. 118). London: Geological Society, pp. 17-28.

Bodson, A., Miersch, L., Mauck, B. and Dehnhardt, G. (2006). Underwater auditory localization by a swimming harbor seal (Phoca vitulina). Journal of the Acoustical Society of America 120(3), 1550-1557.

Bodson, A., Miersch, L. and Dehnhardt, G. (2007). Underwater localization of pure tones by harbor seals (Phoca vitulina). Journal of the Acoustical Society of America 122(4), 2263-2269.

Boehme, H. and Chotiros, N.P. (1988). Acoustic backscattering at low grazing angles from the ocean bottom. Journal of the Acoustical Society of America, 84, 1018-1029.

Bone, Q. and Ryan, K.P. (1978). Cupular sense organs in Ciona (Tunicata: Ascidiacea). Journal of Zoology 186, 417429.

Bonner, W.N. (1968). The fur seal of South Georgia. British Antarctic Survey Scientific Reports 56, 181.

Bordino, P.D.S.K., Fazio, A.A., Palmerio, A., Mendez, M. and Botta, S. (2002). Reducing incidental mortality of Franciscana dolphin Pontoporia blainvillei with acoustic warning devices attached to fishing nets. Marine Mammal Science 18(4), 833-842.

Boughman, J.W. and Moss, C.F. (2003). Social sounds: Vocal learning and development of mammal and bird calls. In A.M. Simmons, A.N. Popper and R.R. Fay (Eds) Acoustic Communication, pp. 138-224. New York, NY: Springer.

Bourke, R.H. and Parsons, A.R. (1993). Ambient noise characteristics of the northwestern Barents Sea. Journal of the Acoustical Society of America, 94: 5, 2799-2808.

Bouvet, M. and Bienvenu, G. (1991). High Resolution Methods in Underwater Acoustics (Lecture Notes in Control and Information Sciences Vol 155). Berlin: Springer-Verlag.

Boycott, B.B. (1960). The functioning of the statocysts of Octopus vulgaris. Proceedings of the Royal Society of London. Series B. Biological Sciences 152(946), 78-87.

Boyle, F.A. and Chotiros, N.P. (1995a). A model for acoustic backscatter from muddy sediments. Journal of the Acoustical Society of America, 98, 525-530.

Boyle, F.A. and Chotiros, N.P. (1995b). A model for high-frequency acoustic backscatter from gas bubbles in sandy sediments at shallow grazing angles. Journal of the Acoustical Society of America, 98, 531-541.

Branstetter, B.K. and Mercado, E. (2006). Sound localization by cetaceans. International Journal of Comparative Psychology 19(1), Article 2.

Branstetter, B.K., Mevissen, S.J., Herman, L.M., Pack, A.A. and Roberts, S.P. (2003).Horizontal angular discrimination by an echolocating bottlenose dolphin Tursiops truncatus. Bioacoustics 14, 15-34.

Branstetter, B.K., Mevissen, S.J., Pack, A.A., Herman, L.M., Roberts, S.R. and Carsrud, L.K. (2007). Dolphin (Tursiops truncatus) echoic angular discrimination: Effects of object separation and complexity. Journal of the Acoustical Society of America 121(1), 626-635.

Breithaupt, T. (2001). Sound perception in aquatic crustaceans. In K. Wiese (ed.) The Crustacean Nervous

System, pp. 548-558. New York, NY: Springer.

Brekhovskikh, L.M. and Godin O.A. (1998). Acoustics of Layered Media I : Plane and Quasi-plane Waves, Springer Series on Wave Phenomena vol. 10, 2nd ed., Berlin: Springer.

Brekhovskikh, L.M. and Godin O.A. (1999). Acoustics of Layered Media II : Point Sources and Bounded Beams, 2nd ed. Springer Series on Wave Phenomena vol. 10, Berlin: Springer.

Brekhovskikh, L. M. and Lysanov, Yu. P. (1992). Fundamentals of Ocean Acoustics, 2nd ed. Berlin: Springer-Verlag.

Brill, R.L., Moore, P.W.B. and Dankiewicz, L.A. (2001). Assessment of dolphin (Tursiops truncatus) auditory sensitivity and hearing loss using jawphones. Journal of the Acoustical Society of America 109(4), 1717-1722.

Brill, R.L., Sevenich, M.L., Sullivan, T.J., Sustman, J.D. and Witt, R.E. (1988). Behavioral evidence for hearing through the lower jaw by an echolocating dolphin (Tursiops truncatus). Marine Mammal Science 4 (3), 223-230.

Briggs, K.B., Williams, K.L., Jackson, D.R., Jones, C.D., Ivakin, A.N. and Orsi, T.H. (2002).Fine-scale sedimentary structure: Implications for acoustic remote sensing. Marine Geology, 182(1-2),141-159.

Brown, C.H. (1994). Sound localization. In R.R. Fay and A.N. Popper (eds) Comparative Hearing: Mammals. New York, NY: Springer-Verlag, pp. 57-97.

Bruce, M.P. (1992). A processing requirement and resolution capability comparison of side-scan and synthetic aperture sonars. IEEE Journal of Oceanic Engineering, 17(1).

Bruneau, M. (2005). Fundamentals of Acoustics, Publ. ISTE.

Buchanan, J.L. (2005). An Assessment of the Biot-Stoll Model of a Poroelastic Seabed. NRL/MR/7140-05-8885, Naval Research Laboratory, Washington, DC 20375-5320.

Buck, K., Dancer, A. and Franke, R. (1984). Effect of the temporal pattern of a given noise dose on TTS in guinea pigs. Journal of the Acoustical Society of America 76(4),1090-1097.

Bucker, H.P. (1970). Sound propagation in a channel with lossy boundaries. Journal of the Acoustical Society of America, 48, 1187-1194.

Buckingham, M.J. (1997). Sound speed and void fraction profiles in the sea surface bubble layer. Applied Acoustics, 51, 3, 225-250.

Buckingham, M. J. (1997). Theory of acoustic attenuation, dispersion, and pulse propagation in unconsolidated granular materials including marine sediments. Journal of the Acoustical Society of America 102(5), Pt. 1,2579-2596.

Buckingham, M.J. (1997). Theory of compressional and shear waves in fluidlike marine sediments. Journal of the Acoustical Society of America 103(1),288-299.

Buckingham, M.J. (2000). Wave propagation, stress relaxation, and grain-to-grain shearing in saturated unconsolidated sediments. Journal of the Acoustical Society of America 108(6), 2796-2815.

Buckingham, M.J. (2005). Acoustical remote sensing of the sea bed using propeller noise from a light aircraft.

In: H. Medwin (ed) Sounds in the Sea: from Ocean Acoustics to Acoustical Oceanography. Cambridge University Press, Cambridge, pp. 581-597.

Buckingham, M.J. (2005). Compressional and shear wave properties of marine sediments: Comparisons between theory and data. Journal of the Acoustical Society of America 117(1), 137-152.

Buckingham, M.J. (2007). On pore-fluid viscosity and the wave properties of saturated granular materials including marine sediments. Journal of the Acoustical Society of America 122(3), 1486-1501.

Buckingham, M.J. and Jones, S.A.S. (1987). A new shallow-ocean technique for determining the critical angle of the seabed from the vertical directionality of the ambient noise in the water column. Journal of the Acoustical Society of America, 81, 938-946.

Buckley, K.M. and Xu, X.L. (1990). Spatial-spectral estimation in a location sector. IEEE Transactions on Acoustics, Speech and Signal Processing, 38,11, 1842-1852.

Buckstaff, K.C. (2004). Effects of watercraft noise on the acoustic behavior of bottlenose dolphins, Tursios truncatus, in Sarasota Bay, Florida. Marine Mammal Science 20(4), 709-725.

Budelmann, B.U. (1990). The statocysts of squid. In: D.L. Gilbert, W. J. Adelman and J. M. Arnold (eds) Squid as Experimental Animals. New York, NY: Plenum Press, pp. 421-439.

Budelmann, BU. and Bleckmann, H. (1988). A lateral line analogue in cephalopods: water waves generate microphonic potentials in the epidermal head lines of Sepia and Lolliguncula. Journal of Comparative Physiology A 164(1), 1-5.

Bullock, T.H., Grinnell, A.D., Ikezono, E., Kameda, K., Katsuki, Y., Nomoto, M., Sato, O., Suga, N. and Yanagisawa, K. (1968). Electrophysiological studies of central auditory mechanisms in cetaceans. Journal of Comparative Physiology A 59(2), 117-156.

Bunchuk, A.V. and Zhitkovskii, Y.Y. (1980). Sound scattering by the ocean bottom in shallow-water regions (review). Soviet Physics Acoustics, 26, 363-370.

Burdic, W.S. (1984). Underwater Acoustic System Analysis, 2nd ed. Englewood Cliffs, NJ: Prentice Hall.

Burgess, W.C., Tyack, P.L., Le Boeuf, B.J. and Costa, D.P. (1998). A programmable acoustic recording tag and first results from free-ranging northern elephant seals. Deep-Sea Research Part Ii-Topical Studies in Oceanography 45(7), 1327-1351.

Burns, D.R., Queen, C.B., Sisk, H., Mullarkey, W. and Chivers, R.C. (1989). Rapid and con-venient seabed discrimination for fishery applications. In: Proc. IOA, 11, pp. 169-178.

Busnel, R.G., Dziedzic, A. and Alcuri, G. (1974). Études préliminaires de signaux acoustiques du Pontoporia blainvillei Gervais et D'Orbigny (Cetacea, Platanistidae). Mammalia 38(3), 449-460.

Capon, J. (1969). ' High-resolution frequency-wavenumber spectrum analysis', Proc. IEEE, 57, 8, 1408-1418.

Caicci, F., Burighel, P. and Manni, L. (2007). Hair cells in an ascidian (Tunicata) and their evolution in chordates. Hearing Research 231(1-2), 63-72.

Caldwell, M.C., Caldwell, D.K. and Miller, J.F. (1973). Statistical evidence for individual signature whistles in the spotted dolphin, Stenella plagiodon. Cetology 16, 1−21.

Caldwell, M.C., Caldwell, D.K. and Tyack, P.L. (1990). Review of the signature-whistle hypothesis for the Atlantic bottlenose dolphin. In S. Leatherwood and R.R. Reeves (eds) The Bottlenose Dolphin. New York, NY: Academic Press, pp. 199−234.

Camargo, F.S., Rollo, M.M., Giampaoli, V. and Bellini, C. (2006). Whistle variability in South Atlantic spinner dolphins from the Fernando de Noronha Archipelago off Brazil. Journal of the Acoustical Society of America 120(6), 4071−4079.

Campbell, G.S., Gisiner, R.C., Helweg, D.A. and Milette, L.L. (2002). Acoustic identification of female Steller sea lions (Eumetopias jubatus). Journal of the Acoustical Society of America 111(6), 2920−2928.

Carlström, J., Berggren, P., Dinnétz, F. and Börjesson, P. (2002). A field experiment using acoustic alarms (pingers) to reduce harbour porpoise by-catch in bottom-set gillnets. ICES Journal of Marine Science 59 (4), 816−824.

Carlström, J., Berggren, P. and Tregenza, N.J.C. (2009). Spatial and temporal impact of pingers on porpoises. Canadian Journal of Fisheries and Aquatic Sciences 66(1), 72−82.

Carretta, J.V., Barlow, J. and Enriquez, L. (2008). Acoustic pingers eliminate beaked whale bycatch in a gill net fishery. Marine Mammal Science 24(4), 956−961.

Carstensen, J., Henriksen, O.D. and Teilmann, J. (2006). Impacts of offshore wind farm construction on harbour porpoises: acoustic monitoring of echolocation activity using porpoise detectors (T-PODs). Marine Ecology-Progress Series 321, 295−308.

Castellote, M. (2007). General review of protocols and guidelines for minimizing acoustic disturbance to marine mammals from seismic surveys. Journal of International Wildlife Law & Policy 10(3), 273−288.

Castro, C. (2004). Encounter with a school of pygmy killer whales (Feresa attenuata) in Ecuador, southeast tropical Pacific. Aquatic Mammals 30(3), 441−444.

Cato, D.H. and Bell, M.J. (1992). Ultrasonic ambient noise in Australian shallow waters at frequencies up to 200 kHz. Material Research Laboratory Technical Report MRL-TR-9123. Ascot Vale, Victoria, Australia.

Cato, D.H. and Tavener, S. (1997). Ambient sea noise dependence on local, regional and geo-strophic wind speeds: implications for forecasting noise. Applied Acoustics, 51,3, 317−338.

Cerchio, S., Jacobsen, J.K. and Norris, T.F. (2001). Temporal and geographical variation in songs of humpback whales, Megaptera novaeangliae: synchronous change in Hawaiian and Mexican breeding assemblages. Animal Behaviour 62(2), 313−329.

Cervenka, P. and de Moustier, C. (1993). Sidescan sonar image processing techniques. IEEE Journal of Oceanic Engineering, 18,108−122.

Chan, Y. T. (1988) Underwater Acoustic Data Processing (NATO ASI Series). Dordrecht, The Netherlands: Kluwer Academic.

Chapman, D. M. F. and Ellis, D. D. (1983). 'The group velocity of normal modes', Journal of the Acoustical Society of America. 74, 973-979.

Chapman, C.J. and Hawkins, A.D. (1973). A field study of hearing in the cod, Gadus morhua L. Journal of Comparative Physiology A 85(2), 147-167.

Chapman, C. and Johnstone, A.D.F. (1974). Some auditory discrimination experiments on marine fish. Journal of Experimental Biology 61, 521-528.

Chapman, R.P. and Harris, J.H. (1962). Surface backscattering strengths measured with explosive sound sources. Journal of the Acoustical Society of America, 34, 1592-1597.

Charif, R.A., Clapham, P.J. and Clark, C.W. (2001). Acoustic detections of singing humpback whales in deep waters off the British Isles. Marine Mammal Science 17(4), 751-768.

Charif, R.A., Mellinger, D.K., Dunsmore, K.J., Fristrup, K.M. and Clark, C.W. (2002). Estimated source levels of fin whale (Balaenoptera physalus) vocalizations: Adjustments for surface interference. Marine Mammal Science 18(1), 81-98.

Charrier, I. and Harcourt, R.G. (2006). Individual vocal identity in mother and pup Australian sea lions (Neophoca cinerea). Journal of Mammalogy 87(5), 929-938.

Charrier, I., Mathevon, N. and Jouventin, P. (2001). Mother's voice recognition by seal pups. Nature 412 (6850), 873.

Charrier, I., Mathevon, N. and Jouventin, P. (2002). How does a fur seal mother recognize the voice of her pup? An experimental study of Arctocephalus tropicalis. Journal of Experimental Biology 205(Pt 5), 603-12.

Charrier, I., Mathevon, N. and Jouventin, P. (2003a). Individuality in the voice of fur seal females: An analysis study of the pup attraction call in Arctocephalus tropicalis. Marine Mammal Science 19(1), 161-172.

Charrier, I., Mathevon, N. and Jouventin, P. (2003b). Vocal signature recognition of mothers by fur seal pups. Animal Behaviour 65, 543-550.

Chen, C.T. and Millero, F.J. (1977). Speed of sound in seawater at high pressures. Journal of the Acoustical Society of America, 62, 1129-1135.

Cherkis, N.Z. (2008). Worldwide seafloor swath-mapping systems, http://www.gebco.net/links/

Chernov, L.A. (1960). Wave Propagation in a Random Medium. New York: McGraw-Hill.

Chitre, M., Shahabudeen, S. and Stojanovic, M. (2008). Underwater acoustic communications and networking: recent advances and future challenges. Marine Technology Society Journal, 42,1, 103-116.

Chotiros, N.P. (1993) High frequency acoustic bottom backscatter mechanisms at shallow grazing angles. In: D.D. Ellis (ed), Ocean Reverberation. Dordrecht, The Netherlands: Kluwer Academic Publishers.

Chotiros, N.P. (1997) Acoustic penetration of a silty sand sediment in the 1-10 kHz band. IEEE Journal of Oceanic Engineering, 22, 604-615.

Chotiros, N.P. (1994). Reflection and reverberation in normal incidence echo-sounding. Journal of the Acoustical Society of America 96(5), Pt. 1: 2921-2929.

Chotiros, N.P. (2002). An inversion for Biot parameters in water-saturated sand. Journal of the Acoustical Society of America 112(5), Pt. 1: 1853-1868.

Chotiros, N.P., Yelton, D.J. and Stern, N. (1999). An acoustic model of a laminar sand bed. Journal of the Acoustical Society of America 106(4), Pt. 1:1681-1693.

Chotiros, N.P., Lyons, A.P., Osler, J. and Pace, N.G. (2002). Normal incidence reflection loss from a sandy sediment. Journal of the Acoustical Society of America 112(5), Pt. 1: 1831-1841.

Christian, J.R., Mathieu, A., Thomson, D.H., White, D. and Buchanan, R.A. (2003). Effect of seismic energy on snow crab (Chionoecetes opilio). Report No. 144. Calgary, Alberta: Environmental Research Funds.

Chu, K. and Harcourt, P. (1986). Behavioral correlations with aberrant patterns in humpback whale songs. Behavioral Ecology and Sociobiology 19(5), 309-312.

Chu, D., Williams, K.L., Tang, D. and Jackson, D.R. (1997). High-frequency bistatic scattering by sub-bottom gas bubbles. Journal of the Acoustical Society of America 102(2), Pt. 1: 806-814.

Chun, J.H. and Jacewitz, C. (1981). Fundamentals of frequency-domain migration. Geophysics, 46, 717-732.

Claerbout, J.F. (1976). Fundamentals of Geophysical Data Processing. New York: McGraw-Hill.

Claerbout, J.F. (1985). Imaging the Earth's Interior. Blackwell Science Ltd.

Clark, C.W. (1982). The acoustic repertoire of the southern right whale, a quantitative analysis. Animal Behaviour 30, 1060-1071.

Clark, C.W. (1983). Acoustic communication and behavior of the southern right whale (Eubalaena australis). In: R. Payne (ed.), Communication and Behavior of Whales. Boulder, CO: Westview Press, pp. 163-198.

Clark, C. W. and Clapham, P. J. (2004). Acoustic monitoring on a humpback whale (Megaptera novaeangliae) feeding ground shows continual singing into late spring. Proceedings of the Royal Society of London. Series B: Biological Sciences 271(1543), 1051-1057.

Clark, C.W. and Clark, J.M. (1980). Sound playback experiments with southern right whales (Eubalaena australis). Science 207(4431), 663-665.

Clark, C.W., Borsani, J.F. and Notarbartolo-di-Sciara, G. (2002). Vocal activity of fin whales, Balaenoptera physalus, in the Ligurian Sea. Marine Mammal Science 18(1), 286-295.

Clark, W.W. (1991). Recent studies of temporary threshold shift (TTS) and permanent threshold shift (PTS) in animals. Journal of the Acoustical Society of America 90(1), 155-163.

Clausen, K.T., Madsen, P.T. and Wahlberg, M. (2008). Click communication in harbour porpoises, Phocoena phocoena [poster presentation]. In European Cetacean Society 2008 Conference. Egmond aan Zee, The Netherlands.

Clausen, K. T., Wahlberg, M., Beedholm, K., DeRuiter, S. L. and Madsen, P. T. (In press). Click communication in harbour porpoises, Phocoena phocoena. Bioacoustics.

Clay, C.S. and Medwin, H. (1977). Acoustical Oceanography: Principles and Applications. New York: Wiley-Interscience.

Cleator, H.J., Stirling, I. and Smith, T.G. (1989). Underwater vocalizations of the bearded seal (Erignathus barbatus). Canadian Journal of Zoology 67, 1900−1910.

Coatelan, S. and Glavieux, A. (1994). Design and test of a multicarrier transmission system on the shallow water acoustic channel. In: Proc. OCEANS'94, vol 3,472−477.

Cohen, L. (1995). Time-Frequency Analysis: Theory and Application. Englewood Cliffs, NJ: Prentice Hall.

Cohen-Tannoudji, C., Diu, B. and Laloe, F. (1977). Quantum Mechanics. New York: Wiley.

Colbert, D.E., Gaspard, J.C., Reep, R., Mann, D.A. and Bauer, G.B. (2009). Four-choice sound localization abilities of two Florida manatees, Trichechus manatus latirostris. Journal of Experimental Biology 212 (13), 2104−2111.

Collins, K. and Terhune, J. (2007). Geographic variation of Weddell seal (Leptonychotes weddellii) airborne motherpup vocalisations. Polar Biology 30(11), 1373−1380.

Collins, M.D. (1993). A split-step Padé solution for the parabolic equation method. Journal of the Acoustical Society of America 93, 1736−1742.

Collins, M.D. and Westwood, E.K. (1991). A higher order energy-conserving parabolic equation for range-dependent ocean depth, sound speed, and density. Journal of the Acoustical Society of America 89,3, 1068−1075.

Colson, D., Patek, S., Brainerd, E. and Lewis, S. (1998). Sound production during feeding in Hippocampus seahorses (Syngnathidae). Environmental Biology of Fishes 51(2). 221−229.

Compton, R., Goodwin, L., Handy, R. and Abbott, V. (2008). A critical examination of worldwide guidelines for minimising the disturbance to marine mammals during seismic surveys. Marine Policy 32(3), 255−262.

Connor, R. C. and Smolker, R. A. (1996). 'Pop' goes the dolphin: A vocalization male bottlenose dolphins produce during consorthips. Behaviour 133(9/10). 643−662.

Cook, M.L., Varela, R.A., Goldstein, J.D., McCulloch, S.D., Bossart, G.D., Finneran. J.J., Houser, D. and Mann, D.A. (2006). Beaked whale auditory evoked potential hearing measurements. Journal of Comparative Physiology A 192(5), 489−95.

Corkeron, P.J. and Van Parijs, S.M. (2001). Vocalizations of eastern Australian Risso's dolphins, Grampus griseus. Canadian Journal of Zoology 79(1), 160−164.

Costa, D.P. and Williams, T.M. (1999). Marine mammal energetics. In J.E.I. Reynolds and S.A. Rommel Biology of Marine Mammals, Washington, D.C.: Smithsonian Institution Press.

Coulon, F. (1984). Théorie et traitement des signaux. Paris: Dunod.

Cox, C. S. and Munk, W. H. (1954). Statistics of the sea surface derived from sun glitter. Journal of Marine Research, 13, 198−227.

Cox, T.M., Read, A.J., Solow, A. and Tregenza, N. (2001). Will harbour porpoises (Phocoena phocoena) habituate to pingers? Journal of Cetacean Research and Management 3, 81-86.

Cox, T.M., Ragen, T.J., Read, A.J., Vos, E., Baird, R.W., Balcomb, K., Barlow, J., Caldwell, J., Cranford, T., Crum, L. et al. (2006). Understanding the impacts of anthropogenic sound on beaked whales. Journal of Cetacean Research and Management 7(3), 177-187.

Crane, N.L. and Lashkari, K. (1996). Sound production of gray whales, Eschrichtius robustus, along their migration route: A new approach to signal analysis. Journal of the Acoustical Society of America 100(3), 1878-1886.

Cranford, T.W. and Amundin, M. (2004). Biosonar pulse production in odontocetes: The state of our knowledge. In: J. A. Thomas, C. F. Moss and M. Vater (eds), Echolocation in Bats and Dolphins. Chicago, IL: University of Chicago Press, pp. 27-35.

Cranford, T.W., Amundin, M. and Norris, K.S. (1996). Functional morphology and homology in the odontocete nasal complex: Implications for sound generation. Journal of Morphology 228(3), 223-285.

Cranford, T.W., Krysl, P. and Hildebrand, J.A. (2008a). Acoustic pathways revealed: simulated sound transmission and reception in Cuvier's beaked whale (Ziphius cavirostris). Bioinspiration & Biomimetics (1), 016001.

Cranford, T.W., Mckenna, M.F., Soldevilla, M.S., Wiggins, S.M., Goldbogen, J.A., Shadwick, R.E., Krysl, P., Leger, J.A.S. and Hildebrand, J.A. (2008b). Anatomic geometry of sound transmission and reception in Cuvier's beaked whale (Ziphius cavirostris). The Anatomical Record 291(4), 353-378.

Crawford, J.D., Cook, A.P. and Heberlein, A.S. (1997). Bioacoustic behavior of African fishes (Mormyridae): Potential cues for species and individual recognition in Pollimyrus. Journal of the Acoustical Society of America 102(2), 1200-1212.

Croll, D.A., Clark, C.W., Acevedo, A., Tershy, B., Flores, S., Gedamke, J. and Urban, J. (2002). Bioacoustics: Only male fin whales sing loud songs. Nature 417(6891), 809-809.

Croll, D.A., Clark, C.W., Calambokidis, J., Ellison, W.T. and Tershy, B.R. (2001). Effect of anthropogenic low-frequency noise on the foraging ecology of Balaenoptera whales. Animal Conservation 4, 13-27.

Cron, B.F. and Shaffer, L. (1967). Array gain for the case of directional noise. Journal of the Acoustical Society of America, 41, 864.

Cron, B.F. and Sherman, C.H. (1962). Spatial correlation functions for various noise models. Journal of the Acoustical Society of America, 34, 1732.

Crum, L.A., Bailey, M.R., Guan, J., Hilmo, P.R., Kargl, S.G., Matula, T.J. and Sapozhnikov, O.A. (2005). Monitoring bubble growth in supersaturated blood and tissue ex vivo and the relevance to marine mammal bioeffects. Acoustics Research Letters Online 6(3), 214-220.

Culik, B.M., Koschinski, S., Tregenza, N. and Ellis, G.M. (2001). Reactions of harbor porpoises Phocoena phocoena and herring Clupea harengus to acoustic alarms. Marine Ecology Progress Series 211, 255-260.

Cummings, W.C. and Holliday, D.V. (1987). Sounds and source levels from bowhead whales off Pt. Barrow,

Alaska. Journal of the Acoustical Society of America 82(3), 814-821.

Cummings, W.C. and Thompson, P.O. (1971). Underwater sounds from the blue whale, Balaenoptera musculus. Journal of the Acoustical Society of America 50(4B), 1193-1198.

Cummings, W.C., Thompson, P.O. and Cook, R. (1968). Underwater sounds of migrating gray whales, Eschrichtius glaucus (Cope). Journal of the Acoustical Society of America 44(5), 1278-1281.

Cutrona, L.J. (1975). Comparison of sonar system performance achievable using synthetic aperture techniques with the performance achievable with conventional means. Journal of the Acoustical Society of America, 58, 336-348.

Cutrona, L. J. (1977). Additional characteristics of synthetic-aperture sonar systems and a further comparison with nonsynthetic-aperture sonar systems. Journal of the Acoustical Society of America, 61, 1213-1217.

Dallos, P., Popper, A. N. and Fay, R. R. (Eds) (1996). The Cochlea. New York, NY: Springer.

Dankiewicz, L.A., Helweg, D.A., Moore, P.W. and Zafran, J.M. (2002). Discrimination of amplitude-modulated synthetic echo trains by an echolocating bottlenose dolphin. Journal of the Acoustical Society of America 112(4), 1702-1708.

Darling, J.D. and Bérubé, M. (2001). Interactions of singing humpback whales with other males. Marine Mammal Science 17(3), 570-584.

Darling, J.D., Gibson, K.M. and Silber, G.K. (1983). Observations on the abundance and behavior of humpback whales (Megaptera novaeangliae) off West Maui, Hawaii, 1977-79. In R. Payne (Ed.) Communication and Behavior of Whales, Boulder, CO: Westview Press.

Darling, J.D., Jones, M.E. and Nicklin, C.P. (2006). Humpback whale songs: Do they organize males during the breeding season? Behaviour 143(9). 1051-1101.

Dashen, R. and Munk, W. (1984). Three models of global ocean noise. Journal of the Acoustical Society of America, 76, 540.

Davies, C.E., Kovacs, K.M., Lydersen, C. and Van Parijs, S.M. (2006). Development of display behavior in young captive bearded seals. Marine Mammal Science 22(4), 952-965.

Dawbin, W.H. and Cato, D.H. (1992). Sounds of a pygmy right whale (Caperea marginata). Marine Mammal Science 8(3), 213-219.

Dawe, R.L. (1997). Detection Threshold Modelling Explained. Department of Defence, Australia, Report DSTO-TR-0586.

Dawson, S.M. (1991). Clicks and communication: the behavioural and social contexts of Hector's dolphin vocalizations. Ethology 88, 265-276.

Dawson, S., Barlow, J. and Ljungblad, D. (1998). Sounds recorded from Baird's beaked whale, Berardius bairdii. Marine Mammal Science 14(2), 335-344.

de Moustier, C. (1986). 'Beyond bathymetry: Mapping acoustic backscattering from the deep seafloor with Sea Beam', Journal of the Acoustical Society of America, 79,316-331.

de Moustier, C. (1988). State of the art in swath bathymetry survey systems, Int. Hydr. Rev., 65, 25-54.

de Moustier, C. (1993). Signal processing for swath bathymetry and concurrent seafloor acoustic imaging. In: J.M.F. Moura and I.M.G. Lourtie (eds), Acoustic Signal Processing for Ocean Exploration. Brussels: NATO Advance Study Institute, pp. 329–354.

Deane, G.B. (2000). Long time-base observations of surf noise. Journal of the Acoustical Society of America, 107,2, 758–770.

Decarpigny, J.N., Hamonic, B. and Wilson, O.B. (1991). The design of low frequency underwater acoustic projectors: present status and future trends. IEEE Journal of Oceanic Engineering, 16.

Deecke, V.B., Ford, J.K.B. and Slater, P.J.B. (2005). The vocal behaviour of mammal-eating killer whales: communicating with costly calls. Animal Behaviour 69(2),395–405.

Del Grosso, V.A. (1974). New equation for the speed of sound in natural waters (with comparison to other equations). Journal of the Acoustical Society of America,56,1084–1091.

Denbigh, P.N. (1989). Swath bathymetry: Principles of operations and an analysis of errors. IEEE Journal of Oceanic Engineering, 14, 289–298.

De Robertis, A., Hjellvik, V., Williamson, N.J. and Wilson, C D. (2008). Silent ships do not always encounter more fish: Comparison of acoustic backscatter recorded by a noise-reduced and a conventional research vessel. ICES Journal of Marine Science 65(4),623–635.

DeRuiter, S.L., Tyack, P.L., Lin, Y.T., Newhall, A.E. and Lynch, J.F. (2006). Modeling acoustic propagation of airgun array pulses recorded on tagged sperm whales (Physeter macrocephalus). Journal of the Acoustical Society of America 120(6), 4100–4114.

DeRuiter, S.L. (2008). Echolocation-based foraging by harbor porpoises and sperm whales, including effects of noise exposure and sound propagation. PhD thesis, Biological Oceanography, Massachusetts Institute of Technology/Woods Hole Oceanographic Institution Joint Program, Cambridge and Woods Hole, MA.

DeRuiter, S.L., Bahr, A., Blanchet, M.A., Hansen, S.F., Kristensen, J.H., Madsen, P.T., Tyack, P.L. and Wahlberg, M. (2009). Acoustic behavior of echolocating porpoises during prey capture. Journal of Experimental Biology 212, 3100–3107.

Desaubies, Y. and Dysthe, K. (1995). Normal-mode propagation in slowly varying ocean waveguides. Journal of the Acoustical Society of America, 97, 933–946.

Desaubies, Y., Tarantola, A. and Zinn-Justin, J. (1990). Oceanographic and Geophysical Tomography. Amsterdam: Elsevier.

Diachok, O.I. and Winokur, R.S. (1974). Spatial variability of underwater ambient noise at the Arctic ice-water boundary. Journal of the Acoustical Society of America 55, 750–753.

Dible, S.A., Flint, J.A. and Lepper, P.A. (2009). On the role of periodic structures in the lower jaw of the Atlantic bottlenose dolphin (Tursiops truncatus). Bioinspiration & Biomimetics 4(1), 9.

Dijkgraaf, S. (1963). Versucheüber schallwahrnehmung bei tintenfischen. Naturwissenschaften 50(2), 50.

Dilly, P.N. (1976). The structure of some cephalopod statoliths. Cell and Tissue Research 175(2), 147–163.

Di Napoli, F.R. and Deavenport, R.L. (1980). Theoretical and numerical Green's function field solution in a plane multilayered system. Journal of the Acoustical Society of America, 67, 92–105.

Diner, N. (2007). Evaluating uncertainty in measurements of fish-shoal, aggregate-back-scattering cross section caused by small shoal size relative to beam width. Aquatic Living Resources, 14, 211–222.

Diner, N. and Marchand, P. (1995). Acoustique et pêche maritime. Brest, France: Editions IFREMER.

Ding, W., Würsig, B. and Evans, W.E. (1995). Comparisons of whistles among seven odontocete species. In R.A. Kastelein, J.A. Thomas and P.E. Nachtigall (Eds) Sensory Systems of Aquatic Mammals. Woerden, The Netherlands: DeSpil Publishers, pp. 299–323.

Dix, C.H. (1955). Seismic velocities from surface measurements. Geophysics, 20, 68–86.

Dobbins, P. (2007). Dolphin sonar-modelling a new receiver concept. Bioinspiration & Biomimetics 2(1), 19–29.

Dobrin, M.B. (1976). Introduction to Geophysical Prospecting. New York: McGraw-Hill.

Dobson, F.S. and Jouventin, P. (2003). How mothers find their pups in a colony of Antarctic fur seals. Behavioural Processes 61(1–2), 77–85.

Doksæter, L., Godø, O.R., Handegard, N.O., Kvadsheim, P.H., Lam, F.P. A., Donovan, C. and Miller, P.J.O. (2009). Behavioral responses of herring (Clupea harengus) to 1–2 and 6–7 kHz sonar signals and killer whale feeding sounds. Journal of the Acoustical Society of America 125(1), 554–564.

Dolman, S.J., Weir, C.R. and Jasny, M. (2009). Comparative review of marine mammal guidance implemented during naval exercises. Marine Pollution Bulletin 58(4), 465–477.

Domenici, P., Batty, R.S., Similä, T. and Ogam, E. (2000). Killer whales (Orcinus orca) feeding on schooling herring (Clupea harengus) using underwater tail-slaps: Kinematic analyses of field observations. Journal of Experimental Biology 203(2), 283–294.

Donelan, M.A. and Pierson, W.J.P. (1987). Radar scattering and equilibrium ranges in wind-generated waves with application to scatterometry. Journal of Geophysical Research 92, 4971–5029.

dos Santos, M. E., Louro, S., Couchinho, M. and Brito, C. (2005). Whistles of bottlenose dolphins (Tursiops truncatus) in the Sado Estuary, Portugal: Characteristics, production rates, and long-term contour stability. Aquatic Mammals 31(4), 453–462.

D'Spain, G.L., D'Amico, A. and Fromm, D.M. (2006). Properties of the underwater sound fields during some well documented beaked whale mass stranding events. Journal of Cetacean Research and Management 7(3), 223–238.

Dunlop, R.A., Noad, M.J., Cato, D.H. and Stokes, D. (2007). The social vocalization repertoire of east Australian migrating humpback whales (Megaptera novaeangliae). Journal of the Acoustical Society of America 122(5), 2893–2905.

Dunning, D.J., Ross, Q.E., Geoghegan, P., Reichle, J.J., Menezes, J., and Watson, J.K. (1992). Alewives avoid high-frequency sound. North American Journal of Fisheries Management 12(3), 407–416.

Eckart, C. (1953). The scattering of sound from the sea surface. Journal of the Acoustical Society of America, 25, 566–570.

Edds, P.L. (1982). Vocalizations of the blue whale, Balaenoptera muscuhts, in the St. Lawrence River. Journal of Mammalogy 63(2), 345–347.

Edds-Walton, P.L. (1997). Acoustic communication signals of mysticete whales. Bioacoustics 8, 47–60.

Edds-Walton, P.L. (2000). Vocalizations of minke whales (Balaenoptera acutorostrata) in the St. Lawrence Estuary. Bioacoustics 11, 31–50.

Egner, S.A. and Mann, D.A. (2005). Auditory sensitivity of sergeant major damselfish Abudefduf saxatilis from post-settlement juvenile to adult. Marine Ecology Progress Series 285, 213–222.

Ehrenberg, J.E. (1981). A review of target strength estimation techniques. In: Y.I. Chan (ed.) Underwater Acoustics Data Processing. Dordrecht, The Netherlands: Kluwer Academic, pp. 161–176.

Elachi, C. Introduction to the Physics and Techniques of Remote Sensing. New York: Wiley-Interscience.

Eldred, K.M., Gannon, W.J. and Von Gierke, H.E. (1955). Criteria for short time exposure of personnel to high intensity jet aircraft noise (Technical Note 55–355). Wright-Patterson Air Force Base, OH: U.S. Air Force.

Elfouhaily, T., Chapron, B., Katsaros, K. and Vandermark, D. (1997). A unified directional spectrum for long and short wind-driven waves. Journal of Geophysical Research, 102, 15781–15796.

Engås, A., Løkkeborg, S., Ona, E. and Soldal, A.V. (1996). Effects of seismic shooting on local abundance and catch rates of cod (Gadus morhua) and haddock (Melano-grammus aeglefinus). Canadian Journal of Fisheries and Aquatic Sciences 53, 2238–2249.

Erber, C. and Simão, S.M. (2004). Analysis of whistles produced by the tucuxi dolphin Sotalia fluviatilis from Sepetiba Bay, Brazil. Anais da Academia Brasileira de Ciências(Annals of the Brazilian Academy of Sciences) 76(2), 381–385.

Esch, H.C., Sayigh, L.S., Blum, J.E. and Wells, R.S. (2009). Whistles as potential indicators of stress in bottlenose dolphins (Tursiops truncatus). Journal of Mammalogy 90(3), 638–650.

Esch, H.C., Sayigh, L.S. and Wells, R.S. (2009). Quantifying parameters of bottlenose dolphin signature whistles. Marine Mammal Science 25(4), 976–986.

Etter, P.C. (1991). Underwater Acoustic Modelling. London: Elsevier Science.

Etter, P.C. (2001). Recent advances in underwater acoustic modelling and simulation. J. Sound Vibration, 240: 2, 351–383.

Evans, R.B. (1983). A coupled mode solution for acoustic propagation in a waveguide with stepwise depth variations of a penetrable bottom. Journal of the Acoustical Society of America, 74, 188–195.

Evans, W.E. (1973). Echolocation by marine delphinids and one species of freshwater dolphin. Journal of the Acoustical Society of America 54(1), 191–199.

Evans, W.E. and Herald, E.S. (1970). Underwater calls of a captive Amazon manatee, Trichechus inunguis. Journal of Mammalogy 51(4), 820–823.

Everest, F.A., Young, R.W. and Johnson, M.W. (1948). Acoustical characteristics of noise produced by snapping shrimp. Journal of the Acoustical Society of America 20(2), 137–142.

Fahner, M., Thomas, J., Ramirez, K. and Boehm, J. (2004). Acoustic properties of echolocation signals by captive Pacific white-sided dolphins Lagenorhynchus obliquidens.In: J. A. Thomas, C. F. Moss and M. Vater (eds) Echolocation in Bats and Dolphins Chicago, IL: University of Chicago Press, pp. 327–330.

Farmer, D.M. and D.D. Lemon (1984). The influence of bubbles on ambient noise in the ocean at high wind speeds. J. Phys. Oceanography, 14, 1762–1778.

Farmer, D.M. and Y. Xie (1989). The sound generated by propagating cracks in sea ice. Journal of the Acoustical Society of America 85(4),1489–1500.

Farmer, D. and Vagle, S. (1989). Waveguide propagation of ambient sound in the ocean surface bubble layer. Journal of the Acoustical Society of America, 86, 1897–1908.

Fay, F.H. (1960). Structure and function of the pharyngeal pouches of the walrus (Odobenus rosmarus L.). Mammalia 24, 361–371.

Fay, R.R. (1970). Auditory frequency discrimination in the goldfish (Carassius auratus). Journal of Comparative and Physiological Psychology 73(2), 175–180.

Fay, R.R. (1974). Masking of tones by noise for the goldfish (Carassius auratus). Journal of Comparative and Physiological Psychology 87(4), 708–716.

Fay, R.R. (1984). The goldfish ear codes the axis of acoustic particle motion in three dimensions. Science 225 (4665), 951–954.

Fay, R.R. (1985). Sound intensity processing by the goldfish. Journal of the Acoustical Society of America 78, 1296–1309.

Fay, R.R. (1988). Hearing in Vertebrates: A Psychophysics Databook. Winnetka, IL: Hill-Fay Associates.

Fay, R.R. (1989a). Frequency discrimination in the goldfish (Carassius auratus): effects of roving intensity, sensation level, and the direction of frequency change. Journal of the Acoustical Society of America 85 (1), 503–505.

Fay, R.R. (1989b). Intensity discrimination of pulsed tones by the goldfish. Journal of the Acoustical Society of America 85, 500–502.

Fay, R.R. (2005). Sound source localization by fishes. In: A.N. Popper and R.R. Fay (eds) Sound Source Localization New York, NY: Springer, pp. 36–66.

Fay, R.R. and Edds-Walton, P.L. (2000). Directional encoding by fish auditory systems. Philosophical Transactions of the Royal Society of London B: Biological Sciences 355(1401), 1281–1284.

Fernandes, P.G., Brierley, A., Simmonds, E.J., Millard, N.W., McPhail, S.D., Armstrong, F., Stevenson, P. and Squires, M. (2000). Fish do not avoid survey vessels. Nature 404(6773), 35–36.

Fernandes, P.G., Stevenson, P., Brierley, A.S., Armstrong, F., and Simmonds, E.J. (2003). Autonomous underwater vehicles: future platforms for fisheries acoustics. ICES Journal of Marine Science, 60, 684–691.

Fernfández, A., Edwards, J.F., Rodríguez, F., Espinosa de los Monteros, A., Herrfáez, P., Castro, P., Jaber, J.R., Martín, V. and Arbelo, M. (2005). "Gas and fat embolic syndrome" involving a mass stranding of beaked whales (Family Ziphiidae) exposed to anthropogenic sonar signals. Veterinary Pathology 42 (4), 446-457.

Fernandez-Juricic, E., Campagna, C., Enriquez, V. and Ortiz, C.L. (1999). Vocal communication and individual variation in breeding South American sea lions. Behaviour 136, 495-517.

Filatova, O., Fedutin, I., Nagaylik, M., Burdin, A. and Hoyt, E. (2009). Usage of monophonic and biphonic calls by free-ranging resident killer whales (Orcinus orca) in Kamchatka, Russian Far East. Acta Ethologica 12(1), 37-44.

Filatova, O.A., Fedutin, I.D., Burdin, A.M. and Hoyt, E. (2007). The structure of the discrete call repertoire of killer whales Orcinus orca from Southeast Kamchatka. Bioacoustics 16, 261-280.

Fine, M.L., Friel, J.P., McElroy, D., King, C.B., Loesser, K.E. and Newton, S. (1997). Pectoral spine locking and sound production in the channel catfish Ictalurus punctatus. Copeia 1997(4), 777-790.

Finfer, D.C., White, P.R., Leighton, T.G., Hadley, M. and Harland. E. (2007). On clicking sounds in U.K. waters and a preliminary study of their possible biological orion. In: Proceedings of the Fourth International Conference on Bio-Acoustics. Loughborough. UK: 10-12 April 2007, pp. 209-216.

Fink, M. (1992). Time reversal of ultrasonic fields-Part I: Basic principles. IEEE Transactions on Ultrasonics, Ferroelectrics, and Frequency Control, 39,5.

Finneran, J.J. and Houser, D.S. (2006). Comparison of in-air evoked potential and underwater behavioral hearing thresholds in four bottlenose dolphins (Tursiops truncatus). Journal of the Acoustical Society of America 119(5), 3181-3192.

Finneran, J.J., Schlundt, C.E., Dear, R., Carder, D.A. and Ridgway, S.H. (2002). Temporary shift in masked hearing thresholds in odontocetes after exposure to single underwater impulses from a seismic watergun. Journal of the Acoustical Society of America 111(6), 2929-2940.

Finneran, J.J., Carder, D.A., Dear, R., Belting, T., McBain, J., Dalton, L. and Ridgway, S.H. (2005). Pure tone audiograms and possible aminoglycoside-induced hearing loss in belugas (Delphinapterus leucas). Journal of the Acoustical Society of America 117(6), 3936-3943.

Fish, J.F. (1966). Sound production in the American lobster, Homarus americanus H. Milne Edwards (Decapoda Reptantia). Crustaceana 11(11), 105-106.

Fish, J.F. and Turl, C.W. (1976). Acoustic source levels of four species of small whales. Report Number NUC-TP-547. San Diego, CA: Naval Undersea Center.

Fish, M.P. (1954). The character and significance of sound production among fishes of the western North Atlantic. Bulletin of the Bingham Oceanographic Collection 14,1-109.

Fish, M.P. and Mowbray, W.H. (1970). Sounds of Western North Atlantic Fishes: A Reference File of Biological Underwater Sounds. Baltimore, MD: Johns Hopkins Press.

Fisher, F.H. and Simmons, V.P. (1977). Sound absorption is sea water. Journal of the Acoustical Society of America, 62, 558-564.

Fitch, W.T. (2006). The biology and evolution of music: A comparative perspective. Cognition 100, 173215.

Fjäilling, A., Wahlberg, M. and Westerberg, H. (2006). Acoustic harassment devices reduce seal interaction in the Baltic salmon-trap, net fishery. ICES Journal of Marine Science 63(9), 1751–1758.

Flatté, S. (1979). Sound Transmission through a Fluctuating Ocean. Cambridge: Cambridge University Press.

Fletcher, L.B. and Crawford, J.D. (2001). Acoustic detection by sound-producing fishes (Mormyridae): The role of gas-filled tympanic bladders. Journal of Experimental Biology 204(2), 175–183.

Fletcher, S., LeBoeuf, B.J., Costa, D.P., Tyack, P.L. and Blackwell, S.B. (1996). Onboard acoustic recording from diving northern elephant seals. Journal of the Acoustical Society of America 100(4), 2531–2539.

Folkens, P., Reeves, R.R., Stewart, B.S., Clapham, P.J. and Powell, J.A. (2008). National Audobon Society Guide to Marine Mammals of the World. New York, NY: Alfred A. Knopf.

Fonseca, L., Brown, C., Calder, B., Mayer, L. and Rzhanov, Y. (2009). Angular range analysis of acoustic themes from Stanton Banks Ireland: A link between visual interpretation and multibeam echosounder angular signatures. Applied Acoustics 70(10), 1298–1304.

Fonseca, L., Mayer, L.A., Orange, D. and Driscoll, N.W. (2002). The high-Frequency backscattering angular response of gassy sediments: model/data comparison from the Eel River margin, California. Journal of the Acoustical Society of America 111(6), 2621–2631.

Foote, A.D., Osborne, R.W. and Hoelzel, A.R. (2004).Whale-call response to masking boat noise. Nature, 428, 910.

Foote, A.D., Osborne, R.W. and Hoelzel, A.R. (2008). Temporal and contextual patterns of killer whale (Orcinus orca) call type production. Ethology 114(6), 599–606.

Foote, K.G. (1987). Fish target strength for use in echo integrator surveys. Journal of the Acoustical Society of America, 82, 981–987.

Foote, K.G. (1980). Importance of the swimbladder in acoustic scattering by a fish: A comparison of gadoid and mackerel target strengths. Journal of the Acoustical Society of America, 67, 2084–2089.

Foote, K.G. (1982). Optimizing copper spheres for precision calibration of hydroacoustic equipment. Journal of the Acoustical Society of America, 71, 742–747.

Foote, K.G., Knudsen, H.P., Vestnes, G., MacLennan, D.N. and Simmonds, E.J. (1987). Calibration of acoustic instruments for fish-density estimation: A practical guide. ICES Cooperative Research Report, 144. 57pp.

Foote K.G., Chu D., Hammar T.R., Baldwin K.C., Mayer L.A., Hufnagle L.C. and Jech J.M. (2005). Protocols for calibrating multibeam sonar. Journal of the Acoustical Society of America, 117, 2013–2027.

Ford, J.K.B. (1991). Vocal traditions among resident killer whales (Orcinus orca) in coastal waters of British Columbia. Canadian Journal of Zoology 69, 1454–1483.

Forney, K.A. (2000). Environmental models of cetacean abundance: Reducing uncertainty in population trends. Conservation Biology 14(5), 1271–1286.

Fox, C., Radford, W.E., Dziak, R., Lau, T.K., Matsumoto, H. and Schreiner, A.E. (1995). Acoustic detection of a seafloor spreading episode on the Juan de Fuca Ridge using military hydrophone arrays. Geophys. Res. Lett. 22, 131–134.

Francois, R.E. and Garrison, G.R. (1982a). Sound absorption based on ocean measurements. Part I: Pure water and magnesium sulfate contributions. Journal of the Acoustical Society of America, 72, 896–907.

Francois, R.E. and Garrison, G.R. (1982b). Sound absorption based on ocean measurements. Part II: Boric acid contribution and equation for total absorption. Journal of the Acoustical Society of America, 72, 1879–1890.

Frankel, A.S. and Clark, C.W. (1998). Results of low-frequency playback of M-sequence noise to humpback whales, Megaptera novaeangliae, in Hawai'i. Canadian Journal of Zoology 76(3), 521–535.

Frankel, A.S. and Clark, C.W. (2000). Behavioral responses of humpback whales (Megaptera novaeangliae) to full-scale ATOC signals. Journal of the Acoustical Society of America 108(4), 1930–1937.

Frankel, A.S. and Clark, C.W. (2002). Atoc and other factors affecting the distribution and abundance of humpback whales (Megaptera novaeangliae) off the north shore of Kauai. Marine Mammal Science 18(3), 644–662.

Frankel, A.S., Clark, C.W., Herman, L.M. and Gabriele, C.M. (1995). Spatial distribution, habitat utilization, and social interactions of humpback whales, Megaptera novaeangliae, off Hawai'i, determined using acoustic and visual techniques. Canadian Journal of Zoology 73(6), 1134–1146.

Frantzis, A. (1998). Does acoustic testing strand whales? Nature 392, 29.

Franz, G.J. (1959). Splashes as sources of sound in liquids. Journal of the Acoustical Society of America, 31: 8, 1080–1096.

Frazer, L.N. and Mercado, E., III (2000). A sonar model for humpback whale song. IEEE Journal of Oceanic Engineering 25(1), 160–182.

Freitag, L., Grund, M., Singh, S., Partan, J., Koski P. and Ball, K. (2005). The WHOI micro-modem: An acoustic communications and navigation system for multiple platforms. Proceedings of MTS/IEEE Oceans 2005, Vol. 2, IEEE, pp. 1086–1092.

Fréon, P., Gerlotto, F. and Misund, O.A. (1993). Consequences of fish behaviour for stock assessment. ICES Marine Science Symposium 196, 190–195.

Frisk, G.V. (1994). Ocean and Seabed Acoustics. Englewood Cliffs, NJ: Prentice Hall.

Fristrup, K.M., Hatch, L.T. and Clark, C.W. (2003). Variation in humpback whale (Megaptera novaeangliae) song length in relation to low-frequency sound broadcasts. Journal of the Acoustical Society of America 113(6), 3411–3424.

Froese, R. and Pauly, D. FishBase. www.fishbase.org (consulted 2/25/09).

Gannier, A., Fuchs, S. and Oswald, J.N. (2008). Pelagic delphinids of the Mediterranean Sea have different whistles. In: Passive'08: New Trends for Environmental Monitoring Using Passive Systems, 2008. Hyeres, France: 14–17 October 2008, pp. 57–60.

Gardner, J.V., Field, M.E., Lee, H., Edwards, B.E., Masson, D.G., Kenyon, N.H. and Kidd. R.B. (1991). Ground-truthing 6.5-kHz sidescan sonographs: What are we really imaging? Journal of Geophysical Research, 96, 5955–5974.

Gartner, J.W. (2004). Estimating suspended solids concentrations from backscatter intensity measured by acoustic Doppler current profiler in San Francisco Bay. California, Marine Geology, 211, 169–187.

Gaul, R.D., Knobles, D.P., Shooter, J.A. and Wittenborn A.F. (2007). Ambient noise analysis of deep-ocean measurements in the Northeast Pacific. IEEE Journal of Oceanic Engineering, 32: 2, 497–512.

Gearin, P.J., Gosho, M.E., Laake, J.L., Cooke, L., DeLong, R. and Hughes, K.M. (2000). Experimental testing of acoustic alarms (pingers) to reduce bycatch of harbour porpoise. Phocoena phocoena, in the state of Washington. Journal of Cetacean Research and Management 2,1–9.

Gedamke, J., Costa, D.P. and Dunstan, A. (2001). Localization and visual verification of a complex minke whale vocalization. Journal of the Acoustical Society of America 109(6),3038–3047.

Gensane, M. (1989).A statistical study of acoustic signals backscattered from the sea bottom. IEEE Journal of Oceanic Engineering, 14, 84–93.

Gentry, R.L. (1967). Underwater auditory localization in the California sea lion (Zalophus californianus). Journal of Auditory Research 7, 187–193.

George, J.C., Clark, C., Carroll, G.M. and Ellison, W.T. (1989). Observations on the ice-breaking and ice navigation behavior of migrating bowhead whales (Balaena mysticetus) near Point Barrow, Alaska, spring 1985. Arctic 42(1), 24–30.

Gerlotto, F. and Fréon, P. (1992). Some elements on vertical avoidance of fish schools to a vessel during acoustic surveys. Fisheries Research 14, 251–259.

Gerlotto F., Soria M. and Fréon P. (1999). From two dimensions to three: The use of multibeam sonar for a new approach in fisheries acoustics, Canadian Journal of Fisheries and Aquatic Sciences, 56, 6–12.

Gerstein, E.R., Gerstein, L., Forsythe, S.E. and Blue, J.E. (1999). The underwater audiogram of the West Indian manatee (Trichechus manatus). Journal of the Acoustical Society of America 105(6), 3575–3583.

Gillespie, D., Dunn, C., Gordon, J., Claridge, D., Embling, C. and Boyd, I. (2009). Field recordings of Gervais' beaked whales Mesoplodon europaeus from the Bahamas. Journal of the Acoustical Society of America 125(5), 3428–3433.

Gisiner, R. and Schusterman, R.J. (1991). California sea lion pups play an active role in reunions with their mothers. Animal Behaviour 41, 364–366.

Godin, O.A. (1999). Reciprocity and energy conservation within the parabolic approximation. Wave Motion 29, 175–194.

Goff, J.A., Olson, H.C. and Duncan, C.S. (2000). Correlation of side-scan backscatter intensity with grain-size distribution of shelf sediments, New Jersey margin. Geo-Marine Letters 20(1), 43–49.

Goldstein, R.M., Zebker, H.A. and Werner, C.L. (1998). Satellite radar interferometry: Two-dimensional phase unwrapping. Radio Science 23,4, 713–720.

Goodall, C., Chapman, C. and Neil, D. (1990). The acoustic response threshold of the Norway lobster, Nephrops norvegicus (L.) in a free sound field. In K. Wiese, W.D. Krenz, J. Tautz, H. Reichert and B. Mulloney (Eds) Frontiers in Crustacean Neurobiology. Basel: Birkhäuser.

Goodson, A.D. and Klinowska, M. (1990). A proposed echolocation receptor for the bottlenose dolphin, Tursiops truncatus: modeling the receive directivity from tooth and lower jaw geometry. In: J.A. Thomas and R.A. Kastelein (eds) Sensory Abilities of Cetaceans: Laboratory and Field Evidence. New York, NY: Plenum Press, pp. 255–268.

Goold, J.C. (1998). Acoustic assessment of populations of common dolphin off the west Wales coast, with perspectives from satellite infrared imagery. Journal of the Marine Biological Association of the UK 78(4), 1353–1364.

Goold, J.C. and Jefferson, T.A. (2002). Acoustic signals from free-ranging finless porpoises (Neophocaena phocaenoides) in the waters around Hong Kong. Raffles Bulletin of Zoology, 131–139.

Goold, J.C. and Jones, S.E. (1995). Time and frequency domain characteristics of sperm whale clicks. Journal of the Acoustical Society of America 98(3), 1279–1291.

Gordon, G. D. 'The emergence of low-frequency active acoustics as a critical antisubmarine warfare technology', Johns Hopkins APL Technical Digest, 13, 145–159, 1992.

Götz, T., Verfuss, U.K. and Schnitzler, H.U. (2006). 'Eavesdropping' in wild rough-toothed dolphins (Steno bredanensis)? Biology Letters 2(1), 5–7.

Graf, S., Blondel, P.C., Megill, W.M. and Clift, S.E. (2009). Acoustic modelling of dolphin sound reception and implications for biosonar design. In OCEANS'09 (IEEE). Bremen, Germany.

Greenlaw, C.F. and Johnson, R.K. (1982). Physical and acoustical properties of zooplankton. Journal of the Acoustical Society of America 72(3), 1706–1710.

Gregory, J., Lewis, M. and Hateley, J. (2007). Are twaite shad able to detect sound at a higher frequency than any other fish? Results from a high resolution imaging sonar. In Proceedings of the Institute of Acoustics Loughborough University, UK, p. 29.

Guillon, L. and Lurton, X. (2000). Backscattering from buried sediment layers: The equivalent input backscattering strength model. Journal of the Acoustical Society of America, 109, 122–132.

Guinee, L.N., Chu, K. and Dorsey, E.M. (1983). Changes over time in the songs of known individual humpback whales (Megaptera novaeangliae). In: R. Payne (ed) Communication and Behavior of Whales. Boulder, CO: Westview Press, pp. 59–80.

Gurjão, L.M.d., Freitas, J.E.P.d. and Araújo, D.S. (2005). Observations of marine turtles during seismic surveys off Bahia, northeastern Brazil. Marine Turtle Newsletter 108, 8–9.

Gwilliam, J., Charrier, I. and Harcourt, R.G. (2008). Vocal identity and species recognition in male Australian sea lions, Neophoca cinerea. Journal of Experimental Biology 211(14), 2288–2295.

Hall, M.V. (1989). A comprehensive model of wind-generated bubbles in the ocean and predictions of the effects on sound propagation at frequencies up to 40 kHz. Journal of the Acoustical Society of America,

86, 1103–1117.

Hamernik, R.P., Qiu, W. and Davis, B. (2007). Hearing loss from interrupted, intermittent, and time varying non-Gaussian noise exposure: The applicability of the equal energy hypothesis. Journal of the Acoustical Society of America 122(4),2245–2254.

Hamilton, E.L. (1972). Compressional waves in marine sediments. Geophysics, 37, 620–646.

Hamilton, E.L. (1976) Sound Attenuation as a function of depth in the sea floor. Journal of the Acoustical Society of America 59,528–535.

Hamilton, E.L. (1976). Geoacoustic modelling of the sea floor. Journal of the Acoustical Society of America, 68, 1313–1340.

Hamilton, E.L. and Bachman, R.T. (1982). Sound velocity and related properties of marine sediments. Journal of the Acoustical Society of America, 72, 1891–1904.

Hampton, L. (1974). Physics of Sound itl Marine Sediments. New York: Plenum Press.

Handegard, N.O. and Tjøstheim, D. (2005). When fish meet a trawling vessel: Examining the behaviour of gadoids using a free-floating buoy and acoustic split-beam tracking. Canadian Journal of Fisheries and Aquatic Sciences 62(10), 2409–2422.

Hanggi, E.B. (1992). The importance of vocal cues in motherpup recognition in a California sea lion. Marine Mammal Science 8, 430–432.

Hanggi, E.B. and Schusterman, R.J. (1992). Underwater acoustic displays by male harbor seals (Phoca vitulina): Initial results. In: J.A. Thomas, R. Kastelein and A.Y. (eds), Marine Mammal Sensory Systems. New York, NY: Plenum Press, pp. 449–457.

Hanggi, E.B. and Schusterman, R.J. (1994). Underwater acoustic displays and individual variation in male harbor seals, Phoca vitulina. Animal Behavior 48, 1275–1283.

Hanlon, R.T. and Messenger, J.B. (1996). Cephalopod Behavior. Cambridge, UK: Cambridge University Press.

Harding, G.W. and Bohne, B.A. (2004). Noise-induced hair-cell loss and total exposure energy: Analysis of a large data set. Journal of the Acoustical Society of America 115(5), 2207–2220.

Hare, R., Godin, A. and Mayer, L. (1995). Accuracy Estimation of Canadian Swath (Multibeam) and Sweep (Multitransducer) Sounding Systems. Canadian Hydrographic Service Internal Report.

Harland, E.J, Jones, S.A.S. and Clarke, T. (2006). SEA 6 Technical report: Underwater ambient noise. Report QINETIQ/SandE/MAC/CR050575 to the UK Department of Trade and Industry, available at http://www.offshore-sea.org.uk/consultations/SEA_6/ SEA6 Noise QinetiQ.pdf

Harley, H.E. (2008). Whistle discrimination and categorization by the Atlantic bottlenose dolphin (Tursiops truncatus): A review of the signature whistle framework and a perceptual test. Behavioural Processes 77 (2), 243–268.

Harris, F.J. (1978). On the use of windows for harmonic analysis with the Discrete Fourier Transform. Proc. IEEE, 66, 51–83.

579

Harrison, C.H. (1977). Three-dimensional ray paths in basins, troughs, and near seamounts by use of ray invariants. Journal of the Acoustical Society of America, 62, 1382-1387.

Hartline, P.H. (1971). Mid-brain responses of the auditory and somatic vibration systems in snakes. Journal of Experimental Biology 54(2), 373-390.

Hartman, D.S. (1979). Ecology and behavior of the manatee (Trichechus manatus) in Florida. American Society of Mammalogists Special Publication 5, 1-153.

Hassel, A., Knutsen, T., Dalen, J., Skaar, K., Lokkeborg, S., Misund, O.A., Ostensen, O., Fonn, M. and Haugland, E.K. (2004). Influence of seismic shooting on the lesser sandeel (Ammodytes marinus). ICES Journal of Marine Science 61(7), 1165-1173.

Hasselmann, K., Barnett, T.P., Bouws, E., Carlson, H., Cartwright, D.E., Enke, K., Ewing, J.A,. Gienapp, H., et al (1973). Measurements of wind-wave growth and swell decay during the joint north sea wave project (JONSWAP). Deutsche Hydrographische Zeitschrift, vol. 8, no. 12, 1-95.

Hastings, M.C. and Popper, A.N. (2005). Effects of Sound on Fish. Final Report # CA05-0537, Project P476: Noise Thresholds for Endangered Fish. Sacramento, CA: California Department of Transportation, Division of Research and Innovation.

Hawkins, A.D. and Chapman, C.J. (1975). Masked auditory thresholds in the cod, Gadus morhua L. Journal of Comparative Physiology 103, 209-226.

Hawkins, E.R. and Gartside, D.F. (2009). Patterns of whistles emitted by wild Indo-Pacific bottlenose dolphins (Tursiops aduncus) during a provisioning program. Aquatic Mammals 35(2), 171-186.

Hayes, S.A., Kumar, A., Costa, D.P., Mellinger, D.K., Harvey, J.T., Southall, B.L. and Le Boeuf, B.J. (2004). Evaluating the function of the male harbour seal, Phoca vitulina, roar through playback experiments. Animal Behaviour 67, 1133-1139.

Haykin, S. (1994). Advances in Spectrum Analysis and Array Processing. Englewood Cliffs, NJ: Prentice Hall.

Heimlich, S.L., Mellinger, D.K., Nieukirk, S.L. and Fox, C.G. (2005). Types, distribution, and seasonal occurrence of sounds attributed to Bryde's whales (Balaenoptera edeni) recorded in the eastern tropical Pacific, 1999-2001. Journal of the Acoustical Society of America 118(3), 1830-1837.

Hellequin, L., Boucher, J.M. and Lurton, X. (2003). Processing of high-frequency multibeam echo sounder data for seafloor characterization. IEEE Journal of Oceanic Engineering 28(1), 78-89.

Hellequin, L., Lurton, X. and Augustin, J.M. (1997). Postprocessing and signal corrections for multibeam echosounder images. Oceans'97, Halifax, NS, Canada. MTS/IEEE Conference Proceedings, 23-26.

Helstrom, C.W. (1968). Statistical Theory of Signal Detection. New York: Pergamon Press.

Henglmüller, S.M. and Ladich, F. (1999). Development of agonistic behaviour and vocalization in croaking gouramis. Journal of Fish Biology 54(2), 380-395.

Henninger, H.P. and Watson, W.H., III. (2005). Mechanisms underlying the production of carapace vibrations and associated waterborne sounds in the American lobster, Homarus americanus. Journal of Experimental Biology 208(17), 3421-3429.

Herberholz, J. and Schmitz, B. (1998). Role of mechanosensory stimuli in intraspecific agonistic encounters of the snapping shrimp (Alpheus heterochaelis). Biological Bulletin 195(2), 156-167.

Herman, L.M. and Arbeit, W.R. (1972). Frequency difference limens in the bottlenose dolphin: 1-70 kc/s. Journal of Auditory Research 12, 109-120.

Herman, L.M. and Tavolga, W.N. (1980). The communication systems of cetaceans. In L.M. Herman (ed) Cetacean Behavior: Mechanisms and Functions. New York, NY: John Wiley and Sons Inc., pp. 149-209.

Hester, K.C., Peltzer, E. T., Kirkwood, W. J. and P. G. Brewer (2008). Unanticipated consequences of ocean acidification: A noisier ocean at lower pH Geophys. Res. Lett., 35.

Herzing, D.L. (1996). Vocalizations and associated underwater behavior of free-ranging Atlantic spotted dolphins, Stenella frontalis and bottlenose dolphins, Tursiops truncatus. Aquatic Mammals 22(2), 61-79.

Hester, K.C., Peltzer, E.T., Kirkwood, W.J. and Brewe, P.G. (2008). Unanticipated consequences of ocean acidification: A noisier ocean at lower pH. Geophysical Research Letters 35, L19601.

Higgs, D.M., Plachta, D.T., Rollo, A.K., Singheiser, M., Hastings, M.C. and Popper, A.N. (2004). Development of ultrasound detection in American shad (Alosa sapidissima). Journal of Experimental Biology 207(Pt 1), 155-163.

Higgs, D.M., Rollo, A.K., Souza, M.J. and Popper, A.N. (2003). Development of form and function in peripheral auditory structures of the zebrafish (Danio rerio). Journal of the Acoustical Society of America 113(2), 1145-1154.

Higgs, D.M., Souza, M.J., Wilkins, H.R., Presson, J.C. and Popper, A.N. (2001). Age- and size-related changes in the inner ear and hearing ability of the adult zebrafish (Danio rerio). Journal of the Association for Research in Otolaryngology 03, 174-184.

Hildebrand, J.A. (2005). Impacts of Anthropogenic Sound. In J.E.I. Reynolds, W.F. Perrin, R.R. Reeves, S. Montgomery and T.J. Ragen (Eds) Marine Mammal Research: Conservation Beyond Crisis. Baltimore, MD: Johns Hopkins University Press.

Hjellvik, V., Handegard, N.O. and Ona, E. (2008). Correcting for vessel avoidance in acoustic-abundance estimates for herring. ICES Journal of Marine Science 65(6), 1036-1045.

Holland, C. (2006a). Mapping seabed variability: Rapid surveying of coastal regions. Journal of the Acoustical Society of America 119(3), 1373-1387.

Holland, C.(2006b). Constrained comparison of ocean waveguide reverberation: theory and observations. Journal of the Acoustical Society of America 120(4), 1922-1931.

Holt, M.M., Noren, D.P., Veirs, V., Emmons, C.K. and Veirs, S. (2009). Speaking up: Killer whales (Orcinus orca) increase their call amplitude in response to vessel noise. Journal of the Acoustical Society of America 125(1), EL27-EL32.

Hooker, S.K., Baird, R.W. and Fahlman, A. (2009). Could beaked whales get the bends? Effect of diving behaviour and physiology on modelled gas exchange for three species: Ziphius cavirostris, Mesoplodon densirostris and Hyperoodon ampullatus. Respiratory Physiology & Neurobiology In Press. doi: 10.1016/j. resp.2009.04.023.

Hooker, S.K. and Whitehead, H. (2002). Click characteristics of northern bottlenose whales (Hyperoodon ampullatus). Marine Mammal Science 18(1), 69-80.

Horne, J. (2000). Acoustic approaches to remote species identification: A review. Fisheries Oceanography, 9, 356-371.

Horton, Sr., W. (1972). A review of reverberation, scattering and echo structure. Journal of the Acoustical Society of America, 51, 1049-1061.

Houser, D., Martin, S.W., Bauer, E.J., Phillips, M., Herrin, T., Cross, M., Vidal, A. and Moore, P.W. (2005). Echolocation characteristics of free-swimming bottlenose dolphins during object detection and i-dentification. Journal of the Acoustical Society of America 117(4), 2308-2317.

Houser, D.S., Gomez-Rubio, A. and Finneran, J.J. (2008). Evoked potential audiometry of 13 Pacific bottle-nose dolphins (Tursiops truncatus gilli). Marine Mammal Science 24(1), 28-41.

Houser, D.S., Helweg, D.A. and Moore, P.W.B. (2001a). A bandpass filter-bank model of auditory sensitivity in the humpback whale. Aquatic Mammals 27(2), 82-91.

Houser, D.S., Howard, R. and Ridgway, S. (2001b). Can diving-induced tissue nitrogen supersaturation in-crease the chance of acoustically driven bubble growth in marine mammals? Journal of Theoretical Biology 213(2), 183-195.

Hu, M.Y., Yan, H.Y., Chung, W.-S., Shiao, J.-C. and Hwang, P.-P. (2009). Acoustically evoked poten-tials in two cephalopods inferred using the auditory brainstem response (ABR) approach. Comparative Biochemistry and Physiology-Part A 153(3), 278-283.

Hughes, M. (1996). The function of concurrent signals: Visual and chemical communication in snapping shrimp. Animal Behaviour 52(2), 247-257.

Hughes-Clarke, J. (1994). Toward remote seafloor classification using the angular response of acoustic back-scattering: A case study from multiple overlapping GLORIA data. IEEE Journal of Oceanic Engineering, 19, 112-127.

Hughes Clarke, J.E. (2003). Dynamic motion residuals in swath sonar data: Ironing out the creases. Interna-tional Hydrographic Review, 4,1, 6-23.

Hughes Clarke, J.E., Danforth, B.W. and Valentine, P. (1997). Areal seabed classification using backscatter angular response at 95 kHz. In: Pace, N. (Ed.) High Frequency Acoustics in Shallow Water, Lerici, Italy. Proceedings of SACLANTCEN Conference CP-45.

Hughes Clarke, J.E., Mayer, L.A. and Wells, D.E. (1996). Shallow-water imaging multibeam sonars: A new tool for investigating seafloor processes in the coastal zone and on the continental shelf. Marine Geophysical Researches 18(6), 607-629.

Hyvärinen, H. (1989). Diving in darkness: whiskers as sense organs of the ringed seal (Phoca hispida

582

saimensis). Journal of Zoology 218(4), 663-678.

IEEE (1976). IEEE Standard on Piezoelectricity (IEEE Standard 176-1978), Institute of Electrical and Electronics Engineers, New York.

IOA (Institute of Acoustics, UK) (1990). Proceedings of the Institute of Acoustics: Sonar Transducers for the Nineties. University of Birmingham.

IOA. (1995). Proceedings of the Institute of Acoustics: Sonar Transducers'95. University of Birmingham.

IOA. (1999). Proceedings of the Institute of Acoustics: Sonar Transducers'99. Vol. 21, Pt 1, University of Birmingham.

Insley, S.J. (1992). Mother-offspring separation and acoustic stereotypy–a comparison of call morphology in two species of pinnipeds. Behaviour 120, 103-122.

Insley, S.J. (2000). Long-term vocal recognition in the northern fur seal. Nature 406(6794), 404-405.

Insley, S.J. (2001). Mother-offspring vocal recognition in northern fur seals is mutual but asymmetrical. Animal Behaviour 61(1), 129-137.

Insley, S.J., Phillips, A.V. and Charrier, I. (2003). A review of social recognition in pinnipeds. Aquatic Mammals 29.2, 181-201.

Isakovitch, M.A. and Kuryanov, B.F. (1970). Theory of low-frequency noise in the ocean. Soviet Physics Acoustics, 16, 49.

ISEN, (1988). Proceedings of the International Workshop on Power Sonic and Ultrasonic Transducers Design, ISEN, Lille. Berlin: Springer-Verlag.

Ishimaru, A. (1978a). Wave Propagation and Scattering in Random Media, Volume 1. Single Scattering and Transport Theory. San Diego, CA: Academic Press.

Ishimaru, A. (1978b). Wave Propagation and Scattering in Random Media, Volume 2. Multiple Scattering, Turbulence, Rough Surfaces, and Remote Sensing. San Diego, CA: Academic Press.

IUCN. (2008) IUCN Red List of Threatened Species. www.iucnredlist.org (consulted 27 February 2009).

Ivakin, A.N. (1987). Sound scattering by random inhomogeneities of stratified ocean sediments. Soviet Physics Acoustics, 32, 492-496.

Ivakin, A.N. (1998). A unified approach to volume and roughness scattering. Journal of the Acoustical Society of America, 103, 827-837.

Ivakin, A.N. and Lysanov, Y.P. (1981). Underwater sound scattering by volume inhomogeneities of a medium bounded by a rough surface. Soviet Physics Acoustics, 27, 212-215.

Iwase, R., Kikuchi, T., Tsuchiya, T. and Mizutani, K. (2008). Long-term deep seafloor ambient noise observation by a cabled observatory off Hatsushima Island in Sagami Bay, Central Japan. Proc. 8th European Conference on Underwater Acoustics, Portugal.

Jackson, D.R. and Briggs, K.B. (1992). High-frequency bottom backscattering: Roughness versus sediment volume scattering. Journal of the Acoustical Society of America, 92, 962-977.

Jackson, D.R. and Dowling, D.R. (1991). Phase conjugation in underwater acoustics. Journal of the

Acoustical Society of America,89, 171-181.

Jackson, D.R. and Richardson, M.D. (2007). High-Frequency Seafloor Acoustics. New York: Springer.

Jackson, D.R., Winnebrenner, D.P. and lshimaru, A. (1986). Application of the composite roughness model to high-frequency bottom backscattering. Journal of the Acoustical Society of America, 79, 1410-1422.

Jackson, D.R., Briggs, K.B., Williams, K.L. and Richardson, M.D. (1996). Tests of models for high-frequency seafloor backscatter. IEEE Journal of Oceanic Engineering, 21, 458-470.

Jacobs, D.W. (1972). Auditory frequency discrimination in the Atlantic bottlenose dolphin, Tursiops truncatus Montague: A preliminary report. Journal of the Acoustical Society of America 52(2B), 696-698.

Jacobs, D.W. and Tavolga, W.N. (1967). Acoustic intensity limens in the goldfish. Animal Behavior 15, 324-335.

Jacobs, D.W. and Tavolga, W.N. (1968). Acoustic frequency discrimination in the goldfish. Animal Behavior 16, 67-71.

Janik, V.M. (2000). Source levels and the estimated active space of bottlenose dolphin (Tursiops truncatus) whistles in the Moray Fith, Scotland. Journal of Comparative Physiology A 186, 673-680.

Janik, V.M. and Slater, P.J.B. (1998). Context-specific use suggests that bottlenose dolphin signature whistles are cohesion calls. Animal Behaviour 56(4), 829-838.

Janik, V.M., Sayigh, L.S. and Wells, R.S. (2006). Signature whistle shape conveys identity information to bottlenose dolphins. Proceedings of the National Academy of Sciences 103(21), 8293-8297.

Jensen, F.B., Kuperman, W.A., Porter, M.B. and Schmidt, H. (1994). Computational Ocean Acoustics. New York: AIP Press.

Jepson, P.D., Arbelo, M., Deaville, R., Patterson, I.A.P., Castro, P., Baker, J.R., Degollada, E., Ross, H.M., Herraez, P., Pocknell, A.M. et al. (2003). Gas-bubble lesions in stranded cetaceans. Nature 425, 575-576.

Jepson, P.D., Deaville, R., Patterson, I.A.P., PockneU, A.M., Ross, H.M., Baker, J.R., Howie, F.E., Reid, R.J., Colloff, A. and Cunningham, A.A. (2005). Acute and chronic gas bubble lesions in cetaceans stranded in the United Kingdom. Veterinary Pathology 42(3), 291-305.

Job, D.A., Boness, O.J. and Francis, J.M. (1995). Individual variation in nursing vocalizations of Hawaiian monk seal pups, Monachus schauinslandi (Phocidae, Pinnipedia), and lack of maternal recognition. Canadian Journal of Zoology 73(5), 975-983.

Johnson, M.P., Madsen, P.T., Zimmer, W.M.X., de Soto, N.A. and Tyack, P.L. (2004).Beaked whales echolocate on prey. Biology Letters 271, S383-S386.

Johnson, M., Madsen, P.T., Zimmer, W.M.X., de Soto, N.A. and Tyack, P.L. (2006).Foraging Blainville's beaked whales (Mesoplodon densirostris) produce distinct click types matched to different phases of echolocation. Journal of Experimental Biology 209(24), 5038-5050.

Johnson, M., Hickmott, L.S., Soto, N.A. and Madsen, P.T. (2008). Echolocation behaviour adapted to prey in foraging Blainville's beaked whale (Mesoplodon densirostris). Proceedings of the Royal Society B-

Biological Sciences 275(1631), 133-139.

Johnson, M.W., Everest, F.A. and Young, R.W. (1947). The role of snapping shrimp (Crangon and Synalpheus) in the production of underwater noise in the sea. Biological Bulletin 93(2), 122-138.

Johnston, D.W. (2002). The effect of acoustic harassment devices on harbour porpoises (Phocoena phocoena) in the Bay of Fundy, Canada. Biological Conservation 108(1),113-118.

Juhel, P. (2005). Histoire de l'Acoustique Sous-Marine. Paris: Vuibert.

Kaifu, K., Segawa, S. and Tsuchiya, K. (2007). Behavioral responses to underwater sound in the small benthic octopus Octopus ocellatus. The Journal of the Marine Acoustics Society of Japan 34(4), 266-273.

Kaifu, K., Akamatsu, T. and Segawa, S. (2008). Underwater sound detection by cephalopod statocyst. Fisheries Science 74(4), 781-786.

Kamminga, C. and Stuart, A.B.C. (1995). Wave shape estimation of delphinid sonar signals, a parametric model approach. Acoustics Letters 19(4), 70-76.

Karlsen, J.O., Bisther, A., Lydersen, C., Haug, T. and Kovacs, K.M. (2002). Summer vocalisations of adult male white whales (Delphinapterus leucas) in Svalbard, Norway. Polar Biology 25(11), 808-817.

Kastak, D. and Schusterman, R.J. (1998). Low-frequency amphibious hearing in pinnipeds: Methods, measurements, noise, and ecology. Journal of the Acoustical Society of America 103(4), 2216-2228.

Kastak, D. and Schusterman, R.J. (1999). In-air and underwater hearing sensitivity of a northern elephant seal Mirounga angustirostris. Canadian Journal of Zoology 77(11), 1751-1758.

Kastak, D., Southall, B.L., Schusterman, R.J. and Kastak, C.R. (2005). Underwater temporary threshold shift in pinnipeds: Effects of noise level and duration. Journal of the Acoustical Society of America 118(5), 3154-3163.

Kastak, D., Reichmuth, C., Holt, M.M., Mulsow, J., Southall, B.L. and Schusterman, R.J. (2007). Onset, growth, and recovery of in-air temporary threshold shift in a California sea lion (Zalophus californianus). Journal of the Acoustical Society of America 122(5), 2916-2924.

Kastelein, R.A., Rippe, H.T., Vaughan, N., Schooneman, N.M., Verboom, W.C. and De Haan, D. (2000). The effects of acoustic alarms on the behavior of harbor porpoises (Phocoena phocoena) in a floating pen. Marine Mammal Science 16(1), 46-64.

Kastelein, R.A., de Haan, D., Vaughan, N., Staal, C. and Schooneman, N.M. (2001). The influence of three acoustic alarms on the behaviour of harbour porpoises (Phocoena phocoena) in a floating pen. Marine Environmental Research 52(4), 351-371.

Kastelein, R.A., Bunskoek, P., Hagedoorn, M., Au, W.W. and de Haan, D. (2002a). Audiogram of a harbor porpoise (Phocoena phocoena) measured with narrow-band frequency-modulated signals. Journal of the Acoustical Society of America 112(1), 334-344.

Kastelein, R.A., Mosterd, P., van Santen, B., Hagedoorn, M. and de Haan, D. (2002b). Underwater audiogram of a Pacific walrus (Odobenus rosmarus divergens) measured with narrow-band frequency-modulated signals. Journal of the Acoustical Society of America 112(5), 2173-2182.

Kastelein, R.A., Hagedoorn, M., Au, W.W.L. and de Haan, D. (2003). Audiogram of a striped dolphin (Stenella coeruleoalba). Journal of the Acoustical Society of America 113(2), 1130–1137.

Kastelein, R.A., Janssen, M., Verboom, W.C. and de Haan, D. (2005a). Receiving beam patterns in the horizontal plane of a harbor porpoise (Phocoena phocoena). Journal of the Acoustical Society of America 118(2), 1172–1179.

Kastelein, R.A., van Schie, R., Verboom, W.C. and de Haan, D. (2005b). Underwater hearing sensitivity of a male and a female Steller sea lion (Eumetopias jubatus). Journal of the Acoustical Society of America 118(3), 1820–1829.

Kastelein, R.A., Jennings, N., Verboom, W.C., de Haan, D. and Schooneman, N.M. (2006). Differences in the response of a striped dolphin (Stenella coeruleoalba) and a harbour porpoise (Phocoena phocoena) to an acoustic alarm. Marine Environmental Research 61(3), 363–378.

Kastelein, R.A., de Haan, D. and Verboom, W.C. (2007a). The influence of signal parameters on the sound source localization ability of a harbor porpoise (Phocoena phocoena). Journal of the Acoustical Society of America 122(2), 1238–1248.

Kastelein, R.A., van der Heul, S., van der Veen, J., Verboom, W.C., Jennings, N.. de Haan, D. and Reijnders, P.J. (2007b). Effects of acoustic alarms, designed to reduce small cetacean bycatch in gillnet fisheries, on the behaviour of North Sea fish species in a large tank. Marine Environmental Research 64(2), 160–180.

Kastelein, R.A., Verboom, W.C., Jennings, N., de Haan, D. and van der Heul, S. (2008). The influence of 70 and 120 kHz tonal signals on the behavior of harbor porpoises (Phocoena phocoena) in a floating pen. Marine Environmental Research 66(3), 319–326.

Kasumyan, A.O. (2005). Structure and function of the auditory system in fishes. Journal of Ichthyology 45(S2), S223–S270.

Kasumyan, A.O. (2008). Sounds and sound production in fishes. Journal of Ichthyology 48(11), 981–1030.

Keller, J.B. and Papadakis, J.S. (1977). Wave Propagation and Underwater Acoustics. Berlin: Springer-Verlag.

Kenneth, B.L.N. (1983). Seismic Wave Propagation in Stratified Media. Cambridge: Cambridge University Press.

Kenyon, T.N. (1996). Ontogenetic changes in the auditory sensitivity of damselfishes (Pomacentridae). Journal of Comparative Physiology A 179, 553–561.

Keogh, M. and Blondel, P. (2008). Passive acoustic monitoring of ocean weather patterns. Proc. Inst. Acoust., 30,5.

Keogh, M. and Blondel, P. (2009). Underwater monitoring of polar weather: arctic field measurements and tank experiments. Proc. 3rd Underwater Acoustic Measurements Conference (UAM-2009), 1189–1196, http://promitheas.iacm.forth.gr/uam2009/proceedings.php

Kerman, B.R. (1998). Sea Surface Sound: Natural Mechanisms of Surface Generated Noise in the Ocean.

Boston: Kluwer Academic.

Kerman, B.R. (1993). Natural Physical Sources of Underwater Sound. Boston: Kluwer Academic.

Ketten, D.R. (1997) Structure and function in whale ears. Bioacoustics 8, 103-135.

Ketten, D.R. (1998) Marine mammal ears: An anatomical perspective on underwater hearing. Proceedings of the International Congress on Acoustics 3, 1657-1660.

Ketten, D.R. (2000) Cetacean Ears. In W.W.L. Au, A.N. Popper and R.R. Fay, Hearing by Whales and Dolphins, vol. 12, pp. 43-108. New York, NY: Springer.

Ketten, D.R. (2005). Beaked whale necropsy findings for strandings in the Bahamas, Puerto Rico, and Madeira, 1999-2002. WHOI-2005-09. Woods Hole, MA: Woods Hole Oceanographic Institution.

Ketten, D.R. and Bartol, S.M. (2005). Functional measures of sea turtle hearing: Final report to the Office of Naval ResearchWoods Hole, MA: Woods Hole Oceanographic Institution.

Kibblewhite, A.C. and Wu, C.Y. (1991). The theoretical description of wave-wave interactions as a noise source in the ocean. Journal of the Acoustical Society of America, 89, 2241-2252.

Kimura, S., Akamatsu, T., Wang, K., Wang, D., Li, S., Dong, S. and Arai, N. (2009). Comparison of stationary acoustic monitoring and visual observation of finless porpoises. Journal of the Acoustical Society of America 125(1), 547-553.

Knight, W.C., Pridham, R.G. and Kay, S.M. (1981). Digital signal processing for sonar. Proc. IEEE, 69, 1451-1501.

Knobles, D.P., Joshi, S.M., Gaul, R.D., Graber, H.C. and Williams, N.J. (2008). Analysis of wind-driven ambient noise in a shallow water environment with a sandy seabed. Journal of the Acoustical Society of America Express Letters, 157-162.

Knudsen, V.O., Alford, R.S. and Emling, J.W. (1948)t. Underwater ambient noise. Journal of Marine Research, 7, 410-429.

Komak, S., Boal, J.G., Dickel, L. and Budelmann, B.U. (2005). Behavioural responses of juvenile cuttlefish (Sepia officinalis) to local water movements. Marine and Freshwater Behaviour and Physiology 38, 117-125.

Koopman, H.N., Budge, S.M., Ketten, D.R. and Iverson, S.J. (2006). Topographical distribution of lipids inside the mandibular fat bodies of odontocetes: remarkable complexity and consistency. IEEE Journal of Oceanic Engineering 31(1), 95-106.

Korneliussen, R.J., Diner, N., Ona, E., Berger, L. and Fernandez, P.G. (2008). Proposals for the collection of multifrequency acoustic data' ICES Journal of Marine Science, 65,6, 982-994.

Koyama, H. (2008). Sensory cells associated with the tentacular tunic of the ascidian Polyandrocarpa misakiensis (Tunicata: Ascidiacea). Zoological Science 25(9), 919-930.

Kraus, S.D., Read, A.J., Solow, A., Baldwin, K., Spradlin, T., Anderson, E. and Williamson, J. (1997). Acoustic alarms reduce porpoise mortality. Nature 388(6642), 525.

Krim, H. and Viberg, M. (1996). Two decades of array signal processing research: The parametric approach.

IEEE Signal Processing Magazine, 13,4, 67–94.

Kumaresan, R. and Tufts, D.W. (1983). Estimating the angles of arrival of multiple plane waves. IEEE Trans. Aerosp. Electron. Syst., 19,1, 134–139.

Kuo, E.Y.T. (1964). Wave scattering and transmission at irregular surfaces. Journal of the Acoustical Society of America, 33, 2135–2142.

Kuo, E.Y.T. (1988). Sea surface scattering and propagation loss: Review, update and new predictions. IEEE Journal of Oceanic Engineering, 13.

Kuperman, W.A. and Jensen, F.B. (1980). Bottom-interacting Acoustics. New York: Plenum Press.

Kunc, H.P. and Wolf, J.B.W. (2008). Seasonal changes of vocal rates and their relation to territorial status in male galapagos sea lions (Zalophus wollebaeki). Ethology 114(4), 381–388.

Kunnasranta, M., Hyvarinen, H. and Sorjonen, J. (1996). Underwater vocalizations of ladoga ringed seals (Phoca hispida ladogensis Nordq) in summertime. Marine Mammal Science 12(4), 611–618.

Kuo, E.Y.T. (1964). Wave scattering and transmission at irregular surfaces. Journal of the Acoustical Society of America, 33, 2135–2142.

Kyhn, L.A., Tougaard, J., Jensen, F., Wahlberg, M., Stone, G., Yoshinaga, A., Beedholm, K. and Madsen, P.T. (2009). Feeding at a high pitch: Source parameters of narrow band, high-frequency clicks from echolocating off-shore hourglass dolphins and coastal Hector's dolphins. Journal of the Acoustical Society of America 125(3), 1783–1791.

Labat, J. and Laot, C. (2001). Blind adaptive multiple input decision feedback equalizer with a self optimized configuration. IEEE Trans on Comm., 49,4, 646–654.

Ladich, F. (1999). Did auditory sensitivity and vocalization evolve independently in otophysan fishes? Brain, Behavior and Evolution 53(5–6), 288–304.

Ladich, F. (2000). Acoustic communication and the evolution of hearing in fishes. Philosophical Transactions of the Royal Society of London B: Biological Sciences 355(1401),1285–1288.

Ladich, F., Bischof, C., Schleinzer, G. and Fuchs, A. (1992a). Intra-and interspecific differences in agonistic vocalization in croaking gouramis (Genus: Trichopsis, Anabantoidei, Teleostei). Bioacoustics 4, 131–141.

Ladich, F., Brittinger, W. and Kratochvil, H. (1992b). Significance of agonistic vocalization in the Croaking Gourami (Trichopsis vittatus, Teleostei). Ethology 90, 307–314.

Ladich, F. and Popper, A.N. (2004). Parallel evolution in fish hearing organs. In: G.A. Manley, A.N. Popper and R.R. Fay (eds) Evolution of the Vertebrate Auditory System. New York, NY: Springer, pp. 96–127.

Lagardère, J. P., Millot, S. and Parmentier, E. (2005). Aspects of sound communication in the pearlfish Carapus boraborensis and Carapus homei (Carapidae). Journal of Experimental Zoology Part A: Comparative Experimental Biology 303A(12), 1066–1074.

Lamarche, G., Lurton, X., Verdier, A.L. and Augustin, J.M. (2008). Backscatter Angular Dependence as a

Quantitative Tool for Seafloor Substrate Characterization. Application to Cook Strait, New Zealand. GeoHab Conference, 2008.

Lapierre, G. Beuzelin, N., Labat, J., Trubuil, J., Goalic, A., Saoudi, S., Ayela, G., Coince, P., Coatelan, S. ' (2005). 1995-2005: Ten years of active research on underwater acoustic communications in Brest', in Proc. Oceans'05, Vol. 1, pp. 425-430, Brest.

Lammers, M.O. and Au, W.W.L. (2003). Directionality in the whistles of Hawaiian spinner dolphins (Stenella longirostris): A signal feature to cue direction of movement? Marine Mammal Science 19(2), 249-264.

Lammers, M.O. and Castellote, M. (2009). The beluga whale produces two pulses to form its sonar signal. Biology Letters, Published online before print March 4, 2009, doi: 10.1098/rsbl.2008.0782.

Lammers, M.O., Au, W.W.L. and Herzing, D.L. (2003). The broadband social acoustic signaling behavior of spinner and spotted dolphins. Journal of the Acoustical Society of America 114(3), 1629-1639.

Lapierre, G., Labat, J. and Trubuil, J. (2003). Iterative equalization for underwater acoustic channels, potentiality for the TRIDENT system. In Proc. Oceans 2003, 1547-1553.

Lasky, M. (1977). Review of undersea acoustics to 1950. Journal of the Acoustical Society of America, 61, 283-297.

Lavergne, M. (1986). Méthodes Sismiques. Rueil-Malmaison, France: Institut Français du Pétrole.

Lavery, A.C., Wicbe, P.H., Stanton, T.K., Lawson G.L., Benfield, C.B. and Capley N. (2007). Determining dominant scatterers of sound in mixed zooplankton populations. Journal of the Acoustical Society of America, 122,6, 3304-3326.

LeBlanc, L.R., Mayer, L., Rufino, M., Schock, S.G. and King, J. (1992a). Marine sediment classification using the chirp sonar. Journal of the Acoustical Society of America, 91,107-115.

LeBlanc, L.R., Panda, S. and Schock, S.G. (1992b). Sonar attenuation modelling for classification of marine sediments. Journal of the Acoustical Society of America, 91, 116-126.

Le Boeuf, B.J. and Peterson, R.S. (1969). Dialects in elephant seals. Science 166, 1654-1656.

Le Boeuf, B.J. and Petrinovich, L.F. (1974). Dialects of Northern elephant seals, Mirounga angustrirostris: origin and reliability. Animal Behavior 22, 656-663.

Le Chenadec, G., Boucher, J.M. and Lurton, X. (2007). Angular Dependence of K-Distributed Sonar Data. IEEE Transactions on Geoscience and Remote Sensing 45(5),1224-1235.

Le Chevalier, F. (2002). Principles of Radar and Sonar Signal Processing. Boston: Artech House.

Lc Gonidec, Y., Lamarche, G. and Wright, I.C. (2003). Inhomogeneous Substrate Analysis Using EM300 Backscatter Imagery. Marine Geophysical Researches 24,311-327.

Leatherwood, S., Jefferson, T.A., Norris, J.C., Stevens, W.E., Hansen, L.J. and Mullin, K.D. (1993). Occurrence and sounds of Fraser dolphins (Lagenodelphis hosei) in the Gulf of Mexico. Texas Journal of Science 45(4), 349-354.

Lechner, W. and Ladich, F. (2008). Size matters: diversity in swimbladders and Weberian ossicles affects hearing in catfishes. Journal of Experimental Biology 211(Pt 10), 1681–1689.

Leduc, B. and Ayela, G. (1990). TIVA, a self-contained image/data transmission system for underwater applications. First French Congress of Acoustics, Lyon, France, Journal de Physique, 2(Suppl.), 655–658.

Lee, D. and McDaniel, S.T. (1988). Ocean Acoustic Propagation by Finite Difference Methods. New York: Pergamon.

Lee, D. and Pierce, A.D. (2000). Parabolic equation development in the twentieth century. J. Comp. Acoustics 8(4), 527–637.

Lee, J.S., Miller, A.R. and Hoppel, K. (1994). Statistics of phase difference and product magnitude of multilook processed gaussian signals. Waves in Random Media, 4,3, 307–319.

Lecney, R.H., Berrow, S., McGrath, D., O'Brien, J., Cosgrove, R. and Godley, B.J. (2007). Effects of pingers on the behaviour of bottlenose dolphins. Journal of the Marine Biological Association of the United Kingdom 87, 129–133.

Leighton, T.G. (1996). The Acoustic Bubble. London: Academic Press.

Leighton, T.G., Richards, S.D. and White, P.R. (2004). Trapped within a 'wall of sound': A possible mechanism for the bubble nets of humpback whales. Acoustics Bulletin 29(1), 24–29.

Leighton, T., Finfer, D., Grover, E. and White, P. (2007). An acoustical hypothesis for the spiral bubble nets of humpback whales, and the implications for whale feeding. Acoustics Bulletin 22(1), 17–21.

Leontovich, M. and Fock, V. (1946). Solution of the problem of propagation of electromagnetic waves along the earth's surface by the method of parabolic equation. J. Phys. X(1), 13–24.

Lepper, P.A., Turner, V.L.G., Goodson, A.D. and Black, K.D. (2004). Source levels and spectra emitted by three commercial aquaculture anti-predation devices. In Proceedings of the Seventh European Conference on Underwater Acoustics, ECUA 2004. Delft, The Netherlands: 5–8 July.

Leroy, C.C. (1967). Sound propagation in the Mediterranean Sea. Underwater Acoustics Vol.2, 203–241.

Leroy, C.C. (1968). Formulas for the calculation of underwater pressure in acoustics', Journal of the Acoustical Society of America, 40(2), 651–653.

Leroy, C.C. (1969). Development of simple equations for accurate and realistic calculations of the speed of sound in seawater. Journal of the Acoustical Society of America, 46, 216–226.

Leroy, C.C. and Parthiot, F. (1998). Depth-pressure relationships in the oceans and seas. Journal of the Acoustical Society of America, 103, 1346–1352.

Leroy, C.C., Robinson, S.P. and Goldsmith, M.J. (2008). A new equation for the accurate calculation of sound speed in all oceans. Journal of the Acoustical Society of America, 124, 2774–2782.

Leroy, C.C. (1967). 'Sound propagation in the Mediterranean Sea', in Underwater Acoustics vol.2, 203–241.

Lesage, V., Barrette, C., Kingsley, M.C.S. and Sjare, B. (1999). The effect of vessel noise on the vocal behavior of belugas in the St. Lawrence River estuary, Canada. Marine Mammal Science 15(1), 65–84.

Leviandier L., (2009). The one-way wave equation and its invariance properties. J. Phys. A: Math. Theor. 42, 265402.

Levitus, S. (1982). Climatological Atlas of the World Ocean. Washington, DC: NOAA Professional Paper 13.

Li, J., Stoica, P. and Wang, Z. (2003). On robust Capon beamforming and diagonal loading. IEEE Transactions on Signal Processing, 51,7, 1702–1715.

Li, S.G., Wang, D., Wang, K.X., Xiao, J.Q. and Akamatsu, T. (2007). The ontogeny of echolocation in a Yangtze finless porpoise (Neophocaena phocaenoides asiaeorientalis).Journal of the Acoustical Society of America 122(2), 715–718.

Li, S.H., Wang, D., Wang, K.X. and Akamatsu, T. (2006). Sonar gain control in echolocating finless porpoises (Neophocaena phocaenoides) in an open water (L). Journal of the Acoustical Society of America 12,4, 1803–1806.

Li, S.H., Wang, D., Wang, K.X., Akamatsu, T., Ma, Z.Q. and Han, J.B. (2007). Echolocation click sounds from wild inshore finless porpoise (Neophocaena phocaenoides sunameri) with comparisons to the sonar of riverine N. p. asiaeorientalis. Journal of the Acoustical Society of America 121(6), 3938–3946.

Li, S., Wang, K., Wang, D., Dong, S. and Akamatsu, T. (2008). Simultaneous production of low- and high-frequency sounds by neonatal finless porpoises. Journal of the Acoustical Society of America 124(2), 716–718.

Li, S.H., Akamatsu, T., Wang, D. and Wang, K.X. (2009). Localization and tracking of phonating finless porpoises using towed stereo acoustic data-loggers. Journal of the Acoustical Society of America 126(1), 468–475.

Li, S.H., Wang, K.X., Wang, D. and Akamatsu, T. (2005). Echolocation signals of the free-ranging Yangtze finless porpoise (Neophocaena phocaenoides asiaeorientialis). Journal of the Acoustical Society of America 117(5), 3288–3296.

Lien, J., Barney, W., Todd, S., Seton, R. and Guzzwell, J. (1992). Effects of adding sound to cod traps on the probability of collisions by humpback whales. In: J.A. Thomas, R.Kastelein and A.Y. Supin (eds) Marine Mammal Sensory Systems. New York, NY: Plenum Press, pp. 701–708.

Lilly, J.C. (1967). Intracephalic sound production in Tursiops truncatus: Bilateral sources. Federal Proceedings 26(2).

Lilly, J.C. (1968). Sound production in Tursiops truncatus (bottlenose dolphin). Annals of the New York Academy of Sciences 155(1), 321–341.

Lindemann, K.L., Kastak, C.R. and Schusterman, R.J. (2006). The role of learning in the production and comprehension of auditory signals by pinnipeds. Aquatic Mammals 32(4), 483–490.

Ljungblad, D.K., Scoggins, P.D. and Gilmartin, W.G. (1982a). Auditory thresholds of a captive Eastern Pacific bottle-nosed dolphin, Tursiops spp. Journal of the Acousticai Society of America 72 (6), 1726–1729.

Ljungblad, D.K., Thompson, P.O. and Moore, S.E. (1982b). Underwater sounds recorded from migrating bowhead whales, Balaena mysticetus, in 1979. Journal of the Acousticai Society of America 71(2), 477-482.

Lohse, D., Schmitz, B. and Versluis, M. (2001). Snapping shrimp make flashing bubbles. Nature 413 (6855), 477-478.

Love, R.H. (1978). Resonant acoustic scattering by swimbladder-bearing fish. Journal of the Acoustical Society of America, 64, 571-580.

Love, R.H. (1981). A model for estimating distributions of fish school target strengths. Deep Sea Research, 28A, 705-725.

Lovell, J.M., Findlay, M.M., Moate, R.M., Nedwell, J.R. and Pegg, M.A. (2005a). The inner ear morphology and hearing abilities of the Paddlefish (Polyodon spathula) and the Lake Sturgeon (Acipenser fulvescens). Comparative Biochemistry and Physiology-Part A 142(3), 286-296.

Lovell, J.M., Findlay, M.M., Moate, R.M. and Yan, H.Y. (2005b). The hearing abilities of the prawn Palaemon serratus. Comparative Biochemistry and Physiology, Part A 140(1), 89-100.

Lovell, J.M., Moate, R.M., Christiansen, L. and Findlay, M.M. (2006). The relationship between body size and evoked potentials from the statocysts of the prawn Palaemon serratus. Journal of Experimental Biology 209(13), 2480-2485.

Luca, M.B., Azou, S., Burel, G. and Serbanescu, A. (2005). A Complete Receiver Solution for a Chaotic Direct Sequence Spread Spectrum Communication System. IEEE Int. Symp. on Circ. and Syst. (IEEE ISCAS), Vol. 4, 3813-3816 Kobe, Japan, 2005.

Lucke, K., Siebert, U., Lepper, P.A. and Blanchet, M.A. (2009). Temporary shift in masked hearing thresholds in a harbor porpoise (Phocoena phocoena) after exposure to seismic airgun stimuli. Journal of the Acoustical Society of America 125(6), 4060-4070.

Lugli, M., Pavan, G., Torricelli, P. and Bobbio, L. (1995). Spawning vocalizations in male freshwater gobiids (Pisces, Gobiidae). Environmental Biology of Fishes 43(3), 219-231.

Lugli, M., Torricelli, P., Pavan, G. and Miller, P. J. (1996). Breeding sounds of male Padogobius nigricans with suggestions for further evolutionary study of vocal behaviour in gobioid fishes. Journal of Fish Biology 49(4), 648-657.

Lurton, X. (1992). The range-averaged intensity model: A tool for underwater acoustic field analysis. IEEE Journal of Oceanic Engineering, 17, 138-149.

Lurton, X. (2000). Swath bathymetry using phase difference: Theoretical analysis of acoustical measurement precision, IEEE Journal of Oceanic Engineering, 25, 351-363.

Lurton, X. (2001). Précision de mesure des sonars bathymétriques en fonction du rapport signalà. bruit. Traitement du Signal, 18, 179-194.

Lurton X. (2003). Theoretical Modelling of Acoustical Measurement Accuracy for Swath Bathymetric Sonars. International Hydrographic Review 4,2, 17-30, 2003.

Lurton, X. and Pouliquen, E. (1994). Identification de la nature des fonds marins à l'aide de signaux d' échos-sondeurs：Ⅱ. Méthode d'identification et résultats expérimentaux. Acta Acustica, 2, 187–194.

Lurton X., Augustin J.M., Dugelay S., Hellequin L., Voisset M. (1997). Shallow-water seafloor characteriza-tion for high-frequency multibeam echosounder：image segmentation using angular backscatter, in Pace, N. (Ed.) High Frequency Shallow Water Acoustics, Lerici, Italy. Proceedings of SACLANTCEN Confer-ence CP–45.

Lusseau, D. and Bejder, L. (2008). The long-term consequences of short-term responses to disturbance experiences from whalewatching impact assessment. International Journal of Comparative Psychology 20, 228–236.

Lyons, A.P., Anderson, A.L. and Dwan, F.S. (1994). Acoustic scattering from the seafloor：Modeling and data comparison. Journal of the Acoustical Society of America, 95, 2441–2451.

Lyons, A.P. and Abrahams D.A. (1999). Statistical characterization of high-frequency shallow-water seafloor backscatter. Journal of the Acoustical Society of America 106(3), Pt. 1,1307–1315.

Ma, B. B., Nystuen, J.A. and Lien, R.C. (2005). Prediction of underwater sound levels from rain and wind. Journal of the Acoustical Society of America, 117,6, 3555–3565.

MacGinitie, G.E. (1937). Notes on the natural history of several marine crustacea. American Midland Natural-ist 18(6), 1031–1037.

Mackay, R.S. and Liaw, H.M. (1981). Dolphin vocalization mechanisms. Science 212(4495), 676–678.

Mackie, G.O. and Singla, C.L. (2003). The capsular organ of Chelyosoma productum (Ascidiacea：Corelli-dae)：A new tunicate hydrodynamic sense organ. Brain. Behavior and Evolution 61(1), 45–58.

MacLennan, D.N. (1990). Acoustic measurement of fish abundance. Journal of the Acoustical Society of America, 87, 1–15.

MacLennan, D.N. and Simmonds, E.J. (1992). Fisheries Acoustics. London：Chapman and Hall.

Madsen, P.T. (2005). Marine mammals and noise：Problems with root mean square sound pressure levels for transients. Journal of the Acoustical Society of America 117(6), 3952–3957.

Madsen, P.T., Payne, R., Kristiansen, N.U., Wahlberg, M., Kerr, I. and Møhl, B. (2002a).Sperm whale sound production studied with ultrasound time/depth recording tags. Journal of Experimental Biology 205, 1899–1906.

Madsen, P.T., Wahlberg, M. and Møhl, B. (2002b). Male sperm whale (Physeter macrocephalus) acoustics in a high-latitude habitat：implications for echolocation and communication. Behavioral Ecology and Sociobiology 53(1), 31–41.

Madsen, P.T., Kerr, I. and Payne, R. (2004a). Echolocation clicks of two free-ranging, oceanic delphinids with different food preferences：False killer whales Pseudorca crassidens and Risso's dolphins Grampus griseus. Journal of Experimental Biology 207(11), 1811–1823.

Madsen, P. T., Kerr, I. and Payne, R. (2004b). Source parameter estimates of echolocation clicks from wild pygmy killer whales (Feresa attenuata) (L). Journal of the Acoustical Society of America 116(4), 1909–1912.

Madsen, P.T., Carder, D.A., Bedholm, K. and Ridgway, S.H. (2005a). Porpoise clicks from a sperm whale nose—Convergent evolution of 130 kHz pulses in toothed whale sonars? Bioacoustics 15(2), 195–206.

Madsen, P.T., Johnson, M., de Soto, N.A., Zimmer, W.M.X. and Tyack, P. (2005b). Biosonar performance of foraging beaked whales (Mesoplodon densirostris). Journal of Experimental Biology 208 (2), 181–194.

Madsen, P.T., Wahlberg, M., Tougaard, J., Lucke, K. and Tyack, P. (2006). Wind turbine underwater noise and marine mammals: implications of current knowledge and data needs. Marine Ecology Progress Series 309, 279–295.

Madureira, L.S.P., Everson, I., Murphy E.J. (1993). Interpretation of acoustic data at two frequencies to discriminate between Antarctic krill (Euphausia superba Dana) and other scatterers. Journal of Plankton Research, 15,787–802.

Maeda, H., Higashi, N., Uchida, S., Sato, F., Yamaguchi, M., Koido, T. and Takemura, A. (2000). Songs of humpback whales Megaptera novaeangliae in the Ryukyu and Bonin regions. Mammal Study 25 (1), 59–73.

Maître, H. (2001). Traitement des images de radar à synthèse d'ouverture. Paris: Hermes Sciences Europe Ltd.

Makris, N.C. and Dyer, I. (1991). Environmental correlates of Arctic ice-edge noise. Journal of the Acoustical Society of America, 90,6, 3288–3298.

Maniwa, Y. (1976). Attraction of bony fish, squid and crab by sound. In A. Schuijf and A. D. Hawkins (Eds) Sound Reception in Fish, pp. 271–283. Amsterdam: Elsevier.

Mann, D.A., Lu, Z.M. and Popper, A.N. (1997). A clupeid fish can detect ultrasound. Nature 389(6649), 341–341.

Mann, D.A., Lu, Z., Hastings, M.C. and Popper, A.N. (1998). Detection of ultrasonic tones and simulated dolphin echolocation clicks by a teleost fish, the American shad (Alosa sapidissima). Journal of the Acoustical Society of America 104(1), 562–568.

Mann, D.A., Higgs, D.M., Tavolga, W.N., Souza, M.J. and Popper, A.N. (2001). Ultrasound detection by clupeiform fishes. Journal of the Acoustical Society of America 109(6), 3048–3054.

Marcos, S. (1997). Les Méthodes à Haute Résolution– Traitement d'Antenne et Analyse Spectrale. Paris: Ed. Hermes, 1997.

Marlow, B.J. (1975). The comparative behaviour of the Australasian sea lions Neophoca cinerea and Phocarctos hookeri (Pinnipedia: Otariidae). Mamrnalia 39, 159–230.

Marten, K. (2000). Ultrasonic analysis of pygmy sperm whale (Kogia breviceps) and Hubbs'beaked whale (Mesoplodon carlhubbsi) clicks. Aquatic Mammals 26(1), 45–48.

Maruska, K.P., Boyle, K.S., Dewan, L.R. and Tricas, T.C. (2007). Sound production and spectral hearing sensitivity in the Hawaiian sergeant damselfish, Abudefduf abdominalis. Journal of Experimental Biology 210(22), 3990–4004.

Marvit, P. and Crawford, J. D. (2000). Auditory discrimination in a sound-producing electric fish (Pollimyrus): Tone frequency and click-rate difference detection. Journal of the Acoustical Society of America 108(4), 1819–1825.

Masnadi-Shirazi, M.A., de Moustier, C., Cervenka, P. and Zisk, S.H. (1992). Differential phase estimation with the SeaMARCII bathymetric sidescan sonar system. IEEE Journal of Oceanic Engineering, 17,3, 239 –251.

Mate, B. R. and Harvey, J. T. (eds) (1987). Acoustical Deterrents in Marine Mammal Conflicts with Fisheries. A workshop held 17–18 February 1986 at Newport, Oregon (Publication number ORESU-W-86-001). Corvallis, OR: Oregon State University.

Mattila, D.K., Guinee, L.N. and Mayo, C.A. (1987). Humpback whale songs on a North Atlantic feeding ground. Journal of Mammalogy 68(4), 880–883.

May-Collado, L., Agnarsson, I. and Wartzok, D. (2007a). Phylogenetic review of tonal sound production in whales in relation to sociality. BMC Evolutionary Biology 7(1), 136.

May-Collado, L.J. and Wartzok, D. (2007b). The freshwater dolphin Inia geoffrensis geoffrensis produces high frequency whistles. Journal of the Acoustical Society of America 121,2, 1203–1212.

May-Collado, L.J. and Wartzok, D. (2008). A comparison of bottlenose dolphin whistles in the Atlantic Ocean: Factors promoting whistle variation. Journal of Mammalogy 89,5, 1229–1240.

May-Collado, L.J. and Wartzok, D. (2009). A characterization of Guyana dolphin (Sotalia guianensis) whistles from Costa Rica: The importance of broadband recording systems. Journal of the Acoustical Society of America 125,2, 1202–1213.

McCauley, R.D., Fewtrell, J., Duncan, A.J., Jenner, C., Jenner, M.N., Penrose, J.D., Prince, R.I.T., Adhitya, A., Murdoch, J. and McCabe, K. (2000). Marine seismic surveys—A study of environmental implications. Australian Petroleum Production & Exploration Association (APPEA) Journal 2000, 692–708.

McCauley, R.D., Fewtrell, J. and Popper, A.N. (2003). High intensity anthropogenic sound damages fish ears. Journal of the Acoustical Society of America 113(1), 638–642.

McConnell, S.O., Schilt, M.P. and Dworski, J.G. (1992). Ambient noise measurements from 100 Hz to 80 kHz in an Alaskan fjord. Journal of the Acoustical Society of America, 91,4, Part 1, 1990–2003.

McCormick, J.G., Wever, E.G., Palin, J. and Ridgway, S.H. (1970). Sound conduction in the dolphin ear. Journal of the Acoustical Society of America 48, 1418–1428.

McCulloch, S. and Boness, D.J. (2000). Motherpup vocal recognition in the grey seal (Halichoerus grypus) of Sable Island, Nova Scotia, Canada. Journal of Zoology 251(4), 449–455.

McCulloch, S., Pomeroy, P.P. and Slater, P.J.B. (1999). Individually distinctive pup vocalizations fail to prevent allo-suckling in grey seals. Canadian Journal of Zoology 77(5), 716–723.

McDaniel, S.T. (1993). Sea surface reverberation: A review. Journal of the Acoustical Society of America, 94, 1905–1922.

McDonald, M.A. and Moore, S.E. (2002). Calls recorded from North Pacific fight whales (Eubalaena japonica) in the eastern Bering Sea. Journal of Cetacean Research and Management 4(3), 261266.

McDonald, M.A., Calambokidis, J., Teranishi, A.M. and Hildebrand, J.A. (2001). The acoustic calls of blue whales off California with gender data. Journal of the Acoustical Society of America 109 (4), 1728-1735.

McDonald, M.A., Hildebrand, J.A., Wiggins, S.M., Thiele, D., Glasgow, D. and Moore, S.E.(2005). Sei whale sounds recorded in the Antarctic. Journal of the Acoustical Society of America 118(6), 3941-3945.

McDonald, M.A., Hildebrand, J.A. and Wiggins, S.M. (2006a). Increases in deep ocean ambient noise in the Northeast Pacific west of San Nicolas Island, California. Journal of the Acoustical Society of America, 120,2, 711-718.

McDonald, M.A., Mesnick, S.L. and Hildebrand, J.A. (2006b). Biogeographic characterization of blue whale song worldwide: Using song to identify populations. Journal of Cetacean Research and Management 8(1), 55-65.

McDonough, R.N. and Whalen, A.D. (1995). Detection of Signals in Noise, 2nd revised edition. Academic Press.

McKinney, C.M. and Anderson, C.D. (1964). Measurements of backscattering of sound from the ocean bottom. Journal of the Acoustical Society of America, 36, 158-163.

McNab, A.G. and Crawley, M.C. (1975). Mother and pup behaviour of the New Zealand fur seal, Arctocephalus forsteri (Lesson). Mauri Ora 3, 77-88.

McSweeney, D.J., Chu, K.C., Dolphin, W.F. and Guinee, L.N. (1989). North Pacific humpback whale songs: A comparison of southeast Alaskan feeding ground songs with Hawaiian wintering ground songs. Marine Mammal Science 5(2), 139-148.

Medialdea, T., Somoza, L., León, R., Farrán, M., Ercilla, G., Maestro, A., Casas, D., Llave, E., Hernández-Molina, F.J., Fernández-Puga, M.C. and Alonso, B. (2008). Multibeam backscatter as a tool for sea-floor characterization and identification of oil spills in the Galicia Bank. Marine Geology 249 (1-2),93-107.

Medwin, H. (1975). Speed of sound in water: A simple equation for realistic parameters. Journal of the Acoustical Society of America, 58, 1318-1319.

Medwin, H. and Clay, C.S. (1998). Fundamentals of Acoustical Oceanography. Boston: Academic Press.

Medwin, H. et al. (2005). Sounds in the Sea From Ocean Acoustics to Acoustical Oceanography. Cambridge University Press, Cambridge.

Mellinger, D.K. and Clark, C.W. (2003). Blue whale (Balaenoptera musculus) sounds from the North Atlantic. Journal of the Acoustical Society of America 114(2), 1108-1119.

Melvin, E.F., Parrish, J.K. and Conquest, L.L. (1999). Novel tools to reduce seabird bycatch in coastal gillnet fisheries. Conservation Biology 13(6), 1386-1397.

Meyer-Rochow, V.B. and Penrose, J.D. (1976). Sound production by the western rock lobster Panulirus longipes (Milne Edwards). Journal of Experimental Marine Biology and Ecology 23(2), 191-209.

Miasnikov, E.V. (1998). What is known about the character of noise created by submarines? The Future of Russia's Strategic Nuclear Forces-Discussions and Arguments. Moscow: Center for Arms Control, Energy and Environmental Studies, Moscow Institute of Physics and Technology, Appendix 1.

Miksis-Olds, J.L., Donaghay, P.L., Miller, J.H., Tyack, P.L. and Nystuen, J.A. (2007). Noise level correlates with manatee use of foraging habitats. Journal of the Acoustical Society of America 121(5), 30113020.

Miksis-Olds, J. L. and Miller, J.H. (2006). Transmission loss in manatee habitats. Journal of the Acoustical Society of America 120(4), 2320-2327.

Miksis-Olds, J.L. and Tyack, P.L. (2009). Manatee (Trichechus manatus) vocalization usage in relation to environmental noise levels. Journal of the Acoustical Society of America 125(3), 1806-1815.

Miller, L.A., Pristed, J., Møhl, B. and Surlykke, A. (1995). The click-sounds of narwhals (Monodon monoceros) in Inglefield Bay, Northwest Greenland. Marine Mammal Science 11(4), 491-502.

Miller, P.J., Biassoni, N., Samuels, A. and Tyack, P.L. (2000). Whale songs lengthen in response to sonar. Nature 405(6789), 903.

Miller, P.J., Johnson, M.P. and Tyack, P.L. (2004). Sperm whale behavior indicates the use of echolocation click buzzes 'creaks' in prey capture. Proceedings of the Royal Society B-Biological Sciences 271 (1554), 2239-2247.

Miller, P.J.O. (2002). Mixed-directionality of killer whale stereotyped calls: A direction of movement cue? Behavioral Ecology and Sociobiology 52(3), 262-270.

Miller, P.J.O. and Bain, D.E. (2000). Within-pod variation in the sound production of a pod of killer whales, Orcinus orca. Animal Behaviour 60(5), 617-628.

Miller, P.J.O., Samarra, F.I.P. and Perthuison, A.D. (2007). Caller sex and orientation influence spectral characteristics of "two-voice" stereotyped calls produced by free-ranging killer whales. Journal of the Acoustical Society of America 121(6), 3932-3937.

Milne, A.R. (1967). Sound propagation and ambient noise under sea ice. Underwater Acoustics 2, 120-138.

Misund O.A and Aglen, A. (1992). Swimming behaviour of fish schools in the North Sea during acoustic surveying and pelagic trawl sampling. ICES Journal of Marine Science, 49,3, 325-334.

Mitchell, N.C. (1996). Processing and analysis of Simrad Multibeam Sonar data. Marine Geophysical Researches 18,729-739.

Mitson, R.B. (1983). Fisheries Sonar. Farnham, UK: Fishing New Books.

Mitson, R.B. (1995). Underwater Noise of Research Vessels, Vol. 1: Review and Recommendations. Copenhagen: International Council for the Exploration of the Sea.

Mitson, R.B. and Morris, R.J. (1988). Evidence of high-frequency acoustic emissions from the white-beaked dolphin (Lagenorhynchus albirostris). Journal of the Acoustical Society of America 83(2), 825-826.

Mobley, J. R., Herman, L. M. and Frankel, A. S. (1988). Responses of wintering humpback whales

(Megaptera novaeangliae) to playback of recordings of winter and summer vocalizations and of synthetic sound. Behavioral Ecology and Sociobiology 23(4), 211-223.

Moe, J.E. and Jackson, D.R. (1994). First-order perturbation solution for rough surface scattering cross section including the effects of gradients. Journal of the Acoustical Society of America 96(3),1748-1754.

Moein Bartol, S. and Musick, J.A. (2003). Sensory biology of sea turtles. In: P.L. Lutz, J.A. Musick and J. Wyneken (eds) Biology of Sea Turtles, Vol. II. Boca Raton, FL: CRC Press, pp. 79-102.

Møhl, B. (1964). Preliminary studies on hearing in seals. Videnskabelige Meddelelseifra Dansk Naturhistorisk Forening 127, 283-294.

Møhl, B. (2001). Sound transmission in the nose of the sperm whale Physeter catodon. A post mortem study. Journal of Comparative Physiology A 187(5), 335-40.

Møhl, B., Surlykke, A. and Miller, L.A. (1990). High intensity narwhal clicks. In: J. Thomas and R. Kastelein (eds) Sensory Abilities of Cetaceans. New York, NY: Plenum, pp. 295-303.

Møhl, B., Au, W.W.L., Pawloski, J. and Nachtigall, P.E. (1999). Dolphin hearing: Relative sensitivity as a function of point of application of a contact sound source in the jaw and head region. Journal of the Acoustical Society of America 105(6), 3421-3424.

Møhl, B., Wahlberg, M., Madsen, P.T., Miller, L.A. and Surlykke, A. (2000). Sperm whale clicks: Directionality and source level revisited. Journal of the Acoustical Society of America 107(1), 638-648.

Møhl, B., Madsen, P.T., Wahlberg, M., Au, W.W.L., Nachtigall, P.E. and Ridgway, S.H. (2003a). Sound transmission in the spermaceti complex of a recently expired sperm whale calf. Acoustics Research Letters Online-Ado 4(1), 19-24.

Møhl, B., Wahlberg, M., Madsen, P.T., Heerfordt, A. and Lund, A. (2003b). The monopulsed nature of sperm whale clicks. Journal of the Acoustical Society of America 114(2), 1143-1154.

Monteiro-Filho, E.L.A. and Monteiro, K.D.K.A. (2001). Low-frequency sounds emitted by Sotalia fluviatilis guianensis (Cetacea: Delphinidae) in an estuarine region in southeastern Brazil. Canadian Journal of Zoology 79(1), 59-66.

Monteiro-Neto, C., Ávila, F.J.C., Alves-Jr, T.T., Araújo, D.S., Campos, A.A., Martins, A.M.A., Parente, C.L., Furtado-Neto, M.A.R. and Lien, J. (2004). Behavioral responses of Sotalia fluviatilis (Cetacea, Delphinidae) to acoustic pingers, Fortaleza, Brazil. Marine Mammal Science 20(1), 145-151.

Montero-Martínez, G., Kostinski, A.B., Shaw, R.A. and García-García, F. (2009). Do all raindrops fall at terminal speed? Geophys. Res. Lett., 36, L11818, doi:10.1029/2008GL037111.

Mooney, T.A., Nachtigall, P.E., Castellote, M., Taylor, K.A., Pacini, A.F. and Esteban, J.A. (2008a). Hearing pathways and directional sensitivity of the beluga whale, Delphinapterus leucas. Journal of Experimental Marine Biology and Ecology 362(2), 108-116.

Mooney, T.A., Paul, E N. and Stephanie, V. (2008b). Intense sonar pings induce temporary threshold shift in a bottlenose dolphin (Tursiops truncatus). Journal of the Acoustical Society of America 123(5), 3618.

Mooney, T.A., Nachtigall, P.E., Breese, M., Vlachos, S. and Au, W.W.L. (2009). Predicting temporary threshold shifts in a bottlenose dolphin (Tursiops truncatus): The effects of noise level and duration. Journal of the Acoustical Society of America 125(3), 1816-1826.

Moore, E.H. (1920). On the reciprocal of the general algebraic matrix. Bulletin of the American Mathematical Society 26, 394-395.

Moore, M.J. and Early, G.A. (2004). Cumulative sperm whale bone damage and the bends. Science 306, 2215.

Moore, P.W.B. (1975). Underwater localization of click and pulsed puretone signals by the California sea lion (Zalophus californianus). Journal of the Acoustical Society of America 57,2, 406-410.

Moore, P.W.B. and Au, W.W.L. (1975). Underwater localization of pulsed pure tones by the California sea lion (Zalophus californianus). Journal of the Acoustical Society of America 58(3), 721-727.

Moore, P.W.B., Pawloski, D.A. and Dankiewicz, L.A. (1995). Interaural time and intensity difference thresholds in the bottlenose dolphin (Tursiops truncatus). In: R.A. Kastelein, J.A. Thomas and P.E. Nachtigall (eds) Sensory Systems of Aquatic Mammals. Woerden, The Netherlands: DeSpil, pp. 11-23.

Moore, P.W., Dankiewicz, L.A. and Houser, D.S. (2008). Beamwidth control and angular target detection in an echolocating bottlenose dolphin (Tursiops truncatus). Journal of the Acoustical Society of America 124 (5), 3324-3332.

Moors, H.B. and Terhune, J.M. (2003). Repetition patterns within harp seal (Pagophilus groenlandicus) underwater calls. Aquatic Mammals 29, 278-288.

Moors, H.B. and Terhune, J.M. (2004). Repetition patterns in Weddell seal (Leptonychotes weddellii) underwater multiple element calls. Journal of the Acoustical Society of America 116(2), 1261-1270.

Moors, H.B. and Terhune, J.M. (2005). Calling depth and time and frequency attributes of harp (Pagophilus groenlandicus) and Weddell (Leptonychotes weddellii) seal underwater vocalizations. Canadian Journal of Zoology 83, 1438-1452.

Morisaka, T. and Connor, R.C. (2007). Predation by killer whales (Orcinus orca) and the evolution of whistle loss and narrow-band high frequency clicks in odontocetes. Journal of Evolutionary Biology 20(4), 1439-1458.

Morisaka, T., Shinohara, M., Nakahara, F. and Akamatsu, T. (2005a). Effects of ambient noise on the whistles of Indo-Pacific bottlenose dolphin populations. Journal of Mammalogy 86(3), 541-546.

Morisaka, T., Shinohara, M., Nakahara, F. and Akamatsu, T. (2005b). Geographic variations in the whistles among three Indo-Pacific bottlenose dolphin Tursiops aduncus populations in Japan. Fisheries Science 71 (3), 568-576.

Morizur, Y., Le Gall, Y., Van Canneyt, O. and Gamblin, C. (2008). Tests d'efficacité du répulsif acoustique CETASAVER à bord des chalutiers commerciaux français: Résultats obtenus au cours des annés 2007 et 2008Brest, France: IFREMER Centre de Brest, Sciences et Technologie Halieutiques.

Morris, D.S. (1996). Seal predation at salmon farms in Maine, an overview of the problem and potential solutions. Marine Technology Society Journal 30(2), 39-43.

Moura, J.M.F. and Lourtie, I.M.G. (1993). Acoustic Signal Processing for Ocean Exploration (NATO ASI Series). Dordrecht, The Netherlands: Kluwer Academic.

Mourad, P.D. and Jackson, D.R. (1989). High Frequency Sonar Equation Models For Bottom Backscatter And Forward Loss. Oceans '89, IEEE Conference Proceedings, 1168–1175.

Mourad, P.D. and Jackson, D.R. (1993). A model/data comparison for low-frequency bottom backscatter. Journal of the Acoustical Society of America 94(1): 344–358.

Mulhearn, P.J. (2000). Modeling Acoustic Backscatter from Near-Normal Incidence Echosounders-Sensitivity Analysis of the Jackson Model. DSTO-TN-0304. DSTO Aeronautical and Maritime Research Laboratory, Melbourne Victoria 3001 Australia.

Munk, W.H. (1974). Sound channel in an exponentially stratified ocean with applications to SOFAR. Journal of the Acoustical Society of America 55, 220–226.

Munk, W.H. and Wunsh, C. (1979).Ocean acoustic tomography: A scheme for large scale monitoring. Deep Sea Research, 26A, 123–160.

Munk, W.H. and Wunsh, C. (1983). Ocean acoustic tomography: Rays and modes. Review of Geophysics and Space Physics, 21, 777–793.

Munk, W.H., O'Reilly, W. and Reid, J. (1988). Australia-Bermuda sound transmission experiment (1960) revisited. J. Phys. Oceanogr., 18, 1876–1898.

Munk, W.H. and Forbes, A.M.G. (1989). Global ocean warming: An acoustic measure? Journal of Physical Oceanography 19, 1765–1777.

Munk, W.H., Spindel, R.C., Baggeroer, A.B. and Birdsall, T.G. (1994). An overview of the Heard Island feasibility experiment. Journal of the Acoustical Society of America, 96, 2330–2332.

Munk, W.H., Worcester, P.F. and Wunsch, C. (1995). Ocean Acoustic Tomography. Cambridge: Cambridge University Press.

Murino, V. and Trucco, A. (2000). Three-dimensional image generation and processing in underwater acoustic vision. Proceedings of the IEEE, 88, 1903–1946.

Nachtigall, P.E., Au, W.W.L., Pawloski, J. and Moore, P.W.B. (1995). Risso's dolphin (Grampus griseus) hearing thresholds in Kaneohe Bay, Hawaii. In: R.A. Kastelein, J.A. Thomas and P.E. Nachtigall (eds) Sensory Systems of Aquatic Mammals. Woerden, The Netherlands: DeSpil Publishers, pp. 49–53.

Nachtigall, P.E., Yuen, M.M.L., Mooney, T.A. and Taylor, K.A. (2005). Hearing measurements from a stranded infant Risso's dolphin, Grampus griseus. Journal of Experimental Biology 208(21), 4181–4188.

Nachtigall, P.E., Mooney, T.A., Taylor, K.A. and Yuen, M.M.L. (2007a). Hearing and auditory evoked potential methods applied to odontocete cetaceans. Aquatic Mammals 33(1), 6–13.

Nachtigall, P.E., Supin, A.Y., Amundin, M., Roken, B., Moller, T., Mooney, T.A., Taylor, K.A. and Yuen, M. (2007b). Polar bear Ursus maritimus hearing measured with auditory evoked potentials. Journal of Experimental Biology 210(7), 1116–1122.

Nagl, A., Uberall, H., Haug, A.J. and Zarur, G.L. (1978). Adiabatic mode theory of under-water sound propagation in range-dependent environment. Journal of the Acoustical Society of America, 63, 739–749.

National Marine Fisheries Service. (2003). Taking and importing marine mammals; Taking marine mammals incidental to conducting oil and gas exploration activities in the Gulf of Mexico. Federal Register 68, 9991–9996.

National Research Council. (2003). Ocean Noise and Marine Mammals. Washington, D.C.: National Academies Press.

National Research Council. (2005). Marine mammal populations and ocean noise: Determining when noise causes biologically significant effects. Washington, DC: Committee on Characterizing Biologically Significant Marine Mammal Behavior, Ocean Studies Board, Division on Earth and Life Studies, National Research Council, The National Academies Press.

NDRC (National Defense Research Committee) (1945). Physics of Sound in the Sea. Los Altos, CA: Peninsula Publishing.

Nelson, M.L., Gilbert, J.R. and Boyle, K.J. (2006). The influence of siting and deterrence methods on seal predation at Atlantic salmon (Salmo salar) farms in Maine, 20012003. Canadian Journal of Fisheries and Aquatic Sciences 63(8), 1710–1721.

Nestler, J.M., Ploskey, G.R., Pickens, J., Menezes, J. and Schilt, C. (1992). Responses of blueback herring to high-frequency sound and implications for reducing entrainment at hydropower dams. North American Journal of Fisheries Management 12(4), 667–683.

Neumann, G. and Pierson, Jr, W. J. (1966). Principles of Physical Oceanography. Englewood Cliffs, NJ: Prentice Hall.

Newman, P. (1973).Divergence effects in a layered earth Geophysics, 38, 481–488, 1973.

Nielsen, R.O. (1991). Sonar Signal Processing. Boston: Artech House.

Nolan, B.A. and Salmon, M. (1970). The behavior and ecology of snapping shrimp (Crustacea: Alpheus heterochelis and Alpheus normanni). Forma Functio 2, 289–335.

Norris, K.S. (1968). The evolution of acoustic mechanisms in odontocete cetaceans. In E.T. Drake (Ed.) Evolution and Environment, pp. 297–324. New Haven, CT: Yale University Press.

Norris, K.S. and Harvey, G.W. (1972). A theory for the function of the spermaceti organ of the sperm whale Physeter catodon L. In S.R. Galler, K. Schmidt-Koenig, G.J. Jacobs and R.E. Belleville (Eds) Animal Orientation and Navigation, pp. 397–417. Washington, D.C.: NASA Special Publication 262.

Norris, K.S. and Harvey, G.W. (1974). Sound transmission in the porpoise head. Journal of the Acoustical Society of America 56(2), 659–664.

Norris, T.F., Donald, M. M. and Barlow, J. (1999). Acoustic detections of singing humpback whales (Megaptera novaeangliae) in the eastern North Pacific during their northbound migration. Journal of the Acoustical Society of America 106(1), 506–514.

Novarini, J.C. and Caruthers, J.W. (1998). A simplified approach to backscattering from a rough seafloor with sediment inhomogeneities. IEEE Journal of Oceanic Engineering 23(3),157–166.

Nowacek, D.P., Casper, B.M., Wells, R.S., Nowacek, S.M. and Mann, D.A. (2003). Intraspecific and geographic variation of West Indian manatee (Trichechus manatus spp.) vocalizations (L). Journal of the Acoustical Society of America 114(1), 66–69.

Nowacek, D.P., Johnson, M.P. and Tyack, P.L. (2004). North Atlantic right whales (Eubalaena glacialis) ignore ships but respond to alerting stimuli. Proceedings of the Royal Society B-Biological Sciences 271 (1536), 227–231.

Nowicki, S.N., Stirling, I. and Sjare, B. (1997). Duration of stereotyped underwater vocal displays by male Atlantic walruses in relation to aerobic dive limit. Marine Mammal Science 13(4), 566–575.

NURC, (2008). Sonar Acoustics Handbook. NATO Undersea Research Center, La Spezia, Italy.

Nystuen, J.A (2001). Listening to raindrops from underwater: An acoustic disdrometer. J. Atm. Oceanic Tech., 18, 1640–1657.

Nystuen, J.A.and Selsor, H.D. (1997).Weather classification using passive acoustic drifters. J. Atm. Oceanic Tech., 14, 656–666.

Nystuen, J.A. and Howe, B.M. (2005). Ambient sound budgets. Proc. 1st UAM Conference, Heraklion, Greece.

Officer, C.B. (1958). Introduction to the Theory of Sound Transmission. New York: McGraw-Hill.

Offutt, G.C. (1970). Acoustic stimulus perception by the american lobster Homarus americanus (Decapoda). Experientia 26(11), 1276–1278.

O'Hara, J. and Wilcox, J.R. (1990). Avoidance responses of loggerhead turtles, Caretta caretta, to low frequency sound. Copeia 1990(2), 564–567.

Olesiuk, P.F., Nichol, L.M., Sowden, M.J. and Ford, J.K.B. (2002). Effect of the sound generated by an acoustic harassment device on the relative abundance and distribution of harbor porpoises (Phocoena phocoena) in retreat passage, British Columbia. Marine Mammal Science 18(4), 843–862.

Oleson, E.M., Barlow, J., Gordon, J., Rankin, S. and Hildebrand, J.A. (2003). Low frequency calls of Bryde's whales. Marine Mammal Science 19, 160–172.

Oleson, E.M., Wiggins, S.M. and Hildebrand, J.A. (2007). Temporal separation of blue whale call types on a southern California feeding ground. Animal Behavior 74, 881–894.

Oliver, C. and Quegan, S. (1998). Understanding Synthetic Aperture Radar Images. Boston: Artech House.

Ol'shevskii, V.V. (1967). Characteristics of Sea Reverberation. New York: Consultants Bureau.

Ona, E., Mazauric, V. and Andersen, L. N. (2009). Calibrations methods for two scientific multibeam systems. ICES Journal of Marine Science, 66.

Ona, E., Godo, O.R., Handegard, N.O., Hjellvik, V., Patel, R. and Pedersen, G. (2007). Silent research vessels are not quiet. Journal of the Acoustical Society of America 121(4), EL145–EL150.

O'Shea, T.J. and Poché, L.B. (2006). Aspects of underwater sound communication in Florida manatees (Trichechus manatus latirostris). Journal of Mammalogy 87(6), 1061–1071.

Oswald, J.N., Barlow, J. and Norris, T.F. (2003). Acoustic identification of nine delphinid species in the eastern tropical Pacific Ocean. Marine Mammal Science 19, 20–37.

Oswald, J.N., Rankin, S. and Barlow, J. (2004). The effect of recording and analysis band-width on acoustic identification of delphinid species. Journal of the Acoustical Society of America 116(5), 3178–3185.

Oswald, J.N., Rankin, S. and Barlow, J. (2007). First description of whistles of Pacific Fraser's dolphins Lagenodelphis hosei. Bioacoustics 16, 99–111.

Oswald, J.N., Rankin, S., Barlow, J. and Lammers, M.O. (2007). A tool for real-time acoustic species identification of delphinid whistles. Journal of the Acoustical Society of America 122(1), 587–595.

Oswald, J.N., Rankin, S. and Barlow, J. (2008). To whistle or not to whistle? Geographic variation in the whistling behavior of small odontocetes. Aquatic Mammals 34, 288–302.

Ott, M.W. (2005). The accuracy of acoustic vertical velocity measurements: instrument biases and the effect of Zooplankton migration. Continental Shelf Research 25, 243–257.

Ouertani, K., Saoudi, S., Ammar M. and Houcke, S. (2007). Performance comparison of RAKE and SIC/RAKE receivers for multiuser underwater acoustic communication applications. Oceans 2007, Aberdeen, Scotland, UK, IEEE, 1–6.

Pabst, D.A., Rommel, S.A. and McLellan, W.A. (1999). Functional morphology of marine mammals. In: J. E.I. Reynolds and S.A. Rommel (eds) Biology of Marine Mammals. Washington, DC: Smithsonian Institution Press, pp. 15–72.

Pacault, A. et al (2005). Multibeam sub-bottom profiler: Exploitation of experimental data. Proc. Oceans 2005, Vol 1. Brest, France, 702–708, IEEE.

Pace, N.G. (1983). Acoustics and the Sea Bed. Bath, UK: Bath University Press.

Pace, N.G. and Gao, H. (1988). Swathe seabed classification. IEEE Journal of Oceanic Engineering, 13, 83–90.

Pace, N.G., Pouliquen, E., Bergem, O. and Lyons, A.P. (1997). High-frequency acoustics in shallow water. SACLANTCEN Conference Proceedings CP-45. La Spezia, Italy: NATO SACLANT Undersea Research Centre.

Packard, A., Karlsen, H.E. and Sand, O. (1990). Low frequency hearing in cephalopods. Journal of Comparative Physiology A 166(4), 501–505.

Page, B., Goldsworthy, S. D. and Hindell, M.A. (2001). Vocal traits of hybrid fur seals: intermediate to their parental species. Animal Behaviour 61(5), 959–967.

Page, B., Goldsworthy, S.D. and Hindell, M. (2002). Individual vocal traits of mother and pup fur seals. Bioacoustics 13(2), 121–144.

Pahl, B.C., Terhune, J.M. and Burton, H.R. (1997). Repertoire and geographic variation in underwater vocalisations of Weddell seals (Leptonychotes weddellii, Pinnipedia: Phocidae) at the Vestfold Hills, Antarctica. Australian Journal of Zoology 45,2, 171–187.

Palmer, D. (1986). Refraction seismics. In: S. Treitel and K. Helbig (eds) Handbook of Geophysical Exploration. Seismic Exploration. London-Amsterdam: Geophysical Press, 1986, p. 13.

Papoulis, A. (1991). Probability, Random Variables and Stochastic Processes. New York: McGraw-Hill.

Papoulis, A. (1997). Signal Analysis. New York: McGraw-Hill.

Parente, C.L., Lontra, J.D. and de Araújo, M.E. (2006). Ocurrence of sea turtles during seismic surveys in northeastern Brazil. Biota Neotropica 6(1).

Parente, C.L., de Araújo, J.P. and de Araújo, M.E. (2007). Diversity of cetaceans as tool in monitoring environmental impacts of seismic surveys. Biota Neotropica 7(1), 49–56.

Parks, S.E. (2003). Response of north Atlantic right whales (Eubalaena glacialis) to playback of calls recorded from surface active groups in both the north and south Atlantic. Marine Mammal Science 19(3), 563–580.

Parks, S.E. and Tyack, P.L. (2005). Sound production by North Atlantic right whales (Eubalaena glacialis) in surface active groups. Journal of the Acoustical Society of America 117(5), 3297–3306.

Parks, S.E., Hamilton, P.K., Kraus, S.D. and Tyack, P.L. (2005). The gunshot sound produced by male North Atlantic right whales (Eubalaena glacialis) and its potential function in reproductive advertisement. Marine Mammal Science 21(3),458–475.

Parks, S.E., Clark, C.W. and Tyack, P.L. (2007a). Short- and long-term changes in right whale calling behavior: The potential effects of noise on acoustic communication. Journal of the Acoustical Society of America 122(6), 3725–3731.

Parks, S.E., Ketten, D.R., O'Malley, J.T. and Arruda, J. (2007b). Anatomical predictions of hearing in the North Atlantic right whale. The Anatomical Record 290, 734–744.

Parks, S.E., Urazghildiiev, I. and Clark, C.W. (2009). Variability in ambient noise levels and call parameters of North Atlantic right whales in three habitat areas. Journal of the Acoustical Society of America 125 (2), 1230–1239.

Parmentier, E., Lagardere, J.P., Braquegnier, J.B., Vandewalle, P. and Fine, M. L. (2006). Sound production mechanism in carapid fish: first example with a slow sonic muscle. Journal of Experimental Biology 209(15), 2952–2960.

Parmentier, E., Vandewalle, P. and Lagardère, J.P. (2003). Sound-producing mechanisms and recordings in Carapini species (Teleostei, Pisces). Journal of Comparative Physiology A 189(4), 283–292.

Parry, G.D. and Gason, A. (2006). The effect of seismic surveys on catch rates of rock lobsters in western Victoria, Australia. Fisheries Research 79(3), 272–284.

Parsons, E.C.M., Dolman, S.J., Wright, A.J., Rose, N.A. and Burns, W.C.G. (2008). Navy sonar and cetaceans: Just how much does the gun need to smoke before we act? Marine Pollution Bulletin 56(7), 1248–1257.

Patek, S.N. (2001). Spiny lobsters stick and slip to make sound-These crustaceans can scare off predators even when their usual armour turns soft. Nature 411(6834), 153–154.

Patek, S.N. and Baio, J.E. (2007). The acoustic mechanics of stick-slip friction in the California spiny lobster

(Panulirus interruptus). Journal of Experimental Biology 210(20), 3538–3546.

Paulian, P. (1964). Contribution à l'étude de l'otarie de l'le d'Amsterdam. Marnmalia 28, 1146.

Payne, R.S. and Guinee, L.N. (1983). Humpback whale songs as an indicator of 'stocks'. In: R. Payne (ed) Communication and Behavior of Whales. Boulder, CO: Westview Press, pp. 333–358.

Payne, R. and Payne, K. (1985). Large scale changes over 19 years in songs of humpback whales in Bermuda. Zeitschrift für Tierpsychologie 68(2), 89–114.

Payne, R. and Webb, D. (1971). Orientation by means of long range acoustic signaling in baleen whales. Annals of the New York Academy of Sciences 188 (Orientation Sensory Basis), 110–141.

Payne, R.S. and McVay, S. (1971). Songs of humpback whales. Science 173(3997), 585–597.

Pearson, W.H., Skalski, J.R. and Malme, C.I. (1992). Effects of sounds from a geophysical survey device on behavior of captive rockfish (Sebastes Spp). Canadian Journal of Fisheries and Aquatic Sciences 49(7), 1343–1356.

Pearson, W.H., Skalski, J.R., Sulkin, S.D. and Malme, C.I. (1994). Effects of seismic energy releases on the survival and development of zoeal larvae of dungeness crab (Cancer magister). Marine Environmental Research 38(2), 93–113.

Pekeris, C.L. (1948). Theory of propagation of explosive sound in shallow water. Geological Society of America Memoirs 27.

Pemberton, D. and Shaughnessy, P.D. (1993). Interaction between seals and marine fish-farms in Tasmania, and management of the problem. Aquatic Conservation: Marine and Freshwater Ecosystems 3 (2), 149–158.

Penrose, R. (1955). A generalized inverse for matrices. Proceedings of the Cambridge Philosophical Society 51, 406–413.

Perry, E.A. and Terhune, J.M. (1999). Variation of harp seal (Pagophilus groenlandicus) underwater vocalizations among three breeding locations. Journal of Zoology 249, 181–186.

Petersen, G. (2003). Whales beach seismic research. Geotimes Jan 2003, 8–9.

Peterson, R.S. and Bartholomew, G.A. (1969). Airborne vocal communication in the california sea lion, Zalophus californianus. Animal Behaviour 17(Part 1), 17–24.

Peterson, W.W., Birdsall, T. G. and Fox, W.C. (1954). The theory of signal detectability. IEEE Trans. Information Theory, 4, 171–212.

Petrinovich, L. (1974). Individual recognition of pup vocalization by northern elephant seal mothers. Zeitschrift für Tierpsychologie 34, 308–312.

Philips, J.D., Nachtigall, P.E., Au, W.W.L., Pawloski, J.L. and Roitblat, H.L. (2003). Echolocation in the Risso's dolphin, Grampus griseus. Journal of the Acoustical Society of America 113(1), 605–616.

Phillips, A.V. (2003). Behavioral cues used in reunions between mother and pup South American fur seals (Arctocephalus australus). Journal of Mammalogy 84(2), 524–535.

Phillips, A.V. and Stirling, I. (2001). Vocal repertoire of South American fur seals, Arctocephalus australis:

structure, function, and context. Canadian Journal of Zoology 79, 420–437.

Phillips, R., Niezrecki, C. and Beusse, D.O. (2004). Determination of West Indian manatee vocalization levels and rate. Journal of the Acoustical Society of America 115(1), 422–428.

Philpott, E., Englund, A., Ingram, S. and Rogan, E. (2007). Using T-PODs to investigate the echolocation of coastal bottlenose dolphins. Journal of the Marine Biological Association of the United Kingdom 87(1), 11–17.

Pickles, J.O. (2003). An Introduction to the Physiology of Hearing. London: Academic Press.

Pierce, A.D. (1965). Extension of the method of normal modes to sound propagation in an almost stratified medium. Journal of the Acoustical Society of America 37, 19–27.

Pierce, A.D. (1989). Acoustics: An Introduction to Its Physical Principles and Applications. The Acoustical Society of America.

Pierson Jr, W. J. and Moskowitz, L. (1964). A proposed spectral form for fully developed wind seas based on the similarity theory of S.A. Kitaigorodskii. Journal of Geophysical Research 69,24, 5181–5190.

Pisarenko, V.F. (1973). The retrieval of harmonics from a covariance function. Geophys. J. Roy. Astronom. Soc., 33,3, 347–366.

Pivari, D. and Rosso, S. (2005). Whistles of small groups of Sotalia fluviatilis during foraging behavior in southeastern Brazil. Journal of the Acoustical Society of America 118(4), 2725–2731.

Plachta, D.T.T. and Popper, A.N. (2003). Evasive responses of American shad (Alosa sapidissima) to ultrasonic stimuli. Acoustics Research Letters Online 4(2), 25–30.

Podos, J., de Silva, V.M.F. and Rossi-Santos, M.R. (2002). Vocalizations of Amazon river dolphins, lnia geoffrensis: Insights into the evolutionary origins of delphinid whistles. Ethology 108(7), 601–612.

Popov, V.V. and Klishin, V. O. (1998). EEG study of hearing in the common dolphin, Delphinus delphis. Aquatic Mammals 24, 13–20.

Popov, V.V. and Supin, A.Y. (1990a). Auditory brain stem responses in characterization of dolphin hearing. Journal of Comparative Physiology A 166(3), 385–393.

Popov, V.V. and Supin, A.Y. (1990b). Electrophysiological studies of hearing in some cetaceans and a manatee. In J.A. Thomas and R.A. Kastelein (Eds) Sensory Abilities of Cetaceans: Laboratory and Field Evidence, pp. 405–416. New York: NY: Plenum Press.

Popov, V.V. and Supin, A.Y. (1991). Interaural intensity and latency difference in the dolphin's auditory system. Neuroscience Letters 133(2), 295–297.

Popov, V.V., Supin, A.Y., Wang, D., Wang, K.X., Xiao, J.Q. and Li, S.H. (2005). Evoked-potential audiogram of the Yangtze finless porpoise Neophocaena phocaenoides asiaeorientalis (L). Journal of the Acoustical Society of America 117(5), 2728–2731.

Popper, A.N. (1971). The effects of size on auditory capacities of the goldfish. Journal of Auditory Research 11, 239–247.

Popper, A.N. (2000). Hair cell heterogeneity and ultrasonic hearing: recent advances in understanding fish hearing. Philosophical Transactions of the Royal Society of London B: Biological Sciences 355(1401), 1277-1280.

Popper, A.N. and Fay, R.R. (eds) (1992). The Mammalian Auditory Pathway: Neurophysiology. New York: Springer.

Popper, A.N. and Fay, R.R. (1993). Sound detection and processing by fish-Critical review and major research questions. Brain Behavior and Evolution 41(1), 14-38.

Popper, A.N. and Fay, R.R. (1999). The auditory periphery in fishes. In: R.R. Fay and A.N. Popper Comparative Hearing: Fish and Amphibians. New York, NY: Springer, pp. 43-100.

Popper, A.N., Salmon, M. and Horch, K.W. (2001). Acoustic detection and communication by decapod crustaceans. Journal of Comparative Physiology A: Neuroethology, Sensory, Neural, and Behavioral Physiology 187(2), 83-89.

Popper, A.N., Plachta, D.T.T., Mann, D.A. and Higgs, D. (2004). Response of clupeid fish to ultrasound: A review. ICES Journal of Marine Science 61(7), 1057-1061.

Popper, A.N., Smith, M.E., Cott, P.A., Hanna, B.W., MacGillivray, A.O., Austin, M.E. and Mann, D.A. (2005). Effects of exposure to seismic airgun use on hearing of three fish species. Journal of the Acoustical Society of America 117(6), 3958-3971.

Popper, A.N., Halvorsen, M.B., Kane, A., Miller, D.L., Smith, M.E., Song, J., Stein, P. and Wysocki, L.E. (2007). The effects of high-intensity, low-frequency active sonar on rainbow trout. Journal of the Acoustical Society of America 122(1), 623-635.

Porter, M. B., Jensen, F. B. and Ferla, C. M. (1991). The problem of energy conservation in one-way models. Journal of the Acoustical Society of America 89(3), 1058-1067.

Pouliquen, E. and Lurton, X. (1994). Identification de la nature des fonds marins a l'aide de signaux d'échos-sondeurs: I. Modélisation d'échos réverbérés par le fond. Acta Acustica, 2, 113-126.

Pouliquen, E. Lyons, A. P. and Pace, N. G. (2000). Penetration of acoustic waves into rippled sandy seafloors. Journal of the Acoustical Society of America 108(5), Pt. 1, 2071-2081.

Pouliquen, E. Canepa, G. Pautet, L. and Lyons, A. P. (2004). Temporal variability of seafloor roughness and its impact on acoutic scattering. Proceedings of the Seventh European Conference on Underwater Acoustics, ECUA 2004, Delft, The Netherlands.

Pouliquen, E. Bergem, O. and Pace, N. G. (1999). Time-evolution modeling of seafloor scatter. I. Concept. Journal of the Acoustical Society of America 105, 3136-3141.

Pratson, L.F. and Edwards, M.H. (1996). Introduction to Advances in Seafloor Mapping Using Sidescan Sonar and Multibeam Bathymetry Data. Marine Geophysical Researches 18, 601-605.

Proakis, J. (2001). Digital Communications, 4th ed. McGraw Hill.

Proakis, J.G. and Manolakis, D.G. (1988). Digital Signal Processing Principles, Algorithms, and Applications. Macmillan.

Proc, J. (2008). ASDIC, Radar and IFF Systems used by the RCN-WWII and Post War. http://jproc.ca/sari/

Pruzsinszky, I. and Ladich, F. (1998). Sound production and reproductive behaviour of the armoured catfish Corydoras paleatus (Callichthyidae). Environmental Biology of Fishes 53(2), 183–191.

Pumphrey, H.C., Crum, L.A. and Bjørnø, J. (1989). Underwater sound produced by individual drop impacts and rainfall. Journal of the Acoustical Society of America, 85,4, 1518–1526.

Quartly, G.D., Gregory, J.W., Guymer, T.H., Birch, K.G., Jones, D.W. and Keogh, S.J. (2001). How reliable are acoustic rain sensors? Proc. Inst. Acoustics, 142–148.

Quartly, G.D., Jones, C.E., Guymer, T.H., Birch, K.G., Campbell, J.M. and Waddington, I.N. (2003). Weathering the storm: Developments in the acoustic sensing of wind and rain. IEEE Geoscience and Remote-Sensing Symposium, Toulouse, France.

Quazi, A.H. (1981). An overview of the time delay estimate in active and passive systems for target localization. IEEE Transactions on Acoustics, Speech and Signal Processing 29, 527–533.

Quick, N.J. and Janik, V.M. (2008). Whistle rates of wild bottlenose dolphins (Tursiops truncatus): Influences of group size and behavior. Journal of Comparative Psychology 122(3), 305–311.

Quick, N.J., Middlemas, S.J. and Armstrong, J.D. (2004). A survey of antipredator controls at marine salmon farms in Scotland. Aquaculture 230, 169–180.

Radford, C., Jeffs, A., Tindle, C. and Montgomery, J. (2008). Temporal patterns in ambient noise of biological origin from a shallow water temperate reef. Oecologia 156(4), 921–929.

Raffinger, E. and Ladich, F. (2009). Acoustic threat displays and agonistic behaviour in the red-finned loach Yasuhikotakia modesta. Journal of Ethology 27, 239–247.

Ramcharitar, J.U., Higgs, D.M. and Popper, A.N. (2006). Audition in sciaenid fishes with different swim bladder-inner ear configurations. Journal of the Acoustical Society of America 119(1), 439–43.

Ramji, S., Latha, G., Rajendran, V. and Ramakrishnan, S. (2008). Wind dependence of ambient noise in shallow water of Bay of Bengal. Applied Acoustics 69, 1294–1298.

Rand, R.W. (1967). The Cape fur seal (Arctocephalus pusillus) 3. General behaviour on land and at sea: Divison of Sea Fisheries, Republic of South Africa.

Rankin, S. and Barlow, J. (2007). Vocalizations of the sei whale Balaenoptera borealis off the Hawaiian Islands. Bioacoustics 16, 137–145.

Rankin, S., Barlow, J., Oswald, J. and Ballance, L. (2008). Acoustic studies of marine mammals during seven years of combined visual and acoustic line-transect surveys for cetaceans in the eastern and central Pacific Ocean. NOAA Technical Memorandum NMFS, NOAA-TM-NMFS-SWFSC-429. La Jolla, CA: U.S. Dept. of Commerce NOAA NMFS Southwest Fisheries Science Center.

Rankin, S., Oswald, J., Barlow, J. and Lammers, M. (2007). Patterned burst-pulse vocalizations of the northern right whale dolphin, Lissodelphis borealis. Journal of the Acoustical Society of America 121(2), 1213–1218.

Rao, B.D. and Hari, K.V.S. (1990). Effect of spatial smoothing on the performance of MUSIC and the minimum-norm method. IEE Radar and Signal Processing 137,6, 449–458.

Rasmussen, M.H. and Miller, L.A. (2002). Whistles and clicks from white-beaked dolphins, Lagenorhynchus albirostris, recorded in Faxaflói Bay, Iceland. Aquatic Mammals 28(1), 78–89.

Rasmussen, M.H. and Miller, L.A. (2004). Echolocation and social signals from white-beaked dolphins, Lagenorhynchus albirostris, recorded in Icelandic waters. In: J.A. Thomas, C.F.Moss and M. Vater (eds) Echolocation in Bats and Dolphins. Chicago, IL: University of Chicago Press, pp. 327–330.

Rasmussen, M.H., Miller, L.A. and Au, W.W.L. (2002). Source levels of clicks from free-ranging white-beaked dolphins (Lagenorhynchus albirostris Gray 1846) recorded in Icelandic waters. Journal of the Acoustical Society of America 111(2), 1122–1125.

Rasmussen, M.H., Wahlberg, M. and Miller, L.A. (2004). Estimated transmission beam pattern of clicks recorded from free-ranging white-beaked dolphins (Lagenorhynchus albirostris). Journal of the Acoustical Society of America 116(3), 1826–1831.

Rasmussen, M.H., Lammers, M., Beedholm, K. and Miller, L.A. (2006). Source levels and harmonic content of whistles in white-beaked dolphins (Lagenorhynchus albirostris). Journal of the Acoustical Society of America 120(1), 510–517.

Rautio, A., Niemi, M., Kunnasranta, M., Holopainen, I.J. and Hyvärinen, H. (2009). Vocal repertoire of the Saimaa ringed seal (Phoca hispida saimensis) during the breeding season. Marine Mammal Science 25(4), 920–930.

Rayleigh, Lord [John William Strutt]. (1945). The Theory of Sound. New York: Dover Publications.

RDI (1996). Acoustic Doppler Current Profiler. Principles of Operation. A Practical Primer. Second Edition for BroadBand ADCP. RDInstruments.

Readhead, M.L. (1997). Snapping shrimp noise near Gladstone, Queensland. The Journal of the Acoustical Society of America 101(3), 1718–1722.

Reese, C.S., Calvin, J.A., George, J.C. and Tarpley, R.J. (2001). Estimation of fetal growth and gestation in bowhead whales. Journal of the American Statistical Association 96(455), 915–938.

Reidenberg, J.S. and Laitman, J.T. (2007). Discovery of a low frequency sound source in Mysticeti (baleen whales): Anatomical establishment of a vocal fold homolog. The Anatomical Record 290(6), 745–759.

Renard, V. and Allenou, J.P. (1979). Sea Beam multibeam echo sounding on Jean Charcot: Description, evaluation and first results. Int. Hydr. Rev. 56, 36–57.

Renaud, D.L. and Popper, A.N. (1975). Sound localization by the bottlenose porpoise Tursiops truncatus. Journal of Experimental Biology 63(3), 569–585.

Rendell, L. and Whitehead, H. (2005). Spatial and temporal variation in sperm whale coda vocalizations: stable usage and local dialects. Animal Behaviour 70, 191–198.

Rendell, L.E. and Gordon, J.C.D. (1999). Vocal response of long-finned pilot whales (Globicephala melas) to military sonar in the Ligurian Sea. Marine Mammal Science 15(1), 198–204.

Rendell, L.E., Matthews, J.N., Gill, A., Gordon, J.C.D. and Macdonald, D.W. (1999). Quantitative analysis of tonal calls from five odontocete species, examining interspecific and intraspecific variation. Journal of Zoology 249(4), 403–410.

Renouf, D. (1984). The vocalization of the harbor seal pup (Phoca vitulina) and its role in the maintenance of contact with the mother. Journal of Zoology 202(4), 583–590.

Renouf, D. (1985). A demonstration of the ability of the harbour seal Phoca vitulina (L.) to discriminate among pup vocalisations. Journal of Experimental Marine Biology and Ecology 87, 41–46.

Renouf, D. and Davis, M.B. (1982). Evidence that seals may use echolocation. Nature 300 (5893), 635–637.

Renouf, D., Lawson, J.W. and Gaborko, L. (1983). Attachment between harbour seal (Phoca vitulina) mothers and pups. Journal of Zoology 199, 179–187.

Richards, M.A. (2005). Fundamentals of Radar Signal Processing, New York: McGraw-Hill.

Richardson, M.D. and Davis, A.M. (1988). Modelling gassy sediment structure and behavior. Special issue of Continental Shelf Research, 18, nos 14–15.

Richardson, W.J., Greene, C.R., Jr., Malme, C.I. and Thompson, D.H. (1995). Marine Mammals and Noise. San Diego, CA: Academic Press.

Ridgway, S.H., Wever, E.G., McCormick, J.G., Palin, J. and Anderson, J.H. (1969). Hearing in the giant sea turtle, Chelonia mydas. Proceedings of the National Academy of Sciences 64(3), 884–890.

Ridgway, S.H. and Carder, D.A. (2001). Assessing hearing and sound production in cetaceans not available for behavioral audiograms: Experiences with sperm, pygmy sperm, and gray whales. Aquatic Mammals 27 (3), 267–276.

Ridgway, S.H., Carder, D.A., Kamolnick, T., Smith, R.R., Schlundt, C.E. and Elsberry, W.R. (2001). Hearing and whistling in the deep sea: Depth influences whistle spectra but does not attenuate hearing by white whales (Delphinapterus leucas) (Odontoceti, Cetacea). Journal of Experimental Biology 204(22), 3829–3841.

Riesch, R., Ford, J.K.B. and Thomsen, F. (2006). Stability and group specificity of stereotyped whistles in resident killer whales, Orcinus orca, off British Columbia. Animal Behaviour 71(1), 79–91.

Riesch, R., Ford, J.K.B. and Thomsen, F. (2008). Whistle sequences in wild killer whales (Orcinus orca). Journal of the Acoustical Society of America 124(3), 1822–1829.

Rihaczek, A.W. (1969). Principles of High-resolution Radar. New York: McGraw-Hill.

Risch, D., Clark, C.W., Corkeron, P.J., Elepfandt, A., Kovacs, K.M., Lydersen, C., Stirling, I. and Van Parijs, S.M. (2007). Vocalizations of male bearded seals, Erignathus barbatus: classification and geographical variation. Animal Behaviour 73(5), 747–762.

Rivers, J.A. (1997). Blue whale, Balaenoptera musculus, vocalizations from the waters off central California. Marine Mammal Science 13(2), 186–195.

Robber, R.J. (1988). Underwater Electroacoustics Measurements. Los Altos, CA: Peninsula Publishing.

Roberto, M., Hamernik, R.P., Salvi, R.J., Henderson, D. and Milone, R. (1985). Impact noise and the equal energy hypothesis. Journal of the Acoustical Society of America 77(4), 1514–1520.

Robinson, I.R. (2004). Measuring the Oceans from Space. Springer-Praxis.

Rogers, T.L. (2003). Factors influencing the acoustic behaviour of male phocid seals. Aquatic Mammals 29, 247–260.

Rogers, T.L. (2007). Age-related differences in the acoustic characteristics of male leopard seals, Hydrurga leptonyx. Journal of the Acoustical Society of America 122(1), 596605.

Rogers, T.L. and Brown, S.M. (1999). Acoustic observations of Arnoux's beaked whale (Berardius arnuxii) off Kemp Lans, Antarctica. Marine Mammal Science 15(1), 192–198.

Rogers, T.L. and Cato, D.H. (2002). Individual variation in the acoustic behaviour of the adult male leopard seal, Hydrurga leptonyx. Behaviour 139(10), 1267–1286.

Rogers, T.L., Cato, D.H. and Bryden, M.M. (1996). Behavioral significance of underwater vocalizations of captive leopard seals, Hydrurga leptonyx. Marine Mammal Science 12(3), 414–427.

Romero, L.M. and Butler, L.K. (2008). Endocrinology of stress. International Journal of Comparative Psychology 20, 89–95.

Rose, J.L. (1999). Ultrasonic Waves in Solid Media, Cambridge: Cambridge University Press.

Ross, D. (1976). Mechanics of Underwater Noise. New York: Pergamon Press.

Ross, Q.E., Dunning, D.J., Thorne, R., Menezes, J.K., Tiller, G.W. and Watson, J.K. (1993). Response of alewives to high-frequency sound at a power plant intake on Lake Ontario. North American Journal of Fisheries Management 13(2), 291–303.

Ross, Q.E., Dunning, D.J., Menezes, J.K., Kenna, M.J. and Tiller, G. (1996). Reducing impingement of alewives with high-frequency sound at a power plant intake on Lake Ontario. North American Journal of Fisheries Management 16(3), 548–559.

Rossi, M. (1986). Acoustics and Electroacoustics. Lausanne, Switzerland: Presses Polytechniques Romandes.

Rossi-Santos, M.R., Da Silva, J.M., Silva, F.L. and Monteiro-Filho, E.L.A. (2008). Descriptive parameters of pulsed calls for the spinner dolphin, Stenella longirostris, in the Fernando de Noronha Archipelago, Brazil. Journal of the Marine Biological Association of the United Kingdom 88(6), 1093–1097.

Rossi-Santos, M.R. and Podos, J. (2006). Latitudinal variation in whistle structure of the estuarine dolphin Sotalia guianensis. Behavior 143(3), 347–364.

Rossong, M.A. and Terhune, J.M. (2009). Source levels and communication-range models for harp seal (Pagophilus groenlandicus) underwater calls in the Gulf of St. Lawrence, Canada. Canadian Journal of Zoology 87, 609–617.

Røstad, A., Kaartvedt, S., Klevjer, T.A. and Melle, W. (2006). Fish are attracted to vessels. ICES Journal of Marine Science 63(8), 1431–1437.

Rouget, P.A., Terhune, J.M. and Burton, H.R. (2007). Weddell seal underwater calling rates during the winter and spring near Mawson Station, Antarctica. Marine Mammal Science 23(3), 508–523.

Roux, J.P. and Jouventin, P. (1987). Behavioral cues to individual recognition in the subantarctic fur seal,

Arctocephalus tropicalis. N.O.A.A. Technical Report N.M.F.S. 51, 95-102.

Roy, R.H. (1987). ESPRIT-Estimation of signal parameters via rotational invariance techniques. PhD Dissertation, Stanford University.

Rutenko, A.N. and Vishnyakov, A.A. (2006). Time sequences of sonar signals generated by a beluga whale when locating underwater objects. Acoustical Physics 52(3), 314-323.

Ryan, W.B.F. and Flood, R.D. (1996). Side-looking sonar backscatter response at dual frequencies. Marine Geophysical Researches 18(6),689-705.

Sand, O. and Enger, P.S. (1973). Evidence for an auditory function of the swimbladder in the cod. Journal of Experimental Biology 59(2), 405-414.

Sanvito, S. and Galimberti, F. (2000). Bioacoustics of southern elephant seals. I. Acoustic structure of male aggressive vocalisations. Bioacoustics 10, 259-285.

Sanvito, S. and Galimberti, F. (2003). Source level of male vocalisations in the genus Mirounga: Repeatability and correlates. Bioacoustics 14(1), 47-59.

Sanvito, S., Galimberti, F. and Miller, E.H. (2008). Development of aggressive vocalizations in male southern elephant seals (Mirounga leonina): Maturation or learning? Behaviour 145, 137-170.

Sauerland, M. and Dehnhardt, G. (1998). Underwater audiogram of a tucuxi (Sotalia fluviatilis guianensis). Journal of the Acoustical Society of America 103(2), 1199-1204.

Sayigh, L.S., Tyack, P.L., Well, R.S., Scott, M.D. and Irvine, A.B. (1995). Sex differences in signature whistle production of free-ranging bottlenose dolphins, Tursiops truncatus. Behavioral Ecology and Sociobiology 36, 171-177.

Sayigh, L.S., Tyack, P.L., Wells, R.S., Solow, A.R., Scott, M.D. and Irvine, A.B. (1999). Individual recognition in wild bottlenose dolphins: A field test using playback experiments. Animal Behaviour 57(1), 41-50.

Scalabrin, C., Diner, N., Weill, A., Hillion, A. and Mouchot, C. (1996). Narrowband acoustic identification of monospecific fish schools. ICES Journal of Marine Science 53,181-188.

Scales, J.A.(1994). Theory of Seismic Imaging. Colorado School of Mines, Samizdat Press.

Schack, H.B., Malte, H. and Madsen, P.T. (2008). The responses of Atlantic cod (Gadus morhua L.) to ultrasound-emitting predators: Stress, behavioural changes or debilitation? Journal of Experimental Biology 211(Pt 13), 2079-2086.

Scheifele, P.M., Andrew, S., Cooper, R.A., Darre, M., Musiek, F.E. and Max, L. (2005). Indication of a Lombard vocal response in the St. Lawrence River beluga. Journal of the Acoustical Society of America 117(3), 1486-1492.

Schevill, W.E. and Watkins, W.A. (1965). Underwater Calls of Trichechus (Manatee). Nature 205(4969), 373-374.

Schevill, W.E. and Watkins, W.A. (1972). Intense low-frequency sounds from an Antarctic minke whale, Balaenoptera acutorostrata. Breviora 388, 1-8.

Schevill, W.E., Watkins, W.A. and Backus, R.H. (1964). The 20-cycle signals and Balaenoptera (fin whales). In: W.N. Tavolga (ed) Marine Bio-Acoustics. Oxford, U.K.: Pergamon Press, pp. 147-152.

Schevill, W.E., Watkins, W.A. and Ray, C. (1966). Analysis of underwater Odobenus calls with remarks on the development and function of the pharyngeal pouches. Zoologica 51(103-106).

Schlundt, C.E., Dear, R.L., Green, L., Houser, D.S. and Finneran, J.J. (2007). Simultaneously measured behavioral and electrophysiological hearing thresholds in a bottlenose dolphin (Tursios truncatus). Journal of the Acoustical Society of America 122(1), 615-22.

Schmidt, R.O. (1979). Multiple emitter location and signal parameter estimation. Proc. RADC Spectrum Estimation Workshop, 243-258.

Schmitz, B. (2001). Sound production in Crustacea with special reference to the Alpheidae. In K. Wiese (ed) The Crustacean Nervous System. New York, NY: Springer, pp. 536-547.

Schotten, M., Au, W.W.L., Lammers, M.O. and Aubauer, R. (2004). Echolocation recordings and localization of wild spinner dolphins Stenella longirostris and pantropical spotted dolphins Stenella attenuata using a four hydrophone array. In: J.A. Thomas, C.F. Moss and M. Vater (eds) Echolocation in Bats and Dolphins. Chicago, IL: University of Chicago Press, pp. 393-399.

Schulz, T.M., Whitehead, H., Gero, S. and Rendell, L. (2008). Overlapping and matching of codas in vocal interactions between sperm whales: Insights into communication function. Animal Behaviour doi: 10.1016/j.anbehav.2008.07.032.

Schusterman, R.J. (2008). Vocal learning in mammals with special emphasis on pinnipeds. In: D.K. Oller and U. Gribel (eds) The Evolution of Communicative Flexibility: Complexity, Creativity and Adaptibility in Human and Animal Communication. Cambridge, MA: MIT Press, pp. 41-70.

Schusterman, R.J. and Reichmuth, C. (2008). Novel sound production through contingency learning in the Pacific walrus (Odobenus rosmarus divergens). Animal Cognition 11(2), 319-327.

Schusterman, R.J. and Van Parijs, S.M. (2003). Pinniped vocal communication: An introduction. Aquatic Mammals 29. 2, 177-180.

Schusterman, R.J., Kastak, D., Levenson, D.H., Reichmuth, C.J. and Southall, B.L. (2000). Why pinnipeds don't echolocate. Journal of the Acoustical Society of America 107(4), 2256-2264.

Schusterman, R.J., Kastak, D., Levenson, D.H., Kastak, C.R. and Southall, B.L. (2004). Pinniped sensory systems and the echolocation issue. In: J.A. Thomas, C.F. Moss and M. Vater (eds) Echolocation in Bats and Dolphins. Chicago, IL: University of Chicago Press, pp. 531-535.

Scrimger, J.A., Evans, D.J., McBean, G.A., Farmer, D.M. and Kerman, B.R. (1987). Underwater noise due to rain, hail and snow. Journal of the Acoustical Society of America 81,1, 79-86.

Serrano, A. (2001). New underwater and aerial vocalizations of captive harp seals (Pagophilus groenlandicus). Canadian Journal of Zoology 79, 75-81.

Serrano, A. and Terhune, J.M. (2001). Within-call repetition may be an anti-masking strategy in underwater calls of harp seals (Pagophilus groenlandicus). Canadian Journal of Zoology 79(8), 1410-1413.

Serrano, A. and Terhune, J.M. (2002). Antimasking aspects of harp seal (Pagophilus groenlandicus) under-water vocalizations. Journal of the Acoustical Society of America 112(6), 3083–3090.

Shannon, C. (1948). A mathematical theory of communication. Bell Syst. Tech. Journal 27, pp. 623–656.

Shapiro, A.D. (2006). Preliminary evidence for signature vocalizations among free-ranging narwhals (Monodon monoceros). Journal of the Acoustical Society of America 120(3), 1695–1705.

Shepard, F. P. (1954). Nomenclature based on sand-silt-clay ratios. J. Sediment Petrol. 24, 151–158.

Sheriff, R. E. and Geldart, L. P. Exploration Seismology. Cambridge: Cambridge University Press, 1982.

Shirihai, H. and Jarrett, B. (2007). Guide des Mammifères Marins du Monde. Paris, France: Delachaux et Niestlé.

Shulezhko, T. and Burkanov, V. (2008). Stereotyped acoustic signals of the killer whale Orcinus orca (Cetacea: Delphinidae) from the Northwestern Pacific. Russian Journal of Marine Biology 34(2), 118–125.

Silber, G.K. (1991). Acoustic signals of the vaquita (Phocoena sinus). Aquatic Mammals 17(3), 130–133.

Simmonds, M.P. and Lopez-Jurado, L.F. (1991). Whales and the military. Nature 337, 448.

Simon, M., Wahlberg, M., Ugarte, F. and Miller, L.A. (2005). Acoustic characteristics of underwater tail slaps used by Norwegian and Icelandic killer whales (Orcinus orca) to debilitate herring (Clupea harengus). Journal of Experimental Biology 208(12), 2459–2466.

Simon, M., Ugarte, F., Wahlberg, M. and Miller, L.A. (2006). Icelandic killer whales Orcinus orca use a pulsed call suitable for manipulating the schooling behavior of herring Clupea harengus. Bioacoustics 16, 57–74.

Simon, M., McGregor, P. and Ugarte, F. (2007a). The relationship between the acoustic behaviour and surface activity of killer whales (Orcinus orca) that feed on herring (Clupea harengus). Acta Ethologica 10 (2), 47–53.

Simon, M., Wahlberg, M. and Miller, L.A. (2007b). Echolocation clicks from killer whales (Orcinus orca) feeding on herring (Clupea harengus). Journal of the Acoustical Society of America 121(2), 749–752.

Simpson, S.D., Meekan, M., Montgomery, J., McCauley, R. and Jeffs, A. (2005). Homeward Sound. Science 308, 221.

Širović, A., Hildebrand, J.A., Wiggins, S.M., McDonald, M.A., Moore, S.E. and Thiele, D. (2004). Seasonality of blue and fin whale calls and the influence of sea ice in the Western Antarctic Peninsula. Deep Sea Research Part II : Topical Studies in Oceanography 51(17–19), 2327–2344.

Širović, A., Hildebrand, J.A. and Wiggins, S.M. (2007). Blue and fin whale call source levels and propagation range in the Southern Ocean. Journal of the Acoustical Society of America 122(2), 1208–1215.

Sisneros, J.A. and Bass, A.H. (2003). Seasonal plasticity of peripheral auditory frequency sensitivity. Journal of Neuroscience 23(3), 1049–1058.

Sisneros, J.A. and Bass, A.H. (2005). Ontogenetic changes in the response properties of individual, primary auditory afferents in the vocal plainfin midshipman fish Porichthys notatus Girard. Journal of Experimental Biology 208(16), 3121–3131.

Sisneros, J.A., Forlano, P.M., Deitcher, D.L. and Bass, A.H. (2004). Steroid-dependent auditory plasticity leads to adaptive coupling of sender and receiver. Science 305(5682), 404-407.

Sjare, B., Stirling, I. and Spencer, C. (2003). Structural variation in the songs of Atlantic walruses breeding in the Canadian High Arctic. Aquatic Mammals 29, 297-318.

Skalski, J.R., Pearson, W.H. and Malme, C.I. (1992). Effects of sounds from a geophysical survey device on catch-per-unit-effort in a hook-and-line fishery for rockfish (Sebastes Spp). Canadian Journal of Fisheries and Aquatic Sciences 49(7), 1357-1365.

Skaret, G., Axelsen, B.E., Nottestad, L., Ferno, A. and Johannessen, A. (2005). The behaviour of spawning herring in relation to a survey vessel. ICES Journal of Marine Science 62(6), 1061-1064.

Slotte, A., Hansen, K., Dalen, J. and Ona, E. (2004). Acoustic mapping of pelagic fish distribution and abundance in relation to a seismic shooting area off the Norwegian west coast. Fisheries Research 67(2), 143-150.

Smith, M.E., Kane, A.S. and Popper, A.N. (2004). Noise-induced stress response and hearing loss in goldfish (Carassius auratus). Journal of Experimental Biology 207(3), 427-435.

Smolker, R., Mann, J. and Smuts, B. (1993). Use of signature whistles during separations and reunions by wild bottlenose dolphin mothers and infants. Behavioral Ecology and Sociobiology 33(6), 393-402.

Somers, M.L. (1993). Sonar imaging of the seabed: Techniques, performances, applications. In: J.M.F. Moura and I.M.G. Lourtie (eds) Acoustic Signal Processing for Ocean Exploration. Dordrecht, The Netherlands: Kluwer Academic, pp. 355-369.

Song, J.K., Mann, D.A., Cott, P.A., Hanna, B.W. and Popper, A.N. (2008). The inner ears of Northern Canadian freshwater fishes following exposure to seismic air gun sounds. Journal of the Acoustical Society of America 124(2), 1360-1366.

Sonoda, S. and Takemura, A. (1973). Underwater sounds of the manatees, Trichechus manatus and T. inunguis (Trichechidae). Report of the Institute for Breeding Research, Tokyo University of Agriculture 4, 1924.

Soria, M., Freon, P. and Gerlotto, F. (1996). Analysis of vessel influence on spatial behaviour of fish schools using a multi-beam sonar and consequences for biomass estimates by echosounder. ICES Journal of Marine Science 53(2), 453-458.

Sousa-Lima, R.S., Paglia, A.P. and Da Fonseca, G.A.B. (2002). Signature information and individual recognition in the isolation calls of Amazonian manatees, Trichechus inunguis (Mammalia: Sirenia). Animal Behaviour 63(2), 301-310.

Sousa-Lima, R.S., Paglia, A.P. and da Fonseca, G.A.B. (2008). Gender, age, and identity in the isolation calls of Antillean manatees Trichechus manatus manatus. Aquatic Mammals 34, 109-122.

Southall, B.L., Schusterman, R.J. and Kastak, D. (2003). Acoustic communication ranges for northern elephant seals (Mirounga angustirostris). Aquatic Mammals 29(2), 202-213.

Southall, B.L., Bowles, A.E., Ellison, W.T., Finneran, J.J., Gentry, R.L., Greene, C.R., Kastak, D.,

Ketten, D.R., Miller, J.H., Nachtigall, P.E. et al. (2007). Marine mammal noise exposure criteria: Initial scientific recommendations. Aquatic Mammals 33(4), 411–521.

Sozer, E.M., Proakis, J.G. and Blackmon, F. (2001). Iterative equalization and decoding techniques for shallow water acoustic channels. In: Proc. Oceans 2001 MTS/IEEE, Vol. 4, 2201–2208.

Spiegel, M.R., Lipschutz, S. and Liu, J.X. (2008). Schaum's Outlines Mathematical Handbook of Formulas and Tables, 3rd ed. New York: McGraw Hill.

Stafford, K.M., Nieukirk, S.L. and Fox, C.G. (1999a). An acoustic link between blue whales in the eastern tropical Pacific and the northeast Pacific. Marine Mammal Science 15(4), 1258–1268.

Stafford, K. M., Nieukirk, S. L. and Fox, C. G. (1999b). Low-frequency whale sounds recorded on hydrophones moored in the eastern tropical Pacific. Journal of the Acoustical Society of America 106(6), 3687–3698.

Stafford, K.M., Moore, S.E., Laidre, K.L. and Heide-Jorgensen, M.P. (2008). Bowhead whale springtime song off West Greenland. Journal of the Acoustical Society of America 124(5), 3315–3323.

Stanton, T. K. (1985). Volume scattering: Echo peak PDF. Journal of the Acoustical Society of America 77, 4, 1358–1366.

Stanton, T.K. and Chu, D (2000). Acoustic scattering by benthic and planktonic shelled animals. Journal of the Acoustical Society of America 108(2),535–550.

Stanton, T.K. (2000). On acoustic scattering by a shell-covered seafloor, Journal of the Acoustical Society of America 108(2),551–555.

Steen, J.B. (1970). The swim bladder as a hydrostatic organ. In: W.S. Hoar and D.J. Randall (eds) Fish Physiology Vol. IV. New York, NY: Academic Press, pp. 413–443.

Steinberg, B.D. (1975). Principles of Aperture and Array System Design. New York: John Wiley and Sons.

Steiner, W.W. (1981). Species-specific differences in pure tonal whistle vocalizations of five western north Atlantic dolphin species. Behavioral Ecology and Sociobiology 9, 241–246.

Stéphan, Y., Evennou, F. and Martin-Lauzer, F.-R. (1995).GASTOM90: Acoustic tomography in the Bay of Biscay. Proceedings of OCEANS'95, Vol. 1, pp. 55–59.

Stéphan, Y., Demoulin, X., Folégot, T., Jesus, S., Porter, M., and Coelho, E. (2000). Acoustical effects of internal tides on shallow water: An overview of the INTIMATE96 experiment. In: A. Caiti, J.-P. Hermand S. Jesus and M.B. Porter (eds) Experimental Acoustic Inversion Methods For Exploration of the Shallow Water Environment. Kluwer Academic Publishers, 19–38.

Stewart, R.A. and Chotiros, N.P. (1992). Estimation of sediment volume scattering cross section and absorption loss coefficient. Journal of the Acoustical Society of America 91(6),3242–3247.

Stimpert, A.K., Wiley, D.N., Au, W.W.L., Johnson, M.P. and Arsenault, R. (2007). 'Megapclicks': acoustic click trains and buzzes produced during night-time foraging of humpback whales (Megaptera novaeangliae). Biology Letters 3(5), 467–470.

Stirling, I. (1970). Observations on the behavior of the New Zealand fur seal (Arctocephalus forsteri). Journal of Marnmalogy 51(4), 766-778.

Stirling, I. (1972). Observations on the Australian sea lion, Neophoca cinerea (Peron). Australian Journal of Zoology 20(3), 271-279.

Stirling, I. and Thomas, J.A. (2003). Relationships between underwater vocalizations and mating systems in phocid seals. Aquatic Mammals 29, 227-246.

Stirling, I. and Warneke, R.M. (1971). Implications of a comparison of the airborne vocalisations and some aspects of the behaviour of the two Australian fur seals, Arctocephalus spp., on the evolution and present taxonomy of the genus. Australian Journal of Zoology 19, 227-241.

Stirling, I., Calvert, W. and Spencer, C. (1987). Evidence of stereotyped underwater vocalizations of male Atlantic walruses (Odobenus rosmarus rosmarus). Canadian Journal of Zoology 65(9), 23112321.

Stoica, P. and Moses, R. (1997). Introduction to Spectral Analysis. Upper Saddle River, NJ: Prentice Hall.

Stoica, P. and Nehorai, A. (1989). MUSIC, maximum likelihood and Cramer Rao bound. IEEE Transactions on Acoustics, Speech and Signal Processing 37,5, 720-741.

Stoica, P. and Sharman, K.C. (1990). Maximum likelihood methods for direction-of-arrival estimation. IEEE Transactions on Acoustics, Speech and Signal Processing 38,7, 1132-1143.

Stojanovic, M. (1996). Recent advances in high-rate underwater acoustic communication. IEEE Journal of Oceanic Engineering 21,2.

Stojanovic, M. (2007). On the relationship between capacity and distance in an underwater acoustic communication channel. ACM SIGMOBILE Mobile Computing and Communications Review (MC2R) 11, 4, 34-43.

Stojanovic, M. (2008). Efficient processing of acoustic signals for high rate information transmission over sparse underwater channels. Elsevier Journal on Physical Communication, June 2008, 146-161.

Stojanovic, M., Catipovic, J. and Proakis, J. (1993) Adaptive multichannel combining and equalization for underwater acoustic communications. Journal of the Acoustical Society of America 94,3, pt. 1, 1621-1631.

Stojanovic, M., Catipovic, J. and Proakis, J. (1994) Phase-coherent digital communications for underwater acoustic channels. IEEE Journal of Oceanic Engineering 19,1.

Stoll, R.D. (1980). Theoretical aspects of sound transmission in sediments. Journal of the Acoustical Society of America 68,1341-1350.

Stoll, R. D. (1985). Marine sediment acoustics. Journal of the Acoustical Society of America 77, 1789-1799.

Stone, C.J. and Tasker, M.L. (2006). The effects of seismic airguns on cetaceans in UK waters. Journal of Cetacean Research and Management 8(3), 255-263.

Stone, G., Kraus, S., Hutt, A., Martin, S., Yoshinaga, A. and Joy, L. (1997). Reducing bycatch: can acoustic pingers keep Hector's dolphins out of fishing nets? Marine Technology Society Journal 31(2), 3-7.

Streeter, K. and Floyd, S. (1999). Exploring operant conditioning in a green sea turtle. In: H. Kalb and T.

Wibbels (eds) Proceedings of the Nineteenth Annual Symposium on Sea Turtle Conservation and Biology. South Padre Island, Texas, USA, pp. 8-10.

Sundermann, G. (1983). The fine structure of epidermal lines on arms and head of post-embryonic Sepia officinalis and Loligo vulgaris (Mollusca, Cephalopoda). Cell and Tissue Research 232(3), 669-677.

Supin, A.Y. and Popov, V.V. (1993). Direction-dependent spectral sensitivity and interaural spectral difference in a dolphin: Evoked potential study. Journal of the Acoustical Society of America 93(6), 3490-3495.

Supin, A.Y., Popov, V.V. and Mass, A.M. (2001). The Sensory Physiology of Aquatic Mammals. Boston, MA: Kluwer Academic Publishers.

Sverdrup, A., Kjellsby, E., Krüger, P.G., Fløysand, R., Knudsen, F.R., Enger, S., Serck-Hanssen, G. and Helle, K.B. (1994). Effects of experimental seismic shock on vasoactivity of arteries, integrity of the vascular endothelium and on primary stress hormones of the Atlantic salmon. Journal of Fish Biology 45 (6), 973-995.

Szczucka, J. (2009). Acoustic studies of diving birds in the Arctic. UAM-2009, 1181-1188.

Szymanski, M.D., Bain, D.E., Kiehl, K., Pennington, S., Wong, S. and Henry, K.R. (1999). Killer whale (Orcinus orca) hearing: Auditory brainstem response and behavioral audiograms. Journal of the Acoustical Society of America 106(2), 1134-1141.

Tang, D., Guoliang, J., Jackson, D.R. and Williams, K.L. (1994). Analyses of high-frequency bottom and subbottom backscattering for two distinct shallow water environments. Journal of the Acoustical Society of America 96(5), Pt. 1, 2930-2936.

Tappert, F.D. (1977). The parabolic approximation method. In: J.B. Keller and J.S. Papadakis (eds) Wave Propagation in Underwater Acoustics. New York: Springer-Verlag, pp. 224-287.

Taruski, A.G. (1979). The whistle repertoire of the north Atlantic pilot whale (Globicephala melaena) and its relationship to behavior and environment. In: H.E. Winn and B.L Olla (eds) Behavior of marine animals. New York, NY: Plenum, pp. 345-367.

Tavolga, W.H. (1964). Marine Bioacoustics. New York: Pergamon Press.

Tavolga, W.N. (1974). Signal/noise ratio and the critical band in fishes. Journal of the Acoustical Society of America 55(6), 1323-1333.

Tavolga, W.N. (1982). Auditory acuity in the sea catfish (Arius felis). Journal of Experimental Biology 96 (1), 367-376.

Tavolga, W.N., Popper, A.N. and Fay, R.R. (1981). Hearing and Sound Communication in Fishes. New York, NY: Springer.

Tegowski, J. (2004). A laboratory study of breaking waves. Oceanologia 46(3), 365-382.

Teilmann, J., Tougaard, J., Miller, L.A., Kirketerp, T., Hansen, K. and Brando, S. (2006). Reactions of captive harbor porpoises (Phocoena phocoena) to pinger-like sounds. Marine Mammal Science 22(2), 240-260.

Telford, W.M., Geldart, L.P. and Sheriff, R.E. (1990). Applied Geophysics. Cambridge: Cambridge University Press.

Teloni, V. (2005). Patterns of sound production in diving sperm whales in the northwestern Mediterranean. Marine Mammal Science 21(3), 446-457.

Teloni, V., Zimmer, W.M. X. and Tyack, P L. (2005). Sperm whale trumpet sounds. Bioacoustics 15(2), 163-174.

Terhune, J.M. (1974). Directional hearing of a harbor seal in air and water. Journal of the Acoustical Society of America 56(6), 1862-1865.

Terhune, J. M. (1999). Pitch separation as a possible jamming-avoidance mechanism in underwater calls of bearded seals (Erignathus barbatus). Canadian Journal of Zoology 77, 1025-1034.

Terhune, J., Quin, D., Dell'Apa, A., Mirhaj, M., Plötz, J., Kindermann, L. and Bornemann, H. (2008). Geographic variations in underwater male Weddell seal trills suggest breeding area fidelity. Polar Biology 31(6), 671-680.

Tessier, C., Le Hir, P., Lurton, X. and Castaing, P. (2007). Estimation de la matière en suspension à partir de l'intensité rétrodiffusée des courantométres acoustiques à effet Doppler (ADCP). Compte-rendu de l'Académie des Sciences, CR Geoscience 340, 57-67.

The ATOC Consortium. (1998). Ocean climate change: Comparison of acoustic tomography, satellite altimetry, and modeling. Science 281(5381), 1327-1332.

Theuillon G. et al. (2008). High resolution geoacoustic characterization of the seafloor using a sub-bottom profiler in the Gulf of Lion. IEEE Journal of Oceanic Engineering 33,3, 240-254.

Thode, A.M., D'Spain, G.L. and Kuperman, W.A. (2000). Matched-field processing, geoacoustic inversion, and source signature recovery of blue whale vocalizations. Journal of the Acoustical Society of America 107 (3), 1286-1300.

Thode, A., Mellinger, D.K., Stienessen, S., Martinez, A. and Mullin, K. (2002). Depth-dependent acoustic features of diving sperm whales (Physeter macrocephalus) in the Gulf of Mexico. Journal of the Acoustical Society of America 112(1), 308-321.

Thomas, H. (1994). New advanced underwater navigation techniques based on surface relay buoys. Oceans' 94, Brest, France.

Thomas, H. (1998). GIB buoys: An interface between space and depths of the oceans. Proc. IEEE AUV, Cambridge, MA, USA, pp. 181-184.

Thomas, J., Chun, N., Au, W. and Pugh, K. (1988). Underwater audiogram of a false killer whale (Pseudorca crassidens). Journal of the Acoustical Society of America 84(3), 936-940.

Thomas, J., Moore, P., Withrow, R. and Stoermer, M. (1990). Underwater audiogram of a Hawaiian monk seal (Monachus schauinslandi). Journal of the Acoustical Society of America 87(1), 417-420.

Thomas, J.A. and Golladay, C.L. (1995). Geographic variation in leopard seal (Hydrurga leptonynx) underwater vocalizations. In: R.A. Kastelein, J.A. Thomas and P.E. Nachtigall (eds) Sensory Systems of

619

Aquatic Mammals. Woerden, The Netherlands: De Spil Publishers, pp. 201-221.

Thomas, J.A., Moss, C.F. and Vater, M. (eds) (2003). Echolocation in Bats and Dolphins. Chicago, IL: University of Chicago Press.

Thomas, J.A. and Stirling, I. (1983). Geographic variation in the underwater vocalizations of Weddell seals (Leptonychotes weddelli) from Palmer Peninsula and McMurdo Sound, Antarctica. Canadian Journal of Zoology 61, 2203-2212.

Thompson, P.O., Findley, L.T. and Vidal, O. (1992). 20-Hz pulses and other vocalizations of fin whales, Balaenoptera physalus, in the Gulf of California, Mexico. Journal of the Acoustical Society of America 92 (6), 3051-3057.

Thompson, P.O., Findley, L.T., Vidal, O. and Cummings, W.C. (1996). Underwater sounds of blue whales, Balaenoptera musculus, in the Gulf of Mexico. Marine Mammal Science 12(2), 288-293.

Thompson, R.K.R. and Herman, L.M. (1975). Underwater frequency discrimination in the bottlenosed dolphin (1-140 kHz) and the human (1-8 kHz). Journal of the Acoustical Society of America 57(4), 943-948.

Thomsen, F., Franck, D. and Ford, J.K.B. (2001). Characteristics of whistles from the acoustic repertoire of resident killer whales (Orcinus orca) off Vancouver Island, British Columbia. Journal of the Acoustical Society of America 109(3), 1240-1246.

Thomson, D.J. and Chapman, N.R. (1983). A wide-angle split-step algorithm for the parabolic equation. Journal of the Acoustical Society of America 74, 1848-1854.

Thorne P.D. (1985). The measurement of acoustic noise generated by moving artificial sediments. Journal of the Acoustic Society of America 78, 1013-1023.

Thorne P.D. (1993). Seabed saltation noise. In: B. Kerman (ed) Natural Physical Sources of Underwater Sound. Kluwer Academic, Dordrecht, pp. 721-744.

Thorne, P.D. and Buckingham, M.J. (2004). Measurements of scattering by suspensions of irregularly shaped sand particles and comparison with a single parameter modified sphere model. Journal of the Acoustical Society of America 116(5), 2876-2889.

Thoroddsen, S.T., Etoh, T.G. and Takehara, K. (2008). High-speed imaging of drops and bubbles. Annu. Rev. Fluid Mech. 46, 257-285.

Thorpe, C.W. and Dawson, S.M. (1991). Automatic-measurement of descriptive features of Hector's dolphin vocalizations. Journal of the Acoustical Society of America 89(1), 435-443.

Thorpe, C.W., Bates, R.H.T. and Dawson, S.M. (1991). Intrinsic echolocation capability of Hector's dolphin, Cephalorhynchus hectori. Journal of the Acoustical Society of America 90(6), 2931-2934.

Thorp, W.H. (1965). Deep-ocean sound attenuation in the sub- and low-kilocycle-per-sec region. Journal of the Acoustical Society of America 38, 648-654.

Thorp, W.H. (1967). Analytic Description of the Low Frequency Attenuation Coefficient, Journal of the

Acoustical Society of America, 42,270.

Tindle, C.T. (1979). The equivalence of bottom loss and mode attenuation per cycle in underwater acoustics. Journal of the Acoustical Society of America 66, 250-255.

Tolstoy, I. and Clay, C.S. (1987). Ocean Acoustics. New York: American Institute of Physics.

Tønnessen, J.N. and Johnsen, A.O. (1982). The History of Modern Whaling. Berkeley and Los Angeles, CA: University of California Press.

Tremel, D.P., Thomas, J.A., Ramirez, K.T., Dye, G.S., Bachman, W.A., Orban, A.N. and Grimm, K.K. (1998). Underwater hearing sensitivity of a Pacific white-sided dolphin, Lagenorhynchus obliquidens. Aquatic Mammals 24(2), 63-69.

Trenkel, V. M., Mazauric, V. and Berger, L. (2008). The new fisheries multibeam echosounder ME70: Description and expected contribution to fisheries research. ICES Journal of Marine Science 65, 645-655.

Trenkel, V.M., Berger, L, Bourguignon, S., Doray, M., Fablet, R., Massé, J., Mazauric, V., Poncelet, C., Guemener, G., Scalabrin, C., Villalobos, H. Overview of recent progress in fisheries acoustics made by Ifremer with examples from the Bay of Biscay. Aquatic Living Resources, 22(4), 433-445.

Tricas, T.C., Kajiura, S.M. and Kosaki, R.K. (2006). Acoustic communication in territorial butterflyfish: Test of the sound production hypothesis. Journal of Experimental Biology 209(24), 4994-5004.

Trillmich, F. (1981). Mutual mother-pup recognition in Galapagos fur seals and sea lions-cues used and functional significance. Behaviour 78, 21-42.

Tripovich, J.S., Rogers, T.L. and Arnould, J.P.Y. (2005). Species-specific characteristics and individual variation of the bark call produced by male Australian fur seals (Arctocephalus pusillus doriferus). Bioacoustics 15, 79-96.

Tripovich, J.S., Rogers, T.L., Canfield, R. and Arnould, J.P.Y. (2006). Individual variation in the pup attraction call produced by female Australian fur seals during early lactation. Journal of the Acoustical Society of America 120(1), 502-509.

Tripovich, J.S., Canfield, R., Rogers, T.L. and Arnould, J.P.Y. (2008a). Characterization of Australian fur seal vocalizations during the breeding season. Marine Mammal Science 24(4), 913-928.

Tripovich, J.S., Charrier, I., Rogers, T.L., Canfield, R. and Arnould, J.P.Y. (2008b). Acoustic features involved in the neighbour-stranger vocal recognition process in male Australian fur seals. Behavioural Processes 79(1), 74-80.

Tripovich, J.S., Charrier, I., Rogers, T.L., Canfield, R. and Arnould, J.P.Y. (2008c). Who goes there? Differential responses to neighbor and stranger vocalizations in male Australian fur seals. Marine Mammal Science 24(4), 941-948.

Trippel, E.A., Strong, M.B., Terhune, J.M. and Conway, J.D. (1999). Mitigation of harbour porpoise (Phocoena phocoena) by-catch in the gillnet fishery in the lower Bay of Fundy. Canadian Journal of Fisheries and Aquatic Sciences 56(1), 113-123.

Trubuil, J., Le Gall, T., Lapierre, G. and Labat, J. (2001). Development of a real-time high data-rate acoustic link', in Proc. Oceans'01, Hawaii, vol. 4, 2159-2164.

Turgut, A. and Yamamoto, T. (1990). Measurements of acoustic wave velocities and attenuation in marine sediments. Journal of the Acoustical Society of America 87,2376-2383.

Tyack, P. (1981). Interactions between singing Hawaiian humpback whales and conspecifics nearby. Behavioral Ecology and Sociobiology 8(2), 105-116.

Tyack, P. (1983). Differential response of humpback whales, Megaptera novaeangliae, to playback of song or social sounds. Behavioral Ecology and Sociobiology 13(1), 49-55.

Tyack, P.L. (1997). Development and social functions of signature whistles in bottlenose dolphins Tursiops truncatus. Bioacoustics 8, 21-46.

Tyack. P.L. (1998). Acoustic communication under the sea. In: S.L. Hopp, M.J. Owren and C.S. Evans (eds) Animal Acoustic Communication: Sound Analysis and Research Methods. Springer Verlag, pp. 163-220.

Tyack, P.L. (2000). Functional aspects of cetacean communication. In: J. Mann, R. Connor, P.L. Tyack and H. Whitehead (eds) Cetacean Societies: Field Studies of Dolphins and Whales. Chicago, IL: University of Chicago Press, pp. 270-307.

Tyack, P.L. (2008). Implications for marine mammals of large-scale changes in the marine acoustic environment. Journal of Mammalogy 89(3), 549-558.

Tyack, P.L. and Clark, C.W. (2000). Communication and acoustical behavior in dolphins and whales. In W. W.L. Au, A.N. Popper and R.R. Fay (Eds) Hearing by Whales and Dolphins, pp. 156-224. New York, NY: Springer-Verlag.

Tyack, P. and Whitehead, H. (1982). Male competition in large groups of wintering humpback whales. Behaviour 83(1/2), 132-154.

Tyack, P.L., Johnson, M., Soto, N.A., Sturlese, A. and Madsen, P.T. (2006). Extreme diving of beaked whales. Journal of Experimental Biology 209(21), 4238-4253.

Tyack, P., Boyd, I., Claridge, D., Clark, C.W., Moretti, D. and Southall, B. (2008). Effects of sound on the behavior of toothed whales. Journal of the Acoustical Society of America 123(5), 2984.

Tyack, P.L. and Sayigh, L.S. (1997). Vocal learning in cetaceans. In: C.T. Snowdon and M. Hausberger (eds) Social Influences on Vocal Development. Cambridge, UK: Cambridge University Press, pp. 208-233.

Tyce, R.C. (1988). Deep seafloor mapping systems-A review. MTS Journal 20, 4-16.

Tyler, G.D. (1992). The emergence of low-frequency active acoustics as a critical anti-submarine warfare technology. Johns Hopkins APL Technical Digest 13, 145-159.

U.K. Ministry of Defence (2005). JSP 418-The MOD Sustainable Development and Environment Manual: Volume 2, Leaflet 10.1-Protection of Marine Environment: Sonar[Renumbered: April 2008]. Available online at http://www. mod. uk/NR/rdonlyres/14Al 92AA-E415-45A7-BBB0-2DA6F0F85D93/0/ JSP418Leafl01.pdf, accessed 5 May 2009.

United States Navy. (2008) Ocean Stewardship: Understanding Sonar. http://www. navy. mil/oceans/sonar. html (consulted 19 January).

Urick, R.J. (1954). The backscattering of sound from a harbor bottom. Journal of the Acoustical Society of America 26, 231–235.

Urick, R.J. (1971). Noise of melting icebergs. Journal of the Acoustical Society of America 50(1), 337–341.

Urick, R.J. (1972). Noise signature of an aircraft in level flight over a hydrophone in the sea.Journal of the Acoustical Society of America, 993–999.

Urick, R.J. (1982). Sound Propagation in the Sea. Los Altos, CA: Peninsula Publishing.

Urick, R.J. (1983). Principles of Underwater Sound, 3rd edn. New York: McGraw-Hill.

Urick, R.J. (1986). Ambient Noise in the Sea. Los Altos, California, Peninsula Publishing.

Vabø, R., Olsen, K. and Huse, I. (2002). The effect of vessel avoidance of wintering Norwegian spring spawning herring. Fisheries Research 58(1), 59–77.

Vagle, S., Large, W.G. and Farmer, D.M. (1990) An evaluation of the WOTAN technique of inferring oceanic winds from underwater ambient sound. J. Atm. Oceanic Tech. 7, 576–595.

Vannini, M. (1985). A shrimp that speaks crab-ese. Journal of Crustacean Biology 5(1), 160–167.

Van Opzeeland, I.C., Corkeron, P.J., Leyssen, T., Similä, T. and Van Parijs, S.M. (2005). Acoustic behaviour of Norwegian killer whales, Orcinus orca, during carousel and seiner foraging on spring-spawning herring. Aquatic Mammals 31(1), 110–119.

Van Parijs, S.M. (2003). Aquatic mating in pinnipeds: A review. Aquatic Mammals 29, 214–226.

Van Parijs, S.M. and Clark, C.W. (2006). Long-term mating tactics in an aquatic-mating pinniped, the bearded seal, Erignathus barbatus. Animal Behaviour 72(6), 1269–1277.

Van Parijs, S.M. and Corkeron, P.J. (2001). Vocalizations and behaviour of Pacific humpback dolphins Sousa chinensis. Ethology 107(8), 701–716.

Van Parijs, S.M. and Kovacs, K.M. (2002). In-air and underwater vocalizations of eastern Canadian harbour seals, Phoca vitulina. Canadian Journal of Zoology-Revue Canadienne De Zoologie 80(7), 1173–1179.

Van Parijs, S.M., Hastie, G.D. and Thompson, P.M. (1999). Geographical variation in temporal and spatial vocalization patterns of male harbour seals in the mating season. Animal Behaviour 58, 1231–1239.

Van Parijs, S.M., Hastie, G.D. and Thompson, P.M. (2000). Individual and geographical variation in display behaviour of male harbour seals in Scotland. Animal Behaviour 59, 559–568.

Van Parijs, S.M., Parra, G.J. and Corkeron, P.J. (2000). Sounds produced by Australian Irrawaddy dolphins, Orcaella brevirostris. Journal of the Acoustical Society of America 108(4), 1938–1940.

Van Parijs, S.M., Kovacs, K.M. and Lydersen, C. (2001). Spatial and temporal distribution of vocalising male bearded seals: Implications for male mating strategies. Behaviour 138(7), 905–922.

Van Parijs, S.M., Smith, J. and Corkeron, P.J. (2002). Using calls to estimate the abundance of inshore dolphins: A case study with Pacific humpback dolphins Sousa chinensis. Journal of Applied Ecology 39(5), 853-864.

Van Parijs, S.M., Corkeron, P.J., Harvey, J., Hayes, S.A., Mellinger, D.K., Rouget, P.A., Thompson, P.M., Wahlberg, M. and Kovacs, K.M. (2003). Patterns in the vocalizations of male harbor seals. Journal of the Acoustical Society of America 113, 3403-3410.

van Parijs, S.M., Lydersen, C. and Kovacs, K.M. (2003). Vocalizations and movements suggest alternative mating tactics in male bearded seals. Animal Behaviour 65(2), 273-283.

Van Parijs, S.M., Leyssen, T. and Simila, T. (2004). Sounds produced by Norwegian killer whales, Orcinus orca, during capture. Journal of the Acoustical Society of America 116(1), 557-560.

Van Trees, H.L. (1968). Detection, Estimation and Modulation Theory. New York: John Wiley and Sons Inc.

Verfuss, U.K., Miller, L.A., Pilz, P.K.D. and Schnitzler, H.-U. (2009). Echolocation by two foraging harbor porpoises. Journal of Experimental Biology 212, 823-834.

Versluis, M., Schmitz, B., von der Heydt, A. and Lohse, D. (2000). How snapping shrimp snap: Through cavitating bubbles. Science 289, 2114-2117.

Villadsgaard, A., Wahlberg, M. and Tougaard, J. (2007). Echolocation signals of wild harbour porpoises, Phocoena phocoena. Journal of Experimental Biology 210(1), 56-64.

Visbeck, M. (2002). Deep velocity profiling using Lowered Acoustic Doppler Current Profilers: Bottom track and inverse solutions. Journal of Atmospheric and Oceanic Technology 19(5), 794-807.

Vogt, P., Jung, W.Y. and Nagel, D. (2000). GOMAP: A matchless resolution to start the new millennium. EOS Trans. AGU, 81, 254-258.

von Frisch, K. (1938). The sense of hearing in fish. Nature 141, 8-11.

Voronovitch, G. (1994). Wave Scattering from Rough Surfaces. Berlin: Springer-Verlag.

Wadhams, P. (2000). Ice in the Ocean. Philadelphia, Pa: Taylor and Francis.

Waite, A.D. (2002). Sonar for Practising Engineers. Chichester, UK: John Wiley and Sons.

Wahlberg, M., Frantzis, A., Alexiadou, P., Madsen, P.T. and Møhl, B. (2005). Click production during breathing in a sperm whale (Physeter macrocephalus) (L). Journal of the Acoustical Society of America 118(6), 3404-3407.

Wang, D., Wang, K., Xiao, Y. and Sheng, G. (1992). Auditory sensitivity of a Chinese River dolphin, Lipotes vexillifer. In J.A. Thomas, R.A. Kastelein and A.Y. Supin (Eds) Marine Mammal Sensory Systems, pp. 213-221. New York, NY: Plenum Press.

Wang, D., Würsig, B. and Evans, W.E. (1995). Comparisons of whistles among seven odontocete species. In: R.A. Kastelein, J.A. Thomas and P.E. Nachtigall (eds) Sensory Systems of Aquatic Mammals. Woerden, The Netherlands: DeSpil Publishers, pp. 299-323.

Wang, D., Wursig, B. and Leatherwood, S. (2001). Whistles of boto, Inia geoffrensis, and tucuxi, Sotalia fluviatilis. Journal of the Acoustical Society of America 109(1), 407–411.

Wang, J.Y. and Yang, S.C. (2006). Unusual cetacean stranding events of Taiwan in 2004 and 2005. Journal of Cetacean Research and Management 8, 283–292.

Wang, K., Wang, D., Akamatsu, T., Fujita, K. and Shiraki, R. (2006). Estimated detection distance of a baiji's (Chinese river dolphin, Lipotes vexillifer) whistles using a passive acoustic survey method. Journal of the Acoustical Society of America 120(3), 1361–1365.

Wang, S. and Zhou, X. (1999). Extending ESPRIT algorithm by using virtual array and Moore-Penrose general inverse techniques. Proceedings IEEE Southeastcon'99, 315–318.

Wardle, C.S., Carter, T.J., Urquhart, G.G., Johnstone, A.D.F., Ziolkowski, A.M., Hampson, G. and Mackie, D. (2001). Effects of seismic air guns on marine fish. Continental Shelf Research 21(8–10), 1005–1027.

Wartzok, D. and Ketten, D.R. (1999). Sensory systems. In: J.E.I. Reynolds and S.A. Rommel (eds) Biology of Marine Mammals. Washington, DC: Smithsonian Institution Press, pp. 117–175.

Wartzok, D., Schusterman, R.J. and Gailey-Phipps, J. (1984). Seal echolocation? Nature 308, 753.

Watkins, W.A. and Ray, G.C. (1985). In-air and underwater sounds of the Ross seal, Ommatophoca rossi. Journal of the Acoustical Society of America 77(4), 1598–1600.

Watkins, W.A. and Schevill, W.E. (1977). Sperm whale codas. Journal of the Acoustical Society of America 62(6), 1485–1490.

Watkins, W.A., Daher, M.A., Fristrup, K.M., Howald, T.J. and Sciara, G.N.D. (1993). Sperm whales tagged with transponders and tracked underwater by sonar. Marine Mammal Science 9(1), 55–67.

Watkins, W.A., Daher, M.A., Fristrup, K.M. and Notarbartolo di Sciara, G. (1994). Fishing and acoustic behavior of Fraser's dolphin (Lagenodelphis hosei) near Dominica, Southeast Caribbean. Caribbean Journal of Science 30(1–2), 76–82.

Watkins, W.A., Daher, M.A., Samuels, A. and Gannon, D.P. (1997). Observations of Pepono-cephala electra, the melon-headed whale, in the southeastern Caribbean. Caribbean Journal of Science 33(1–2), 34–40.

Watkins, W.A., Schevill, W.E. and Best, P.B. (1977). Underwater sounds of Cephalorhynchus heavisidii (Mammalia: Cetacea). Journal of Mammalogy 58, 316–320.

Watkins, W.A., Tyack, P., Moore, K.E. and Bird, J.E. (1987). The 20-Hz signals of finback whales (Balaenoptera physalus). Journal of the Acoustical Society of America 82(6), 1901–1912.

Watkins, W.A., Daher, M.A., Repucci, G.M., George, J.E., Martin, D.L., DiMarzio, N.A. and Gannon, D.P. (2000). Seasonality and distribution of whale calls in the North Pacific. Oceanography 13, 6267.

Watwood, S.L., Owen, E.C.G., Tyack, P.L. and Wells, R.S. (2005). Signature whistle use by temporarily restrained and free-swimming bottlenose dolphins, Tursiops truncatus. Animal Behaviour 69(6), 1373–1386.

Watwood, S.L., Miller, P.J.O., Johnson, M., Madsen, P.T. and Tyack, P.L. (2006). Deep-diving foraging behaviour of sperm whales (Physeter macrocephalus). Journal of Animal Ecology 75(3), 814–825.

Weber, E.H. (1820). De aure et auditu hominis et animalium. Pars I. De Aure Animalium Aquatilium. Leipzig: Gerhard Fleischer.

Weber, T.C. (2008). Observations of clustering inside oceanic bubble clouds and the effect on short-range acoustic propagation. Journal of the Acoustical Society of America 124(5),2783–2792.

Weilgart, L. and Whitehead, H. (1990). Vocalizations of the North Atlantic pilot whale (Globicephala melas) as related to behavioral contexts. Behavioral Ecology and Socio-biology 26(6), 399–402.

Weir, C.R. (2007). Observations of marine turtles in relation to seismic airgun sound off Angola. Marine Turtle Newsletter 116, 17–20.

Weir, C.R. (2008a). Overt responses of humpback whales (Megaptera novaeangliae), sperm whales (Physeter macrocephalus), and Atlantic spotted dolphins (Stenella frontalis) to seismic exploration off Angola. Aquatic Mammals 34, 71–83.

Weir, C R. (2008b). Short-finned pilot whales (Globicephala macrorhynchus) respond to an airgun ramp-up procedure off Gabon. Aquatic Mammals 34, 349–354.

Weir, C.R. and Dolman, S.J. (2007). Comparative review of the regional marine mammal mitigation guidelines implemented during industrial seismic surveys, and guidance towards a worldwide standard. Journal of International Wildlife Law & Policy 10, 1–27.

Weir, C.R., Frantzis, A., Alexiadou, P. and Goold, J.C. (2007). The burst-pulse nature of 'squeal' sounds emitted by sperm whales (Physeter macrocephalus). Journal of the Marine Biological Association of the UK 87, 39–46.

Wenz, G.M. (1962). Acoustic ambient noise in the ocean: Spectra and sources. Journal of the Acoustical Society of America 34(12), 1936–1956.

Wenz, G. M. (1972). 'Review of underwater acoustics research: noise'. Journal of the Acoustical Society of America, 51, 1010, 1972.

Westervelt, P. J. (1963). Parametric acoustic arrays. Journal of the Acoustical Society of America 35, 535–537.

Westhoff, G., Fry, B.G. and Bleckmann, H. (2005). Sea snakes (Lapemis curtus) are sensitive to low-amplitude water motions. Zoology 108(3), 195–200.

Weston, D.E. (1971). Intensity-range relations in oceanographic acoustics. Journal of Sound and Vibration 18, 271–287.

Weston, D.E. (1980a). Acoustic flux methods for oceanic guided waves. Journal of the Acoustical Society of America 68, 287–296.

Weston, D.E. (1980b). Ambient noise depth-dependence models and their relation to low-frequency attenuation. Journal of the Acoustical Society of America 67, 530.

Whitehead, H. (2003). Sperm Whales: Social Evolution in the Ocean. Chicago, IL: University of Chicago Press.

Wieland, M., Jones, A. and Renn, S.C. (in press). Changing durations of southern resident killer whale (Orcinus orca) discrete calls between two periods spanning 28 yr. Marine Mammal Science in press (DOI: 10.1111/j.1748-7692.2009.00351.x).

Wille, P.C. Sound Images of the Ocean. Berlin: Springer, 2005.

Williams, K.L. and Jackson, D.R. (1998). Bistatic bottom scattering: Model, experiments, and model/data comparison. Journal of the Acoustical Society of America 103(1),169-181.

Williamson, R. (1988). Vibration sensitivity in the statocyst of the northern octopus, Eledone cirrosa. Journal of Experimental Biology 134(1), 451-454.

Williamson, R. (1991). Factors affecting the sensory response characteristics of the cephalopod statocyst and their relevance in predicting swimming performance. Biological Bulletin 180, 221-227.

Williamson, R. and Budelmann, B.U. (1985). The response of the octopus angular acceleration receptor system to sinusoidal stimulation. Journal of Comparative Physiology A 156(3), 403-412.

Wilson, B. and Dill, L.M. (2002). Pacific herring respond to simulated odontocete echolocation sounds. Canadian Journal of Fisheries and Aquatic Sciences 59(3), 542-553.

Wilson, J.D. and Makris, N.C. (2008). Quantifying hurricane destructive power, wind speed and air-sea material exchange with natural undersea sound. Geophys. Res. Lett. 35.

Wilson, M., Hanlon, R.T., Tyack, P.L. and Madsen, P.T. (2007). Intense ultrasonic clicks from echolocating toothed whales do not elicit anti-predator responses or debilitate the squid Loligo pealeii. Biology Letters 3(3), 225-227.

Wilson, M., Acolas, M.L., Begout, M.L., Madsen, P.T. and Wahlberg, M. (2008). Allis shad (Alosa alosa) exhibit an intensity-graded behavioral response when exposed to ultrasound. Journal of the Acoustical Society of America 124(4), EL243-EL247.

Wilson, O.B. (1985). An introduction to the theory and design of sonar transducers (Thesis). Washington, DC: Naval Post-Graduate School. US Government Printing Office.

Wilson, O.B., Wolf, S.N. and Ingenito, F. (1985). Measurements of acoustic ambient noise in shallow water due to breaking surf. Journal of the Acoustical Society of America 78, 190-195.

Wilson, S. (1974). Juvenile play of the common seal Phoca vitulina vitulina with comparative notes on the grey seal Halichoerus grypus. Behaviour 48(1/2), 37-60.

Wilson, W.D. (1960). Equation for the speed of sound in seawater. Journal of the Acoustical Society of America 32, 1357.

Winder, A.A. (1975). Sonar system technology. IEEE Transactions on Sonics and Ultrasonics SU-22, 291-332.

Winn, H.E. and Winn, L.K. (1978). The song of the humpback whale Megaptera novaeangliae in the West

Indies. Marine Biology 47(2), 97–114.

Winn, H.E., Thompson, T.J., Cummings, W.C., Hain, J., Hudnall, J., Hays, H. and Steiner, W.W. (1981). Song of the humpback whale-Population comparisons. Behavioral Ecology and Sociobiology 8 (1), 41–46.

Wisenden, B., Pogatshnik, J., Gibson, D., Bonacci, L., Schumacher, A. and Willett, A. (2008). Sound the alarm: learned association of predation risk with novel auditory stimuli by fathead minnows (Pimephales promelas) and glowlight tetras (Hemigrammus erythrozonus) after single simultaneous pairings with conspecific chemical alarm cues. Environmental Biology of Fishes 81(2), 141–147.

Wolski, L.F., Anderson, R.C., Bowles, A.E. and Yochem, P.K. (2003). Measuring hearing in the harbor seal (Phoca vitulina): Comparison of behavioral and auditory brainstem response techniques. Journal of the Acoustical Society of America 113(1), 629–637.

Wong, H.K. and Chesterman, W.D. (1968). Bottom backscattering near grazing incidence in shallow water. Journal of the Acoustical Society of America 44, 1713–1718.

Woodd-Walker, R.S., Watkins, J.L. and Bierley, A.S. (2003). Identification of Southern Ocean acoustic targets using aggregation backscatter and shape characteristics. ICES Journal of Marine Science, 60, 641–649.

Woodward, P.M. (1953). Probability and Information Theory with Application to Radar. New York: Pergamon Press.

Worcester, P.F., Cornuelle, B. and Spindel, R.C. (1991). A review of oceanic acoustic tomography: 1987–1990. Review of Geophysics vol. 29, 557–570.

Wright, A.J., Soto, N.A., Baldwin, A.L., Bateson, M., Beale, C.M., Clark, C., Deak, T., Edwards, E. F., Fernfández, A., Godinho, A. et al. (2008a). Anthropogenic noise as a stressor in animals: A multidisciplinary perspective. International Journal of Comparative Psychology 20, 250–273.

Wright, A.J., Soto, N.A., Baldwin, A.L., Bateson, M., Beale, C.M., Clark, C., Deak, T., Edwards, E. F., Fernández, A., Godinho, A. et al. (2008b). Do marine mammals experience stress related to anthropogcnic noise? International Journal of Comparative Psychology 20, 274–316.

Wright, K., Higgs, D., Belanger, A. and Leis, J. (2005). Auditory and olfactory abilities of pre-settlement larvae and post-settlement juveniles of a coral reef damselfish (Pisces: Pomacentridae). Marine Biology 147(6), 1425–1434.

Wright, K.J., Higgs, D.M., Belanger, A.J. and Leis, J.M. (2008). Auditory and olfactory abilities of larvae of the Indo-Pacific coral trout Plectropomus leopardus (Lacepède) at settlement. Journal of Fish Biology 72(10), 2543–2556.

Würsig, B. and Clark, C.W. (1993). Behavior of bowhead whales. In: J. Burns, J. Montague and C. Cowles (eds) The Bowhead Whale. Lawrence, KS: Allen Press.

Wysocki, L.E. and Ladich, F. (2001). The ontogenetic development of auditory sensitivity, vocalization and acoustic communication in the labyrinth fish Trichopsis vittata. Journal of Comparative Physiology A 187, 177–187.

Wysocki, L.E., Dittami, J.P. and Ladich, F. (2006). Ship noise and cortisol secretion in European freshwater fishes. Biological Conservation 128(4), 501–508.

Xie, Y.B. and Farmer, D.M. (1991). Acoustical radiation from thermally stressed sea ice. Journal of the Acoustical Society of America 89(5), 2215–2231.

Xie, Y.B. and Farmer, D.M. (1992). The sound of ice break-up and floe interaction. Journal of the Acoustical Society of America 91(3), 1423–1428.

Yan, H.Y. (1998). Auditory role of the suprabranchial chamber in gourami fish. Journal of Comparative Physiology A 183(3), 325–333.

Yan, H.Y. (2001). A non-invasive electrophysiological study on the enhancement of hearing ability in fishes. Proceedings of the Institute of Acoustics 23(4), 1526.

Yan, H.Y. and Curtsinger, W.S. (2000). The otic gasbladder as an ancillary auditory structure in a mormyrid fish. Journal of Comparative Physiology A 186(6), 595–602.

Yan, H.Y. and Popper, A.N. (1993). Acoustic intensity discrimination by the cichlid fish Astronotus ocellatus (Cuvier). Journal of Comparative Physiology A 173(3), 347–351.

Yan, H.Y., Fine, M.L., Horn, N.S. and Colón, W.E. (2000). Variability in the role of the gasbladder in fish audition. Journal of Comparative Physiology A 186(5), 435–445.

Yilmaz, O. (1987). Seismic Data Processing. Society of Exploration Geophysics.

Yost, W.A. (1994). Fundamentals of Hearing: An Introduction. San Diego, CA: Academic Press.

Young, B.A. and Aguiar, A. (2002). Response of western diamondback rattlesnakes Crotalus atrox to airborne sounds. Journal of Experimental Biology 205, 3087–3092.

Young, J.Z. (1960). The statocysts of Octopus vulgaris. Proceedings of the Royal Society of London B 152 (946), 3–29.

Yuen, M.M.L., Nachtigall, P.E., Breese, M. and Supin, A.Y. (2005). Behavioral and auditory evoked potential audiograms of a false killer whale (Pseudorca crassidens). Journal of the Acoustical Society of America 118(4), 2688–2695.

Yurk, H., Barrett-Lennard, L., Ford, J.K.B. and Matkin, C.O. (2002). Cultural transmission within maternal lineages: Vocal clans in resident killer whales in southern Alaska. Animal Behaviour 63(6), 1103–1119.

Zelick, R. and Mann, D.A. (1999). Acoustic communication in fishes and frogs. In R. R.Fay and A.N. Popper (Eds) Comparative Hearing: Fishes and Amphibians. New York, NY: Springer-Verlag.

Zhitkovskii, Y.Y. and Lysanov, Y.P. (1965). Reflection and scattering of sound from the ocean bottom (Review). Soviet Physics Acoustics 30, 1–13.

Zimmer, W.M., Johnson, M.P., Madsen, P.T. and Tyack, P.L. (2005a). Echolocation clicks of free-ranging

Cuvier's beaked whales (Ziphius cavirostris). Journal of the Acoustical Society of America 117(6), 3919-3927.

Zimmer, W.M.X., Madsen, P.T., Teloni, V., Johnson, M.P. and Tyack, P.L. (2005b). Off-axis effects on the multipulse structure of sperm whale usual clicks with implications for sound production. Journal of the Acoustical Society of America 118(5), 3337-3345.

Zimmer, W.M.X., Tyack, P.L., Johnson, M.P. and Madsen, P.T. (2005c). Three-dimensional beam pattern of regular sperm whale clicks confirms bent-horn hypothesis, Journal of the Acoustical Society of America 117(3), 1473-1485.

Zimmer, W.M.X. and Tyack, P.L. (2007). Repetitive shallow dives pose decompression risk in deep-diving beaked whales. Marine Mammal Science 23(4), 888-925.

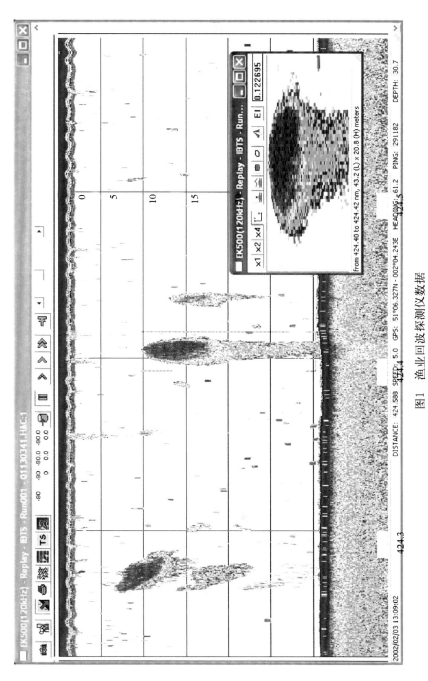

图1　渔业回波探测仪数据

渔业回波探测仪的显示（Simrad EK 500型，120 kHz，由法国海洋开发研究院提供的处理软件Movies处理）。主图绘出了浅水区（大约30 m深）水体长700 m的横截面。由于多径效应，左边第一个鱼群回波伴有垂直方向上的虚像。第二幅图像对中间的鱼群进行了缩放和几何校正。数据由法国海洋开发研究院的Noel Diner提供

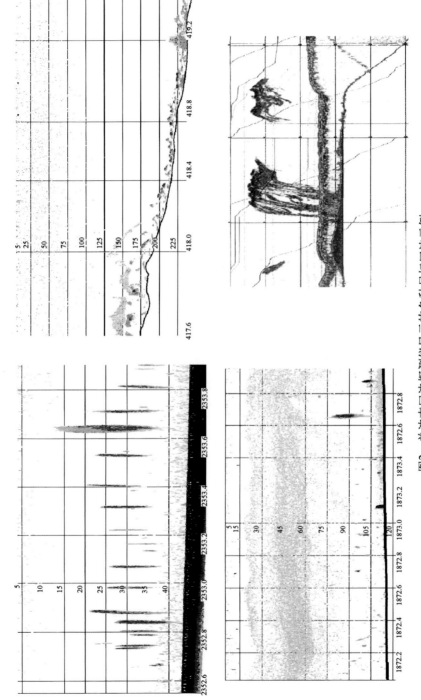

图2　单波束回波探测仪显示的各种目标回波示例

左上图：很密集的沙丁鱼群，右上图：靠近海底集聚的稀疏蓝鳕鱼群，左下图：一个大的浮游生物层，同时伴有靠近海床聚集的小鱼；

右下图：网位仪显示的三个连续鱼群的截图（数据由法国海洋开发研究院的Noel Diner提供）

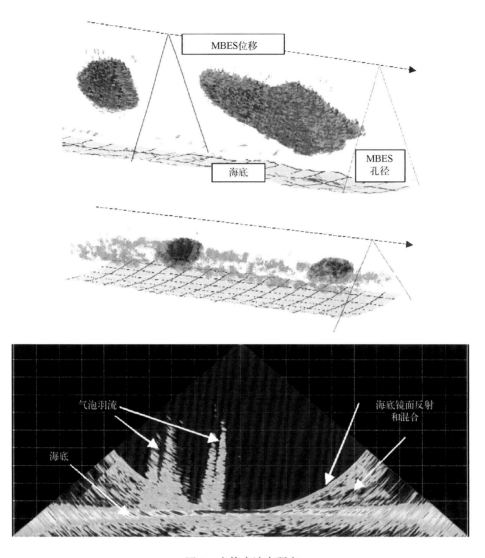

图 3　水体多波束研究

上图和中图：渔业多波束回波探测仪数据（Simrad ME 70，RV Thalassa，IFREMER），上图为在英吉利海峡浅水区观察到鲱鱼群，当船舶靠近时，鲱鱼群的水平游动和跃起（图片由 Trenkel 等在 2008 年重新绘制），中图为浅水区记录的沙丁鱼群在浮游生物层进食（图片由 Ona 等在 2009 年重新绘制）；下图：经典多波束回波探测仪（Kongsberg EM 302，RV Le Suroit，IFREMER）数据，观测对象为马尔马拉海探测到的甲烷气泡羽流，由于气泡的反射率强，使得其很容易在水体中被探测到，这里显示的是一个声脉冲的原始数据，位于被声照射的垂直面扇区，可观察到与探测仪下方垂直镜面反射相对应的圆弧，由于混响级很高，很难进行超过该极限的目标探测（数据由法国海洋开发研究院的 Carla Scalabrin 和 Louis Géli 提供）

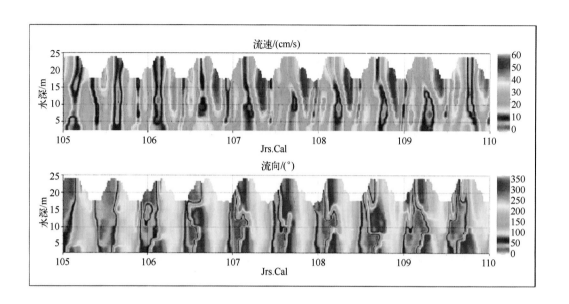

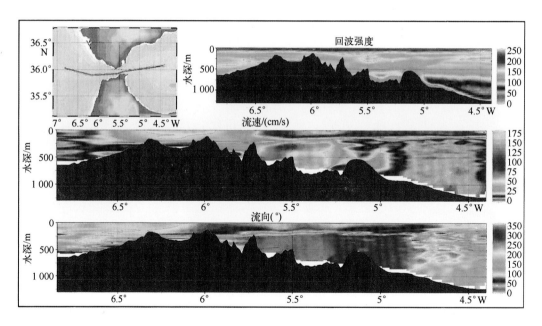

图 4　流速剖面仪数据(数据由 SHOM 提供)

上图:利用流速剖面仪对固定点进行 5 天测量,表明流速(上部)和流向(下部),剖面仪系统(Teledyne RDInstruments WorkHorse, 300 kHz)部署在海底,向上倾斜,位于平均水深 20 m 处,此处的海流主要来自大西洋东北部比斯开湾的半日潮;下图:直布罗陀海峡(左上部)探测的 VM-ADCP 测量结果,显示纬向分布的流速(中部)、方向(底部)以及回波强度(右上部),数据表明表面海水从大西洋东北部流入地中海,然后从地中海深水域流出(Teledyne RDInstruments 海洋测量号, 38 kHz,来自法国航道及海洋测量局 RV BHO Beautemps-Beaupre)

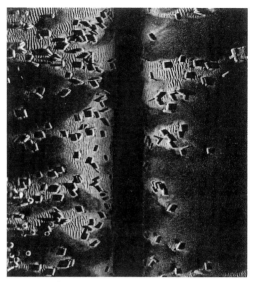

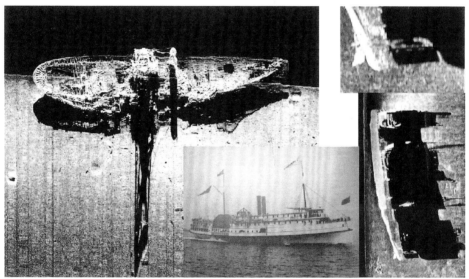

图 5　侧扫声呐数据

所有示例以采集到的几何图形表示。横坐标表示在两侧绘制的独立的回波时间尺度，单个像素线沿着纵轴叠加，因而水体占据每个图像的中间部分。左上图：沉积区和露岩区之间的地质对比；右上图：沉积海底的人工鱼礁，岩石形状通过回波和投射阴影精确描述，同时亦可观察到潮汐或水流形成的沙纹；左下图：蒸汽轮船残骸 SS Portland 号（嵌入式照片），观察到烟囱阴影以及来自后甲板圆柱的回波；右下图：Empress Knight 号船的残骸，可观察到桨舵阴影中的细节（数据由 Klein 提供）

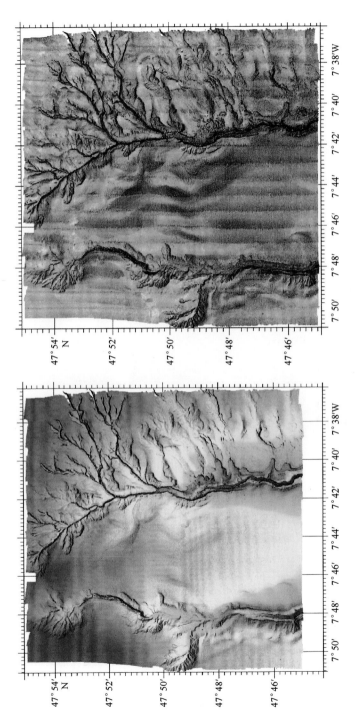

图6 在中等深度水域，多波束回波探测仪测量数据

左图：位于布列塔尼南部大陆坡上的两个水下峡谷顶部，利用多波束回波探测仪（Kongsberg EM710，70 kHz，波束宽度0.5°×0.5°）在浅水域以及中等深度水域记录的地理参照测深数据，水深范围从200 m（红色）到1 500 m（深蓝色）不等。右图：对应同一水深区域的反射率图，暗色调对应强反应强反射率值。这种情况下不需校正绝对反射率，灰度层表示的总动态范围是50 dB。可观察到由阵列指向性调制模式调制形成的纵条纹。数据由法国海洋开发研究院的Henri Floc'h提供

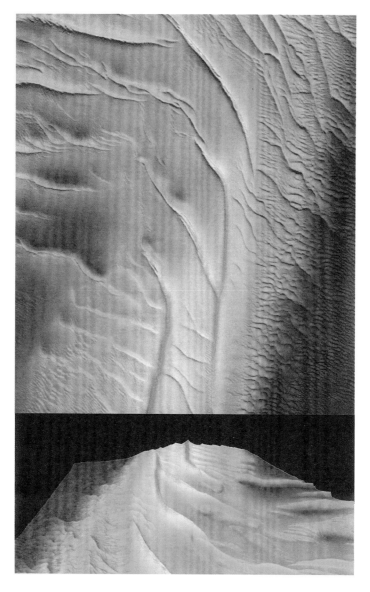

图 7　浅水多波束回波探测仪测量的数据

比利时大陆架 Westhinder 沙洲北端的地形图，网格步长为 1 m×1 m 的数字地形模型（2009 年 3 月），来源于安装在 RV Belgica 上的多波束回波探测仪（Kongsberg EM3002D，300 kHz，波束宽度 1.5°×1.5°）在浅水域测量的数据，清楚描述了所有沙丘的形态模式。数字地形模型特别表明了沙丘（大型至很大型）从沙洲一侧至另一侧呈现不对称的相反方向，揭示了一种余流的演化。图形绘制区尺寸为 2 000 m×2 250 m，水深范围从 5.5 m（红色）到 37.5 m（紫色）不等。数据由比利时经济质量创新联邦公共服务局的大陆架服务局提供

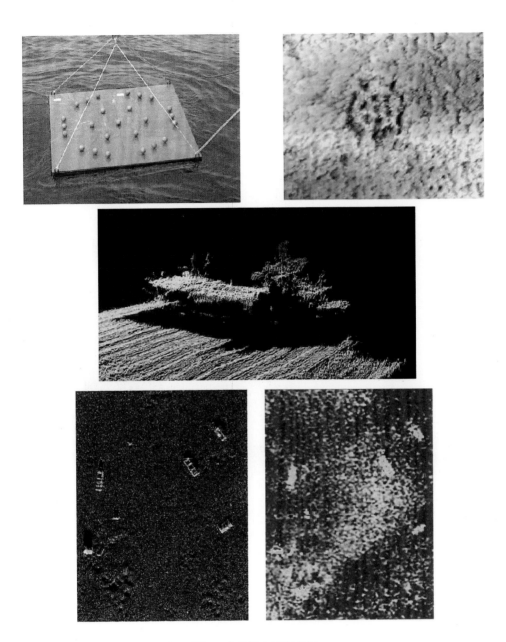

图 8 高分辨率测深数据

上图：利用安装在 ROV 上的高频多波束回波探测仪（Reson Seabat 7125，450 kHz，波束宽度 0.5°×1°）记录位于人造目标（图像左侧）上的数字地形模型（右图），人造目标的金属球固定在 2 m 方形板上（数据由法国海洋开发研究院提供）；中图：利用专门处理高分辨率水深测量的干涉侧扫声呐（Klein 5400，450 kHz）勘探到的 Erika 残骸（数据由 GESMA 提供）；下图：利用合成孔径声呐（Kongsberg HISAS）进行高分辨率测绘（15 m×20 m）：声呐图像（图像左侧的任意色标度）以及水深测量（图像右侧的水深动态为 55 cm）（数据由 Kongsberg 提供）